Roadmap durch die VUCA-Welt

Dennis Willkomm ist Agile Coach und Scrum Master. Er hat Informatik und Psychologie studiert und unterstützt Unternehmen bei der Einführung und Anwendung von agilen Arbeitsweisen und dem agilen Kulturwandel. Er arbeitet mit selbstorganisierten Teams und coacht Führungskräfte und Manager:innen in der VUCA-Welt. Er ist Autor zweier Blogs und aktiv in der agilen Community. www.dennis-willkomm.de

Dennis Willkomm

Roadmap durch die VUCA-Welt

Für Führungskräfte, Scrum Master und Agile Coaches

UVK Verlag · München

Umschlagabbildung: © iStock – yanik88
Autorenfoto: privat

Bibliografische Information der Deutschen Nationalbibliothek
Die Deutsche Nationalbibliothek verzeichnet diese Publikation in der Deutschen Nationalbibliografie; detaillierte bibliografische Daten sind im Internet über http://dnb.dnb.de abrufbar.

– ein Unternehmen der Narr Francke Attempto Verlag GmbH + Co. KG
Dischingerweg 5 · D-72070 Tübingen

Internet: www.narr.de
eMail: info@narr.de

CPI books GmbH, Leck

ISBN 978-3-7398-3118-3 (Print)
ISBN 978-3-7398-8118-8 (ePDF)
ISBN 978-3-7398-0144-5 (ePub)

MIX
Papier aus verantwortungsvollen Quellen
FSC www.fsc.org FSC® C083411

Inhalt

Vorwort

Wenn ich an Helden denke, dann fallen mir sofort die Comics ein, die ich schon als Kind geliebt habe. Hier kommt Superman mit seinem roten Cape angeflogen und rettet in letzter Sekunde die Welt vor dem Untergang. Dort bringt Batman mit seinem messerscharfen Verstand gleich eine ganze Bande von Superschurken hinter Gitter.

Die Helden, an die sich dieses Buch richtet, sind allerdings anders. Sie kommen nicht mit dem Cape angeflogen und retten in letzter Sekunde das Projekt vor dem Untergang. Die Zeit dieser Helden ist in den meisten Unternehmen vorbei. Nein, die VUCA-Helden haben neue Superkräfte. Eine Superkraft teilen sie dabei alle: die Kollaboration. Sie sind vernetzt, teilen ihr Wissen, arbeiten zusammen und verstehen, was die Menschen um sie herum benötigen. Sie sind vorbereitet auf eine komplexe und dynamische Welt und das macht sie so wertvoll. Und das schönste: jeder von uns kann ein VUCA-Held sein!

Dieses Buch stellt ein Starter-Kit für alle VUCA-Helden dar. Sie finden darin viele Hilfsmittel, die Sie fit für die VUCA-Welt machen. Neben konkreten Methoden und Modellen bekommen Sie praktische Anwendungstipps und Beispiele an die Hand, um gleich zur Tat zu schreiten.

Sie können dieses Buch von vorne bis hinten am Stück lesen oder einfach gleich zu den Kapiteln springen, die von besonderem Interesse sind. Am Ende jedes Kapitels finden Sie Anregungen und Reflexionsfragen. Diese fordern Ihre bisherigen Sichtweisen auf Führung, Zusammenarbeit und Unternehmenskultur heraus und helfen Ihnen auch, die vorgestellten Modelle und Werkzeuge in Ihren eigenen Kontext einzupassen.

Ich habe mich bemüht, Ihnen eine große Auswahl der Modelle, Methoden und Werkzeuge zusammenzustellen, die mir auf meiner bisherigen Lernreise am meisten von Nutzen waren. Sicher gibt es noch viele weitere hilfreiche Ansätze und jeder erfahrene VUCA-Held, sei es ein Scrum Master, Agile Coach oder eine agile Führungskraft, hat sicher noch weitere Werkzeuge in seinem Koffer, die hier hineinpassen würden. So entstand dieses Buch, in das auch einiges an Feedback und praktische Erfahrungen von geschätzten Kollegen eingeflossen ist, so dass ich selbst beim Schreiben noch sehr viel Wertvolles und Neues lernen durfte.

Ich hoffe, auch Sie finden auf den folgenden Seiten ein paar neue Ansätze, hilfreiche Methoden oder neue Sichtweisen.

Nun wünsche ich Ihnen viel Spaß und Erfolg mit diesem Buch und freue mich – ganz im agilen Sinne von Inspect & Adapt – auf Ihr Feedback, Lob, Kritik und Verbesserungsideen, gerne auch über Social Media mit den Hashtags #MindsetIsKey und #VUCAHelden.

Dennis Willkomm, Juni 2021

Diversität und Toleranz sind wichtige Werte für mich. Aus Gründen der besseren Lesbarkeit habe ich darauf verzichtet, Personen- und Berufsbezeichnungen in der weiblichen und männlichen Form zu verwenden. Die verwendeten Begriffe schließen alle Geschlechter selbstverständlich ein.

Auf das können Sie sich freuen: Ihr Roadmap durch die VUCA-Welt

1 Von der Industrialisierung zur Digitalisierung

Wer vor der Vergangenheit die Augen verschließt,
wird blind für die Gegenwart.
Richard von Weizsäcker

Lernen aus der Vergangenheit hilft zu verstehen, warum gewisse Entscheidungen getroffen wurden, um die Auswirkungen auf die Gegenwart einschätzen zu können. Viele Strukturen, Denk- und Handlungsweisen, mit denen Sie als VUCA-Held heute konfrontiert werden, haben ihren Ursprung in der Vergangenheit und wirken bis in die Gegenwart fort. Ohne das Wissen darüber, woher gewisse Strukturen und Paradigmen kommen und was der Grund ihrer Entstehung war, ist es sehr schwer, sie im Kontext der heutigen Gegebenheiten zu beurteilen. Dies trifft in besonderem Maße auf die Auswirkungen der letzten 100 Jahre auf unsere heutige Unternehmenslandschaft zu.

Mit diesem Wissen können auch die Veränderungen, die unter den Schlagworten „Digitalisierung“, „New Work“ und „Agile Transformation“ viele Unternehmen beschäftigen, besser eingeschätzt werden.

Die Industrialisierung lässt grüßen

Jede große Veränderung findet auf mehreren Ebenen statt. Wenn Sie in die Vergangenheit schauen und versuchen, Gründe zu finden, warum sich ein geschichtliches Ereignis abgespielt hat, dann ist dies immer nur auf viele unterschiedliche Ursachen zurückzuführen. Mein alter Geschichtslehrer wurde niemals müde zu betonen, dass die retrospektive Suche nach Gründen immer mit „multikausal“ beantwortet werden müsse. Es ist nie ein einzelner Grund, der Auslöser für eine tiefgreifende Veränderung ist, sondern viele unterschiedliche Ereignisse, Zustände und Umwelteinflüsse, die zusammenkommen.

So ist es kaum möglich, über die moderne Arbeitswelt, Agilität, New Work oder Digitalisierung zu sprechen, ohne dabei auf Strukturen, Prozesse und Weltbilder zu stoßen, die schon mehr als 100 Jahre alt sind, aber bis heute Auswirkungen haben.

Frederick Winslow Taylor, ein Pionier auf dem Gebiet der Arbeitswissenschaft, wurde am 20. März 1856 in einer kleinen Stadt in Pennsylvania geboren und trat in der Zeit um die Jahrhundertwende in Erscheinung. Zu dieser Zeit gab es in den Fabriken sehr viele ungelernte Arbeiter, die ihre Körperkraft gegen Lohn anboten. Diese wurden nach ihrer individuellen Arbeitsleistung bezahlt. Je mehr sie in einer bestimmten Zeit erledigten, desto mehr Geld erhielten sie am Ende des Tages. Der Arbeitsalltag war sehr hart, aber den Arbeitern blieb nicht viel anderes übrig. Sie brauchten den Lohn, um sich und ihre Familien über Wasser zu halten.

Die Entstehung des Scientific Management

Bedeutend wurde **Taylor** vor allem für seine Arbeiten, die unter dem Namen Scientific Management große Bekanntheit erlangten. Er versuchte, die Arbeit in den Fabriken zu beschreiben und den besten Weg für ihre Durchführung herauszuarbeiten. Mit der festen Überzeugung, dass es den „one best way" geben müsse, wie eine Arbeit am effizientesten auszuführen ist, entstanden so nach und nach detaillierte Arbeitsanweisungen, wie die einzelnen Arbeitsschritte auszuführen waren. Arbeiter wurden dann in der Durchführung geschult und arbeiteten nur noch nach den neuen Anweisungen.

Die Beobachtung und Planung der **Arbeitsschritte** führten Taylor und seine Kollegen in einer eigenen Abteilung, dem sogenannten Arbeitsbüro, durch. Auf diese Weise trennte Taylor die Kopfarbeit von der Handarbeit und verlagerte sie in zwei unterschiedliche Abteilungen. Das Mitdenken des Arbeiters wurde nicht benötigt, da der eine beste Weg ja schon gefunden war.

Diese Vorgehensweise brachte Taylor schon zu seinen Lebzeiten herbe Kritik ein. Interessanterweise aber nicht von den Arbeitern, wie man aus heutiger Sicht leicht erwarten könnte, schließlich zeichnet sich in diesen Vorgehensweisen ein sehr mechanistisches Menschenbild ab. Für die Arbeiter in den Fabriken war das Scientific Management ein klarer Schritt nach vorne. Sie waren nun durch die gut ausgearbeiteten Methoden Taylors und seiner Kollegen in der Lage, ihre Arbeit tatsächlich effizienter auszuführen, was am Ende des Tages auch dazu führte, dass sie mehr Geld mit nach Hause trugen.

Der Gegenwind, der Taylor und seiner Methode entgegenwehte, kam eher aus den Managementkreisen. Mit der Schaffung des Arbeitsbüros fürchteten Teile des Managements, dass der eigene Einfluss schwinden würde. Von ihrem Standpunkt aus nahm das Arbeitsbüro eine zu große Wertigkeit in ihrem Unternehmen ein und sie fühlten sich bedroht. In der Folge gab es einige Gegenbewegungen und heftige Kritik an den Vorgehensweisen.

Die Grundzüge des von Taylor angeregten Systems, also die Aufteilung von verschiedenen Kompetenzen in verschiedene Abteilungen, bildete aber fortan die Grundlage, auf der viele Unternehmen aufgebaut wurden und auch bis in die heutigen Tage zum Teil noch aufgebaut sind. So entstand beispielsweise neben der Produktionsabteilung auch eine Entwicklungsabteilung, eine Abteilung für den Verkauf, eine Abteilung für das Controlling und so weiter. In diesen Abteilungen fanden sich dann die Spezialisten wieder. Die Unternehmen waren sehr kreativ und bauten unterschiedlichste Abteilungen, getrennt nach Funktionen auf.

In sehr vielen Fällen führte diese Aufteilung zu **funktionalen Silos**. In den vergangenen Jahren (und auch heute noch) kann man an vielen Beispielen sehen, dass diese funktionalen Silos dazu führen können, dass sich die unterschiedlichen Abteilungen gegenseitig das Leben schwer machen. Zum Beispiel, indem sie abteilungsspezifische Ziele, die sich im Gesamtkontext aber leider widersprechen, verfolgen, oder indem die verschiedenen Abteilungen sich gegenseitig die Schuld zuschieben, wenn es Fehlschläge gibt, anstatt gemeinsam den Karren aus dem Dreck zu ziehen.

Diese häufigen negativen Auswirkungen der tayloristischen Struktur werden heute von vielen Beobachtern massiv kritisiert und Taylor in die Schuhe geschoben. Damit tut man ihm mit Sicherheit Unrecht, da seine Ansätze im Kontext der damaligen Zeit und den gutgemeinten Absichten durchaus sehr positive Auswirkungen mit sich brachten. Dass diese Strukturen heute in den meisten Fällen vielleicht nicht mehr ganz so passend und zeitgemäß sind, kann man schlecht Frederick **Taylor** ankreiden.

Die Taylorwanne

Lassen Sie uns noch einmal einen weiteren Schritt zurück in der Zeit gehen, in die Zeit vor der aufkommenden Industrialisierung. Damals kaufte man beispielsweise Kleidung beim Schneider vor Ort, die sehr individuell angepasst wurde. Ein Schneider sah sich unterschiedlichsten Wünschen gegenüber und musste in der Lage sein, diese zu erfüllen. Zum Glück hatte er keine allzu große Konkurrenz zu befürchten, weil die Leute aus seinem Ort nur zu ihm gehen konnten.

Dann kam das **Industriezeitalter**. Maschinen übernahmen Aufgaben, die vorher noch von Menschen erledigt wurden und eine Massenproduktion begann. Während am Anfang, wie zu Zeiten Taylors, noch die Menschen die Arbeiten ausführten, wurde dies zunehmend von Maschinen übernommen. Die Menschen, die nicht in den denkenden Abteilungen arbeiteten, wurden nur noch benötigt, um Maschinen zu bedienen und einfache Arbeitsschritte auszuführen. Nun herrschte ein Verkäufermarkt, das heißt, die Unternehmen konnten ihre Produkte so auf den Markt bringen, wie es ihnen beliebte. In dieser Zeit und unter diesen Bedingungen, wo es eine große Nachfrage gab und noch keinen allzu großen Wettbewerb, spielte die tayloristische Struktur ihre großen Stärken aus.

Im Vergleich zu unserem vorindustriellen Dorfschneider wurde nun zum Beispiel Kleidung als Massenware hergestellt. Dabei überlegte sich eine Abteilung, welche Kleidungsstücke wohl großen Anklang finden würden. Dann gaben sie entsprechende Schnittmuster und Vorlagen an eine andere Abteilung weiter, die dafür sorgte, dass die maschinelle Produktion diese Kleider herstellen konnte. In den Läden hing dann später das entworfene T-Shirt in vielfacher Ausführung und in unterschiedlichen Größen zu verlockenden Preisen, mit denen der Schneider nicht mithalten konnte.

Dann setzte, zuerst langsam, dann immer deutlicher, das **Wissenszeitalter** ein. Neue Technologien hielten Einzug. Das Internet vernetzte Menschen auf der ganzen Welt. Die Märkte wurden globalisiert. Nun war es möglich, sich günstigere Produkte von der anderen Seite der Welt zu kaufen. Der Markt wandelte sich von einem Verkäufermarkt zu einem Käufermarkt. Der Kunde stellte plötzlich Ansprüche und konnte aus einer großen Auswahl von Produkten wählen, was ihm am besten gefiel oder die gewünschte Qualität aufwies. Plötzlich fand man sich wieder in einem hochdynamischen Umfeld. Zwar konnte man immer noch auf die Herstellungskraft von Maschinen zurückgreifen, aber die Kunden verlangten nach sehr individuellen Lösungen. Innovation und Kreativität wurden immer wichtiger.

In der heutigen Zeit herrscht ein großer **globaler Wettbewerb**. Disruptionen bedrohen bisher erfolgreiche Geschäftsmodelle. Ganze Märkte werden durcheinandergeworfen. Klassische Unternehmen, die nach tayloristischen Grundsätzen aufgebaut sind, sehen sich hochdynamischen und adaptiven Start-ups gegenüber, die sehr schnell auf Veränderung reagieren können

Die Taylorwanne zeigt diese Veränderung noch. Erinnern Sie sich an den Schneider, der seine Produkte noch in Handarbeit herstellte, bevor Maschinen diese Aufgaben erledigen konnten? Diese Manufaktur zeichnet sich dadurch aus, dass die Aufgabe zwar eine gewisse Komplexität besaß, denn schließlich musste auf die Kunden gehört und einen Teil der Wünsche erfüllt werden, insgesamt war sie aber noch recht überschaubar. Durch direkten Kontakt und einen hohen Anteil an Handarbeit besaß die Arbeit eine gewisse Dynamik. Wenn es einer Anpassung der Arbeitsweise bedurfte oder eine Entscheidung zu treffen gab, dann passte der Schneider sie an oder traf die Entscheidung.

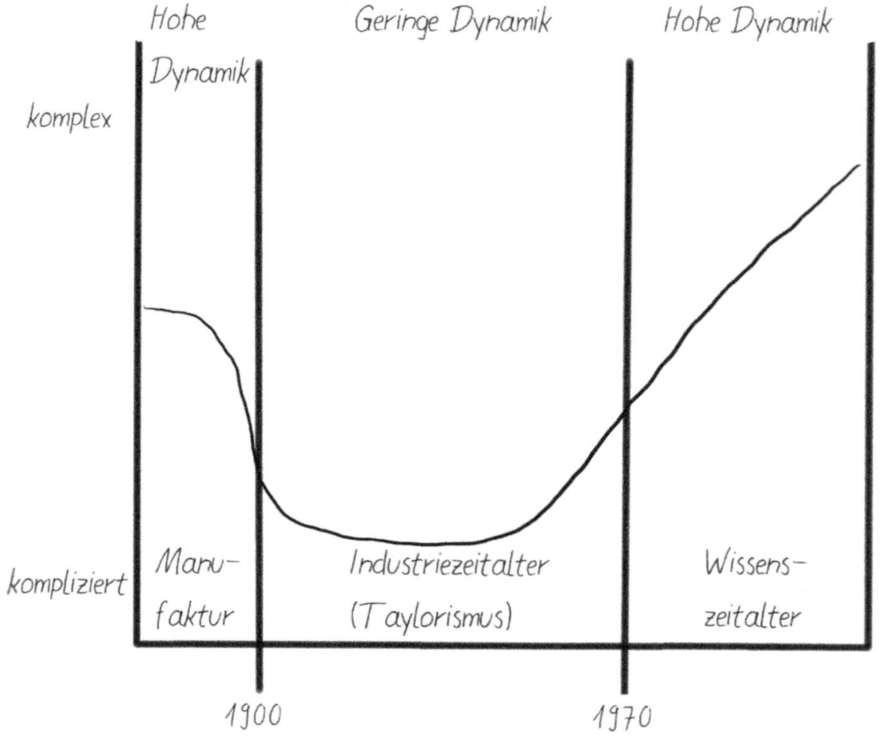

Abb. 1: Taylorwanne (eigene Darstellung nach Pfläging 2018)

In Zeiten der Industrialisierung veränderte sich dies. Die Dynamik nahm deutlich ab, denn vereinheitlichte Produktionsprozesse sorgten dafür, dass hochwertige Produkte in großer Stückzahl kostengünstig hergestellt werden konnten. Für die Käufer veränderte sich der Markt, indem sie statt einem Kleidungsstück, dass der Schneider speziell für sie anfertigte, ein Kleidungsstück von der Stange kauften. Diese waren deutlich günstiger und machten den Handarbeiten der Schneider Konkurrenz.

Später dann stieg, durch neue Technologien und globale Märkte, die Komplexität an, und der Markt wurde immer dynamischer. Die Produktion selbst war optimiert und funktionierte hervorragend. Die Herausforderung war, dass man schneller sein musste als die Konkurrenz, neuartige Produkte auf den Markt zu bringen. Bis Anpassungen oder Entscheidungen an die entsprechenden Positionen transportiert worden waren und dort getroffen wurden, verging oft zu viel Zeit. Bis dahin hatte die schnellere Konkurrenz schon gehandelt und wichtige Marktanteile gewonnen.

Die Taylorwanne hilft zu erklären, warum die funktionale Aufteilung und die Trennung unterschiedlicher Arbeiten in Abteilungen in diesem Umfeld so gut funktionierte.

Der Taylorismus war im Rahmen seiner Zeit ein sehr sinnvoller Ansatz, um hocheffizient und erfolgreich zu sein. Die Aufgaben, mit denen wir heute konfrontiert sind, werden aber zunehmend komplexer und erfordern neue Bewältigungsstrategien. Wie diese aussehen, werden wir uns mit Hilfe eines Modells im nächsten Kapitel ansehen.

➤ Tipps für VUCA-Helden

Auch wenn der Taylorismus mit all seinen Erscheinungsformen heute oftmals stark in der Kritik steht, sollten Sie verstehen, auf welchen Grundlagen dieser basiert und warum er so viel Erfolg hatte. Es ist wichtig anzuerkennen, dass dieser Ansatz durchaus Vorteile mit sich brachte, in einer Zeit, die anders als unsere heutige war.

1. **Versuchen Sie immer erst, etwas zu verstehen, bevor Sie es kritisieren.**

Natürlich finden Sie heute viele Beispiele, in denen die funktionale Aufteilung in Silos dazu führt, dass sich Unternehmen sehr stark mit sich selbst beschäftigen und durch politische Grabenkämpfe lähmen.
Wenn Sie verstehen und vermitteln können, warum eine tayloristische Struktur zu gewissen Zeiten Erfolg versprach, im heutigen Kontext aber hinderlich sein kann, dann können Sie dies auch vermitteln und Verständnis schaffen.

- Erklären Sie die Gründe, warum die tayloristische Struktur so erfolgreich in ihrer Zeit war.
- Zeigen Sie, wie das Marktumfeld sich damals vom heutigen Markt unterscheidet.
- Können Sie Unterschiede erkennen? Wo stoßen Sie mit dem tayloristischen Ansatz an Grenzen und wo funktioniert er nach wie vor?

2. **Beziehen Sie den Kontext ein.**

Am Beispiel des Taylorismus können Sie erkennen, dass es wichtig ist, ein System, eine Struktur oder einen Prozess immer im jeweiligen Kontext zu betrachten. Nichts ist von sich aus gut oder schlecht. Manchmal versteht man den Sinn nur durch Einbeziehung des Kontextes.

- In welchem Kontext ist eine Struktur oder ein Prozess entstanden?
- Hat sich der Kontext verändert?
- Welche dieser Veränderungen beeinflusst den Erfolg der ursprünglichen Struktur?

3. **Jedes System ist auch von den handelnden Menschen abhängig.**

Machen Sie sich bewusst, dass jedes System, wie auch der Taylorismus, von den handelnden Menschen mit Leben gefüllt wird. Die bloße Existenz von unterschiedlichen Abteilungen sagt noch nichts darüber aus, ob die angesprochenen Nachteile dieser Struktur sich auch wirklich zeigen werden.
Es gibt auch Beispiele dafür, dass Abteilungen sehr gut zusammenarbeiten und sich nicht auf politische Spielchen einlassen. Solche Unternehmen können auch mit tayloristischen Strukturen Erfolg aufweisen.

- Wie arbeiten die Menschen in Ihrem Umfeld zusammen?
- Welche Strukturen und Systeme unterstützen Verhaltensweisen?
- Welche (überraschenden) Abweichungen von erwarteten Verhaltensweisen, die sich aus der Struktur (Organigramm, Prozesse, Abteilungen) ergeben, können Sie in Ihrem Umfeld beobachten? Was schließen Sie daraus?

Was ist Komplexität?

In der Alltagssprache wird *komplex* oftmals synonym zu *kompliziert* verwendet, das ist es aber nicht. Was erst einmal wie eine Spitzfindigkeit anmutet, sollten wir uns etwas genauer betrachten. Lassen Sie uns dafür einen Blick auf das Cynefin-Framework[1] werfen.

Das Cynefin-Framework

Das Wort Cynefin stammt aus dem walisischen und bedeutet übersetzt so viel wie Lebensraum. Es stammt von Dave Snowden, der auch in einer Reihe sehr guter Videos im Internet sein Modell ausführlich erklärt.

---

1 https://hbr.org/2007/11/a-leaders-framework-for-decision-making

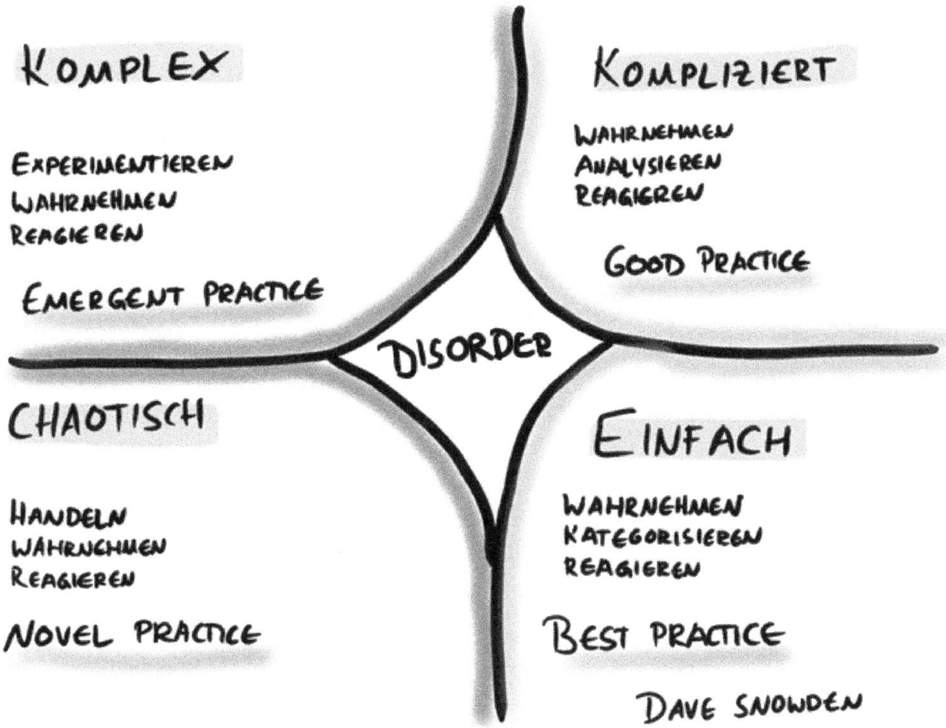

Abb. 2: Das Cynefin-Framework im Überblick (eigene Darstellung nach Dave Snowden)

Das Cynefin-Framework teilt sich in vier Quadranten sowie einen Bereich in der Mitte auf. Jeder Quadrant stellt dabei grob gesagt eine Kategorisierung von Problemen und Aufgaben dar.

Lassen Sie uns ein Beispiel anschauen. Es ist Samstag und die Sonne scheint. Berti hat sich vorgenommen den Rasen zu mähen. Also geht er in den Schuppen und sucht den Rasenmäher. Voller Motivation geht er nun mit seinem Rasenmäher in den Garten. Sicherlich stimmen Sie mir zu, dass das Rasenmähen eine als einfach zu kategorisierende Tätigkeit (rechts unten in der Abbildung) darstellt. Snowden beschreibt, dass man einfache Probleme mit einem Dreischritt aus Wahrnehmung, Kategorisierung und Reaktion behandeln kann. In diesem Beispiel würde Berti also den Rasenmäher betrachten (wahrnehmen), ihn als Rasenmäher erkennen (kategorisieren) und dann den Schalter zum Einschalten drücken. Dann schiebt er den Rasenmäher über den Rasen und erhält so das gewünschte Ergebnis: einen gekürzten und ordentlichen Rasen. In diesem Fall hat man es mit einer **Best-Practice** zu tun, also einem Vorgehen, das einfach als das naheliegendste und erwiesenermaßen Beste einzuordnen ist.

Kompliziert wird es dann (rechts oben in der Abbildung), wenn der Rasenmäher plötzlich den Dienst verweigert. In diesem Fall ist es für Berti, der ein technischer Laie ist, kein einfaches Problem mehr, den Rasenmäher wieder zum Arbeiten zu bewegen.

So bleibt für Berti nur der Gang zum Experten, der sich mit Rasenmähern auskennt und eine Reparatur durchführen kann. Dieser sieht sich erst einmal den Rasenmäher genau an (wahrnehmen) und versucht herauszufinden, was das grundlegende Problem ist. Aufgrund seines Wissens und seiner Erfahrung kann er den Rasenmäher dazu auseinanderbauen und nachsehen, wo es klemmt (analysieren). Das Grundwissen dafür hat er sich angelesen und aus vielen vorhergehenden Reparaturen erweitert. Hat er das Problem erkannt, beginnt er mit der Reparatur (reagieren). In der Folge sollte der Rasenmäher wieder laufen. Berti verstaut diesen also wieder im Auto und fährt zufrieden nach Hause. Dort kann er die Gartenarbeit fortsetzen. Im Fall eines komplizierten Problems hat man es nicht mehr mit Best Practices, sondern mit Good Practices, also bewährten Vorgehensweisen, zu tun. Es gibt mit Sicherheit mehrere Wege, den Rasenmäher zu reparieren, die in den meisten Fällen funktionieren, aber nicht den einen offensichtlichen, der immer funktionieren wird. Eine gewisse Kreativität und Improvisationsgeschick sind hier von Vorteil.

Eine Woche später, es ist wieder Samstag, ist Berti allerdings faul. Er nimmt sich daher vor, jemand anderen dazu zu bewegen, diese Aufgabe zu erledigen. Damit wird es dann komplex (oben links in der Abbildung). Berti kann nicht durch Wissen den Vorgang beeinflussen. Er überlegt, seine Frau zu überreden, aber er ist nicht sich sicher, wie sie reagieren wird. Vielleicht ist sie gerade müde von einem anstrengenden Tag und überhaupt nicht in der Stimmung, noch den Rasen zu mähen. Vielleicht hat sie aber auch den ganzen Tag im Büro gesessen und ist ganz dankbar, dass es eine Aufgabe gibt, bei der sie sich ein wenig körperlich betätigen kann. Dann kommt ihm eine andere Idee: Er könnte auch seinen Sohn fragen und ihm eine Belohnung in Aussicht stellen. Aber wird dieser sich darauf einlassen? Wie auch immer, Berti wird ausprobieren müssen, wie sein Gegenüber auf die Aufforderung, den Rasen zu mähen, reagiert (experimentieren). Dann kann er beobachten, was passiert. Bietet er seinem Sohn fünf Euro für das Rasenmähen und nichts passiert (wahrnehmen), dann kann er es mit zehn Euro versuchen. Vielleicht hat er damit mehr Glück (reagieren). Oder er versucht es zu einem späteren Zeitpunkt noch einmal.

Aus dem, was funktioniert hat, kann Berti dann **Strategien** für die Zukunft entwickeln. Dies nennt Snowden dann die emergenten Praktiken. Also Praktiken, die sich nach und nach entwickeln und anpassen. Im Gegensatz zu komplizierten Problemen kann man hier keine klaren Ursache-Wirkung-Beziehungen im Voraus erkennen. Egal wie gut Berti seine Familie kennt, er wird nie alle Informationen erfassen können, die ihm eindeutig vorhersagen, ob er seinen Sohn mit fünf Euro, mit zehn Euro oder einfach mit einer netten Bitte zum Rasenmähen bewegen kann. Das kann er erst nachher – retrospektiv –, nachdem er es ausprobiert hat. Allerdings sollte er dann auch nicht dem Irrglauben anhängen, dass beim nächsten Mal, wenn der Rasen wieder zu hoch ist, die gleiche Taktik zum gleichen Ergebnis führen wird.

Zuletzt beschreibt Cynefin noch **chaotische Probleme** (links unten in der Abbildung). Hier herrscht wirklich Chaos. Zum Beispiel ist es so gut wie unmöglich vorherzusagen, welches Muster die abgemähten Grashalme in der Auffangbox darstellen werden. Dies ist vollkommen zufällig und auch retrospektiv nicht zu rekonstruieren. Der Dreischritt sieht hier Handeln-Wahrnehmen-Reagieren vor und beschreibt komplett neue Praktiken. Wenn Ihnen das noch nicht chaotisch genug ist, dann können Sie sich noch mit Problemfeldern beschäftigen, die Snowden als Disorder bezeichnet. Hier gibt es keine erkennbaren Vorgehensweisen mehr.

Mit Hilfe des Cynefin-Frameworks können Sie Ihre Herausforderungen einschätzen und so eine passende Vorgehensweise wählen. Problematisch wird es, wenn Sie eine Fehleinschätzung vornehmen, denn dann können sich Probleme, die Sie vielleicht als „einfach“ eingeschätzt haben, schnell als „chaotisch“ herausstellen.

Für einen Überblick reicht es aber aus, ein grundlegendes Verständnis für die Unterscheidung zwischen komplizierten und komplexen Systemen aufzubauen. Mit diesem Verständnis können Sie nun die Taylorwanne noch einmal etwas genauer betrachten und sehen, dass das Scientific Management dort seine Stärken ausspielt, wo komplizierte Probleme zu lösen sind. Taylor war es gelungen, die Probleme wahrzunehmen, zu analysieren und dann Handlungsanweisungen abzuleiten, die dazu führten, dass die komplizierten Probleme sehr effizient gelöst werden konnten. In der anbrechenden Zeit der Wissensarbeit verschoben sich die Probleme mehr und mehr in die komplexe Domäne, wo Disruptionen plötzlich Märkte komplett umwandelten oder neue Technologien alte Lösungen überflüssig machten.

Umgang mit der Komplexität

Als angehender VUCA-Held sind Sie konfrontiert mit zwei großen Herausforderungen. Die erste Herausforderung besteht darin, dass Sie in der Lage sein müssen, das Problem richtig einzuschätzen und zu erkennen, wie es beschaffen ist.

Sie haben gesehen, dass Probleme, die durch Wissen zu beherrschen sind, die Sie analysieren und dann angehen können, komplizierte Herausforderungen darstellen. Dort, wo Sie nur sehr schwer Kausalzusammenhänge erkennen können und mit Wissen allein nicht mehr weiterkommen, begeben Sie sich in ein komplexes Umfeld.

Wenn man diesen Unterschied kennt, dann stellt die Findung einer passenden Strategie zur Problemlösung die zweite Herausforderung dar. Die meisten Strategien zur Problemlösung, die in Erziehung und Ausbildung vermittelt werden, sind eher auf komplizierte Problemstellungen ausgerichtet. Als Schüler wurden Sie darauf vorbereitet, Aufgaben zu analysieren und dann Lösungen dafür zu finden. Wenn Sie sich nicht bewusst sind, dass Sie es mit einem komplexen Problem zu tun haben, dann werden Sie sehr wahrscheinlich auf diese Strategien zurückgreifen, die Sie gelernt und verinnerlicht haben. Lösungsstrategien für komplizierte Probleme sind jedoch nicht geeignet, um komplexe Probleme zu lösen. Vor dieser Herausforderung stehen heute viele Unternehmen.

➤ Tipps für VUCA-Helden

Unterscheiden zu können zwischen komplizierten und komplexen Herausforderungen ist eine Grundvoraussetzung für den Erfolg in der VUCA-Welt.

1. **Finden Sie zuerst heraus, mit was für einer Herausforderung Sie es zu tun haben.**

Orientieren Sie sich an Hilfsmitteln, wie dem vorgestellten Cynefin-Framework, um Ihre Herausforderung einzuschätzen. Falls Sie noch eine etwas andere Sicht bekommen möchten, können Sie sich auch mit der Stacey-Matrix auseinandersetzen[2]. Wenn Sie unsicher sind, ob Sie es mit einem komplizierten oder einem komplexen Problem zu tun haben, deutet dies eher auf ein komplexes Problem hin. Starten Sie mit den Strategien für komplexe Probleme und passen Sie Ihre Vorgehensweise an, wenn Sie neue Erkenntnisse gewinnen.

- Können Sie eindeutige Kausalzusammenhänge erkennen?
- Sind diese Zusammenhänge in der Situation zu erkennen oder nur durch Nachbetrachtung?
- Waren Sie schon mit ähnlichen Herausforderungen konfrontiert und wie haben Sie sie bewältigt?

2. **Schießen Sie nicht mit Kanonen auf Spatzen.**

Sie haben nun ein Gefühl dafür bekommen, wie problematisch es wäre, ein komplexes Problem nicht als solches zu erkennen. Dies könnte Sie dazu verführen, auf Nummer sicher zu gehen und die Strategien für komplexe Probleme auf so ziemlich jedes Problem anwenden, das Ihnen begegnet. Aber emergente Praktiken erfordern viel Kommunikation, Feedback und auch Anpassungen. Wenn ein Problem erkennbar auf eine gewisse Art und Weise zu lösen ist, dann sollten Sie Good Practices einsetzen. Nicht für alle Aufgabenstellungen sind beispielsweise agile Vorgehensweisen hilfreich.

- Ist es für Ihre Aufgabe nötig, Experimente zu fahren oder gibt es Experten, die sehr genau wissen, was erwartet wird und sofort helfen können?
- Die Einschätzung eines Problems ist für sich schon eine komplexe Aufgabe. Wie können Sie sicherstellen, dass Sie schnell erkennen, ob Sie falsch liegen mit Ihrer Einschätzung?

---

2 Stacey (2011).

3. **Wenn Menschen involviert sind, wird die Aufgabe komplex.**

Sie können sich auf eine Faustregel verlassen, die so gut wie immer gilt: Da, wo Menschen involviert sind und unterschiedliche Interessen und Sichtweisen aufeinandertreffen, haben Sie es mit komplexen Herausforderungen zu tun. Menschen und ihr Verhalten sind nicht berechenbar. Sie verhalten sich manchmal – aus der Sicht anderer – irrational und unvorhersehbar. Da in der heutigen Welt der Mensch trotz aller Technologie wieder viel stärker in den Mittelpunkt gerückt wird, können Sie davon ausgehen, dass die Mehrzahl der Herausforderungen komplex ist.

- Treffen in Ihrem Umfeld unterschiedliche Menschen, Perspektiven und Ziele aufeinander?
- Wie viel Kommunikation findet statt?
- Wie sind die Beziehungen zwischen den Menschen beschaffen?
- Wenn Sie nicht all diese Faktoren kontrollieren können, wie können Sie dann darauf hinwirken, dass Sie schnell merken, wenn etwas Unvorhergesehenes passiert?

Die VUCA-Welt

Ich habe jetzt schon häufiger den Begriff VUCA-Welt verwendet. Wahrscheinlich haben Sie auch schon einen ziemlich guten Eindruck davon bekommen, was ich damit meine. Lassen Sie uns nun ein wenig genauer hinsehen, wie diese VUCA-Welt eigentlich beschaffen ist.

Gefühlt ist alles schneller geworden, hektischer, kurzlebiger. Während Gelehrte im Mittelalter noch in der Lage waren, sich das gesamte verfügbare Wissen der Menschheit im Laufe ihres Lebens anzueignen, ist dies heutzutage bei der Vielzahl an Informationen sogar in sehr eng eingegrenzten Fachgebieten nicht mehr möglich. Diese Veränderung führt zu einem Anstieg von Komplexität und Dynamik und bewirkt, dass die bewährten Mechanismen an Wirkung verlieren oder sogar hinderlich werden.

Die Faktoren – Volatilität, Unsicherheit und Mehrdeutigkeit – werden gerne gemeinsam mit der Komplexität genannt, um die Herausforderungen der Umwelt zu beschreiben. In einer amerikanischen Militärhochschule tauchte Ende der 1990er Jahre ein Akronym auf, das heute in aller Munde ist und die maßgeblichen Eigenschaften dieser Umwelt auf die vier Bestandteile herunterbricht: VUCA. Schauen wir uns diese vier Bestandteile einmal genauer an.

Volatilität

Sucht man nach Synonymen für Volatilität, findet man Begriffe wie Schnelllebigkeit, Unbeständigkeit und Flüchtigkeit. Die Welt um uns herum ist in ständiger Veränderung. Dabei können schon kleinste Veränderungen unvorhersehbare Auswirkungen mit sich führen. Solche Veränderungen ereignen sich immer häufiger und ihre Auswirkungen sind, wegen der Verflechtungen und Zusammenhänge, oft sehr weitreichend.

Große Unternehmen und Marktführer, die gestern noch ganze Branchen beherrscht haben, verschwinden von der Landkarte. Vielleicht haben Sie auch von dem Schicksal der einstigen Riesen Nokia oder Kodak gehört. Nokia war lange Jahre Marktführer mit seinen Mobiltelefonen und hatte für das erste Smartphone, das auf den Markt kam, nicht viel mehr als ein Schmunzeln übrig. An entscheidender Stelle glaubte niemand daran, dass sich ein Telefon ohne Tasten durchsetzen würde. Und auf dem kleinen Bildschirm würde man auch sicher nicht im Internet surfen oder Videos schauen. Nokia sollte eines Besseren belehrt werden und brauchte Jahre, um wieder einigermaßen auf die Füße zu kommen. Kodak war es einige Jahre zuvor ähnlich ergangen. Man war Marktführer für Fotofilme und wähnte sich nahezu unverwundbar. Also redete man sich ein, niemand würde auf diese neuen Digitalkameras setzen und lief geradewegs in die Bedeutungslosigkeit, als sich diese Annahme als völlige Fehleinschätzung herausstellte.

So wie den beiden Größen vergangener Tage ging es mehr als der Hälfte der Fortune-500-Unternehmen seit dem Jahr 2000[3]. Und die Prognosen deuten eine Fortführung, wenn nicht sogar eine Verstärkung dieses Trends an. Die durchschnittliche Zeit, die ein Unternehmen überlebt, liegt schätzungsweise bei 15 Jahren.

Vor diesen Herausforderungen stehen die Unternehmen mit ihren strategischen Produktentscheidungen ständig. Wenn ein übereifrig twitternder Präsident in der Lage ist, mit einer unbedachten (oder vielleicht doch genau kalkulierten) Äußerung die Aktienmärkte und ganze Wirtschaftszweige zu lenken, dann wird schnell offensichtlich, dass unsere Welt sehr volatil daherkommt.

Unsicherheit

Sie benötigen nicht viel Fantasie, um sich vorzustellen, dass diese Volatilität zu einer enorm großen Unsicherheit führt. Prognosen, die auf Daten der Vergangenheit beruhen, werden plötzlich wertlos, weil sich die Voraussetzungen jederzeit verändern können. Diejenigen, die an verantwortungsvollen Stellen in Wirtschaft und Gesellschaft stehen, stehen vor der entscheidenden Frage, wie sie überhaupt noch sinnvolle Entscheidungen treffen sollen, bei dieser herrschenden Unsicherheit über die Entwicklungen.

---

3 Digitale Transformation: 100-Milliarden-Dollar-Markt bis 2020 mit „Winner-takes-it-all"-Effekt | Kroker's Look @ IT. In: blog.wiwo.de, 30.01.2019.

Nicht nur für die Unternehmen, sondern auch für jeden einzelnen Menschen, steigt die Unsicherheit. Waren früher noch gesicherte Arbeitsplätze und lineare Karriereverläufe die Norm, steigt die Angst davor, keinen Platz mehr in der Arbeitswelt von morgen zu finden und ausgemustert zu werden. Wird der Zeitungsredakteur noch gebraucht, wenn digitale Magazine den Markt übernehmen? Was macht die Taxifahrerin, wenn Uber sich durchsetzt?

Glaubt man den Experten, dann fallen in Zukunft eine Vielzahl von Arbeitsplätzen der Digitalisierung zum Opfer. Was sollten also Kinder heute lernen, damit sie in einer unvorhersehbaren Arbeitswelt der Zukunft nicht unvermittelbar sind? Ist unsere Gesellschaft darauf vorbereitet? Der Unterschied zu früheren Zeiten ist, dass die Veränderungen viel schneller über uns hereinbrechen, die Auswirkungen sichtbar werden und die Nachrichten darüber sich viel schneller verbreiten.

Sie können beobachten, dass eine große Unsicherheit sich in allen Bereichen breitmacht. die spannende Frage, auf die wir später noch eingehen, ist, wie diese Unsicherheit sich letztendlich auswirkt. Sind die Menschen in der Lage, die Unsicherheit auszuhalten und Strategien zu entwickeln, damit umzugehen? Oder rufen sie nach Fixpunkten und starken Anführern, die ein Gefühl der Sicherheit geben?

Komplexität

Die hohe Volatilität führt dazu, dass Ursache-Wirkung-Zusammenhänge nur noch sehr schwer zu überschauen sind. Selbst für Computer, die eine große Zahl unterschiedlicher Ereignisse verarbeiten können, ist es in Echtzeit nicht möglich, klare Vorhersagen daraus abzuleiten. Eine einzige neue Idee kann ein ganzes Businessmodell in eine Krise stürzen.

Die Unsicherheit trägt einen beträchtlichen Anteil zur Komplexität bei. In der Regel sind Menschen an der Lösung komplexer Probleme beteiligt. Dadurch wirken ihre Einstellungen und Beziehungen sich aufeinander aus und können die Zusammenarbeit beeinflussen, was wiederum die Komplexität weiter erhöht. Es wird oft vom Flügelschlag des Schmetterlings erzählt, der einen Sturm auf einem entfernten Kontinent auslösen kann. Manchmal können sehr kleine Handlungen zu großen Auswirkungen führen. Dieses Bild ist der Chaos-Theorie entliehen, zeigt aber sehr schön, dass wir in der VUCA-Welt eher in komplexen (und manchmal chaotischen) Umfeldern sind und nur noch sehr selten in komplizierten.

Ambiguität

Ambiguität – oder auch Mehrdeutigkeit, Vieldeutigkeit – ist ebenfalls so allgegenwärtig in unserer Umwelt, dass sie es in das Akronym VUCA geschafft hat. Diese Vieldeutigkeit entsteht dadurch, dass Ihnen zwar eine schier unbegrenzte Zahl an Daten und Informationen zur Verfügung steht, diese allerdings erst sinnvoll ausgewertet und verarbeitet werden muss, um Sinn zu ergeben.

Kennen Sie das Kinderspiel „Teekesselchen"? Hierbei geht es darum, Wörter zu erraten, die mehrdeutig sind. Ein Spieler macht eine Aussage, in der er das gesuchte Wort beschreibt und durch „Teekesselchen ersetzt". Ein anderer Spieler muss das Wort dann erraten. Zum Beispiel könnte ich Folgendes sagen: „Auf meinem Teekesselchen kann man sitzen und Geld finden". Gesucht wäre hier eine Bank, die im Park stehen kann und mir eine Sitzgelegenheit bietet und die, eine Straßenecke weiter als Institution, mein Erspartes bewacht.

Wenn Sie nun Daten haben, dann ist eine Mehrdeutigkeit problematisch, wenn Sie nicht genug Kontext haben, um diese Mehrdeutigkeit zu entschlüsseln. Wenn ich nur das Wort „Bank" in den Raum werfe, dann ist für Sie unmöglich zu entscheiden, ob ich die Sitzgelegenheit oder das Gebäude meine. Die Aussage „Ich war bei der Bank", hilft Ihnen auch noch nicht wirklich weiter. Wenn aber der folgende Satz ergänzt wird: „Dort habe ich mich ein wenig ausgeruht und die Leute im Park beobachtet", dann nehmen Sie korrekterweise an, dass ich die Sitzgelegenheit meint. Eine Schlussfolgerung daraus könnte nun sein, dass ich noch nicht die fünfzig Euro abgehoben habe, die ich Ihnen schulde. Somit könnten Sie auch Annahmen treffen, die mit hoher Wahrscheinlichkeit zutreffen.

Wird der Sinn eindeutiger, je mehr Daten und je mehr Kontext Sie bekommen? Spielen wir das Spielchen einmal weiter und erhöhen die Mehrdeutigkeit. „Ich war bei der Bank und habe bemerkt, dass ich keine Kohle hatte." War ich jetzt im Gebäude und wollte Geld abheben (das leider nicht mehr da war) oder habe ich mich mit Freunden im Park zum Grillen an der Parkbank getroffen und die Grillkohle vergessen?

Ich denke, Sie sehen, wo das Problem mit Vieldeutigkeit liegt. Nun ist es heute zum Glück möglich, mit modernen Technologien eine enorm große Zahl unterschiedlicher Daten zu erheben und diese auswerten zu lassen (Big Data). Durch ausgefeilte Algorithmen können so ganze Persönlichkeitsprofile erstellt und Vorlieben ermittelt werden, die dann zum Beispiel für personalisierte Werbung genutzt werden. Dies wiederum erlaubt es den Anwendern, ein möglichst gutes, auf Sie abgestimmtes Angebot zu platzieren.

Dennoch können diese Algorithmen auch komplett danebenliegen. Und sie erlauben auch keine treffgenaue Vorhersage für die Zukunft, nur statistische Wahrscheinlichkeiten. Alle Daten müssen nach wie vor interpretiert werden und da besteht die Chance, dass die Interpretation falsch ist.

Aber nicht nur in Big Data zeigt sich ein Effekt von Vieldeutigkeit. In nahezu allen wichtigen Fragen gibt es kein richtig oder falsch, schwarz oder weiß. Auf welchen Daten und auf welchen Grundlagen sollten Sie eine Entscheidung fällen? Die politischen Parteien nähern sich immer mehr der Mitte an (zumindest die einst großen Volksparteien), die Unternehmen fordern Eigenverantwortung, behandeln die Mitarbeiter aber oft wie kleine Kinder, Offenheit gegenüber anderen Kulturen wird verlangt, gleichzeitig soll aber die eigene Kultur nicht vergessen werden, ... Wie entscheidet man sich hier richtig? Es gibt keine eindeutige Antwort.

➤ Tipps für VUCA-Helden

Die VUCA-Welt ist allgegenwärtig und als VUCA-Held sollte man seine Umwelt kennen.

1. **Beobachten Sie Ihre Umwelt und finden Sie Beispiele für VUCA.**

Seien Sie aufmerksam, was um Sie herum geschieht und halten Sie die Augen offen. Oftmals sehen wir den Wald vor lauter Bäumen nicht. Nur wenige Dinge verändern sich so radikal, dass sie sofort als massive Veränderung erkannt werden. Wenn Sie aber die Perspektive wechseln (oder den Zeitrahmen), dann werden sie vielleicht deutlicher.

- Wo sehen Sie Beispiele für Volatilität?
- Wo sehen Sie Beispiele für Unsicherheit?
- Wo sehen Sie Beispiele für Komplexität?
- Wo sehen Sie Beispiele für Ambiguität?

2. **Nehmen Sie eine entspannte Haltung ein.**

Sehen Sie die VUCA-Welt nicht nur als Bedrohung, sondern auch als Chance. Machen Sie sich bewusst, wo die Risiken und wo die Möglichkeiten liegen. Schauen Sie sich dabei auch Ihr Umfeld an. Wie verhalten sich die Menschen, mit denen Sie zu tun haben? Sind sie sich der Herausforderung bewusst?

- In Bezug auf Ihr Vorhaben, welche Herausforderungen stellt VUCA?
- In Bezug auf Ihr Vorhaben, welche Chancen bietet VUCA?
- Wie können Sie das Risiko minimieren und die Chancen am besten nutzen?
- Wie gehen Sie damit um, wenn Menschen in Ihrem Umfeld (scheinbar) noch nicht auf VUCA vorbereitet sind? Wie können Sie ihnen helfen, ihre Umwelt besser zu verstehen?

Ein Paradigmenwechsel vollzieht sich

Die Digitalisierung ist in aller Munde, doch für viele Menschen ist gar nicht so recht zu greifen, was eigentlich darunter zu verstehen ist. Für viele ist Digitalisierung untrennbar mit neuen, digitalen Technologien verbunden. Andere verbinden damit eine Reihe neuer Geschäfts- und Businessmodelle. Wieder andere sehen darin eine Veränderung der Rolle des Menschen in der Arbeitswelt und in der Gesellschaft. Wahrscheinlich haben alle zum Teil Recht mit ihrer Annahme, denn die Digitalisierung hat Auswirkungen in all diesen Bereichen.

Ganz ähnlich wie die Industrialisierung, die nicht nur neue Möglichkeiten der Produktion hervorbrachte, sondern auch gesellschaftlichen Wandel bewirkte, trifft dies auch auf die Digitalisierung zu. Nicht umsonst werden oft auch die Begriffe *Industrie 4.0* oder *vierte industrielle Revolution* mit der Digitalisierung synonym verwendet.

Die VUCA-Welt macht ein Umdenken in sehr vielen Bereichen notwendig. Besonders wenn Sie die Paradigmen, die noch aus den Zeiten der Industrialisierung stammen und in vielen Organisationen noch vorherrschen, betrachten, wird klar, dass die zugrundeliegenden Annahmen, Werte und Prinzipien in vielen Branchen und Domänen nicht mehr zeitgemäß sind und früher oder später zu Problemen führen werden[4].

Neue Paradigmen für die Arbeitswelt

Svenja Hofert bringt die Unterschiede zwischen Industrialisierung und Digitalisierung ganz treffend auf den Punkt (Hofert 2018a):

klassisches Paradigma	**neues Paradigma**
Eine einzelne Arbeitskraft muss Leistung bringen.	Das Team muss innovativ sein.
Arbeiten als Erwerbsarbeit	Arbeiten als Sinnerfüllung
Produktion und Verwaltung führen zu Wertschöpfung.	Innovation und Kommunikation führen zu Wertschöpfung.
Die Leistung des Einzelnen muss optimiert werden.	Die Leistung des Teams muss optimiert werden.
Delegationsprinzip ist die Aufgabenverteilung.	Delegationsprinzip ist die Verantwortungs-übergabe.
Wissen bedeutet Macht.	Können bedeutet Macht.
Homogenität schafft Nähe.	Heterogenität schafft Leistung.
Mitarbeiter haben sich unterzuordnen.	Mitarbeiter sollten proaktiv sein.
Leistung ist die Aufgaben- und Zielerfüllung.	Leistung ist die kontinuierliche Entwicklung und Verbesserung.
Eindeutigkeit ist die Grundlage.	Mehrdeutigkeit ist die Grundlage.

Tab. 1: Paradigmenwechsel nach Svenja Hofert

Lassen Sie uns diese grundlegenden Paradigmenwechsel einmal genauer anschauen.

4 Natürlich gibt es nach wie vor noch Bereiche, die (noch) nicht vom Wandel betroffen sind. Die folgenden Ausführungen beziehen sich daher auf die Bereiche, in denen die klassischen Managementmodelle zunehmend an ihre Grenzen stoßen.

Teamleistung ist wichtiger als Einzelleistung

Während Taylors Zeitgenossen großen Wert darauf legten, dass der einzelne Arbeiter Leistung bringen musste, setzt sich in der Digitalisierung die Erkenntnis durch, dass nicht die Leistung des Einzelnen im Mittelpunkt stehen darf, sondern innovative Teamleistung. Die Arbeitsaufgaben, mit denen man es in der Regel in der Industrialisierung zu tun hatte, konnten leicht in Einzelschritte zerlegt werden und das Ergebnis bestand aus der Summe dieser Einzelleistungen. Somit konnte das System optimiert werden, indem die Einzelleistungen verbessert wurden. Allerdings trifft diese Voraussetzung nicht auf die komplexen Aufgaben zu, die heute zunehmend den Arbeitsalltag in sehr vielen Bereichen bestimmen. Bei komplexen Herausforderungen sind Teams um ein Vielfaches effektiver als Einzelkämpfer.

Abb. 3: Vom Einzelnen zum Team

Daher wandert der Fokus weg vom Individuum und hin zum Team als kleinste Einheit einer Organisation. In modernen Organisationen zeichnen sich Teams dadurch aus, dass die Teammitglieder gemeinsame Ziele verfolgen, die sie als Einzelkämpfer entweder nur sehr schwer oder gar nicht erreichen könnten. Solche Teams sind, wenn sie funktionieren, von enormem Wert für das Unternehmen, denn die Leistung des Teams ist mehr als die Summe der Leistungen der Teammitglieder. Besonders, wenn es daran geht, innovative Lösungen zu entwickeln, sind Teams fast immer Einzelnen überlegen. Dementsprechend ist es nicht weiter verwunderlich, dass aus der Sicht einer Führungskraft in der Digitalisierung nicht die Leistung eines jeden Einzelnen zu optimieren ist, sondern die Leistung des Teams. In Wahrheit kann es sogar die Gesamtleistung reduzieren, wenn man sich auf die Optimierung von Einzelleistungen konzentriert, da man es mit Effekten der Teamdynamik zu tun bekommt.

Sinnerfüllung ersetzt Erwerbsarbeit

In den Zeiten der Industrialisierung bestand die Hauptmotivation zu arbeiten darin, Geld zu verdienen, um die Familie zu ernähren. Aufgrund der gesellschaftlichen Umstände, die oftmals Bildung zu einem Privileg wohlhabender Familien machte, gab es für einen Großteil der Menschen keine große Auswahl an Alternativen, was die Wahl ihrer Arbeitsplätze betraf. Es handelte sich um die klassische Erwerbsarbeit, die als Hauptziel die Existenzsicherung hatte.

Abb. 4: Von Erwerbsarbeit zur Sinnerfüllung

Die Menschen in der Wissensgesellschaft finden sich in einer anderen Situation wieder. Es gibt viele gut ausgebildete Fachkräfte, die sich ihren Arbeitgeber aussuchen können. Die Unternehmen wetteifern um die besten Kräfte auf dem Arbeitsmarkt. Daher lernen immer mehr Personalentscheider, dass sie sich attraktiv machen müssen für Bewerber. Diese sehen hingegen die Arbeit nicht mehr als reine Existenzsicherung an. Viele Menschen streben nach Selbstverwirklichung und suchen einen Arbeitsplatz, der ihnen eine Sinnerfüllung bietet.

Können ist wichtiger als Wissen

In der Industrialisierung gab es keinen Zweifel: hier sorgten die Produktion und die notwendige Verwaltung für die Wertschöpfung. Je mehr die Arbeiter innerhalb einer bestimmten Zeit herstellen konnten, desto mehr Wert wurde für das Unternehmen geschaffen. Gespräche und soziale Interaktionen untereinander waren nicht nötig und hinderten auch eher dabei, effizient die Arbeit zu erledigen.

Abb. 5: Von Wissen zu Können

In der Digitalisierung sieht dies grundlegend anders aus. Wertschöpfung ist in erster Linie nicht mehr definiert durch die Produktion und die Verwaltung, sondern durch Innovation und Kommunikation. Menschen, die miteinander reden und kollaborieren und dabei innovative Ideen entwickeln, sind ein entscheidender Faktor auf den globalen Märkten.

Dieser **Paradigmenwechsel** ist nicht zu unterschätzen, da Generationen von Managern dafür ausgebildet wurden, Effizienz zu betonen. Da, wo Produkte auf dem Fließband montiert werden, macht dies auch durchaus Sinn. In der Wissensarbeit geht es aber nicht darum, komplizierte Dinge zusammenzusetzen, sondern komplexe Probleme zu lösen. Softwareentwicklung, die sich mit neuen Funktionalitäten beschäftigt, findet zum Großteil statt, wenn die zuständigen Entwickler gemeinsam Ideen generieren, wie ein Problem gelöst werden kann. Dies sind Gespräche, die prinzipiell überall stattfinden können: im Teamraum, in der Kaffeeecke, in der Mittagspause oder beim Feierabendbier. Hier entsteht die Lösung, die dann nur noch handwerklich umgesetzt werden muss. Für den effizienzgetriebenen Manager wirkt es aber so, als würden die Entwickler gerade nicht arbeiten. Sie stehen an der Kaffeemaschine und arbeiten gerade nicht am Produkt. Erst wenn der Manager den Paradigmenwechsel vollzieht und versteht, dass Wissensarbeit sich grundlegend von der Produktion unterscheidet, wird er auch in der Lage sein, die notwendigen Rahmenbedingungen zu schaffen.

Die Zeiten haben sich geändert und in den Zeiten der Digitalisierung ist Wissen zu großen Teilen im Internet frei verfügbar. Die Probleme sind komplexer geworden und Zusammenhänge sind sehr schwer zu erkennen. In diesem Umfeld hat der Wert von „Wissen" an Bedeutung verloren. Was in diesem Kontext zählt ist „Können". Die wenigsten Menschen werden durch das Lesen eines Buches über Kreativität über Nacht zum großen Innovator. Aber durch Anwendung und Ausprobieren von Kreativitätsmethoden können sie diese Fähigkeiten entwickeln.

Wenn Sie in einem Team sehr viele „Könner" haben, dann fällt es Ihnen auch leichter, eine deutlich effektivere Art der Delegation zu nutzen. Um dies zu verdeutlichen, lassen Sie uns noch einmal einen kurzen Blick in die Zeiten der Industrialisierung werfen. Nachdem im Arbeitsbüro eine optimale Vorgehensweise zur Erledigung einer Aufgabe erarbeitet worden war, ging Frederick Taylor zu dem entsprechenden Arbeiter und erklärte ihm haarklein, wie er die Aufgabe zu erledigen habe. Der Arbeiter hörte gut zu und tat dann genau das, was Taylor ihm mitgeteilt hatte. Dieses Prinzip nennt man Aufgabendelegation. Das Problem ist, dass diese Art der Delegation sehr ineffizient ist. Denn wenn eine Aufgabe delegiert wird, dann muss derjenige, der sie abgibt, auch schon den Lösungsweg mit übergeben und am Ende sicherstellen, dass die Aufgabe auch zur Zufriedenheit erledigt ist. Man spart dadurch zwar Zeit und Kraft, muss aber immer noch eine Menge Aufwand investieren, um zu kontrollieren, ob das gewünschte Ziel erreicht wurde.

Besser wäre, statt Aufgaben die **Verantwortung** zu delegieren[5]. Das bedeutet, dass nicht mehr eine Liste von Arbeitsschritten an eine weitere Person übergeben wird, sondern dass man dieser Person den erreichten Zielzustand und die Erwartungshaltung vermittelt und ihr dann den Freiraum lässt, dieses Ziel so zu erreichen, wie sie es für sinnvoll erachtet. Diese Person übernimmt dann Verantwortung für das Ergebnis. Diese Art der Delegation ist der Aufgabendelegation um ein Vielfaches überlegen. Sie gründet sich auf Vertrauen und Proaktivität und nicht auf Anweisung und Kontrolle. Dadurch kann derjenige, der delegiert, seine Zeit und Aufmerksamkeit auf andere Dinge richten und sich auf die Menschen verlassen, die sich um die Erreichung der Ziele kümmern.

5 Wobei die formale Verantwortung beim Delegierenden bleibt, die Verantwortung für die Umsetzung hingegen delegiert wird.

Hierarchie und Balance

In der industriellen Produktionshalle war es nicht gern gesehen, wenn ein Arbeiter mitdachte oder Anweisungen in Frage stellte. Die Aufgaben waren klar verteilt, und die des Arbeiters bestand darin, Anweisungen auszuführen und das Denken dem Arbeitsbüro zu überlassen. In vielen klassischen Organisationen findet man Überbleibsel dieser Haltung, die sich darin zeigen, dass Entscheidungen auf bestimmten Hierarchieebenen getroffen werden und es nicht gern gesehen wird, wenn sie in Frage gestellt werden. Die Position im Organigramm liefert die Berechtigung, nicht die Fachkenntnis und Expertise der Person.

Abb. 6: Von Hierarchie zu Vernetzung

Was in komplizierten Umfeldern noch sehr effizient funktioniert haben mag, erweist sich im komplexen Umfeld als problematisch. Daher ermutigen moderne Organisationen ihre Mitarbeiter dazu, mitzudenken und querzudenken. Sie fördern Eigentümerkultur und Proaktivität und geben ausreichend Freiräume. Das klassische Organigramm ist oft noch für rechtliche Verbindlichkeiten und Fragen der Compliance vorhanden, aber die Mitarbeiter arbeiten auf Augenhöhe miteinander.

Stephen R. Covey unterscheidet zwischen P, der **Produktion**, und PK, der **Produktionskapazität** (Covey 2018). Anhand der Geschichte der goldenen Gans macht er sehr schön deutlich, dass eine zu große Konzentration auf die Produktion dazu führt, dass man vor lauter Gier die Gans schlachtet, um an die goldenen Eier in ihr zu gelangen. Dummerweise ist die Gans dann tot. Man hat zwar schnell einen kurzfristigen Erfolg erzielt, aber leider ist dann Ende mit den goldenen Eiern. Daher muss man auch genug Aufmerksamkeit auf die Pflege der Gans verwenden, auch wenn es erst wieder dauern wird, bis man ein goldenes Ei bekommt. Traurige Realität in vielen klassischen Unternehmen ist, dass kurzfristige Erfolge gesucht werden und dabei die langfristigen Entwicklungen nicht berücksichtigt werden. P und PK geraten aus dem Gleichgewicht.

In agilen Organisationen ist die Erkenntnis eingekehrt, dass das größte Kapital die Menschen darstellen, die helfen, die Ziele zu erreichen. Als Leistung wird hier nicht die Produktion, sondern die kontinuierliche Entwicklung angesehen, die dazu führt, dass PK sich erhöht, was dann auch die Verbesserung von P nach sich zieht. Stephen Covey berichtet von einem Gespräch zwischen zwei Managern, von denen der eine unsicher fragt: „Aber was ist, wenn wir alle unsere Mitarbeiter weiterentwickeln und sie dann unser Unternehmen verlassen?“ Woraufhin der andere antwortet: „Ja, aber was, wenn wir es nicht tun und sie alle bleiben?“

Eindeutigkeit und Mehrdeutigkeit

Für die Lösung einer Aufgabe in den Produktionshallen des 20. Jahrhunderts konnte sehr genau definiert werden, welche Fähigkeiten die Person haben musste, die die Arbeit verrichten sollte. So konnte man für gewisse Arbeiten ganz gezielt nach Menschen mit sehr passenden (und daher auch ähnlichen) Fähigkeiten suchen. Man konnte so etwas wie Prototypen erkennen, die die Arbeit am effizientesten erledigen würden und strebte danach, so viele Arbeiter wie möglich zu finden, die diesem Prototyp möglichst nahekamen, strebte also bewusst oder unbewusst nach Homogenität.

Abb. 7: Von Eindeutigkeit zu Mehrdeutigkeit

Die Aufgaben in der Digitalisierung erfordern hingegen, dass unterschiedliche Disziplinen zu einer Lösung beitragen. Innovation entsteht aus Diversität. Natürlich bringt das Reibung mit sich, die in einer klassischen Organisation möglichst vermieden werden soll, da sie die Effizienz senkt. Aber in einem innovativen Umfeld entsteht durch die Reibung auch viel Neues. Die Diskussionen und Reibungen werden nicht als störend, sondern als Vorteil erlebt. Daher verlangt die Digitalisierung nach Heterogenität. Diese kritische Auseinandersetzung und Reibung, die Bestehendes hinterfragt und neue Perspektiven einbringt, hat einen weiteren positiven Effekt.

Prozesse und Regeln entstehen meistens aus gutem Grund. Jemand hat eine wichtige Beobachtung gemacht oder aus einem Missgeschick gelernt. Das wird verallgemeinert, in eine Regel gefasst und somit wird anderen geholfen, dass sie nicht in die gleiche Falle tappen. Manchmal basieren Regeln auch auf Prinzipien, die in Regeln gegossen werden. Die Regeln haben dann den Vorteil, dass nicht jeder die Prinzipien verstanden haben muss oder sie teilen muss. Die Regeln sagen eindeutig, wie etwas zu erledigen ist. Aber wer mit offenen Augen durch die großen Unternehmen geht, der wird mit an Sicherheit grenzender Wahrscheinlichkeit irgendwelche Regeln oder Prozesse finden, die komplett unsinnig erscheinen. Vielleicht hat sich mittlerweile ein Tool verändert und der Grund, warum eine Regel eingeführt wurde, ist gar nicht mehr vorhanden. Aber niemand von den initialen Regelaufstellern ist mehr da oder man erinnert sich schlicht und einfach nicht mehr an die Regel, wenn man das Tool wechselt. Und so führen die Mitarbeiter wieder und wieder unsinnige Arbeiten aus, nur weil die Prozesse und Regeln das von ihnen verlangen.

Indem man weniger Wert auf Regeln legt, dafür aber **Werte und Prinzipien** vermittelt und gemeinsam diskutiert, gibt man den Mitarbeitern mehr Freiheiten und vermeidet einschränkende oder unsinnige Regeln. Allerdings erfordert dies einen höheren Aufwand, denn man muss sicherstellen, dass jeder Mitarbeiter die Werte und Prinzipien verstanden hat, damit er in den entsprechenden Fällen auch gemäß dieser handeln kann. Hier findet man sich mitten in der VUCA-Welt wieder, denn man akzeptiert die Mehrdeutigkeit (Ambiguität) und nutzt diese sogar zu seinem Vorteil. Dadurch können neue Wege der Zusammenarbeit, neue Produkte und innovative Ideen entstehen, anstatt in eindeutig definierten Regeln und Prozessen unterzugehen.

Treffen der Generationen

Die beschriebenen neuen Paradigmen sind keine Selbstläufer. Die verantwortlichen Menschen müssen sich emotional und gedanklich darauf einlassen. Je passender die eigenen Werte und Ansichten zu den neuen Paradigmen sind, desto leichter wird dies fallen. Einstellungen und Weltanschauungen hängen oftmals auch mit den Zeiten und Umständen zusammen, in denen Menschen aufgewachsen sind. Mit der Welt um sie herum verändern sich auch die Menschen, die in ihr leben. Je nachdem, in welche Zeit ein Mensch geboren wurde, fand er sich in unterschiedlichen Realitäten wieder und betrachtete die Dinge anders als vorhergehende oder nachfolgende Generationen. In der heutigen Welt treffen vier Generationen aufeinander, die durch die gesellschaftlichen und technologischen Verhältnisse zur Zeit ihrer Kindheit und Erziehung geprägt wurden.

Die Generation, die nach dem Ende des zweiten Weltkriegs bis ungefähr 1965 geboren wurde, wird als die **Babyboomer** bezeichnet. Der Name leitet sich von den geburtenstarken Jahrgängen ab, die in vielen Ländern nach Beendigung eines Krieges auftraten, so auch im Deutschland der Nachkriegszeit. Historisch fanden sich die Menschen in einer Zeit des Aufbruchs und des Wirtschaftswunders wieder. Durch die großen Jahrgänge herrschte ein großer Wettbewerb. Wer aus der Masse herausstechen wollte, musste um Aufmerksamkeit buhlen.

Konkurrenz und Individualismus werden daher als wichtig angesehen von Vertretern dieser Generation. Babyboomer streben nach Sicherheit, Kontrolle und Macht. Die Arbeit wird in den Vordergrund gerückt und nicht selten sind die Vertreter dieser Generation ein schönes Beispiel für die – in Führungspositionen nicht selten anzutreffende – Spezies der Workaholics.

Dieses starke Streben und der Arbeitseifer bezieht sich in der Regel auf sehr individuelle Karrierepfade und Ziele. Wenn es darum geht, tiefgreifende Veränderungen in der Gesellschaft zu initiieren, sind die Babyboomer deutlich zurückhaltender. Sozialpsychologen charakterisieren die Babyboomer gar als sehr indifferent und ohne den Glauben daran, dass die Gesellschaft von einer kleinen Gruppe verändert werden könne. Aus diesem Grund werden wenige Veränderungsinitiativen gestartet, um auch keiner großen Enttäuschung zu erliegen[6].

---

6 Wikipedia, Baby-Boomer. In: de.wikipedia.org, 01.02.2019.

Auf die Babyboomer folgt die **Generation X,** die bis in die 1980er Jahre reicht. Der Name für diese Generation wurde populär durch den gleichnamigen Roman von Douglas Coupland (Coupland 1994). Diese Generation ist dadurch charakterisiert, dass sie ohne Kriegswirren aufwuchs, aber für die ökonomischen und ökologischen Sünden der vorherigen Generationen aufkommen muss. Sie erlebte ihre Kindheit in Zeiten der Wirtschaftskrise und des kalten Krieges.

Vertreter der Generation X zeichnen sich dadurch aus, dass sie weniger Wert auf Statussymbole legen und einen Lebensstil bevorzugen, der von Bescheidenheit und Einfachheit geprägt ist, beziehungsweise diese sogar als neues Statussymbol hervorhebt. Im Gegensatz zu den Boomern wird die Arbeit nicht vor alle anderen Bedürfnisse gestellt, sondern eher als Mittel zum Zweck angesehen. Daher legt man einen großen Wert auf eine gesunde Work-Life-Balance und damit einhergehend auf viele Freiheitsgrade in der Arbeitsgestaltung.

Während die beiden vorhergehenden Generationen noch den sogenannten „Digital Immigrants" angehören, erschienen ab 1980 die ersten „Digital Natives" auf der Bildfläche. Zur **Generation Y** gehört grobgesagt, wer von 1980 bis Mitte oder Ende der 1990er Jahre geboren ist. Der Name dieser neuen Generation ist gut gewählt: zum einen setzt er die naheliegende, fortlaufende Benennung als Folgegeneration zu Generation X fort. Zum anderen bezieht er sich auf die Aussprache des Buchstaben Y im Englischen, wo es dem Wort „Warum" (Why) entspricht. Dies ist ein Merkmal dieser Generation, die sich sehr stark einer Sinnsuche verschrieben hat.

Die Arbeit stellt für Generation Y mehr dar als nur Erwerbstätigkeit, sie muss zugleich auch Sinnerfüllung bieten. Für sie verschmelzen dann Arbeit und Privatleben und aus einer Work-Life-Balance wird dann eher die Work-Life-Blend, eine Vermischung von Berufs- und Privatleben. Es wird erwartet, dass auch am Arbeitsplatz Raum für private Dinge vorhanden ist. Im Umkehrschluss werden auch gerne Projekte und Aufgaben mit in den privaten Raum genommen und dort fortgeführt. Gleichzeitig sind auch die Freizeit und die privaten Beziehungen für Vertreter der Generation Y von sehr hohem Wert. Aber durch einen großen Freiraum und viel Flexibilität, den sie von ihrem Arbeitgeber erwarten, verteilen sie ihre Aufmerksamkeit so, dass beides nicht zu kurz kommt.

Durch viele Krisen, Konflikte und Kriege, die durch die Medien in ihrer Kindheit sehr präsent waren, hat diese Generation schon früh gelernt, mit Unsicherheiten umzugehen und sich mit nicht eindeutigen Situationen anzufreunden. Man hat gelernt, sich möglichst viele Optionen offenzuhalten und zu taktieren. Dadurch ist die Unsicherheit, die in der VUCA-Welt ständig ansteigt, von frühester Kindheit ein vertrauter Begleiter der Generation Y. Dies zeigt sich auch in den Lebensläufen, die bei weitem nicht die lückenlose Linearität der Lebensläufe ihrer Eltern aufweisen. Y'er neigen dazu, Entscheidungen so zu treffen, dass sie den größten Vorteil für ihr eigenes Wohlbefinden daraus ziehen können.

Für den Arbeitsmarkt rüsten sich die Y'er durch eine hohe Bildung. Dies zeigt sich zum einen in den hohen Zahlen der Abiturienten, zum anderen in der Zahl der

Studierenden. Unterstützt durch ihre Eltern, die den Wert eines hohen Abschlusses als Eintrittskarte in ein selbstbestimmtes Leben anpreisen, begeben sich die Vertreter der Generation Y auf die Jagd nach Zeugnissen und Zertifikaten. Nicht selten führt dies aber auch dazu, dass dem Stück Papier, auf dem eine Leistung bescheinigt wird, den Y'ern mehr Wert ist als das dabei erworbene Wissen und die Fähigkeiten. Aber es bringt sie in ihrer Karriere voran. So sind heute sehr viele (zumindest auf dem Papier) gut ausgebildete Y'er auf dem Arbeitsmarkt. Das bevorzugte Arbeitsumfeld besteht aus flachen Hierarchien und Teams, wo niemand Vorschriften macht und die Y'er sich entfalten können. Dabei sind sie bereit, hart zu arbeiten, solange sie einer sinnhaften Tätigkeit nachgehen, und sich ständig weiterbilden können.

Die Y'er sind aufgewachsen mit Computern, Spielekonsolen und elektronischen Medien. Auf den ständig verfügbaren Smartphones tummeln sie sich in sozialen Netzwerken, wo sie Kontakte knüpfen, lernen und ihre Persönlichkeit entwickeln. Hier sind sie den vorhergegangenen Generationen deutlich überlegen, die sich teilweise von den neuen Möglichkeiten erschlagen fühlen.

Für den Arbeitsmarkt in den Startlöchern steht bereits die nachfolgende **Generation Z,** deren Mitglieder ab Ende der 1990er Jahre geboren wurden. Hier haben Sie es mit der ersten Generation derer zu tun, die sozusagen mit einem Handy in der Hand geboren wurden und nicht nachträglich an gewisse Technologien herangeführt wurden. Schon früh lernten sie, sich mit sozialen Netzwerken auseinanderzusetzen und Dinge wie Podcasts und Video-Blogs sind für sie viel natürlicher als Radio oder Fernsehen.

Auch wenn der Anteil der Vertreter von Generation Z in der Arbeitswelt noch recht gering ist, zeichnen sich schon deutliche Unterschiede zu den vorherigen Generationen ab. Während für Generation Y noch die Verschmelzung von Arbeit und Privatleben von sehr großer Wichtigkeit war, zeigt die Tendenz von Generation Z wieder klar zu einer strikten Trennung. Sinn und Selbstverwirklichung wird nicht mehr im Beruf gesucht, sondern in der Freizeit und in sozialen Kontakten. Der Laptop wird im Büro gelassen, Home-Office wird nur im Notfall genutzt und um spätestens 17 Uhr möchte man im Feierabend sein.

Vertreter der Generation Z haben einen großen Wunsch nach freier Entfaltung. Gleichzeitig sind sie sich aber auch der ungewissen Zukunft bewusst. Durch den Fachkräftemangel auf dem Arbeitsmarkt wähnen sie sich in einer starken Position, da die Arbeitgeber sich attraktiv machen müssen und die gut ausgebildeten Z'ler eine große Auswahl an potenziellen Arbeitgebern vorfinden. Die Generation Z muss auch mit den Folgen der Bildungspolitik der letzten Jahre leben, wie Bologna Reform und G8-Abitur. Die oftmals als sehr egoistisch erlebte Generation Z wird schon heute oftmals sehr kritisch gesehen (Scholz 2014).

	Jahrgänge	Sozialisierung	Werte
Babyboomer	1945–1965	große Jahrgänge und dadurch großer Wettbewerb Nachkriegszeit und Wirtschaftswunder	• Konkurrenz • Individualismus • Sicherheit • Kontrolle • Macht
Generation X	1965–1980	keine Kriege, dafür ökonomische und ökologische Herausforderungen Kalter Krieg	• Bescheidenheit • Einfachheit • Work-Life-Balance
Generation Y	1980–1995	viele Krisen und Unsicherheiten technische Spielzeuge und elektronische Medien	• Sinnerfüllung • Beziehungen • Bildung (Zertifikate) • Work-Life-Blend
Generation Z	1995 und folgende	Smartphones und Soziale Netzwerke ungewisse Zukunft	• freie Entfaltung • Trennung von Beruf und Privatleben

Tab. 2: Die Generationen auf dem Arbeitsmarkt

In den nächsten Jahren werden die Babyboomer sich aus dem Arbeitsmarkt verabschieden und in Rente gehen. Zurück bleiben die so unterschiedlichen und anspruchsvollen Generationen X, Y und Z. Die Unternehmen müssen sich aktiv Gedanken darum machen, wie sie mit dieser Situation umgehen werden. Während die Tendenz von Generation X und Y zu Work-Life-Balance und -Blending in die gleiche Richtung lief, macht Generation Z hier scheinbar eine Kehrtwende. Eine knifflige Aufgabe für die Recruiter, die sich genau überlegen müssen, für wen das Unternehmen attraktiv sein soll. Y'er wird man dadurch ansprechen können, dass man viele Freiräume gewährt, das Home-Office ermöglicht wird und Arbeitszeiten sehr flexibel gestaltet werden können. Firmen, die dies nicht ermöglichen, haben heute bereits massive Schwierigkeiten, neue Mitarbeiter zu finden. Selbst wenn sie bereit sind, Gehälter über dem Durchschnitt zu zahlen. Dies könnte aber in Bezug auf die jetzt nachrückende Generation Z zu einem Problem werden. Diese könnten in den angebotenen Freiheiten den Versuch des Unternehmens wittern, die zur Flexibilität bereiten Mitarbeiter auszunutzen. Es wird spannend sein zu sehen, wie die HR-Abteilungen damit in Zukunft umgehen werden.

Die **Zuordnung zu den jeweiligen Generationen** sollten Sie jedoch nicht nur durch das Alter vornehmen. Natürlich ist das ein sehr guter Anhaltspunkt, allerdings gibt es auch einige Menschen, die vom Alter her den Babyboomern zuzuordnen wären, allerdings vom Verhalten und der Einstellung zur Generation Y passen. Und auch der umgekehrte Fall kann auftreten. Zudem sind diese Beschreibungen auch nur Vereinfachungen. Je nach Umfeld und Persönlichkeit können sich sehr unterschiedliche Werte und Einstellungen zeigen, auch innerhalb der Generationen.

Fakt ist jedenfalls, dass man nicht viel Fantasie benötigt, um vorherzusagen, dass sich die Arbeitswelt in den nächsten Jahren grundlegend verändern wird. Schon allein die sukzessive Ablösung einer Generation durch die nachfolgende, die ganz andere Wertesysteme hochhält, spricht dafür. Betrachten Sie dies nun in der sich ständig veränderten VUCA-Welt, so wird klar, wie unvorhersehbar und spannend die kommenden Jahre sein werden.

➤ Tipps für VUCA-Helden

Die Digitalisierung kommt mit einem großen Paradigmenwechsel daher. Die Werte und Prinzipien, mit denen zu Zeiten der Industrialisierung auf Arbeit und Gesellschaft geschaut wurden, passen nicht zu den Gegebenheiten, die die VUCA-Welt mit sich bringt. Die Wissensarbeit unterliegt gänzlich anderen Gesetzmäßigkeiten.

1. **Verändern Sie Ihre Sicht auf Effizienz und Effektivität.**

Das Zeitalter der Industrialisierung war geprägt von dem Diktat der Effizienz. Jegliche Optimierung diente dazu, effizienter und somit schneller und kostengünstiger zu sein.
Bei komplexen Aufgaben ist dieser Fokus auf Effizienz aber hinderlich. Hier bedarf es neuartiger, emergenter Praktiken und Lösungen. Diese benötigen Kreativität und Innovation, die nicht erzwungen werden können. Hier geht es darum, günstige Rahmen zu schaffen, um die Wahrscheinlichkeit zu erhöhen, dass entsprechende Lösungen schnell entstehen. Dies kann aus dem Paradigma der Industrialisierung als ineffizient und verschwenderisch wirken, ist aber aus dem Paradigma der Digitalisierung effektiv und zielführend.

- Aus welchem Paradigma betrachten Sie Ihre Umwelt?
- Was ist Ihnen wichtiger? Effizienz oder Effektivität?
- Welche Auswirkungen haben lokale Optimierungen der Effizienz auf das Gesamtsystem?

2. **Hinterfragen Sie das vorherrschende Führungsverständnis.**

Die Industrialisierung zeichnet sich durch starre Strukturen und hohe Arbeitsteilung aus. Dies war den damaligen Verhältnissen entsprechend förderlich und sinnvoll. Die Voraussetzungen haben sich aber verändert.
Die beschäftigten Mitarbeiter sind heute in der Regel sehr gut ausgebildet und sich ihren Stärken bewusst. Die Aufgaben sind komplexer geworden. Die Annahme, dass derjenige, der in der Hierarchie weiter oben steht, auch mehr Wissen oder Fähigkeiten besitzt als diejenigen darunter, ist nicht mehr gültig.

- Begegnen Sie Ihren Kollegen auf Augenhöhe? Auch wenn Sie Führungskraft sind?
- Worauf gründen Sie Ihren Führungsanspruch?
- Verstehen Sie Führung als Statussymbol und Privileg oder als Dienstleistung?

3. **Machen Sie sich die Unterschiede der verschiedenen Generationen bewusst.**

Wahrscheinlich arbeiten Sie mit vielen Angehörigen unterschiedlicher Generationen zusammen. Von der statistischen Wahrscheinlichkeit her sind die meisten Führungspositionen von Mitgliedern der Babyboomer und der Generation X besetzt. Deren Wertesystem wird daher auch einen Einfluss auf das Führungsverständnis und die Entscheidungen haben.
Die nachfolgenden Generationen sind mit anderen Voraussetzungen und Wertesystemen ins Berufsleben gestartet. Dies kann unter Umständen zu Konflikten führen, wenn konträre Ansichten aufeinanderprallen.
Gleichzeitig ist dies aber auch eine große Chance, da Teams, die sich aus Mitgliedern unterschiedlicher Generationen zusammensetzen, eine viele größere Diversität aufweisen können und somit voneinander profitieren können.

- Dem Wertesystem welcher Generation würden Sie sich selbst zuordnen?
- Wo entstehen Probleme, die auf die unterschiedlichen Generationen zurückzuführen sind?
- Welche Vorteile können Sie sehen, wenn Sie Mitarbeiter unterschiedlicher Generationen zusammenbringen?

Bewältigungsstrategien für eine VUCA-Welt

Viele Menschen sind auf der Suche nach einem Patentrezept, wie man in dieser VUCA-Welt erfolgreich sein kann. Wir befinden uns aber in einer komplexen Umwelt, da gibt es keine Best Practices. Was es jedoch gibt, sind übergeordnete Prinzipien und Werte, die hilfreich sein können, wenn Sie sich an ihnen orientieren.

Ein Quartett aus Prinzipien, die dabei helfen können geht auf Bob Johansen zurück und nennt sich VUCA Prime (Johansen 2007). Auch hier stellt VUCA ein Akronym dar (Vision, Understanding, Clarity, Agility). Es stellt ein Rahmenwerk dar, das ein Führungsverhalten repräsentiert, das als Antwort auf die vier Bestandteile der VUCA-Welt zu sehen ist.

Vision

Langfristige Pläne erweisen sich in der schnelllebigen, volatilen Umwelt oftmals als problematisch. Unvorhergesehene Veränderungen und veränderte Voraussetzungen sind für viele Unternehmen keine Seltenheit. Aber wie können Sie strategisch in die Zukunft planen, wenn Pläne zum Scheitern verurteilt sind? Eine Antwort auf Volatilität ist das Finden und Verfolgen einer Vision. Durch das Fokussieren auf ein Ziel bleiben Sie auf Kurs, selbst wenn die Welt um Sie herum sehr unruhig ist. Dabei ist die Vision nicht gleichzusetzen mit dem Ziel selbst, das ja der Volatilität ausgesetzt ist. Eine Vision ist vielmehr ein Nordstern, den Sie wie die Seefahrer nutzen können, um in eine bestimmte Richtung zu navigieren und ein bestimmtes Ziel zu erreichen.

Wo aber liegen nun die Unterschiede zwischen konkreten langfristigen Zielen, die der Volatilität unterworfen sind und einer Vision? In Abbildung 8 sehen Sie die Pyramide, an deren Spitze die Vision steht, die als starker Motivator und Richtungsgeber dient. Lassen Sie uns einmal genauer die unterschiedlichen Ebenen der Pyramide betrachten.

Eine **Vision** beschreibt einen optimalen und idealen Zustand in der Zukunft. Dabei wird eine Vision in der Regel so formuliert, als sei dieses Ziel schon erreicht. Bekannte Visionen sind zum Beispiel die ursprüngliche Vision von Microsoft („Ein Computer auf jedem Schreibtisch und in jedem Zuhause") oder von Wikipedia („Stell dir eine Welt vor, in der jeder einzelne Mensch freien Anteil an der Gesamtheit des Wissens hat"). Auch die ambitionierte Vision von Oxfam passt hier gut („Eine gerechte Welt ohne Armut").

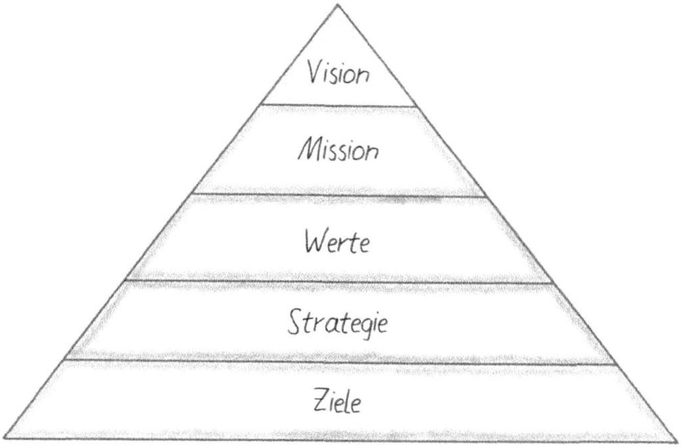

Abb. 8: Von der Vision zu Zielen

Simon Sinek untersuchte, was motivierende Visionen ausmacht und entwarf das Bild des goldenen Kreises[7] (Sinek 2014). Im Zentrum dieses Kreises steht, dass die Vision immer das „Warum" erklären sollte. Eine starke Vision sollte sinngebend sein und erklären, warum und wozu man ihr folgen sollte. Der zweite Kreis stellt dann das „Wie" dar. Hier geht es um Werte und Prinzipien, wie diese Vision verfolgt wird. Erst der äußere Kreis beschreibt das „Was", also wie die Vision sich in Produkten, Dienstleistungen oder Handlungen ausbildet. Schwachen Visionen fehlt oftmals der Kern. Sie beschreiben nur den äußeren Kreis, das „Was". Damit besitzen sie nicht die Strahlkraft und das Motivationspotenzial von Visionen, die nach den Prinzipien des goldenen Kreises formuliert wurden.

7 Die Namensgebung wählte er absichtlich in Anlehnung an das goldene Dreieck in der Kunst.

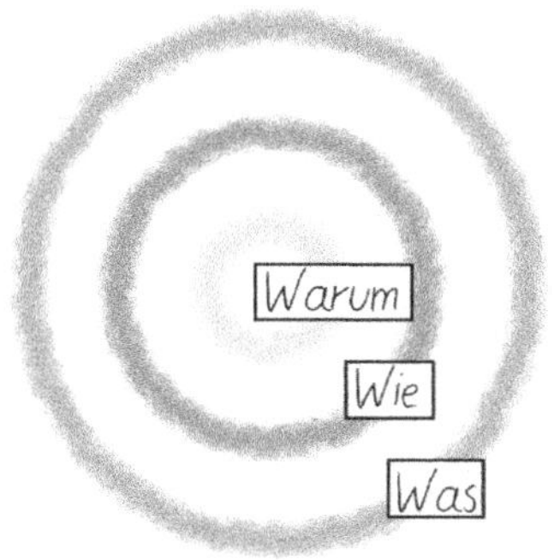

Abb. 9: Der goldene Kreis nach Sinek

In Unternehmen dient die Vision in der Regel dazu, eine gewünschte Position im Markt oder eine Wahrnehmung bei der Zielgruppe zu beschreiben. Die Mitarbeiter des Unternehmens können dann ihre konkreten Handlungen und nächste Schritte an dieser Vision prüfen und somit anhand dieser ausrichten.

In vielen Unternehmen gibt es neben der Vision auch eine explizit ausformulierte **Mission.** In dieser wird beschrieben, wie man die Vision umsetzen möchte. Häufig wird die Vision in Form der Mission nach draußen kommuniziert und in markigen Slogans verpackt. Unternehmen beschreiben hier beispielsweise, was sie tun, also Tätigkeiten, die zur Erfüllung der Vision ausgeführt werden. Die Mission von Google lautet beispielsweise „Googles Mission ist es, die Informationen der Welt zu organisieren und sie universell verfügbar und nutzbar zu machen“. Es können aber auch einfache Aussagen sein, wie die Vision von TED: „Spread ideas“, also Ideen verbreiten. Schaut man sich die „Mission Statements“ der Unternehmen einmal genauer an, wird man feststellen, dass diese Unterscheidung zwischen Vision und Mission gar nicht so leicht ist und beides gerne vermischt wird.

Die **Werte,** die eine Gruppe als wichtig erachtet, werden oftmals gar nicht explizit verschriftlicht. Selbst wenn Werte irgendwo schriftlich hinterlegt werden, was viele Unternehmen gerne auf großen Postern in Besprechungsräumen tun, zeigen sich Werte nicht in gedruckten Lettern, sondern im Verhalten der Menschen. Daher gibt es viele Firmen, die diese Werte in ihren Mission- oder Vision-Statements verankern und auch sehr stark darauf achten, dass alle Mitarbeiter sich diesen Werten entsprechend verhalten.

Konkreter wird es, wenn eine **Strategie** entwickelt wird. Eine Strategie konkretisiert bestimmte Aspekte der Vision und der Mission und blickt nicht mehr in eine ferne Zukunft, sondern nur noch mittelfristig voraus. Dazu werden der Kontext und vorherrschende Rahmenbedingungen, sowie handelnde Personen (Stakeholder, zum Beispiel Kunden, Aktionäre) in die Überlegungen mit einbezogen. Dies erfolgt so konkret, dass es den Handelnden Personen möglich ist, ihre Tätigkeiten in diese Strategie einzupassen.

Die kleinste Einheit stellt dann konkrete **Ziele** dar. Diese beschreiben kleine Schritte bei der Erfüllung der Strategie. Ziele sind viel kurzfristiger zu betrachten und sollten in Summe dazu führen, dass die Strategie eingehalten wird.

Wie Sie an diesem Aufbau erkennen können, sind die konkreten Ziele am anfälligsten für die Volatilität. Wenn ein Ziel nicht erreicht werden kann, dann ist immer noch nicht die gesamte Strategie in Gefahr, wenn man sie gut durchdacht hat. Aber auch hier sollte sich niemand in trügerischer Sicherheit wiegen. Denn wenn zu viele Ziele plötzlich nicht zu erreichen sind, dann wird sich auch die Strategie als nicht umsetzbar erweisen. Hat man sich aber bewusst Gedanken gemacht über seine Vision und Mission, dann wird man auch davon nicht umgeworfen. Denn man hat immer noch die Vision, an der man sich orientieren kann und die, wie der Nordstern für den Seefahrer, den Weg weist und bei der Entwicklung einer neuen Strategie hilft.

Passen Sie Ihre Pläne und Ziele an, wenn Sie neue Erkenntnisse haben. Werfen Sie den Plan komplett weg, wenn Sie merken, dass Sie auf dem Holzweg sind. Begehen Sie nicht den Fehler zu glauben, dass Ihr Plan Ihnen wirklich Sicherheit gibt. „Pläne sind nichts, Planung ist alles", wusste schon Dwight D. Eisenhower.

Understanding (Verstehen)

Je mehr Verständnis in unsicheren Situationen aufgebaut wird, desto geringer wird die Unsicherheit. Dies gilt sowohl auf der inhaltlichen als auch auf der zwischenmenschlichen Ebene, wo der Faktor Vertrauen eine große Rolle spielt.

In vielen klassischen Unternehmen gilt es als Versagen, wenn Ziele nicht erreicht werden. Wenn das Umfeld plötzlich mit Komplexität konfrontiert ist, wo Experimente gefordert sind, dann steigt die Unsicherheit noch mehr, wenn ein fehlgeschlagenes Experiment als Scheitern und nicht als Lerngelegenheit bewertet wird.

Wie schwer sich damit noch viele klassische Unternehmen tun, zeigt die Popularität von Veranstaltungen, die dazu ermutigen sollen, vom Scheitern zu berichten und die Erfahrungen mit anderen zu teilen. Dadurch sollen Menschen ermutigt werden, Dinge anzugehen, deren Ausgang ungewiss ist. Stellt sich der gewünschte Erfolg nicht ein, so sollte dies nicht als Fehler, sondern als Erfahrung bewertet werden. Eine Bühne dafür wird zum Beispiel durch die immer populärer werdenden Fuck-up-Nights[8] weltweit geboten. Dabei berichten Menschen über ihre persönlichen „Fuck-ups", also Projekte oder schwierige Situationen in ihrem Leben, die anders verliefen, als erhofft oder erwünscht. Somit wird das Erlebte nicht als etwas Negatives präsentiert, sondern als Reifeschritt auf dem Weg zu neuer Stärke und die interessierten Zuhörer können daraus lernen.

Hierbei sollten Sie allerdings im Hinterkopf behalten, dass Sie in der Lage sein müssen, die Aufgaben und Probleme richtig einzuschätzen. **Fehlerkultur** im komplexen Umfeld bedeutet, schnell Fehler zu machen, um daraus zu lernen, während Fehlerkultur im komplizierten Umfeld die absolute Vermeidung von Fehlern bedeutet. Dies stellt viele Unternehmen vor Herausforderungen, die in der Vergangenheit mit komplizierten Aufgaben zu tun hatten und nun zunehmend mehr komplexe Herausforderungen bewältigen müssen.

---

8 Fuckup Nights - Stories About Failure. In: fuckupnights.com, 02.02.2019.

Clarity (Klarheit)

Um Klarheit zu erlangen, sollten für alle Beteiligten einige Dinge beantwortet sein. Besonders wichtig ist die Klarheit darüber, worauf man sich fokussieren möchte und welche Ziele man verfolgt. Dann kann man sehr genau unterscheiden, ob das, was man gerade tut, eine sinnvolle Aktion ist, die hilft, das große Ziel zu erreichen, oder ob es eine Aktion ist, die sich in Nebenkriegsschauplätzen verfängt.

Klarheit hat auch wiederum sehr viel mit Kultur zu tun. Gibt es ein geteiltes Ziel oder verfolgen verschiedene Parteien unterschiedliche Ziele? Auch die Art und Weise der Kommunikation ist ein wichtiger Faktor, denn eine klare und offene Kommunikation schafft die geforderte Klarheit. Nachrichten, die missverstanden werden können oder falsch interpretiert werden, führen zum genauen Gegenteil. Daher lohnt es sich, Kommunikation so zu gestalten, dass sie zielführend ist und Klarheit schafft. Schwammige Aussagen und Ausflüchte, wie sie in Politik und Unternehmenskommunikation leider oft Realität sind, sollten daher vermieden werden. Dies hat viel mit einer entsprechenden Führung zu tun, worauf wir später noch im Detail schauen werden.

Agility (Agilität)

Um der vorherrschenden Ambiguität zu begegnen, ist Agilität gefordert. Agilität kann helfen, Unsicherheit und Mehrdeutigkeit durch schnelle und kurze Feedbackzyklen zu begegnen. Das Thema Agilität ist in den letzten Jahren immer mehr zum Synonym für die (digitale) Transformation vieler Unternehmen geworden. Im nächsten Kapitel werden wir das Thema Agilität genauer unter die Lupe nehmen.

➤ Tipps für VUCA-Helden

Wir leben in einer VUCA-Welt, die sowohl Herausforderungen als auch Chancen bietet. Auf ein Rezept, wie Sie auf jeden Fall erfolgreich sein werden, brauchen Sie nicht zu hoffen, das gibt es einfach nicht. Aber Sie können erfolgsversprechenden Prinzipien und Werte folgen, die helfen, den Herausforderungen zu begegnen und die Chancen zu erkennen und zu nutzen, wenn sich Gelegenheiten ergeben.

1. **Entwickeln Sie Visionen.**

„Wer Visionen hat, sollte zum Arzt gehen" gab Altkanzler Helmut Schmidt einst zu bedenken. Was damals schon eher fragwürdig erschien, lässt sich heute daran angelehnt vielleicht als „Wer keine Visionen hat, kann nach Hause gehen" formulieren. Visionen helfen Ihnen auf Kurs zu bleiben und Klarheit in Ihre Ziele zu bringen. Sie beschreiben, warum, wie und was Sie tun. Eine gute Vision fördert die Motivation und gibt dem Handeln Sinn.
Daher sollten Sie versuchen, die Vision zu verstehen, die Ihr Unternehmen verfolgt. Können Sie keine Vision erkennen, dann ist es eine gute Idee, danach zu fragen und eine Diskussion über eine gemeinsame Vision zu starten. Ein Un-

ternehmen ohne eine starke, gemeinsame Vision verschenkt sehr viel Potenzial. Zudem kann es sehr aufschlussreich sein, sich zu fragen, welcher Vision Sie selbst folgen. Können Sie Ihre persönliche „Mission" formulieren?

- Kennen Sie die Vision, die Ihrem beruflichen Umfeld Sinn gibt?
- Ist die Vision allen Beteiligten bekannt und wird geteilt?
- Gibt die Vision Antworten auf die Fragen „Warum?", „Wie?" und „Was?"?
- Kennen Sie Ihre eigene, persönliche Vision?

2. **Verstehen Sie, was um Sie herum geschieht.**

Versuchen Sie ein Gefühl dafür zu entwickeln, was um Sie herum geschieht. Wie fühlen sich die Menschen? Welche Sorgen und Nöte treiben sie um?

- Hören Sie mit echtem Interesse zu? Schenken Sie Ihrem Gegenüber die volle Aufmerksamkeit?
- Bilden Sie Hypothesen über Ihre Umwelt und überlegen Sie sich, wie Sie möglichst schnell herausfinden können, ob diese Hypothesen korrekt sind.
- Gehen Sie mit Experimenten so um, dass ein Fehlschlag als Lerngelegenheit gesehen wird?

3. **Schaffen Sie Klarheit.**

Komplexität können Sie nicht beseitigen oder reduzieren. Aber Sie können dafür sorgen, dass es nicht noch komplexer wird. Ganz wichtig dabei ist eine saubere und klare Kommunikation. Durch Missverständnisse und verschleierte Aussagen werden die Empfänger Ihrer Nachrichten sich sehr vorsichtig oder sogar kontraproduktiv verhalten. Wenn Sie aber offen und transparent, ehrlich, direkt und klar kommunizieren, dann stehen die Chancen gut, dass Ihnen vertraut wird.

- Kommunizieren Sie direkt und offen? Sind Sie sicher, dass Ihre Zuhörer Ihre Botschaft richtig verstanden haben?
- Wenn Sie Informationen nicht weitergeben dürfen, was können Sie darüber mitteilen, wann und wer diese Informationen weitergeben wird? Können Sie vielleicht schon etwas über die nächsten Schritte sagen?

Grundlagen von Agilität

Wenn wir uns mit der Digitalisierung und den Veränderungen beschäftigen, die damit für Arbeitsweisen, Unternehmen und auch jeden einzelnen einhergehen, dann spielt das Thema Agilität eine zentrale Rolle. An dieser Stelle möchte ich einen kurzen Überblick über die Grundlagen geben. Schauen wir uns dafür zunächst einmal die historischen Wurzeln an.

Lean Management

Im Zusammenhang mit Agilität wird sehr häufig auch der Begriff „Lean" verwendet. Teilweise werden diese Begriffe sogar synonym verwendet, was allerdings nicht korrekt ist. Lean stammt aus der Produktion und hat einen sehr starken Fokus darauf, Verschwendung zu reduzieren. Dabei wird oft das Toyota-Produktionssystem, das untrennbar mit dem Namen seines Erfinders Taiichi Ōno verbunden ist, als Vorbild herangezogen (Ōno 2013). Toyota war es gelungen, ein System einzuführen, dass es dem Unternehmen erlaubte, ganz neue Qualitätsmaßstäbe zu setzen. Viele Unternehmen aus dem Westen unternahmen Reisen zu Toyota, um sich Dinge von diesem Vorzeigemodell abzuschauen.

Heutzutage gibt es in sehr vielen Unternehmen, besonders in der Produktion, Lean Initiativen, die auf den gleichen oder sehr ähnlichen Prinzipien beruhen. Die Gestaltungsprinzipien dieser Produktionssysteme sind dem nachempfunden, was Toyota zum Vorbild gemacht hat. Dabei steht die **Vermeidung von Verschwendung** an vorderster Stelle. Hier wird versucht, alles, was nicht direkt oder indirekt zur Wertschöpfung beiträgt, zu vermeiden. Ōno nennt diese Arten von Verschwendung Muda. Zusammen mit Muri (Überbeanspruchung) und Mura (Unausgeglichenheit) bildet Muda (Verschwendung) das sogenannte 3M des Toyota-Produktionssystems.

Verschwendung	Beschreibung	Beispiel
Muda	Verschwendung	• Transport • Bestände (Inventory) • Bewegung (Motion) • Warten • Überproduktion (Overproduction) • falsche Technologie (Overengineering) • Nacharbeit (Defects)[9]
Muri	Überbeanspruchung	• unrealistische Fristen • falsche Markteinschätzung (Nachfrage) • schlechter Ausbildungsgrad
Mura	Unausgeglichenheit	• Folge aus Muda und Muri • Ermüdungserscheinungen im Team

Tab. 3: Das 3M des Toyota-Produktionssystems

Ein weiteres Gestaltungsprinzip ist die **Standardisierung.** Durch Standardisierung versucht man, möglichst alle unnötigen Arbeitsschritte aus dem Prozess zu entfernen. Dadurch soll zum einen die Effizienz erhöht werden, zum anderen aber natürlich auch die Qualität. Standardisiert wird alles, was wiederholt durchgeführt wird und festen Abläufen und Fertigungsschritten zugeordnet werden kann.

9 Die Anfangsbuchstaben der englischen Bezeichnung der sieben Verschwendungsarten ergeben das leicht zu merkende Wort „TIMWOOD", das gerne als Eselsbrücke verwendet wird.

Das **Null-Fehler-Prinzip** ist ein weiterer wichtiger Aspekt. Dieses hat zur Folge, dass jeder Mitarbeiter die Möglichkeit hat, die komplette Produktion anzuhalten, wenn er einen Fehler entdeckt. Dann ist jeder Beteiligte angehalten, an der Behebung des Fehlers mitzuwirken. Vorher wird nicht weiter produziert. Was auf den ersten Blick wie Verschwendung erscheinen mag, weil andere Produktionsschritte vielleicht gar nicht betroffen sind von dem aufgetretenen Fehler, ist eine Grundlage für die hohe Qualität, die so erreicht wurde.

Natürlich sollten Fehler, die das gesamte System lahmlegen, die absolute Ausnahme darstellen. Denn der möglichst geschmeidige **Fluss** der Arbeit durch das System ist ein weiteres Gestaltprinzip von Ganzheitlichen Produktionssystemen. Dieser Fluss wird immer wieder auf möglichst geringe Durchlaufzeiten hin optimiert und angepasst.

Ein grundlegender Bestandteil ist auch das **Pull-Prinzip.** Dieses sieht vor, dass Arbeit jeweils vom nächsten Prozessschritt gezogen wird und nicht vom vorherigen in den nächsten Schritt gedrückt wird. Somit fließt die Arbeit im Optimalfall, durch einen Kundenauftrag gezogen, durch das Fertigungssystem.

Ein sehr anschauliches und greifbares Beispiel für diese Art der Produktion können Sie in dem Roman „Das Ziel“ von Eliyahu Goldratt (Goldratt/Cox 2013) nachlesen. Hier wird die Geschichte eines Fabrikleiters erzählt, dessen Fabrik kurz vor dem Aus steht, weil der Konzern schlechte Zahlen schreibt. Durch einen glücklichen Zufall trifft der Fabrikleiter seinen ehemaligen Physikprofessor wieder, der ihn dadurch beeindruckt, dass er nicht nur ziemlich schnell durchschaut hat, wie schlecht es um die Fabrik eigentlich steht, sondern dem Fabrikleiter auch ein paar Denkanstöße mit auf den Weg gibt. Im Laufe der Geschichte arbeitet der Fabrikleiter immer enger mit dem Professor zusammen und lernt so die Grundzüge der Theory of Constraints kennen, die Sie später noch genauer ansehen werden (siehe Seite 57). So lernt er zum Beispiel, warum Überproduktion ein Problem darstellt und in welchen unterschiedlichen Erscheinungsformen sich Muda zeigt.[10]

Lean spielt seine Stärken in der Produktion aus. Hier sind sehr viele Dinge geradlinig und vorhersehbar. Zu den Zeiten, als das Toyota Produktionssystem erfunden wurde, befand man sich noch in der Taylorwanne. Und in vielen Produktionsbereichen, die standardisierte Produkte herstellen, besteht diese Taylorwanne auch noch heute. Da, wo wenig Variabilität gefordert ist, hat man es mit komplizierten Systemen zu tun, und dort funktioniert eine Lean Produktion sehr gut. Müsste man hingegen täglich sehr flexibel auf seinen Kunden neu eingehen, weil er etwas komplett anderes fordert, dann müsste man auch täglich seine Produktionsstraße anpassen. Zwar gibt es gewisse Kundenwünsche, die auch in der Produktion viele Produkte zu Unikaten machen, aber diese sind vorhersehbar und durch Techniken wie Just-in-Time (JIT) Produktion behandelbar.

---

10 Insgesamt ein sehr empfehlenswertes Buch, denn auch die Nebenhandlung ist gut erzählt und man kommt sich kaum wie in einem Fachbuch über Prozessoptimierung vor.

Ursprünge der Agilität

Die ersten beobachteten Ansätze, die schon sehr viele der Prinzipien und Werte reflektierten, die auch heute als „agil" gelten, gehen zurück bis in das Jahr 1976. In diesem Jahr forderte das Unternehmen Canon von seinen Mitarbeitern eine technisch auf dem neusten Stand befindliche Kamera herzustellen, die aber mindestens 30 % günstiger sein sollte als alle bisher auf dem Markt befindlichen Produkte. Und das mit massivem Zeitdruck, denn es war harter Überlebenskampf in einem stark umkämpften Wettbewerb. Um das Ende vorwegzunehmen, das Team war erfolgreich. Heute ist Canon ganz vorne mit dabei, wenn es um Digitalfotografie und entsprechende Kameras geht. Damals jedoch stand man vor einer großen Herausforderung, die man mit den vorherrschenden tayloristischen Strukturen nicht lösen konnte.

Wie die meisten anderen Unternehmen in dieser Zeit, war auch Canon sehr klassisch aufgestellt. Es gab spezialisierte Fachabteilungen, die für bestimmte Aufgaben zuständig waren. Hatten sie ihre Aufgabe erledigt, wurde diese ausführlich dokumentiert und an die Nachbarabteilung übergeben, die den folgenden Entwicklungsschritt ausführte und dann ebenfalls die Ergebnisse übergab. Um ein Produkt komplett zu revolutionieren, mussten neue Ideen her und schnelle Entscheidungen getroffen werden.

Das Erfolgsgeheimnis, wie es den Mitarbeitern bei Canon gelang, diese große Herausforderung zu meistern, kann man in einem populären Artikel von Hirotaka Takeuchi und Ikujiro Nonaka nachlesen (Takeuchi/Nonaka 1986). In ihrer Veröffentlichung mit dem Namen „The new new product development game" beschreiben sie ihre gesammelten Beobachtungen aus verschiedenen Unternehmen. Neben dem Beispiel von Canon finden sich hier auch Beschreibungen des Vorgehens bei Honda, Fuji-Xerox und NEC. Takeuchi und Nonaka konnten dabei Muster erkennen, die sich durch alle Beispiele hindurchzogen. Diese verdichteten sie und verwendeten auch erstmals in einem Paper die Parallele zu Rugby. Dort gibt es eine Phase im Spiel, wo das Team die Köpfe zusammensteckt, ganz fokussiert ist, und die nächsten Schritte vorbereitet. Sie sprechen immer vom „Rugby-Ansatz", aber auch das Wort „Scrum" taucht hier schon auf. Diese Bezeichnung sollte ein paar Jahre später von anderen Pionieren der Agilität wieder aufgegriffen werden.

Das Missverständnis mit dem Wasserfall

In vielen großen Unternehmen gibt es Fachabteilungen für bestimmte Aufgaben. Dies ergibt Sinn, weil es Fachleuten erlaubt, sich auf ihre Spezialgebiete zu konzentrieren. Ab einer bestimmten Größe braucht es noch Zwischenpositionen, also Manager, die darauf achten, dass die Zusammenarbeit zwischen den Abteilungen reibungslos funktioniert. Wie Sie eingangs schon gesehen haben, gibt es eine Reihe von Abteilungen, die Schnittstellen haben, an denen sie die Arbeit an die nächste Abteilung übergeben.

So geht zum Beispiel ein Vertreter der Verkaufsabteilung zum Kunden und fragt ihn, was er benötigt. Der Kunde erklärt ihm jetzt eine fixe Idee und der Verkäufer kehrt zurück mit einem Katalog von Anforderungen. Diesen übergibt er nun einem

Kollegen aus der Analyseabteilung und er selbst geht wieder nach draußen und besucht einen anderen Kunden. Sein Job ist an dieser Stelle für dieses Projekt erledigt. Der Analyst aus der Analyseabteilung setzt sich nun mit seinen Kollegen zusammen und diskutiert die Anforderungen. Sie schauen, was alles in das vorherrschende Konzept passt und ob und wann es umgesetzt werden kann. Wenn die Pläne konkreter werden, schreiben sie ihre Anmerkungen in ein Dokument und lassen es per Hauspost den Kollegen aus der Spezifikationsabteilung zukommen. Dann setzen sie sich zusammen und schauen sich den Anforderungskatalog eines anderen Kunden an. Die Mitarbeiter aus der Spezifikationsabteilung sehen sich das übergebene Dokument an und fangen an, sich Gedanken über die konkrete Umsetzung zu machen. Am Ende haben sie eine sehr schöne Funktionsbeschreibung, die Antworten auf die meisten Fragen zu bieten hat. Dieses umfangreiche Dokument wird dann der Entwicklungsabteilung zukommen lassen. Hier sitzen die Experten für die Umsetzung zusammen. Sie lesen sich die Funktionsbeschreibung durch und schreiten zur Tat. Schnell entsteht ein richtig schönes Produkt, welches sie jetzt, zusammen mit ein paar Kommentaren, welche Besonderheiten beachtet werden müssen, an die Qualitätssicherung übergeben. Hier wird das neue Produkt auf Herz und Nieren getestet. Wenn alle Tests erfolgreich durchlaufen sind, dann erfolgt eine Übergabe an eine Verkaufsabteilung, die das Produkt zum Kunden transportiert.

Diese Abfolge mit all ihren Übergaben wird gerne stufenförmig wie eine Treppe dargestellt, was dann an einen Wasserfall erinnert. Daher hat diese Vorgehensweise den Namen **Wasserfallmodell** bekommen.

Besonders stark diskutiert wird dieses Modell im Bereich der Softwareentwicklung, auch wenn es bei weitem nicht nur dort auftaucht. Aber im Bereich der Softwareentwicklung war man zeitlich schon sehr früh in einem recht komplexen Umfeld, was gewisse Erkenntnisse hier beschleunigt hat. Daher wurden einige Diskussionen, die auch in den meisten anderen Branchen von Relevanz sind, in dieser Domäne losgetreten und zuerst geführt. Denn so einfach, wie oben dargestellt, ist der Weg von einem Kundenwunsch zu einem fertigen Produkt, das diesen Wunsch erfüllt, bei Weitem nicht.

Es beginnt schon damit, dass die meisten **Schnittstellen** zwischen den Abteilungen so gestaltet sind, dass wenig direkte Kommunikation stattfindet. Die meisten Prozesse sehen vor, dass die Übergabe in Form standardisierter, schriftlicher Dokumente stattfindet. Dieses Dokument als Ergebnis der einen Abteilung stellt dann den Startpunkt für die Arbeit der nächsten Abteilung dar. Allerdings kommt es hier nicht selten zu Missverständnissen oder Fehlinterpretationen. Und so schleichen sich, nach dem Prinzip der stillen Post, zunehmend mehr Fehler ein. Wenn man Glück hat, dann fallen die Fehler während der Entwicklung bereits auf. Daher spielt hier die Qualitätssicherung eine wichtige Rolle.

Die bekannteste Beschreibung des Wasserfallmodells stammt von Winston W. Royce aus dem Jahr 1970 (Royce 1970). Das Wasserfallmodell ist aber schon deutlich älter und Royce hat in seinem oft herangezogenen Paper eher auf ein paar Schwachstellen verwiesen und vorgeschlagen, wie man sie beheben könnte.

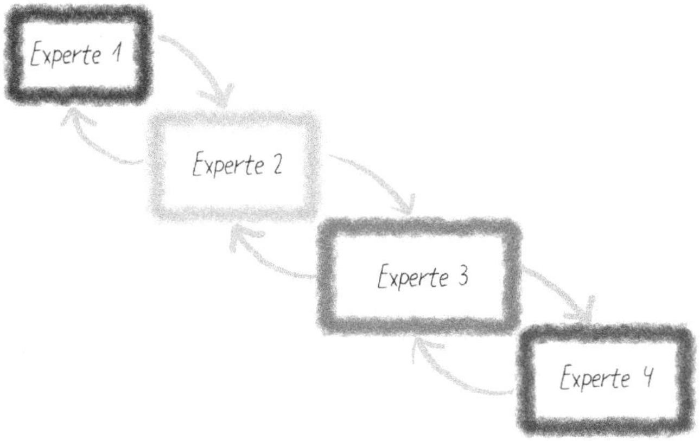

Abb. 10 : Schematische Darstellung des Wasserfallmodells mit Rückkopplung

Dabei hatte Royce früh darauf hingewiesen, dass das Wasserfallmodell um ein paar Elemente erweitert werden müsse, die schon in eine recht agile Richtung deuteten. Das genutzte Wasserfallmodell stellte sich nämlich für ihn zunehmend als problematisch dar. Waren die ersten Programme noch vorhersehbar, so wurden die gewünschten Funktionalitäten zunehmend komplexer. Royce bemängelte vor allem, dass am Ende mitunter sogar unbrauchbare Ergebnisse herauskamen, auch wenn alle Abteilungen ihren Job hervorragend erledigt hatten. Er plädierte dafür, dass man Rückkopplungen berücksichtigen müsse. Dies würde zwar die Effizienz senken und Kosten verursachen, ihm war aber klar, dass dies notwendig war, um am Ende auch das zu liefern, was dem Kunden wirklich weiterhilft. So plädierte er für eine frühzeitige Beteiligung des Kunden in den Entwicklungsprozess, was, wie wir noch sehen werden, ein Grundbestandteil agilen Arbeitens darstellt.

Im Gegensatz zu diesem **sequenziellen Durchlaufen** der verschiedenen Schritte und der Aufteilung der Arbeit unter mehreren Abteilungen, konnten Takeuchi und Nonaka bei ihrer Betrachtung im „New new product development game“ sehen, dass der Erfolg sich einstellte, wenn genau diese Abfolge aufgelöst wurde. Nicht nur Canon, sondern auch die anderen untersuchten Firmen hatten Teams gebildet, die interdisziplinär aufgestellt waren. Das heißt, aus allen Abteilungen, die an der Entstehung des Produktes beteiligt waren, war mindestens ein Vertreter in einem Projektteam zugegen. Dieses Projektteam konzentrierte sich auf nichts anderes, als das gewünschte Ergebnis zu erreichen. Vorher hatten die Mitarbeiter im Rahmen ihrer Abteilung nur die Verantwortung für einen bestimmten Arbeitsschritt getragen. Nun waren sie, zusammen mit den anderen Teammitgliedern, dafür verantwortlich, dass das Produkt insgesamt fertig wurde und erfolgreich war. Zwar konzentrierten sie sich immer noch auf ihre Spezialgebiete, aber sie waren in einem engen Austausch miteinander und unterstützten sich auch bei fachfremden Aufgaben so gut es ging.

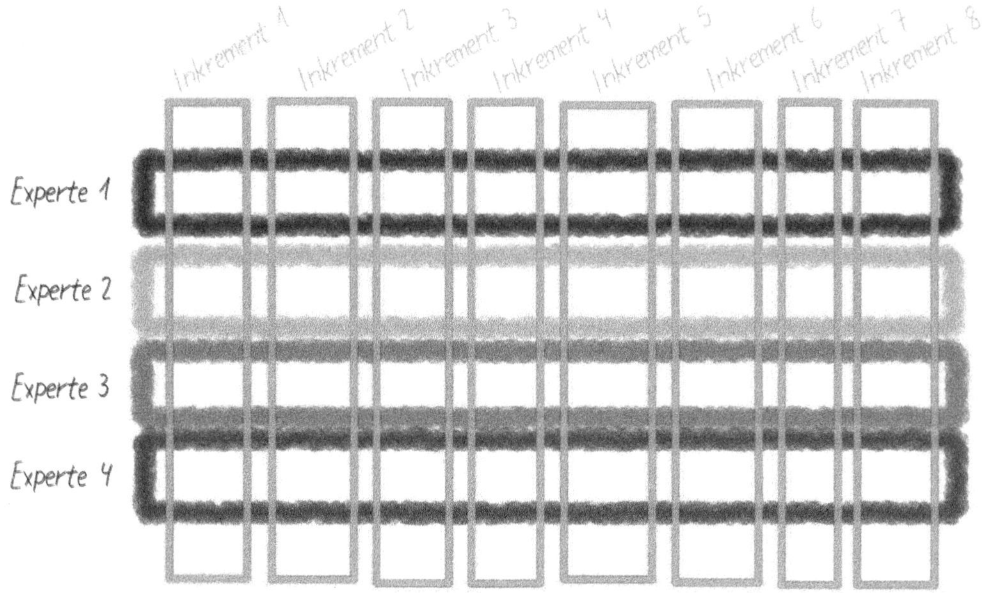

Abb. 11: Interdisziplinäre Teams decken alle Fachrichtungen ab und arbeiten iterativ.

Durch die **abteilungsübergreifende Teamaufstellung** war es nun möglich, kleine Zwischenstände der Arbeit schon nach relativen kurzen Zeiträumen zu präsentieren und mit den Kunden zu testen. Durch die frühe Einbeziehung des Kunden war es auch möglich, dass er die Rückmeldung gab, dass ihm das Produkt in einem gewissen Zustand schon vollkommen ausreiche. Dann konnte das Team überflüssige Anforderungen einfach von der Liste streichen. Im Wasserfall zuvor wurde einfach der komplette Anforderungskatalog abgearbeitet.

Lyssa Adkins, die eine Verfechterin der agilen Vorgehensweisen ist, stellt in einem YouTube-Video sehr schön dar, welche Vorteile es mit sich bringt, statt auf Wasserfall auf interdisziplinäre Teams und kurze Zyklen zu setzen.[11] Dabei vergleicht sie die Abarbeitung mit Schichten einer Hochzeitstorte. Beim Wasserfallmodell isst man sozusagen Schicht für Schicht der mehrlagigen Hochzeitstorte. Zuerst die Sahne (und zwar komplett), dann Biskuit (und zwar ebenfalls komplett) und so weiter, bis man schließlich am Boden angelangt ist. Kein besonders reizvoller Ansatz, um einen Kuchen zu essen. Will man eine Torte „agil essen", schneidet man sich hingegen einfach ein Stück aus der Torte heraus und isst es auf. Dabei entfaltet sich dann der Geschmack, der sich aus den Kombinationen der unterschiedlichen Lagen ergibt. Und wenn man

11 https://www.youtube.com/watch?v=OuhZAVJO3xw, 13.4.2021.

satt ist, dann hört man einfach auf. So lange schneidet man sich einfach Stück für Stück aus der Torte heraus. Auf welche Art und Weise würden Sie lieber eine Torte genießen?

Das Agile Manifest

Im Jahr 2001 fanden sich einige Vertreter aus dem Bereich der Softwareentwicklung zusammen und unterzeichneten gemeinsam das Agile Manifest[12]. Auch wenn es im Bereich der Softwareentwicklung seine Wurzeln hat, so ist es so universell, dass sein Einfluss deutlich darüber hinausreicht. Heutzutage gibt es einige Initiativen, die sich dafür stark machen, das ursprüngliche Manifest zu überarbeiten und die Verweise auf die Software zu ersetzen oder das komplette Manifest noch einmal zu modernisieren. Aber auch in der momentanen Form bietet das Agile Manifest einen Kern von dem, was als Agilität in unterschiedlichsten Bereichen, Branchen und Domänen verstanden wird.

Das Agile Manifest formuliert **vier Werte** und **zwölf Prinzipien**. Den Originaltext finden Sie in der Box. Die vier Werte, die im Agilen Manifest propagiert werden, werden ins Verhältnis gesetzt zu anderen Werten, die sich zumeist auf die gängigen Praktiken in der Realität der Unterzeichner wiedergefunden haben. Dabei wird der kleine Nachsatz, unterhalb dieser Werte, gerne einmal übersehen. Dieser weist darauf hin, dass die Unterzeichner durchaus einen Nutzen in den Werten auf der rechten Seite sehen, aber den Nutzen auf der linken Seite deutlich höher werten. Dies führt häufiger auch zu Missverständnissen, wenn über Werte im agilen Umfeld diskutiert wird. So hält sich zum Beispiel hartnäckig der Mythos, bei agilen Vorgehensweisen brauche man keine Dokumentation oder müsse nicht in die Zukunft planen. Dies ist natürlich nicht so, was die Verfasser durch den erwähnten Zusatz noch einmal unterstreichen wollten.

An oberster Stelle steht im Agilen Manifest, dass **Individuen und Interaktionen** höher zu gewichten sind als Prozesse und Werkzeuge. Man möchte nicht mehr schriftlich miteinander kommunizieren, sondern durch direkten Kontakt und Kollaboration. Dies zeigt sich auch in den agilen Prinzipien, zu denen wir später kommen.

12 http://agilemanifesto.org/, 13.4.2021.

Manifest für Agile Softwareentwicklung

Wir erschließen bessere Wege, Software zu entwickeln, indem wir es selbst tun und anderen dabei helfen. Durch diese Tätigkeit haben wir diese Werte zu schätzen gelernt:

Individuen und Interaktionen mehr als Prozesse und Werkzeuge

Funktionierende Software mehr als umfassende Dokumentation

Zusammenarbeit mit dem Kunden mehr als Vertragsverhandlung

Reagieren auf Veränderung mehr als das Befolgen eines Plans

Das heißt, obwohl wir die Werte auf der rechten Seite wichtig finden, schätzen wir die Werte auf der linken Seite höher ein.

Kent Beck	James Grenning	Robert C. Martin
Mike Beedle	Jim Highsmith	Steve Mellor
Arie van Bennekum	Andrew Hunt	Ken Schwaber
Alistair Cockburn	Ron Jeffries	Jeff Sutherland
Ward Cunningham	Jon Kern	Dave Thomas
Martin Fowler	Brian Marick	

Abb. 12: Das Agile Manifest (eigene Darstellung nach http://agilemanifesto.org)[13]

Den Ursprung aus dem Bereich der Softwareentwicklung sieht man sehr deutlich im zweiten Wertepaar, welches **funktionierende Software** über eine umfassende Dokumentation stellt. Hier kann Software ohne viel Fantasie durch ein begeisterndes Produkt, eine zufriedenstellende Dienstleistung oder was auch immer man liefern möchte, ersetzt werden. Den Autoren war dabei wichtig, darauf hinzuweisen, dass das Endprodukt im Fokus stehen sollte, nicht Dokumentation für interne Prozesse. Zwar kann man dadurch bei einem Fehlschlag sehr schön seinen Kopf aus der Schlinge ziehen (vielleicht kennen Sie auch das geflügelte Wort „Wer schreibt, der bleibt“), aber dem Kunden nutzt dies nur sehr wenig. In einer gesunden Kultur sollte immer der Kundennutzen im Mittelpunkt stehen, nicht der Selbstschutz.

Das wird auch aus dem dritten Wertepaar ersichtlich, das die **Zusammenarbeit mit dem Kunden** über die Vertragsverhandlungen stellt. Natürlich braucht man im Geschäftsleben Verträge, aber viel wichtiger ist es, den Kunden von einer wertschätzenden Partnerschaft zu überzeugen und ihn in den Entwicklungsprozess zu integrieren.

13 Deutsche Übersetzung von Heitor Roriz Filho, Ilja Preuss, Marc Bless, Fabian Ehls, Stefan Roock, Jutta Eckstein, Stefan Hoehn, Bernd Schiffer und alle die durch die Diskussionsliste deutschesscrum, xp-forum und Agile Coach Camp Germany 2010 dabei geholfen haben.

Durch eine enge Zusammenarbeit kann man sehr schnell feststellen, ob man auf dem richtigen Weg ist. Kurskorrekturen können sofort vorgenommen werden und am Ende entsteht so hoffentlich ein Produkt, mit dem der Kunde glücklich ist. Das Abarbeiten ausführlicher Pflichtenhefte führt nicht unbedingt dazu, dass am Ende auch ein Produkt entsteht, das der Kunde so haben wollte.

Zuletzt betonen die Autoren noch, dass das **Reagieren auf Veränderung** deutlich wichtiger ist, als einem vorher festgelegten Plan zu folgen. Den Unterzeichnern war klar, dass man schnell auf Veränderungen in der Umwelt reagieren müsse, um erfolgreich zu sein. Um es auch noch mal in aller Deutlichkeit zu sagen: Auch in der agilen Welt spielen Pläne eine große Rolle. Allerdings hat nicht mehr, um die Zukunft vorherzusagen, sondern vielmehr um Transparenz herzustellen.

Lassen Sie uns auf den nächsten Seiten einen Blick auf die agilen Prinzipien werfen. Diese werden oftmals übersehen, dabei bilden sie das Rückgrat des agilen Arbeitens.

- **Unsere höchste Priorität ist es, den Kunden durch frühe und kontinuierliche Auslieferung wertvoller Software zufrieden zu stellen.** Zum einen spiegelt sich hier die starke Fokussierung auf den Kunden wider. Alles, was getan wird, sollte das Ziel haben, den Kunden zufrieden zu stellen. Aber auch über die Art und Weise, wie dies erreicht wird, kann man hier etwas finden, nämlich durch frühe und kontinuierliche Lieferung. So sollte schon sehr frühzeitig und in regelmäßigen Abständen etwas an den Kunden übergeben werden. Im Fall von Software ist dies relativ einfach, denn man kann ja einfach Funktionen nachliefern. Das ist heute oft gelebte Realität. Es gibt viele Apps, die schon sehr früh erscheinen und dann nach und nach neue Funktionalitäten nachliefern. So können viele Menschen die App schon nutzen mit den Funktionalitäten, die vorhanden sind.
- **Heiße Anforderungsänderungen selbst spät in der Entwicklung willkommen. Agile Prozesse nutzen Veränderungen zum Wettbewerbsvorteil des Kunden!** Anforderungsänderungen sind in der Regel ärgerlich. Denn in den allermeisten Fällen hat man schon Zeit investiert, um sie umzusetzen, oder sich zumindest Gedanken darüber gemacht, wie eine Umsetzung aussehen könnte. Aus Kundensicht wäre eine Änderung aber sehr vorteilhaft. Sei es, weil sich die Voraussetzungen verändert haben, oder dass der Kunde durch einen Zwischenstand neue Erkenntnisse gewonnen hat. In einer von Vertrauen geprägten Beziehung sollte man davon ausgehen, dass das Gegenüber gute Gründe für einen Änderungswunsch hat. Und aus diesem Grund sollte man auch diese Anforderungsänderungen willkommen heißen und als Chance sehen, ein noch besseres Endprodukt herauszubringen.
- **Liefere funktionierende Software regelmäßig innerhalb weniger Wochen oder Monate und bevorzuge dabei die kürzere Zeitspanne!** Hier wird noch etwas konkreter was es heißt, regelmäßig zu liefern, denn man sollte sich auf wenige Wochen oder Monate beziehen. In Zeiten formuliert, wo Software teilweise Veröffentlichungszyklen von Jahren hatte, ist dies eine sehr forsche Forderung. Aber nur, wenn man dieses Prinzip befolgt, wird man auch schnell auf Verände-

rungen reagieren können. Mit kurzen Zyklen kann man sehr schnell Hypothesen testen und bei Problemen eine Richtungsänderung vornehmen. Je länger eine Entwicklungsphase ohne Feedbackzyklus ist, desto teurer wird eine potenzielle Fehlentscheidung ausfallen.

- **Fachexperten und Entwickler müssen während des Projekts täglich zusammenarbeiten!** Um kurze Zyklen und kontinuierliche Lieferung zu gewährleisten, braucht man ein anderes Konstrukt als ein auf dem Wasserfallmodell basierendes. Es benötigt interdisziplinär aufgestellte Teams, in denen unterschiedliche Perspektiven und Expertisen zusammenkommen. Diese sollten eng auf täglicher Basis miteinander arbeiten. So entsteht tiefes Verständnis für die Domäne des anderen und es kommt zu echter Kollaboration.
- **Errichte Projekte rund um motivierte Individuen. Gib ihnen das Umfeld und die Unterstützung, die sie benötigen und vertraue darauf, dass sie die Aufgabe erledigen!** Hier werden sich eher die Organisationsgestalter angesprochen fühlen. Es geht darum, den interdisziplinären Teams einen geeigneten Rahmen zur Verfügung zu stellen, in dem sie sich entfalten können. Teams benötigen Freiheiten, selbst Entscheidungen treffen zu dürfen. Das setzt Vertrauen voraus, denn bisher wurden die meisten Entscheidungen traditionell an anderen Positionen in der Unternehmenshierarchie getroffen. Auch die Motivation spielt eine große Rolle. Was Menschen motiviert und welche grundlegenden Motive dabei eine Rolle spielen, werden wir uns noch im Detail ansehen.
- **Die effizienteste und effektivste Methode, Informationen an und innerhalb eines Entwicklungsteams zu übermitteln, ist im Gespräch von Angesicht zu Angesicht.** Hier werden wahrscheinlich einige effizienzgetriebene Manager schlucken, denn mündliche Kommunikation mit Rückfragen und Diskussionen ist vieles, aber aus ihrer Sicht nur selten effizient. Aber was wäre die Alternative? Der klassische Weg über eine Vielzahl von Dokumenten und geschriebenen Worten vielleicht. Aber im Falle eines eng zusammenarbeitenden Teams sieht das vielleicht schon wieder anders aus. Bei schriftlicher Kommunikation besteht immer die Gefahr, dass etwas fehlinterpretiert wird, was dann im Nachgang mit deutlich höheren Kosten für Korrekturen verbunden ist.
- **Funktionierende Software ist das wichtigste Fortschrittsmaß.** Am Ende zählt das Ergebnis. Und nicht, wie viele Stunden auf der Planansicht noch übrig sind, wie viel Budget noch zur Verfügung steht. Das sind alles wichtige und gute Anhaltspunkte, um ein Projekt zu planen und zu messen. Was bringt es Ihnen aber, wenn Sie in der Zeit und im Budget geblieben sind, der Kunde Ihnen aber sagt, dass er mit dem Produkt so leider nichts anfangen kann. Daher sollte der Fokus aller Beteiligten immer auf dem Produkt selbst liegen und alle anderen Metriken als Unterstützung aber nicht als Ziel ansehen.
- **Agile Prozesse fördern nachhaltige Entwicklung.** Die Auftraggeber, Entwickler und Benutzer sollten ein gleichmäßiges Tempo auf unbegrenzte Zeit halten können. Alle bisher genannten Prinzipien bauen darauf, dass das Team und die

Kunden eng zusammenarbeiten und kollaborieren. Wenn man ständig unter Strom steht und die Nerven blank liegen, dann ist das keine gute Voraussetzung für gute Zusammenarbeit. Daher wird Wert daraufgelegt, dass das Tempo dauerhaft gehalten werden kann. Durch das Arbeiten in kleinen Iterationen und Zwischenschritten, zu denen man sich Feedback einholen kann, wird dann auch verhindert, dass man eine große Deadline[14] ansteuert und zum Ende hin Überstunden ohne Ende ansammeln muss.

- **Ständiges Augenmerk auf technische Exzellenz und gutes Design fördert Agilität.** Damit man auch kontinuierlich liefern kann und sich damit nicht dauerhaft unter Druck setzt, ist es sinnvoll, in Weiterbildung und technische Exzellenz zu investieren. So schafft man die Möglichkeit, mehr Arbeit in der gleichen Zeit zu schaffen. Dabei arbeitet das Team nicht härter sondern smarter. Dafür muss aber auch Zeit investiert werden, die von dem Rahmen gegeben werden muss. Sie sehen, dass die Balance von P (Produktion) und PK (Produktionskapazität) eine sehr wichtige Rolle spielt.
- **Einfachheit – die Kunst nicht getane Arbeit zu maximieren – ist essenziell. Einfachheit ist eine Kunst.** Zugegebenermaßen fällt es nicht immer leicht, sich an dieses Prinzip zu halten. Wenn ein Team sich daran macht, die Anforderungen zu zerlegen, um sie in ihren Iterationen zu bearbeiten, sollte es immer im Hinterkopf haben, dass es nicht darum geht, alle erdenklichen Fälle abzudecken, sondern möglichst schnell eine Hypothese zu überprüfen und eine erste Version zu liefern. Hier greift auch wieder das Beispiel mit der Smartphone App, die von einer sehr einfachen Version ausgehend anwachsen kann zu einem sehr mächtigen Werkzeug. Es braucht einen Balanceakt zwischen Einfachheit und vorausschauendem Handeln. Damit dies gelingt ist es umso wichtiger, dass das Team an sich arbeitet und technische Exzellenz anstrebt.
- **Die besten Architekturen, Anforderungen und Entwürfe entstehen durch selbstorganisierte Teams.** Die Aufzählung ist wieder sehr softwarelastig, lässt sich aber durch alles ersetzen, was ein Team tun muss, um ein herausragendes Produkt zu erstellen. Die Kernaussage ist die, dass ein Team, das aus Experten besteht, die die Freiheit haben, ihre Arbeit so zu organisieren, dass jeder sich voll einbringen kann, in der Regel solchen Teams überlegen sind, die nur Anweisungen befolgen.
- **In regelmäßigen Abständen reflektiert das Team, wie es effektiver werden kann und passt sein Verhalten dementsprechend an.** Das letzte der zwölf agilen Prinzipien bezieht sich auf den kontinuierlichen Verbesserungsprozess. Das Team setzt sich regelmäßig mit der Zusammenarbeit auseinander und nimmt Anpassungen vor. Diese retrospektive Betrachtungsweise kennt man zwar auch aus klassischen Projekten, aber dort wird sie in der Regel erst zum Abschluss eines

---

14 Zeitpunkt, zu dem etwas fertiggestellt sein soll, und deren Name so schön ausdrückt, wie die Leute sich fühlen, wenn sie den Zeitpunkt nicht einhalten können.

Projektes durchgeführt (auch bekannt als „Post Mortem“ oder „Lessons Learned“). Das Problem ist dabei oft, dass die handelnden Personen im nächsten Projekt nicht mehr zusammenarbeiten. Das Projekt selbst profitiert zudem leider nicht mehr von den neuen Erkenntnissen. In agilen Vorgehensweisen legt man daher sehr großen Wert darauf, sich regelmäßig zusammenzusetzen und eine Retrospektive durchzuführen.

Wenn Sie die vier Werte und die zwölf Prinzipien des Agilen Manifests genauer betrachten, so erkennen Sie, dass hier keine bahnbrechenden neuen Erkenntnisse niedergeschrieben wurden. Vieles von dem, was Sie hier gesehen haben, ist gesunder Menschenverstand oder durch Beobachtung erfahrbar. Zudem gab es, wie von Takeuchi und Nonaka schon 1986 berichtet, sehr viele Teams und Unternehmen, die diese Werte lebten und den Prinzipien folgten. Trotzdem bekam dies alles durch den Zusammenschluss und der Unterzeichnung des Agilen Manifests noch einmal eine ganz neue Dynamik. Das Agile Manifest ist der Startschuss für eine große Veränderung der Arbeitsweisen geworden und das Wort „Agilität“ ist in die Managementetagen der Unternehmen eingezogen.

Ein Blick in die agile Praxis: Kanban und Scrum

Das Agile Manifest schreibt nicht vor, wie die Werte und Prinzipien in der Praxis umgesetzt werden sollen. Schon vor der Entstehung des Agilen Manifests gab es eine Reihe von Rahmenwerken (Frameworks), die es erleichtern sollten, entsprechend ähnlicher Prinzipien und Werte den Arbeitsalltag zu gestalten. Diese Rahmenwerke haben den Vorteil, dass sie den Anwendern ziemlich klare Leitplanken und Werkzeuge an die Hand geben, die dafür sorgen, dass sie den Prinzipien entsprechend handeln.

Die bekanntesten beiden **Frameworks** aus dem agilen Portfolio sind Kanban und Scrum. Von erfahreneren Anwendern werden auch gerne Kombinationen aus unterschiedlichen Rahmenwerken verwendet, wie zum Beispiel Scrum mit Elementen aus Kanban und dem Extreme Programming (xP).[15]

Um die Grundgedanken und das Zusammenspiel verschiedener Elemente besser zu verstehen, sehen wir uns im Folgenden einmal die beiden populärsten Frameworks genauer an.

---

15 Extreme Programming wird häufig nur mit dazugehörigen Praktiken in Verbindung gebracht, wie zum Beispiel das paarweise Programmieren oder die testgetriebene Entwicklung. Allerdings beschreibt xP auch eine Vorgehensweise als Rahmenwerk. Diese ist aber in der Praxis recht selten zu finden, während die Praktiken sich großer Beliebtheit erfreuen. Daher werden wir hier nicht tiefer auf xP eingehen. Wenn Sie sich intensiver mit dieser Thematik auseinandersetzen möchten, finden Sie einen guten Startpunkt in Beck/Andres (2005).

Kanban

Am Beispiel von Kanban können Sie sehr schön erkennen, dass die Evolution agiler Frameworks und Methoden nicht erst mit dem Agilen Manifest als Startschuss erfolgt ist. Schon beim Toyota-Produktionssystem fand eine erste Form von Kanban statt. Und blickt man weiter in der Geschichte zurück, kann man sogar noch frühere Wurzeln finden.

Das Wort Kanban stammt aus dem Japanischen und ist eine Zusammensetzung aus den beiden Worten „kan“, was so viel wie Signal bedeutet, und „ban“, was Karte heißt. Somit hieße Kanban wörtlich übersetzt **Signalkarte**. Laut einer Geschichte, die David Anderson, einer der modernen Vertreter des Kanban, erzählt (Anderson 2011), diente eine Signalkarte schon zu frühen Zeiten zur optimalen Auslastung eines Systems. Ein solches System stellte beispielsweise ein Garten dar, wo man mit Hilfe von Signalkarten sicherstellte, dass nur eine für den Garten passende Menge an Besuchern sich auch in diesem aufhielten. Die Torwächter ließen nur dann einen neuen Gast in den Garten, wenn ein anderer wieder hinausging und seine Signalkarte zurückgab.

Das moderne Kanban hat mit den historischen Ansätzen zwar noch einige Elemente gemein, ist aber stärker angelehnt an das, was wir schon aus dem Lean-Umfeld kennengelernt haben. An dieser Stelle beziehe ich mich daher auf die Regeln und Prinzipien, des modernen Ansatzes, wie ihn Anderson beschreibt und verschiedene andere Praktiker ergänzt und weiterentwickelt haben.

Kanban zeichnet sich dadurch aus, dass man nicht notwendigerweise einen neuen Arbeitsablauf oder neue Rollen einführen muss, um mit Kanban zu starten. Ein Team oder ein Unternehmen, das Kanban anwenden möchte, kann mit dem Arbeitsablauf und den Prozessen starten, die sie gerade praktizieren. Dies senkt die Hürde für den Einstieg.

Zum erfolgreichen Arbeiten mit Kanban gilt es dann, sechs Praktiken in seinen Arbeitsalltag zu integrieren.

1. **Visualisierung des Arbeitsflusses:** Die erste Praktik besteht darin, den Fluss der Arbeit zu visualisieren. Dies geschieht in aller Regel mit Hilfe eines sogenannten Kanban-Boards. Auf diesem Board kann man in verschiedenen Spalten die einzelnen Schritte der Wertschöpfungskette visualisieren. Einzelne Aufgaben werden auf Papierkarten geschrieben und von einer Spalte in die nächste gezogen, je nachdem in welchem Arbeitsschritt sie sich gerade befinden. Wie Sie sehen, muss hier erst einmal nichts angepasst werden, da lediglich die aktuelle Vorgehensweise abgebildet wird. Hierbei ist es wichtig, die richtige Granularität für die einzelnen Schritte im Wertstrom zu finden, so dass sich eine ausreichende Transparenz ergibt.

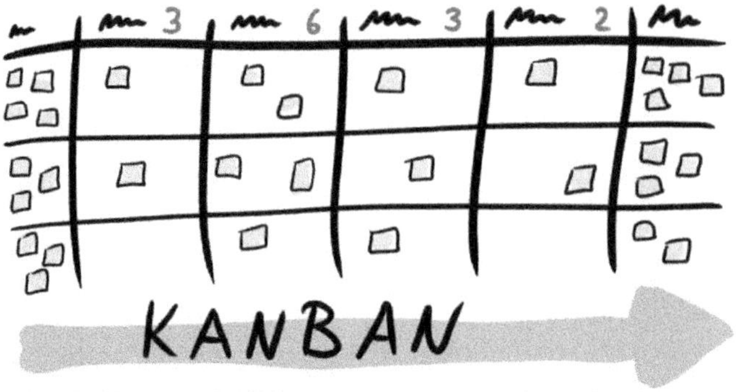

Abb. 13: Ein exemplarisches Kanban-Board

2. **Begrenzung der angefangenen Arbeit im System:** Die Arbeit, die sich zu einem bestimmten Zeitpunkt im System befindet, wird als Work-in-Progress (WIP) bezeichnet. Pro Arbeitsschritt, der auf dem Board als Spalte repräsentiert ist, legt man nun eine maximale Menge von Aufgaben fest, die gleichzeitig ausgeführt werden dürfen. Dies macht man mit einer entsprechenden Zahl an der Spalte des Boards sichtbar. Auf diese Weise entsteht ein WIP-Limit, was dazu führt, dass wenn die maximale Anzahl der erlaubten Aufgaben in einer Spalte erreicht ist, keine neue Arbeit in diesem Schritt angefangen werden darf. Hier zeigt sich das daraus entstehende Pull-Prinzip (Ziehen der Aufgaben). Die Aufgaben werden nicht einfach nach Fertigstellung in den nächsten Arbeitsschritt gedrückt (Push), sondern werden nur dann in den nachfolgenden Schritt gezogen, wenn die Kapazität es zulässt. Auf diese Weise sollen Flaschenhälse (englisch: Bottlenecks) aufgespürt werden.
3. **Messung und Steuerung des Flusses:** Die nächste Praktik besteht darin, den Fluss zu messen und gezielt zu steuern. Dazu werden bestimmte Metriken erhoben, die es erlauben, Aussagen über die Leistungsfähigkeit des Gesamtsystems zu treffen.
   Eine dieser Größen ist die *Cycle-Time.* Darunter versteht man die Zeit, die gemessen wird von dem Moment an, wo die erste Arbeit an einer Anforderung durchgeführt wird, bis zum Abschluss dieser Aufgabe. In der Regel wird der Start der Arbeit durch einen Commitment-Punkt auf dem Kanban-Board bestimmt, der die Akzeptanz der Anforderung ausdrückt und eine Verpflichtung zur Umsetzung darstellt. Der Abschluss der Arbeit eines Teams wird durch einen Delivery-Punkt bestimmt, also dem letzten Arbeitsschritt, den ein Team selbst durchführt. Eventuell ist das noch nicht der finale Schritt, da noch andere Teams später im Prozess beteiligt sein könnten.

Metrik	Beschreibung	Messung
Lead-Time	Vorlaufzeit. Die Zeit, die eine Aufgabe von der Erstellung (Eintritt ins System) bis zur Erledigung (beispielsweise Lieferung an den Kunden) benötigt.	Zeitpunkt der Fertigstellung – Zeitpunkt der Anforderung
Cycle-Time	Zykluszeit. Die Zeit, die eine Aufgabe innerhalb eines bestimmten Arbeitsschrittes (oder eine Kombination von Arbeitsschritten) benötigt.	Zeitpunkt der Fertigstellung des Arbeitsschritts – Zeitpunkt des Starts des Arbeitsschritts
Durchsatz	Anzahl der Aufgaben pro Zeiteinheit (zum Beispiel abgeschlossene Aufgaben pro Tag)	geschlossene Aufgaben pro Zeiteinheit (kann mit Lead- und Cycle-Time kombiniert werden)
Work in Progress (WIP)	Aufgaben in Bearbeitung.	Anzahl der parallellaufenden Arbeiten in bestimmten Arbeitsschritten.

Tab. 4: Wichtige Metriken in einem Kanban System

Eine weitere Metrik ist die sogenannte *Lead-Time*. Die **Lead-Time** misst die Zeit von dem Moment an, wenn die Anforderung im System erstellt wird bis zur Auslieferung. Die Lead-Time ist also das, was ein Kunde von außen sehen würde, von dem Moment, in dem er einen Wunsch geäußert hat, bis dass er ein Resultat zurückgeliefert bekommt.

Auch der *Durchsatz* spielt eine wichtige Rolle. Der Durchsatz wird in der Regel errechnet als Quotient aus durchschnittlicher WIP und mittlere Cycle-Time (*Little's Law*). Kennt man diese Kennzahlen, dann kann man im Folgenden anfangen Parameter zu variieren und so das Gesamtsystem zu optimieren.

Wenn Sie sich die Metriken anschauen und den Zusammenhang mit dem Gesetz von Little vergegenwärtigen, dann lassen sich daraus einige interessante Schlussfolgerungen ziehen. In der Abbildung ist der Wertstrom als ein Kanal dargestellt. Sicher stimmen Sie zu, dass es ein sinnvolles Ziel ist, den Durchsatz zu erhöhen. Die mathematischen Zusammenhänge lassen nun zwei offensichtliche Optionen zu:

Option eins besteht darin, einfach mehr Arbeit in den Kanal zu drücken. Damit würde bei gleichbleibender Durchlaufzeit der Durchsatz nach oben gehen. Sie werden aber zurecht sagen, dass das sicher keine gute Idee ist, da dies schnell zu Überlastung und in letzter Konsequenz zum Zusammenbruch führen wird.

Die zweite Option besteht darin, die Durchlaufzeit zu reduzieren. In unserer Bild würde das erreicht, indem wir den Kanal verkürzen. Nun ist auch weniger Platz für Work in Progress. Die Reduzierung von Arbeit führt also automatisch zu kürzeren Durchlaufzeiten und somit zu einem höheren Durchsatz. Das ist der Grund, warum die WIP-Limits für Kanban so essenziell wichtig sind.

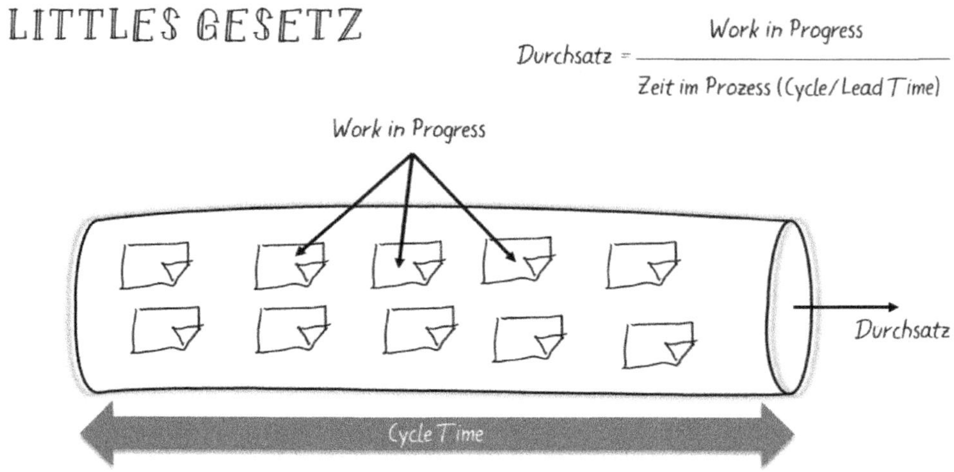

Abb. 14: Littles Gesetz

4. **Explizite Regeln für den Prozess:** Kanban macht den Prozess explizit. Normalerweise geschieht dies auf dem Kanban-Board selbst, so dass alle Beteiligten genau wissen, welche Regeln gelten und wo sie zu finden sind. Wichtig ist dabei, eine genaue Definition zu haben, wann eine Aufgabe fertig ist und in die nächste Spalte gezogen werden kann. Auch die Bedeutung der einzelnen Spalten sollte möglichst eindeutig und klar beschrieben sein. Zudem muss geklärt sein, wer etwas ziehen darf, wann etwas gezogen wird und in welcher Reihenfolge die nächsten verfügbaren Tickets gezogen werden. Und natürlich muss auch das WIP-Limit klar ersichtlich sein und von allen eingehalten werden.
5. **Förderung von Leadership auf allen Ebenen:** Wie Sie sich leicht vorstellen können, führen die bisher vorgestellten Praktiken dazu, dass Sie sehr schnell die Schwachstellen in den bisherigen Abläufen finden können, wie zum Beispiel Flaschenhälse. Um diese zu beheben kommt es auf das Engagement aller Beteiligten an. Nicht nur eine bestimmte Abteilung, sondern alle an der Wertschöpfung beteiligten Personen, egal in welcher Hierarchieebene, sind dazu aufgerufen, sich an der kontinuierlichen Verbesserung zu beteiligen. Zudem müssen auch alle Ebenen die vereinbarten Regeln einhalten (insbesondere das WIP-Limit).
6. **Verwendung von Modellen zur Erkennung von Chancen für Verbesserungen:** Zur kontinuierlichen Verbesserung soll auch die Praktik führen, Modelle zu verwenden, um Chancen für kollaborative Verbesserungen zu erkennen. Dabei stellen die Modelle vereinfachte Darstellungen des Prozesses dar. Hier gibt es eine ganze Reihe von bekannten Ansätzen, die oft Verwendung finden. So zum Beispiel der Deming-Cycle (PDCA, Plan-Do-Check-Act) oder die Theory-of-Constraints, die Goldratt vorstellte (Goldratt/Cox 2013).

Exkurs | Engpasstheorie (Theory of Constraints, TOC)
Die Engpasstheorie besagt, dass der Durchsatz eines Systems einzig durch seinen Engpass bestimmt ist. Sie wurde von Eliyahu Goldratt entwickelt und veröffentlicht.
Gemäß der Engpasstheorie existiert zu jedem Zeitpunkt genau ein Schritt in der Wertschöpfungskette, der einen Engpass darstellt und somit den Durchsatz begrenzt. Dieser Engpass ist oftmals das Glied in der Kette, welches die geringste Kapazität besitzt. Daher sollte das erste Bestreben sein, diesen Engpass zu finden und voll auszulasten. Dazu stellt man sicher, dass der Engpass zum einen möglichst wenig Leerlauf hat und zum anderen nur für die wichtigsten Aufgaben genutzt wird. Alles, was nicht unbedingt vom Engpass bearbeitet werden muss, sollte man auslagern. Fortan wird dann der Engpass den Takt für das Gesamtsystem vorgeben, also nur noch so viel Arbeit im System sein, wie die Kapazität des Engpasses zulässt. Alle Optimierungsversuche sollten sich dann auch auf den Engpass konzentrieren, da jede Optimierung an einer anderen Stelle nicht den Gesamtdurchsatz steigern würde und im Gegenteil nur zu Wartezeiten und Überproduktion führen würde. Folgt man diesen Empfehlungen und erhöht die Kapazität des Engpasses, dann wird man höchstwahrscheinlich in der Folge auf einen neuen Engpass stoßen, bei dem man genauso verfahren sollte.
Goldratt bietet als Beispiel für Prozesssteuerung das sogenannte Drum-Buffer-Rope-Verfahren an. Dabei verwendet er als Bild eine Gruppe von Pfadfindern, die hintereinander im Gänsemarsch laufen, und als Gruppe ein gemeinsames Etappenziel erreichen sollen. Somit stellt der Pfadfinder, der das langsamste Tempo geht, den Engpass im System dar. Unser langsamer Pfadfinder bekommt bildlich gesprochen eine Trommel in die Hand (Drum), und bestimmt auf diese Weise den Takt des Gesamtsystems. Es kann auch jederzeit zu Störungen vor dem Engpass kommen. In unserem Bild beispielsweise ein stolpernder Pfadfinder, der den langsamsten in der Kette dadurch aufhält. Das würde bedeuten, dass der Engpass nicht optimal ausgelastet werden kann, da er abbremsen oder sogar anhalten müsste. Also sollte ein vernünftiger Puffer vor dem Engpass eingerichtet werden, so dass kleinere Ausfälle (Stolpern) den Engpass nicht verlangsamen (Buffer). Zuletzt sollte nun durch das Tempo des Engpasses und die Größe des Puffers gesteuert neue Arbeit in das System gezogen werden. Im Beispiel unserer Pfadfindergruppe würde ein Seil zwischen dem vordersten Pfadfinder in der Gruppe und dem Engpass gezogen, das die Zwischenräume steuert, so dass ein bestimmter Puffer vorhanden ist.

Hält man die vorgeschlagenen Praktiken ein, dann stellt Kanban ein Werkzeug für die evolutionäre Veränderung in Unternehmen dar. Durch das Aufdecken von Engpässen im System und der Konzentration auf eine kontinuierliche Verbesserung wird nach und nach das Gesamtsystem immer leistungsfähiger.

Beim Einsatz von Kanban spielt das Einhalten von **WIP-Limits** eine sehr große Rolle. Gerade Teams, die noch unerfahren mit dieser Vorgehensweise sind, tendieren dazu, die Begrenzungen zu ignorieren. Dies kann zum einen daran liegen, dass sie noch nicht ganz verstanden haben, welch große Bedeutung die Limitierung der Arbeit für den evolutionären Veränderungsprozess in Kanban besitzt. Zum anderen ist es aber auch häufig so, dass viele traditionelle Unternehmen großen Wert darauflegen, alle zur Verfügung stehenden „Ressourcen" optimal auszulasten. Daher fühlen sich die Mitglieder eines Arbeitsteams verpflichtet, lieber eine neue Aufgabe zu beginnen, anstatt untätig herumzusitzen. Wie die Engpasstheorie jedoch verdeutlicht, führt das dazu, dass sich die Arbeit vor dem Engpass auftürmt und somit mehr Probleme entstehen, als es Mehrwert bringt. Umso wichtiger ist es, die Arbeit entsprechend zu visualisieren. Denn es geht darum, die Arbeit zu managen und sich die Menschen darum herum selbst organisieren zu lassen. Wenn die Arbeit allerdings nicht sichtbar ist, dann könnte leicht die Tendenz entstehen, das zu managen, was die Manager sehen können: die Menschen.

Der Fokus sollte erst einmal darauf liegen, den Engpass zu entlasten und dafür zu sorgen, dass wieder Kapazitäten frei werden. Wenn hier keine Möglichkeit der Unterstützung besteht, dann kann man die entstandene Zeit für die Verbesserung des Prozesses und des Gesamtsystems zu nutzen, mit dem Ziel, den Engpass langfristig zu beheben. Diese freigewordene Zeit wird oftmals auch als *Slack* bezeichnet und spielt in so gut wie allen agilen Rahmenwerken eine wichtige Rolle. Slack ist wichtig und notwendig, um die Leistungsfähigkeit des Gesamtsystems kontinuierlich zu steigern.

Bisher haben wir gesehen, wie Kanban funktioniert, wenn ein Team eine Anforderung von der Aufnahme bis zur Umsetzung komplett bearbeitet. In der Praxis wird es aber in einem großen Unternehmen mehrere Teams geben, die in irgendeiner Form zusammenarbeiten müssen, um eine Aufgabe wirklich abzuschließen. Hier ergeben sich schnell Abhängigkeiten und es ist zum einen oft unübersichtlich, zum anderen kaum möglich, ein einziges Kanban-Board zu haben, das alle Arbeitsschritte in der gewünschten Granularität visualisieren kann. Viele einzelne Kanban-Teams machen daher noch nicht automatisch ein agiles Unternehmen aus. Ein anschauliches Beispiel, wie man zu echter „Business-Agilität" gelangt liefert Klaus Leopold, der zur Orientierung verschiedene **Flight-Level** (Flughöhen) vorschlägt (Leopold/Kaltenecker 2018).

Auf dem obersten Flight-Level schaut man auf die Wertschöpfungsketten, die in einem Unternehmen vorhanden sind. Die meisten Unternehmen haben mehr als ein Produkt oder teilen ihre Arbeit in unterschiedliche Projekte auf. Diese stellen sehr häufig auch eigene Wertschöpfungsketten mit gewissen Besonderheiten dar. Auf der oberen Ebene interessiert man sich genau für diese unterschiedlichen Initiativen und nutzt die Kanban-Praktiken, um auf dieser Granularität den Gesamtwert für das Unternehmen zu optimieren.

Das Flight-Level darunter konzentriert sich auf eine dieser Wertschöpfungsketten und stellt die Arbeitsschritte und die Aufgaben in einer Granularität dar, die eine

Koordination der verschiedenen beteiligten Teams ermöglicht. Es ist die Ebene der Koordination.

Geht man noch ein Level tiefer, so ist man auf der Team-Ebene, wo die Arbeit, die von einem Team erledigt wird, visualisiert und optimiert wird. Wenn hier Arbeiten abgeschlossen werden, wird diese Aktualisierung auf das darüberliegende Level übertragen. Würde man Kanban nur auf das Teamlevel beschränken, dann würde es eventuell zu lokalen Optimierungen kommen, die – wie wir gesehen haben – das Gesamtsystem eventuell sogar verschlechtern. Durch die unterschiedlichen Flughöhen hat man aber auf unterschiedlichen Ebenen die Engpässe und auch mögliche Verbesserungen im Blick, so dass man die gesamte Wertschöpfungskette und auch das gesamte Unternehmen verbessern kann.

Im Zusammenhang mit Kanban fällt oft der Begriff **Kaizen,** was sich aus den japanischen Begriffen kai (Wandel) und zen (zum Besseren) ableitet. Kaizen beschreibt den kontinuierlichen Verbesserungsprozess, der sich bei Einhaltung der Kanban-Praktiken von allein einstellen sollte. Darüber hinaus gibt es aber eine Reihe von Praktiken, die von den meisten Teams geteilt werden, auch wenn es keine Regeln gibt, die sie vorschreiben. So zum Beispiel regelmäßige Statusmeetings, Reviews oder auch Retrospektiven.

Eine weitere, gern genutzte Praktik bei der Verwendung von Kanban, ist die Einführung von **Service Level Agreements (SLA).** Die Aufgaben werden dann bestimmten Klassen zugeordnet. So ist es möglich, bestimmte Aufgaben einem Service Level zuzuweisen, der bevorzugt behandelt wird. Sobald dann an einer Station Kapazitäten frei werden, wird eine solche Aufgabe als erstes bearbeitet. Dies führt auch zu unterschiedlichen Cycle- und Lead-Times für die verschiedenen Service Level, die auch zum Kunden kommuniziert werden können.

Scrum

„Mit 85 % ist **Scrum** die meistgenutzte agile Methode. Danach folgen Kanban, Lean und DevOps.“ Zu diesem Schluss kommt die Studie Status Quo Agile,[16] die von der Hochschule Koblenz 2016/17 durchgeführt wurde.[17] Scrum erfreut sich damit viele Jahre nach seiner ersten Erwähnung im „New new product development game“ sehr großer Beliebtheit.

Eine tragende Rolle bei der systematischen Umsetzung der von Takeuchi und Nonaka beschriebenen Praktiken nahmen Ken Schwaber und Jeff Sutherland ein. Jeff Sutherland griff die beschriebene Idee auf und nutzte die Erkenntnisse in ersten Projekten. Ken Schwaber veröffentlichte bereits 1995 auf der OOPSLA-Konferenz einen ersten Beitrag über Scrum. Beide Pioniere gehörten auch zu den Unterzeichnern des Agilen Manifests im Jahr 2001. Im gleichen Jahr veröffentliche Ken Schwaber auch das erste Buch zum Thema Scrum, gemeinsam mit Mike Beedle (Schwaber/Beedle 2002).

---

16 Status Quo Agile 2016/17. In: process-and-project.net, 04.02.2019.
17 https://www.process-and-project.net/studien/status-quo-agile, 13.4.2021.

Schwaber und Sutherland taten sich zusammen und gestalteten gemeinsam den Scrumguide, der die Spielregeln von Scrum definiert, auf die sich alle Anwender des Frameworks berufen.[18] Der Scrumguide wurde in viele Sprachen übersetzt und wird regelmäßig aktualisiert. Auch wenn Scrum sehr populär in der IT ist, wird im Scrumguide explizit darauf hingewiesen, dass Scrum in allen erdenklichen Bereichen verwendet werden kann. Von einer großen Liste strahlender Beispiele berichtet Jeff Sutherland in seinem Buch „Die Scrum Revolution" (Sutherland 2015). Der Scrumguide beschreibt drei wichtige **Rollen,** die zur Ausführung von Scrum benötigt werden.

Der **Product Owner** (Eigentümer des Produkts) hat die Verantwortung für das Produkt. Dafür muss er sicherstellen, dass die Aufgaben erledigt werden, die am meisten Wert generieren. Dies gelingt ihm, indem er alle Arbeiten, die zu erledigen sind, um das Produkt herzustellen, in das Product Backlog einträgt und dort in eine eindeutige Reihenfolge bringt.

In der Regel gibt es eine Reihe von Leuten, die ein Interesse an dem Produkt haben. Dies können zum einen (potenzielle) Kunden sein, zum anderen aber die eigene Unternehmensführung oder auch andere Abteilungen im eigenen Unternehmen. Die Aufgabe des Product Owners besteht nun darin, die Interessen dieser **Stakeholder** einzusammeln und gegeneinander zu gewichten. Dafür muss er in engem Kontakt mit den Stakeholdern stehen.

Im Gegensatz zum Wasserfallmodell, wo das Produktmanagement und die Entwicklung zwei getrennte Abteilungen bilden, ist der Product Owner Teil eines Scrum Teams und daher auch mitverantwortlich für die gelungene Umsetzung der Anforderungen. Der Product Owner ist dafür verantwortlich, **was** getan wird. In Scrum ist es wichtig, dass es genau einen Product Owner für ein Produkt gibt. Dies soll verhindern, dass sich zum Beispiel ein Komitee nicht einigen kann und somit Entscheidungen sehr träge getroffen werden können. Zwar können verschiedene Personen sich die Aufgaben des PO aufteilen, am Ende muss es aber genau eine Person geben, deren Entscheidung im Zweifelsfall von allen akzeptiert wird.

Das Entwicklungsteam besteht aus den Experten, die das Produkt herstellen. Das Team zeichnet sich durch seine **interdisziplinäre Aufstellung** aus. Im Scrum-Umfeld wird diese Eigenschaft als „Crossfunktionalität" (X-funktional abgekürzt) bezeichnet. Es sind Experten aus den unterschiedlichsten Bereichen der Wertschöpfungskette in einem Team vorzufinden, die dann gemeinsam als Team eine Gesamtverantwortung für ein Produkt oder eines Produktbestandteils übernehmen. Dabei bemüht man sich um die Ausprägung eines T-Profils bei den Teammitgliedern (siehe Exkurs).

---

18 https://scrumguides.org/, 13.4.2021.

Exkurs | T-Profil
In klassischen Arbeitsgruppen, die aus Experten der gleichen Fachrichtung bestehen, hat man es in aller Regel mit Spezialisten zu tun. Diese haben eine tiefgehende Expertise in einem bestimmten Fachgebiet. Damit ihre Expertise möglichst effizient genutzt werden kann, ist ihr Arbeitsumfeld so gestaltet, dass sie sich ausschließlich auf diesen Fachbereich konzentrieren können. Auch Mitarbeiterentwicklung findet in diese Spezialrichtung statt. Dies wird oft als I-Profil bezeichnet, weil es eine einzelne, sehr spezialisierte Fähigkeit repräsentiert.
Demgegenüber strebt man in interdisziplinären Teams das sogenannte T-Profil (T-Shape) an. Dies bedeutet, dass das Teammitglied immer noch ein Experte in einem bestimmten Fachgebiet ist, was den Stängel des T repräsentiert. Gleichzeitig bemüht sich das Teammitglied aber auch, Aufgaben aus angrenzenden Fachgebieten zu lernen und bei Bedarf zu übernehmen. Wenn man ein wenig rechts und links seiner eigenen Spezialfähigkeit schaut, dann ergibt sich so der Querbalken des T-Profils.
Erinnern wir uns zurück an die Engpasstheorie, dann sehen wir, dass dieses angestrebte T-Profil kein Selbstzweck ist, sondern sehr wichtig, um die Leistungsfähigkeit eines Teams zu erhöhen. Ein Teammitglied mit I-Profil könnte, wenn ein Engpass gefunden wird, der in einem angrenzenden Arbeitsschritt liegt, nicht unterstützen, da ihm entsprechende Fähigkeiten fehlen. In klassischen Organisationen, die auf Effizienz und Auslastung optimiert sind, würde ein solches Teammitglied sich weiter mit den eigenen Aufgaben beschäftigen. Dies wäre aber eine lokale Optimierung, die dazu führen würde, dass sich vor dem Engpass ein Berg von Arbeit anhäuft. Besitzt das Teammitglied aber ein T-Profil, kann es den Engpass entlasten und somit zur Gesamtleistung des Teams beitragen, selbst wenn einzelne Glieder der Wertschöpfungskette nicht optimal ausgelastet sind.
Oftmals wird das T-Profil so missverstanden, dass jeder im Team in der Lage sein sollte, jede Aufgabe zu übernehmen, die anfallen könnte. Wie Sie oben gesehen haben, ist dies nicht das Ziel (und auch sehr utopisch). Das T-Profil soll vielmehr sicherstellen, dass eventuelle Engpässe entlastet werden können und im Falle des Ausfalls eines oder mehrerer Teammitglieder die Arbeit nicht komplett eingestellt werden muss, nur weil der eine „wissende" Fachexperte nicht greifbar ist.

Das Entwicklungsteam organisiert sich selbst, so wie es meint, die gesetzten Ziele erreichen zu können. Das Team trägt die Verantwortung, **wie** etwas getan wird.

In Scrum gibt es keine speziellen Rollen innerhalb des Teams. Es gibt also keine weitere Unterteilung zwischen Entwicklern, Testern, Analysten, Ingenieuren, Layoutern oder welche Spezialgebiete auch immer zur Erstellung eines Produkts benötigt werden. Dadurch soll zum einen die Entwicklung in Richtung T-Profil unterstützt werden, zum anderen aber auch ein Gefühl für die gemeinsam getragene Verantwortung für das Ergebnis gestärkt werden.

Als dritte und letzte Rolle beschreibt der Scrumguide den **Scrum Master.** Für die meisten Unternehmen, die Scrum einführen, ist diese Rolle ein absolutes Novum, denn in den allerseltensten Fällen gab es zuvor eine Rolle, die eine vergleichbare Aufgabe hatte. Auf der einen Seite soll der Scrum Master das Scrum Rahmenwerk fördern und unterstützen. Er hilft also dem Team zu verstehen, wie genau Scrum funktioniert, und wie ein Rädchen in das andere greift. Zudem besteht sein Hauptfokus aber darauf, die Zusammenarbeit des Teams zu **optimieren.**

Der Scrum Master hat dafür drei große Fokuspunkte, auf die er sich konzentriert. Zum einen unterstützt er den Product Owner. Er hilft ihm, die Anforderungen zu priorisieren und mit dem Entwicklungsteam in kleine, zu bearbeitende Aufgaben zu zerlegen. Zudem hilft er dem PO, sich in der agilen Produktplanung zurechtzufinden.

Als Zweites richtet der Scrum Master seine Aufmerksamkeit auf das Entwicklungsteam. Hier liegt sein Fokus darauf, das Team zu einer Selbstorganisation zu befähigen und die Zusammenarbeit zu verbessern. Dafür muss der Scrum Master ganz auf seine Überzeugungskraft und seine Coaching-Fähigkeiten zurückgreifen, denn in Scrum ist niemand vorgesehen, auch nicht PO oder Scrum Master, der in irgendeiner Form weisungsbefugt wäre.

Und zuletzt ist die Rolle des Scrum Masters auch dazu gedacht, in die Organisation hineinzuwirken. Wenn man mit Scrum beginnt, wird man schnell feststellen, dass gewisse Hindernisse, die eine selbstorganisierte Arbeit verhindern, nicht nur innerhalb der Teamgrenzen zu finden sind. Viele Probleme und Herausforderungen sind teamübergreifend und zum Beispiel in vorhandenen Strukturen oder Prozessen begründet. Es ist unvermeidlich, dass ein Unternehmen, das sich agil aufstellen möchte und dafür Scrum einführt, sich auch organisatorisch deutlich verändern muss.

Exkurs | Rollen und Positionen

Scrum definiert drei Rollen. In vielen klassischen Organisationen besteht eine sehr starke Fokussierung auf Positionen. Auch wenn beide Begriffe oft synonym verwendet werden, besteht hier ein deutlicher Unterschied. Eine Position ist untrennbar mit einer Person verknüpft. Frau Maier oder Herr Müller haben eine Position inne. An diese Position wiederum sind gewisse Rechte und Pflichten geknüpft. Ein Projektleiter trägt die Verantwortung für ein bestimmtes Projekt und hat vielleicht ein Budget zur Verfügung und dann auch eine Weisungsbefugnis für die Projektbeteiligten. Positionen sind in der Regel ein Kästchen in einem Organigramm, in dem ein bestimmter Name steht.

Rollen hingegen definieren erst einmal nur Verantwortlichkeiten, sind aber nicht personenbezogen. Das heißt, die in einer Rolle definierten Verantwortlichkeiten müssen erfüllt werden, aber es ist nicht unbedingt festgelegt, welche Person dies tut. Somit kann eine Rolle auch durch mehr als eine Person ausgefüllt werden, indem man beispielsweise die Verantwortlichkeiten aufteilt.

In sehr vielen Unternehmen wird eine Rolle an eine Position geknüpft. In manchen Fällen ist der Product Owner, der in Scrum als Rolle definiert ist, eine feste Position mit einer zugeordneten Person. Andernorts sind an die Position (das Kästchen im Organigramm) noch zusätzliche (nicht im Scrumguide definierte) Aufgaben, Rechte oder Pflichten geknüpft. Hier findet schnell eine Vermischung von Rolle und Position statt, die am Ende zu einem falschen Verständnis von den eigentlichen Rollen führen kann.

Neben diesen Rollen gibt Scrum auch ziemlich genau vor, welche Bestandteile es gibt und zu welchen Anlässen und wann die Teams zusammenkommen (Scrum Artefakte und Events).

Das **Product Backlog** haben Sie ja schon kennengelernt. Es handelt sich dabei um eine Liste, die alle Arbeit enthält, die vom Team zu erledigen ist, um ein Produkt herzustellen. Diese Liste ist geordnet und die wichtigste Aufgabe befindet sich an der Spitze dieser Liste. Der Product Owner ist dafür verantwortlich, das Product Backlog aktuell zu halten und die Reihenfolge der Arbeit festzulegen. Die einzelnen Bestandteile des Backlogs nennt man **Product Backlog Items.** Diese werden oftmals in Form einer User Story (also aus der Sicht des Benutzers) geschrieben. Product Backlog Item ist alles, was eine Änderung am bestehenden Produkt darstellt, also zum Beispiel neue Anforderungen, Fehlerbehebungen oder die Beseitigung technischer Schulden.

Die Abarbeitung der Product Backlog Items erfolgt in **Iterationen,** sogenannten Sprints. Ein **Sprint** ist per Definition maximal vier Wochen lang. Da die Vorausplanung mit zunehmender Länge der Iteration immer ungenauer wird, legt der Scrumguide hier diese Obergrenze fest. Für die meisten Teams hat sich eine Sprintdauer von zwei Wochen in der Praxis als guter Startwert herausgestellt. Es gibt aber auch Scrum Teams, deren Sprints nur einen Tag dauern, oder die sogar mehrere Sprints an ein und demselben Tag durchführen.

In einem gemeinsam Scrum Event (so nennt man bei Scrum die gemeinsamen Termine in Abgrenzung zu den gemeinhin oftmals als unproduktiv angesehenen „Meetings“), dem sogenannten **Sprint Planning,** setzt sich das gesamte Scrum Team (Product Owner, Scrum Master und Entwicklungsteam) zusammen und überlegt, was es im nächsten Sprint voraussichtlich liefern kann. Dafür wird erst einmal ein Sprintziel festgelegt und dann Aufgaben aus dem Product Backlog ausgewählt, die zur Erreichung des Ziels notwendig sind.

Diese Aufgaben werden dann in das **Sprint Backlog** übertragen. Dieses stellt somit eine Teilmenge des Product Backlogs dar und wird jeden Sprint neu angelegt. Die Aufgaben im Sprint Backlog werden so verfeinert, dass das Team jederzeit überprüfen kann, wie sein Fortschritt in Hinblick auf die Erreichung des Sprintziels ist. Es werden nur so viele Aufgaben in das Sprint Backlog übernommen, wie das Team meint, im nächsten Sprint fertigstellen zu können.

Im Laufe des Sprints erstellt das Entwicklungsteam ein **Inkrement.** Ein Inkrement besteht aus dem Ergebnis des aktuellen Sprints sowie den Ergebnissen aller vorheriger Sprints. Ein Produkt Inkrement wird also von Sprint zu Sprint immer größer und umfangreicher.

Damit die Arbeit selbstorganisiert stattfindet und möglichst gut abgestimmt wird, trifft sich das Entwicklungsteam täglich zur selben Zeit am gleichen Ort für ein Planungs- und Abstimmungsmeeting, dem Daily Scrum. Das **Daily Scrum** findet in aller Regel im Stehen statt (daher auch der alternative Name Daily-Stand-Up). Dies soll dazu dienen, dass die Teilnehmer sich kurzfassen und schnell zum Wesentlichen kommen. Alle Scrum Events haben eine Timebox (Zeitrahmen), also eine maximale Dauer, die nicht überschritten werden darf. Das Daily Scrum soll maximal 15 Minuten dauern und ist somit das kürzeste Scrum Event. Hervorzuheben ist, dass das Daily Scrum nicht dazu gedacht ist, den aktuellen Status zu berichten. Das Team soll sich gezielt abstimmen, wo man im Hinblick auf das Sprint Ziel steht, was noch zu tun ist, was in den nächsten 24 Stunden (bis zum nächsten Daily Scrum) erledigt werden kann und wie man sich am sinnvollsten aufteilt. Zudem sollen Hindernisse (Impediments) sichtbar gemacht werden, die die Arbeit behindern oder sogar verhindern.

Damit eine Aufgabe vom Team als erledigt gekennzeichnet werden kann, muss sie der **Definition von Fertig** (Definition of Done) entsprechen. Diese Definition stellt eine Checkliste dar, die alles enthält, was erfüllt sein muss, damit eine Aufgabe fertiggestellt ist. Diese wird häufig von dem Unternehmen vorgegeben, damit alle Scrum Teams nach den gleichen Qualitätsstandards arbeiten. Wenn auch nur eine geringe Kleinigkeit fehlt, darf eine Aufgabe nicht als fertig deklariert werden.

Am Ende des Sprints präsentiert das Scrum Team allen Interessierten das fertige Inkrement (also alle Aufgaben, die gemäß der Definition von fertig abgeschlossen wurden). Dies geschieht im sogenannten **Sprint Review,** das eine öffentliche Veranstaltung ist und zu dem der Product Owner alle interessierten Stakeholder einlädt. Gemäß dem Leitsatz von Scrum – Inspect & Adapt (Feedback einholen und Anpassen) – wird hier das Produkt Inkrement gezeigt und Feedback eingesammelt. Auch das Review ist somit kein einfaches Statusmeeting, um einen Fortschritt zu präsentieren, sondern eine wichtige Gelegenheit, um Feedback einzuholen und strategische Entscheidungen zu treffen. Neue Erkenntnisse hält der Product Owner im Backlog fest, mit dem er dann in das nächste Sprint Planning gehen kann.

Im Anschluss erfolgt dann ein weiterer Schritt, der dazu dient, Feedback einzuholen und eventuelle Anpassungen vorzunehmen: die **Sprint Retrospektive.** Hier kommt das Scrum Team zusammen und reflektiert gemeinsam den Entwicklungsprozess mit dem Ziel, Verbesserungsmaßnahmen zu definieren, die im Laufe des nächsten Sprints angewendet und in der folgenden Retrospektive auf ihre Wirksamkeit hin untersucht werden können. Diese werden dann auch gleich in das Sprint Backlog des nächsten Sprints eingetragen, damit das Team bei der Planung diese Aufwände mitberücksichtigen kann.

Prinzipiell geht der Zyklus an dieser Stelle wieder von vorne los, allerdings zeigt die Erfahrung, dass das Team auch eine gewisse Zeit in die Pflege und die Verfeinerung des Product Backlogs investieren muss. Diese Aktivität wird als **Refinement** bezeichnet. Der Scrumguide macht hier, im Gegensatz zu den klar definierten Scrum Events, keine klaren Vorgaben, wie das Refinement abzulaufen hat. Aber er gibt eine Empfehlung, die darin besteht, dass das Team bis zu 10 % seiner Zeit im Sprint für Refinement aufwenden sollte. Das Ergebnis – ein gepflegtes und feingranulares Product Backlog – wird dann als Eingabe für das nächste Sprintplanning genutzt.

Auch in Scrum gibt es Metriken, die helfen sollen, den Prozess kontinuierlich zu verbessern. Allerdings schreibt Scrum hier nichts vor. Viele Praktiker messen zum Beispiel gerne die Menge der Arbeit, die das Entwicklungsteam in einem Sprint erledigt hat. Dies wird dann als **Velocity** bezeichnet. Dafür muss die Größe der Aufgaben berücksichtigt werden, so dass man entweder alle Aufgaben in die gleiche Größe bringt oder aber die Größe schätzen und in Relation zueinander setzen muss. Hierfür werden meist Story Points verwendet. Dementsprechend wird auch die Velocity eines Teams in der Regel in Story Points pro Sprint angegeben.

Scrum und Kanban erheben beide nicht den Anspruch perfekt zu sein und die Antwort auf alle Fragen zu liefern. Im Gegenteil, sie ermutigen die Anwender dazu, Anpassungen vorzunehmen, um die Vorgehensweisen zu verbessern. Dies ist sicherlich eine gute Idee, denn die Erfinder konnten nicht jeden erdenklichen Kontext in ihre Überlegungen einbeziehen.

Shu-Ha-Ri und Cargo-Kult

Ich erinnere mich noch recht gut an einen Lieblingsfilm meiner Kindheit. Ein schmächtiger, schwarzhaariger Junge steht vor einem Auto. Ihm gegenüber steht ein kleiner Japaner mit einem Schwamm in der Hand. „Auftragen rechte Hand, polieren linke Hand", leitet der kleine Japaner ihn an. Dabei solle er das Atmen nicht vergessen, ergänzt der wunderliche alte Mann, dann macht er die Bewegung noch einmal vor. Er übergibt dem sparsam dreinschauenden Jungen den Schwamm und überlässt ihn dann seiner Aufgabe. Der Junge ist verdutzt, will er doch eigentlich Karate lernen und sein Lehrer, Mr. Miyagi, lässt ihn nun mit einer Aufgabe stehen, deren Sinn er nicht versteht. Diese Szene aus dem Film „Karate Kid" ist ein schönes Beispiel für ein Prinzip namens Shu-Ha-Ri. Dieses Konzept aus der Kunst des **fernöstlichen Kampfsports** ist auch bei der Einführung und Umsetzung von Arbeitsweisen und Methoden hilfreich.

Die **erste Stufe** ist Shu, was so viel heißt wie „erhalten" oder „gehorchen". In dieser Phase sollte das, was der Lehrmeister sagt, minutiös befolgt werden, auch wenn der Sinn sich noch nicht so ganz erschließt. Bei den meisten Dingen, die wir neu lernen, verstehen wir manche Zusammenhänge erst, wenn wir sie mechanisch angewendet haben. So wie Daniel Larusso, der etwas verwundert ist, aber seinem Lehrmeister vertraut und seine Aufgaben erfüllt. Damit trainiert er Bewegungsabläufe ein, und wird immer sicherer bei deren Ausführung.

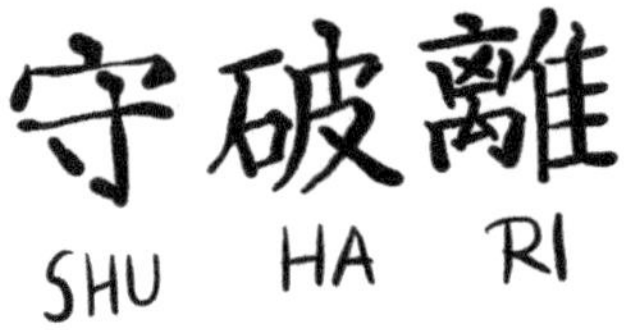

Abb. 15: Shu-Ha-Ri in Kanji geschrieben

Wenn die Regeln befolgt wurden und wirklich verinnerlicht sind, dann folgt die **zweite Stufe**. Ha heißt in etwa „frei werden" oder „abweichen". Hier werden die Abläufe angepasst auf die jeweilige Situation. Es wird experimentiert und neues ausprobiert. Nur, wenn vorher die Regeln ganz genau befolgt wurden und verstanden wurden, ist das Verständnis da, warum manche Abweichungen funktionieren und manche eher nicht. Im Film ist Daniel schließlich in der Lage, die gelernten Bewegungsabläufe auch in einem Karate-Umfeld anzuwenden. Hier erscheint er erst noch überrascht, dass die Bewegungen fast von allein fließen. Da er aber aus den grundlegenden Übungen weiß, was ein positives Resultat und was ein negatives Resultat ist, kann er auch einschätzen, ob die kleinen Abwandlungen, die er vornimmt, hilfreich oder eher hinderlich sind.

Die **dritte und höchste** Stufe ist schließlich Ri. Übersetzt steht dies für „trennen" oder „abschneiden". Dies ist die Stufe der Meisterschaft. Die Prinzipien hinter den Regeln sind in Fleisch und Blut übergegangen und das Variieren, Anpassen und Entwickeln neuer Regeln stellt für den Meister keine Hürde mehr dar. Mister Miyagi ist in der Lage, die Elemente des Karate ganz einfach in Übungen zu übersetzen, die er seinem Schüler Daniel aufgibt. Als Meister ist er in der Lage einzuschätzen, dass auch das Polieren des Autos Daniel helfen wird, ein besserer Karatekämpfer zu werden. Er hat seinen eigenen Stil entwickelt, der seiner Persönlichkeit und seiner Individualität entspricht. Den Weg dorthin muss Daniel erst noch gehen, aber vielleicht wird er eines Tages auch selbst ein Meister sein. Dann wird er sich wahrscheinlich losgelöst haben von der Technik des Mister Miyagi und seinen ehemaligen Meister vielleicht sogar überflügeln. Dies ist ihm aber nur möglich, wenn er die vorherigen Stufen erfolgreich gemeistert hat.

Die beiden Autoren des Scrumguides Ken Schwaber und Jeff Sutherland haben schon in den ersten Sätzen darauf hingewiesen, dass Scrum ein einfach zu verstehendes, aber schwierig zu meisterndes Rahmenwerk darstellt. Befolgt man die Regeln, die im Scrumguide festgelegt sind, so stehen die Chancen gut, dass Scrum funktioniert. Erst wenn die Elemente verstanden wurden, macht die Anpassung Sinn. Oftmals tendieren unerfahrene Anwender dazu, die Regeln aufzuweichen, wenn sie „weh tun". Zum Beispiel, wenn Aufgaben innerhalb eines Sprints nicht fertiggestellt werden können oder wenn jeder im Team ein Spezialgebiet hat, für das er allein verantwortlich ist. Gleiche Gefahr gilt bei Kanban, wo sehr schnell das WIP-Limit bei unerfahrenen Anwendern in Frage gestellt und aufgeweicht wird.

Begibt man sich einmal in die – sehr aktive – agile Community, die in so gut wie jeder größeren deutschen Stadt vertreten ist, und hört man den Teilnehmern an den Diskussionen aufmerksam zu, so wird man viel Frustration bemerken. Vieles rührt von einer nicht sachgemäßen Anwendung der Frameworks her. Dann wird gerne vom sogenannten **Cargo-Cult** gesprochen.

Ursprünglich war der Cargo-Kult eine Bewegung aus dem Bereich der Fidschi-Inseln und Neuguinea. Hier trafen im zweiten Weltkrieg die Inseleinwohner, die zuvor sehr abgeschieden lebten, auf die US-Armee, die die Inseln als Basis nutzten. Sie errichteten provisorische Flughäfen und Landebahnen und warfen auch Lebensmittel und westliche Kleidung über der Insel ab. Die Einwohner beobachteten die merkwürdigen Fremden und sahen, dass sie auf komische Türme stiegen und so etwas wie Schalen auf den Ohren hatten. Sie winkten mit Stäben und ab und zu fielen von den Göttern gesandte Pakete vom Himmel oder große, stählerne Wesen kamen aus der Luft und aus ihren Mäulern kamen mehr Menschen und Lebensmittel.

Als die Amerikaner irgendwann die Insel verließen, wollten die Einwohner nicht auf den Reichtum aus der Luft verzichten. Um die Götter zur Rückkehr zu bewegen, bauten die Einwohner die Einrichtungen der Amerikaner nach, setzten sich Kopfhörern nachempfundene Konstruktionen auf den Kopf und winkten mit Stäben in den Himmel. Aber kein Paket segelte auf die Insel hinab und kein großes Wesen landete mehr auf den Inseln. Die Einwohner konnten das nicht verstehen, sie taten doch alles genauso, wie die merkwürdigen Fremden es zuvor auch getan hatten.

Der große Unterschied bestand darin, dass sie nicht verstanden, warum es funktionierte, wenn die Amerikaner in den Himmel winkten. Gleiches Risiko besteht auch bei der Anwendung von Methoden, deren Wirkweise man (noch) nicht durchschaut hat.

Häufig liegt die Ursache darin, dass unterschätzt wird, dass die Verwendung agiler Methoden auch Veränderung auf allen Ebenen mit sich bringt. Folglich werden dann zu Beginn nur auf Teamebene Methoden etabliert, die schnell auf organisatorische Grenzen stoßen. Werden diese Grenzen nicht durchbrochen, dann führt dies zu Frust und Resignation. Nicht selten endet das dann darin, dass die agilen Methoden wieder abgeschafft werden. Dies ist aber auf Dauer keine Lösung, weil die VUCA-Welt nach Agilität verlangt. Die Bereitschaft zur Veränderung und die Fähigkeit zu verändern, stellt eine wichtige Kompetenz dar.

➤ Tipps für VUCA-Helden

> Agilität stellt eine wichtige Kompetenz des 21. Jahrhunderts dar. Die Anforderungen, die von der Umwelt an uns als Individuum, aber auch an Unternehmen und an die Gesellschaft gestellt werden, erfordern die Fähigkeit, mit Komplexität umzugehen und anpassungsfähig und innovativ zu sein.

1. **Verstehen Sie die Ursprünge und Hintergründe von agilen Ansätzen.**

Machen Sie sich bewusst, dass Agilität immer schon hilfreich war. Lernen Sie aus der Geschichte und beschäftigen Sie sich mit den ersten Ansätzen und den Kontexten, in denen diese entstanden sind.
Machen Sie sich auch klar, dass hier Entweder-Oder-Denken nicht hilfreich ist. Auch in einem (oftmals als sehr unagil bezeichnetem) Wasserfallmodell können agile Elemente untergebracht werden.

- Wo sehen Sie in Ihrem Umfeld Denkweisen, die Sie als „agil" bezeichnen würden?
- Was ist Ihre eigene Definition von agil? Was wäre „unagil"?
- In welchem Kontext wurde eine gewisse Methode erstmals angewendet und warum hat sie dort geholfen?

2. **Seien Sie kein Dogmatiker.**

Der Grundsatz aller agilen Arbeitsweisen lautet „Inspect & Adapt", also Feedback gewinnen und daraus Anpassungen ableiten. Schauen Sie sich Vorgehensweisen, Prozesse und Produkte kritisch an und nehmen Sie Anpassungen vor. Es mutet merkwürdig an, wenn Frameworks und „agile Gesinnungen" dogmatisch vertreten werden. Eine Praktik oder Methodik sollte immer zum jeweiligen Kontext passen.

- Warum sind Sie der Meinung, dass eine bestimmte Praktik, Methode oder Verhaltensweise genutzt werden sollte? Haben Sie eine zum Kontext passende Erklärung?
- Haben Sie die Leitplanken und Regeln durchschaut, so dass Sie sich auf die dahinterliegenden Prinzipien und Werte beziehen können?
- Passen die Werte und Prinzipien zu Ihren eigenen Werten (den Werten Ihres Unternehmens, Ihres Auftraggebers, Ihres Kunden, ...)?

3. **Nutzen Sie die Erfahrung von „Meistern" bei der Einführung von neuen Methoden und Frameworks.**

Gerade bei der Einführung von Frameworks, die das Potenzial haben, ganze Unternehmensstrukturen und Führungsparadigmen zu hinterfragen und die Kultur zu verändern, sollten Sie sicherstellen, dass Sie Menschen mit Erfahrung in diesem Bereich an Bord haben. Erinnern Sie sich an Shu-Ha-Ri. Wenn Sie selbst in Ihrem Umfeld niemanden haben, der mindestens auf dem Ha-Level ist, dann suchen Sie sich Unterstützung.
Nicht wenige agile Transformationen scheitern daran, dass sie halbherzig oder mit guten Absichten (aber schlechter Umsetzung) durchgeführt werden. Die Resultate sind dann häufig zerstörtes Vertrauen beim Management, frustrierte Mitarbeiter, Rückkehr zu alten Prozessen und Arbeitsweisen und Verlust von Mitarbeitern, die

einen Einblick in eine neue Arbeitswelt bekommen haben, die sie fortan woanders suchen.

- Suchen Sie sich erfahrene Coaches, Berater oder Unterstützer, die bei der Einführung von agilen Frameworks unterstützen. Wer kann Ihr „Mister Miyagi“ sein?
- Bauen Sie eigene Kenntnisse auf und vernetzen Sie sich, so dass Sie selbst zukünftig in der Lage sind, Anpassungen vorzunehmen (Ha-Level).
- Haben Sie die Wirkweise wirklich verstanden?

Der Kundennutzen steht im Mittelpunkt

Unternehmen müssen heute in einen Konkurrenzkampf um die Kunden treten. Die effiziente und kostengünstige Produktion selbst ist kein Erfolgsgarant mehr, denn die Technik und das Wissen, wie man beispielsweise ein Smartphone oder Tablet kostengünstig herstellt, sind keine Raketenwissenschaft. Die Preise und damit die Gewinnspanne für etablierte Produkte sinken. Die Kunden wollen nicht einen weiteren Klon eines schon vorhandenen Produkts, sondern sie erwarten Innovationen und Alleinstellungsmerkmale.

Dies gilt für fast alle Branchen und Produkte. In der Digitalisierung verlagert sich der Fokus der Produktentwicklung in Richtung Kunde. Diese sind oft schon sehr früh beim Produktdesign mit im Boot. Der kreative und innovative Umgang mit Kunden und deren Wünschen ist eine wichtige Kompetenz geworden.

Zur Verdeutlichung möchte ich an dieser Stelle eine Geschichte nacherzählen, die für mich die **Kundenzentrierung** auf den Punkt bringt. Sie zeigt sehr anschaulich, worauf es auch in Zeiten der Digitalisierung ankommt. Diese Geschichte stammt von Reinhard Sprenger (Sprenger 2018) und stammt mitten aus dem Alltagsleben, ohne viel Technik oder neuartige Apps.

Stellen Sie sich eine Familie vor, die an einem schönen Samstagabend in ein Restaurant zum Essen geht. Die Familie besteht aus Vater, Mutter und zwei Kindern. Alle sind gut gelaunt und es verspricht ein schöner Abend zu werden. Beim Blick auf die Speisekarte kündigt sich aber ein Problem an. Die Kinder finden nichts, was ihnen zusagen würde. Auf der Karte sind auch keine Pommes Frites zu entdecken. Als der Kellner an den Tisch der Familie kommt, fragt die Mutter nach, ob es denn möglich wäre, für die Kinder eine Portion Pommes Frites zu bestellen und der Kellner nickt freundlich und notiert den Wunsch auf seinem Notizblock. Der Abend ist gerettet und alle lassen sich ihr Essen schmecken. Als schließlich die Rechnung kommt und der Vater sie kontrolliert, bemerkt er, dass die Pommes Frites nirgendwo aufgeführt sind. Er weist den Kellner darauf hin und bekommt dann eine verwunderliche Erklärung, warum die Pommes Frites fehlten. „Oh, da haben Sie Recht“, räumt der Kellner ein.

„Das liegt wohl daran, dass wir sie vom Restaurant auf der anderen Straßenseite geholt haben und dann vergessen haben, sie auf Ihre Rechnung zu setzen".

Hier ist wahrlich der Kunde König und in den Mittelpunkt gestellt worden. Das Restaurant hat sich bemüht, einem Wunsch zu entsprechen, der über die standardmäßig angebotenen Leistungen hinausging. Dadurch gingen sowohl das Restaurant als auch die Gäste als Gewinner hervor. Und es zeigt auch gleich, dass Vernetzung und Zusammenarbeit eine wichtige Komponente in der Digitalisierung darstellen. Das Restaurant hat nicht nur nach innen geschaut und das geliefert, was es aufgrund der Produktionsmittel liefern konnte. Da es den Kundenwunsch nicht allein erfüllen konnte, hat es nach einer Kollaboration gesucht und sie im Restaurant gegenüber gefunden. Stellen Sie sich vor, was dies für ein Paradigmenwechsel für viele Unternehmen darstellen muss.

User Stories und Story Mapping

In vielen agilen Teams und Unternehmen verwendet man User Stories, um Anforderungen aus Kundensicht zu beschreiben. Das klassische Anforderungsmanagement versucht, klare Beschreibungen mit möglichst vielen Details vom Kunden zu bekommen. Diese werden dann in Lasten- und Pflichtenheften vertraglich festgelegt. Im Gegensatz zu klassischem Anforderungsmanagement ist im agilen Umfeld zu erkennen, dass die Anforderungen erst einmal technisch sehr unspezifisch formuliert werden. Dafür wird aber stets die Perspektive des Kunden eingenommen und die technische Lösung später gemeinsam entwickelt.

Ron Jeffries, einer der drei Väter des Extreme Programming, schlug schon 2001 den sehr populären **3C-Ansatz** vor. Diese drei C stehen für Card, Conversation und Confirmation.

Card (Karte) soll daran erinnern, dass eine User Story auf eine kleine Karteikarte passen soll. Es soll eben bewusst nicht zu viel analysiert und spezifiziert sein. Details und konkrete Lösungswege sollen in einer Zusammenarbeit des Teams entstehen. Dafür steht das zweite C, **Conversation** (Konversation, Gespräch). Hier kommt das Team zusammen und spricht über die User Story, nimmt sie auseinander, schneidet sie kleiner, bringt neue Ideen ein. Schließlich kommt es zum dritten C, der **Confirmation** (Bestätigung). Hier wird noch einmal sichergestellt, dass die Ziele der Konversation auch erreicht wurden, also ein Verständnis für das Problem und mögliche Lösungsansätze vorhanden sind. Hier werden oftmals Akzeptanzkriterien auf die Rückseite der Karte geschrieben. Diese dienen dazu, sich schon vor Beginn der Umsetzung Gedanken zu machen, was genau das fertige Produkt leisten muss, damit es die User Story erfüllt.

Eine User Story ist bei ihrer Formulierung aus Sicht des Kunden beschrieben und liefert Antworten auf die folgenden Fragen:

- Wer möchte etwas? (Rolle)
- Was wird benötigt? (Funktionalität)
- Wozu wird es benötigt? Welches Ziel soll erreicht werden oder welches Problem gelöst werden? (Wozu)

Zwar gibt es keine Vorgabe, wie eine User Story zu formulieren ist, allerdings hat sich unter Anwendern das Connextra-Muster etabliert, das User Stories in der folgenden Form vorschlägt:

Als <Rolle> möchte ich <Funktionalität/Ziel/Wunsch>, um <Nutzen/Warum>.

Im klassischen Anforderungsmanagement wird oftmals der Grund, warum etwas benötigt wird, nicht mittransportiert. Es entsteht eine sehr starke Fokussierung auf die konkreten und spezifizierten Anforderungen und bei der Lieferung der Lösung merkt man erst, dass das Problem nicht ganzheitlich verstanden wurde. User Stories helfen durch die Art ihrer Formulierung dabei, erst das Problem zu verstehen und erst dann gemeinsam nach Lösungen zu suchen.

Damit User Stories in einer Iteration von maximal vier Wochen auch erledigt werden können, müssen sie oftmals in kleinere Pakete unterteilt werden. Dafür gibt es eine ganze Reihe von hilfreichen Techniken. Ein Hilfsmittel zum sinnvollen Zerteilen der Stories ist die User Story Map, die durch Jeff Patton populär wurde (Patton/Economy 2015).

Beim sogenannten **User Story Mapping** arbeitet wieder das ganze Team zusammen. Ziel ist es, eine grobe Story (oft auch Epic genannt) zu verfeinern und in einer Art Landkarte darzustellen, die zum einen Teilaspekte sichtbar macht, zum anderen aber auch mögliche Versionen des Produkts, die man nacheinander veröffentlichen könnte.

An einem Beispiel von Jeff Patton können Sie sehr schön sehen, wie eine User Story Map aufgebaut wird und wie man damit arbeiten kann. Unsere kleine Abwandlung dieses Beispiels lautet: „Als VUCA-Held möchte ich mein Haus verlassen, damit ich zu meiner Arbeit gehen kann“. Dies stellt Ihr Epic dar. Jetzt dürfen alle Teammitglieder auf Karten notieren, welche Tätigkeiten ihrer Meinung nach durchgeführt werden müssten, um die Wohnung morgens zu verlassen. Diese können auch gleich als User Story formuliert werden. Im Anschluss schauen Sie sich an, welche User Stories entstanden sind und ob sich hier grobe Kategorien bilden lassen. Sie könnten zum Beispiel Stories zusammenfassen, die sich mit Kaffeekochen, Frühstücken oder Pausenbrote schmieren befassen. Dies könnte eine Kategorie „Verpflegung“ sein. Der morgendliche Ablauf könnte beispielhaft aus „Aufstehen“, „Hygiene“, „Verpflegung“, „Packen“ und „Verlassen“ bestehen. Dies stellt einen groben Ablauf dar und wird von Patton als „Backbone“ bezeichnet. Sozusagen ein Grundgerüst, dem sich die konkreten Stories zuordnen lassen.

Schauen Sie sich nun einmal die User Stories an, die vom Team zusammengetragen wurden. „Als Ehemann schalte ich den Wecker aus, damit meine Frau noch ein wenig weiterschlafen kann", könnte eine mögliche Story sein. Ein anderes Teammitglied könnte eine Story hinzufügen, die in etwa so aussieht: „Als Hundebesitzer gehe ich eine schnelle Runde Gassi mit meinem Hund, damit dieser es aushält, bis ich wieder nach Hause komme". An dieser Stelle können Sie sehen, dass es unterschiedliche Zielgruppen für das zu entwerfende Produkt geben kann. Das hilft dabei zu überlegen, ob eine erste Version des Produktes vielleicht nicht erst für die wichtigste Zielgruppe erstellt werden sollte.

Ein wichtiger Aspekt im agilen Umfeld ist das schnelle Gewinnen von **Feedback**. Dafür ist es hilfreich, sich zu überlegen, was minimal vorhanden sein müsste, damit man ein erstes Feedback von Anwendern bekommen könnte. Dafür überlegen Sie sich einen minimalen Anwendungsfall, der für sich genommen schon einen Mehrwert bringt. Stellen Sie sich vor, Sie bekommen nun die Information, dass Sie verschlafen haben. Aber es ist ein ganz besonderer Tag, denn in fünf Minuten kommt ein Taxi, das Sie abholen und zum Flughafen bringen soll. Sie haben einen wichtigen Termin mit einem Kunden, den Sie auf keinen Fall verpassen dürfen. Welche der User Stories aus unserem Beispiel ist nun noch von Belang, damit Sie das Haus innerhalb von fünf Minuten verlassen können? In einer solchen Situation wird wahrscheinlich ein Großteil der Stories unwichtig erscheinen.

Diese minimale Variante der User Story wird MVP (minimum viable product), das minimal funktionsfähige Produkt, genannt. Patton sieht das MVP als den minimalen Stand an, zu dem man sich schnellstmöglich Feedback einholen kann. Das heißt nicht, dass man hier auch schon ein zu kommerzialisierendes Produkt hat. Dieser Schritt folgt erst darauf.

Für eine erste Produktversion bietet es sich an, zu überlegen, für welche Zielgruppe diese erstellt werden sollte. Eine gängige Praxis dafür ist die Verwendung sogenannter **Persona.**

Eine Persona ist ein fiktiver Benutzer des Produkts, der ein bestimmtes Bedürfnis und einen definierten Hintergrund hat. In der Tabelle finden Sie drei mögliche Persona als Beispiele, die in der beschriebenen Storymap eine Rolle spielen könnten. Für kreative Teams ist es oftmals hilfreich, sich mit einem bestimmten Anwendertyp etwas besser identifizieren zu können, um aus seiner Sicht das Problem bestmöglich zu lösen.

Im weiteren Verlauf fügen Sie, angepasst an die Zielgruppe, die Stories hinzu, die für eine erste Version in Frage kommen. Auf diese Art und Weise sind Sie nun in der Lage, eine Roadmap zu erstellen und verschiedene Produktveröffentlichungen zu planen. Wie eine solche User Story Map am Whiteboard aussehen könnte, sehen Sie in Abbildung 16.

Persona	Beschreibung	Bedürfnis	Kontext
Lisa	Lisa schläft gerne lange, frühstückt ausführlich und kümmert sich morgens um ihre beiden Katzen Bijou und Felix.	stressfreier Morgen, mit reichhaltigem Frühstück und Zeit für die Katzen	Lisa lebt mit ihrem Mann zusammen, der immer nach ihr das Haus verlässt.
Hans	Hans steht früh auf und frühstückt nie. Er liebt seine Arbeit und verbringt gerne seine Zeit dort.	schnell und gepflegt aus dem Haus zur Arbeit gelangen	Hans lebt allein und hat auch keine Haustiere. Er ist ein Karrieremensch.
Peter	Peter ist alleinerziehender Vater, der seine zwei Kinder morgens aufweckt und ihnen Frühstück macht. Er verlässt das Haus gemeinsam mit ihnen und setzt sie auf dem Weg zur Arbeit in der Schule ab.	glückliche Kinder	Peter hat die Verantwortung für seine beiden Kinder. Die Schule der beiden liegt auf seinem Arbeitsweg.

Tab. 5: Beispiele für Persona

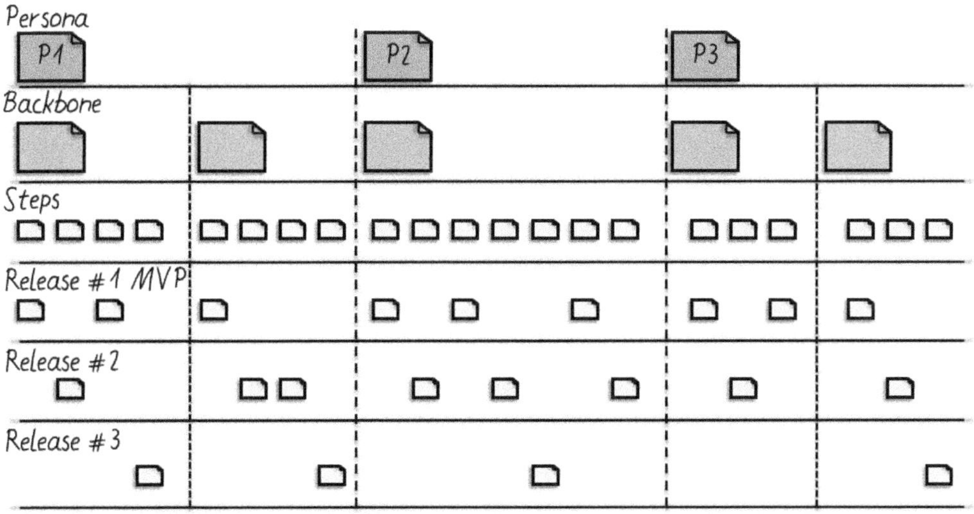

Abb. 16: Darstellung einer User Story Map

Design Thinking

Design Thinking ist, auch wenn es erst in den letzten Jahren zu seiner großen Bekanntheit gelangt ist, kein ganz junger Ansatz mehr. Schon seit 1991 finden Tagungen zu dem Thema statt. Zu den Vordenkern und Verbreitern von Design Thinking gehören David Kelley, Terry Winograd und Larry Leifer von der Stanford Universität. Kelley ist auch Gründer des Unternehmens IDEO, das für den Design Thinking Ansatz steht.

Im Design Thinking spielen **interdisziplinäre Teams** und die direkte Nähe zum Kunden und seinen Bedürfnissen eine tragende Rolle. In Abbildung 17 sind die einzelnen Schritte im Design Thinking Prozess schematisch dargestellt.

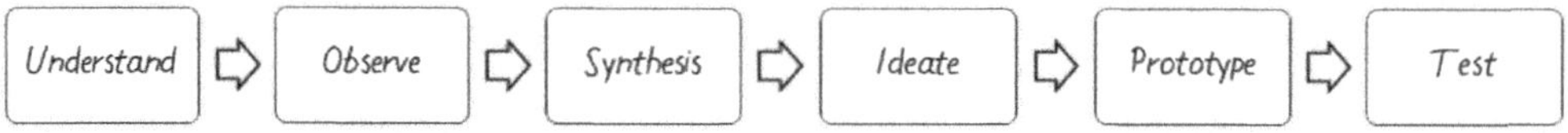

Abb. 17: Design-Thinking-Schritte

Die ersten beiden Schritte, **Understand** (Verstehen) und **Observe** (Beobachten) werden gerne auch durch ihre enge Verbundenheit als ein Schritt zusammengefasst (**Empathie**). Gestartet wird mit einem interdisziplinären Team, in dem viele unterschiedliche Perspektiven zusammentreffen. Je diverser, desto besser. Im ersten Schritt müssen alle Teammitglieder Wissen zum Umfeld aufbauen. Der Kontext wird geklärt und Fragen beantwortet. Das Team erlangt ein einheitliches Verständnis und klärt Begrifflichkeiten.

Der zweite Schritt besteht darin, die Zielgruppe möglichst genau kennenzulernen. Dies geschieht durch direkten Kontakt. Das Team kann die Zielgruppe bei der täglichen Arbeit beobachten und so die Probleme selbst wahrnehmen. Oder es kann die Zielgruppe (oder Vertreter dieser Gruppe) befragen und in den direkten Austausch treten. Vielleicht ergeben sich sogar Möglichkeiten, selbst am Alltag der Zielgruppe teilzunehmen und somit ein noch tieferes Verständnis für die Bedürfnisse aufzubauen. Dabei sollten dem Team möglichst wenig organisatorische Grenzen gesetzt sein. Je freier es sich bewegen kann, desto besser.

Im dritten Schritt, der **Synthese,** werden nun die Beobachtungen, Annahmen und Hypothesen, die die einzelnen Teammitglieder gewonnen haben, mit den anderen geteilt und zusammengeführt. Ziel ist es, ein Gesamtbild zu erstellen, welches von allen geteilt wird. Diese Aktivitäten werden unterstützt durch Praktiken und Methoden, wie zum Beispiel Storytelling, Visualisierung und ganzheitliches Zuhören. Nach und nach entwickelt sich so ein großes, gemeinsames Bild. In diesem versucht das Team nun, Muster zu erkennen. Auch eventuelle Meinungsverschiedenheiten und unterschiedliche Ansichten sind hier willkommen, denn sie dienen dazu, das gemeinsame Bild zu hinterfragen. Am Ende sollte dann aber ein Bild entstanden sein, das alle Widersprüche integriert hat und das alle Teammitglieder als gemeinsame Ausgangsbasis teilen.

Nun wird es richtig spannend, denn als nächsten Schritt beginnen die Teammitglieder, **Ideen zu generieren.** Dabei greifen sie auf eine große Auswahl wirksamer Kreativitätstechniken zurück. In der Welt der Beratung und des Trainings finden sich mittlerweile unzählige gute Angebote, in denen neben den Grundlagen des Design Thinking auch viele Methoden und Techniken vermittelt werden, die man in der Praxis anwenden kann. Aber der Fantasie sind hier keine Grenzen gesetzt und alles, was gute Ideen produziert, gehört in diese Phase.

Die so entstandenen Ideen werden dann strukturiert und mit dem gesamten Team diskutiert. Oftmals fasst man hier noch einmal ähnliche Ideen zusammen oder nimmt Erweiterungen vor, um Aspekte anderer Ideen zu integrieren. Dann werden aus den Ideen diejenigen ausgewählt, die bezüglich Attraktivität, Umsetzbarkeit und Wirtschaftlichkeit am vielversprechendsten erscheinen. Eine Grundannahme des Design Thinking besteht nämlich darin, dass Innovation in der Schnittmenge der drei Domänen Technologie, Wirtschaft und Menschen entsteht. Diese sind repräsentiert durch die Eigenschaften Umsetzbarkeit, Wirtschaftlichkeit und Attraktivität. Die drei Faktoren müssen in einem gesunden Gleichgewicht sein, damit sich eine Innovation auch wirklich etablieren kann. Daher sollte das Team bei der Ideenauswahl auf die Ausgewogenheit der drei Faktoren achten.

Im nächsten Schritt spiegelt sich das Prinzip der kurzen und schnellen Feedbackzyklen wider. Das Team entwirft einen ersten **Prototyp,** aus dem es Erkenntnisse gewinnen kann. Dabei werden Hypothesen formuliert, die schnell getestet werden können. Auch hier sollten der Kreativität wieder keine Grenzen gesetzt sein. Prototypen haben dabei nicht den Anspruch schon ein fertiges Produkt zu sein. Eine App kann zum Beispiel einfach simuliert werden oder es werden Hypothesen durch Rollenspiele getestet. Wichtig ist, dass das Feedback von der Zielgruppe erfolgt, für die die Lösung gedacht ist.

Man erzählt, dass ein großer Versandhändler für Schuhe als ersten Prototypen eine Webseite geschaltet habe, über die Bestellungen abgegeben werden konnten. Ziel war es, zu überprüfen, ob es Akzeptanz finden würde, Schuhe online zu bestellen. Denn es wäre ja durchaus möglich, dass die Kunden es bevorzugten, vor Ort den Schuh auch anprobieren zu können. Daher wurde noch kein großer Aufwand betrieben, sondern mit minimalistischen Mitteln erst einmal ein Prototyp erstellt und Feedback gesammelt. Die Bestellungen wurden dann im Schuhladen um die Ecke eingekauft und per Post an die Onlinekunden versendet. Nachdem die Hypothese, dass Menschen die Möglichkeit einer Onlinebestellung attraktiv fanden und nutzen würden, zumindest nicht widerlegt wurde, ging man dann den nächsten Schritt und legte auch eigene Lager an. Hätte sich herausgestellt, dass keine Akzeptanz für diese Art des Schuhkaufs bestand, dann wären die Verluste sehr klein und gering gewesen, da noch keine Lagerkosten entstanden und Bestände aufgebaut wurden.

An diesem Beispiel erkennen Sie auch den nächsten Schritt in der Kette: das Team muss seinen Prototyp ordentlich **testen,** um die richtigen Schlüsse daraus zu ziehen. Sie sollten keine Scheu davor haben, einen Prototyp zu verwerfen, wenn Sie feststellen, dass die ursprüngliche Hypothese nicht zuzutreffen scheint. Hier haben Sie dann immerhin eine wichtige Erkenntnis gewonnen und können sich auf die Entwicklung einer neuen Idee fokussieren.

Der Innovationsprozess muss an dieser Stelle aber noch lange nicht abgeschlossen sein. Auf den gewonnenen Erkenntnissen aufbauend, kann das Team nun wieder starten und den Prozess von vorne durchlaufen. Design Thinking lässt sich somit auch gut mit Scrum oder anderen (agilen) Vorgehensmodellen kombinieren.

Design Thinking steht an dieser Stelle stellvertretend für eine Reihe von Kreativtechniken, die Unternehmen verwenden, um Kreativität und Innovation zu fördern. Sehr bekannt sind zum Beispiel auch die Google Designsprints[19], die einen sehr ähnlichen Ansatz verfolgen wie Design Thinking. Dabei werden die verschiedenen Phasen innerhalb eines Sprints von einer Woche durchgeführt. Am Ende der Woche sollte ein Learning stehen, das weitere Schritte ermöglicht. An anderer Stelle finden Hackathons statt, bei denen Menschen die Möglichkeit haben, an innovativen Themen zusammenzuarbeiten, die nicht zum Tagesgeschäft gehören.

Disruptionen

Eine Disruption ist eine Veränderung, die sich so verheerend auswirkt, dass sie alles bisher als gegeben Angesehene wie aus heiterem Himmel angreift und ablöst. Diese können so überraschend und unerwartet auftreten, dass sie alles, was bisher als gesetzt angesehen wurde, mit einem Mal auf den Kopf stellen. Ganz so, wie die Entdeckung des ersten schwarzen Schwans, wie Nassim Nicholas Taleb es beschrieben hat (Taleb 2015).

Wir alle haben solche Disruptionen schon erlebt. In meiner Jugend ging ich, wenn ich die neuste Musik unterwegs hören wollte, zuerst in einen Supermarkt und kaufte mir eine Audiokassette. Dann setzte ich mich ans Radio und wartete, bis mein Lieblingslied gespielt wurde. Hier musste ich sehr auf Zack sein, um den Anfang mitzubekommen und rechtzeitig die Aufnahmetaste am Kassettenrecorder zu betätigen. Dann hieß es Daumendrücken, dass der Moderator nicht mitten in den Song hineinredete oder ein Falschfahrer sich auf die Autobahn verirrt hatte, so dass der Verkehrsfunk sich meldete. Wenn alles gut lief, hatte ich am Ende des Tages eine schön bespielte Kassette, die ich in meinen Walkman stecken konnte. Wenn ich mir ansehe, wie die junge Generation heute diese Herausforderung angeht, dann entdecke ich da kaum noch Gemeinsamkeiten. Die meisten Jugendlichen kennen so etwas wie Musikkassetten gar nicht mehr. Und Radio ist auch nicht unbedingt das Medium, das sie begeistert. Heute sind Streamingdienste auf jedem Smartphone zu finden. Und die Abos kosten kaum mehr als die Musikkassetten früher. Was für ein Luxus.

Veränderungen vollziehen sich oft **schleichend**. Wenn die etablierten Unternehmen es bemerken, ist es oft schon zu spät. Von Musikkassetten ging man über zu CDs, die mehr Komfort boten und auch mobil mit einem Discman abgespielt werden konnten. Dann folgten die wilden Jahre des Musikdownloads und die goldenen Zeiten des MP3-Tausches. Die Musik wurde erst auf tragbaren MP3-Playern mitgenommen, dann wurden auch diese durch die Smartphones ersetzt. Irgendwann traten dann die Musik Streamingdienste ihren Siegeszug an. Und wem das nicht reicht, der kann gleich auf dem Smartphone noch das Musikvideo dazu streamen, was in meiner Jugend noch MTV übernahm. Auch wenn wir hier von einer Evolution sprechen können, die sich

19 https://www.gv.com/sprint/, 13.4.2021.

über mehrere Jahre hingezogen hat, so war doch der Schritt zu einer neuen Technologie eine Disruption, denn sie veränderte den Markt grundlegend.

Disruptionen sind dabei keine Neuheit in der Menschheitsgeschichte. Zu allen Zeiten haben sie stattgefunden. Ob es die Erfindung neuer Werkzeuge in der Steinzeit war, oder die Ablösung des Segelschiffs durch das Dampfschiff. Disruptionen haben zu allen Zeiten für gesellschaftliche Veränderungen gesorgt. Wie zum Beispiel einer großen Veränderung in der Landwirtschaft durch die Einführung starker Maschinen, die die Handarbeit auf ein Minimum reduzierten.

Allerdings bieten die technischen Entwicklungen der heutigen Zeit neue Möglichkeiten und beschleunigen diese Disruptionen enorm. Viele große Disruptionen der Vergangenheit waren nur großen Unternehmen oder sehr reichen Einzelpersonen möglich und der Wandel vollzog sich über einen längeren Zeitraum. Die Herstellung eines Dampfbootes, eines Automobils oder von Traktoren benötigte ein hohes Kapital. Durch die Digitalisierung haben sich hier die Grenzen verschoben. Start-ups können mit cleveren und smarten Ideen teilweise etablierte und finanziell um ein Vielfaches überlegene Konkurrenten angreifen und das Geschäftsmodell sogar ganz ablösen. Und das braucht auch je nach Geschäftsfeld nicht mehr Jahre, wie in meinem Beispiel mit der Musik, sondern kann auch über Nacht geschehen.

Dabei spielen **Plattformen** eine große Rolle. Unternehmen wie Facebook, Amazon, Airbnb und Uber sind hier sehr anschauliche Beispiele. Ein Taxiunternehmen muss eine Menge Geld in die Hand nehmen, um Taxis anzuschaffen und so seine Fahrdienste anbieten zu können. Uber stellt nur eine Plattform zur Verfügung, über die Fahrdienstleistungen angeboten und in Anspruch genommen werden können. Sie müssen nicht ein einziges Taxi besitzen, um Dienstleistungen anzubieten und damit Geld zu verdienen. Für die Taxifahrer ist hier aus dem Nichts eine ernstzunehmende Konkurrenz entstanden. Ähnliches kann man auch über AirBnB sagen, die die Hotels unter Druck setzen, ohne eine einzige Immobilie besitzen zu müssen. Selbst Amazon bietet seine Online-Plattform gegen Gebühr auch für andere Händler an und kann so von deren Verkäufen mitprofitieren. Das Schöne dabei ist, dass Plattformen gut skalieren, das heißt, je mehr Leute daran teilnehmen und auf der Plattform vertreten sind, desto besser ist es für alle Beteiligten.

Disruptionen zeichnen sich auch dadurch aus, dass sie einen Vorteil für die Kunden bringen und dadurch gegenüber dem klassischen Geschäftsmodell bevorzugt werden. Ein Blick in Wikipedia ist heute von überall aus möglich und die Informationen in dem Nachschlagewerk sind hochaktuell. Wer kauft da noch einen Brockhaus oder vergleichbare Lexika? Bei Netflix können Sie bequem vom heimischen Sofa aus den nächsten Blockbuster auf Ihren Fernseher holen, ohne dabei das Haus verlassen zu müssen. Wer braucht da noch eine Videothek? Über Amazon können Sie sich die neusten Waren per Knopfdruck bestellen und in vielen Gegenden werden sie Ihnen noch am gleichen Tag zugestellt. Wofür sollte man sich da den Stress antun und in die Stadt fahren?

Viele Unternehmen scheinen dann, wenn tatsächlich ein Disruptor erscheint, sehr überrascht zu sein. Hat Kodak die Digitalfotografie nicht kommen sehen? Doch, und Kodak war sogar aktiv an der Entwicklung beteiligt. Aber am Ende haben sie sich nicht getraut, ihr eigenes **Geschäftsmodell** – welches die klassische Filmfotografie betraf – anzugreifen. Und die menschliche Eigenart, Dinge, die Angst machen, einfach zu ignorieren oder herunterzuspielen, tat ihr übriges. Und so kam der Tag, an dem es zu spät war.

Heute belächeln noch viele Supermärkte die ersten Amazon-fresh-Transporter, die ganz vereinzelt durch die Straßen rollen. Das Angebot ist noch relativ klein und die Verbreitung ist auch noch nicht gegeben. Es stellt keine Konkurrenz für die Frischetheken im heimischen Supermarkt dar. Aber man sollte den Worten des Autors und Omnisophen Gunter Dueck Glauben schenken, wenn er in seinen Vorträgen immer wieder darauf hinweist: „Die üben nur!“[20] Hier werden erst einmal Kenntnisse gesammelt. Und wenn das Geschäftsmodell vom Establishment dann irgendwann als Konkurrenz wahrgenommen wird, weil es plötzlich ausgereift ist, flächendeckend angeboten und auch genutzt wird, dann ist es für die schlafende Konkurrenz zu spät. Denn den Wissensvorsprung können sie kaum noch aufholen. Vielleicht stellt sich das Geschäftsmodell aber auch als nicht praktikabel heraus. Selbst dann hat Amazon einen Vorteil, denn sie haben daraus gelernt und können dieses Wissen verwenden, um ein besseres, tragfähigeres Geschäftsmodell zu finden.

Um diesem Schicksal zu entgehen, beginnen einige Unternehmen aktiv ihr Geschäftsmodell zu hinterfragen und im Optimalfall sogar selbst anzugreifen (Keese 2018). Somit bleiben sie auf Augenhöhe mit möglichen Angreifern und im Falle des Erfolgs ist man selbst an der Speerspitze mit daran beteiligt und kann davon profitieren. In vielen Fällen bilden sich dann kleine Einheiten, die zwar in irgendeiner Form noch an die Mutterorganisation angeschlossen sind, im Grunde aber sehr autark und losgelöst agieren. Diese Inkubatoren werden nicht durch die Prozesse und Regeln belastet, die das Mutterunternehmen so träge gemacht haben, sondern finden ähnliche Verhältnisse vor, wie die Start-ups, die als kleine, wendige und innovative Angreifer gesehen werden.

Dieses **Mindset**, sich nie allzu sicher zu fühlen und sein eigenes Geschäftsmodell anzugreifen (oder sogar zu Kannibalisieren), ist eine grundlegende Fähigkeit, die jeder Unternehmer mitbringen sollte: „Das Crossover, das Zusammenführen von Gegensätzlichem, wird zu einer Schlüsselfähigkeit für das 21. Jahrhundert“ (Mutius 2017).

Dabei entstehen neue Innovationen und Geschäftsfelder oftmals genau aus dem, was wir am Anfang anhand des Beispiels der Pommes Frites in dem kleinen Restaurant gesehen haben: durch Vernetzung. So wie das Smartphone Kommunikation und Entertainment zusammengebracht hat. Und man sieht einmal mehr, wie wichtig es ist, Gegensätze vereinen zu können. Auf der einen Seite ist man einem großen Marktdruck

---

20 https://www.omnisophie.com/, 13.4.2021.

und einer sehr starken Konkurrenzsituation ausgesetzt, auf der anderen Seite sind Zusammenarbeit und Integration enorm wichtig geworden.

Die Frage für die Zukunft wird sein, wie sich die neuen technologischen Entwicklungen auswirken werden. Zum einen kann es nicht falsch sein, in die Vergangenheit zu schauen und daraus Schlüsse zu ziehen. Die vergangenen technischen Revolutionen haben die Arbeit vieler Menschen erleichtert und generell eher dazu geführt, dass neue Jobs geschaffen wurden. Die Angst, Maschinen würden Arbeitsplätze stehlen und zu Massenarbeitslosigkeit führen, ist unbegründet gewesen. Dies heißt aber nicht, dass sich die Arbeitswelt nicht verändert. War es noch vor ein paar Jahren erstrebenswert und völlig normal, von der Lehre bis zur Rente im gleichen Beruf zu arbeiten, so sprechen Experten und Berufsverbände heute davon, dass Arbeitnehmer deutlich flexibler sein müssen. Das lebenslange Lernen bekommt eine immer stärkere Bedeutung. Was in der Lehre gelernt wird, ist nicht zwangsläufig auch der Beruf zum Renteneintritt. Darauf müssen die jungen Menschen vorbereitet werden. Das hat auch Auswirkungen auf die Berufswahl.

Wie wahrscheinlich Ihr eigenes Berufsbild einer **Automatisierung** zum Opfer fällt, können Sie im Internet sehr einfach herausfinden.[21] Hier sehen Sie, dass zum Beispiel der Beruf eines Steuerfachangestellten aus 12 verschiedenen Tätigkeiten besteht, die schon heute komplett von einem Roboter übernommen werden könnten. Die Automatisierbarkeit in diesem Beruf ist also enorm hoch und die Wahrscheinlichkeit, in absehbarer Zukunft etwas anderes suchen zu müssen, ist damit auch sehr groß. Zumindest, wenn die Automatisierung billiger oder qualitativ besser ist als die Arbeit eines Menschen. Trotzdem empfehlen viele Berufsberater jungen Menschen immer noch, in diese Berufe zu gehen. Schaut man sich die Entwicklung der Stellen als Steuerfachangestellte an, so sieht man, dass diese in den letzten Jahren gestiegen sind. Und ebenso ist das Gehalt nach oben gegangen. Nur weil ein Beruf also irgendwann vielleicht automatisiert werden könnte, muss es heute keine schlechte Berufswahl sein.

Allerdings gibt es auch Stimmen, die davon ausgehen, dass die neuen Technologien und künstliche Intelligenz eine ganz neue Dimension der Veränderung darstellen, die nicht mit den bisherigen Revolutionen vergleichbar ist. Schließlich wird hier nicht nur die Muskelkraft ersetzt, sondern auch viel Kopfarbeit. Also das, was der Mensch bisher den Maschinen voraushatte. Während es hier sehr optimistische Zukunftsbilder gibt, die den Menschen von der Notwendigkeit einer Erwerbstätigkeit befreit sehen (Precht 2018), gibt es auch die etwas pessimistischere Sicht, die den Menschen am Rande seiner Nützlichkeit für Evolution sieht (Harari 2018).

Was immer die Zukunft auch bringen mag, Disruptionen gehören zum Alltag und können zukünftig noch stärkere Umwälzungen hervorrufen als bisher. Mit den daraus entstehenden Unsicherheiten werden wir umgehen müssen und Strategien entwickeln. Das „disruptive Denken“ und das Gestalten der Zukunft ist ein guter Startpunkt. Denn überall da, wo Sie Raum zur Gestaltung vorfinden, da entstehen Chancen, die Sie nutzen können.

---

21 https://job-futuromat.iab.de/, 13.4.2021.

➤ Tipps für VUCA-Helden

Auch wenn Digitalisierung sich sehr technologiebezogen anhört, so ist vielleicht die zentrale Botschaft, den Kunden in das Zentrum allen Bemühens und aller Innovation zu stellen. Die Bedürfnisse des Kunden beherrschen den Markt.
Wenn Sie den Kunden aber nicht nur als Konsumenten, sondern als wichtigen Partner sehen, dann können Sie daraus sehr viele Vorteile ziehen. Mit kurzen Feedbackzyklen und kreativen, innovativen Herangehensweisen können Sie neue Geschäftsmodelle erschließen und selbst disruptiv ganze Märkte verändern.

1. **Sehen Sie den Kunden als Partner und stellen Sie ihn in den Fokus.**

Versuchen Sie Ihre Kunden oder Zielgruppen möglichst gut zu verstehen. Das klassische Anforderungsmanagement hatte seit jeher damit zu kämpfen, dass die Kunden oft selbst nicht genau wussten, was sie wollten. Bringen Sie Ihre kreativen Teams direkt in Kontakt mit der Welt des Kunden, so dass diese mit den Kunden gemeinsam erarbeiten können, was benötigt wird. Bringen Sie Teams und Kunden auch während des Erstellungsprozesses zusammen, so dass frühzeitig Feedback gegeben werden kann.

- Welches Bedürfnis hat der Kunde wirklich?
- Gibt es noch eine andere Perspektive?
- Wie können Sie den Kunden möglichst nah an das kreative Team bringen?

2. **Digitalisierung bedeutet Beziehungen und Verbindungen.**

Oftmals benötigt man keine bahnbrechende neue Erfindung. Manchmal ist das, was zu einem echten Gamechanger wird, eine Kombination aus schon vorhandenen Dingen, Produkten oder Dienstleistungen.
Erinnern Sie sich an die Familie in dem Restaurant. Hier haben zwei Restaurants zusammengearbeitet und somit den Kundenwunsch bedient. Niemandem ist daraus ein Nachteil entstanden.

- Wo sehen Sie mögliche Verbindungen, die vorteilhaft sein könnten?
- Gibt es Konkurrenten oder Mitbewerber, die sich als Partner anbieten können?
- Wie gehen Sie damit um, wenn Sie erkennen, dass ein Kunde von einem Produkt (einer Dienstleistung) profitieren könnte, die er nur bei einem Wettbewerber bekommt?

3. **Ermöglichen Sie Kreativität und Innovationsgeist.**

Beschäftigen Sie sich mit Innovations- und Kreativitätsmethoden wie Design Thinking oder ähnlichen. Bringen Sie Experten aus den unterschiedlichsten Bereichen zusammen und geben Sie ihnen Freiräume und Möglichkeiten, verrückte Ideen zu entwickeln und zu testen.

Schauen Sie sich ab, was die innovativen Vorreiter wie Google, Adobe oder andere Unternehmen zu diesem Zwecke ermöglichen.

- Wie können Sie Innovation und Kreativität fördern?
- Haben Sie genug Raum, Zeit und finanzielle Fördermittel für kreative Workshops?
- Können Sie innovative Strukturen in Ihrem Umfeld aufbauen oder sollten Sie über einen Inkubator nachdenken?
- Wie können Sie Ihr eigenes Geschäftsmodell angreifen?

2 Der Mensch im Mittelpunkt

... bei gleicher Umgebung lebt doch jeder in einer anderen Welt.
Arthur Schopenhauer

Auch wenn Digitalisierung sich sehr technologielastig anhört und einen sehr technologischen Anschein hat, steht mehr als je zuvor der Mensch im Mittelpunkt. Die veränderten Umweltbedingungen und die steigende Komplexität sind eine Herausforderung für uns alle. Aber letztendlich sind die im ersten Teil beschriebenen Veränderungen nur möglich, wenn Menschen den neuen Herausforderungen mit Offenheit und Neugier begegnen. Einzelkämpfer stoßen schneller an Grenzen und die Fähigkeit, als Teamplayer zu agieren, bringt in vielen Bereichen Vorteile mit sich. Fachexperten werden hinterfragt, Führung muss neu gedacht werden... Wir sehen, dass dies den Menschen als Individuum, wie auch als Kollektiv, in den Mittelpunkt rückt.

Daher ist es hilfreich zu verstehen, was sich in uns selbst und unseren Mitmenschen abspielt. Was gibt uns Energie, was motiviert uns, wie treffen wir Entscheidungen, wie nehmen wir die Welt wahr? Von Seiten der Psychologie und der Hirnforschung gab es zu diesem Thema in den letzten Jahren viele neue Erkenntnisse.

Kleiner Grundkurs in Neurobiologie

Wir Menschen sind durch viele Jahre der Evolution geformt worden. Hilfreiche Eigenschaften haben sich durchgesetzt, nicht so vorteilhafte Eigenschaften sind aufgetaucht und wieder von der Bildfläche verschwunden. Die Erfahrungen, die unsere Vorfahren vor langer Zeit gemacht haben, als sie noch in Großfamilien in Höhlen lebten und täglich um ihr Überleben kämpften, prägen uns durch unsere Biologie bis heute.

Unser Verhalten hängt sehr stark mit der **Funktionsweise unseres Gehirns** zusammen. Daher ist es hilfreich, ein grundlegendes Verständnis davon zu haben, wie unser Gehirn funktioniert. Hierzu können wir Erkenntnisse aus Hirnforschung und Psychologie heranziehen. Mit der Verfügbarkeit von neuen bildgebenden Verfahren, wie zum Beispiel der funktionellen Magnetresonanztomographie (fMRT), wurde es möglich, Menschen beim Denken in den Kopf zu sehen. Diese Technologie erlaubt es, die Hirnbereiche zu identifizieren, die bei bestimmten Aufgaben und Tätigkeiten besonders aktiv sind. So entstanden im Laufe der Zeit einige sehr aufschlussreiche Landkarten des Gehirns. Durch die Zusammenarbeit von Psychologie, Psychiatrie und Neurologie konnten viele neue Kenntnisse gewonnen werden.

Das limbische System

Die neueren Forschungen zeigen, dass sich das innere Empfinden, also das, was wir als Persönlichkeit oder Psyche bezeichnen, gemeinsam mit dem Gehirn entwickelt. Hirnprozesse beeinflussen, wie wir denken, handeln und urteilen. Hierbei treffen viele unterschiedliche Eindrücke aufeinander. Das Gehirn nimmt sie auf, verarbeitet sie und setzt sie in Zustände psychischen Erlebens und Verhaltens um (Roth 2015). Hierbei spielt das limbische System eine Hauptrolle. Die Entwicklung dieses Teils unseres Gehirns hat maßgeblichen Einfluss darauf, wie wir denken, fühlen und handeln.

Dieser Teil des Gehirns steht in engem Zusammenhang mit der Verarbeitung von Emotionen und dem Triebverhalten. Es ist ein sehr alter Teil unseres Gehirns. Früher ging man davon aus, dass Emotionen und Triebe ausschließlich mit dem limbischen System verknüpft sind. Allerdings haben neuere Forschungen gezeigt, dass andere Teile des Gehirns Einfluss auf das limbische System nehmen können (unter anderem der Cortex). Die bekanntesten Strukturen, die dem limbischen System zugerechnet werden, sind der Hippocampus (u. a. Überführung von Gedächtnisinhalten aus dem Kurzzeit- in das Langzeitgedächtnis), der Gyrus Cinguli (u. a. Entstehung und Verarbeitung von Emotionen) und die Amygdala (Mandelkern, u. a. emotionale Bewertung in Hinblick auf Gefahren).

Die Entwicklung des limbischen Systems wird durch zwei Faktoren gesteuert. Die **Gene** bestimmen, welche Anlagen vererbt werden. Dabei entscheidet allerdings kein einzelnes Gen die Ausprägung einer bestimmten psychischen Eigenschaft, sondern das Zusammenspiel von unterschiedlichen Genen. Der zweite Faktor besteht in der **Epigenetik,** also den Umständen, wie die vorhandenen Gene aktiviert werden. Hier spielen neben der Vererbung auch Umwelteinflüsse eine Rolle. Erlebt zum Beispiel eine werdende Mutter in der Zeit der Schwangerschaft viel Stress, so kann dies große Auswirkungen auf die Entwicklung des Gehirns des Kindes haben. Befinden sich in ihrem Gehirn große Mengen von Stresshormonen (zum Beispiel Cortisol), dann werden diese über das Blut auch in den Körper des Kindes gelangen. Dies kann negative Folgen für die Entwicklung des kindlichen Gehirns haben. Während eine gesunde Schwangerschaft zu einem widerstandsfähigen Umgang mit Stress führt, könnte der Einfluss durch den Zustand der Mutter dazu führen, dass das Kind später anfälliger für psychische Störungen wird oder stressige Situationen zu sehr hoher psychischer Belastung führen (Roth 2016).

Diese Einflüsse manifestieren sich auf der **unteren limbischen Ebene.** Diese ist unbewusst und bestimmt das Temperament eines Menschen maßgeblich. Hier spielen Hypothalamus und Hypophyse eine tragende Rolle. Glaubte man vor ein paar Jahren noch, dass das Temperament durch die Gene bestimmt werde, weiß man nun, dass auch vorgeburtliche Einflüsse eine große Rolle spielen. In dieser Ebene sind auch die grundlegenden Reaktionen auf Gefahren angelegt: Flucht, Kampf oder Erstarren. Auch das Sexualverhalten und andere Triebe finden sich hier. Da diese Ebene für unser Bewusstsein nicht zugänglich ist, sind Veränderungen sehr unwahrscheinlich und schwierig.

In den ersten zwei bis drei Jahren nach der Geburt spielen die Erfahrungen, die ein Kleinkind mit seiner zentralen Bezugsperson macht, eine sehr prägende Rolle. Die ersten Bindungserfahrungen legen die Grundsteine für die erlebte Gefühlswelt des noch jungen Menschen. Der mittleren limbischen Ebene wird die Amygdala zugeordnet, die für die emotionale Konditionierung eine große Rolle spielt. Dazu kommen das **mesolimbische System,** welches für das Belohnungslernen wichtig ist, sowie die Basalganglien, die die Ausprägung von Gewohnheiten verankern.

Die universell angeborenen Emotionen wie Angst, Trauer, Freude, Wut, Ekel und Verachtung werden hier mit individuellen Lebensumständen in Verbindung gebracht. Im Zusammenhang damit bildet sich hier auch das Motivationssystem aus. Soziale Kompetenzen wie Erkennung von Emotionen, Gestik und Mimik sind hier ebenfalls angesiedelt. Auch diese Ebene ist nur sehr schwer veränderbar, da unser Bewusstsein keinen Zugang hat. Allerdings kann diese Ebene indirekt über starke und langanhaltende emotionale Einwirkungen verändert werden.

Erfahrungen, die in der Familie, in der Kita oder in Schulen gemacht werden, prägen die obere limbische Ebene. Der kindliche Wille, alles immer sofort haben zu wollen und sich selbst in den Mittelpunkt aller Bedürfnisse zu setzen, trifft hier auf die Grenzen, die durch Erziehung und Sozialisation aufgezeigt werden. Der **oberen limbischen Ebene** werden der orbifrontale, der cinguläre und der insuläre Cortex zugerechnet, also evolutionär gesehen sehr junge Teile des Gehirns.

Hier bilden sich Fähigkeiten zur Kooperation und zum Zusammenleben in einer Gemeinschaft aus. Empathie und erste Moralvorstellungen werden ebenso ausgebildet wie die Abschätzung von Konsequenzen für sich selbst und für andere. Auch die Impulshemmung und Risikowahrnehmung findet hier statt. Diese Ebene entwickelt sich bis zum Erwachsenenalter und darüber hinaus. Ihre Entwicklung ist Teil eines Reifeprozesses. Die Ausprägung wird durch sozial-emotionale Erfahrungen beeinflusst. Durch neue Erfahrungen sozialer und emotionaler Art ist diese Ebene auch später veränderbar.[1]

Die **kognitiv-sprachliche Ebene** entwickelt sich parallel zur oberen limbischen Ebene im frühen Kindesalter, sobald die kognitiven und sprachlichen Fähigkeiten vorhanden sind. Sie ist im präfrontalen Cortex angesiedelt. Hier liegt die Grundlage für die Fähigkeiten, die wir mit Intelligenz, Verstand, Einsicht und Planung verbinden. Hier entstehen ein praktikables Selbstbild und ein Verständnis davon, wie wir uns präsentieren müssen, damit wir akzeptiert werden.

Spannend ist die Erkenntnis, dass diese Ebene sehr intensiv von den limbischen Ebenen beeinflusst wird. Sie selbst hingegen hat nur sehr wenig Einfluss auf die limbischen Ebenen. Somit kann die kognitiv-sprachliche Ebene kaum Einfluss auf die Emotionen und das damit verbundene Verhalten nehmen. Rationales Erfassen und Bewerten führt somit keinesfalls automatisch zu Einsicht und vernünftigem Handeln.

---

1 An dieser Stelle ist interessant, dass diese Erfahrungen auch durch (geführte) Meditation erlebbar gemacht werden können.

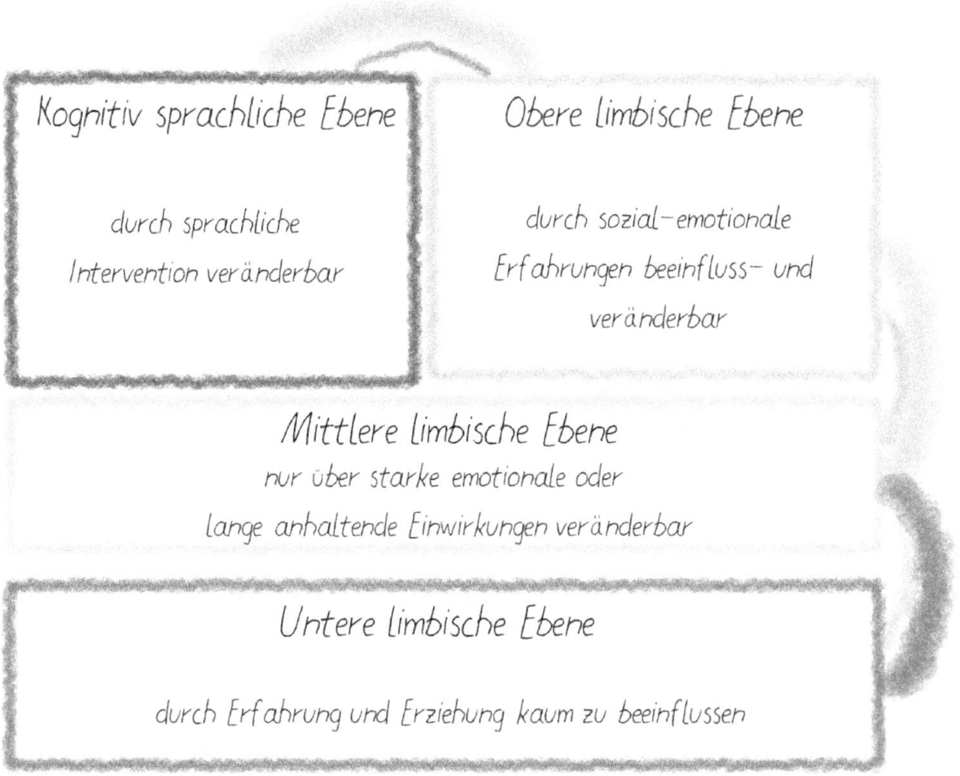

Abb. 18: Die limbischen Ebenen (eigene Darstellung nach Gerhard Roth, 2015)

Verhalten ist immer mit Emotionen verbunden, die in den limbischen Ebenen verankert sind. Es wurde nachgewiesen, dass der Auslöser für Handlung immer mit einer Emotion verbunden ist, selbst wenn die Menschen diese Emotion nicht bewusst wahrnahmen. Die kognitiv-sprachliche Ebene ist für Veränderung am zugänglichsten, da hier über sprachliche Interaktion eingewirkt werden kann. Um aber eine echte und nachhaltige Verhaltensänderung zu bewirken, reicht eine Veränderung auf dieser Ebene nicht aus.

Sie sehen also, dass unser Denken und Verhalten sehr stark von den Gefühlen und Emotionen beeinflusst wird, die in den limbischen Ebenen entstehen. Um eine nachhaltige Veränderung von Einstellungen und Verhaltensweisen zu ermöglichen reicht es daher nicht aus, lediglich das Denken zu verändern. Man muss auch die darunter liegenden limbischen Ebenen erreichen, die man wiederum nur durch emotionale Erlebnisse über einen langen Zeitraum beeinflussen kann. Was dies für Folgen für Veränderungsarbeit hat, werden wir später in diesem Buch noch sehen.

Psychoneurale Systeme

Viele Herausforderungen, denen wir in der Welt gegenüberstehen, werden durch Grundsysteme unserer Psyche angegangen, die in den limbischen Ebenen verankert sind. Ihre Wirkungsweise und ihre Ausprägung sind dabei sehr eng verknüpft, mit der Funktionsweise der limbischen Ebenen. Die Gene, die Epigenetik und die Umwelterfahrungen haben großen Einfluss darauf, wie Erwachsene mit ihrer Umwelt interagieren.

Stress gehört wohl zu den am weitesten verbreiteten Phänomen in unserer heutigen Welt. Ständig sind wir unter Zeitdruck, zu viele einprasselnde Informationen beschäftigen uns und wir haben nur 24 Stunden am Tag zur Verfügung. Stress ist verantwortlich für viele Fehlzeiten und gesundheitliche Probleme. Wie Menschen damit umgehen, hängt sehr stark davon ab, wie das Gehirn die Stresshormone Noradrenalin und Cortisol reguliert. Wie Sie schon gesehen haben, können hier schon vorgeburtliche Einflüsse Auswirkungen auf die Resilienz (Widerstandsfähigkeit gegenüber Stressoren) haben.

Mit der Stressverarbeitung in engem Zusammenhang steht das System der **Selbstberuhigung.** Hier spielt die Regulation des Neurotransmitters Serotonin sowie die Ausschüttung von Belohnungsstoffen im Gehirn (endogene Opioide) eine tragende Rolle. Serotonin beruhigt und wirkt somit dem Stress entgegen. Die Opioide erzeugen zusätzlich Zustände, in denen Lust und Freude entstehen. Im Zusammenspiel mit der Stressverarbeitung bestimmt dieses System, wie ängstlich oder wie risikoscheu jemand ist. Ist das Stresssystem sehr stark aktiv und das Selbstberuhigungssystem vermindert, dann kann dies zu Angststörungen und Depressionen führen.

Ist die **Bindung** zwischen einem Kind und seiner zentralen Bezugsperson, zum Beispiel der Mutter, eine sichere, dann wird das Bindungshormon Oxytocin ausgeschüttet. Dieses Hormon bewirkt die Ausschüttung von Opioiden und Serotonin. Eine sichere Bindung kann somit Schwächen im Stressverarbeitungs- und Beruhigungssystem ausgleichen. Die Bindungserfahrung, die ein Kind macht, prägt den Menschen für sein ganzes Leben. Es beeinflusst, wie ein Mensch Partnerschaften eingeht, Freundschaften pflegt, Sexualpartner auswählt oder in Gruppen interagiert.

Ob und wie sehr ein Mensch seine Impulse im Griff hat, entscheidet sich in der Ausprägung des Systems der **Impulskontrolle.** Dieses bildet sich erst zu Beginn des Erwachsenenalters aus. Dabei werden die Amygdala und der Nucleus accumbens, die für die impulsiven Triebe verantwortlich sind, durch Areale der Großhirnrinde gehemmt.

Dieses System stellt ein internes Bewertungssystem dar, welches die Reaktion auf Belohnung oder Strafe steuert. Es funktioniert durch die Ausschüttung von Dopamin und endogenen Opioiden und Cannabinoiden im Falle einer **Belohnung.** Alles, was eine Person macht und erlebt, wird registriert und danach bewertet. Dieses System steht auch in engem Zusammenhang mit den Motiven einer Person, die sich auch aus der Erwartung von Belohnung oder Strafe ableiten lassen.

In der oberen limbischen Ebene und der kognitiv-sprachlichen Ebene angesiedelt, ist dieses System eng mit **Verstand** und **Vernunft** verbunden.

Auch hier sehen wir, dass unsere Emotionen, unser Denken und unser Verhalten sehr stark beeinflusst wird durch biologische Faktoren. Je nachdem, welche Hormone und welche Botenstoffe gerade aktiv sind, reagieren Menschen unterschiedlich auf äußere Reize. Wir besitzen starke Systeme, die unsere emotionale Grundkonfiguration bestimmen. Je belastbarer diese Systeme sind, desto einfacher können wir uns auf sich verändernde Bedingungen einstellen. Dafür benötigen wir ausreichend Energie, damit die Systeme richtig funktionieren können.

Veränderung und Energiehaushalt

Unser Denken, Fühlen und Handeln sind ein Leben lang veränderbar. Manche Dinge sind schneller zu verändern (obere Ebenen), manche Dinge nur mit sehr viel Geduld und Beharrlichkeit und (sehr viel) Zeit. Aber das Gehirn selbst bleibt ein Leben lang veränderbar, der Neuroplastizität – der Fähigkeit, immer wieder neue neuronale Verbindungen herzustellen – sei Dank.

Veränderung erfordert den Willen, etwas zu verändern. Leider reicht dies allein nicht aus. Ein Auto, dessen Tank leer ist, fährt auch nicht von Hamburg nach München, nur weil wir als Fahrer das unbedingt wollen. Gleiches Prinzip gilt auch für unser Gehirn und unseren gesamten Körper. Wir benötigen Energie, damit wir uns verändern können. Die Anforderungen, die unsere Umwelt an uns stellt und der Lebensstil, den sich viele Menschen angewöhnt haben, führen aber leider dazu, dass eben diese Energie oftmals nicht in dem Rahmen zur Verfügung steht, wie sie benötigt würde. Die vielen psychischen Erkrankungen, die auf Stress und Überforderung zurückzuführen sind, sind dabei nur die Spitze des Eisbergs.

Daher lohnt sich an dieser Stelle auch ein kleiner Blick darauf, wie unser Körper Energie gewinnt und was der Körper benötigt, damit unser Gehirn zu Höchstleistungen und „Neuverdrahtung" fähig ist.

Unser Körper besteht aus einer Vielzahl von Zellen. Diese versorgen den Körper mit **Energie.** Dies geschieht in den sogenannten Mitochondrien, die wie kleine Kraftwerke innerhalb der Zelle Energie produzieren. Als Träger der Energie dient das Nukleotid **Adenosintriphosphat** (ATP). Dieses wird für viele unterschiedliche Prozesse in den Zellen benötigt. Im Laufe des Tages wird eine große Menge von ATP erzeugt und auch gleich wieder verbraucht. Ein durchschnittlicher Erwachsener setzt pro Tag ungefähr die Hälfte seines Körpergewichts in ATP um. Zur Gewinnung dieser Energie stehen dem Körper dabei drei Möglichkeiten zur Verfügung:

- Energie wird aus Zucker ohne Sauerstoff gewonnen (anaerob).
- Energie wird aus Zucker und Sauerstoff gewonnen (aerob).
- Energie wird aus Fett und Sauerstoff gewonnen.

Die anaerobe Energiegewinnung ist dabei die schnellste Möglichkeit des Körpers, an Energie zu gelangen. Wenn Sie Sport machen, kennen Sie das sicherlich. Wenn Sie an die Leistungsgrenze Ihres Körpers gehen und Ihre Herzfrequenz nahe an ihren

Maximalwert gelangt, dann zieht der Körper die Energie direkt aus Kohlehydraten. Die Gewinnung von Energie auf diese Weise ist bis zu 100-mal schneller als die anderen Optionen.

Die aerobe Energiegewinnung hingegen bezieht neben den Kohlehydraten auch Sauerstoff mit ein. Sie ist effektiver, da mehr Energie gewonnen werden kann, allerdings nicht ganz so schnell wie bei der anaeroben Variante. Bei erhöhtem Puls und Anstrengung in einem mittleren Pulsbereich schaltet unser Körper auf die anaerobe Gewinnung um.

Die dritte Art der Energiegewinnung ist die effektivste. Im Körper eingelagertes Fett speichert eine ganze Menge Energie, die von den Zellen in Verbindung mit Sauerstoff genutzt werden kann. Allerdings wird dieser Modus erst dann aktiviert, wenn der Zucker (Kohlehydrate) verbraucht ist.

Ein sehr schönes Bild, um sich die unterschiedlichen Varianten vorzustellen, stellt das eines Ofens dar (Spörer/Fühler 2017). Die anaerobe Energiegewinnung ist wie das Verbrennen von Papier im Ofen. Papier lässt sich sehr leicht entzünden und brennt schnell. Allerdings ist ein Blatt Papier auch sehr schnell verbrannt und es muss ein neues nachgelegt werden, um das Feuer am Lodern zu halten. Effektiver ist da schon die Verwendung von Holz. Dieses würde der anaeroben Energiegewinnung entsprechen. Holz ist etwas schwieriger zu entzünden, liefert aber länger Energie. Die effektivste Art der Energiegewinnung wäre die Nutzung von Kohle. Dies entspricht der Variante der Fettverbrennung in den Zellen. Der Aufwand, Kohle anzufeuern, ist deutlich höher und es dauert länger, bis diese endlich glüht. Dann aber liefert sie die meiste Energie. Ebenso verhält es sich mit Fett. In der Zeit, in der ein Stück Kohle Energie liefert, müsste man eine große Menge an Zeitungspapier in den Ofen werfen, um das gleiche Ergebnis zu erzielen. Wenn man aber schnell ein Feuer braucht, dann greift man lieber auf Papier zurück, weil es am schnellsten das gewünschte Ergebnis liefert.

Unser Gehirn benötigt, gemessen an seiner Größe, eine sehr große Menge der so erzeugten Energie. Es ist ein richtiger Energiefresser. Besonders der Präfrontale Cortex (PFC) benötigt viel Energie, um zu funktionieren. Wann immer wir vor schwierigen Herausforderungen oder Entscheidungen stehen, ist dieser Teil unseres Gehirns besonders gefordert. Auch wenn es darum geht, etwas Neues zu lernen und Veränderung zu ermöglichen, benötigt unser Gehirn sehr viel Energie. Denn dann muss es neue Verbindungen herstellen, was mit einem hohen Energiebedarf einhergeht.

Unser Körper hat neben dem Gehirn noch zwei weitere große Systeme, die den Großteil der zur Verfügung stehenden Energie beanspruchen: die **Muskulatur** und das **Immunsystem.** Wenn der Körper nicht über genügend Energie verfügt, dann wird diese dort zugeteilt, wo sie – evolutionär gesehen – am meisten zum Überleben beiträgt. Da die obere Hirnrinde – evolutionär gesehen – erst sehr spät entstanden ist und das Bewusstsein generell auch nicht überlebensnotwendig ist, ist es wenig überraschend, dass im Gehirn, genauer im Cortex, dann zuerst Abstriche gemacht werden.

Eine sehr interessante Studie zu Entscheidungen von israelischen Richtern verdeutlicht die Auswirkungen dieser Energieverteilung unseres Körpers an einem praktischen

Beispiel (Danziger u. a. 2011). Analysiert wurden über 1000 richterliche Entscheidungen zu unterschiedlichen Tageszeiten: früh am Morgen, nach einer kurzen Frühstückspause und nach einer einstündigen Mittagspause. Entschieden wurde beispielsweise über Bewährungsstrafen. Man würde erwarten, dass sich die Entscheidungen an einer klaren Faktenlage und generellen Richtlinien orientierten. Aus der psychologischen Forschung kennt man eine Reihe von Verzerrungen, die sich in ein objektives Urteil einschleichen können, daher wären hier vereinzelte Abweichungen leicht dadurch zu erklären. Das wirklich überraschende Ergebnis der Studie war aber, dass der Zeitpunkt der Entscheidung einen signifikanten Einfluss auf das Urteil hatte. Früh am Morgen oder kurz nach einer Pause entschieden die Richter rund 65 Prozent der Bewährungsanträge positiv. Dies nahm im weiteren Verlauf des Tages kontinuierlich ab und sank schließlich auf fast null Prozent. Nach den Pausen wiederholte sich dieses Muster, die Richter entschieden nun wieder überwiegend positiv über die Anträge.

Schon frühere Studien zeigten, dass Menschen mental ermüden, wenn sie eine große Zahl wichtiger Entscheidungen nacheinander treffen müssen. Dann greifen sie schnell auf Strategien zurück, die die Aufgabe vereinfachen. Eine naheliegende Vereinfachung besteht darin, nichts zu verändern, sondern die Dinge so zu lassen, wie sie sind. Im Falle einer Bewährungsanhörung würde dies zur Ablehnung führen. Die Interpretation der Studie ist nicht eindeutig. Ziemlich sicher aber spielt die Erschöpfung und die zur Verfügung stehende Energie zum jeweiligen Zeitpunkt eine wichtige Rolle.

Entscheidungen und Denkleistungen hängen also in hohem Maße von der verfügbaren Energie ab. Besonders bewusst wird das in Situationen, in denen eins der drei großen Energiesysteme besonders aktiv werden muss, wie zum Beispiel im Fall einer Infektion. Bei einer Erkältung benötigt unser Immunsystem einen großen Anteil der Energie und die anderen Systeme werden in eine Art Minimalbetrieb geschaltet.

Wenn Sie mit Fieber im Bett liegen, das Immunsystem also hochaktiv ist, dann empfinden Sie wenig Lust, sich zu bewegen, Sie sind entkräftet und schlapp. Ebenso haben Sie sicherlich keine Lust, sich mit Ihrer Steuererklärung zu befassen, die Ihre mentalen Ressourcen stark beanspruchen würde. Sie liegen einfach da, schlafen hoffentlich viel und lassen dem Immunsystem den Raum, seine Arbeit zu tun. Wenn Sie dann Ihr Fieber auskuriert haben, schaltet Ihr Körper wieder auf Normalbetrieb und Ihnen steht wieder genug Energie zur Verfügung, die Kopfarbeit zu erledigen.

Durch die Anforderungen, die unsere Umwelt an uns stellt, und die daraus resultierenden Lebensumstände, haben viele Menschen heutzutage ein **dauerhaftes Energiedefizit.** Der Akku ist schon zu Beginn des Tages nur halb aufgeladen. Der Körper kann daher nicht auf die volle Energie zurückgreifen, die er erwartet und benötigt. Den betroffenen Menschen fehlt in der Folge die natürliche Vitalität, also das Gefühl, mit ausreichend Energie in den Tag zu starten.

Eine große Rolle für diese Vitalität spielt der **Cortisolspiegel.** Über Nacht produziert der Körper Cortisol und am Morgen nach dem Aufwachen ist der Stand am höchsten. Er ist dafür verantwortlich, dass wir uns energiegeladen fühlen und aktiv werden wollen. Im Verlauf des Tages nimmt das Cortisol kontinuierlich ab. Dies ist auch notwendig, damit in den Abendstunden genug Melatonin gebildet werden kann, sozusagen der natürliche Antagonist von Cortisol. Melatonin ist dafür zuständig, dass wir müde sind, gut schlafen und der Körper regenerieren kann.

Wenn wir unter Stress stehen, dann benötigt unser Körper mehr Energie als gewöhnlich. Da Cortisol die Energiebereitstellung im Körper sichert, wird der Cortisolspiegel im Fall von Stress erhöht. Die Zellen stellen mehr Energie her und wir können mit den bedrohlichen Situationen besser fertigwerden. Problematisch wird dieser Zustand erst dann, wenn die Auslöser für den Stress dauerhaft sind, der Cortisolspiegel also über einen langen Zeitraum erhöht bleibt.

Erklären können wir dies durch einen Rückblick in die Geschichte der **menschlichen Evolution**. Unsere Vorfahren waren auf der Jagd immer in einem sehr aufmerksamen Zustand, da sie sich in Gefahr befanden. Wenn der Säbelzahntiger aus dem Unterholz sprang, dann benötigten sie schnelle Energie, um kämpfen oder fliehen zu können. Dieser Zugriff auf mehr Energie war also ein Selektionsvorteil. Menschen, die keine zusätzlichen Energiereserven zur Verfügung hatten, konnten nicht entsprechend reagieren und wurden in der Folge eher vom Säbelzahntiger gefressen. Somit hat sich die Genvariante durchgesetzt, die den Schub Extraenergie unter Stress zur Verfügung hatte. Nach der Jagd war der Stressor verschwunden und der Cortisolspiegel unserer Vorfahren normalisierte sich schnell wieder. In unserer heutigen Welt müssen wir nicht mehr auf Säbelzahntiger achten. Dafür tragen wir Smartphones mit uns herum und sind überall und immer erreichbar. Wir eilen von Termin zu Termin und müssen uns an enge Zeitpläne halten. Ständig müssen wir unsere Leistungsfähigkeit beweisen. Wir sind Nachfahren der Menschen, die in solchen Situationen durch die Stressreaktion eine Portion Extra-energie zur Verfügung haben. Wir sind nun sozusagen ständig auf der Jagd und es gibt eine Reihe von modernen Säbelzahntigern, die unseren Cortisolspiegel potenziell nach oben treiben.

Wenn diese Umstände bei uns **Stress** auslösen, dann hilft uns der erhöhte Cortisolspiegel für einen bestimmten Zeitraum mit den Ansprüchen fertig zu werden. Aber das System ist nicht dafür ausgelegt, dauerhaft so zu arbeiten. Wir benötigen Erholungspausen, in denen der Stresspegel absinken kann und wir regenerieren können, wie unsere Vorfahren nach der Jagd am sicheren Lagerfeuer. Wenn wir keine Entlastung bekommen, dann tritt irgendwann eine Überlastung ein und der Cortisolspiegel sinkt ab. Durch die Überbeanspruchung sinkt er aber nicht nur auf den Normalwert zurück, sondern er sinkt weiter und weiter. Wir merken das beispielsweise daran, dass unsere Energie nicht mehr für einen kompletten Tag ausreicht und wir gegen Mittag schon in ein Loch fallen. Wenn die Stressoren dann immer noch vorhanden sind, dann stehen wir morgens auf und fühlen uns schon energielos. Im schlimmsten Fall sinkt der Cortisolspiegel so weit ab, dass er über den Tagesverlauf einfach nur eine flache Linie darstellt. In diesem Zustand fehlt uns jegliche Energie und Vitalität. Wir sind dann nicht mehr in der Lage, uns zu irgendetwas aufzuraffen. Wir sind ausgebrannt und benötigen Hilfe, um unseren Alltag wieder in den Griff zu bekommen und zeigen depressive Verhaltensweisen. Spätestens dann spricht man von einem Burnout.

Schon bevor es zu diesem Zustand des **Burnouts** kommt, hat der Körper nicht mehr genug Energie zur Verfügung, um alle Funktionen voll zu versorgen. Er fährt daher die Funktionen herunter, die ihm weniger wichtig erscheinen. Viele Menschen versuchen unter Stress aber nach wie vor Höchstleistungen zu vollbringen. Wissensarbeiter benötigen viel Energie in ihrem Hirn. Als Ausgleich gehen sie abends dann noch ins Fitnessstudio, was weitere Energie aus den Muskeln zieht. Wenn diese beiden Systeme stark nach Energie verlangen, dann ist eine logische Folge, dass das dritte große System, das Immunsystem, irgendwo Energie sparen muss.

Erste Abstriche macht das **Immunsystem** dann meistens bei der Haut. Fehlende Energie ist ein Grund für auftretende Hautprobleme. Wenn weiterhin die Energie knapp ist, dann fehlt dem Immunsystem der Kraftstoff, um einmal so richtig aufzuräumen. Eine große Aufräumaktion wäre zum Beispiel Fieber. Der Glaube, das Immunsystem arbeite gerade dann besonders gut, wenn man nie Fieber bekommt, ist daher falsch. Statt einer großangelegten Aufräumaktion ist das Immunsystem bei Energiemangel dauerhaft aktiv. Allerdings immer nur gerade so ein klein wenig. Es versucht mal hier etwas geradezurücken und mal dort. Dies zeigt sich dann darin, dass sich die betroffenen Personen etwas kraftloser fühlen. Bei Fieber würde der Drang sich zu bewegen komplett eingestellt, da Gliederschmerzen und Kraftlosigkeit eintreten würden. Im trägen Zustand des Immunsystems fühlen sich die Menschen nur etwas kraftloser und haben keine Lust sich zu bewegen. Also verzichten sie auf Sport und andere körperliche Aktivitäten. Auch das Gehirn wird etwas heruntergefahren und etwas depressiver eingestellt. Wenn dieser Zustand dann auch über einen langen Zeitraum so bleibt, dann spricht man von einer chronischen leichtgradigen Entzündung. Diese erkennt man beispielsweise daran, dass Krankheiten verschleppt werden oder man am ersten Tag seines Urlaubs krank wird.[2] Auch ein Gefühl der dauerhaften, leichten Krankheit kann ein Anzeichen sein. Wenn der Energiemangel nicht behoben wird, kann dies dazu führen, dass sich chronische Erkrankungen einstellen wie Depressionen, Allergien, Demenz, Burnout und andere Autoimmunerkrankungen.

Was können Sie tun, wenn Sie merken, dass Sie selbst oder jemand in Ihrem Umfeld an **Energiemangel** leidet? An dieser Stelle möchte ich ein paar kleine Hinweise geben, die sich leicht anwenden lassen und schnell erste Erfolge zeigen können.[3] Allerdings möchte ich auch ausdrücklich darauf hinweisen, dass ich kein Arzt bin und keine Verantwortung für die Ratschläge übernehme. Sollten Sie ein ernsthaftes Energiedefizit empfinden, sich depressiv fühlen oder unter chronischen Problemen leiden, sollten Sie sich ärztlichen Rat einholen. Die hier genannten Ratschläge beschreiben, welche Verhaltensweisen für die Erhaltung eines ausreichenden Energielevels sorgen.

Wie wir gesehen haben, führt Stress zu einem erhöhten Cortisolspiegel. Am gesündesten wäre es also, möglichst wenig Stress aufkommen zu lassen. Es gibt eine Reihe

---

2 Dies ist leicht zu erklären: Wenn der Stress, der im Alltag dauerhaft da ist, schließlich nachlässt, dann wird die Energie für das Immunsystem frei, das nun die Arbeit aufnimmt.

3 Die Mehrzahl davon stammen von Dr. Sebastian Spörer, mit dem ich zum ersten Mal tiefer in die Thematik eingetaucht bin.

guter Literatur zu Stress und auch sehr viele gute Trainings. Daher möchte ich an dieser Stelle auch nicht tiefer auf dieses Thema eingehen, da dies den Rahmen mehr als nur sprengen würde. Aber eine Neubewertung der Situation, Aufbau von Fähigkeiten und Entspannungstechniken können dazu führen, dass vorhandene Stressoren eine andere Wirkung auf den Körper ausüben als bisher.

Zudem kann es hilfreich sein, einige Dinge im persönlichen Umfeld am Biorhythmus auszurichten. Cortisol, beziehungsweise die Cortisolaufwachreaktion, die nach dem Aufwachen am frühen Morgen die Konzentration von Cortisol in Blut und Speichel ansteigen lässt, benötigt **Licht.** Daher ist es wichtig, genug Tageslicht zu bekommen. Öffnen Sie morgens die Jalousien und lassen Sie die Sonne rein. Sie sollten mindestens eine Stunde Tageslicht pro Tag bekommen. Gehen Sie dafür nach draußen, am besten für einen Spaziergang. Im Winter können Tageslichtlampen helfen.

Auch der **Schlaf** hat einen sehr großen Einfluss auf den Cortisolspiegel. Ist die Schlafenszeit zu kurz oder nicht erholsam, dann hat dies negative Auswirkungen auf die Ausschüttung von Cortisol. Viele Menschen leiden unter Einschlafproblemen. Sie wälzen sich im Bett herum und finden einfach keine Ruhe. Eine mögliche Ursache ist der zu geringe Melatoninspiegel, der sich zur Abendzeit erhöhen sollte. Helles Licht (mit einem hohen Blauanteil) führt dazu, dass die Melatoninausschüttung beeinträchtigt wird. Daher sind bei vielen Smartphones und Computern mittlerweile Einstellungen vorhanden, die den Blauanteil im Display reduzieren und wärmere Töne darstellen. Sie sollten diese Einstellung in den Abendstunden nutzen.

Fernsehen am Abend hat daher auch gleich zwei negative Auswirkungen auf den Schlaf. Zum einen den hohen Anteil an hellem, blauen Licht. Zum anderen aber auch die emotionale Beteiligung. Wenn wir einen aufreibenden Thriller ansehen, ist es für unser Gehirn, als würden wir die Dinge selbst erleben. Daher werden wir wieder aktiver und eventuell schaltet sich auch unser Stresssystem ein. Diese Erregung muss erst einmal wieder abgebaut werden, damit wir entspannt einschlafen können. Überlegen Sie also gut, ob Sie wirklich noch einen Schocker kurz vor dem Schlafengehen ansehen wollen.

Normalerweise lässt uns unser Körper morgens aufwachen, wenn wir genug Schlaf bekommen haben. Dummerweise sind die ersten Meetings aber schon recht früh am Morgen. Und durch den Stadtverkehr kommt man auch am besten, wenn man vor der Rush-Hour unterwegs ist. Daher stellen viele Menschen sich einen Wecker. Das hat zur Folge, dass sie aufwachen, bevor der Körper den benötigten Schlaf bekommen hat. Auch wenn es nicht immer leicht ist – wer ohne Wecker schläft und auf seine innere Uhr vertraut, schläft gesünder.

Natürlich spielt auch die **Ernährung** eine sehr wichtige Rolle. Der Körper benötigt zur Sicherstellung seiner Funktionen eine Reihe von Nährstoffen. Sind diese nicht im Gleichgewicht, dann hat dies höchstwahrscheinlich negative Auswirkungen auf den Gesamthaushalt. Bücher, Berater und Blogs zu diesem Thema gibt es in Hülle und Fülle. Wer seine Entscheidungs- und Veränderungsfähigkeit erhöhen möchte, der sollte auch darauf achten, den richtigen Kraftstoff zu sich zu nehmen. Was dabei für einen selbst passt, sollte jeder selbst herausfinden. Daher werde ich hier nicht weiter auf dieses Thema eingehen.

Zur Vorsicht – auch wenn es schwerfällt, auch mir persönlich – sollte man auf jeden Fall in Bezug auf Zucker raten. Wie wir schon gesehen haben, ist die Nutzung von Fettreserven zur Energiegewinnung am effektivsten. Wenn Zucker zur Verfügung steht, dann wird dieser auch zur Energiegewinnung verwendet. Dies hat aber auch negative Auswirkungen auf die Zellen. Die Insulinrezeptoren, die dafür sorgen, dass Zucker in die Zelle gelangt, werden weniger empfindlich und mit der Zeit abgebaut, da sie ebenfalls Energie benötigen, diese aber zu teuer ist (da nicht effektiv genug). Bei einem Kohlehydratdefizit hingegen werden diese Rezeptoren aufgebaut und wenn dann schnelle Energie benötigt wird, ist die Zelle leistungsfähiger. Hier empfiehlt es sich, weniger Mahlzeiten am Tag zu sich zu nehmen und diese auch nur in einem bestimmten Zeitraum (intermittierendes Fasten). Zudem erhöht auch Sport im angepassten Herzbereich (aerob) die Zahl der Rezeptoren.

Die Ernährung ist auch deshalb ein schwieriges Thema, da falsche Ernährung oder eine Diät auch von sich aus wieder Stress verursachen kann. Daher lohnt es sich, intensiv auf dieses Thema zu schauen oder sich beraten zu lassen.

Veränderung im Gehirn

Veränderung im Gehirn ist immer und in jedem Alter möglich. Allerdings gibt es auch hier einige **Voraussetzungen**, die es deutlich leichter und einfacher machen, neue Verbindungen aufzubauen und neue Denk- und Verhaltensweisen zu festigen.

Sehr wichtig für den Aufbau von neuen Verbindungen im Gehirn ist der Neurotransmitter Dopamin. Von vielen auch als „Glückshormon" bezeichnet, steht Dopamin eng in Verbindung mit Motivation und Antriebssteuerung.

Ein weiterer, sehr wichtiger Faktor für Lernen und Veränderung stellt der brain-derived neurotrophic factor (BDNF) dar. BDNF sorgt für die Plastizität und wird durch aeroben Sport und eine gesunde Ernährung begünstigt. Ein inaktiver, sitzender Lebensstil und einseitige Ernährung haben dagegen negative Auswirkungen auf den BDNF-Spiegel im Gehirn.

Kann ein Mensch auf ausreichend Dopamin und BDNF zurückgreifen, so fällt ihm Lernen leicht. Wir können das sehr leicht bei Kindern beobachten. Kinder sind von Natur aus neugierig, entdecken ihre Welt und lernen sehr schnell. Ihr Gehirn belohnt sie dabei für ihre Entdeckungen mit genügend Dopamin. Das motiviert sie, weiter auf Entdeckungsreise zu gehen und die Welt zu erkunden.

Sie können das Prinzip auch erkennen bei Kindern, die in der Schule massive Probleme haben, sich Dinge zu merken. Haben diese ein Lernproblem? Sind sie nicht in der Lage, den Anforderungen zu entsprechen? Oftmals sind die gleichen Kinder hervorragend informiert, wenn es darum geht, Dinge aus ihrer Lieblingszeichentrickserie zu erinnern. Sie können alle Namen, Eigenschaften, Ereignisse und kleinste Details auswendig wiedergeben. Der Unterschied ist, dass sie sich dafür interessieren und es sie begeistert. Ihr Gehirn versetzt sie beim Anschauen der Zeichentrickserie in einen Zustand der freudigen Erregung und somit fällt es ihnen viel leichter, die Details entsprechend zu behalten. Schulen und Bildungseinrichtungen müssten vor diesem Hintergrund eigentlich ein Ort der Freude und Glückseligkeit sein. Dann würde Dopamin ausgeschüttet und Lernen leichtfallen. Schauen wir uns die Realität an, sehen wir, dass viele Schüler sich in die Schule quälen müssen. Nicht die besten Voraussetzungen zum Lernen.

Gleiches trifft auch auf den Arbeitsplatz zu. Auch hier gilt, dass alles, was uns begeistert, viel schneller zu Veränderungen führt. Allerdings kommt hier ein zusätzliches Problem dazu. Erwachsene haben meist einen über Jahre praktizierten Lebensstil, der in vielen Fällen (durch zu wenig Bewegung, schlechte und falsche Ernährung) schon negative Auswirkungen auf die Produktion von BDNF hat. Im ungünstigsten Fall ist also weder Dopamin noch BDNF in erforderlichem Maße vorhanden. Dann hört man oft Sätze wie „Das funktioniert hier nicht" oder „Das haben wir immer schon so gemacht". Veränderung ist dann nur sehr schwer möglich und erfordert einen immens hohen Energieaufwand und große Willenskraft. Genau daran scheitern dann viele gut gemeinte persönliche und organisatorische Veränderungsprojekte. Sie brauchen Beweise? Schauen Sie sich einfach einmal an, wie viele Menschen Mitte Januar noch an ihren Neujahrsvorsätzen festhalten. Oftmals gelingt dies nur mit hohem Aufwand und eisernem Willen, was viel Energie kostet.

Neurobiologische Grundbedürfnisse

Jedes Gehirn ist unterschiedlich und passt perfekt zu seinem jeweiligen Besitzer. Kein Gehirn ist wie das andere. Allerdings scheint es so, als habe die Evolution dafür gesorgt, dass es so etwas wie neurobiologische Grundbedürfnisse gibt, die alle Menschen teilen.

Das SCARF-Modell

Ein Modell, das fünf solche Grundbedürfnisse beschreibt, stammt von David Rock (Rock 2011) – das SCARF-Modell. Es greift die Erkenntnisse der Forschung auf, die zeigen, dass soziale Schmerzen, also zum Beispiel der Ausschluss aus einer Gemeinschaft, gleiche Hirnregionen aktiviert wie körperliche Schmerzen. Dies lässt vermuten, dass es Grundbedürfnisse gibt, die bei Nichterfüllung zu diesen sozialen Schmerzen führen. Dabei findet die Bewertung der Situation unbewusst statt und jeder Mensch reagiert unterschiedlich darauf.

Für jeden Menschen ist es wichtig, seine eigene Position und sein Ansehen im Verhältnis zu anderen Menschen zu kennen. **Status** in diesem Sinne bezeichnet einen Platz in der Gesellschaft. Ein Statusverlust führt dann zu Stress und löst die damit verbundenen körperlichen Reaktionen aus. Ein Statusgewinn hingegen kann die Belohnungszentren aktivieren und zu einem Glücksgefühl führen.

In klassischen Unternehmensstrukturen ist Status zumeist durch die Position im Organigramm bestimmt. Statusgewinn erfolgt durch Beförderung, öffentliches gutes Feedback, persönliche Weiterentwicklung und Anerkennung durch das Netzwerk.

In der sich nun verändernden Arbeitswelt ist dies oft nicht mehr der Fall. In vielen Unternehmen werden flachere Hierarchien angestrebt, Beförderungen fallen weg. Oftmals werden auch Jobtitel, die den Status ausdrückten, angepasst. Ein „Senior Berater" ist plötzlich nur noch „Teammitglied", genauso wie die ganzen unerfahrenen Kollegen. Eine solche „Gleichmacherei" wird dann schnell als Statusverlust erlebt. Aber in diesen neuen Organisationsformen gibt es auch viele Dinge, die den wahrgenommenen Status erhöhen können. Hier ist Feedback ein wichtiger Faktor. Aber auch die Übernahme von Verantwortung kann zu Anerkennung führen.

Bei allem Optimismus, in einer solchen Transformation muss man aber bedenken, dass manche Menschen eben genau durch die klassischen Statussymbole wie Jobtitel oder Heldenstatus motiviert werden. Die Veränderung hin zu einer flacheren Struktur und der geteilten Anerkennung fällt manchen also schwerer als anderen. Daher ist es besonders wichtig, einen Ausgleich für den (gefühlten) Statusverlust zu schaffen.

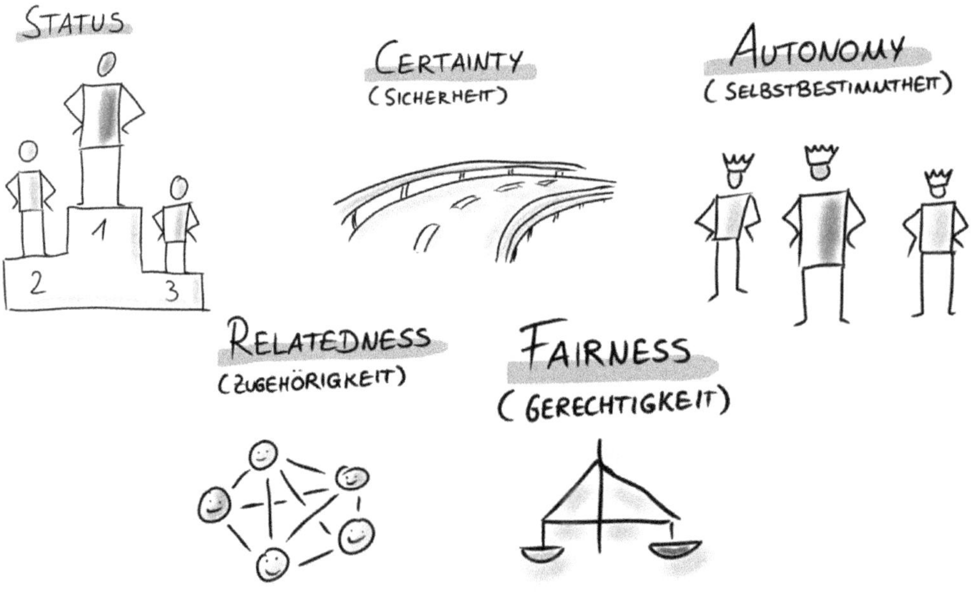

Abb. 19: Das Bedürfnis nach Status, Sicherheit, Selbstbestimmtheit, Zugehörigkeit, Gerechtigkeit

Das Gehirn ist darauf spezialisiert, Muster zu erkennen. Auf Basis dieser Muster versucht es vorherzusagen, was als nächstes passieren wird. Je klarer es diese Muster erkennt und sich daran orientieren kann, desto weniger Energie benötigt es. Für den einzelnen Menschen ist es wichtig, auf Muster zurückgreifen zu können. Das gibt ihm **Sicherheit.** Wenn das Gehirn ein Muster erkannt hat, kann es annehmen, was als Nächstes passiert und der Mensch weiß, mit was er rechnen kann. Wenn hingegen keine Muster erkannt werden, dann müssen sich die Menschen auf die Suche nach Antworten machen. Es gibt Menschen, die solche Situationen lieben. Anderen Menschen fällt dies hingegen sehr schwer und sie verfallen in entsprechenden Situationen in eine Schockstarre. So oder so kostet es eine Menge Energie, wenn keine Muster und Rahmenbedingungen erkennbar sind.

Das klare Formulieren und Kommunizieren von Erwartungen unterstützt dabei, transparent zu machen, was geschehen wird. Wenn nicht genug Informationen zur Verfügung gestellt oder aus rechtlichen Gründen nicht genannt werden dürfen, dann verschafft es auch schon eine Erleichterung, wenn dies klar geäußert und angekündigt wird, wann mit weiteren Informationen zu rechnen sein wird. Zurückhalten von Informationen hingegen führt zu der erwähnten Unsicherheit, da das Gehirn zu wenig Anhaltspunkte hat, um sich Sicherheit zu verschaffen. Das bedeutet auch, dass das Ansprechen schlechter Neuigkeiten ein wichtiger Aspekt ist, der zur Sicherheit beiträgt. Wenn die Information bekannt ist, dann können die Betroffenen mit der Verarbeitung beginnen und neue Optionen erschließen. Werden schlechte Neuigkeiten nicht angesprochen, sind aber erwartbar, dann führt dies schnell zu einer großen Unsicherheit und bei manchen Menschen auch zu einer Überforderung.

Das Sicherheitsbedürfnis ist das stärkste der beschriebenen Bedürfnisse. Gerade in Zeiten der Veränderung können viele gleichzeitig stattfindende Aktivitäten zu einer großen Unsicherheit führen. Daher sollte man mit Bedacht, kleinen Schritten und offener Kommunikation agieren. In einem komplexen Umfeld helfen auch die kurzen Feedbackschleifen, das Unbekannte und die Unsicherheit etwas zu dämpfen. Eine regelmäßige Rückmeldung darüber, ob man auf dem richtigen Weg ist, bringt zwar keine absolute Sicherheit, hilft aber, die Unsicherheit zu reduzieren.

Unser Gehirn reagiert mit Stresssymptomen, wenn es das Gefühl hat, eine Situation nicht kontrollieren zu können. Es fehlt die **Selbstbestimmtheit.** Wenn alle Rahmenbedingungen und Optionen schon vorher festgelegt wurden und sich nicht anpassen lassen, zum Beispiel durch enge Prozesse, Vorgaben und Regeln, dann fehlen Entscheidungsspielräume und die Autonomie wird eingeschränkt. Der Mensch fühlt sich fremdbestimmt und nicht mehr als Gestalter.

Auch wenn Menschen, die zuvor als Einzelkämpfer, Spezialisten und Experten unterwegs waren, plötzlich in einem Team zusammenarbeiten sollen, kann dies als Verlust von Autonomie wahrgenommen werden. Sie werden aufgefordert, Rücksicht zu nehmen, andere Meinungen zu respektieren und sich abzusprechen, bevor sie etwas unternehmen. Das fühlt sich für sie wie ein Verlust der Autonomie an. Für andere ist diese Umstellung hingegen problemlos. Sie sehen also, dass zwar alle Grundbedürfnisse in allen Menschen angelegt sind, die Einschätzung, wann ein Grundbedürfnis bedroht ist, hingegen sehr individuell ausgeprägt ist.

Jeder Mensch benötigt die **Zugehörigkeit** zu einer Gemeinschaft. Für jeden Einzelnen ist es wichtig, Teil einer Gruppe zu sein. Wird man von einer Gruppe ausgeschlossen, so führt dies zu massiven Auswirkungen, die mit körperlichen Schmerzen vergleichbar sind. Dies führt wiederum zu enormem Stress, der sich in entsprechenden

Symptomen äußert. In Experimenten konnte gezeigt werden, dass Menschen, die von einem virtuellen Ballspiel von zwei anderen Personen (die eingeweiht waren) ausgeschlossen und übergangen wurden, die gleichen Hirnregionen aktivierten, die auch bei Schmerzen aktiv sind.

Um sich in einer Gruppe angenommen und mit dieser verbunden zu fühlen, benötigt der Mensch das Gefühl, innerhalb dieser Gruppe mit seinen Stärken und Schwächen voll akzeptiert zu sein. Wird aber zum Beispiel die Expertise (und damit der Wert) eines Teammitglieds vor einer Gruppe in Frage gestellt, dann ist diese Verbundenheit bedroht. Dies ist ein massiver Stressfaktor.

Niemand möchte ausgenutzt werden und ungerecht behandelt werden. Geben und Nehmen muss im Einklang sein und der Mensch möchte sich fair und gerecht behandelt wissen. Ein interessantes Experiment zeigt, wie wichtig **Gerechtigkeit** für Menschen ist (Nowak u. a. 2000).

Experiment | Wie würden Sie handeln? Sie befinden sich mit einer unbekannten Person in einem Raum. Die andere Person hat zehn Euro bekommen und nun die Aufgabe, mit Ihnen zu teilen. Dabei kann sie Ihnen anbieten, was immer sie abgeben möchte. Wenn Sie das angebotene Geld annehmen, dann dürfen Sie beide das Geld behalten. Wenn Sie aber ablehnen, dann darf niemand von Ihnen beiden das Geld behalten. Wie würden Sie reagieren, wenn die andere Person Ihnen fünf Euro, einen Euro oder 10 Cent anbieten würde?

Wenn man davon ausgeht, dass Menschen immer rational und ökonomisch handeln, dann würden Sie jedes Angebot annehmen. Schließlich würden Sie bei allen Angeboten am Ende mehr haben als zu Beginn. Es wäre also vorteilhaft, selbst wenn das Angebot nur 10 Cent sind. Wenn Sie aber so handeln wie die meisten Menschen in diesem Experiment, dann würden Sie den Euro und die zehn Cent wahrscheinlich ablehnen. Die meisten Menschen empfinden eine solche Verteilung als unfair und lehnen sie deshalb ab, auch wenn sowohl sie selbst als auch die andere Person mit leeren Händen nach Hause gehen. Dafür wäre ihr Belohnungszentrum im Gehirn aber sehr aktiv. Wie Wissenschaftler herausgefunden haben, belohnt unser Gehirn uns nämlich dafür, wenn wir Ungerechtigkeit bestrafen, selbst wenn wir selbst dadurch einen Nachteil haben.

Fairness bedeutet auch nicht, alles gleich zu machen. Es darf durchaus Unterschiede zwischen verschiedenen Teammitgliedern oder Mitarbeitern geben. Allerdings müssen diese auf fairen und verständlichen Grundlagen beruhen. Ein erfahrener Mitarbeiter kann somit deutlich mehr Freiheiten besitzen als ein noch unerfahrener. Allerdings sollte klar sein, dass diese Freiheiten auf Erfahrung zurückzuführen sind. Wenn diese Erfahrung auch von dem anderen Mitarbeiter nachgewiesen wurde, sollte er die gleichen Freiheiten erhalten.

SCARF in der Praxis

Bei Veränderungen ist es ratsam, die Auswirkungen auf die Faktoren dieses Modells immer im Blick zu behalten. Oftmals ist es so, dass eine Veränderung einige Faktoren positiv und andere negativ beeinflusst. Das muss nicht unbedingt ein Problem sein, solange die positiven Aspekte überwiegen. Die Faktoren gleichen sich also gewissermaßen gegenseitig aus.

Wenn einer dieser Faktoren für einen Menschen bedroht wird, beispielsweise in einem Teammeeting, dann setzt als erste (unbewusste) Reaktion darauf voraussichtlich Widerstand ein. Angenommen, Sie haben Ihren Kollegen in einem Meeting verunsichert, weil Sie seine Expertise komplett in Frage gestellt haben. Nun sind hier Grundbedürfnisse verletzt, besonders das Bedürfnis nach Status und Verbundenheit. Es ist wahrscheinlich, dass sich infolgedessen **Widerstand** bei Ihrem Kollegen aufbauen wird. Untersuchungen haben gezeigt, dass in dieser Phase des Widerstands Ihr Kollege erst einmal nicht für logische und rationale Argumente zugänglich sein wird. Dieser Zustand dauert in der Regel wenigstens zwei Minuten. In diesem Zeitraum bringt es also nichts, auf Ihren Kollegen einzureden und ihn von etwas überzeugen zu wollen. Sie müssen ihm Zeit zugestehen, bis er wieder aufnahmefähig ist. Erst dann können Sie ihn wieder mit Argumenten erreichen und in eine sachliche Diskussion zurückführen. Zuerst aber sollten Sie dafür sorgen, dass seine Bedürfnisse wieder erfüllt werden. Ist sein Bedürfnis nach Status bedroht, dann wertschätzen Sie ihn und geben Sie ihm positives Feedback vor dem Team. Wenn sein Sicherheitsbedürfnis angegriffen ist, versorgen Sie ihn mit allen Informationen, die Sie weitergeben können. Zeigen Sie ihm, welche Freiheiten er hat, wenn sein Autonomiebedürfnis bedroht ist und bieten Sie Ihm Hilfe an, um zu zeigen, dass er nicht alleinsteht und sein Bedürfnis nach Verbundenheit berücksichtigt wird. Wenn er sich ungerecht behandelt fühlt, dann zeigen Sie Verständnis dafür und erklären Sie, auf welcher Basis Unterschiede gemacht werden.

Neurobiologie und die Praxis

Sie haben in den vergangenen Abschnitten das limbische System und die psychoneuralen Systeme kennengelernt. Zudem haben Sie erfahren, wie komplex die Energiegewinnung im menschlichen Organismus sein kann. Zuletzt sind Sie mit einer Reihe von Grundbedürfnissen konfrontiert worden, die erfüllt sein sollten, damit es den Menschen gut geht. Mir war es an dieser Stelle wichtig, Ihnen eine Übersicht über die Zusammenhänge zu bieten. Wenn Sie sich in einer Veränderung befinden, dann sollten Sie eine grobe Idee davon haben, wie Menschen Veränderungen erleben und damit umgehen. Die vorgestellten Konzepte und Systeme sollten dazu einen Überblick bieten.

Wenn Sie als VUCA-Held eine Veränderung vorantreiben oder sich selbst verändern möchten, dann kann es hilfreich sein, diese Modelle zu kennen, um bei auftretenden Problemen einen Ansatzpunkt zu finden. Tun Sie sich mit einer Neuerung schwer, dann könnten Sie sich vielleicht fragen, ob Sie **genügend Energie** zur Verfügung haben. Eventuell reicht eine veränderte Schlafpraxis schon aus, um Blockaden zu lösen. Wenn Sie bemerken, dass Mitarbeiter in der Diskussion plötzlich in einen Konflikt geraten, kann es hilfreich sein zu erkennen, dass gerade ein Grundbedürfnis verletzt wurde.

Es ist kaum möglich, alle Zusammenhänge gleichzeitig im Blick zu behalten. Aber das ist auch gar nicht nötig. In einem System kann eine kleine Veränderung an einem Bestandteil schon zu großen Auswirkungen im Gesamtsystem führen. Die vorgestellten Modelle bieten Ansatzpunkte, die aufzeigen, an welchen Bereichen Änderungen möglich sind.

➤ Tipps für VUCA-Helden

Unser Gehirn ist schon deutlich älter als die Umwelt, in der wir heute leben. Unsere kognitiven Fähigkeiten, die uns zu vielen Erfindungen und gesellschaftlichen Fortschritten verholfen haben, sind aber nicht die einzigen Abläufe im Gehirn. Es gibt einen deutlich älteren Teil, repräsentiert durch das limbische System. Hier liegen Impulse, Triebe, Emotionen und grundlegende Bewältigungsstrategien, die schon Generationen von Menschen das Überleben gesichert haben. Diese wirken bis heute und wir sollten uns ihres Einflusses bewusst sein.

Um Veränderung zu ermöglichen benötigt unser Gehirn ausreichend Energie. Durch die Umwelteinflüsse und den Lebensstil, den einige Menschen pflegen, steht diese Energie nicht immer zur Verfügung. Durch ein paar Anpassungen unseres Verhaltens können wir aber für einen höheren Energielevel sorgen.

Zudem gibt es eine Reihe von neurobiologischen Bedürfnissen, die durch viele Jahre der Evolution entstanden sind. Diese wirken bis heute, auch wenn die ursprünglichen Auslöser und die Umwelt sich sehr stark verändert haben. Die Kenntnis dieser Bedürfnisse ist hilfreich, um Ängste und Bedenken in einem Veränderungsprozess zu verstehen und moderieren zu können.

1. **Machen Sie sich bewusst, dass Verhalten immer mit Gefühlen zusammenhängt.**

Eine rein rationale Entscheidung gibt es nicht. Das limbische System ist immer beteiligt. Auch Personen, die sich ganz sicher sind, dass sie keine Gefühle verspürt haben, sind davon beeinflusst. Handlung ohne Emotion gibt es nicht. Eine Veränderung auf der rein kognitiv-sprachlichen Ebene ist unwahrscheinlich. Die im limbischen System verankerten Emotionen müssen mit angesprochen werden.

- Was für ein Gefühl lässt sich wahrnehmen, wenn Sie tief in sich hineinhorchen?
- Warum tendieren Sie zu einer Entscheidung? Welche Gefühle beeinflussen Sie?
- Welche Veränderung wollen Sie erzielen? Auf welcher Ebene liegt diese?
- Was können Sie tun, um tiefergreifende Veränderungen zu erreichen?

2. **Machen Sie sich klar, auf welcher Ebene ein problematisches Verhalten begründet liegt.**

Mit der Kenntnis der limbischen Ebenen können Sie ein größeres Verständnis für Verhalten und Einstellungen aufbauen. Liegt es in einer der oberen Ebenen, dann stehen die Chancen gut, dass Sie Veränderungen bewirken können. Akzeptieren Sie, dass es auch Verhalten gibt, das zu tief liegt. Die Arbeit mit einer bestimmten Form von Problemen sollte nur von Therapeuten erfolgen, die speziell dafür ausgebildet sind. Die Kenntnis der neurobiologischen Grundlagen hilft, solche Probleme zu erkennen und den Mitmenschen gegebenenfalls eine professionelle Hilfe ans Herz zu legen.

- Ist in dieser Situation nur eine Verhaltensänderung notwendig oder muss auch die Einstellung verändert werden?
- Wie viel Zeit nehmen Sie sich, um eine Veränderung zu erreichen?
- Vermuten Sie bei einem Widerstand ein tieferliegendes Problem? Könnte eventuell therapeutische Unterstützung notwendig sein?

3. **Veränderung benötigt Energie.**

Damit eine Veränderung stattfinden kann, benötigt der Körper – und ganz besonders unser Gehirn – eine Menge Energie. Ist diese Energie nicht verfügbar, dann werden Abstriche gemacht, die auch zu risikolosen Entscheidungen und vereinfachenden Abkürzungen führen.
Durch eine gesunde Lebensweise, ausreichend Schlaf, gesunde Ernährung und ausreichende Bewegung kann der Körper auf Energie zurückgreifen. Fehlender Schlaf, Fast Food, Stress und ein sitzender Lebensstil können dazu führen, dass ein großes Energiedefizit entsteht. Im schlimmsten Fall kann dies bis ins Burnout oder zu schweren chronischen Erkrankungen führen.

- Ernähren Sie sich ausgewogen und gesund?
- Schlafen Sie genug und fühlen Sie sich morgens vital und voller Energie?
- Bewegen Sie sich ausreichend?
- Fällt es Ihnen schwer, neue Dinge zu lernen, sich zu konzentrieren oder sich zu motivieren?
- Was davon trifft auf Ihr Gegenüber zu?

4. **Achten Sie in Veränderungsprozessen auf neurobiologische Grundbedürfnisse.**

Die lange Geschichte der Evolution hat dazu geführt, dass unser Gehirn bestimmte Strukturen ausgebildet hat, die unseren Vorfahren geholfen haben, ihr Überleben zu sichern. Die Umwelt hat sich jedoch seit der Steinzeit sehr massiv verändert. Für die Evolution ist dieser Zeitraum viel zu kurz. Das Gehirn ist also noch auf den Überlebenstrieb der Steinzeit programmiert.

Damals halfen einige Grundbedürfnisse, das Überleben der menschlichen Art sicherzustellen. Diese Bedürfnisse sind bis heute in uns wirksam. In Veränderungsprozessen ist es wichtig, darauf zu achten, dass die Bedürfnisse möglichst erfüllt sind, sonst treten Widerstände auf und die beteiligten Menschen können sogar gesundheitliche Folgen erleiden.
Achten Sie auch darauf, dass ein spontaner Widerstand, hervorgerufen durch ein verletztes Grundbedürfnis, dazu führt, dass ein Mensch in einen Stresszustand gerät, in dem er nicht für rationale Argumente zugänglich ist und es eine Weile dauert, bis er für Argumente wieder empfänglich ist.

- Welches neurobiologische Grundbedürfnis könnte eventuell von einer Veränderung betroffen sein?
- Wie können Sie einer negativen Veränderung eines Bedürfnisses durch positive Verstärkung anderer Bedürfnisse entgegenwirken?
- Ist Ihr Gegenüber gerade im Widerstand? Bieten Sie ihm genug Zeit und Raum, um das Gesagte zu verarbeiten und wieder auf eine rationale Ebene zu gelangen?
- Was können Sie tun, um Ihren Kollegen, Ihrem Team und Ihrer Familie ein Umfeld zu bieten, in dem die neurobiologischen Grundbedürfnisse möglichst alle erfüllt sind?

Motivation

Wie eng fühlen Sie sich Ihrem Arbeitgeber oder Ihrem Team verbunden? Welche Rolle spielt dabei Ihr Chef? Wie wirkt sich dies auf Ihre Arbeit aus? Und welche Rolle spielt eigentlich das Gehalt, das Sie bekommen? Im regelmäßig durchgeführten Gallup Engagement Index[4] wird durch den Grad der emotionalen Bindung der Mitarbeiter an ihr Unternehmen auch ihr Engagement und ihre Motivation bei der Arbeit erfasst. In Zeiten, in denen Menschen eng miteinander zusammenarbeiten müssen, damit Kreativität und Innovation geweckt werden, kann man sich leicht vorstellen, wie wichtig motivierte und engagierte Mitarbeiter sind. Sieht man sich die Ergebnisse an, so merkt man, dass nur knapp über die Hälfte der Mitarbeiter durch ihr Umfeld (und besonders durch ihre Führung) motiviert werden. Unmotivierte (oder noch schlimmer: demotivierte) Mitarbeiter sind nicht nur ein Verlust für ein Unternehmen, sondern sogar ein Risiko. Denn wenn ein Mitarbeiter erst mal demotiviert ist, dann zieht er schnell ganze Abteilungen mit herunter.

Dahingegen sind motivierte und engagierte Mitarbeiter nicht selten treibenden Kräfte für Verbesserung und Innovation. Durch Graswurzelbewegungen können in Unternehmen von unten nach oben tolle Dinge entstehen. Motivierte Menschen

4 https://www.gallup.de/183104/engagement-index-deutschland.aspx, 13.4.2021.

begeistern ihre Umwelt, engagieren sich und sind seltener krank. Was aber motiviert Menschen? Kann man andere Menschen motivieren? In einer Zeit, in der Teamarbeit und ein Agieren auf Augenhöhe über Hierarchien hinweg immer bedeutender werden, ist diese Frage nicht mehr nur eine Frage, die sich Führungskräfte stellen (und auch beantworten) sollten, sondern jeder einzelne von uns.

Intrinsische und extrinsische Motivation

Was ist es also, das Menschen motiviert? Die klassische Antwort lautet: eine Belohnung. „Wenn du dein Gemüse aufisst, dann bekommst du nachher auch ein Stück Schokolade", wird schon das Kleinkind von den Eltern gelockt. Und da die meisten Kinder gerne Süßigkeiten essen, wird wahrscheinlich auch das Gemüse am Ende des Essens den Weg in den Kinderbauch gefunden haben. Die wohl gängigste Belohnung für Erwachsene ist Geld (auch wenn ich durchaus einige Erwachsene kenne, die für Schokolade töten würden). Aber motiviert Geld auch? Sind Menschen mit mehr Elan und Engagement bei der Sache, wenn sie als Belohnung einen bestimmten Geldbetrag erwarten dürfen? Und wenn ja, wie groß müsste dieser Geldbetrag dann sein?

So stellen sich uns hier eine ganze Reihe von Fragen, die in vielen Studien untersucht wurden. Das Ergebnis ist, welch Überraschung, dass Geld tatsächlich Menschen motivieren kann. Die Aussicht auf eine finanzielle Belohnung lässt Menschen härter, länger oder intensiver arbeiten. Aber heißt das auch, dass die Unternehmen, die die höchsten Löhne bezahlen, auch die motiviertesten und engagiertesten Mitarbeiter haben? Bei Weitem nicht.

Manche Menschen werden sehr stark durch Geld, einen großen Dienstwagen, ein schönes Büro oder ähnliche Faktoren motiviert. Manche Chefs scheinen auch zu glauben, dass sie besonders motivierte Mitarbeiter bekommen, wenn sie ihnen Strafen und Konsequenzen androhen. In diesem Fall ist dann die Motivation nicht durch eine zu erwartende Belohnung, sondern durch das Ausbleiben einer negativen Konsequenz gegeben. Diese **Motivatoren** werden mit einer instrumentellen Absicht genutzt. Im Gegensatz dazu gibt es aber auch interessensbestimmte Verhaltensweisen, die keine von der eigentlichen Handlung losgelösten oder versprochenen Belohnungen oder Strafen erfordern. Hier sind zum Beispiel Interesse, Neugier oder Spontaneität im Spiel. Die erstgenannten Motivatoren werden in der Psychologie als extrinsische Motivatoren bezeichnet, die letztgenannten als intrinsische Motivatoren (Deci/Ryan 1993).

Die Wissenschaft liefert einige sehr spannende Erkenntnisse darüber, wie sich intrinsische und extrinsische Motivation auswirken und was sinnvolle Motivatoren ausmacht. Ob Geld eine gute extrinsische Motivationsquelle darstellt, wurde schon sehr früh kritisch untersucht (Deci 1971). Dabei kam man zu erstaunlichen Erkenntnissen. Entgegen der landläufigen Meinung können Geld und andere Belohnungen, wenn sie falsch angewendet werden, sogar die Motivation nachhaltig schädigen.

Beispiel | Stellen Sie sich einmal vor, Sie übten eine ehrenamtliche Tätigkeit aus. Dabei sind Sie von dem Gedanken geleitet, anderen Menschen zu helfen und Unterstützung zu leisten. Sie opfern dafür regelmäßig einen nicht unbeträchtlichen Teil Ihrer Freizeit. Aber das ist es Ihnen Wert. Sie tun dies aus freien Stücken und absolut freiwillig, weil Sie es möchten und es Ihren Werten entspricht. Hier ist eine starke intrinsische Motivation am Werk.
Nun stellen Sie sich vor, jemand kommt zu Ihnen und bietet Ihnen für diese Tätigkeit Geld an. Jede Stunde, die Sie fortan Hilfe leisten, wird in Rechnung gestellt und Sie bekommen dafür eine Belohnung. Wenn Geld so ein großartiger Motivator wäre, dann sollten Sie jetzt noch viel enthusiastischer und motivierter an die Sache herangehen. Klingt das für Sie passend? Oder haben Sie, wenn Sie sich in diese Situation hineinversetzen, plötzlich ein komisches Gefühl bei der Sache? Wenn Sie so ticken, wie die meisten Menschen, dann wird Ihre Motivation in der Folge eher sinken. Klingt komisch, oder?

Die Erklärung dieses Phänomens hingegen ist gar nicht so kompliziert. Die Einführung eines extrinsischen Motivators (wie Geld) in eine intrinsisch motivierte Tätigkeit führt dazu, dass das Gefühl der Selbstbestimmung verletzt wird (Deci 1975). Zumindest unter bestimmten Umständen. Die meisten von uns haben schon als Kind die Erfahrung gemacht, dass Belohnungen meistens für Dinge und Handlungen versprochen wurden, die unangenehm waren oder die wir nicht der Freude wegen ausgeführt haben. Daher verbinden viele Menschen eine Bezahlung auch mit diesem Gefühl.

Für Arbeitgeber ist diese Erkenntnis wichtig, denn sie zeigt, dass Geld nicht alles ist und als Motivator auch ziemlich viel kaputt machen kann. Die Betonung liegt hier aber auf „kann". Denn Studien zeigen auch deutlich, dass extrinsisch motiviertes Verhalten sehr wohl auch selbstbestimmt sein kann (Ryan u. a. 1983). In diesem Fall kann Geld als Motivator funktionieren. Wir sehen, dass die Selbstbestimmung einen sehr großen Einfluss auf die Motivation zu haben scheint.

Intrinsische und extrinsische Motivatoren sind also keinesfalls Gegenspieler, wobei der eine die gute und der andere die böse Seite repräsentieren. Sie können Hand in Hand gehen und sich gegenseitig verstärken. Dafür müssen aber die extrinsisch motivierten Handlungsweisen internalisiert und integriert werden und so zu selbstbestimmten Handlungen werden. Es ist daher wichtig, extrinsische Verstärker immer so zu kommunizieren, dass ein selbstbestimmter Anteil vorhanden ist. Der Eindruck von „Schmerzensgeld" für gewisse Tätigkeiten ist dabei ein schönes Beispiel, wie man es nicht machen sollte. Dies ist eine wichtige Aufgabe, die Führungskräfte nicht unterschätzen sollten. Sonst wird selbst eine ehrliche und gut gemeinte Belohnung schnell zum Bumerang, der die Motivation der Kollegen nachhaltig in den Keller zieht.

Motivation nach Bedürfnissen

Betrachtet man, was Menschen motiviert, so wird man sehr unterschiedliche Motivatoren erkennen können. Dies hängt nicht nur von den individuellen Unterschieden ab, sondern auch mit der Situation, in der sich eine Person gerade befindet und den Bedürfnissen, die sie empfindet.

Beispiel | Stellen Sie sich vor, Sie befinden sich in der Wüste. Die Sonne steht hoch am Himmel, es ist unerträglich heiß. Sie haben sich verlaufen. Ihr Wasservorrat ist am Vortag zur Neige gegangen. Ihre Kehle ist trocken und Sie schleppen sich mit allerletzter Kraft über eine Düne. Zu Ihrem Erstaunen erwartet Sie dahinter ein Beduine und hält Ihnen zwei Dinge entgegen. Sie dürfen wählen zwischen einer Flasche frisches Wasser und einem Scheck über mehrere Millionen Euro, der dafür sorgen wird, dass Sie Ihr Leben lang tun und lassen können, was Sie wollen und sich ganz selbst verwirklichen können. Natürlich weist Sie der Beduine darauf hin, dass Sie sich in einem Gebiet befinden, das nur aus Sand besteht. Kein anderer Mensch weit und breit. Die nächste Oase ist nur zu erreichen, wenn Sie vorher nicht verdursten.

Die Wahl, die sich hier stellt, ist eine Wahl zwischen Grundbedürfnissen (Wasser, Nahrung) und Selbstverwirklichung (finanzielle Freiheit und Unabhängigkeit). In der vorgestellten Situation dürfte die Wahl relativ leichtfallen. Wählen Sie nicht das Wasser, dann werden Sie höchstwahrscheinlich niemals die Gelegenheit haben, die finanzielle Unabhängigkeit auszukosten, da Sie die Wüste nicht lebend verlassen werden. Wie aber würden Sie wählen, wenn Sie beim Einkaufsbummel in der Fußgängerzone vor die gleiche Wahl gestellt würden? Würden Sie immer noch das Wasser vorziehen? Wahrscheinlich nicht, denn Sie wissen genau, dass eine Flasche Wasser jederzeit verfügbar ist, wenn Sie durstig werden. Ihr Grundbedürfnis wäre erfüllt (oder sehr leicht zu erfüllen). Hier würden Sie wahrscheinlich eine andere Wahl treffen.

Die Bedürfnispyramide

Der Psychologe Abraham Maslow hat schon sehr früh Beobachtungen gemacht, die ihn auf die Idee brachten, dass es unterschiedliche, aufeinander aufbauende Ebenen von Bedürfnissen gibt (Maslow 1943). Dabei beschreibt er fünf klassische Ebenen in seiner Bedürfnispyramide, die auch heute noch zu den bekanntesten und den häufigsten erwähnten psychologischen Modellen zählt.

Die Basis und somit unterste Ebene in dieser Bedürfnispyramide stellen die **physiologischen Bedürfnisse** dar. Also alles, was zum Überleben notwendig ist, zum Beispiel Wasser, Nahrung, Sauerstoff, Schlaf, Fortpflanzung und so weiter. Diese Bedürfnisse haben absolute Priorität vor allen anderen Bedürfnissen. Sind diese existenziellen Bedürfnisse befriedigt, so wenden sich die Menschen den **Sicherheitsbedürfnissen** zu. Hier geht es darum, körperliche und seelische Sicherheit zu gewährleisten. Das schließt auch die materiellen Aspekte mit ein, wie zum Beispiel ein Zuhause, eine Familie, Gesundheit und auch eine Arbeit als Einkommensquelle, um materielle Grundbedürfnisse zu befriedigen. Die dritte Ebene wird durch die **sozialen Bedürfnisse** gekennzeichnet. Hier kommen ein soziales Netzwerk, Freunde und der Anschluss an andere Gruppen von Menschen ins Spiel. Auch der Wunsch nach Intimität, nach Kommunikation und sozialem Austausch wird in dieser Ebene verortet. Maslow differenziert an dieser Stelle noch einmal zwischen dem Bedürfnis nach Sexualität, um die Fortpflanzung zu gewährleisten (die in der Ebene der existenziellen Bedürfnisse verortet wird) und der Intimität, die auch Komponenten wie Zuneigung und Geborgenheit (Liebe) enthält. Sind auch diese Bedürfnisse weitestgehend erfüllt, so wenden sich die Menschen **Individualbedürfnissen** zu. Hier geht es vor allem um Vertrauen, Erfolg, Freiheit und Unabhängigkeit. Dabei unterscheidet Maslow noch einmal zwischen den selbst erreichbaren Komponenten wie Freiheit, Erfolg und Stärke im Gegensatz zu Bedürfnissen, die nur von anderen Menschen für uns erfüllt werden können. Darunter fallen zum Beispiel Ansehen, Prestige und Wertschätzung.

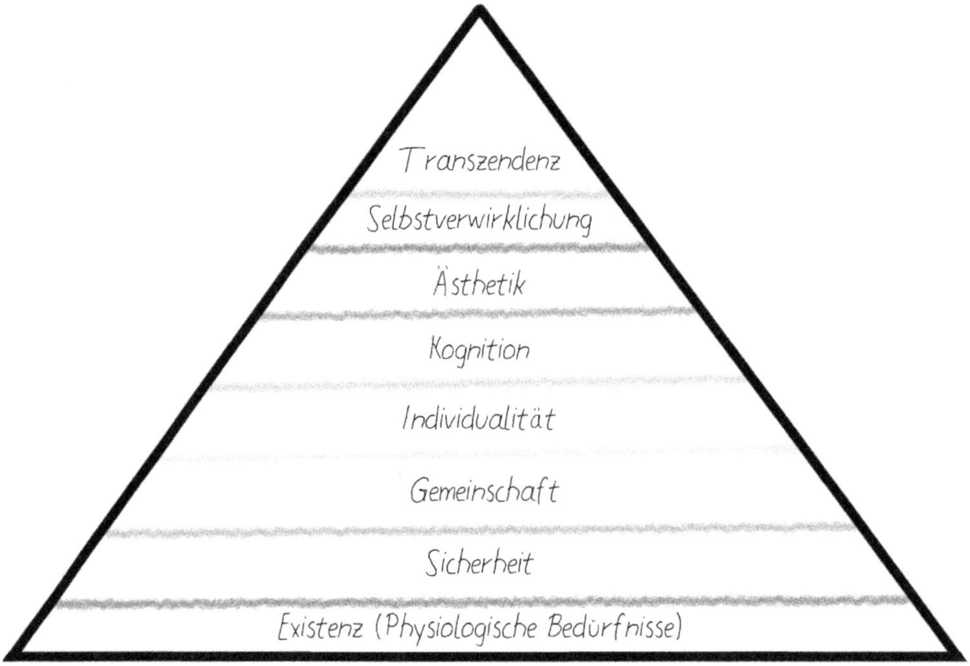

Abb. 20: Die erweiterte Bedürfnispyramide nach Maslow

An die Spitze der klassischen Bedürfnispyramide setzt Maslow die **Selbstverwirklichung.** Hier sind alle grundlegenden Bedürfnisse erfüllt. Der Mensch strebt danach, sein Potenzial zu entfalten, zu wachsen und sich zu entwickeln. Oftmals ist dies auch mit einer tiefgründigen Sinnsuche verbunden. Maslow sah die meisten Menschen seiner Zeit aber noch der Herausforderung gegenübergestellt, die ersten vier Stufen seiner Bedürfnispyramide zu erfüllen. Die fünfte Stufe beschrieb er als Ausnahme und ging auch davon aus, dass nur ein geringer Teil der Weltbevölkerung diese Stufe jemals erreichen würde.

In späteren Veröffentlichungen hat Maslow die Stufen der Bedürfnispyramide noch um drei weitere ergänzt (Maslow 1993). An der Spitze dieser neuen Pyramide steht nun die Stufe der **Transzendenz**. Dieses Bedürfnis beschreibt die Suche nach Gott als eine das Selbst überschreitende Instanz. Zudem hat er die beiden Ebenen der kognitiven Bedürfnisse und der ästhetischen Bedürfnisse hinzugefügt. Angesiedelt sind diese oberhalb der Individualbedürfnisse. Trotz dieser Erweiterung wird heute noch sehr oft auf das klassische fünfstufige Modell verwiesen.

Wie schon angedeutet, ist eine der Grundaussagen des Modells der Bedürfnispyramide, dass zuerst die fundamentalen Bedürfnisse gestillt werden müssen, bevor die darüberliegenden verfolgt werden. Maslow geht davon aus, dass der Mensch von unbefriedigten Bedürfnissen dominiert wird, die sein Verhalten organisieren (Maslow 2002). Unbefriedigte Bedürfnisse sind laut Maslow auch ein potenzieller Auslöser für Neurosen und andere psychische Störungen. Dennoch gibt es Menschen, die aufgrund von besonders ausgeprägten Begabungen ihre Grundbedürfnisse anders gewichten, nach dem Motto: „Die Musik ist das Brot des Künstlers."

Strebt ein Mensch nach **Selbstverwirklichung**, so muss auch dies nicht ganz streng heißen, dass er alle anderen Bedürfnisse komplett erfüllt hat. Vielmehr geht Maslow davon aus, dass Menschen, die nach Wachstum und Selbstverwirklichung suchen, eine gewisse mentale Stärke besitzen, so dass sie auch bereit sind, Mangel auszuhalten und ihrem eigenen Wertesystem zu folgen.

Das Modell Maslows wird häufig kritisiert und vereinzelt auch abgelehnt. Dabei beziehen sich die Hauptkritikpunkte darauf, dass die strikte Reihenfolge der Bedürfnisse nur selten in Reinform zu beobachten ist. Allerdings weist Maslow selbst darauf hin, dass Handlungen nicht direkt mit den Bedürfnissen in Verbindung stehen. Er betont, dass es sich bei seiner Hierarchie lediglich um ein Modell handele, das helfen soll, grundlegende Motivatoren zu verstehen. Ein weiterer Kritikpunkt ist die westlich-geprägte Sichtweise des Modells. Es ist kein universell einsetzbares Modell, sondern der Kontext muss immer mitberücksichtigt werden.

Hygiene und Begeisterung: Die Zwei-Faktor-Theorie

Neben der Bedürfnispyramide von Maslow lohnt es sich, an dieser Stelle noch auf ein weiteres Modell zu schauen, das ein wenig konkreter auf die Motivatoren speziell im Arbeitsumfeld eingeht. In seiner Zwei-Faktor-Theorie unterscheidet Frederick Herzberg zwischen Motivatoren und Hygienefaktoren. Die **Motivatoren** sind dabei Faktoren, die inhaltlich mit der Arbeitsaufgabe zusammenhängen, die Hygienefaktoren beziehen sich auf das Umfeld, in dem die Arbeitsaufgabe durchgeführt wird (Herzberg u. a. 1959).

Hygienefaktoren sind solche Dinge, die bei Vorhandensein verhindern, dass Mitarbeiter unzufrieden werden. Sie tragen allerdings selbst nicht zur Zufriedenheit bei. Daher werden sie oftmals gar nicht wahrgenommen. Stellen Sie sich vor, plötzlich würden alle Kaffeemaschinen in Ihrer Firma verschwunden sein. Das würde wahrscheinlich viele der Mitarbeiter ziemlich unzufrieden machen. Allerdings wird wohl fast niemand behaupten, dass das Vorhandensein einer Kaffeemaschine ihn besonders motiviert, ein Ziel zu erreichen. Die Existenz der Kaffeemaschine wird einfach hingenommen, fast selbstverständlich. Zu den Hygienefaktoren zählen Dinge wie das Gehalt, Art der Führung, Räumlichkeiten, Sicherheit und auch Work-Life-Balance. Sind diese schlecht ausgeprägt, dann wird man dies an der Unzufriedenheit merken.

Abb. 21: Die Auswirkung von Hygienefaktoren und Motivatoren nach Herzberg

Mit diesem Wissen können wir noch einmal auf den Motivator Geld schauen. Gemäß der Bedürfnispyramide von Maslow und der Zwei-Faktoren-Theorie von Herzberg stellt Geld bis zu einem gewissen Punkt einen wichtigen Motivator dar. Geld wird benötigt, um Grundbedürfnisse zu befriedigen (Maslow). Wenn die Bezahlung schlecht ist, dann ist dies auch ein nicht vorhandener Hygienefaktor. Bis zu einem gewissen Grad reduziert Geld also die Unzufriedenheit (Hygienefaktor), die Motivation wird aber nicht über das Gehalt unbegrenzt weiter gesteigert werden können.

Die Begeisterung und Leistung steigern hingegen die auf die Arbeit selbst bezogenen Motivatoren, wie zum Beispiel Anerkennung, Inhalte (die zu den Interessen passen), Verantwortung, Aufstieg und die Aussicht auf persönliches Wachstum. Sind diese vorhanden, dann kann das sehr **positive Auswirkungen** auf das Engagement und die Leistung haben. Im Umkehrschluss muss ein Fehlen dieser Motivatoren aber nicht zwangsläufig zu Unzufriedenheit führen. Es besteht die Möglichkeit, dass gewisse Motivatoren zu einer Selbstverständlichkeit werden und somit eher den Hygienefaktoren zufallen (gleiches gilt aber auch für die Hygienefaktoren, die, wenn sie längere Zeit nicht erfüllt waren, als Motivatoren wirken können). Daher sollte man den Kontext mit in die Betrachtung einbeziehen.

Aus der **Kombination** der Ausprägung von Hygienefaktoren und Motivatoren ergeben sich vier unterschiedliche Zustände. Wenn eine hohe Hygiene und eine hohe Motivation vorherrschen, so befindet man sich in einem angestrebten optimalen Zustand. Ist die Hygiene hoch, die Motivation hingegen gering, dann ist der Arbeitsplatz aus objektiven Gründen ganz attraktiv, könnte aber Söldner anziehen, die nur auf extrinsische Motivation ansprechen und nicht mit vollem Einsatz bei der Sache sind. Bei geringer Hygiene und hoher Motivation ist zwar die Arbeit erfüllend, aber das Umfeld ist nicht zufriedenstellend. Hier besteht die Gefahr, dass die Mitarbeiter bei gleicher Aufgabe einen Arbeitgeber bevorzugen, der bessere Rahmenbedingungen bietet und es so zu einer hohen Fluktuation kommt. Im schlechtesten Fall findet man eine niedrige Hygiene und eine niedrige Motivation vor. Dann bereitet die Arbeit weder Freude noch ist das Umfeld besonders verlockend. Dann ist es wohl nur noch eine Frage der Zeit, bis die Mitarbeiter sich einen neuen Job suchen werden.

Mastery, Purpose, Autonomy

Lassen Sie uns noch einmal kurz zusammenfassen: Wir unterscheiden zwischen intrinsischer und extrinsischer **Motivation**. Wir haben gesehen, dass unsere Bedürfnisse eine Art aufeinander aufbauende Pyramide bilden. Die Motivation wandert von Ebene zu Ebene mehr von extrinsischen Anreizen (Nahrung, Geld, Wohnung) zu intrinsischen Motivatoren (Zugehörigkeit, Wachstum, Selbstverwirklichung). Wenn man motivierte Menschen um sich herumhaben möchte, dann sollte man sich darum bemühen, dass Hygienefaktoren vorhanden sind und Motive erfüllt werden.

Geld ist, als extrinsischer Faktor, nicht immer der beste Anreiz, aber doch irgendwie notwendig. Und spannend ist auch die Frage, die häufig in Weiterbildungen und Führungsseminaren diskutiert wird: Kann man andere Menschen überhaupt motivieren? Wenn nicht, was kann man tun, um möglichst viele motivierte Menschen in seinem Team, seinem Unternehmen, seinem Sportverein zu haben?

Antworten liefern Edward L. Deci und Richard M. Ryan (Deci/Ryan 1993) mit der von ihnen beschriebenen **Selbstbestimmungstheorie** (Self-Determination Theory, SDT). Sie fanden in Beobachtungen und Untersuchungen heraus, dass es drei psychologische Grundbedürfnisse gibt, deren Befriedigung für Menschen einen sehr hohen Stellenwert besitzen.

Eines dieser Grundbedürfnisse besteht darin, das Gefühl zu haben, aktiv durch die eigenen Fähigkeiten und Möglichkeiten auf ein Ereignis Einfluss nehmen zu können. Wenn Menschen sich Aufgaben gegenübersehen, die ihre Fähigkeiten offensichtlich übersteigen, dann ist die Wahrscheinlichkeit, dass sie sehr motiviert an diese Aufgaben herangehen werden, eher gering. Wenn die Aufgaben allerdings so eingeschätzt werden, dass ein Mensch glaubt, sie meistern zu können, dann kann dies zu einer großen Motivation führen. Kompetenz scheint also ein wichtiger Faktor zu sein, wenn es um Motivation geht.

Ein weiterer wichtiger Aspekt ist das Gefühl, etwas **freiwillig** zu tun. Sicherlich kennen Sie auch dieses unangenehme Gefühl, wenn Sie etwas gegen Ihren Willen tun sollen, auch wenn es nur Kleinigkeiten sind. Sie werden jetzt vielleicht einwenden, dass es eben manche Dinge gibt, die man einfach tun muss oder einhalten muss, auch wenn man nicht wirklich möchte. So wie zum Beispiel Regeln oder Gesetze einzuhalten, die das geordnete Zusammenleben unterstützen. Wichtig ist dabei aber, dass man selbst hinter diesen Regeln oder Gesetzen steht und diese als wichtig erachtet. Hier ist also keine absolute Unabhängigkeit gemeint, sondern das subjektive Empfinden, selbst entscheiden zu können (und sich dann für das Befolgen von Regeln selbst zu entscheiden). Somit scheint auch die empfundene Autonomie wichtig für Motivation zu sein.

Als dritter wichtiger Aspekt wird **soziale Eingebundenheit** angeführt. Diese bezieht sich auf sozialen Austausch und soziale Beziehungen. Wenn wir also Dinge zu tun, die für andere wichtig sind, oder die das eigene Ansehen bei den anderen steigern, scheint uns das sehr zu motivieren. Das, was man tut, soll also Sinn im sozialen Kontext ergeben. Dies können Sie zum Beispiel bei vielen ehrenamtlichen Helfern beobachten, die sich einer Sache voll und ganz verschreiben, weil sie hinter der Sinnhaftigkeit stehen.

Die Selbstbestimmungstheorie geht auch davon aus, dass extrinsische Faktoren motivieren und verstärken können. Dafür erfordert es aber einer Integration in das eigene Selbstkonzept. Hier spielt die empfundene Autonomie eine große Rolle. Die beiden Forscher beschreiben ein Kontinuum, das von fremdbestimmt bis autonom reicht. Sie unterscheiden in der Folge zwischen **vier Typen der extrinsischen Verhaltensregulation.**

Die klassische Entlohnung für eine Aufgabe, die weder Interesse weckt noch Freude bringt, wird in der Regel als fremdbestimmt wahrgenommen. Geld dient hier als Belohnung, eine Kündigung als Strafe. Ein Druck und äußerer Zwang werden wahrgenommen. Hier ist weder Autonomie noch Freiwilligkeit gegeben. Es gibt allerdings nach wie vor Aufgaben, die einfach erledigt werden müssen, auch wenn sie keine große

Begeisterung hervorrufen. Zum Beispiel Akten sortieren, die Werkshalle fegen oder andere Tätigkeiten. Hier dienen extrinsische Faktoren als gute Motivatoren.

Bei der sogenannten **introjizierten Regulation** werden Handlungen ausgeführt, weil „es sich so gehört". Also zum Beispiel zur Vermeidung von Schuldgefühlen oder Angst. Aber auch, im positiven Fall, um das eigene Selbstwertgefühl zu steigern. Es wird sich dabei weniger auf die eigenen Werte, sondern auf die Werte der Gesellschaft um uns herum bezogen. Eine Verpflichtung diesen Werten gegenüber wird wahrgenommen. Hier sind zwar keine **äußeren Regulatoren** mehr im Spiel (Geld, Strafen, ...), dennoch wird die Motivation noch eher als fremdbestimmt wahrgenommen.

Wenn man etwas persönlich als sehr wichtig erachtet, wie zum Beispiel gewisse Grundhaltungen oder Werte unserer Gesellschaft, dann findet eine Identifikation mit dem Ziel von Regeln oder Gesetzen statt. Es besitzt eine persönliche Relevanz und somit wird auch die Motivation eher als autonom empfunden.

Den höchsten Grad an Selbstbestimmung besitzt die **integrierte Regulierung**. An dieser Stelle identifiziert ein Mensch sich nicht mehr nur mit den Werten und Zielen, sondern hat diese komplett in sein eigenes Selbstkonzept integriert

Autonomie	Selbstkonzept	Beispiel
hohe Fremdbestimmung	keine Identifikation	Abiturient, der ein gutes Abitur machen möchte, weil er dann eine Belohnung erhält oder eine Strafe vermeidet, ansonsten aber keinen eigenen Antrieb dafür mitbringt
gefühlte Fremdbestimmung	introjizierte Regulation	Abiturient, der ein gutes Abitur machen möchte, weil das von ihm erwartet wird und seine Freunde dieses Ziel auch verfolgen
gefühlte Autonomie	Identifikation	Abiturient, der ein gutes Abitur machen möchte, weil es ihm persönlich wichtig ist und zu seinen Wertvorstellungen passt
Autonomie	Integration	Abiturient, der ein gutes Abitur machen möchte, weil er ein hohes Interesse an persönlichem Wachstum hat, und das Abitur als Wachstumschance gesehen wird

Tab. 6: Autonomie und Selbstkonzept nach Deci und Ryan

Eine weitere wichtige Erkenntnis der Forscher bestand darin, dass sich die wahrgenommene Kompetenz dadurch steigern ließ, dass **positives Feedback** gegeben wurde. Diese gesteigerte Kompetenzwahrnehmung führte dann auch zu höherer intrinsischer Motivation. Allerdings musste das positive Feedback auf eine Art und Weise gegeben werden, die autonomiefördernd wirkte. Feedback darf nicht kontrollierend wirken und muss auf die Sachinhalte bezogen sein (Deci/Ryan 1993). Auch negatives Feedback kann, wenn es die Autonomie stärkt, positive Auswirkungen auf die Motivation haben. Aber auch hier gilt: Wenn es der Kontrolle dient, dann ist die Auswirkung auf die intrinsische Motivation verheerend.

Die Selbstbestimmungstheorie erlebte zuletzt einen wahren Popularitätsschub durch Daniel Pink, der die drei Grundbestandteile aufgegriffen hat. In seinem Buch „Drive. Was Sie wirklich motiviert" (Pink 2010) machte er die drei Faktoren Selbstbestimmung (Autonomy), Perfektionierung (Mastery) und Sinnerfüllung (Purpose) populär. Wenn heute über intrinsische Motivation gesprochen wird, werden nicht selten im gleichen Atemzug die drei Bestanteile Autonomy, Mastery und Purpose genannt.

Flow

Haben Sie schon einmal bei einer Tätigkeit komplett die Zeit vergessen? Zum Beispiel beim Klavierspielen? Sie beginnen bei strahlendem Sonnenschein und plötzlich können Sie die Tasten kaum noch erkennen. Die Zeit bis zum Sonnenuntergang ist wie im Fluge vergangen. Vielleicht haben Sie dies auch bei einem anregenden Gespräch mit einem Freund erlebt oder sogar beim Staubsaugen. Dieses Phänomen, in einer Tätigkeit voll aufzugehen und die Welt um sich herum buchstäblich zu vergessen, bezeichnet Mihály Csíkszentmihályi als **Flow** (Csíkszentmihályi 1985).

Er verallgemeinerte damit ein vorher nur bei Kindern beim Spiel beobachtetes Phänomen. Zuweilen sind diese so in ein Spiel vertieft, dass sie die Welt um sich herum nicht mehr wahrnehmen. Sie hören die Rufe der Eltern nicht mehr, reagieren nicht, wenn sie angesprochen werden und vergessen Essen und Trinken, selbst wenn die leckersten Süßigkeiten vor ihnen stehen. Sie befinden sich im Flow.

In einen Flow-Zustand gelangen Menschen, wenn sie sich einer Tätigkeit voll hingeben und ihre volle Konzentration auf diese Tätigkeit richten. Im Flow ist man hochkonzentriert und fokussiert auf die Aufgabe. Dabei ist es wichtig, dass die Schwierigkeit der Aufgabe nicht zu hoch ist, denn sonst würde sie eventuell zu Überforderung und Frustration führen. Gleichzeitig darf sie auch nicht zu leicht sein, sonst wäre man schnell unterfordert und gelangweilt. Zudem muss ein Interesse an der Aufgabe geweckt sein. Die Tätigkeit muss auch selbstbestimmt aufgenommen worden sein, so dass jemand wirklich darin aufgehen kann. Es geht nicht direkt darum, dass ein bestimmter Erfolg oder ein Ergebnis sich einstellt, sondern um die Tätigkeit selbst. Beim Verlust der Kontrolle (zum Beispiel, weil die Schwierigkeit plötzlich ansteigt) fällt man aus dem Flow heraus, was auch negative Emotionen (Ärger, Frust, Panik) mit sich bringen kann.

Csíkszentmihályi sieht im Flow-Erlebnis auch eine **Quelle des Glücks** für Menschen. Unabhängig von äußeren Bedingungen und Rahmenbedingungen kann jeder Mensch in Tätigkeiten aufgehen, die für ihn erfüllend sind und somit Glück erleben (Csíkszentmihályi 2017). Zudem beschäftigte er sich auch sehr intensiv mit dem Thema Kreativität und sieht im Flow eine wichtige Komponente (Csíkszentmihályi 2014).

Auch bei den Voraussetzungen für Flow finden Sie also die intrinsischen Motivatoren Autonomie, Fähigkeiten und Sinnhaftigkeit wieder. Man könnte also sagen, der Flow Zustand stellt sich bei hoher intrinsischer Motivation und voller Konzentration auf eine Aufgabe ein. Es könnte sich also lohnen, darüber nachzudenken, inwiefern diese Voraussetzungen auf unser Arbeitsumfeld zutreffen und wie man Flowzustände begünstigen könnte.

Motivation und Motive

Die Bereitschaft eines Menschen, Leistung zu bringen und die eigene Leistung einzuschätzen, wurde sehr intensiv von David McClelland untersucht (McClelland 1976). Ihm gelang es auch, die Ausprägung des **Leistungsmotivs** zu messen. Er machte es möglich, Unterschiede in den Ausprägungen zwischen Personen, Situationen und Gesellschaften zu untersuchen. Da McClelland überzeugt war, dass ihre Motive vielen Menschen gar nicht wirklich bewusst sind, sondern eher im Unbewussten beheimatet waren, nutzte er Methoden, die unbewusst vorhandene Interessen, Motive und Werte messen konnten. So konnte er ein Maß entwickeln, dass die Ausprägung des Leistungsmotivs zu messen vermochte.

Man geht heute davon aus, dass das Leistungsmotiv in allen Menschen angelegt, aber unterschiedlich stark ausgeprägt ist. Bei hoher Ausprägung streben die Menschen danach, ihre Leistungsfähigkeit unter Beweis zu stellen. Besonders attraktiv erscheinen hier Umfelder, in denen die Leistung auch messbar ist. Nach erbrachter (und nachgewiesener) Topleistung überwiegt dann der Stolz und die Freude, die als Belohnung empfunden werden. Misserfolge hingegen führen zu Betroffenheit, die nach Möglichkeit vermieden wird. Während die einen stark auf Fremdanerkennung angewiesen sind, haben andere Menschen einen starken inneren Kompass, der ihnen als Anerkennung ausreicht. Die Ausprägung (Anerkennung von anderen oder aus sich selbst heraus) kann die durch das Leistungsmotiv hervorgerufenen Handlungen beeinflussen. Denn Menschen, die von einer starken Fremdanerkennung geleitet werden, tendieren dazu, Misserfolge zu vermeiden.

Neben dem Leistungsmotiv untersuchte McClelland auch noch weitere Motive (McClelland 1985), wie zum Beispiel das **Machtmotiv.** Personen, die eine hohe Ausprägung des Machtmotivs aufweisen, haben das Bedürfnis, in Positionen zu gelangen, wo sie Macht über andere Menschen besitzen. Daher führt dieses Motiv oft dazu, Hierarchien aufzusuchen und so schnell wie möglich die Karriereleiter nach oben zu klettern. Wie man sich leicht denken kann, ist diese Motivation in den Managementebenen klassischer Unternehmen sehr häufig hoch ausgeprägt. Allerdings kann ein stark ausgeprägtes Machtmotiv auch auf andere Weise ausgelebt werden, indem man zum Beispiel andere unterstützt und ihnen bei ihrer Weiterentwicklung hilft.

Als drittes starkes Motiv beschrieb McClelland die **Motivation nach sozialem Anschluss.** Hier besteht ein großes Verlangen nach engen sozialen Beziehungen,

Freundschaften und vielen sozialen Kontakten. Vielleicht kennen Sie Menschen, die versuchen, unnötigen Wettbewerb zu vermeiden und viel für das soziale Klima im Büro unternehmen. Diese könnten durch ein stark ausgeprägtes Anschlussmotiv geprägt sein.

Die Ausprägung der Motive zeigt sich relativ stabil über die Lebensspanne eines Menschen. Je nachdem, ob die Motive verfolgt werden können und Bedürfnisse befriedigt werden, führt dies zu Zufriedenheit oder Unzufriedenheit und motiviert auch Handlungsweisen. Durch die unterschiedlichen Ausprägungen der Motive sind viele Konflikte im menschlichen Zusammenleben zu erklären.

Ein Verständnis für grundlegende Motive kann helfen, die Menschen um einen herum zu verstehen. Dabei sollte man aber aufpassen, dass man sie nicht in Schubladen einsortiert („Sie ist leistungsmotiviert, er ist anschlussmotiviert, ...). Es ist auch nicht immer ganz einfach, von Handlungen auf Motive zu schließen. Die Joggerin im Park kann motiviert sein durch den Wettbewerb und sich auf einen Marathon vorbereiten (Leistungsmotiv). Sie könnte aber ebenso gut dadurch motiviert sein, dass sie abnehmen möchte, um in einer Gruppe größere Anerkennung zu bekommen (Anschlussmotiv).

Die hier beschriebenen Motive (Leistungsmotiv, Anschlussmotiv, Machtmotiv) sind die am häufigsten und besten untersuchten Motive. Es gibt allerdings eine Vielzahl weiterer Motive, die Menschen verfolgen. Prinzipiell kann so ziemlich alles, was Menschen anstreben auch zu einem wichtigen Motiv in ihrem Leben werden. Die drei hier genannten zeichnen sich jedoch dadurch aus, dass Forscher davon ausgehen, dass sie eine Rolle für jeden von uns spielen.

Moving Motivators

Die eigenen Motive zu kennen ist keine Selbstverständlichkeit. Es gibt einige Methoden, sich bewusst mit seinen Motiven auseinanderzusetzen. Jurgen Appelo beschreibt dafür eine Technik, bei der er **zehn Motive** anbietet, die in eine Reihenfolge gebracht werden sollen (Appelo 2011). Die Motive umfassen

Neugier	Einfluss	Zielorientierung	Werte	Freiheit
Status	Akzeptanz	Zugehörigkeit	Können	Ordnung

Tab. 7: Moving Motivators (Jurgen Appelo)

Diese zehn Motive sind nun in eine Reihenfolge zu bringen, basierend auf der Wichtigkeit, die man ihnen beimisst.

Von links (unwichtig) nach rechts (wichtig) sortiert, erhält man dann einen Überblick, welche Motive uns wichtig sind. Ausgehend davon kann man verschiedene Überlegungen anstellen. Zum einen kann man die Motive nach ihrem gefühlten Erfüllungsgrad bewerten. Oder man untersucht in einem Gedankenspiel, wie eine bevorstehende (oder zurückliegende) Veränderung die Motive beeinflussen würde. Vielleicht ist die Beförderung gar kein so toller Deal, wenn dadurch die Motive Freiheit und Zugehörigkeit, die einen hohen Wert haben, deutlich abnehmen würden. Oder vielleicht ist ein unfreiwilliger Jobwechsel gar nicht so schlimm, sondern eher eine gute Chance, da durch diesen das große Motiv Neugier viel stärker wird.

Die bewusste Auseinandersetzung mit Motiven erleichtert es, Veränderungen und Entscheidungen einzuordnen und zu treffen. Wenn man diese Übung im Team durchführt, erfährt man auch eine ganze Menge über seine Teamkollegen. Es ergeben sich immer wieder interessante Gespräche und in der Folge ein tieferes Verständnis füreinander. Natürlich steht es Ihnen auch frei, den vorgeschlagenen Motiven noch weitere hinzuzufügen, die Sie als wichtig erachten.

Motivation und die Praxis

Ich hoffe, ich konnte Ihnen einen kleinen Überblick über das weite Feld der Motivationsforschung bieten. Die vorgestellten Modelle können Ihnen dabei helfen, Zusammenhänge zu verstehen und Ihre eigenen Motivatoren zu finden.

Zudem können sie eine Hilfe sein, wenn es darum geht, Kollegen, Freunde oder die Menschen um Sie herum zu unterstützen, ihre Motivation zu finden. Wenn Sie einmal den Flow-Zustand selbst erlebt haben, dann wissen Sie aus eigener Erfahrung, wie schön und erfüllend es sein kann, wenn man einer Tätigkeit nachgeht, die im Einklang mit den eigenen Fähigkeiten und Motiven ist.

Wie im vorherigen Kapitel über die Neurobiologie ist auch hier wieder mein Ratschlag: Sehen Sie sich die Modelle an und finden Sie heraus, welche Ihnen hilfreich erscheinen. Die Modelle betonen jeweils unterschiedliche Schwerpunkte, was sie hilfreich in gewissen Kontexten macht.

Wenn Sie in Personalverantwortung sind, dann können Ihnen die Modelle helfen, gemeinsam mit Ihren Mitarbeitern Rahmen zu schaffen, die motiviertes und eigenbestimmtes Agieren begünstigen.

Auch hier gilt wieder, dass Veränderungen an kleinen Stellschrauben große Auswirkungen in das Gesamtsystem haben können.

➤ Tipps für VUCA-Helden

> Mit den schon betrachteten Paradigmenwechseln in der Wissensgesellschaft ist es wichtig, einen Rahmen zu bieten, innerhalb dessen Menschen motiviert ihrer Tätigkeit nachgehen können. Sie haben gesehen, dass Kreativität im Flow wie von allein geschieht und die Menschen glücklich machen kann. Lernen ist, wenn es selbstbestimmt und interessengesteuert stattfindet, effektiver und erfüllender. Extrinsische Motivation und Kontrolle durch Belohnung und Strafe bringt zwar Menschen dazu, Aufgaben auszuführen, aber da, wo Innovation

und Spitzenleistung notwendig sind, wird man mit diesem Handwerkzeug nicht wirklich weit kommen.
Daher sollten Sie, wenn Sie die Möglichkeit zur Gestaltung haben, immer bedenken, was der gebotene Rahmen oder das gegebene Feedback für Auswirkungen haben kann. Und egal, ob in der Kindererziehung, der Verantwortung als Führungskraft, als Teammitglied oder als Vereinsmitglied – motivierte Menschen um uns herum sind eine Bereicherung. Das gewonnene Wissen aus der Motivationsforschung sollten Sie also nutzen. Auch für uns selbst ist es hilfreich zu wissen, wie wir uns einen Rahmen schaffen können, der uns motiviert und einen Flow begünstigt.

1. **Stellen Sie sicher, dass Hygienefaktoren erfüllt sind.**

Sie sollten dafür sorgen, dass die grundlegenden Hygienefaktoren erfüllt sind. Ein ansprechender Arbeitsplatz, ein freundliches Umfeld und ein angemessenes Gehalt sind dafür Grundvoraussetzungen.

- Welche Hygienefaktoren kommen in Ihrem Umfeld in Frage?
- Wie können Sie feststellen, ob diese Faktoren erfüllt sind?
- Wie unterscheiden sich in Ihrem Umfeld Hygiene- und Begeisterungsfaktoren?
- Wenn Sie keine Personalverantwortung haben, was können Sie tun, um Einfluss auf die Faktoren zu nehmen?

2. **Agieren Sie autonomiefördernd.**

Belohnungen können motivieren, auch wenn sie extrinsisch sind, und zwar dann, wenn sie im richtigen Kontext und Rahmen angeboten werden. Aber sie müssen nicht immer finanzieller Natur sein. Auch Lob ist eine Art Belohnung. Aber denken Sie daran, auch ein Lob muss autonomiefördernd gegeben werden.

- Fördert oder behindert eine Belohnung die gefühlte Autonomie?
- Wie ist die Aufgabe beschaffen, die belohnt werden soll?
- Wie können Sie Feedback oder ein Lob so formulieren, dass es autonomiefördernd ist[5]?

3. **Vermeiden Sie Kontrolle.**

Kontrolle zerstört Autonomie und damit intrinsische Motivation. Achten Sie auf Ihre Sprache und auf Ihr Verhalten. Formulieren Sie Erwartungshaltungen, aber geben Sie Ihren Mitmenschen den Raum und das Vertrauen, diese zu erfüllen, wie sie selbst es für richtig halten.

---

5 Mehr zum Thema Feedback finden Sie unter „Gelingende Kommunikation und Feedback".

- Haben Sie Ihre Erwartungshaltung im Vorfeld klar formuliert?
- Wo haben Sie Vertrauen und wo endet dieses?
- Was können Sie tun, um das gegebene Vertrauen zu erhöhen[6]?

4. **Finden Sie die richtigen Aufgaben.**

Helfen Sie dabei, dass jeder in Ihrem Umfeld Aufgaben finden kann, die ihn nicht überfordern, aber auch nicht unterfordern. Natürlich wird es auch andere Tätigkeiten geben müssen, aber wenn bei einem Teil der Aufgaben ein Flow-Zustand erreicht werden kann, dann erhöht das die Motivation und Zufriedenheit.

- Welche Fähigkeiten sind vorhanden?
- Welche Aufgaben passen zu den Fähigkeiten?
- Wie können Sie Fähigkeiten entwickeln, so dass sie noch besser zu den Aufgaben passen?

5. **Schaffen Sie Freiräume.**

Unterstützen Sie dabei, dass Aufgaben selbst ausgewählt werden. Falls Sie in einer Position sind, in der Sie Rahmenbedingungen festlegen können, schauen Sie einmal über den Tellerrand, wie andere in der Branche Freiräume schaffen. Beispiele wie der Fed-Ex-Day bei 3M oder die Entwicklung von innovativen Google-Produkten innerhalb einer 20 %-Zeit, die die Mitarbeiter frei gestalten durften, bieten anschauliche Beispiele dafür.

- Wie können Sie für (eigene) Freiräume sorgen?
- Wofür benötigen Sie Freiräume?
- Wie könnten geeignete Rahmenbedingungen aussehen?
- Wie halten es andere in der Branche mit Freiräumen?

6. **Lasten Sie sich nicht komplett aus.**

Wissensarbeit kann nicht nach Taylors One-best-way durchgeführt werden. Mal kommt die Lösung schnell in den Sinn, mal braucht es eben ein paar Tage. Nur wenn jemand nicht am Schreibtisch sitzt, heißt das nicht, dass er nicht intensiv an etwas arbeitet. Wer hat nicht schon hervorragende Einfälle beim Joggen oder beim Ausflug mit der Familie gehabt? Ist die aufgewendete Zeit tatsächlich das Äquivalent zu Leistung?

- Wollen Sie härter und länger oder smarter arbeiten?
- Wie werden in Ihrem Umfeld Topleistungen und Einsatz beschrieben?
- Sind Mitarbeiter mit Überstunden produktiver?

---

6 Mehr zum Thema Vertrauen finden Sie unter „Orientierung in Zeiten des Wandels“.

7. **Bieten Sie Raum zum Lernen.**

Ermöglichen Sie es sich selbst und anderen, zu wachsen und zu lernen. Das erhöht die Kompetenz und die Selbstwirksamkeitserwartung.

- Wie können Sie Lernen in Ihrem Umfeld fördern?
- Wie viel investieren Sie in Ihr eigenes Wachstum?
- Gibt es Lerngemeinschaften in Ihrem Umfeld?

Persönlichkeit

Stellen Sie sich einen wunderschönen Sommertag vor. Die Sonne steht hoch an einem strahlend blauen Himmel. Ein gutgelaunter Familienvater muss heute nicht zur Arbeit, denn es ist sein erster Urlaubstag. Er befindet sich gerade mit seiner Familie auf dem Weg in das gewählte Urlaubsdomizil. Seine Laune könnte kaum besser sein. Gerade macht die Familie einen kleinen Zwischenstopp und besorgt an einer Raststätte noch ein paar Kleinigkeiten für die lange Autofahrt. Der Vater ist gerade im Begriff die Tür des Shops nach draußen zu öffnen, als er durch die Glasscheibe eine junge Frau sieht, die gerade den Shop betreten möchte. Er hält ihr die Tür auf, lächelt sie an und wünscht ihr einen wunderschönen guten Morgen. Die junge Frau aber ignoriert ihn einfach, schiebt sich schnell an ihm vorbei und verschwindet zwischen den Regalen. „Was für ein unhöflicher Mensch", denkt er bei sich. „Kann noch nicht mal Danke sagen. Die hat sicherlich keine Manieren beigebracht bekommen." Er ruft ihr noch ein paar Worte hinterher: „Bitte, gerne geschehen." Dann schüttelt er den Kopf, lässt sich aber seine Urlaubsstimmung nicht vermiesen, setzt sich ins Auto und fährt weiter.

Die junge Frau geht immer schneller und verfällt schließlich in einen Laufschritt, lässt die Regale des Shops hinter sich und findet zielsicher die Tür zur Kundentoilette. Erleichtert atmet sie auf, öffnet die Tür und, na ja, Sie wissen schon. Beim Händewaschen denkt sie noch: „Was für ein komischer Typ an der Tür. Ruft mir noch irgendwas hinterher und kritisiert an mir rum. Ist sicherlich ein Weltverbesserer. Irgendwas scheint ihm nicht gepasst zu haben an mir."

Eine Geschichte, zwei Sichtweisen. Was können wir aus dem Verhalten über die Personen lernen? Was würden die Personen über sich selbst sagen und über den jeweils anderen? Der Familienvater auf dem Weg in den Urlaub würde sicherlich sagen, dass er hilfsbereit einer jungen Frau die Tür aufgehalten habe. Die Frau allerdings sei sehr unsympathisch und unfreundlich. Sie hat sich nicht einmal bedankt und ist einfach vorbeigelaufen. Ein wenig irritiert habe er daher der jungen Frau noch ein paar Worte hinterhergeschickt. Ist doch klar, würde in der Situation doch sicherlich jeder so machen, oder etwa nicht?

Die junge Frau wiederum würde sagen, sie habe unter einem gewissen Druck gestanden. Auf den letzten Kilometern auf der Autobahn hatte es keine Toilette mehr gegeben und sie musste immer dringender. Als sie die Raststätte erreicht hatten, musste sie sich beeilen, um noch rechtzeitig zur Toilette zu kommen. Die Tür war vor ihrer Nase aufgegangen und sie suchte den Raum nach einem Hinweisschild ab. Wo war das WC zu finden? Als sie es fand, stürmte sie darauf zu. Jetzt fiel ihr auf, dass sie sich gar nicht bei dem Mann bedankt hatte, der ihr die Tür aufgehalten hatte. Sie war zu sehr auf das WC-Schild konzentriert. In dem Moment rief er ihr noch etwas hinterher. Sie konnte es nicht genau verstehen, aber er schien sich zu beschweren. War wohl einer dieser Oberlehrer.

Dieses Beispiel zeigt die Wirkung einer Verzerrung, die als Attributionsfehler bezeichnet wird. Die Verzerrung besteht darin, dass man bei der Einschätzung des Verhaltens eines anderen Menschen Faktoren wie Persönlichkeit oder Einstellungen deutlich überschätzt. Gleichzeitig werden dabei Einflüsse, die mit der Situation zusammenhängen, deutlich unterschätzt. Wir selbst begründen unser Verhalten zumeist mit der Situation („Ich musste dringend zur Toilette und hatte nur die Suche nach dem Kunden-WC im Kopf."). Andere hingegen schließen schnell auf Persönlichkeitseigenschaften („Die ist aber unfreundlich."). Da dieser Attributionsfehler so häufig zu beobachten ist, wird er auch als **fundamentaler Attributionsfehler** bezeichnet.

Wie die meisten Verzerrungen (Bias), verliert auch der fundamentale Attributionsfehler an Effekt, wenn man sich seiner bewusst ist. Gerade wenn wir uns nun den Faktoren zuwenden, die Persönlichkeit bestimmen, sollten wir uns also auch immer vor Augen halten, dass wir bei der Beobachtung von Verhaltensweisen und deren Interpretation immer den Attributionsfehler vermeiden sollten. Situation und Kontext üben einen sehr großen Einfluss auf menschliches Verhalten aus. Egal wie gut das Persönlichkeitsmodell ist, sollten wir daher immer auch diese Faktoren berücksichtigen und immer vermeiden, dem fundamentalen Attributionsfehler zu verfallen. Mit diesem Wissen im Hinterkopf können wir uns nun einmal verschiedene Modelle ansehen, die zur Beschreibung von Persönlichkeit herangezogen werden können.

Riemann-Thomann-Modell

Die Persönlichkeit des Menschen war schon immer ein sehr beliebtes Forschungsgebiet. Die Neigung der Menschen, die Dinge in einen ordnenden Zusammenhang zu bringen, haben dazu geführt, dass es eine Vielzahl unterschiedlicher Modelle in die Fachbücher der Persönlichkeitsforschung geschafft haben. Wie so häufig, beinhalten die Modelle immer auch eine gewisse Vereinfachung der Welt und betonen gewisse Aspekte, während andere vernachlässigt werden.

Eines dieser bis heute hilfreichen Modelle stammt von Fritz Riemann (Riemann 2017). Das Modell beschreibt vier Persönlichkeiten: die schizoide, die depressive, die zwanghafte und die hysterische Persönlichkeit. Es wurde aufgegriffen von Christoph Thomann, der es für seine Arbeit als Paartherapeut nutzte (Thomann/Schulz von Thun 2011). Durch den Einsatz in der Therapie konnte er seinen Klienten verdeutlichen, wo ihre Probleme ihren Ursprung hatten. Um ein wenig von den negativ besetzten

Bezeichnungen für die vier Persönlichkeiten aus dem ursprünglichen Modell wegzukommen, benannte er die Typen nach den Polen Distanz, Nähe, Dauer und Wechsel. Dank seiner Erweiterung ist er mit namensgebend für das Riemann-Thomann-Modell, auch wenn sich Riemann und Thomann nie getroffen und nie gemeinsam an dem Modell gearbeitet haben.

Das Modell geht davon aus, dass das Verhalten von Menschen, ebenso wie gewisse Vorlieben, Ängste und das Empfinden, auf die Ausprägung von **vier gegensätzlichen Polen** (Grundausrichtungen) zurückzuführen ist. Das eine Gegensatzpaar besteht aus den Polen Nähe und Distanz, das zweite aus Wechsel und Dauer. Es geht zwar davon aus, dass jeder Mensch eine Ausprägung (von 0 bis 100) auf allen vier Achsen aufweist, dass aber bei den meisten Menschen ein oder zwei Pole besonders stark Einfluss auf die Persönlichkeit nehmen. Daher unterscheiden sie vier Präferenzen.

Menschen mit einer sehr starken Präferenz für den **Faktor „Dauer"** sind Dinge wichtig, die mit Sicherheit, Stabilität und Kontinuität zu tun haben. Eine starke Dauer-Ausrichtung geht auch gerne mit Ordnung und einer Affinität zu Regeln und Prozesse einher. Verspätungen sind ein Graus und Meetings ohne klare Tagesordnung gehen mal gar nicht. Verantwortung wird sehr ernst genommen und in privaten Beziehungen ist eine fast schon nibelungenhafte Treue selbstverständlich. Das hat auch Schattenseiten, wie zum Beispiel eine Tendenz zu Sturheit, Langeweile und das stoische Festhalten an Bekanntem und Bewährtem.

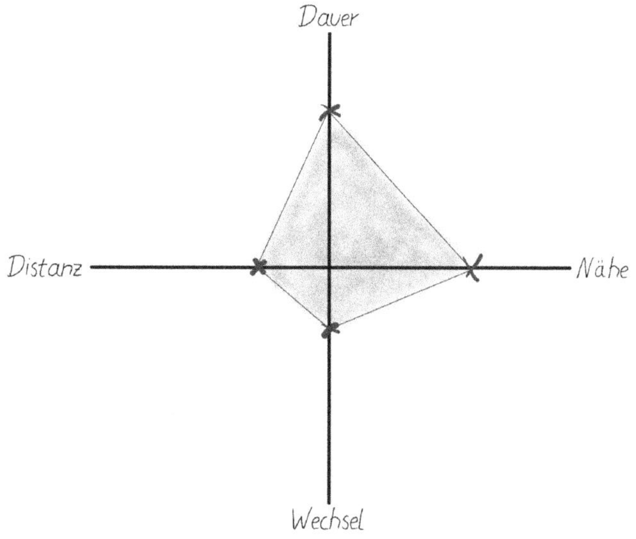

Abb. 22: Riemann-Thomann-Modell mit beispielhafter Ausprägung

Demgegenüber stehen Menschen mit einer stark betonten **Wechsel-Ausrichtung**. Spontane Ausflüge? Klar, da sind wir dabei. Ein Fallschirmsprung? Noch nie ausprobiert, aber warum nicht. Temperament, Ideenreichtum, Kreativität und Fantasie zeichnen viele Menschen dieser Präferenz aus. Improvisation stellt auch kein Problem dar. Mitunter kann dies für die Mitmenschen auch sehr chaotisch wirken. Andere könnten sie auch als ruhelos und egozentrisch beschreiben.

Menschen mit einer **Präferenz für Nähe** suchen enge Bindungen, Beziehungen, Zärtlichkeit und Vertrauen. Sie gehen offen auf Menschen zu und sind voller Liebe und Fürsorge. Sie helfen, wo sie nur können, bis hin zur Selbstaufgabe. Sie scheinen auch für alles Verständnis zu haben. In einem Team sorgen diese Menschen für Harmonie und Herzlichkeit. Dies macht sie aber auch anfällig. Sie tendieren zu Angst vor dem Alleinsein und dazu, Konflikten scheu aus dem Weg zu gehen.

Demgegenüber grenzen sich Menschen mit einer **Distanzneigung** eher ab. Sie wollen frei sein, sich entfalten können, ihren eigenen Traum verwirklichen. Abhängigkeit von anderen Menschen würde sie dabei nur behindern. Sie sind Kopfmenschen und wirken oft kühl und unnahbar. Sie brauchen ihren zugesicherten Rückzugsort, wenn sie mit anderen Menschen Beziehungen eingehen. Emotionale Bindungen fallen ihnen oftmals schwer.

Das Modell geht zwar davon aus, dass die meisten Menschen einen oder zwei der Pole bevorzugen, es werden jedoch die wenigsten Menschen extreme Ausprägungen aufweisen. Bei der Arbeit mit dem Modell nimmt man eine (Selbst-)Einschätzung auf diesen Dimensionen vor und kann dann die Ausprägung in einem Koordinatensystem eintragen. So erhält man eine Fläche, die repräsentativ für die Handlungsmöglichkeiten sind, die einem Menschen zur Verfügung stehen.

Dabei findet keine Wertung der vier unterschiedlichen Dimensionen statt. Jede Ausprägung ist für sich genommen weder gut noch schlecht. Jemand, der ausgeglichene Ausprägungen für Distanz und Nähe aufweist, hat ein anderes Handlungsspektrum, als jemand der hohe Werte in nur einer der beiden Ausprägungen hat. Er kann sowohl auf Menschen zugehen und Kontakte knüpfen und dennoch unabhängig und ohne Angst vor Einsamkeit agieren und somit Konflikte austragen. Ein Ziel von Persönlichkeitsentwicklung nach diesem Modell wäre es demnach, das potenzielle Handlungsspektrum zu vergrößern.

Intros und Extros

Paula ist meistens still und sagt nicht viel. Sie spricht nicht gern vor fremden Menschen und fühlt sich oft unsicher. Für viele ein klarer Fall, Paula muss sehr introvertiert sein. Ihr Freund Andi ist oft unterwegs und hält Vorträge. Er ist wirklich gut darin und die Zuhörer hängen an seinen Lippen. Er kann mitreißen und begeistern und alle hören gerne zu. Klarer Fall, Andi muss sehr extrovertiert sein. Richtig?

Am Wochenende verbringt Paula gerne Zeit mit ihren Freunden und geht auf Partys. Überall dort, wo Stimmung ist, ist Paula zu finden. Sie ist einfach gerne unter Leuten. Wenn sie dann von einer Party nach Hause kommt, fühlt sie sich frisch und voller neuer Energie. Sie könnte Bäume ausreißen. Ihren Freund Andi mitzunehmen hat sie sich abgewöhnt. Ab und zu kommt er zwar auch mal mit, aber er genießt es lieber, den Abend mit einem guten Buch auf dem Sofa zu verbringen.

Dass Paula nicht so viel redet, liegt vielleicht einfach daran, dass sie ein wenig schüchtern ist. Das ist nämlich auch bei extrovertierten Menschen keine Seltenheit. Man sollte daher Introversion und Schüchternheit weder gleichsetzen noch verwechseln.

Der weit verbreitete Glaube, dass sich Introvertierte und Extrovertierte durch ihren Umgang mit anderen Menschen unterscheiden lassen, ist nicht ganz richtig. Vielmehr unterscheiden sich Introvertierte und Extrovertierte durch die Quelle, aus der sie ihre **Kraft schöpfen** (Löhken 2016). Introvertierte tanken ihre Akkus durch Ruhe und eine Einkehr in sich selbst auf. Extrovertierte Menschen hingegen benötigen äußere Stimulation zum Auftanken. Und was für den einen eine Kraftquelle darstellt, ist für den anderen sehr kräftezehrend.

Schon bei Babys lassen sich Unterschiede im Gehirn feststellen, die Aufschluss darüber geben, ob ein Kind eher zur Introversion oder zur Extraversion tendiert. Das Gehirn eines **introvertierten Menschen** reagiert viel empfindlicher auf Neurotransmitter wie Dopamin oder Adrenalin. Dies führt dazu, dass schon eine geringe Erhöhung dieser Botenstoffe genügt, um einen Intro zu stimulieren. **Extrovertierte Menschen** reagieren nicht so empfindlich darauf, weshalb sie zur Stimulation deutlich stärkere äußere Reize benötigen. Untersuchungen haben dabei gezeigt, dass der Blutfluss im introvertierten Gehirn im vorderen Bereich des Gehirns (frontaler Cortex und vorderer Thalamus) verstärkt ist. Der Teil des Gehirns, der für analytisches Denken, Entscheidungen, bewusstes Denken und Problemlösungen verantwortlich ist, zeigt eine erhöhte Aktivität. Bei Extros wird hingegen der hintere Teil (Inselcortex und hinterer Thalamus) stärker durchblutet und ist aktiver. Hier werden die äußeren Eindrücke verarbeitet. Dadurch ist die schnelle und effektive Verarbeitung von äußeren Reizen eine Stärke der Extrovertierten, während ihre introvertierten Mitmenschen schnell überfordert sein können.

Die beiden Pole Introversion und Extraversion spannen ein Kontinuum auf. Nur sehr selten erlebt man bei einem Menschen einen der Pole in einer extremen Ausprägung. Es gibt viele Menschen, die sehr mittig in der Ausprägung liegen (**zentrovertiert** oder auch **ambivertiert**). Zudem haben wir bei Paula und Andi gesehen, dass das Verhalten nicht ausschließlich durch die introvertierte oder extrovertierte Veranlagung vorgegeben ist. Andi ist schließlich viel unterwegs und ein guter Redner. Er begibt sich unter Leute und steht im Mittelpunkt. Dieses Verhalten wird eher der Extraversion zugeordnet. Für Andi ist es auch okay, sich so zu verhalten. Im Gegensatz zu seinen extrovertierten Kollegen, wird er aber im Anschluss an seine Vorträge auch die Zeit für sich benötigen, um seine Akkus aufzuladen, während seine Kollegen dies schon beim Reden getan haben. Und auch Paula ist oftmals für sich allein, grübelt und denkt über viele Dinge nach. Und auch sie wird danach wahrscheinlich eine Aktivität wählen, die sie unter Leute führt oder neue Reize für sie verspricht.

Problematisch kann es werden, wenn die Umwelt Anforderungen an Menschen stellt, die außerhalb der eigenen (introvertierten oder extrovertierten) **Komfortzone** liegen. Unsere westliche Gesellschaft beispielsweise erhebt die Extraversion zu einem Idealbild, was sich schon früh in der Erziehung und auch später im Beruf zeigt (Cain 2013). Um dem gesellschaftlichen Ideal zu entsprechen, müssen Introvertierte sich deutlich mehr anstrengen und ihre Komfortzone verlassen als extrovertierte Menschen.

Als erfolgreich wird in unserer Gesellschaft die Persönlichkeit angesehen, die leistungsfähig ist und diesem Ideal entspricht. In anderen Gesellschaften hingegen werden eher introvertierte Stärken zum Ideal (schauen Sie zum Beispiel nach Japan).

In den letzten Jahren ist dieses Thema aber durch viele neue Erkenntnisse aus der Forschung und einigen Veröffentlichungen, die für große Aufmerksamkeit sorgten, verstärkt ins Bewusstsein gerückt. Introvertiert oder extrovertiert – beide Ausprägungen haben ihre Stärken und Schwächen, die nun vielerorts einfach bewusster wahrgenommen und genutzt werden. Auch im Rahmen der Diversity-Debatten innerhalb von Unternehmen gerät diese Persönlichkeitseigenschaft stärker in den Fokus (Löhken 2015).

Sylvia Löhken zählt dabei zehn Eigenschaften auf, anhand derer sich sehr schön zeigen lässt, wie sich Intros und Extros gegenseitig ergänzen (Löhken 2016). Im Folgenden möchte ich Ihnen diese zehn Eigenschaften vorstellen:

1. Introvertierte Menschen nehmen sich viel Zeit, **Risiken einzuschätzen** und zu bewerten. Sie sind vorsichtig und ihre teils umfassenden Analysen stellen eine große Stärke dar. Vorausgesetzt, die Zeit dafür ist vorhanden. Muss es schnell gehen, dann kippt diese Vorsicht zur Ängstlichkeit. Hier kommt die Stärke der Extros ins Spiel. Diese sind mutiger, wenn es darum geht, schnelle Entscheidungen zu treffen. In Zeiten, in denen schnelles Handeln erforderlich ist, unverzichtbar. Ihr Hang, Risiken zu unterschätzen wird durch die Interaktion mit den vorsichtigen Intros relativiert.
2. Extrovertierte Menschen sind schnell von einer Sache begeistert. Diese **Begeisterung** können sie auch auf andere übertragen und diese mitreißen. Intros hingegen hinterfragen Dinge mehr und wollen der Sache genau auf den Grund gehen. Sie suchen nach Substanz. Ist diese gefunden, dann können auch sie eine Begeisterung entwickeln. Oftmals kommt es aber gar nicht erst so weit, weil sie sich zu sehr in den Details verlieren.
3. Wenn Intros sich mit einem Thema beschäftigen, dann sind sie dabei sehr fokussiert und geduldig. Sie können sich tief in die Dinge hineingraben. Extros neigen schnell zu **Ungeduld**. Sie sind schnell gelangweilt und brauchen Abwechslung in den Dingen, auf die sie ihre Aufmerksamkeit richten können. Informationsquelle nach ihrem Geschmack ist der Austausch mit anderen, wo sie viel lernen können, aber auch flexibel sind und neue Eindrücke sammeln können. Für die Intros stellen solche Veranstaltungen eine Überstimulation dar, die sie eventuell überfordert.
4. Extros fällt es leichter, sich selbst und andere zu präsentieren. Bei manchen Vertretern wird dies aber auch übertrieben und mündet dann in einer **Selbstin-**

szenierung. Intros hingegen wirken in Situationen, in denen ein solches Auftreten gefordert wird, oftmals sehr passiv und ergreifen nicht von selbst die Initiative. Wenn sie sich in zweiter Reihe aufhalten, bringen aber viele Intros eine gute Beobachtungsgabe mit und sind hervorragende Zuhörer.

5. Intros fällt es leicht, sich in sich selbst zurückzuziehen und die Welt für eine Weile auszuschließen. Dadurch können sie ihre **innere Mitte** finden und gewinnen Abstand zu äußeren Reizen. Was hilfreich ist, um sich wieder neu zu sammeln und zu erden, birgt aber auch die Gefahr, sich in sich selbst zu flüchten und vor Problemen davonzulaufen. Extros hingegen sind gerne bereit, eine neue Herausforderung anzunehmen. Sie tendieren weniger dazu, vor Problemen zu flüchten. Stattdessen gehen sie offensiv darauf zu. Aber auch hier besteht die Gefahr, dass sie zu aggressiv eingreifen, weshalb der Intro als Gegenpol für eine gute Balance wichtig sein kann.
6. Extros gehen **Veränderungen** an, indem sie einfach machen. Lange nachzudenken und zu planen passt ihnen nicht. Sie sind Macher und wollen etwas tun. Dabei sind sie aber auch manchmal zu impulsiv und lassen sich nur von ihren Gefühlen leiten. Intros stellen den Gegenpol dar. Sie gehen in die Analyse und überlegen sich genau, wie sie die Dinge anpacken wollen. Analytisches Denken ist für sie von hohem Wert. Allerdings ignorieren sie dabei oft ihr Bauchgefühl und vertrauen zu sehr auf ihren Kopf.
7. Intros arbeiten gerne allein. Dann können sie ihr eigenes Tempo wählen, sind weniger Ablenkungen durch äußere Reize ausgesetzt und können ganz in ihrer Arbeit aufgehen. Extros hingegen sind gerne in Gruppen unterwegs und arbeiten bevorzugt im **Team**. Hier haben sie den Austausch und die Interaktion, die sie brauchen, um Energie zu tanken. Interessanterweise neigen Extros aber auch gerne dazu, ihre eigene Meinung über die von anderen zu stellen, was Konfliktpotenzial in der Teamarbeit birgt. Intros hingegen neigen zu dem anderen Extrem, dass sie ihre eigenen Meinungen im Team hintenanstellen oder sogar komplett zurückhalten.
8. Extros sind jederzeit in der Lage (und zuweilen sogar dankbar), wenn sie sich von einer Aufgabe abwenden und dafür einer neuen zuwenden können. Sie lieben **Spontaneität** und können sich gut neuen Situationen anpassen. Dies führt aber auch dazu, dass sie anfällig sind für Ablenkungen. Es fällt ihnen schwerer als den Intros, beharrlich an einer Aufgabe zu bleiben und diese abzuschließen. Was auf der einen Seite eine Stärke der Intros darstellt, führt aber auch manchmal zu einer starren Fixierung, die sich in dem Unwillen zeigt, auf Veränderung zu reagieren oder von einer einmal gefassten Meinung abzurücken.
9. Intros drücken sich am liebsten schriftlich aus. Hier haben sie die Zeit und die Muße, sich genau zu überlegen, wie sie die Dinge sagen wollen. Viele Intros können sehr gut mit Sprache umgehen (wenn sie Zeit haben) und Texte zu verfassen. Dies führt aber auch dazu, dass sie sich auf schriftliche Kommunikationsformen zurückziehen oder stark reduzieren. Der direkte Austausch im Gespräch ist eher

der bevorzugte Weg der Extros. Diese mögen diese Form der **Kommunikation** am liebsten. Allerdings kommt es bisweilen vor, dass sie sich um Kopf und Kragen reden („Woher soll ich wissen, was ich denke, bevor ich höre, was ich sage").

10. Extros sind tendenziell eher aufnahmebereit für Kritik und auch in der Lage, **Konflikte** auszuhalten und auszutragen. Intros hingegen gehen Konflikten eher aus dem Weg. Während Extros aus einem ordentlichen Konflikt sogar Energie tanken können und auch Spaß daran finden können, erzeugen sie manchmal hohen Druck und sind wenig empfänglich für die Gefühle und den Gemütszustand anderer. Hier kommen Stärken der Intros ins Spiel, die oftmals eine hohe Empathie besitzen und feine Antennen für andere besitzen.

Nicht auf jeden Intro oder jeden Extro treffen die Stärken und Schwächen in gleichem Maße zu. Man kann aber erahnen, dass sich die Stärken und Schwächen sehr schön ergänzen. Ein Team, das Mitglieder aus beiden Lagern hat, wird so deutlich effektiver handeln können, da der besonnene Intro den impulsiven Extro erden kann, während dieser die Intros aus der Theorie zum Handeln führen kann. Sylvia Löhken sieht „die große Aufgabe im Intro-Extro-Miteinander: die Unterschiede kennen, verstehen – und wertschätzen" (Löhken 2016).

Das Vier-Quadranten-Modell des Gehirns

Ein weiteres sehr interessantes Modell, das sich mit verschiedenen Denkstilen auseinandersetzt, ist das Vier-Quadranten-Modell des Gehirns (englisch: Whole-Brain-Thinking-Model). Mit Hilfe eines Analyseinstruments, das nach dem Erfinder Ned Herrmann benannt ist (Herrmann Brain Dominance Instrument, HBDI), erlaubt das Modell den **Denkstil** eines Menschen innerhalb von vier Quadranten zu verorten.

Grundlage dieses Modells ist zum einen die **Hemisphären-Theorie** des Gehirns.[7] Diese geht davon aus, dass die linke und die rechte Hemisphäre des Gehirns unterschiedliche Arbeitsweisen und Aufgaben haben. Die linke Hemisphäre wird dabei vornehmlich als Sitz der sprachlichen Fähigkeiten, des logischen Denkens und der Vernunft und Rationalität gesehen. Das Gehirn arbeitet hier sehr analytisch und schrittweise. Hier werden Zahlen, Daten und Fakten verarbeitet. Die rechte Hemisphäre hingegen ist Sitz von Emotionen, Mustererkennung, Bildern, Visionen und nonverbalen Ideen. Hier wird etwa Musik verarbeitet und Kreativität verortet. Auch die vorbewussten Bewertungen, die das limbische System vornimmt, werden von der rechten Hemisphäre verarbeitet. Die beiden Gehirnhälften sind allerdings nicht unabhängig voneinander. Verbunden sind sie durch den Corpus Callosum (Balken), der für eine Verknüpfung der Informationen aus beiden Hälften sorgt. Somit ist sichergestellt, dass die vordergründigen Aufgaben beider Hirnhälften zusammenspielen und sich ergänzen.

7 Diese Theorie ist allerdings nicht ganz unumstritten.

Die zweite maßgebliche Theorie, die dem HBDI zugrunde liegt, ist die **Theorie des dreieinigen Gehirns** („triune brain") von Paul D. MacLean. Er beschreibt das System als ein evolutionär gewachsenes Konstrukt aus drei unterschiedlich alten Teilen, dem Reptiliengehirn, dem limbischen System und dem Neocortex.

Auf der Grundlage dieser beiden Theorien entwickelte Herrmann das HBDI. Er teilt die Hemisphären dabei in eine obere (cerebrale) und untere (limbische) Ebene, eine linke (analytisch, logisch) und rechte (intuitiv, empathisch) Hemisphäre, und erhält so vier Quadranten, die jeweils eine bestimmte Denkpräferenz zum Ausdruck bringen (siehe Abbildung 23). Die beschriebene Hirnstruktur wird dabei nicht als wissenschaftlich korrekt zur Lokalisierung des Denkursprungs und der

Aktivität verwendet, sondern vielmehr metaphorisch. Sie soll die Vorstellung der unterschiedlichen Denkmodus unterstützen.

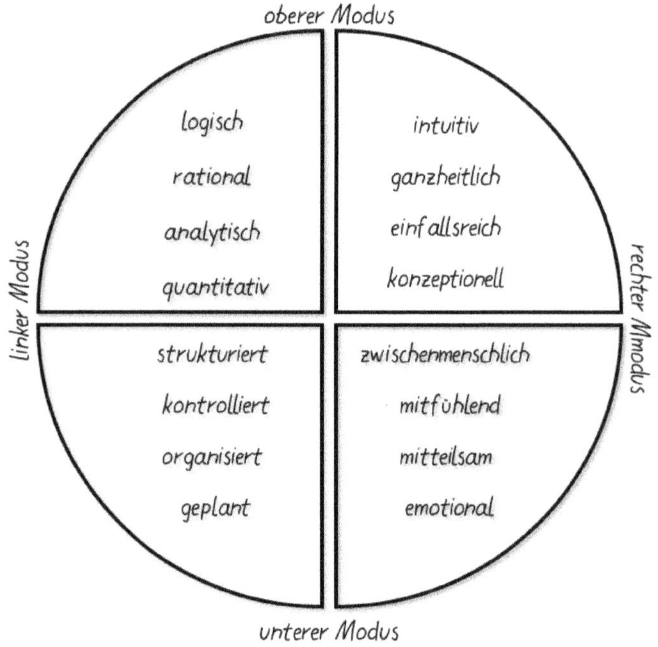

Abb. 23: Whole Brain Model (eigene Darstellung nach Herrmann)

Der Quadrant links oben beschreibt das rationale Ich. Es äußert sich in einem analytischen und auf Logik basierenden Denkstil. Dieses rationale Ich ist kritisch und liebt Zahlen, Daten und Fakten. Technisches Verständnis ist hier ebenso zu Hause wie der Umgang mit Finanzen. Der Quadrant darunter (linker, unterer Modus) beschreibt das organisatorische Ich. Das organisatorische Ich plant sehr strukturiert in die Zukunft. Es ist zuverlässig, ordentlich, pünktlich und organisiert. Hier werden Dinge gewissenhaft vorbereitet und in die Tat umgesetzt. Der Quadrant oben rechts beherbergt das fühlende Ich. Dieses Ich ist mitfühlend, gefühlsbetont und emotional. Es äußert sich auch in einer gewissen Extraversion sowie vielen Worten. Dieser Denkstil hat ein Faible für das Unterrichten. Der Quadrant darunter ist der Sitz des experimentellen Ich. Dieses ist intuitiv und tendenziell risikofreudig. Es neigt dazu, Regeln auszutesten und zu übertreten. Es ist sowohl spekulativ als auch kreativ und innovativ. Zuweilen ist das experimentelle Ich auch sehr verspielt und neugierig.

Das Vier-Quadranten-Modell geht davon aus, dass jeder Mensch unterschiedlich stark ausgeprägte Kombinationen dieser **vier unterschiedlichen Ichs** aufzeigt. Diese individuellen Ausprägungen kann man mit dem Instrumentarium des HBDI messen. Die Erhebung basiert auf der Auswertung von Aussagen über sich selbst, die dann so ausgewertet werden, dass die Ausprägung der unterschiedlichen Quadranten in Form eines Netzdiagramms dargestellt wird. Das heißt, niemand ist ein bestimmter Typ (z. B. nur links oben), sondern es gibt eine Denkstilpräferenz in einem bestimmten Bereich.

Das Spannende an diesem Modell und der Auswertung ist, dass man es auch auf ein Team anwenden und auswerten kann. Dies kann helfen zu erkennen, ob alle Denkstile ausreichend im Team vertreten sind. Es ermöglicht einem Team, eine Diskussion über unterschiedliche Herangehensweisen und Persönlichkeiten zu führen. Für Themen, die Teamzusammenstellung und Recruiting betreffen, wäre mir persönlich die wissenschaftliche Fundierung der Methode zu schwach.

Typen, Tests und Temperamente

Die Lehre von den vier Temperamenten

Wenn man über Persönlichkeit spricht, dann kommen schnell Begriffe ins Spiel wie „Typen", „Temperament", „Charakter" und ähnliche. Schon sehr früh in der Geschichte der Menschheit war man bestrebt, Persönlichkeitstypen zu identifizieren. Man wollte verstehen, warum Menschen so unterschiedlich waren und doch übereinstimmende Muster zeigten. Bereits die alten Griechen waren fasziniert von ihren Mitmenschen und entwickelten Theorien, um das Verhalten und Denken zu ergründen und zu erklären. Die daraus entstandene Lehre von den vier Temperamenten wurde über die Jahrhunderte immer wieder angepasst und erweitert und ist bis heute in der Populärpsychologie sehr bekannt und vertreten.

Zur Verdeutlichung lassen Sie uns diese vier Temperamente einmal in einer alltäglichen Situation betrachten. Stellen Sie sich vor, Sie sind mit dem Auto auf der Autobahn unterwegs. Plötzlich sehen Sie vor sich das lustige Aufleuchten vieler Warnblinkanlagen. Sie sind an das Ende eines Staus geraten. Wie reagieren Sie nun darauf?

Nehmen wir einmal an, Sie würden dem Typ des **Sanguinikers** entsprechen. In diesem Fall würden Sie wahrscheinlich nun das Radio aufdrehen und einen schönen Song suchen, den Sie laut mitsingen können. Oder Sie lächeln den Leuten in den Fahrzeugen rund um Sie herum zu. Denn Sanguiniker werden als heiter, aktiv und warmherzig beschrieben.

Wenn Sie aber eher dem **Choleriker** entsprechen, dann beginnen Sie nun zu fluchen und zu schimpfen. Sie werden sich aufregen und vielleicht mit den Händen auf das Armaturenbrett schlagen. Ihre Laune ist im Keller und Sie werden aggressiv. Vielleicht fangen Sie sogar an zu hupen oder drängeln sich auf den Seitenstreifen, um doch noch voranzukommen. Als Choleriker wären Sie schnell reizbar und erregbar.

Als **Phlegmatiker** hingegen würde Ihnen eine solche Reaktion wahrscheinlich nicht einfallen. Denn diese gelten eher als passiv und zuweilen auch schwerfällig. Vielleicht haben Sie schon vorher die ganze Zeit am Verkehrsfunk gehangen, um nur nicht in einen Stau zu geraten und eher weiträumig zu umfahren. Konfliktbehaftete Situationen sind ein Graus und Sie gehen diesen aus dem Weg. Wenn Sie im Stau stehen, dann finden Sie sich damit ab.

Oder aber Sie sind ein **Melancholiker.** Dann stellen Sie vielleicht den Motor ab und beginnen sich die Frage zu stellen, ob es überhaupt so gut war, die Reise anzutreten. Hätten Sie nicht besser zu Hause bleiben sollen? Was bringt diese Reise eigentlich? Traurig versinken Sie hinter dem Lenkrad und müssen aufpassen, dass Sie mitbekommen, wenn es weiter geht.

Aber reichen diese vier Temperamente, um die menschliche Persönlichkeit zu beschreiben? Sie beschreiben zwar grundlegende Ausrichtungen einer Persönlichkeit, aber es zeigen sich viele weitere Unterschiede, die durch das Modell der vier Temperamente nicht erklärt werden können. Die Suche ging also weiter.

Die Typenlehre von C. G. Jung

So richtig in Fahrt kam die Suche nach Erklärungen dann viele Jahrhunderte später. Anfang des 20. Jahrhunderts machte sich Carl Gustav Jung daran, die menschliche Persönlichkeit systematisch zu erfassen (Niehus-Jung/Jung 2011). Er ging dabei von vier psychologischen Grundfunktionen aus: **Denken, Fühlen, Empfinden und Intuition**. Dabei nahm er an, dass eine dieser vier Grundfunktionen in jedem Menschen vorherrschend sei. Es gebe also Menschen, in denen das Denken sehr stark ihr Verhalten bestimmt. Andere wiederum greifen bevorzugt auf eine der anderen Grundfunktionen zurück.

Als den entscheidenden Faktor, der die Menschen am meisten differenzierte, sah Jung den Gegensatz zwischen Extraversion und Introversion an. Seine Definition von Extraversion und Introversion sah allerdings noch etwas anders aus als die moderne wissenschaftliche Auffassung. Für ihn war Extraversion eine nach außen gerichtete Wendung der psychischen Energie, während Introversion die nach innen gerichtete Wendung darstellte. Psychische Energie war für ihn dabei die Aufmerksamkeit, das Interesse und der bewusste Wille, sich mit Dingen zu beschäftigen. Nun kombinierte er die vier psychischen Grundunktionen Denken, Fühlen, Empfinden und Intuition mit der Ausprägung Introversion oder Extraversion und erhielt so acht verschiedene Persönlichkeitstypen. Jedem dieser Typen ordnete er typische Verhaltensweisen und Eigenschaften, so wie Anfälligkeiten für psychologische Erkrankungen zu.

Der Myers-Briggs Type Indicator (MBTI)

Heute spielen die Persönlichkeitstypen nach Jung keine allzu große Rolle mehr. Sie gelten als veraltet. Allerdings wurde die Grundidee aufgegriffen von Katherine Cook Briggs und ihrer Tochter Isabel Briggs Myers. Ausgehend von der Idee Jungs entwickelten sie den MBTI (Myers-Briggs Type Indicator), der 16 unterschiedliche Persönlichkeitstypen unterscheidet (Myers/Myers 1995). Basierend auf den psychischen Grundfunktionen aus Jungs Ansatz, beschreibt der MBTI zwei Wahrnehmungsdimensionen und zwei Beurteilungsdimensionen.

Die **erste Wahrnehmungsdimension** ist der Antrieb, der als Motivation zur Sinneserfahrung beschrieben wird. Diese wird durch die Präferenzen Extraversion (E) und Introversion (I) bestimmt. So wie bei Jung wird Extraversion und Introversion hier auf die präferierte Ausrichtung der Energie bezogen (nach außen oder nach innen gerichtet).

Aufmerksamkeit stellt die **zweite Wahrnehmungsdimension** dar. Diese beschreibt, wie die aufgenommenen Sinneseindrücke verarbeitet werden. Hier kann entweder eine Präferenz für Intuition (N) oder die Sinneswahrnehmung (Sensorik, S) bestehen. Bei einer Präferenz für die Intuition wird eher auf das Bauchgefühl geachtet und eine Interpretation in Hinblick auf das große Ganze angestrebt. Zudem nehmen Menschen mit dieser Präferenz Möglichkeiten eher wahr und ihr Denken richtet sich stärker in die Zukunft. Demgegenüber steht mit der Sensorik die Bevorzugung der unmittelbaren Sinneseindrücke. Diese werden sehr detailliert verarbeitet und das Denken bezieht sich tendenziell stärker auf das Hier und Jetzt.

Die Art, wie **Entscheidungen** getroffen werden, stellt die erste von zwei Beurteilungsdimensionen dar. Eine mögliche Ausprägung ist hier die Bevorzugung des Denkens (Thinking, T). Dabei stehen Analyse und Problemlösung sowie Objektivität im Mittelpunkt. Demgegenüber steht mit der Präferenz zu Fühlen (F) die subjektive Einschätzung anhand des eigenen Wertesystems. Hier kommen eigene Werte und Prinzipien ins Spiel. Sind Handlungen und Entscheidungen im Einklang mit diesen, so wird dies als positiv empfunden, bei Abweichungen als negativ. Diese Empfindungen wirken bei dieser Ausprägung stärker als rationale Erklärungen.

Die **zweite Beurteilungsdimension** beschreibt den Lebensstil in dem Sinne, wie Eindrücke aus der Umwelt strukturiert und verarbeitet werden. Hier wird unterschieden zwischen Wahrnehmung (Perception, P) und Beurteilung (Judgement, J). Jemand mit einer Präferenz zur Wahrnehmung ist offen für neue Perspektiven und neue Eindrücke. Entscheidungen werden erst einmal zurückgestellt und erst dann getroffen, wenn neue Informationen dazukommen. Steht die Beurteilung im Vordergrund, dann werden Entscheidungen auch dann schon gefällt, wenn auch nur ein Teil der vorhandenen Informationen bekannt sind. An diesen Entscheidungen wird in der Folge auch relativ stark festgehalten, selbst wenn neue Erkenntnisse hinzukommen. Hier stehen Pläne und deren Einhaltung hoch im Kurs. Auch ein gewisses Verlangen, Kontrolle auszuüben ist damit verbunden, ebenso wie hohe Disziplin.

Aus den vier Dimensionen und den acht unterschiedlichen Präferenzen lassen sich so 16 **unterschiedliche Persönlichkeitstypen** ableiten. Die Zuordnung geschieht durch Selbstauskunft in einem Fragebogen. Bezeichnet werden die Typen durch die Kombination der vier Buchstaben, die die Präferenzen ausdrücken. Ein ENTP ist beispielsweise die Bezeichnung für einen Persönlichkeitstyp, der extravertiert motiviert ist (E), Sinneseindrücke intuitiv verarbeitet (N), eher rational an Entscheidungen herangeht (T) und eher flexibel und offen mit neuen Informationen umgeht (P).

In Abbildung 24 sind die möglichen Kombinationen noch einmal aufgeführt. In manchen an den MBTI angelegten Variationen geben die Autorinnen den Typen auch Namen, die für sich sprechen. So wird dann dort der ENTP zum Beispiel als Erfinder oder Debattierer bezeichnet.

Abb. 24: MBTI-Typen mit gängigen Bezeichnungen

Der MBTI ist ein kommerzielles Instrument, das nur gegen eine Gebühr erhältlich ist. Es gibt aber an den MBTI angelehnte Online-Typisierungen, die frei verfügbar sind und die einen Eindruck davon vermitteln, wie der Persönlichkeitstyp ermittelt wird und welche Eigenschaften damit verbunden sind.[8] Im amerikanischen Raum wird der MBTI gerne als Hilfsmittel im Personalbereich von großen Unternehmen verwendet.

Neben der **Auswahl oder Anpassung des Arbeitsplatzes** entsprechend der Persönlichkeit wird der MBTI auch verwendet, um beispielsweise passende Teamkonstellationen zu finden. So kann man sich überlegen, welche Persönlichkeiten in einem Team für unterschiedliche Aufgaben vorhanden sein müssten. Ein Team, das eher mit Innovationen beschäftigt ist, wird höchstwahrscheinlich andere Persönlichkeiten benötigen, als ein Team, das nur mit Routinetätigkeiten zu tun hat.

Ich habe den MBTI hier als Beispiel gewählt, um einen Ansatz mit relativ einfacher Systematik zu zeigen, mit dessen Hilfe man sich selbst und die Menschen um einen herum besser verstehen kann. Man kann durch (Selbst-)Beobachtungen und eine Fremdeinschätzung versuchen zu ergründen, welche Präferenzen man selbst, die Kollegen, die Freunde oder die Familienmitglieder haben. Dies kann wiederum helfen zu verstehen, wie diese ticken und warum sie sich in manchen Situationen so verhalten, wie sie es tun (und warum man in bestimmter Art und Weise darauf reagiert).

Ich habe mehrere der freien Tests durchgeführt und habe immer recht ähnlich abgeschnitten. Auch die Beschreibung des Ergebnisses empfand ich als annehmbare Beschreibung meiner Persönlichkeit. Auch in meinem Umfeld, bei Arbeitskollegen, Familienmitgliedern oder Freunden, habe ich diese Beobachtung machen können. So scheint es, als sei der Test relativ gut zu gebrauchen.

Betrachtet man diese Typisierungen mit der Brille eines Wissenschaftlers, sieht die Sache etwas anders aus. Zum einen könnte hier der berühmt berüchtigte **Barnum-Effekt** eintreten (siehe auch Seite 132), den Sie vielleicht schon selbst erlebt haben. Zum anderen gibt es Gütekriterien, die wissenschaftliche Tests nachweisen müssen. Hier sind besonders Objektivität, Reliabilität und Validität zu nennen. Bei vielen der Testvariationen findet man wenig bis gar keine Hinweise auf die Gütekriterien, weshalb eine Einschätzung sehr schwierig ist.

Ein weiterer **Schwachpunkt** des MBTI (und seiner Ableger) liegt in der grundlegenden Systematik. Hier werden Typen auf Basis von bestimmten Präferenzen bestimmt. Es gibt aber auch Menschen, die sehr mittige Ausprägungen aufweisen. Die Grundannahme, dass es eine bevorzugte Präferenz gibt, führt hier dazu, dass ausgeglichene Ausprägungen nicht berücksichtig werden. Wenn bei Ihnen zum Beispiel Denken und Fühlen relativ ausgeglichen ist und Sie den Fragebogen zu unterschiedlichen Zeiten mehrfach ausgefüllt haben, dann werden Sie vielleicht festgestellt haben, dass Sie im Ergebnis einmal ein ENFP und einmal ein ENTP sind. Die Entweder-Oder-Typisierung ist daher aus wissenschaftlicher Sicht umstritten. Ebenso umstritten ist die Einteilung von Persönlichkeiten in eine bestimmte Anzahl unterschiedlicher Typen. Egal ob

8 z. B. https://www.16personalities.com/de/kostenloser-personlichkeitstest, 13.4.2021.

vier Typen wie bei den Temperamenten, acht Typen wie bei Jung, 16 Typen wie im MBTI oder Erweiterungen mit 32 oder mehr Typen.[9] Die individuelle Ausprägung von unterschiedlichen Präferenzen wird dabei nur angenähert und vereinfacht.

Auch wenn der MBTI und ähnliche Verfahren aus wissenschaftlicher Sicht nur eine Näherung darstellen, können sie dennoch ein sehr hilfreiches Modell für die Praxis bieten. Ist man sich der Stärken und Schwächen der Verfahren bewusst, dann kann man die Typen-Indikatoren verwenden, um über Teamzusammenstellungen oder Entwicklungsmöglichkeiten zu diskutieren. Durch das Bewusstsein, dass es sich nur um Näherungen handelt und jeder Mensch viel differenzierter zu betrachten ist, werden Menschen nicht in Schubladen gesteckt, aus denen sie nicht mehr herauskommen. „Peter ist ein Direktor und Aufpasser, daher passt er nicht ins Team, denn wir brauchen Helfer und keine Kontrolleure." Der Weg vom Direktor (ESTJ) zum Gastgeber und Unterstützer (ESFJ) ist aber nicht weit, wenn Peter eigentlich sehr ausgeglichen zwischen Denken (T) und Fühlen (F) liegt. Hätte er den Test an einem anderen Tag gemacht, wäre er als ESFJ typisiert worden. Ist man sich dessen bewusst, kann das Modell in vielen Fällen hilfreich sein.

Exkurs | Barnum-Effekt und Testgütekriterien

Der Barnum-Effekt beschreibt das psychologische Phänomen, sehr vage und allgemeingültige Aussagen über die eigene Person so zu interpretieren, dass sie als zutreffende und vertraute Beschreibung wahrgenommen werden.

Besonders bei Persönlichkeitstests besteht dieses Risiko, wie sich in einem bekannten Experiment von Bertram R. Forer zeigte (Forer 1949). Dieser ließ die Experimentteilnehmer einen angeblichen Persönlichkeitstest durchführen. Im Anschluss daran teilte er ihnen ihr persönliches Testergebnis mit. Dieses sollten die Teilnehmer auf den Wahrheitsgehalt überprüfen und dann bewerten. Auf einer Skala von 0 bis 5 wurde der Wahrheitsgehalt auf über 4 eingestuft. Dabei hatte Forer allen Probanden den gleichen Text ausgeteilt. Zusammengestellt wurde dieser Text aus Zitaten von Horoskoptexten aus einem Astrologiebuch, die Forer zusammenkopiert hatte.

Prüfen Sie einmal selbst, wie sehr die folgenden Aussagen auf Sie zutreffen.

1. Sie haben ein großes Bedürfnis, dass andere Menschen sie mögen und bewundern.
2. Sie neigen dazu, sich selbst zu kritisieren.
3. Sie haben eine Reihe von Fähigkeiten und Möglichkeiten, die Sie nicht zu Ihrem Vorteil genutzt haben.
4. Sie haben zwar einige Schwächen, diese können Sie aber gut kompensieren.
5. Äußerlich diszipliniert und selbstbeherrscht neigen Sie dazu, sich innerlich ängstlich und unsicher zu fühlen.

---

9 http://www.typentest.de/typentest_de_-_erklarung/mbti.htm, 13.4.2021.

6. Manchmal zweifeln Sie stark an der Richtigkeit Ihres Tuns und Ihrer Entscheidungen.
7. Sie bevorzugen ein gewisses Maß an Abwechslung und Veränderung und sind unzufrieden, wenn Sie von Verboten und Beschränkungen eingeengt werden.
8. Sie sind stolz auf Ihr unabhängiges Denken und nehmen anderer Leute Aussagen nicht unbewiesen hin.
9. Doch finden Sie es bisweilen unklug, sich anderen allzu bereitwillig zu öffnen.
10. Manchmal verhalten Sie sich extrovertiert, leutselig und aufgeschlossen, dann aber auch wieder introvertiert, skeptisch und zurückhaltend.
11. Manche Ihrer Erwartungen sind ziemlich unrealistisch.

Wahrscheinlich haben Sie die meisten der Aussagen als zutreffend empfunden. Der gleiche Effekt kann sich auch bei echten Persönlichkeitstests einstellen. Daher ist es sehr schwierig, subjektiv einzuschätzen, wie zutreffend ein Test wirklich ist. Daher kommt den Gütekriterien wissenschaftlicher Tests eine große Bedeutung bei der Bewertung von Testverfahren und Testergebnissen zu.

Validität
Die Betrachtung der Validität bezieht sich auf zwei Faktoren. Die Konstruktvalidität gibt an, ob auch wirklich gemessen wird, was gemessen werden soll. Die Bewertung ist dabei nicht so einfach, denn es erfordert zum einen Kenntnisse in der zugrunde liegenden Theorie (um zu beurteilen, ob wirklich Motive gemessen werden, muss man sich in den Theorien gut auskennen), und zum anderen in der Statistik. Der zweite Aspekt ist die Kriteriumsvalidität, die verifiziert, ob das Ergebnis des Messinstruments mit anderen empirischen Ergebnissen zusammenpasst (zum Beispiel, ob andere, validierte Tests das gleiche Ergebnis liefern).

Reliabilität
Unter Reliabilität wird verstanden, dass das Ergebnis eines Tests unter gleichen Bedingungen immer gleich ist. Wenn ich einen Test mehrfach durchführe und immer ein anderes Ergebnis bekomme, dann ist der Test nicht reliabel (so wie es bei vielen Persönlichkeitstests in Zeitschriften der Fall ist).

Objektivität
Ein Test und die daraus folgenden Ergebnisse sollten in Durchführung, Interpretation und Auswertung objektiv sein. Das heißt, dass es egal ist, wer den Test durchführt (hier hilft eine Standardisierung, die Rahmenbedingungen und Regeln definiert). Zudem muss genau klar sein, wie die Auswertung stattfindet, so dass nicht unterschiedliche Personen die Antworten unterschiedlich interpretieren, was dann auch die Objektivität in der Auswertung nach sich zieht.

Ganz ähnlich wie der MBTI funktionieren auch eine ganze Reihe von weiteren populären Tests. Vielleicht haben Sie schon einmal einen Satz gehört wie: „Der ist ein

Blauer, dem musst du Daten und Fakten liefern“ oder „Sie ist eine Rote, da musst du schnell zum Punkt kommen, sonst verliert sie das Interesse“. Dabei werden Farben genutzt, um die Persönlichkeitstypen zu visualisieren und somit bildlich besser zu erinnern. In manchen Umfeldern sind sie hilfreich, in anderen eher nicht. Halten Sie sich immer vor Augen, dass diese Typologisierungen Modelle und Vereinfachungen sind, die manche Dinge betonen und andere wiederum wenig bis gar nicht beachten.

Verantwortungsvoller Umgang mit Typisierungen und Tests

An dieser Stelle möchte ich Ihnen sechs Regeln zum verantwortungsvollen Umgang mit (Persönlichkeits-)Tests an die Hand geben, die von Svenja Hofert (Hofert 2018b) postuliert werden und die ich voll und ganz unterstütze:

1. **Tests sind nichts für instabile Menschen.**
   Unsichere Menschen können durch Tests noch mehr verunsichert werden. Selbst wenn es sich um Tests aus Illustrierten handelt. Wenn Ergebnisse da sind, die anhand von Zahlen oder Einschätzungen ein Bild vermitteln, dann tendieren unsichere und instabile Menschen dazu, diese auch zu berücksichtigen. Zudem gibt es auch eine Reihe von Tests, die Vergleiche mit einer bestimmten Bezugsgruppe als Ergebnis zurückliefern. Das heißt, jemand kann besser oder schlechter sein als der Durchschnitt. Damit ist man automatisch in einer Konkurrenzsituation und einem Wettbewerb, der als belastend oder sogar zerstörerisch wahrgenommen werden kann. Für Menschen, die nicht so stabil und sich ihrer eigenen Stärken nicht bewusst sind, sollten Tests eher vorsichtig verwendet werden. Dies gilt auch für wissenschaftlich fundierte Tests. Diese sollten auch genau erklärt werden. Als Alternative empfiehlt Svenja Hofert, auf Methoden und Hilfsmittel zurückzugreifen, die man in Coaching und Beratung verwenden kann und die sich dadurch auszeichnen, dass sie keine Zahlen oder Positionierung zu einer Vergleichsgruppe zurückliefern, sondern wachstumsbezogene Rückmeldungen liefern.
2. **Wenden Sie nur etwas an, das Sie selbst sicher verstanden haben.**
   Man sollte unbedingt in der Lage sein, einzuschätzen, was das Ergebnis eigentlich aussagt. Der MBTI ist keine absolute Wahrheit über einen Menschen. Sie kennen nun neben seinen theoretischen Grundlagen auch seine methodischen Schwächen. Dies hilft, ihn als wichtiges Hilfsmittel einsetzen zu können. Wenn aber jemand den Test und das Ergebnis nicht einschätzen kann, dann könnte er Menschen vorschnell verurteilen und in Schubladen stecken. Oder jemand, der den Test für sich selbst durchführt, könnte verunsichert sein. Diese Empfehlung steigt mit zunehmender Komplexität der Tests. Ein Intelligenztest hat eine viel größere Tragweite als ein einfacher Interessenstest. Und um einen Intelligenztest und sein Ergebnis richtig einschätzen zu können, sollte man sich intensiv mit der Theorie und den aktuellen Erkenntnissen auseinandergesetzt haben.

3. **Beschränken Sie sich niemals auf nur ein Verfahren.**
   Wenn Sie sich nur auf ein Testverfahren festlegen, dann werden Sie früher oder später vielleicht die Nachteile unterschätzen oder Ihre Umwelt immer basierend auf dem zugrundeliegenden Modell erklären. Wenn Sie sich aber mit unterschiedlichen Verfahren beschäftigen, die unterschiedliche Theorien als Grundlage verwenden, erweitern Sie Ihren Erklärungshorizont. Zudem können Sie dann gezielt die Verfahren auswählen, die in der gegebenen Situation am passendsten sind.
4. **Erklären Sie das Verfahren ausführlich.**
   Wenn Sie den Test mit Bewerbern, Kollegen, Coaches oder Familienangehörigen durchführen, nehmen Sie sich ausreichend Zeit, das Verfahren ausführlich zu erklären. Dadurch können die Teilnehmer einschätzen, wie der Test aufgebaut ist und was das Ergebnis aussagt. Es soll dabei kein Raum für Fehlinterpretationen oder Vereinfachungen bleiben. Die Zeit, die man sich nehmen sollte, hängt dabei natürlich auch wieder von der Komplexität des Tests ab.
5. **Betonen Sie den selektiven Ausschnitt des Tests.**
   Jeder Test bietet nur eine bestimmte Perspektive, einen kleinen Ausschnitt auf die Persönlichkeit. Die Persönlichkeit ist viel zu komplex, um sie mit einem Test komplett in all ihren Facetten beschreiben zu können. Dies ist auch gar nicht der Anspruch der Verfahren. Diese Erkenntnis muss aber allen zugänglich sein. Was der eine Test besonders herausstellt kann in einem anderen relativiert werden. Ein Test bietet also immer nur einen weiteren kleine Blick auf Eigenschaften. Aber wie der Blick durch ein Fenster, kommt es sowohl auf den eigenen Standpunkt als auch auf die Beschaffenheit des Raums an, in den man hineinschaut, wie viel man wirklich von der Umgebung erfassen kann.
6. **Sehen Sie Tests als Entwicklungsgrundlage.**
   Der letzte Ratschlag ist vielleicht der wichtigste. Stellen Sie sich vor, Sie bekommen im MBTI das Ergebnis Sie seien ein ENFJ. Okay, dann kennen Sie sich nun selbst und können sich eben darauf zurückziehen und darauf berufen. „Ich bin eben so. Ich treffe schnelle Entscheidungen und dann halte ich daran fest. Ich kann es beweisen. Das steht in meinem Testergebnis." Oder denken Sie an den Intelligenztest, der ein Ergebnis zurückgibt, das entmutig. „Ich bin nicht intelligent genug für diese Aufgabe." Durch diese Interpretation von Testresultaten begrenzen wir uns selbst. Wenn Sie mit dem Gedanken spielen, Tests selbst zu machen oder mit anderen auszuprobieren, dann sollten Sie sich dieser Gefahr bewusst sein. Betonen Sie die Möglichkeiten für die Entwicklung, die sich aus den gewonnenen Erkenntnissen ziehen lassen.

Big Five der Persönlichkeit

Sie wissen jetzt, dass es eine Reihe von Modellen und Theorien gibt, die helfen, die Persönlichkeit eines Menschen zu verstehen. Sie haben aber auch gesehen, dass die bisher betrachteten Ansätze auch einige elementare Schwachpunkte aufwiesen. Wenn man die Persönlichkeit eines Menschen verstehen möchte, dann benötigt man ein Modell, das alle wichtigen Facetten der Persönlichkeit als Dimension berücksichtigt. Und wenn man die Persönlichkeit eines Menschen vermessen möchte, dann braucht man ein Verfahren, das die individuelle Ausprägung dieser Dimensionen messen kann.

Ein solches Modell wird in der Psychologie als ein auf **Traits** (Wesenszüge, Eigenschaften) bezogenes Modell bezeichnet. Dieses grenzt sich ab von den Typologien, indem hier feste und konstante Traits angenommen werden, die einer Person erlauben, sich konstant in verschiedenen Situationen zu verhalten. Jeder Mensch hat dann unterschiedliche Ausprägungen dieser Traits vorzuweisen (Gerrig/Zimbardo 2011).

Nach einem solchen Modell wurde schon sehr früh im letzten Jahrhundert gesucht. Die große Herausforderung bestand für die Forscher darin, die geeigneten Dimensionen zu bestimmen. Was beschreibt eindeutig unsere Persönlichkeit? Mit dieser Frage beschäftigten sich die Forscher Gordon Allport und Henry Sebastian Odbert (Allport/Odbert 1936). Sie hatten die Theorie, dass sich die Persönlichkeit der Menschen in der Sprache wiederfinden lassen müsse. Also wählten sie einen Ansatz, bei dem sie 18.000 Adjektive in Websters Lexikon der englischen Sprache betrachteten, die individuelle Unterschiede beschrieben. Diese Begriffe wurden in der Folge in Bereiche zusammengefasst und weiter verdichtet mit dem Ziel, Eigenschafts-Dimensionen zu finden. Die gefundenen Dimensionen wurden dann Personen vorgelegt, die sich selbst und andere anhand dieser Dimensionen beurteilten. Diese Beurteilungen wurden wieder statistischen Verfahren unterzogen, um herauszufinden, wie die verschiedenen Bereiche untereinander zusammenhingen. Dann wurde weiter verdichtet und getestet, bis am Ende genau fünf grundlegende Dimensionen übrigblieben. Diese fünf Faktoren sind in der Folge immer wieder bestätigt worden und auch durch die Untersuchung anderer Sprachen abgesichert worden.

Das Modell ist heute bekannt unter dem Namen Fünf-Faktoren-Modell der Persönlichkeit oder auch einfach die Big Five (McCrae/Costa, JR. 1999). Die gefundenen Traits haben jeweils eine niedrige und eine hohe Ausprägung, die jeweils die beiden Pole darstellen.

Die erste Dimension ist die **Offenheit für neue Erfahrungen.** Der eine Pol dieses Traits besteht in der starken Neugier auf Neues, hohe Kreativität und der Suche nach intellektuellen Herausforderungen. Menschen mit einer hohen Offenheit hinterfragen Autoritäten. Sie nehmen auch ihre Gefühle intensiver wahr. Der Gegenpol besteht in einer vorsichtigen und konservativen Sichtweise. Dies macht sich auch in oberflächlichen Betrachtungsweisen und Urteilen sowie Einfachheit bemerkbar.

Menschen mit einer hohen Ausprägung in **Gewissenhaftigkeit** sind in der Regel gut organisiert und verantwortungsbewusst. Sie schmieden oft detaillierte Pläne und setzen diese effektiv und zuverlässig um. Sie sind in der Regel sehr leistungsorientiert und sorgfältig. Sie haben moralische Prinzipien und halten sich daran. Bei niedrigen Ausprägungen stellt man eher nachlässiges und unorganisiertes Verhalten fest. Menschen sind dann oftmals ungenauer und unzuverlässiger.

Die Ausprägung der **Extraversion** gibt an, wie Aktivität und gesellschaftliches Verhalten ausgeprägt sind. Hohe Ausprägungen der Extraversion gehen dabei mit Geselligkeit, Aktivität und positiven Gefühlen in Bezug auf andere Menschen einher. Menschen mit einer hohen Ausprägung reden gerne und sind eher optimistisch. Introversion wird mit niedrigen (negativen) Werten der Extraversion ausgedrückt und äußert sich durch Zurückhaltung und eine Tendenz, sich zurückzuziehen und allein zu sein.

Eine hohe Ausprägung in der **Verträglichkeit** (oder auch Angepasstheit) äußert sich in einem zuvorkommenden Verhalten und einer großen Hilfsbereitschaft. Menschen mit hoher Ausprägung sind altruistisch und begegnen ihren Mitmenschen mit Verständnis, Wohlwollen und Mitgefühl. Sie arbeiten gerne mit anderen zusammen und mögen Harmonie. Menschen mit niedrigen Ausprägungen sind eher wettbewerbsorientiert, egoistisch und misstrauen anderen schneller. Sie streiten oft und gerne und tragen Konflikte offen aus.

Die fünfte Eigenschaft ist **Neurotizismus.** Eine hohe Ausprägung zeigt sich in einem Hang zum Grübeln, zum Nachdenken und auch zu Trauer und Angst. Menschen mit hoher Ausprägung machen sich mehr Sorgen um ihre Gesundheit und sind anfälliger für Stress. Sehr hohe Werte können auch mit psychiatrischen Erkrankungen zusammenhängen. Personen mit niedrigeren Ausprägungen sind stabiler und sicherer. Sie können besser mit Stress umgehen und erleben auch seltener negative Gefühle.

Basierend auf den englischen Bezeichnungen für die Big Five wird das Modell auch oft mit dem Akronym OCEAN bezeichnet. Dabei stehen die Buchstaben für Openness, Conscientiousness, Extraversion, Agreeableness und Neuroticism.

Abb. 25: Die Big Five der Persönlichkeit

Die **individuellen Ausprägungen** schwanken bei jungen Menschen noch, stabilisieren sich dann aber bis ungefähr zum 30. Lebensjahr. Dann bleiben die Werte weitestgehend konstant. Ab dem 50. Lebensjahr findet dann meistens noch einmal eine leichte Veränderung statt. Dabei konnte gezeigt werden, dass sich diese Veränderung in der Regel in einer höheren Gewissenhaftigkeit und Verträglichkeit äußert sowie niedrigeren Werten für die Offenheit (Specht u. a. 2011).

Die Forschung stellte sich auch die Frage, wie sehr die Big Five genetisch bedingt sind. Hier gibt es Untersuchungen, die darauf schließen lassen, dass ungefähr 50 % der Ausprägungen durch Erblichkeit zu erklären sind. Offenheit und Extraversion liegen dabei etwas über 50 %, Verträglichkeit etwas darunter. Die Umwelt und die Erfahrungen erklären die restlichen Anteile.

Die Big Five können durch eine Reihe unterschiedlicher Tests erfasst werden, die sich in Fragenanzahl und somit Genauigkeit unterscheiden. Die bekanntesten Testverfahren sind der NEO-PI-R(+) und der NEO-FFI als Kurzversion. Diese Tests erfüllen die Gütekriterien der Validität, Reliabilität und Objektivität. Diese Tests sind allerdings nicht frei erhältlich und müssen bei Testverlagen bestellt werden. Es gibt aber auch freie Tests, die man dann aber kritisch auf ihre Güte überprüfen sollte.

Das Konsistenzparadox

Sie haben also nun ein Modell, das es erlaubt, die Persönlichkeit eines Menschen ziemlich genau und wissenschaftlich fundiert zu messen. Wenn ich nun Ihr **Persönlichkeitsprofil** kennen würde, wäre ich dann in der Lage, Ihr Verhalten vorherzusagen? Denken Sie an einen Menschen, den Sie sehr gut kennen, und an eine Eigenschaft, die Sie als Kern seiner Persönlichkeit sehen würden. Zum Beispiel eine große Offenheit für Erfahrungen in Verbindung mit einer hohen Extraversion. Eine solche Person müsste sich doch jetzt konsistent in ähnlichen Situationen verhalten, oder? Also zum Beispiel, wenn Sie die Person auf verschiedenen Partys beobachten. Aber trotzdem zeigen Beobachtungen, dass sich Personen eben nicht immer konsistent verhalten. Auf der einen Party ist die Person offen und herzlich, auf anderen Partys zieht sie sich vielleicht zurück. Trotzdem wird die Person aber von Ihnen und von anderen als offen und extravertiert beschrieben.

Dieses Phänomen ist als **Konsistenzparadox** bekannt geworden und sehr intensiv untersucht worden (Mischel 2004). Dabei kam man zu dem Konsens, dass man die Situationen zuvor nicht sorgfältig genug kategorisiert hatte. Wichtig ist es, nach den psychologischen Merkmalen von Situationen zu schauen. Eine Party ist eben nicht wie die andere Party, bezogen auf die psychologischen Merkmale. Auf der einen Party wird jemand vielleicht nach intimen Details gefragt und zieht sich daher in sich zurück und verhält sich eben nicht offen und extravertiert, weil es ihm unangenehm ist. Auf einer anderen Party wird über ein interessantes Hobby gesprochen. Hier fühlt sich die Person deutlich wohler und verhält sich entsprechend. Hier sehen wir wieder, wie wichtig der Einfluss von Situation und Kontext ist, und wie schwer es selbst für Fachleute sein kann, dies zu erkennen.

Kann man also das Verhalten von Menschen vorhersagen? Theoretisch vielleicht, aber wir haben ja schon gesehen, dass unsere Welt immer komplexer wird. Wer kann schon alle Beziehungsgeflechte und Erlebnisse eines Tages überblicken, so dass er eine Party treffgenau kategorisieren kann? Im Nachhinein ist das sicherlich möglich, aber im Vorfeld? Erinnern Sie sich an das Cynefi-Modell zur Einschätzung von Situationen.

Persönlichkeit in der Praxis

Verhalten vorherzusagen ist nicht der Anspruch des Big-Five-Ansatzes. Menschen sind keine Roboter. Durch das Modell kann man allerdings einige interessante Zusammenhänge untersuchen, die sich auf Passung von Personen zu Umfeldern beziehen. Im Laufe der vergangenen Jahre ist die Arbeitswelt auf Big Five hin untersucht worden und es gibt einige sehr spannende Zusammenhänge, die zwischen Arbeitsaufgaben, Positionen oder Umfeldern und Ausprägungen auf den Dimensionen des Big Five gefunden wurden.

Im Topmanagement finden sich zum Beispiel vermehrt Personen, die hohe Ausprägungen für Extraversion aufweisen. Zudem sind sie meistens weniger verträglich und haben geringe Ausprägungen für Neurotizismus. Sie haben eine mittlere Ausprägung für Gewissenhaftigkeit und Offenheit. Was sagt uns das nun? In aller erster Linie ist es nur eine Beschreibung. Es wäre unseriös und wissenschaftlich sehr fragwürdig, hier nun eine kausale Beziehung (Ursache-Wirkung) hineinzuinterpretieren. Statistiken sagen nichts darüber aus, ob die Position Personen mit diesem Persönlichkeitsprofil anspricht und anzieht oder ob sie zufällig dort besonders prominent vertreten sind.

Moderatoren weisen statistisch häufig sehr mittige Ausprägungen der fünf Traits auf. Dies könnte ihre Aufgabe erleichtern, sich auf unterschiedliche Menschen einzustellen, zu vermitteln und alle mitzunehmen. Das heißt aber nicht, dass ein Moderator mit extremen Werten in manchen Traits schlechter geeignet wäre.

Klar ist aber, dass ein Big-Five-Profil helfen kann, Aufgaben und Posten zu vergeben, die mit der Persönlichkeit übereinstimmen könnten. Aber wie bei jedem Hilfsmittel sollte man sich nicht ausschließlich darauf verlassen. Aber wenn es darum geht, in einem schwierigen Umfeld Dinge voranzutreiben, dann helfen vielleicht hohe Extraversion und geringe Verträglichkeit weiter. Denn höchstwahrscheinlich wird man viele Diskussionen führen und auch mal harte Entscheidungen vertreten müssen.

Wie in den vorherigen Kapiteln auch, lautet mein Appell an Sie, sich die Modelle und Ansätze herauszusuchen, die Ihren Arbeitsalltag erleichtern und Ihnen helfen, Ihre Mitmenschen besser zu verstehen. Dabei sollten Sie immer im Blick behalten, dass die Landkarte nicht das Gebiet ist. Modelle können Erklärungsansätze liefern, die Ihnen helfen, aber Sie sollten nicht alles durch diesen Filter betrachten. Beherzigen Sie die Hinweise zum Umgang mit Persönlichkeitstests und bemühen Sie sich um die Hintergründe und theoretischen Grundlagen der verwendeten Modelle.

➤ Tipps für VUCA-Helden

In einer VUCA-Welt kommt es auf die Menschen an. Diese sind alle sehr individuell. Damit wir das Verhalten von uns selbst und den Menschen um uns herum einordnen lernen, hilft es, sich mit der Persönlichkeitsforschung auseinanderzusetzen.

1. **Bieten Sie Raum für Introvertierte wie für Extravertierte.**

Die Bedürfnisse von Intros und Extros in Bezug auf Regeneration und Auftanken könnten unterschiedlicher nicht sein. Großraumbüros zermürben die Intros. Sie brauchen die Möglichkeit sich auch einmal zurückziehen zu können. Ermutigen Sie Ihre introvertierten Kollegen, sich Auszeiten zu nehmen.

- Bieten Sie introvertierten Personen Raum und Zeit, sich zurückzuziehen und aufzutanken?
- Haben extrovertierte Personen Gelegenheit, in Austausch zu gehen?
- Gibt es Konflikte oder Probleme, die sich auf die unterschiedlichen Bedürfnisse introvertierter und extrovertierter Menschen in meinem Umfeld zurückführen lassen könnten?

2. **Bringen Sie Intros und Extros zusammen.**

In nahezu jedem Persönlichkeitskonstrukt haben wir gesehen, dass Extraversion und Introversion eine große Rolle spielen. Gleichzeitig haben wir auch bei der Beschreibung der Stärken und Schwächen gesehen, dass ein erfolgreiches Team aus Mitgliedern beider Lager bestehen sollte. Das erfordert natürlich ein paar Absprachen, so dass beide auch ihrem Naturell entsprechend arbeiten können.

- Arbeiten in Ihrem Umfeld introvertierte und extrovertierte Menschen zusammen oder existieren homogene Gruppen?
- Haben introvertierte und extrovertierte Teammitglieder den Raum, ihre Stärken in die gemeinsame Arbeit einfließen zu lassen?
- Sind sich die Teammitglieder der Unterschiede und Bedürfnisse von extrovertierten und introvertierten Menschen bewusst? Können Sie hier Aufklärung betreiben?

3. **Nutzen Sie Modelle zur Einschätzung, aber seien Sie vorsichtig.**

Ähnlich wie die Kenntnis, was einen anderen Menschen motiviert, ist es definitiv hilfreich zu wissen, was seinen natürlichen Vorlieben entspricht. Damit verbunden ist auch, welche Stärken jemand hat. Diversität und unterschiedliche Perspektiven sind hilfreich, und eine ungefähre Idee, wie unsere Mitmenschen denken und wen man in welcher Situation um Hilfe bitten könnte, ist dafür hilfreich. Allerdings sollten Sie dabei aufpassen, dass Sie niemanden in eine Schublade stecken. Es kann genauso gut sein, dass man jemanden falsch einschätzt. Daher sollten Sie jederzeit offen für Anpassungen der eigenen Sichtweise sein.

- Haben Sie eine Idee, wie die Menschen um Sie herum denken, fühlen, handeln?
- Sind Ihre Meinungen fest oder lassen Sie sich darauf ein, Ihr Bild einer anderen Person zu verändern?
- Auf welcher Basis schätzen Sie Menschen ein? Nehmen Sie sich Zeit, das zu reflektieren?
- Achten Sie darauf, nicht dem Bestätigungsfehler zu verfallen (siehe Seite 364, Tabelle 18)?

4. **Lernen Sie sich selbst kennen.**

Die vielleicht wichtigste Erkenntnis gewinnen Sie, wenn Sie sich mit sich selbst beschäftigen. Aufmerksamkeit und Bewusstheit helfen, Situationen einzuschätzen und den eigenen Handlungsspielraum zu erweitern. Je mehr Sie dabei auch über sich selbst und Ihre inneren Prozesse und Präferenzen lernen, desto bewusster werden sie Ihnen. Das ermöglicht es Ihnen, Ihre Schwächen kennenzulernen, zu akzeptieren und daran zu arbeiten.

- Haben Sie eine Antwort auf die Frage, wer Sie sind und wofür Sie stehen?
- Wie verhalten Sie sich „normal"?
- Was sind Ihre Triggerpunkte?
- Sind Sie, wie Sie sind, oder ist das nur eine Momentaufnahme, weil Sie sich ständig weiterentwickeln?

5. **Systematische Teamzusammenstellung**

Wenn Sie eine schlagkräftige Fußballmannschaft zusammenstellen müssten, worauf würden Sie achten? Auf gewisse Fähigkeiten sicherlich. Sie brauchen Verteidiger, Mittelfeldspieler und Stürmer. Wenn Sie jemanden mit einem starken linken Fuß in der Mannschaft haben, ist das hilfreich für gewisse Positionen. Aber haben Sie sich schon mal gewundert, warum zum Beispiel ein Carles Puyol in der mit Weltstars gespickten Elf des FC Barcelona unersetzbar war, obwohl er fußballerisch eher Durchschnitt war? Dafür lohnt sich die Auseinandersetzung mit den Persönlichkeitstypologien.

- Welche Aufgabe bearbeitet Ihr Team und welche Traits oder Denkweisen sind dafür förderlich?
- Besteht das Team aus Menschen mit ähnlichen Präferenzen oder ist es sehr heterogen zusammengestellt?
- Was bedeutet es für die Personalauswahl, wenn Sie bemerken, dass eine Denkpräferenz oder eine Persönlichkeitsdimension im Team fehlt? Wie gehen Sie an die Suche heran? Sind Sie sich auch den Schwächen der Typologien und Tests bewusst?

Ich-Entwicklung

Wir haben gesehen, dass das Verhalten, die Motivation, die Denkweisen und die Zufriedenheit von Menschen sehr individuell betrachtet werden müssen. Unterschiedliche Motive und Präferenzen beeinflussen, wie sich jemand in einem gegebenen Umfeld oder einer bestimmten Situation verhält. Dabei scheinen Motivation und Persönlichkeit relativ stabil zu sein. Bis zu einem bestimmten Alter findet bei jungen Menschen eine **Veränderung der Persönlichkeit** statt und wird als normaler Teil des Lebens angesehen. Junge Menschen sind noch auf der Suche nach sich selbst. Aber irgendwann wird die Persönlichkeit stabil, es bildet sich ein Selbstbild und es findet oft nur noch wenig Veränderung im Hinblick auf die Persönlichkeit statt.

Betrachtet man die Erkenntnisse aus der Intelligenzforschung, dann ist auch hier zumindest eine gewisse Stabilität bei den meisten Menschen festzustellen. Bis zu einem bestimmten Alter steigt der IQ in der Regel an, dann bleibt er relativ konstant. In der VUCA-Welt verlangt aber alles um uns herum nach Veränderung. Diese Forderung nach Veränderung wird auch an die Menschen gestellt, die in dieser Welt leben. Wenn nun aber unsere Motivation, unsere Intelligenz und unsere Persönlichkeit stabil und nur wenig veränderbar sind, was kann sich dann überhaupt noch verändern?

Vielleicht gehören Sie auch schon einer Altersgruppe an, die ein paar Klassentreffen hinter sich hat. Seit meinem Abitur vor knapp zwanzig Jahren hat sich der Großteil der damaligen Stufe spätestens alle fünf Jahre wiedergetroffen. Veränderung geschieht meistens nicht in harten Sprüngen. Wenn man jemanden tagtäglich sieht, dann bemerkt man die kleinen Schritte oftmals gar nicht. Sie kennen doch sicherlich auch das Gefühl, wenn Sie die Kinder von Freunden oder Bekannten nach einer längeren Zeit wiedersehen. Ihnen wird sofort auffallen, dass diese ein gutes Stück gewachsen sind. Für die Eltern sind diese Veränderungen nicht so deutlich, weil sie täglich mit ihren Kindern zusammen sind. Oder denken Sie einmal an die technischen Entwicklungen. Wären Sie Ende der 1990er in einen Dornröschenschlaf gefallen und heute aufgewacht, dann würden Sie sich wie bei Raumschiff Enterprise vorkommen. Plötzlich läuft jeder mit einem kleinen Kommunikator in der Tasche herum. Smartphones sind überall und kaum noch wegzudenken.

Doch zurück zu dem Klassentreffen. Eine solche Gelegenheit stellt eine geradezu wunderbare Möglichkeit dar, **Veränderungen bei anderen Menschen** zu erkennen. Man hat vor Jahren täglich mit ihnen zusammen die Schulbank gedrückt und sie dabei gut kennengelernt. Natürlich waren alle noch sehr jung und damit auch die Persönlichkeit noch nicht gefestigt. Und wenn man sich dann auf einem der Klassentreffen mit den ehemaligen Klassenkameraden unterhält, dann sieht man schon, dass bei vielen eine größere Veränderung stattgefunden hat. Die Motivation ist oft noch die gleiche. Der mutige Entrepreneur, der schon mit 18 Jahren seine erste Telefongesellschaft gegründet hat, ist heute immer noch sehr leistungsorientiert und folgt (möglicherweise) einem Machtmotiv. Aber die Art und Weise, wie er es verfolgt, hat sich verändert im Laufe der Jahre. Oder der Klassenkamerad, der einen großen Wert auf Gruppenzugehörigkeit und Anerkennung legte, nahm früher einfach alles so hin, was seine Clique so an Dummheiten machte. Heute ist ihm immer noch wichtig, viel mit anderen zu tun zu haben. Aber er hat plötzlich eine eigene Meinung, die er auch lautstark vertreten kann, wenn die anderen aus seiner Bezugsgruppe es anders sehen. Solche Beispiele gibt es viele. Vielleicht haben Sie ja ähnliche Beobachtungen in Ihrem Umfeld gemacht.

Aber was veränderte sich jetzt genau? Die Persönlichkeit ist es nicht (oder nur bis zu einem bestimmten Punkt). Die Motive sind es auch nicht. Und die ganze Geschichte wird noch spannender. Wie ist es zu erklären, dass zwei Menschen, die die gleichen Motivstrukturen haben (zum Beispiel ein Leistungsmotiv), einen ähnlich hohen Intelligenzquotienten vorzuweisen haben und von der Persönlichkeit ganz ähnlich eingeschätzt werden, sich komplett unterschiedlich verhalten? Der eine geht über Leichen, um seinen Vorstandsposten zu bekommen, während der andere die Hilfsbereitschaft in Person ist. Wie ist das möglich?

Bis vor ein paar Jahren habe ich mir nicht viele Gedanken darüber gemacht. Ich war irgendwie überzeugt davon, dass Menschen sich ändern können. Ich erinnere mich an ein Gespräch, dass ich mit einem meiner ehemaligen Fußballtrainer hatte. Ich war damals schon ein etwas älterer Spieler in seiner Mannschaft und hatte mit ihm auch schon in einem anderen Verein zusammengearbeitet. Von dort kannten wir einen jungen Spieler, der zwar sehr talentiert war, aber in seiner Persönlichkeit noch ziemlich unreif. Wenn irgendetwas nicht nach seinem Willen lief, dann hatte er Aussetzer, die der Mannschaft und dem Erfolg schadeten. Deshalb hatte er damals die Mannschaft verlassen. Nun war er als Neuzugang zu dem neuen Verein dazugestoßen. Und er hatte in den ersten Wochen einen hervorragenden Eindruck hinterlassen. Ich unterhielt mich also mit unserem Trainer bei einer Laufeinheit und drückte dabei aus, dass ich es schön fände zu sehen, dass Menschen sich verändern. Und war dann sehr irritiert über die Antwort, die ich erhielt. „Menschen verändern sich nicht. Warte erst mal ab." In dem Moment wusste ich nicht was ich dazu sagen sollte, aber mein Trainer sollte Recht behalten. Schon ein paar Wochen später, als der Erfolg ausblieb und unser Neuzugang ein paar Mal nicht zur Anfangsformation gehörte, zeigte er wieder ähnliches Verhalten wie zuvor in dem anderen Verein. Und am Ende der Saison verließ er uns erneut. Mein Trainer hatte also Recht behalten.

Aber wie passte das zusammen? Zum einen hatte ich bei Menschen aus meinem näheren Umfeld grundlegende Veränderungen beobachten können. Zum anderen habe ich sie auch bei mir selbst erlebt. Es gab ein paar Erlebnisse in meinem Leben, die mein Denken komplett auf den Kopf gestellt hatten. Im Nachhinein betrachtet waren das Momente, die zu großen Veränderungen geführt haben. Wenn ich nun auf die Jahre seit meinem Abitur schaue, dann würde ich sagen, dass da durch gemachte Erfahrungen und Bekanntschaften eine große Veränderung stattgefunden hat. Mein Weltbild hat sich mehrfach verändert und Dinge, die mir früher einmal wichtig waren, sind heute nur noch Randnotizen und umgekehrt. Aber wenn ich auf meine Motive und meine Persönlichkeit schaue, dann scheinen diese tatsächlich relativ stabil geblieben zu sein, seit ich in der Schule war.

Dann vor ein paar Jahren, mitten im Psychologiestudium, ist mir etwas begegnet, das das Potenzial mitbrachte, die Fragen zu beantworten. Und eine Theorie, die ich in dem Rahmen kennenlernte, ist für mich dabei zu der zentralen Komponente schlechthin geworden. Dennoch war es keine Liebe auf den ersten Blick. Ich war sehr skeptisch, ob diese Theorie und das Modell wirklich zutreffend sein können. Doch nach und nach bemerkte ich, wie hilfreich die Erkenntnisse für mich waren, und auch, wo die Grenzen lagen. Ich hatte nicht nur eine Erklärung dafür gefunden, wie Veränderung in der Theorie erklärt werden kann, sondern auch praktische Ansätze, die mir halfen, im Alltag mit den Menschen um mich herum zurechtzukommen. Das Modell hatte mir gezeigt, dass ich selbst noch eine große Wegstrecke vor mir habe. Und ich brauchte erst einmal eine Zeit, das zu akzeptieren. Dann aber bot das Modell mir eine schöne Leitplanke an.

Das Modell selbst stammt aus der Entwicklungspsychologie, die sich keineswegs nur mit Kindern und Jugendlichen befasst, wie viele Menschen oftmals annehmen. Bevor wir uns aber dem **Modell der Ich-Entwicklung** zuwenden, sollten wir ein paar Schritte zurückgehen.

Grundlagen

Dafür reisen wir zurück in die frühe Kindheit und treffen auf den Entwicklungspsychologen **Jean Piaget** (Piaget 1978). Dieser beschäftigte sich fast 50 Jahre lang mit der Erforschung von Theorien über das Denken und Problemlösen bei Kindern. Dabei interessierte ihn weniger, welches Wissen die Kinder angesammelt hatten, sondern vielmehr, wie sie die Welt um sie herum in ihren Denkstrukturen abbildeten und organisierten und wie sich diese Strukturen über die Entwicklungsstufen, die sie durchliefen, veränderten.

Piaget fasste diese Ordnung und die Strukturen, die dem Denken zugrunde lagen, unter dem Begriff **Schema** zusammen. Das Schema eines Neugeborenen umfasst einfache Strukturen, die es erlauben, nach Gegenständen zu greifen oder Milch zu saugen. Dieses Schema wird bei fortschreitender Entwicklung erweitert und angepasst, so dass neue Fähigkeiten und Möglichkeiten hinzukommen.

Zur Erweiterung und Veränderung des Schemas kommt es durch Assimilation und Akkommodation. Bei der Assimilation wird das Schema durch neue Information erweitert. Diese Information wird dann so angepasst, dass sie in das vorhandene Schema eingefügt werden kann. Das funktioniert gut, solange diese Struktur die Einordnung zulässt.

Stellen Sie sich vor, Sie sollen Gegenstände anordnen. Vor Ihnen liegen rote, gelbe und grüne Gegenstände. Ihre erste Idee ist es nun, die Gegenstände nach Farben zu sortieren. Also legen Sie die roten Gegenstände in eine Gruppe und genauso verfahren Sie mit den grünen und den gelben. Wenn nun neue Gegenstände gereicht werden, die rot, grün oder gelb sind, dann sortieren Sie diese in die entsprechenden Farbgruppen. Das ist **Assimilation.** Sie haben ein Schema, das vorgibt, wie die Sortierung vorzunehmen ist. Was geschieht nun, wenn Sie einen blauen Gegenstand gereicht bekommen? Nun, dann werden Sie höchstwahrscheinlich eine blaue Gruppe aufmachen. Sie haben Ihr Schema also erweitert und können nun auch blaue Gegenstände verarbeiten. Allerdings hat sich an der Grundstruktur Ihres Schemas nichts verändert. Nun kommt aber jemand zu Ihnen und erklärt, dass es sich bei den Gegenständen zum einen um Lebensmittel und zum anderen um Legosteine handelt. Sie betrachten die rote Gruppe und sehen, dass Sie Tomaten, Äpfel und Kirschen mit roten Legosteinen unterschiedlicher Größe zusammensortiert haben. In den anderen Farbgruppen sieht es ähnlich aus. Nun wird Ihnen klar, dass die Sortierung nach Farben vielleicht nicht die beste ist. Ihr bisheriges Schema muss also verändert werden. Das erste Kriterium ist nicht mehr, welche Farbe etwas hat, sondern ob es ein Lebensmittel oder ein Legostein ist. Diesen Vorgang nennt man **Akkommodation.**

Jean Piaget sah die kognitive Entwicklung als Zusammenspiel von Assimilation und Akkommodation. Er konnte dabei vier aufeinanderfolgende Stadien der kognitiven Entwicklung unterteilen und ging davon aus, dass alle Kinder diese vier Stadien in gleicher Reihenfolge durchlaufen. Zwar konnte er auch zeigen, dass sich eine Abhängigkeit der Stadien zum Alter des Kindes zeigte, aber im Grunde durchläuft jedes Kind diese Stadien in seiner individuellen Geschwindigkeit.

Die erste Phase bezeichnete er als **das sensumotorische Stadium.** In der Regel erstreckt es sich von der Geburt bis zu einem Alter von ungefähr zwei Jahren. Hier ist das Schema darauf ausgelegt, die grundlegenden Funktionen der ersten Lebensmonate zu erfüllen. Also Greifen, Saugen und Beobachten. Eine der Hauptentwicklungen in dieser Zeit ist die Ausbildung einer Objektpermanenz. Die Kinder lernen, dass die Objekte, die um sie herum sind, auch dann existieren, wenn sie gerade nicht mit den Sinnen erfasst werden.

Auf dieses Stadium folgt **das präoperative Stadium.** Kinder durchlaufen es in der Regel in einem Alter von zwei bis sieben Jahren. Dieses Stadium ist von einem starken Egozentrismus geprägt. Die Kinder können sich noch nicht in eine andere Person hineinversetzen. Dies zeigt sich zum Beispiel darin, dass Gespräche unter Kindern noch sehr Ich-bezogen ablaufen. Es sind eher kleine Monologe, die Kinder gehen nicht wirklich darauf ein, was der andere sagt. Diese Phase äußert sich auch sehr prominent im sogenannten Umschüttexperiment: Piaget zeigte den Kindern zwei Gläser. Das eine Glas war mit Wasser gefüllt, das andere leer. Dann schüttete er das Wasser von dem einen Glas in das andere. Wenn er zwei gleiche Gläser verwendete, dann sagten die Kinder, dass die gleiche Menge Wasser nun in dem neuen Glas sei. Verwendete er aber unterschiedliche Gläser, also beispielsweise ein schmales und ein breites Glas, dann orientierten sich die Kinder nur am Füllstand des Glases. Nun behaupteten sie, dass die Menge des Wassers abgenommen habe, wenn es von dem schmalen in das breite Glas geschüttet wurde. Sie urteilten folglich nur aufgrund der Höhe, nicht der Breite. Ältere Kinder hingegen waren in der Lage, beides mit einzubeziehen.

Kinder im **konkret-operatorischen Stadium,** das ungefähr vom siebten bis zum elften Lebensjahr durchlaufen wird, haben das Prinzip der Erhaltung (von Piaget auch als Invarianzprinzip bezeichnet) verstanden. Sie wissen, dass im schmalen Glas schon deshalb nicht mehr Wasser sein kann, weil ja nichts hinzugefügt wurde. Wenn nichts hinzugefügt oder weggenommen wird, dann kann sich auch die Menge nicht verändert haben, selbst wenn die Form sich geändert hat. Zudem erwerben Kinder in diesem Stadium neue Möglichkeiten durch das Verstehen und Durchdenken von Operationen. So entwickeln sie eine geistige Repräsentation von Operationen. Sie können sich vorstellen, was passiert, wenn sie das Wasser wieder in das ursprüngliche Glas zurückschütten würden. Dieses Verständnis von Reversibilität hilft beim Verständnis und der Strukturierung der Welt. Allerdings benötigen die Kinder immer noch konkrete Objekte, um sich die Dinge vorzustellen. Wenn sie Anja und Paul sehen, dann können sie feststellen, dass Paul größer ist als Anja. Wenn sie dann später Paul und Lisa sehen, und Lisa Paul um einen Kopf überragt, dann können sie zu der Schlussfolgerung kommen, dass Lisa die größte von den dreien ist. Wenn sie allerdings Anja, Paul und Lisa nicht gesehen haben, sondern nur von jemanden über die Größenverhältnisse gehört haben, dann können sie diese Schlussfolgerung noch nicht treffen.

Abb. 26: Die kognitiven Phasen der kindlichen Entwicklung nach Piaget

Dazu sind sie ungefähr ab dem elften Lebensjahr fähig, wenn sie **das formal-operatorische Stadium** erreicht haben. Sie entwickeln logisches Denken und können Zusammenhänge erkennen und erforschen. Sie beginnen zu verstehen, dass ihre Sicht auf die Realität nur eine von vielen möglichen Sichtweisen darstellt. Und somit beginnen sie auch, sich mit abstrakten Themen wie Wahrheit, Gerechtigkeit und der Sinnfindung zu beschäftigen.

Die vier Stadien Piagets zeigen, dass die Möglichkeiten der Kinder mit jedem Entwicklungsschritt größer werden. Sie erkennen neue Zusammenhänge und können das bisherige Schema erweitern. Dadurch erweitert sich ihr Handlungsrahmen und sie können zunehmend schwierigere Aufgaben meistern. Die Stadien geben dabei keine wertende Rangfolge wieder. Niemand käme auf die Idee, ein Kind im präoperativen Stadium sei besser oder schlechter als ein Kind in dem konkret-operatorischen Stadium. Es ist lediglich schon weiter in seiner natürlichen Entwicklung und hat eine andere Sicht auf die Welt und dadurch erweiterte Handlungsmöglichkeiten. Ein weiteres wichtiges Merkmal ist, dass die Stufen aufeinander aufbauen. Kinder im formal-operatorischen Stadium können immer noch die Aufgaben lösen, die sie in den Stadien davor gelöst haben. Sie können zunehmend auf komplexere Schemata zurückgreifen, nach der ihre Weltsicht organisiert ist. Hinzu kommt die Erkenntnis, dass die Stadien sequenziell durchlaufen werden. Ein Kind kann nicht einfach das konkret-operatorische Stadium überspringen und direkt im formal-operatorischen Stadium landen. Dann würde die Grundlage für die verbalen Repräsentationen fehlen. Piaget fand heraus, dass diese Abfolge der Entwicklungsstadien in allen Kulturen der Welt zu beobachten sind.

Ein weiteres Untersuchungsfeld von Piaget bestand in der Untersuchung **moralischer Urteile**. Auch hier stellte er fest, dass die Beurteilung, ob ein Verhalten als akzeptabel angesehen wurde, im Laufe der Entwicklung komplexer wurde. Jüngere Kinder urteilten fast ausschließlich nach dem Ergebnis. In einem Experiment wurde ein kleiner Legoturm zerstört. Erst ab einem bestimmten Alter wurde die Absicht der Handlung mit in die Beurteilung des Verhaltens einbezogen. Für jüngere Kinder ist jemand, der unabsichtlich mehrere Legogebäude zerstört, weil er vielleicht darüber gestolpert ist, böser als jemand, der absichtlich ein einziges Gebäude zerstört.

Lawrence Kohlberg griff Piagets Forschungen auf und beschäftigte sich in der Folge intensiv mit der Erforschung moralischer Urteile (Kohlberg/Althof 1996). Er rückte, als Erweiterung zu Piagets Forschung, Erwachsene viel stärker in den Fokus seiner Untersuchungen. Dafür entwarf er eine Reihe von kleinen Geschichten, die moralische Dilemmata enthielten und ließ diese von Versuchspersonen bewerten. In den Geschichten ging es immer um einen inneren Konflikt der Protagonisten. Die bekannteste Geschichte ist das **Heinz-Dilemma.** Die Hauptperson, Heinz, steht vor einer schwierigen Entscheidung. Seine Frau ist sehr krank und wird wahrscheinlich sterben. Aber es gibt ein Medikament, das die Frau retten könnte. Dieses Medikament ist in der Apotheke vorrätig. Der Apotheker, der das Medikament entwickelt hat, möchte es aber nur zu einem unglaublich hohen Preis verkaufen. Dieser ist um ein Vielfaches höher als die Herstellungskosten. Heinz besitzt leider nicht so viel Geld. Daher bleibt ihm nur eine Möglichkeit. In der Nacht bricht er in die Apotheke ein und stiehlt das Medikament für seine Frau.

Die Teilnehmer des Experiments sollen nun verschiedene Fragen zu dieser Geschichte beantworten. War es richtig von Heinz, die Gesetze zu missachten und einen Einbruch durchzuführen? Wäre es vertretbar gewesen, es nicht zu tun? Was wäre, wenn er seine Frau nicht lieben würde? Oder würde er das Gleiche auch für seinen Hund auf sich nehmen? In allen Geschichten kommen also nicht vereinbare Aspekte moralischer Entscheidungen vor.

Kohlberg untersuchte die Antworten der Probanden nicht darauf, ob die Handlung toleriert oder abgelehnt wurde. Ihm ging es um die Argumente, die verwendet wurden, um die Bewertung zu begründen. Er versuchte eine Struktur moralischer Urteile zu ergründen. Dabei erkannte er ein Stufenmodell der moralischen Urteilsfindung. Dieses besteht aus drei Hauptstufen, die wiederum zwei Unterstufen haben.

Die erste Ebene bezeichnete er als die **vorkonventionelle Ebene.** Die meisten Kinder, aber auch noch einige Jugendliche begründen die Urteile mit Argumenten dieser Ebene. Die Argumentation dieser Stufe orientiert sich an einer zu erwartenden Strafe. Es wird also weniger danach geschaut, welche moralischen Grundsätze verfolgt werden, sondern danach, welche Strafe droht, wenn man erwischt wird. Im Heinz-Dilemma könnte eine Ablehnung dadurch begründet werden, dass Heinz eventuell ins Gefängnis muss.

Die zweite Stufe innerhalb der vorkonventionellen Ebene verfolgt eine Kosten-Nutzen-Orientierung in Form eines Zweckdenkens. Hier wird die Gegenseitigkeit des menschlichen Verhaltens erkannt (Reziprozität). Allerdings ist diese Gegenseitigkeit von sehr instrumenteller Natur. Eine Begründung auf dieser Stufe könnte darin bestehen, dass Heinz das Medikament stehlen sollte, weil seine Frau dann eines Tages auch für ihn so etwas tun könnte.

Die zweite Ebene bezeichnete Kohlberg als **konventionelle Ebene.** Die meisten Erwachsenen argumentieren mit konventionellen Argumenten. Die erste Unterstufe auf dieser Ebene wird als „Braves-Kind-Orientierung" bezeichnet. Hier werden Argumente angebracht, die zeigen, dass moralische Erwartungen der Gesellschaft erkannt werden. Entsprechend dieser Erwartungen wird versucht, das eigene Verhalten anzupassen. Gleichzeitig stellt man selbst auch moralische Erwartungen an andere. Wenn die Erwartungen nicht erfüllt werden, dann führt dies zu Schuldgefühlen (Sie erinnern sich vielleicht auch noch an die Introjekte im Zusammenhang mit der Motivation. Hier sehen wir ihre Wirkung in Bezug auf moralische Erwartungen). Hier könnte argumentiert werden, dass Heinz das Medikament nicht stehlen sollte, da dies einen Schatten auf seinen guten Ruf in der Gesellschaft werfen könnte, weil er gegen gängige Vereinbarungen und Gesetze verstoßen hat.

Die zweite Unterstufe konzentriert sich noch viel mehr auf die Gesetze und Regeln der Gesellschaft. Sie besitzt eine starke Autoritäts-Orientierung, bei der anerkannt wird, dass Gesetze und Normen für das reibungslose Funktionieren der Gesellschaft benötigt werden und einzuhalten sind. Hier könnte eine Begründung dann so aussehen, dass Heinz das Medikament nicht stehlen sollte, weil er damit Gesetze verletzt. Und wenn sich niemand mehr an Gesetze hält, dann bricht die Gesellschaftsordnung zusammen. Daher ist es wichtig, sich an diese zu halten.

An dieser Stelle sollte eigentlich die dritte Ebene folgen. Allerdings wurde beobachtet, dass Menschen, die moralische Urteile auf Stufe vier begründet hatten, plötzlich wieder auf Argumente aus Stufe zwei zurückgriffen, also sehr Ich-bezogen und instrumentell argumentierten. Das Phänomen erklärten sich die Forscher durch eine Übergangsphase, in der sich Menschen von den konventionellen Moralvorstellungen lösen müssen und beginnen, diese zu hinterfragen. Da dies aber vielen Menschen noch nicht direkt gelingt, sind sie vorübergehend moralisch orientierungslos. Daher greifen sie wieder auf sehr egozentrische Sichtweisen zurück. Diese Übergangsstufe wird oft als Stufe viereinhalb bezeichnet. Die meisten Menschen erreichen dann früher oder später Stufe fünf, es besteht aber auch die Möglichkeit, dass sie auf Stufe vier zurückfallen.

Die dritte Ebene, die mit Stufe fünf beginnt, wird auch als **postkonventionelle Stufe** bezeichnet. Diese wird meistens erst nach dem 20. Lebensjahr erreicht, wenn sich ein junger Mensch schon genügend mit moralischen Wertemaßstäben auseinandergesetzt hat. Stufe fünf beschreibt dabei die Orientierung am Sozialvertrag. Hier werden die moralischen Werte hinterfragt und nur dann im Einklang mit diesen gehandelt, wenn sich daraus Vorteile für die Gemeinschaft ergeben. Im Heinz-Dilemma könnte zum Beispiel argumentiert werden, dass das Recht auf Leben wichtiger ist als das Recht auf Eigentum des Apothekers.

Die sechste Stufe geht dann noch etwas weiter und orientiert sich an ethischen Prinzipien. Hier werden teils abstrakte Prinzipien zur Begründung herangezogen und nicht mehr konkrete Regeln. Im Heinz-Dilemma könnte zum Beispiel der Diebstahl toleriert werden und dadurch ergänzt werden, dass Heinz sich im Nachhinein dafür einsetzt, dass eine Lösung gefunden wird, die ein solches Dilemma in Zukunft vermeidet.

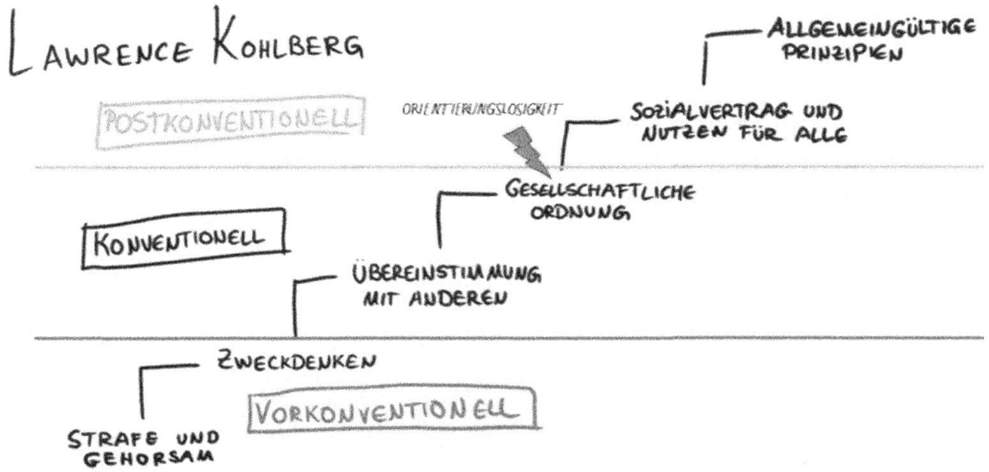

Abb. 27: Das Stufenmodell der Moralentwicklung nach Lawrence Kohlberg

Das Stufenmodell selbst weist sehr viele Parallelen zu dem Modell Piagets zur kognitiven Entwicklung des Kindes auf. Die Stufen werden – wie bei Piaget – in einer klaren Reihenfolge durchlaufen. Sie können nicht übersprungen werden, da sie aufeinander aufbauen. Auch hier gilt, dass die nächsthöhere Stufe umfassender und komplexer als die vorherige Stufe ist. Es können neue Perspektiven in die Urteile einfließen, die aus der Sichtweise der vorherigen Stufen nur schwer oder gar nicht verstanden werden können. Umgekehrt verstehen diejenigen in späteren Stufen die Argumente der vorherigen Stufen. Zuletzt zeigte auch Kohlberg, dass die Stufen in allen Kulturen nachzuweisen sind.

Der große und spannende **Unterschied** zu dem Modell der kognitiven Entwicklung des Kindes besteht zum einen darin, dass das Durchlaufen der Stufen nicht ausschließlich in der Kindheit stattfindet. Die Entwicklung des moralischen Urteils reicht signifikant in das Erwachsenenalter hinein. Die postkonventionellen Stufen werden in der Regel erst in einem Alter über zwanzig Jahren erreicht. Hier gibt es noch eine weitere spannende Erkenntnis von Kohlberg: nicht jeder Erwachsene wird auch jede der beschriebenen Stufen im Laufe seines Lebens erreichen. Er geht davon aus, dass Stufe fünf (Orientierung am Sozialvertrag) nur von 25 % der Erwachsenen erreicht wird, Stufe sechs sogar nur von knapp 5 %. Eine potenzielle Stufe sieben sei noch viel seltener und er selbst nennt als Beispiele für Menschen, die diese moralischen Einsichten erreichten, Jesus, Buddha oder Gandhi.

Was hilft uns nun dieser Rückblick auf die kognitive Entwicklung des Kindes und auf die Moralentwicklung? Zum einen haben wir ein Verständnis gewonnen für Stufenmodelle in der Entwicklungspsychologie. Niemand käme auf die Idee, ein Kind in einer späteren Phase als besser oder schlechter anzusehen als ein Kind in einer früheren Phase. Trotzdem ist es einleuchtend, dass ein Kind in der formal-operativen Phase anders an Probleme herangehen kann und ein größeres Repertoire an Handlungsalternativen besitzt. Kohlberg hat darauf aufbauend gezeigt, dass sich das Denken darüber hinaus auch im Erwachsenenalter noch signifikant entwickelt. Auch er entdeckte ein Stufenmodell mit ähnlichen Gesetzmäßigkeiten wie Piaget. Auch hier bieten die späteren Stufen mehr Handlungsalternativen als die vorherigen.[10]

Jane Loevingers Entdeckung

In den 1960er Jahren stieß eine Gruppe von Psychologen um Jane Loevinger (Loevinger 1976) im Rahmen ihrer Forschung auf ein Muster, das eine ähnliche Entwicklungssequenz bei Erwachsenen darzustellen schien. Loevingers Interesse war geweckt und sie beschloss, die zufällige Entdeckung weiter zu erforschen.

Sie kam in der Folge schnell zu weiteren Einsichten. Das Muster schien mit dem Alter zusammenzuhängen und äußerte sich in der Sprache der Probanden. Das Team entschied sich, das entdeckte Phänomen als „Ich-Entwicklung“ zu bezeichnen. Sie entwickelten einen Satzergänzungstest, mit dem sie weitere Muster aufdeckten. Am

---

10 Ich möchte an dieser Stelle allerdings auch nicht verschweigen, dass Kohlbergs Modell nicht kritiklos angenommen wurde. In seinen Forschungen kamen Geschlechterunterschiede sowie kulturelle Aspekte zu kurz. Zudem wurden auch die Begründungen und Inhalte der postkonventionellen Stufen in Frage gestellt. Ich habe das Modell Kohlbergs an dieser Stelle vorgestellt, weil es eine sehr schöne Brücke für das Verständnis zwischen der kognitiven Entwicklung der Kindheit und dem nun folgenden Modell der Ich-Entwicklung baut.

Ende blickten sie auf ein Modell, das acht aufeinander folgende Modi beschrieb. Jane Loevinger vermutete zwar schon, dass es noch mehr Modi geben könnte, allerdings waren diese aufgrund ihrer Seltenheit schwer zu finden, so dass es noch ein paar Jahre dauern sollte, bis Stufe neun und zehn dem Modell hinzugefügt wurden.

Jede dieser Modi[11] ist durch vier wichtige Aspekte gekennzeichnet: Charakter, Bewusstseinsfokus, interpersoneller Stil und Handlungslogik.

Der **Charakter** eines Modus gibt an, wie sich dieser äußert. Reagiert jemand zum Beispiel eher impulsiv oder besonnen?

Der **Bewusstseinsfokus** gibt an, worauf der Mensch seine Aufmerksamkeit richtet. Stehen zum Beispiel eher Regeln und Gesetze oder eigene Werte im Fokus der Aufmerksamkeit?

Der **interpersonelle Stil** gibt an, wie die Interaktion mit anderen Menschen gestaltet wird. Ist es eher ein Monolog oder ein echter Dialog? Ist Interesse vorhanden oder instrumentalisiert jemand den Kontakt für eigene Ziele?

Zuletzt beantwortet die **Handlungslogik** die Frage, warum Menschen gewisse Dinge tun.

Die Modi, die das Modell beschreibt, weisen die gleichen Gesetzmäßigkeiten auf, wie die Modelle von Piaget und Kohlberg. Die grundlegende Eigenschaft, dass die Modi in einer bestimmten Reihenfolge durchlaufen werden und auch nicht übersprungen oder abgekürzt werden können, trifft dabei auch auf das Modell der Ich-Entwicklung zu. Entwicklung findet hier horizontal und vertikal statt. Bei der horizontalen Entwicklung werden die neuen Informationen und Eindrücke in das bestehende Denkmuster eingefügt (also klassische Assimilation). Die Person befindet sich aber immer noch im gleichen Modus. Von vertikaler Entwicklung spricht man, wenn jemand seine Denk- und Handlungslogik anpasst und bisherige Glaubenssätze und Weltbilder hinterfragt und dann durch neue Perspektiven ersetzt. Hier findet dann auch eine neue Einsortierung des Wissens statt (hier sehen wir die klassische Akkommodation).

Denken Sie einmal zurück an etwas, das Sie als Wendepunkt in Ihrem Leben beschreiben würden. Etwas, das Ihr Denken vielleicht komplett auf den Kopf gestellt hat. Plötzlich war es da und Sie konnten die Welt nicht mehr sehen wie zuvor. Haben Sie solche Phasen durchlebt? Wahrscheinlich haben Sie sich erst einmal verwirrt gefühlt und brauchten eine gewisse Zeit, um sich neu zu orientieren. Es war am Anfang vielleicht ein sehr unangenehmes Gefühl, doch dann haben Sie mit der Zeit festgestellt, dass Sie gestärkt daraus hervorgegangen sind. Plötzlich sahen Sie Chancen und Optionen, wo vorher keine waren. Sie entdeckten vielleicht neue Seiten an sich selbst und anderen und Ihr Handlungsspielraum war vergrößert. Wenn Sie sich an

---

11 Loevinger und die meisten Autoren, die sich auf das Modell beziehen, sprechen an dieser Stelle von Stufen. Die Verwendung dieses Begriffes bedeutet aber implizit für viele Menschen eine Wertung. Eine höhere Stufe ist besser, die niedrige schlechter. Eine solche Aussage ist allerdings – wie wir noch sehen werden – überhaupt nicht haltbar. Damit allerdings auch schon in der Beschreibung des Modells dieser Gefahr gleich entgegengewirkt wird, orientiere ich mich an einer Empfehlung von Svenja Hofert, die von frühen oder späten „Phasen“ (was aber auch negativ belegt sein kann) oder Modi spricht.

solche Phasen in Ihrem Leben erinnern, dann ist die Wahrscheinlichkeit hoch, dass es sich bei diesen Phasen um eine vertikale Entwicklung in einen neuen Modus gehandelt hat. Diese werden oftmals von Krisen eingeleitet. Wenn die bisherige Denk- und Handlungslogik nicht mehr ausreicht, um mit aktuellen Problemen zurecht zu kommen, oder wenn man einfach die Dinge nicht mehr mit seinem bisherigen Denken geordnet bekommt. Dann kommt irgendwann der Moment, an dem man in Frage stellt, was einen bisher geleitet hat. Und das fühlt sich nicht unbedingt angenehm an. Um mit den gesteigerten Anforderungen zurecht zu kommen, beginnt man das Schema zu verändern und erhöht damit seinen Wirkungsgrad. Die Informationen werden nun so angeordnet, dass sie einen neuen Sinn ergeben. Auch wenn Krisen und einschneidende Erlebnisse die häufigsten Auslöser sind, kann vertikale Entwicklung ebenso durch andere Erlebnisse und Erfahrungen angestoßen werden. Durch neue Perspektiven, die zum Beispiel auf Reisen gewonnen werden, oder durch inspirierende Gespräche oder Bücher.

Im geeigneten Umfeld kann man auch gezielt an der **Weiterentwicklung** arbeiten, zum Beispiel durch Coaching und andere Techniken der Persönlichkeitsentwicklung. Allerdings muss jeder Mensch von sich aus bereit sein, den nächsten Entwicklungsschritt zu tun. Nur weil man einen späteren Modus entwickelt hat, heißt das keineswegs, dass man dadurch automatisch glücklicher ist. Es kann sogar das genaue Gegenteil zutreffend sein. Jeder Modus passt sich seinem bestimmten Kontext an. Und je nach Situation und Kontext, sind Menschen vielleicht mit einem früheren Modus glücklicher und zufriedener. Und jemand, der einen sehr späten Modus erreicht hat, den nur sehr wenige Menschen überhaupt jemals erreichen werden, fühlt sich vielleicht sehr einsam, weil die Menschen in früheren Modi ihn vielleicht einfach nicht mehr verstehen werden. Für sie ist er mit seinen merkwürdigen Ansichten und Ideen ein verrückter Idealist oder eben abgehoben. Sollte aber jemand den Wunsch nach Weiterentwicklung verspüren und aktiv daraufhin arbeiten, dann dauert die Entwicklung in der Regel zwei bis drei Jahre, bis ein neuer Modus wirklich verinnerlicht wurde.

Ob ein Modus wirklich verinnerlicht wurde, erkennt man in **Stress- und Drucksituationen**. Ein verinnerlichter Modus ist jederzeit abrufbar, weil er dem Menschen in Fleisch und Blut übergegangen ist. Menschen, die die neue Denk- und Handlungslogik noch nicht vollständig integriert haben, greifen in solchen Fällen zurück auf einen vorherigen Modus. Sie sind zwar vielleicht rational in der Lage die Denkweise des späteren Modus nachzuvollziehen, aber sie sind noch nicht so weit, diese auch selbst in allen Lebenslagen zu reproduzieren. Vielleicht fühlt es sich für sie einfach auch noch nicht richtig an. Jemand, der beispielsweise agile Prinzipien auswendig gelernt hat und die Methoden anwendet, kann trotzdem ins Zweifeln kommen, wenn plötzlich die Geschäftszahlen schlechter werden. So kann es auch zu temporären Regressionen (Zurückfallen in vorherige Modi) kommen. Besonders wenn das Umfeld sich verändert, kann es sein, dass Menschen plötzlich wieder einer Denk- und Handlungslogik folgen, die zu einem viel früheren Modus gehört. Je später der erreichte Modus, desto schneller wird man sich aber der Tatsache bewusst, dass man gerade zurückgefallen ist und eine Regression durchlebt. Diese Erkenntnis hilft dann, um wieder in den späteren Modus zurückzukehren.

Eine weitere spannende Erkenntnis, die für uns noch wichtig sein wird, ist die, dass Menschen in einer Gruppe eine Denk- und Handlungslogik zeigen können (also wirklich reproduzieren können), die einem Modus entspricht, den noch kein Gruppenmitglied individuell erreicht hat. Allerdings braucht es dafür gewisse Rahmenbedingungen. Auf diesen Fakt werden wir später noch einmal genauer schauen. Lassen sie uns nun aber einmal einen Blick auf die von Loevinger und Kollegen gefundenen Modi werfen.

Der erste Modus im Modell der Ich-Entwicklung stellt der **präsozial symbiotische Modus** dar. Dieser Modus wird in den meisten Veröffentlichungen nur am Rande erwähnt, da wir es hier strenggenommen noch nicht mit einem eigenen „Ich“ zu tun haben. Zudem kommt dieser Modus auch nur bei Kleinkindern vor und ist für die Betrachtung der Entwicklung bei Erwachsenen irrelevant. Kinder, die sich in diesem Modus befinden, können noch nicht zwischen sich selbst und der Umwelt unterscheiden. Diese Fähigkeit, die sogenannte Objektpermanenz, muss sich erst noch ausbilden. Erst wenn dieser Entwicklungsschritt durchlaufen wurde, können die Kinder sich selbst getrennt von der Umwelt wahrnehmen. Im Laufe seiner Entwicklung lernt das Kind nun erste Wörter. Durch diesen Spracherwerb beginnt es, sich ein Bild von sich selbst und der Welt zu machen. Am Ende dieser Stufe kann man von einem eigenen Ich sprechen.

Abb. 28: Im Modus E1 kann noch nicht von einem eigenen "Ich" gesprochen werden. Sinnbild für Modus E2 ist der Umgang von Kleinkindern untereinander.

Auch dem **impulsiven Modus** wird meist wenig Aufmerksamkeit geschenkt. Dieser Modus wird ebenfalls von allen Menschen erfolgreich in der frühen Kindheit durchlaufen. Hier findet eine Abgrenzung von der zentralen Bezugsperson statt, also zum Beispiel von Mutter oder Vater. Im Mittelpunkt stehen die eigenen Bedürfnisse. Wenn ein Kleinkind Hunger hat, dann wird es schreien. Es herrscht eine hohe körperliche Abhängigkeit. Die Eltern müssen das Kind füttern oder später dafür sorgen, dass es etwas zu Essen auf dem Teller findet. Die fordernden Kinder können ansonsten schön ungemütlich werden. Allein sind sie noch nicht in der Lage, diese Bedürfnisse zu befriedigen.

Ein wichtiger Aspekt bei Betrachtung der einzelnen Modi ist der **Umgang mit Regeln**. Kinder in diesem Modus haben Regeln noch nicht wirklich verstanden. Sie definieren schlechtes Verhalten darüber, ob sie eine Strafe zu befürchten haben oder nicht. Andere Menschen werden danach eingeordnet, ob sie die eigenen Wünsche befriedigen. Jemand ist gut, wenn er dem Kind Süßigkeiten mitbringt, jemand ist böse, wenn er Gemüse statt Schokolade auf den Teller legt. In diesem Modus sind Kinder auch noch nicht in der Lage, Gefühle differenziert wahrzunehmen. Sie leben komplett im Moment. Ein Denken in die Zukunft findet in diesem Modus noch nicht statt.

Die meisten Beschreibungen der Modi des Modells der Ich-Entwicklung beginnen mit dem Modus E3. Viele Menschen durchlaufen diesen Modus als Kind oder Heranwachsende. Es gibt aber auch noch einen Teil von Erwachsenen aus allen Altersstufen, deren Denk- und Handlungslogik diesem Modus entsprechen. Statistiken zufolge befinden sich ungefähr fünf Prozent der Erwachsenen (der westlichen Gesellschaft) in diesem Modus (Binder/Cook-Greuter 2016).

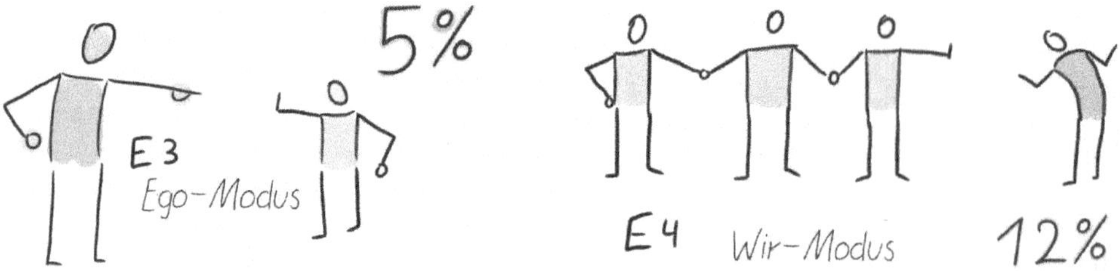

Abb. 29: Modus E3 setzt auf Stärke und Ego. In Modus E4 sind Menschen konformistisch und ordnen sich einer Gruppe unter.

Ein Mensch im **selbstorientierten Modus** hat gelernt, wie Belohnung und Strafe funktionieren. Meistens findet diese Entwicklung im Kindesalter statt. Die Kinder haben gelernt, dass es Regeln gibt und sie wissen auch, dass sie bestraft werden, wenn sie gegen diese Regeln verstoßen. Der Modus zeichnet sich durch eine große Selbstbezogenheit aus. Das heißt, wenn es den eigenen Zielen dienlich erscheint, dann werden Regeln gerne mal gebrochen. Besonders dann, wenn die Wahrscheinlichkeit erwischt zu werden, nicht besonders groß ist, oder, wenn die Konsequenzen, die durch den Regelverstoß zu erwarten sind, überschaubar sind. Vielleicht haben Sie schon einmal bei Kindern beobachtet, wie diese die Regeln für ein Spiel plötzlich einfach brechen oder versuchen umzugestalten, so dass es dem eigenen Vorteil dient. Hier ist schon eine klare Nutzenmaximierung (Opportunismus) erkennbar, die ihren Ursprung im **Modus E3** hat.

Auch die zwischenmenschlichen Beziehungen werden oft nur zum eigenen Vorteil genutzt. Im Gegensatz zum vorherigen Modus E2 löst sich hier die Abhängigkeit von anderen Menschen langsam auf. Unabhängigkeit wird zu einem sehr großen Wert und wichtige Dinge erledigt jemand in diesem Modus lieber gleich selbst. Das eigene Bedürfnis steht auch hier im Vordergrund. Und die Erfüllung dieses Bedürfnisses wird konsequent verfolgt, selbst wenn dadurch andere Mitglieder der Gemeinschaft Nachteile haben oder Schaden nehmen.

In diesem Modus herrscht zudem eine starke Tendenz zum **Selbstschutz**. Ursachen für ein Scheitern oder einen Fehler werden nicht bei sich selbst, sondern bei anderen oder den Umständen gesucht. Die Schuld wird anderen in die Schuhe geschoben. Kritik und Feedback werden nicht angenommen. Das ist keine Frage des Wollens, denn Personen in diesem Modus sind von ihrer Entwicklung her noch nicht bereit, Feedback zu verarbeiten. Ein innerer Kritiker ist noch nicht vorhanden. Selbstkritik ist maximal in ersten Ansätzen vorhanden. Zumeist wird daher auf Aspekte hingewiesen, für die man selbst nichts kann.

Die absolute Stärke dieses Modus ist es, sich durchsetzen zu können. Ziele werden, wenn sie zu den eigenen Bedürfnissen passen, konsequent verfolgt. Beziehungen werden dafür instrumentalisiert und Machtpositionen ausgenutzt. Daher gab es Zeiten und Situationen in der Geschichte, in denen Menschen, die diesen Modus erreicht hatten, einen großen Vorteil besaßen und mit starker Hand Länder und Völker erobern konnten.

Während Modus E3 noch sehr stark von dem Streben nach Unabhängigkeit geprägt ist, sehen wir jetzt im **gemeinschaftsorientierten Modus E4**, dass sich Menschen sehr stark an einer Gemeinschaft orientieren. Das eigene Wohlergehen wird fast untrennbar mit einer Gruppe verbunden. Vielleicht kennen Sie diesen Modus aus der Schule. Schaut man auf einen typischen Schulhof, so kann man dort viele verschiedene Cliquen sehen. Viele Teenie-Filme spielen mit diesen Klischees. Zum Beispiel gibt es die Cheerleader Gruppe oder die Sportskanonen. Diese Gruppen zeichnen sich durch einen sehr ähnlichen Kleidungsstil aus. Aber nicht nur das. Sie verwenden die gleichen Worte, haben die gleiche Meinung und alle, die nicht so aussehen und so reden wie sie, werden ausgegrenzt und zuweilen sogar schlechtgemacht. Zu einer dieser Gruppen dazuzugehören (besonders zu den tonangebenden und beliebten Gruppen), ist das erklärte Ziel vieler Heranwachsender. Und wenn sie einmal dazugehören, dann steht die Gruppe über allem anderen.

Der **Modus E4** zeichnet sich durch eine starke Identifikation mit einer Gruppe aus. Dort akzeptiert zu werden ist mit dem eigenen Wohlergehen untrennbar verbunden. Die Werte und Meinungen der Gruppe werden oft unreflektiert übernommen, das eigene Ego wird der Gruppe komplett untergeordnet. Die Gruppenregeln werden befolgt. Sie werden als wichtig angesehen, weil sie dem Zusammenhalt dienen. Regeln außerhalb der Gruppe sind etwas anderes. Oftmals werden diese wenig bis gar nicht beachtet oder sogar bewusst gebrochen, wenn die Regeln innerhalb der Gruppe dies verlangen.

In diesem Modus wird die Welt in klaren Kategorien abgegrenzt. Alles folgt definierten Regeln und es existiert eine klare Vorstellung, wie etwas zu sein hat.

Dementsprechend gefiltert wird die Welt wahrgenommen. Die Mitglieder der eigenen Bezugsgruppe werden idealisiert. Man sieht sich eher wie man sein sollte und nicht objektiv. Das wird oft sehr stark an Äußerlichkeiten festgemacht. Da das Innenleben noch nicht besonders differenziert ist, helfen solche Gruppennormen, um sich Meinungen zu bilden und in der Gesellschaft zurechtzufinden.

Viele Jugendliche befinden sich in diesem Modus, aber schätzungsweise auch bis zu 12 % der erwachsenen Bevölkerung. Vielleicht kennen Sie auch jemanden, der sich selbst fast ausschließlich durch die Zugehörigkeit zu einer Gruppe definiert und sein ganzes Leben und sein Wertesystem darauf ausrichtet. Wie zum Beispiel die Fußballfans in dem Film „Fußball ist unser Leben“, die mit jeder Faser ihres Körpers Fan sind und sich fast ausschließlich darüber definieren. Verstehen Sie mich nicht falsch, nicht jeder, der am Wochenende für 90 Minuten im Stadion oder vor dem Fernseher zum fanatischen Anhänger seines Lieblingsteams mutiert, ist generell dem Modus E4 zuzurechnen. Für den Zeitraum jedoch findet eine bewusste Regression auf E4 statt. Nach Abpfiff und dem Abebben der Emotionen kehren die meisten Menschen zurück zu ihren schwerpunktmäßigen Werten und Denkweisen.

Gemeinschaftsorientierte Menschen sind sehr gut darin, sich anzupassen und in eine Gruppe einzufügen. Sie sind gute Teamworker und vermeiden Konflikte innerhalb der Gruppe. Diplomatie ist ihre zentrale Handlungslogik. Allerdings tendieren sie auch dazu, keine echte eigene Meinung zu haben und sich sehr stark der Gruppe unterzuordnen.

Auf den gemeinschaftsorientierten Modus folgt der **rationalistische Modus E5**. Eine innere Stimme ist erwacht, die immer lauter wird und dazu anregt, sich selbst eine Meinung zu bilden. Hier steht die Entfernung von der Gruppe im Fokus. Ziel ist es erneut, möglichst unabhängig zu sein. Daran sieht man auch gut, wie der Verlauf von einem Streben nach Unabhängigkeit (E3) zu einer starken Abhängigkeit von einer Gruppe (E4) wieder hin zu einer Form der Unabhängigkeit (E5) pendelt.

Im Modus E5 sind Menschen vielschichtiger. Sie passen nicht mehr so sehr in Stereotype. Jemand definiert sich nicht mehr als Cheerleaderin, als Nerd oder als Fußballfan. Mit dem neuen Modus hat der Mensch auch die Fähigkeit entwickelt, das eigene Innenleben wahrzunehmen und zu erfassen.

Beziehungen zu anderen Menschen werden in unterschiedlichen Gruppen, Konstellationen und Rollen eingegangen. Auch das Verhältnis zu den akzeptierten Regeln ändert sich. Je nach Kontext werden unterschiedliche Regeln geachtet und geschätzt. Beziehungen werden nicht mehr instrumentell gesehen und nur zum eigenen (materiellen) Vorteil eingegangen. Sie werden jetzt nach den damit verbundenen Gefühlen eingeschätzt. Beziehungen, die sich gut anfühlen und Freude bereiten werden verstärkt. Jeder eingegangenen Beziehung kommt so eine individuelle Bedeutung zu.

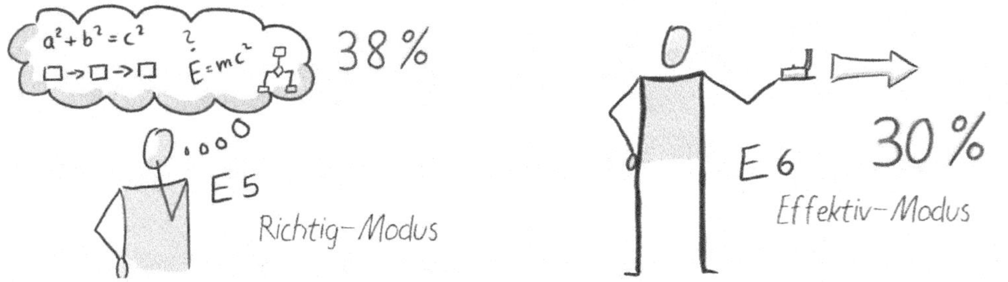

Abb. 30: In E5 sind Menschen wissbegierig und werden zu Experten. Menschen in E6 sind selbstbestimmt und autonom.

Auch im Denken zeigt sich eine höhere Flexibilität. Einstellungen und Meinungen werden kritisch hinterfragt. Was vorher noch aus einer Gruppennorm abgeleitet wurde, wird nun durch die eigene Meinung geprüft. Auch das Verhalten anderer Menschen wird auf neue Weise reflektiert. Es wird nach Gründen gesucht, warum jemand sich so oder eben ganz anders verhält. Und damit verbunden ist auch eine aufkommende Selbstkritik. Kritische Äußerungen und Bemerkungen von anderen, vor allem in sozialen Situationen, werden allerdings zumeist noch als unangenehm empfunden und daher nach Möglichkeit vermieden.

Wichtig für Menschen in diesem Modus ist vor allem das Gefühl, unabhängig und frei zu sein. Sie bilden sich eigene Meinungen und suchen nach der Wahrheit. Diese eigene Meinung entsteht aber noch nicht aus sich selbst heraus, was erst ein Merkmal des nachfolgenden Modus E6 darstellt, sondern gründet sich meist auf Expertenmeinungen und Bücher, die mit Argumenten überzeugen und dann übernommen werden. Dafür sind Menschen in dieser Phase motiviert, zu lernen und sich weiterzubilden. Sie suchen die perfekten Methoden, um ihre Probleme zu lösen. Dabei haben sie eine starke Tendenz, in Extremen zu denken. Es gibt richtig oder falsch, schwarz oder weiß, Effizienz und Verschwendung. Wenn sie ein Problem sehen, dann stürzen sie sich auf die Lösung. Abweichende Meinungen werden nur schwer akzeptiert.

Schätzungen zufolge sind bis zu 38 % der Erwachsenen in diesem Denk- und Handlungsmodus. Sicher kennen Sie Fachexperten, die in ihrem Gebiet absolute Könner sind, direkt mit Lösungen um die Ecke kommen, aber abweichende Meinungen nicht wirklich in Betracht ziehen. Dies könnte ein Hinweis auf den Modus E5 sein. Dieser Modus hat auch ein großes Faible für Prozesse und Regeln. Denn diese geben schließlich vor, wie etwas richtig oder möglichst effizient abzulaufen hat. Autoritäten werden akzeptiert, aber nur, wenn sie sich durch Kompetenz hervorgetan haben. Zwar lernen Menschen in dem Denkmodus gerne, aber vornehmlich, um ihre Expertise und Kompetenz zu vergrößern. Sich selbst zu hinterfragen ist nicht das Lernziel.

Im **eigenbestimmten Modus E6** wird das Ich erstmals unabhängig von anderen gebildet. Zuvor war es immer extern, durch eine Gruppe oder eine (fachliche) Autorität, geprägt. Die innere Stimme des Modus E5 war noch durch die Ideen und Gedanken von

Vordenkern bestimmt, die als richtig anerkannt und deshalb übernommen wurden. Ab dem Modus E6 beziehen sich Menschen auf einen eigenen, inneren Maßstab. Dieser basiert auf Standards und Werten, die nicht von außen vorgegeben wurden, sondern vom Individuum selbst entwickelt wurden. Daran werden nun alle Handlungen und Entscheidungen ausgerichtet.

Auch das Verhältnis zu Regeln verändert sich mit diesem Modus. Diese werden jetzt mit dem eigenen inneren Maßstab verglichen und auf Angemessenheit überprüft. In begründeten Fällen werden Regeln auch gebrochen. Nicht, weil man seine eigenen Bedürfnisse unbedingt befriedigen möchte und denkt, dass man schon nicht erwischt wird. Sondern, weil man diese Regel nicht für sinnvoll erachtet und hinterfragt hat. Dies soll jetzt keinesfalls bedeuten, dass dieser Modus eine große Zahl an potenziellen Gesetzesbrechern hervorbringt. Die meisten gesellschaftlichen Regeln passen zu den inneren Werten und Maßstäben. Aber zum Beispiel Prozessschritte, die als Regeln formuliert sind, werden auf Sinnhaftigkeit geprüft. Und wenn der Sinn nicht gesehen wird, dann sind Menschen in diesem Modus bereit, von definierten Prozessen abzuweichen. Zudem verändert sich der Fokus auch von der Effizienz hin zur Effektivität. In erster Linie soll „das Richtige“ getan werden (Effektivität), erst dann steht „es richtig tun“ (Effizienz) im Fokus. Es bringt nichts, die Leiter möglichst schnell hinaufzusteigen, nur um oben festzustellen, dass sie an der falschen Mauer lehnt.

Der **Umgang mit anderen Menschen** wird auch durch ein größeres Verständnis geprägt. Ein respektvoller Umgang mit sich selbst und mit anderen ist Individuen in diesem Modus sehr wichtig. Motive und Gefühle beim Gegenüber werden bewusst wahrgenommen. Auch das eigene Ich ist zugänglicher. Menschen in dieser Stufe reflektieren viel und können sich selbst und ihre Gefühle wahrnehmen und beschreiben. Damit einher geht eine weiter ausgebaute Fähigkeit zur Selbstkritik. Feedback und Kritik von anderen wird wertgeschätzt und angenommen. Autoritäten werden nicht mehr nur basierend auf der Kompetenz akzeptiert, sondern danach, ob sie die gleichen Werte und Prinzipien vertreten, wie man selbst.

Der Zeithorizont, der das Denken bestimmt, verändert sich ebenfalls. Es wird längerfristig gedacht, was auch den Blick auf die Welt verändert. Die Person stellt sich nicht mehr in den Mittelpunkt. Themen wie Nachhaltigkeit und Verantwortung bekommen eine neue Bedeutung. Mit zunehmendem Verständnis steigt auch das Bestreben, sich weiterzuentwickeln und weiterzukommen. Dabei erkennen Menschen in diesem Modus auch unterschiedliche Sichtweisen und Situationen. Allerdings sind sie fest im Glauben, dass die eigenen Maßstäbe und Werte genau die richtigen sind, was sie vor Probleme stellt, wenn sie Widersprüche erleben, die das eigene Bild auf den Kopf zu stellen scheinen.

In der westlichen Gesellschaft stellt dieser Modus den gewünschten Zielzustand der Entwicklung dar. Erziehung und Ausbildung unterstützen die Entwicklung zu einem selbstbestimmten, autonomen Menschen, der eigene Werte und Maßstäbe besitzt. Von den Erwachsenen sind ungefähr 30 % in diesem Denkmodus.

Mit dem **relativierenden Modus E7** entwickeln Menschen die Fähigkeit, die eigene Sichtweise stärker wahrzunehmen. Zwar ist ihnen auch in den vorherigen

Modi bewusst, dass sie die Welt durch eine bestimmte Brille sehen, allerdings ist dies erst in Modus E7 so ausgeprägt, dass individuelle Unterschiede in großer Breite und Tiefe gesehen werden können. Dadurch werden Unterschiede zwischen verschiedenen Standpunkten und Positionen leichter toleriert. Überhaupt ist dieser Modus dadurch geprägt, dass Dinge relativiert werden. Es geht nicht mehr darum, das Richtige zu finden (E5). Auch die eigenen Werte werden als ein eigenes Konstrukt und eine subjektive Sicht wahrgenommen und nicht als die einzig wahren Werte (E6).

Abb. 31: Menschen in E7 schauen über den eigenen Tellerrand hinaus. In E8 denken Menschen sehr systemisch und kontextbezogen.

Widersprüche werden anerkannt und Menschen in diesem Modus versuchen, diese zu integrieren. Die dabei entstehenden inneren und äußeren Konflikte werden angenommen und akzeptiert. Damit einher geht auch, dass Feedback nun nicht mehr nur akzeptiert und geschätzt, sondern sogar gewünscht wird. Denn dadurch erhält die Person mehr Informationen und Perspektiven über sich selbst, die sie anders nicht bekommen könnte.

Die Sicht auf andere Menschen verändert sich ebenfalls. Diese werden weniger als feste Persönlichkeiten angesehen. Der Entwicklungsaspekt steht viel stärker im Vordergrund. Menschen können sich verändern, zumindest prinzipiell. Durch stärkere Berücksichtigung des Kontextes und der Situation können auch Verhaltensweisen besser verstanden und erklärt werden. In diesem Modus sind Menschen weniger anfällig für den fundamentalen Attributionsfehler.

Dieser Modus erleichtert zudem den Umgang mit komplexen Problemen. Sich ständig verändernde, mehrdeutige Umgebungen erzeugen wahrgenommene Gegensätze. Im **Modus E7** fällt es leichter, diese Unsicherheit und eventuelle Gegensätze anzunehmen und nach Möglichkeiten der Integration zu suchen. Allerdings fällt es Menschen auch schwer, sich festzulegen. Sie sind sich bewusst, dass alles immer zwei Seiten hat. Aus diesem Modus schauen ungefähr 10 % der Erwachsenen auf die Welt.

Menschen im **systemischen Modus E8** ist es gelungen, die inneren Konflikte und Widerstände zu akzeptieren und zu einem integrierten Teil ihrer Persönlichkeit zu machen. Ihnen ist es möglich, das große Ganze zu sehen. Dabei verschwindet das exzessive Verantwortungsgefühl, das in früheren Modi noch sehr viel Raum einnimmt. Es verschwindet aber nicht, weil die Person sich nicht verantwortlich fühlt, sondern weil sie akzeptiert, wie die Dinge laufen, und die Sicherheit und das Wissen hat, einzuschätzen, welchen Teil sie beeinflussen kann.

Die Andersartigkeit der Menschen wird vollständig akzeptiert und das Bedürfnis nach Selbstbestimmung geschätzt. Hautfarbe, Religion, Geschlecht und Sexualität sind voll respektiert. Es herrscht nicht bloß Toleranz, sondern eine echte Akzeptanz. Die Gruppe, der sich ein Mensch in dieser Stufe zugehörig fühlt, ist universeller. Es ist das globale Dorf, die Gemeinschaft aller Menschen. Zwar ist die eigene Unabhängigkeit gegeben und wird als wichtig eingestuft, gleichzeitig werden aber auch bewusste Beziehungen und Abhängigkeiten eingegangen. Diese werden so gestaltet, dass sie selbstbestimmt und zu beiderseitigem Vorteil sind.

Die **Sicht auf die Welt** ist sehr breit und differenziert. Menschen in diesem Modus verspüren einen großen Drang sich weiterzuentwickeln. Allerdings erscheinen sie auch Menschen in vorherigen Modi zuweilen abgehoben und realitätsfern, da diese mit ihren Einstellungen nichts anfangen können und sie schlicht nicht verstehen. Sie werden dann gerne in klischeehaften Schubladen als realitätsfremd, öko, alternativ oder „esoterisch" abgestempelt. Die Zahl der Menschen in diesem Modus wird auf circa 4 % geschätzt.

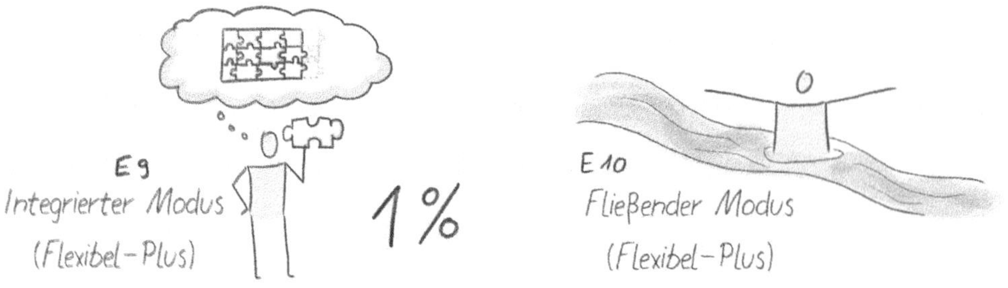

Abb. 32: Menschen in E9 können Widersprüche integrieren. In E10 ist alles im Fluß der Dinge.

Nur noch knapp 1 % der Bevölkerung ist im **integrierten Modus** angelangt. Die Beschreibung dieses Modus ist daher auch sehr schwierig. Hier steht die Selbstaktualisierung im Sinne Maslows im Vordergrund. Zudem sind Gegensätze und Grenzen nahezu komplett aufgelöst.

Jane Loevinger hat diese Stufe selbst nie untersucht. Sie glaubte, dass es zu schwer sei, eine ausreichende Zahl an Menschen zu finden, so dass man überhaupt auf gemeinsame Charakteristika stoßen könnte. Andere Forscher, besonders Cook-Greuter, haben sich eingehender damit beschäftigt und sogar noch eine zehnte Stufe hinzugefügt.

Wenn es schon schwerfällt, den **Modus E9** zu erkennen und zu beschreiben, so ist dieses Unterfangen für die Stufe noch einmal um einiges schwieriger. Hier wird das Bedürfnis, die Umwelt oder Ereignisse zu bewerten, komplett fallengelassen. Der Mensch verschmilzt mit Raum und Zeit und dem Universum um ihn herum. Das zugrunde liegende Denken übersteigt Zeit und Raum. Die Entwicklung ist jedoch nie abgeschlossen, so dass stets die Möglichkeit besteht, dass sich ein weiterer Modus zeigt.

Die Autorin Svenja Hofert schlägt für die verschiedenen Modi etwas einprägsamere Namen vor. Diese beschreiben einen sehr dominanten Wesenszug des jeweiligen Modus. Sie nennt daher E3 (Impulsiv) den **Ego-Modus,** Modus E4 (gemeinschaftsbestimmt) ist für sie der **Wir-Modus,** E5 (rational) ist für sie der **Richtig-Modus,** E6 (eigenbestimmt) der **Effektiv-Modus.** Darauf folgt mit E7 der **Flexibel-Modus** (relativierend), die darauffolgenden Stufen E8 bis E10 fasst sie unter dem **Flexibel-Plus-Modus** zusammen. Diese Namensgebung finde ich etwas aussagekräftiger als die klassischen Bezeichnungen, daher werde ich im weiteren Verlauf darauf zurückgreifen.

Modus[12]	Anteil	Charakter	Bewusstseinsfokus	Interpersoneller Stil	Handlungslogik[13]	Beschreibung
E3 – Ego	5 %	eigennützig	Impuls	Monolog	Opportunist	rücksichtslos, auf eigenen Vorteil bedacht, manipulativ, instrumentalisierend
E4 – wir	12 %	angepasst	Gruppe	sozialer Monolog	Diplomat	Gruppendenken, Unterordnung, keine eigene Meinung
E5 – richtig	38 %	selbstbewusst	Kompetenz	(eingeschränkter) Dialog	Fachexperte	Effizienz, wahrheitssuchend, Kompetenz, Regeln, Prozesse
E6 – effektiv	30 %	selbstverwirklichend	innerer Maßstab	Dialog	Macher	innere Stimme, eigener Maßstab, Effektivität, Feedback
E7 – flexibel	10 %	flexibel	Kontext	Offener Dialog	Berater	akzeptierte Widersprüche, sieht eigene Subjektivität, relativiert
E8/E9 – flexibel plus	5 %	selbstaktualisierend	Sinn	offener Dialog	Stratege/ Alchemist	transformierend, integriert, volle Akzeptanz

Tab. 8: Übersicht über die Modi der Ich-Entwicklung

12 Ich beziehe mich hier auf die vereinfachte Bezeichnung der Modi, wie sie von Svenja Hofert vorgeschlagen werden in Hofert (2017b).

13 Handlungslogik nach Rooke/Torbert (2009).

Wenn wir das Modell der Ich-Entwicklung mit dem Modell von Kohlberg zur Moralentwicklung vergleichen, dann können wir einige Gemeinsamkeiten entdecken. Auch die Modi der Ich-Entwicklung werden der Reihe nach durchlaufen. Allerdings wird nicht jeder Mensch jeden beschriebenen Modus erreichen. Die Muster der Stufen der Ich-Entwicklung und Kohlbergs haben dabei auch inhaltliche Ähnlichkeiten. Zum Beispiel zeigt sich das vorkonventionelle Denken im Ego-Modus. Die meisten Menschen entwickeln im jungen Erwachsenenalter dann einen Modus der konventionellen Stufe. Die Effektiv-Phase ist das Ziel der Erziehung und repräsentiert die Werte unserer (westlichen) Gesellschaft. Die Modi der **Flexibel-Phase** (E7-E10) stellen die Stufe des postkonventionellen Denkens dar.

Es klang bereits an, dass ein Modus weder gut noch schlecht ist. Es gibt einfach frühere und spätere Modi. Ein späterer Modus sagt dabei nicht aus, dass der Mensch, der diese Entwicklung genommen hat, erfolgreicher oder glücklicher ist als jemand in einem früheren Modus. Es gibt Umgebungen, in denen ein bestimmter Modus einfach passender ist. Es gibt prominente Beispiele für Personen, die die Welt und sich selbst mit dem Ego-Modus erleben, darunter auch einige hochrangige Politiker und Wirtschaftsbosse. Ihre manipulative und instrumentalisierende Art hat sie in Führungspositionen gebracht. Ihr egoistischer Wille, sich unbedingt durchzusetzen, hat dabei Verhalten ermöglicht, das ihnen einen Vorteil gegenüber Menschen in späteren Modi einbrachte, die vor einem solchen Verhalten zurückschreckten. Der Ego-Modus nimmt keine Rücksicht auf Regeln und die Gefühle anderer. Jemand im Effektiv-Modus, dem gegenseitiger Respekt und innere Werte wichtig sind, würde vor gewissen Verhaltensweisen zurückschrecken, die Person im Ego-Modus tut sie einfach, wenn sie den eigenen Zielen dienen. Der Ego-Modus ist besonders erfolgreich, wenn ihm Macht und Mittel zur Verfügung stehen, seinen Willen auch gegen Widerstände durchsetzen zu können. Zum Beispiel körperliche Stärke oder eine hohe Position mit viel Macht.

Ein spannendes Muster besteht im Wechselspiel der beiden Pole „Verbundenheit" und „Autonomie" im Entwicklungsverlauf. Nach einer anfänglichen Phase der Verbundenheit durch die Abhängigkeit des Kleinkinds zu einer Bezugsperson, strebt der Mensch nach **Unabhängigkeit**. In der Ego-Phase ist dieses Streben sehr ausgeprägt. Man möchte auf eigenen Beinen stehen, niemandem etwas schulden, niemandem Rechenschaft ablegen müssen. Jede Abhängigkeit wird als Schwächung angesehen. Darauf folgt mit dem nächsten Entwicklungsschritt in den Wir-Modus ein kompletter Kurswechsel. Nun begibt man sich in eine Abhängigkeit von einer Gruppe oder eine Autorität. Der Richtig-Modus stellt dann eine Übergangsphase dar. Der Mensch löst sich wieder von der Gruppe, beendet somit die Abhängigkeit. Er verfolgt nun eigene Ziele und sucht nach Wahrheit. Entwickelt er sich in den Effektiv-Modus, so spielt die Autonomie wieder eine große Rolle. Allerdings ist die Ausprägung anders als im Ego-Modus. Nun wird nicht mit allen Mitteln versucht, eine materielle Unabhängigkeit zu erreichen. Hier ist durch die Entwicklung der eigenen Wertmaßstäbe schon eine Form der Unabhängigkeit gegeben. Materielle Zwänge können zwar noch bestehen, aber viel wichtiger ist die Autonomie in Bezug auf Abhängigkeit von Maßstäben und Bewertungen anderer. Der anschließende Flexibel-Modus ist wieder eine Übergangsphase, die zur Flexibel-Plus-Phase hinleitet, die wieder die Verbundenheit hervorhebt. Aber auch hier sehen wir eine andere Qualität der Verbundenheit als in der Wir-Phase. Hier geht der Mensch bewusst Beziehungen ein. Es kommt zur Interdependenz, also der gewollten Verbundenheit im Unterschied zu einer Abhängigkeit. Die Modi E9 und E10 sind dann durch eine Balance zwischen den beiden Polen gekennzeichnet.

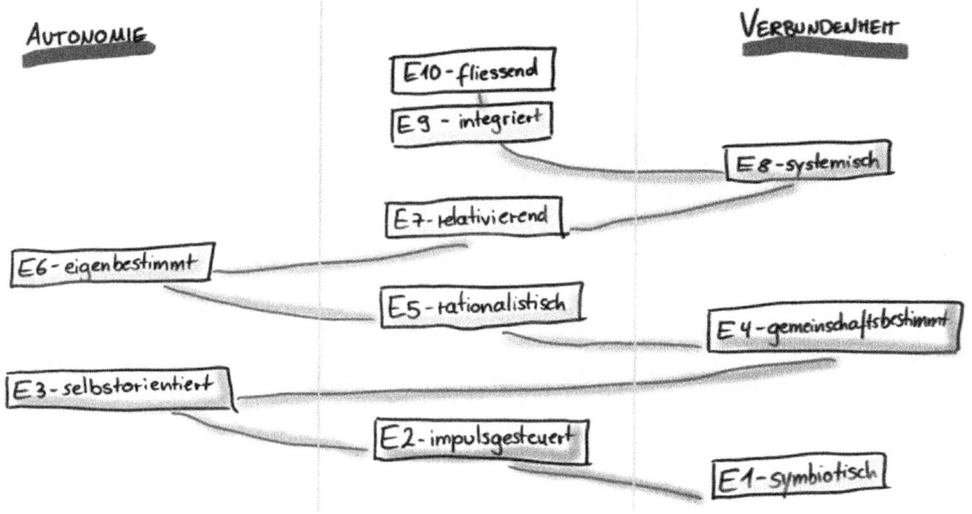

Abb. 33: Das Pendeln zwischen Autonomie und Verbundenheit (angelehnt an Binder/Cook-Greuter 2016)

Arbeiten mit dem Modell

Das Modell der Ich-Entwicklung stellt für mich eine zentrale Erkenntnis dar. Sie hat Einfluss darauf, wie sich der einzelne Mensch verhält, aber auch wie Teams interagieren. Sie hat auch direkten Einfluss auf Führungserfolg (wie wir ab Seite 223 (Führungserfolg in Zeiten der Veränderung) noch sehen werden) und darauf, wie Organisationen aufgebaut sind.

Die **Bestimmung des Modus**, in dem man selbst oder jemand anderes gerade auf die Welt blickt, ist aber leider nicht ganz so einfach. Es gibt ein Testverfahren, das gemäß den Gütekriterien wissenschaftlicher Tests als sehr valide und reliabel anzusehen ist. Da dieses Verfahren allerdings auf einen Satzergänzungstest aufbaut, benötigt es viel Erfahrung, um die Auswertung vorzunehmen. Ein umfassendes Training ist dafür notwendig. Zudem kommt eine weitere Schwierigkeit hinzu. Um die späteren Modi in der Auswertung auch erkennen zu können, muss der Auswerter selbst auch sehr weit in der eigenen Entwicklung sein.

Vor diesem Hintergrund sollte man also sehr vorsichtig damit sein, den Modus anderer Leute zu „erraten". Zum einen können auch die späteren Denkmodi auf Verhalten zurückgreifen, das eher für einen früheren Modus spricht. Sie tun dies aber mit einer anderen Haltung, die nicht in unbedingt in der Handlung erkennbar ist. Zudem ist auch die Zuordnung zu einem Denkmodus nicht trennscharf. So gibt es zwar einen Modus, in dem ein Mensch sich schwerpunktmäßig befindet, aber in bestimmten Bereichen kann er schon einen Schritt weiter sein[14]. Sie sollten nie vergessen, dass das Modell der Ich-Entwicklung ein Modell ist. Ein sehr hilfreiches Modell, nicht mehr und nicht weniger. Die Landkarte ist nicht das Gebiet.

Wenn Sie tiefer in dieses Thema einsteigen möchten, dann finden Sie zum Beispiel sehr praktische und gut verständliche Hilfsmittel zur Selbst- und Fremdeinschätzung in dem Buch „Hört auf zu Coachen" (Hofert 2017b). Darin wird die Aufmerksamkeit auf Fragen gelenkt, die charakteristische Merkmale der Modi betreffen (zum Beispiel wie jemand Erfolg definiert, auf kritisches Feedback reagiert oder was Frustration hervorruft).

Die Ich-Entwicklung steht auch nicht im Widerspruch zu den bisher vorgestellten Theorien der Motivation und der Persönlichkeit. Stattdessen wirkt die Ich-Entwicklung als Moderator und legt sich somit über diese Schichten. Ein ausgeprägtes Machtmotiv kann auf unterschiedliche Arten verfolgt werden. Jemand im Ego-Modus wird hier sicherlich ganz andere Ziele verfolgen und Mittel einsetzen, die jemand mit einem ebenso starken Machtmotiv in einem Flexibel-Modus strikt ablehnen würde. Und zwei Menschen mit exakt dem gleichen Persönlichkeitsprofil auf den Big-Five können sich komplett unterschiedlich verhalten, je nachdem, welcher Modus dominiert.

➤ Tipps für VUCA-Helden

Die Denkmodi der Ich-Entwicklung helfen zu verstehen, warum sich Menschen in gewissen Situationen so verhalten, wie sie es tun. Durch das Verständnis des Modells wird uns bewusster, in welcher Abfolge die Entwicklung verläuft. Dadurch können wir Umfelder schaffen, die entwicklungsfördernd sind. Das Verständnis des Modells ist dabei der erste Schritt. In den folgenden Kapiteln wird der Einfluss der Ich-Entwicklung auf Teamarbeit, Coaching, Führung und Veränderung noch spezifisch betrachtet. An dieser Stelle sind daher allgemeine Tipps zu finden.

1. **Betrachten Sie das Modell als Hilfsmittel, nicht als Schublade.**

Betrachten Sie das Modell als Hilfsmittel, nicht als die reine Wahrheit. Das Modell ist hilfreich, um die eigenen Denkweisen und die anderer Menschen zu

14 Oder einen Schritt zurück. Denken Sie an das Beispiel mit dem Fußballfan, der am für ein paar Stunden am Wochenende in den Wir-Modus (E4) regressiert. In der Situation (Fußballspiel) ist der Wir-Modus aktiv. Ein paar Stunden später, im Alltag, ist vielleicht schon wieder der Effektiv- oder Flexibel-Modus tonangebend.

verstehen. Allerdings sollten Sie auch immer damit rechnen, dass die getroffene Einschätzung falsch sein könnte.

- Was können Sie aus dem Verhalten und den Äußerungen Ihrer Mitmenschen für Schlüsse bezüglich der Denk- und Handlungslogik ziehen?
- Berücksichtigen Sie die aktuelle Situation und den Kontext?
- Sind Sie bereit, Ihre Ansichten jederzeit zu verändern? Wirklich?

2. **Bewusstheit ist der erste Schritt.**

Die Kenntnis des Modells kann helfen, die eigene Entwicklung gezielt voranzutreiben. Daher machen Sie das Modell bekannt und vermitteln Sie die Erkenntnisse. Dies erhöht das Verständnis für die Unterschiedlichkeit und die Sichtweisen der anderen.

- In welchem Kontext könnte die Kenntnis des Modells der Ich-Entwicklung vorteilhaft sein?
- Welche Zielgruppe profitiert am meisten von der Kenntnis des Modells?
- Wie können Sie die Thematik so vermitteln, dass Risiken und Chancen gleichermaßen verstanden werden?

3. **Man kann sich nur selbst verändern.**

Der Wunsch nach Veränderung muss von innen kommen. Man kann niemandem Veränderung aufzwängen. Die meisten Menschen sind glücklich mit ihrem Leben, so wie es ist. Sie in eine Veränderung zu drängen, wäre unethisch. Zudem ist die vertikale Entwicklung auch immer mit einer Phase der Orientierungsfindung verknüpft, die für die Menschen stressig und unangenehm sein kann.

- Sind Sie sich Ihrer Subjektivität bewusst?
- Haben Sie ein klares „Ja" von Ihrem Gegenüber bekommen, dass Sie ihm bei der Veränderung und Persönlichkeitsentwicklung helfen dürfen?
- Sind Sie ausreichend qualifiziert und vorbereitet, einen solchen Schritt zu begleiten? Wenn nicht, was fehlt Ihnen?

4. **Gehen Sie verantwortungsbewusst mit dem Stufenmodell um.**

Auch wenn ich mir Mühe gegeben habe, die Entwicklung durch Modi zu beschreiben, die früher oder später angesiedelt sind, fühlen sich nach meinen Erfahrungen immer noch viele Menschen durch das darunterliegende Stufenmodell bedroht. Stufenmodelle verleiten dazu, von höheren und niedrigeren Stufen zu sprechen, was einer Wertung gleichkommt. Das führt schnell zu Ablehnung. Wir haben es hier aber mit einer Stufenentwicklung zu tun, die ähnlich zu sehen ist wie die Entwicklung der kognitiven Fähigkeiten bei Kindern. Hier wird eher akzeptiert, dass spätere Stufen mehr Handlungsmöglichkeiten eröffnen, aber nichts über den Wert des Kindes aussagen. Da in der Ich-Entwicklung nicht alle Stufen von jedem erreicht werden, besteht die Gefahr, sich minderwertig oder überlegen zu fühlen. Eine Stufe ist weder gut noch schlecht. Sie hat Vor- und Nachteile. Und sie sagt nichts über Zufriedenheit oder Erfolg aus. Das sollte man sich immer vor Augen halten. Wenn Sie das Modell an andere vermitteln, sollten Sie sich dieser Herausforderung immer bewusst sein.

- Wie gelingt es Ihnen, das Stufenmodell als nicht wertend darzustellen?
- Sind Sie auf Widerspruch und Ablehnung vorbereitet?
- Können Sie mögliche Vorbehalte nachvollziehen?

3 Das Team als treibende Kraft

Wenn die Saison beginnt, steht an oberster Stelle
alles mit dem Team zu gewinnen. Persönliche
Auszeichnungen sind zweitrangig.
Lionel Messi

Überall wird von Teams gesprochen. Nicht nur im Sport, wo es offensichtlich ist, dass manche Ziele nicht von Einzelnen erreicht werden können. Auch in der Arbeitswelt kommt dem Team eine immer größere Bedeutung zu. In den letzten Jahrzehnten hat sich grundlegend verändert, was von einem Team erwartet wird und auch, was wir unter einem Team zu verstehen haben. Sind Menschen, die im gleichen Raum sitzen, den gleichen Chef haben und Aufträge abarbeiten, die sie zugewiesen bekommen ein Team? Spielt es dabei eine Rolle, dass sie sich gegenseitig zum Geburtstag einladen und die Mittagspause zusammen in der Kantine verbringen?

Im folgenden Kapitel sehen wir uns einmal genauer an, warum Teams in der komplexen Umwelt von VUCA so wichtig sind und was ein Team in der herausfordernden VUCA-Welt ausmacht. Wir lernen die Probleme kennen, die bei der Zusammenstellung eines Teams auftreten können und wie man ihnen begegnen kann. Wir werden sehen, welche Herausforderungen Selbstorganisation innerhalb von Teams mit sich bringt, was sie so wichtig macht und wie man diesen Prozess unterstützen kann.

Vom Einzelkämpfer zum Team

Die Zusammenarbeit in einem Team bringt im komplexen Umfeld viele Vorteile mit sich. Gerade dort ist es hilfreich, möglichst viele unterschiedliche Sichtweisen und Fähigkeiten zusammenzubringen. Nicht umsonst sind die Teams, die Takeuchi und Nonaka 1986 im „New new product development“ beschrieben haben, interdisziplinär aufgestellt worden. Es waren nicht einzelne Helden, die die Unternehmen retteten, sondern die Zusammenarbeit unterschiedlichster Menschen in einem schlagkräftigen Team. Nicht ohne Grund stellt daher das Agile Manifest die Zusammenarbeit im Team in den Vordergrund.

Nicht nur die fachlichen Fähigkeiten der einzelnen Teammitglieder sind dabei von großer Bedeutung. Auch die gerne als „Soft Skills“ bezeichneten Eigenschaften erweisen sich als hilfreich. Stellen Sie sich einmal mehr eine Fußballmannschaft vor. Dass hier eine ausgeglichene Mischung der Positionen und Stärken der Spieler hilfreich ist, liegt auf der Hand. Wenn man eine Mannschaft nur aus Verteidigern zusammenstellt, dann wird das Team wahrscheinlich Probleme haben, Tore zu erzielen. Wenn man nur Stürmer zusammenbringt, dann bekommt das Team wahrscheinlich mehr Tore eingeschenkt, als es selbst schießen kann. Daher braucht man Fachexperten für Angriff und Verteidigung im Team. Nun gibt es im Fußball noch viele weitere Aspekte, die zusammenlaufen müssen. Man braucht ein gutes Passspiel und muss sich gut in Position bringen. Um Tore zu schießen, braucht man zudem einen guten Schuss. In der Abwehr muss man Wege zustellen und ab und an auch mal eine Grätsche ansetzen. Sehr vorteilhaft wäre auch, wenn ein Spieler dazu noch schnell wäre, kopfballstark, die Ruhe am Ball hat und zwei starke Füße besitzt. Alles zusammen genommen ist es sehr unwahrscheinlich, dass eine Person alle diese Fähigkeiten in sich vereint. Daher ergibt es Sinn, darauf zu achten, eine gute Mischung zu finden, wenn man eine Mannschaft zusammenstellt. Aber damit ist man noch lange nicht fertig. Man hat zwar nun alle „Experten" versammelt, aber damit sich der Erfolg einstellt, braucht es noch mehr. Es gibt Aspekte innerhalb eines Teams, die außerhalb des Spielfelds wichtig werden. Hat man Egoisten in den eigenen Reihen, die die Stimmung stören? Gibt es Selbstdarsteller, die die Mannschaft nur als Sprungbrett für höhere Aufgaben nutzen wollen? Gönnt man den Mitspielern Einzelerfolge? Alles Faktoren, die man bei einer Fußballmannschaft im Blick haben sollte. Und wenn man eine Mannschaft erst einmal so zusammengestellt hat, dann muss diese sich auch erst einspielen, bis sie zur Höchstleistung aufläuft. Dafür wird im Sport viel investiert.

Viele Erkenntnisse der **Teamforschung** im beruflichen Umfeld entstammen dem professionellen Mannschaftssport. Viele erfolgreiche Trainer haben Führungsratgeber für die Wirtschaft geschrieben.

Wenn ich im Folgenden über Teams spreche, dann beziehe ich mich auf ein paar grundlegende Eigenschaften, die ein Team von einer (Arbeits-)Gruppe unterscheiden[1]:

- Ein Team hat mindestens drei Mitglieder.
- Es gibt ein Ziel, das für alle Mitglieder wichtig ist und das niemand allein erreichen kann.
- Jedes Mitglied kann mit seinen Fähigkeiten zur Erreichung des Ziels beitragen.
- Die Teamkonstellation ist relativ stabil über die Zeit.
- Eine Teamidentität ist vorhanden.
- Das Team überprüft sich selbst und ist bestrebt, sich zu verbessern.

Die Teamuhr

Stellen Sie sich vor, ein Team wird im beruflichen Kontext neu gebildet aus Menschen, die vorher noch nicht miteinander gearbeitet haben. Sehr wahrscheinlich werden sich die Teammitglieder nun erst einmal beschnuppern. Niemand weiß so recht, was er von den anderen im Team zu halten hat. Ein erstes Kennenlernen findet statt. Nachdem man weiß, mit wem man es zu tun hat, weiß man aber noch nichts darüber, wie die anderen wirklich ticken und welche Rolle man im Team einnehmen wird. Wird man akzeptiert werden? Wird man eine wichtige Rolle spielen? Was kann man selbst und die anderen

1 Entfernt angelehnt an die Definition von Mabey/Caird (1999).

zum Teamerfolg beitragen? Alles Fragen, die in der ersten Phase einer Teambildung wichtig sind. Diese Phase bezeichnet der amerikanische Psychologe Bruce Tuckman als die **Forming-Phase** des Teams (Tuckman 1965). Sie ist geprägt durch Unsicherheit, Verwirrung und einem ersten Kennenlernen der Teammitglieder.

Während das eigentliche Ziel des Teams oder der Arbeitsauftrag in dieser ersten Phase noch keine allzu große Rolle spielt, wird das Team sich nach dem Kennenlernen an die Arbeit machen. Dabei werden eventuell vom gemeinsamen Ziel abweichende persönliche Ziele sichtbar. Sind alle bereit, sich voll in die Teamarbeit einzubringen? Gibt es Mitglieder, die sich persönlich profilieren wollen oder eigene Ziele verfolgen? Wer übernimmt die Führung in der Gruppe? Erhebt nur eine Person einen Führungsanspruch, dann mag das noch relativ glimpflich ablaufen, aber wenn zwei oder mehr Teammitglieder eine Führungsrolle einnehmen möchten, dann entstehen jetzt Machtkämpfe. Aber auch wenn es nicht um die Führungsrolle geht, ist es für jeden Menschen ein wichtiges Anliegen, seinen Status und seine Rolle in einer Gemeinschaft zu kennen und zu behaupten. Hier kann es zu weiteren Konflikten zwischen den Teammitgliedern kommen, bis hin zu feindseligem Verhalten. Diese Phase bezeichnet Tuckman daher als **Storming.** Wie man sich leicht vorstellen kann, ist die Leistung des Teams in Bezug auf das Ziel (die Arbeitsaufgabe) in dieser Phase noch sehr überschaubar. Die Phase ist jedoch für die Entwicklung eines Teams sehr wichtig. Das Team stellt fest, dass es sich organisieren muss, um seine Ziele zu erreichen. Erste Abstimmungen und Koordinierungen finden statt.

In der dritten Phase, die Tuckman als **Norming** bezeichnet, stehen Absprachen im Mittelpunkt. Hier werden die Regeln festgelegt, an die sich die Teammitglieder fortan halten wollen. Dabei müssen diese nicht einmal irgendwo schriftlich festgehalten oder ausdrücklich vereinbart werden. Oftmals sind es einfach stille Übereinkünfte, an die sich alle Mitglieder des Teams halten. Auch die Rollenverteilung ist nun geklärt. Das erlaubt es dem Team, sich auf das eigentliche Ziel zu konzentrieren.

Diesem Ziel gehört dann die volle Aufmerksamkeit in der vierten Phase, die deshalb auch als **Performing-Phase** bezeichnet wird. Das Team arbeitet jetzt erfolgreich zusammen. Jeder weiß, was er zum Erfolg beitragen kann und man hilft sich gegenseitig. Die Stimmung ist von Wertschätzung und Anerkennung geprägt. Das Team muss sich nicht mehr mit sich selbst beschäftigen, sondern es ist auf das Ziel fokussiert.

Für einige Teams, besonders in der Projektarbeit, folgt dann irgendwann die **Auflösungsphase** (Adjourning) (Tuckman/Jensen 1977). Hier steht das Ende der Zusammenarbeit im Mittelpunkt. Die Teammitglieder nehmen Abschied, was oftmals auch zu einem Nachtrauern führt.

Auch wenn das Modell natürlich nur eine vereinfachte Sichtweise auf die Teambildungsprozesse darstellt, so kann man die Folge der Phasen oft gut im Unternehmensalltag beobachten. Wie lange ein Team in einer dieser Phasen steckt, hängt von vielen unterschiedlichen Faktoren ab. Zum einen von der Zusammenstellung des Teams selbst. Treffen hier zum Beispiel viele Personen mit einem Führungsanspruch aufeinander, dann kann eine Storming-Phase durchaus kräftezehrend und langwierig sein. Gleiches gilt, wenn sehr viele unterschiedliche Ansichten oder Wertesysteme im initialen Team vorhanden sind. Es gibt aber auch Teams, in denen manche Phasen sehr kurz oder gefühlt gar nicht durchlaufen werden. Wenn durch Rahmenbedingungen oder andere günstige Umstände sofort klar ist, welche Rolle die einzelnen Teammitglieder einnehmen und die Regeln der Zusammenarbeit auch allen klar sind, dann gibt es keine signifikante Storming-Phase. Wenn ein Team mehr mit sich selbst beschäftigt ist als mit dem eigentlichen Team Ziel, dann es kann es auch passieren, dass es nie die Performing-Phase erreicht.

Stößt ein **neues Teammitglied** zu einem Team, das schon in der Performing-Phase ist, dann führt dies dazu, dass das Team alle Phasen erneut durchlaufen muss. In der Regel geschieht dies nun deutlich schneller als bei der grundlegenden Neubildung des Teams. Aber wenn der Neuankömmling plötzlich Teamregeln in Frage stellt oder einen Führungsanspruch geltend macht, dann können sich auch die frühen Phasen wieder stärker in die Länge ziehen.

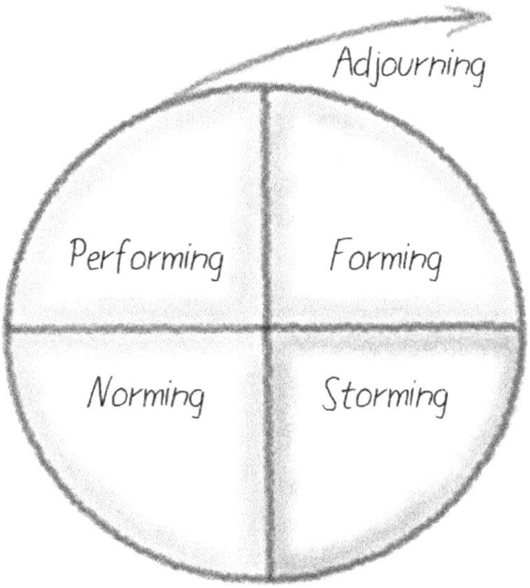

Abb. 34: Die Teamuhr (eigene Darstellung nach Tuckman)

Aus diesem Grund sollten Sie sich immer vergegenwärtigen, dass jede Änderung in einer Teamkonstellation eine ganz eigene Dynamik mit sich bringt. Auch nur eine Person durch eine andere zu ersetzen, die vielleicht die gleichen Qualifikationen und Fähigkeiten besitzt, ist immer mit einer Findungsphase des Teams verbunden.

Die fünf Dysfunktionen eines Teams

Damit ein Team die Performing-Phase erreichen und sich dort halten kann, müssen einige Voraussetzungen gegeben sein. Sind diese nicht vorhanden, dann ist die Wahrscheinlichkeit sehr hoch, dass die Teamleistung nicht den Erwartungen entspricht. Patrick Lencioni hat fünf Dysfunktionen identifiziert, die in einem Team beobachtet werden können (Lencioni/Schieberle 2014). Treten diese in einem Team auf, dann fehlen diesem die Grundlagen, um gemeinsam zur Höchstleistung zu gelangen. Lencioni baut dabei die Dysfunktionen in Pyramidenform auf. Die Dysfunktionen bauen aufeinander auf und um die höhergelegenen Dysfunktionen zu beheben, muss man erst einmal eine solide Basis schaffen.

Erste Dysfunktion: Fehlendes Vertrauen

Fehlt das Vertrauen in einem Team, dann ist echte Teamarbeit von Beginn an zum Scheitern verurteilt. Dies ist häufiger der Fall, als man vielleicht annehmen darf. Vertrauen äußert sich nicht darin, dass man gemeinsam zum Mittagessen geht und sich dort erzählt, was man am Wochenende für Unternehmungen geplant hat. Echtes Vertrauen zeigt sich vielmehr darin, dass man bereit ist, seine Deckung vor den Teamkameraden fallen zu lassen. Zum Beispiel indem man Schwächen offenbart und Probleme offen anspricht. Dies erfordert das Vertrauen im Team, dass diese **Offenheit** nicht negativ ausgelegt wird, sondern immer mit Wohlwollen und Wertschätzung begegnet wird. Ist diese Basis nicht vorhanden und das grundlegende Vertrauen fehlt, dann bedeutet das nicht, dass das Team nichts zustande bringt. Es ist dann aber eher ein nebeneinander als ein miteinander. Man arbeitet in Gesellschaft, aber wahrscheinlich hat jeder seine eigenen Aufgaben, für die er sich verantwortlich fühlt. Das Team ist dann nur die Summe seiner Teile. Für viele Arbeitsbereiche und Aufgaben mag das ein akzeptabler Zustand sein. Für ein Team, das sich in einem komplexen Umfeld bewegt, wie zum Beispiel ein Scrum Team, stellt dies ein Problem dar. Denn hier kommt es darauf an, dass echte Teamarbeit stattfindet. Ziele können oft nur erreicht werden, wenn sich die Fähigkeiten unterschiedlicher Teammitglieder verbinden. Dafür wird jedes einzelne Teammitglied benötigt.

Patrick Lencioni beschreibt die Dysfunktionen nicht, um Teamentwicklern aufzuzeigen, warum Dinge nicht funktionieren. Er nutzt die beobachteten Dysfunktionen, um darauf basierend Schritte einzuleiten, die ein Team formen und zu einem performanten Team machen können. Hat man eine Dysfunktion erkannt, kann man sehr gezielt daran arbeiten, diese zu überwinden.

Vertrauen kann nicht von heute auf morgen entstehen. Ein erster Schritt, **fehlendes Vertrauen** aufzubauen, kann darin bestehen, die Charaktere der unterschiedlichen Teammitglieder besser zu verstehen. Eine Möglichkeit, dieses Verständnis füreinander aufzubauen ist zum Beispiel das gemeinsame Durchführen der Moving Motivators (siehe Seite 114). Aber auch gemeinsame Gespräche, in denen jedes Teammitglied eine persönliche Geschichte teilt, können hier wahre Wunder bewirken. Für etwas fortgeschrittene Teams bietet sich auch eine Übung an, in der reihum jeder die größte Schwäche jedes Teammitglieds und dessen wertvollsten Beitrag für das Team nennt. Eine erste Standortbestimmung für den Zustand Ihres Teams erhalten Sie schon, wenn Sie sich vorstellen, diese Übung Ihrem Team vorzuschlagen. Würden die Mitglieder das begrüßen? Oder würde sich größeres Unbehagen breitmachen und das ganze Vorhaben sogar abgelehnt werden? In die gleiche Richtung gehen auch 360-Grad-Feedback Runden. Auch die Betrachtung von Persönlichkeitsprofilen, wie zum Beispiel dem MBTI (siehe ab Seite 127), verstärken das gegenseitige Verständnis und können zu einem Vertrauensaufbau führen. Sie sollten dabei aber immer im Auge behalten, dass die Übungen, die Sie durchführen, auch im Zusammenhang mit dem Ziel und dem Alltag des Teams stehen. Sie können Ihr Team auch zu einem der vielen Angebote zum Teambuilding im Wald oder anderen exotischen Orten schicken. Die große Herausforderung bei solchen Events ist, dass sie zwar zu tollen Ergebnissen im Wald führen, die Ergebnisse aber oftmals nicht in den Alltag mit hinübergerettet werden können.

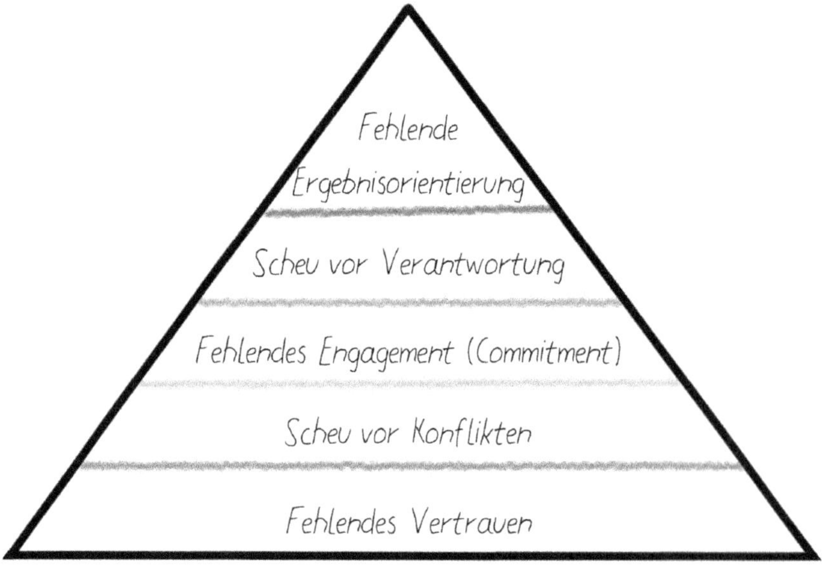

Abb. 35: Die fünf Dysfunktionen eines Teams (eigene Darstellung nach Lencioni/Schieberle 2014)

Zweite Dysfunktion: Scheu vor Konflikten

Vertrauen ist die Grundlage dafür, Konflikte offen auszutragen. Die besten Lösungen und innovativsten Ideen entstehen dann, wenn unterschiedliche Meinungen und Einstellungen ganz offen diskutiert werden können. Die Konflikte beziehen sich also nicht in erster Linie auf Streit, der seinen Ursprung auf der zwischenmenschlichen Ebene hat. Manchmal braucht es eine hitzige Diskussion über neue Vorgehensweisen oder Verbesserungen. Ein Team, das **Angst vor Auseinandersetzungen** hat und daher eine künstliche Harmonie schafft, läuft Gefahr, unterschwellige Spannungen aufzubauen. Meist kommen dann bestimmte Themen immer wieder zum Vorschein (zum Beispiel in der Retrospektive eines Scrum Teams), werden aber nur an der

Oberfläche behandelt, da man die Auseinandersetzung scheut. Damit entsteht aber keine nachhaltige Verbesserung und so dreht man sich immer wieder im Kreis um diese Themen, was auf Dauer zu Frustration führt.

Damit ein Team diese Dysfunktion hinter sich lassen kann, muss zum einen das Vertrauen als Basis vorhanden sein. Ist das der Fall, dann kann das Team zum Beispiel jemanden nominieren, der für einen bestimmten Zeitraum gezielt auf Konflikte im Team achtet und diese an die Oberfläche bringt, damit das Team sie auch bearbeiten kann. In einem Scrum Team hat man in der Rolle des Scrum Masters jemanden, der eine solche Funktion ausfüllt. Mit zunehmender Reife des Teams wird der Scrum Master bestrebt sein, dass jedes Teammitglied dieser Verantwortung nachkommt.

Dritte Dysfunktion: Fehlendes Engagement (Commitment)

Ein wichtiger Aspekt in einem performanten Team ist das Commitment auf ein gemeinsames Ziel. Auf dem Weg zu diesem Ziel, muss das Team viele Entscheidungen fällen, die dann von allen Teammitgliedern respektiert und mitgetragen werden müssen. Hat jedes Teammitglied die Möglichkeit, seine Perspektive in eine solche Diskussion einzubringen, dann fällt es deutlich leichter, getroffene **Entscheidungen** nachher mitzutragen. Es gibt Teams, die sich bei der Entscheidungsfindung geradezu selbst lahmlegen. Die Suche nach einem Konsens (einer Entscheidung, der alle zustimmen) kann sehr aufwändig und kräftezehrend sein, bis die Entscheidungsgrundlage so formuliert ist, dass auch das letzte Teammitglied absolut zufrieden damit ist. In der Praxis zeigt sich allzu oft, dass die so getroffenen Entscheidungen in ihrer Qualität nicht besser sind als schnelle Mehrheitsbeschlüsse oder Einzelentscheidungen. Manchmal muss aber gar nicht jede Entscheidung von allen mitgetragen werden oder ein Konsens gefunden werden. Auch Komitee-Entscheidungen oder Einzelentscheidungen werden häufig mitgetragen, wenn im Vorfeld jeder im Team die Möglichkeit hatte, seine Meinung im Prozess der Entscheidungsfindung zu äußern und das Gefühl hat, dass sein Standpunkt dabei korrekt verstanden wurde. Dies setzt wieder Vertrauen und die offene Konfliktbehandlung voraus. Gerade im komplexen Umfeld der VUCA-Welt ist es ziemlich aussichtslos, eine Entscheidung so zu treffen, dass alle Eventualitäten berücksichtigt sind. Daher sollten Entscheidungen gezielt und schnell getroffen werden, mit dem Fokus darauf, möglichst schnell Feedback zu erlangen und eventuell den Kurs korrigieren zu können.

Damit Entscheidungen des Teams auch als solche von allen mitgetragen werden, empfiehlt es sich, vor dem Auflösen einer Zusammenkunft noch einmal die Entscheidung zusammenfassend zu wiederholen. Zudem sollten konkrete Termine für die Umsetzung festgelegt werden. Dies erhöht die **Selbstverpflichtung**. Tut ein Team sich schwer mit einer Entscheidung, kann es hilfreich sein, sich den Worst-Case vorzustellen. Was wäre das Schlimmste, was im Falle einer Fehlentscheidung passieren könnte? Oftmals merkt das Team dann, dass ein Scheitern gar nicht so schlimm ist. So verändert sich gleichzeitig auch die Fehlerkultur des Teams zu einer Lernkultur.

Vierte Dysfunktion: Scheu vor Verantwortung

Was passiert, wenn Entscheidungen getroffen wurden, die Richtung klar ist, aber vereinzelte Teammitglieder sich entweder nicht daran halten oder von ihrer Leistung deutlich hinter den Erwartungen zurückbleiben? Durch ein kontraproduktives Verhalten eines einzelnen Teammitglieds kann schlimmstenfalls das gesamte Team blockiert werden. Die vierte Dysfunktion erkennen Sie daran, dass das Team sich nicht gegenseitig zur **Verantwortung** zieht. Das teamschädigende Verhalten anderer wird zur Kenntnis genommen, vielleicht auch hinter vorgehaltener Hand benannt, aber die offene Konfrontation und die Lösung dieses schwierigen Problems wird nicht gesucht. Hier tun sich auch fortgeschrittene Teams oft sehr schwer. Selbstorganisierte Scrum Teams wünschen sich hier gerne die ordnende und mahnende Hand des Chefs zurück, der die unangenehmen Dinge einfach anspricht und mit seiner Weisungsbefugnis entweder das Teammitglied wieder in die Bahn bringt, oder Maßnahmen ergreift, die das Problem auf andere Weise lösen. Ein Hochleistungsteam hingegen wird ein solches Thema selbst angehen. Es hat keine Scheu mehr vor Verantwortung, steht zu seinen Entscheidungen und fordert sich gegenseitig auf, die gemeinsamen Vereinbarungen einzuhalten.

Dafür muss jeder im Team wissen, was die **gemeinsamen Standards** und Verhaltensregeln sind. Das gemeinsame Ziel muss klar definiert und jedem bekannt sein. Vermutet man in einem Team diese Dysfunktion, so ist es hilfreich, diese gemeinsamen Grundregeln noch einmal allen sichtbar zu machen. Zudem kann man eine regelmäßige Zusammenkunft des Teams einführen, in denen sich alle Teammitglieder gegenseitig Feedback geben. Typischerweise ist dies ein regelmäßiger Bestandteil der Retrospektiven, die ein Scrum Team durchführt. Wenn es im Umfeld des Teams Belohnungssysteme gibt (wie es noch in vielen großen Unternehmen der Fall ist), dann sollte man als Führungskraft dafür sorgen, dass nicht mehr individuelle Belohnungen im Vordergrund stehen, sondern Teamleistung belohnt wird.[2]

Fünfte Dysfunktion: Fehlende Ergebnisorientierung

Gelingt es einem Team als Gemeinschaft nicht, alle Teammitglieder zum verantwortlichen Handeln zu bewegen, dann zeigt sich dies in einer fehlenden Ergebnisorientierung. Individuelle Ziele werden über das **gemeinsame Ziel** gestellt und das eigene Ego steht im Mittelpunkt. Leistungsträger werden das nicht lange mitmachen und versuchen, das Team zu verlassen. Ein Team, das auch diese Dysfunktion beseitigt hat, zeichnet sich dadurch aus, dass alle Teammitglieder sich den Teamzielen unterordnen. Die individuellen Ziele werden daran ausgerichtet und somit wird eine

---

2 Das ist vielleicht nicht in allen Branchen oder Tarifsystemen so einfach, da viele Systeme immer noch auf Einzelleistungen ausgelegt sind. Aber ich bin mir sehr sicher, dass auch die Gewerkschaften und Tarifparteien aufeinander zugehen werden, denn in der VUCA-Welt muss sich der Fokus vom Einzelnen auf die Teamleistung verschieben. Individuelle Leistungsbeurteilung ist da ein überholtes Überbleibsel aus der Industrialisierung und muss überdacht werden.

Ergebnisorientierung sichergestellt. Ein gutes Zeichen ist, wenn die Teammitglieder ihre individuellen Ziele mit ihren Kollegen offen besprechen und teilen.

Auch dieses Modell ist eine Vereinfachung. Es hilft zu verstehen, warum manche Probleme in den Teams vorhanden sind. Ein wichtiger Wert in Scrum ist zum Beispiel Commitment. Wenn ein Team allerdings eine künstliche Harmonie pflegt und keine offene Diskussionskultur pflegt, wo jeder seine Bedenken einbringt, dann führt diese Dysfunktion dazu, dass auch die Bereitschaft zum gemeinsamen Commitment höchstwahrscheinlich schwach oder gar nicht vorhanden ist.

Sie können das Modell für eine Bestandsaufnahme in Ihrem Team nutzen und herausfinden, welcher Zusammenarbeitsmuskel noch gestärkt werden sollte. Dafür bietet das Modell einen guten Ansatzpunkt. In Kombination mit der Teamuhr können Sie so überlegen, welche Maßnahmen für das Team hilfreich sein können.

Gruppendenken, Emergenz & Co

Teamarbeit wird oftmals eingesetzt, weil man sich davon eine Leistungssteigerung erhofft. Aber bringt Teamarbeit automatisch eine höhere Leistungsfähigkeit oder bessere Ergebnisse mit sich?

Die Skepsis ist dabei oft sehr hoch. Viele Unternehmen, die zum Beispiel Scrum einführen, beklagen sich über die hohen Zeitaufwände, die für Retrospektiven oder gemeinsame Diskussionen investiert werden, die scheinbar nicht direkt mit der Wertschöpfung zu tun haben. Auch bei Aktivitäten, die sehr offensichtlich zur Wertschöpfung beitragen, wird manchmal in Frage gestellt, ob das Ergebnis den erhöhten Kommunikations- und Abstimmungsaufwand eines Teams rechtfertigt.

Um Teamleistung möglichst objektiv zu bewerten hilft es, sich den Typ der Aufgabe anzusehen und dann zu überlegen, welche Leistung wahrscheinlich auftreten würde, wenn die Teammitglieder nicht gemeinsam, sondern unabhängig voneinander diese Aufgabe angehen würden.

Stellen Sie sich vor, Sie bauen ein Haus. Soeben hat ein großer LKW Ihnen mehrere Tonnen Sand in die Auffahrt zu Ihrem Haus gekippt, den Sie nun hinter den Rohbau zur geplanten Terrasse karren müssen. Was denken Sie: Würde es Ihnen hier helfen, wenn Sie auf ein Team zurückgreifen können, das ausgestattet mit Schubkarren und Schaufeln bei dieser Aufgabe hilft? Hierbei handelt es sich um eine **additive Aufgabe.** Das Teampotenzial im oben genannten Sinne ist einfach durch Addition der Einzelleistungen zu bestimmen.

Es gibt aber auch Aufgaben, bei denen zum Beispiel ein kniffliges Problem gelöst werden muss. Wenn dieses Problem unabhängig voneinander gelöst wird, dann sollte sich das Teampotenzial durch die Lösung des fähigsten Teammitglieds bestimmen lassen. Dessen Lösung wäre die Messlatte. Solche Aufgaben werden als **disjunktive Aufgaben** bezeichnet.

Bei **konjunktiven Aufgaben** hingegen ist es wichtig, dass alle Teammitglieder eine Aufgabe erfolgreich bewältigen. Die Pfadfindergruppe, die im Gänsemarsch durch den Wald geht und zusammenbleiben muss, wird sich dem Tempo des langsamsten Pfadfinders anpassen müssen. Die individuelle Leistung des schwächsten Mitglieds bestimmt hier also das Potenzial.

Der Typ der **diskretionären Aufgaben** erfordert die optimale Nutzung der Fähigkeiten der einzelnen Teammitglieder. Hierbei steht es dem Team frei, wie sie zu einem Gesamtergebnis gelangen. Eine solche Aufgabe könnte zum Beispiel das gemeinsame Schätzen von Backlog-Einträgen durch ein Scrum Team sein. Hier kann das Team selbst entscheiden, ob sie einfach ihre Schätzungen mitteln, so lange diskutieren, bis alle das gleiche schätzen oder einfach den Wert des erfahrensten Mitglieds übernehmen.

Aufgabentyp	Gruppenpotenzial	Beispiel
additiv	Summe aller Einzelleistungen	Sand mit der Schubkarre von A nach B transportieren
disjunktiv	Leistung des Fähigsten	Problemlösung
konjunktiv	Leistung des Schwächsten	Pfadfindergruppe auf der Wanderung
diskretionär	Optimale Nutzung der Einzelleistungen	Schätzen von Aufwänden

Tab. 9: Aufgaben und Gruppenpotenzial

Wenn man es einmal rein mathematisch betrachten würde, dann ergibt sich die Leistung der Gruppe aus dem Gruppenpotenzial, von dem die Aufwände abgezogen werden, die durch die Findung und Koordination der Gruppe entstehen und die Gewinne addiert werden, die durch die Zusammenarbeit erst möglich werden.

Denken Sie einmal an **Brainstorming**. Dabei kommt das Team zusammen und wirft unterschiedliche Ideen in den Raum, die notiert werden. Die Hoffnung dabei ist, dass durch die Beteiligung vieler unterschiedlicher Personen auch sehr viele verschiedene (und hoffentlich auch innovative) Ideen gefunden werden. Was intuitiv sehr einleuchtend erscheint, ist durch die Forschung widerlegt worden (Mullen u. a. 1991). Brainstorminggruppen erzeugen nicht nur generell eine geringere Anzahl, sondern auch weniger unterschiedliche Ideen als eine gleich große Gruppe von Einzelpersonen, die sich dieser Aufgabe stellen. Und beim genaueren Betrachten können wir auch sehen warum: Beim Brainstorming werden die Ideen einfach in den Raum geworfen. Während nun aber ein Teammitglied seine Idee laut äußert, können andere Teammitglieder dies nicht tun oder sie werden überhört. Vielleicht vergessen sie ihre Idee in der Folge oder äußern sie aus anderen Gründen nicht mehr. Brainstorming ist also eine Aktivität, die in einer Gruppe durchgeführt nicht zu einer Leistungssteigerung führt. Dieser Effekt wird von Forschern als **Koordinationsverlust** bezeichnet. Durch die Zusammenarbeit und Koordination geht Leistung verloren.

Motivationsverlust und Motivationsgewinn

Ein wichtiger Faktor, ob ein Team eine Leistung über dem zu erwartenden Ergebnis bringt, liegt auch in der Motivation begründet. In Teams gibt es dabei Faktoren, die zu Motivationsgewinn oder Motivationsverlust führen können. In Gruppen gibt es häufig beobachtete Verhaltensweisen, die zu einem Motivationsverlust bei den Teammitgliedern führen:

- **Soziales Trittbrettfahren:** Das Team hat ein Ziel im Visier und steuert darauf zu. Alles sieht sehr gut aus. Der Termin wird wohl eingehalten werden. Vereinzelte Teammitglieder könnten sich dadurch versucht fühlen, den anderen den Vortritt zu lassen und sich selbst zurückzunehmen. Das Ziel wird sicher auch ohne sie erreicht. So kommt es zur Reduktion der eigenen Beiträge, bis hin zu einem kompletten Rückzug.
- **Soziales Faulenzen:** Wenn innerhalb des Teams und nach draußen die Beiträge, die einzelne Mitglieder zum Gesamtziel beitragen nicht deutlich erkennbar sind, dann kann dies dazu führen, dass viele Mitglieder ihre Anstrengungen reduzieren und sich weniger anstrengen.
- **Trotteleffekt:** Die beiden oben genannten Verhaltensweisen können dazu führen, dass sich auch die Mitglieder, die sich noch engagiert haben, zurückziehen. Sie sehen ja, dass die anderen weniger tun und sie selbst für diese mitarbeiten müssen. Niemand möchte der Trottel sein, daher werden diese auch ihre Anstrengungen reduzieren.

Um diesen Verlusten zu begegnen sollten Sie sich um Transparenz bemühen. Wenn sichtbar wird, wer wie viel zum Teamerfolg beiträgt, lassen sich die Verluste in der Regel minimieren. Durch die Zusammenarbeit im Team kann sich aber auch ein Motivationsschub einstellen:

- **Sozialer Wettbewerb:** Wenn die individuellen Beiträge zu erkennen sind, dann kann dies dazu führen, dass sich Teammitglieder motiviert sehen, bessere Beiträge als die anderen zu liefern. Somit steigern sie ihre Anstrengungen. Allerdings sollte man hier auch darauf achten, dass nicht aus einem gesunden Wettbewerb eine ungesunde Konkurrenz innerhalb des Teams wird.
- **Soziale Kompensation:** Wenn es im Team stimmt und eine Basis aus Vertrauen, Offenheit und Verständnis besteht, dann kann dies dazu führen, dass sich die leistungsstärkeren Teammitglieder besonders anstrengen, um die Schwächen der weniger leistungsfähigen Mitglieder auszugleichen. Hier spielt das Vertrauen eine wichtige Rolle. Sind die schwächeren Leistungen auf soziales Faulenzen oder Trittbrettfahren zurückzuführen, dann setzt wahrscheinlich eher der Trotteleffekt ein.
- **Köhler-Effekt:** Unter gleichen Umständen wie bei der sozialen Kompensation kann es auch dazu kommen, dass die leistungsschwächeren Mitglieder sich besonders ins Zeug legen. Besonders wenn die eigenen Beiträge sichtbar sind und

sie Angst davor haben, für eine schlechte Teamleistung verantwortlich gemacht zu werden oder sogar dadurch ihre Teamzugehörigkeit zu verlieren.

Neben dem Aufgabentyp und den Reibungsverlusten und Motivationsgewinnen, spielt auch die Teamzusammenstellung eine sehr wichtige Rolle. Ihr Einfluss hängt sehr stark mit dem Aufgabentyp zusammen, den das Team bearbeiten soll.

Homogene Teams bestehen aus Mitgliedern, die sich in gewissen Eigenschaften sehr ähnlich sind. Dies können entweder körperliche Merkmale sein, Expertenwissen oder auch Denkweisen. Besonders bei konjunktiven Aufgaben hat ein homogenes Team Vorteile. Man kann gezielt darauf achten, dass bei allen Mitgliedern die maßgebliche Eigenschaft sehr hoch ausgeprägt ist. Betrachtet man zum Beispiel eine Pfadfindergruppe, die nur aus durchtrainierten und sportlichen Mitgliedern besteht, dann wird sie bei einer Wanderung ihr Ziel wahrscheinlich schneller erreichen als die gemischte Gruppe, die aus großen, kleinen, langsamen, schnellen, dicken und dünnen Pfadfindern besteht. Denn dort ist die Chance, dass ein Pfadfinder dabei ist, der einfach langsam ist und die Gruppe aufhält, deutlich größer. Gleiches trifft auch auf additive Aufgaben zu. Wenn ich zum Schaufeln ein Team zusammenstelle, das aus geübten Bauarbeitern besteht, so ist das sicherlich vorteilhaft.[3]

Bei disjunktiven Aufgaben hat hingegen ein **heterogenes Team** eher Vorteile. Die Wahrscheinlichkeit, dass in einem Team, das sehr divers zusammengestellt ist und viele verschiedene Fähigkeiten und Stärken besitzt, jemand dabei ist, dessen Stärke zu dem zu lösenden Problem passt, ist höher, als bei einem homogenen Team (zumindest, wenn wir davon ausgehen, dass das Team nicht immer dasselbe Problem lösen muss). Und auch bei diskretionären Aufgaben, bei denen die individuellen Stärken zusammengebracht werden müssen, hat ein heterogenes Team Vorteile. Allerdings nur dann, wenn auch alle die Stärken und Schwächen der anderen kennen.

Emergenz als Leistung über das Teampotenzial hinaus

Wenn es darum geht, wie ein **schlagkräftiges Team** aufgebaut wird, dann kann man sich einige Inspirationen bei der Traumfabrik aus Hollywood holen. Denken Sie nur einmal an den Blockbuster *Ocean's Eleven* mit George Clooney und Brad Pitt. Für einen komplizierten Diebstahl sucht sich der Ganove Danny Ocean ein Team aus schillernden Gaunern zusammen. Dabei hat jeder eine bestimmte Fähigkeit, die dabei helfen soll, den Plan zu einem Erfolg werden zu lassen. Es gibt den Hacker, der sich in die Sicherheitssysteme eines Casinos einklinken soll, den Safeknacker, den Trickbetrüger und eine Reihe weiterer „Fachexperten". Das Team ist also augenscheinlich sehr interdisziplinär und cross-funktional aufgestellt. Die Betrachtung des Teampotenzials hängt nun von der Bewertung der gestellten Aufgabe ab. Und hier wird es schon knifflig, denn diese Einschätzung ist keineswegs so einfach. Handelt es sich beim

3 Allerdings geht es auch darum, eine Leistung zu bringen, die über dem Teampotenzial liegt. Bei additiven Aufgaben ist eine solche Leistung über dem Potenzial durch die Definition nicht möglich, da ja nur die Einzelleistungen summiert werden.

Einbruch in eines der bestbewachten Casinos in Las Vegas um eine additive Aufgabe? Dann würden die Einzelleistungen aller Beteiligten aufaddiert das Teampotenzial bestimmen. Auf den ersten Blick könnte man das annehmen. Danny Ocean hat einen Plan entwickelt, der eine klare Reihenfolge vorgibt, in der die Teammitglieder ihre Spezialkenntnisse anwenden müssen. Wenn jeder sich voll einbringt, dann wird das große Geld den Weg in die Taschen der Teammitglieder finden. Aber so einfach ist es nicht. Denn wenn nur einer seinen Teil des Plans nicht korrekt ausführt, dann führt das zu massiven Problemen. Schließlich bauen die Teile des Plans aufeinander auf. Also haben wir es hier vielleicht mit einer konjunktiven Aufgabe zu tun. Alle Mitglieder müssen ihre Aufgabe erfolgreich abschließen. Zwar unterscheiden sich die Aufgaben der einzelnen Mitglieder, aber alle werden benötigt, damit das Ziel erreicht werden kann. Also ähnlich wie beim Staffellauf. Wenn auch nur einer den Staffelstab fallen lässt und nicht an seinen Nachfolger übergibt, dann ist das gesamte Projekt zum Scheitern verurteilt. In diesem Fall richtet sich also alles nach dem schwächsten Glied in der Kette. Aber denken wir noch einen Schritt weiter. Die Mitglieder von Danny Oceans Team haben alle besondere Stärken, die die restlichen Teammitglieder gut kennen. Der Plan wird nicht nur von Ocean selbst erstellt, sondern alle arbeiten gemeinsam daran und können sich auch während der Ausführung abstimmen. Damit wäre es eine diskretionäre Aufgabe. Das Team ist in der Verantwortung, die eigenen Fähigkeiten möglichst optimal zu nutzen. Am Ende lehrt uns Hollywood, dass die VUCA-Welt auch von Danny Ocean und seinen Kameraden nicht einfach ignoriert werden kann. Denn so gut der Plan auch ausgearbeitet war, so sicher waren auch die unvorhergesehenen Ereignisse und Wendungen. Am Ende stellen sich dem Team eine Reihe von kniffligen Problemen, auf die sie gemeinsam Antworten finden müssen und die nicht vorab zu erwarten waren. Und Hollywood wäre nicht Hollywood, würde es dem Team am Ende nicht gelingen, gemeinsam Lösungen zu finden, indem ihre Ideen aufeinander aufbauen und zu kreativen Auswegen führen. Hätte Mastermind Danny Ocean allein versucht, die Antworten zu finden, dann hätte sich die Mehrheit des Teams am Ende des Films sicher im Gefängnis und das Geld noch im Safe des Casinos befunden. So aber gelingt es dem Team, mit kleineren Verlusten das Casino mit der Beute zu verlassen.

An diesem Beispiel können wir sehen, dass die **Zusammenstellung eines Teams** sehr viel Einfluss auf den Erfolg hat. Gleichzeitig ist es aber auch sehr schwierig, den Typ der Arbeitsaufgabe korrekt einzuschätzen. Danny Ocean hat das sehr clever gemacht. Er hat ein Team zusammengestellt, dass nicht nur unterschiedliche Fähigkeiten vereinte, sondern auch ganz unterschiedliche Persönlichkeiten. Dieses Team hatte zwar auch mehr Konflikte zu klären, bevor es die volle Leistung abrufen konnte, aber wie sich zeigte, war es der Aufgabe gewachsen und hat sie erfolgreich abgeschlossen. Ocean war sich sicher bewusst, dass jederzeit Abweichungen von seinem Plan stattfinden konnten. Er gab sich nicht der Illusion hin, dass alles im Vorfeld haarklein geplant werden könne. Man brauchte also auch die Fähigkeit zu improvisieren. Und durch die unterschiedlichen Charaktere erhöhte sich die Chance, dass ein Teammitglied die Fähigkeit und Persönlichkeit mitbrachte, die nötig wäre, um eine Lösung zu erkennen.

Im Gegensatz dazu halten heute immer noch viele Manager und Führungskräfte an ihren akribisch ausgearbeiteten Plänen fest. Sie sind sich zwar der Volatilität und Komplexität bewusst, aber sie haben sich noch nicht von den jahrelang trainierten Denkweisen gelöst. Der Glaube an „den Masterplan", der die Zahlen schon wieder retten wird, ist immer noch weit verbreitet. Aber wie Dürrenmatt schon sagte: „Je planmäßiger die Menschen vorgehen, desto wirksamer vermag sie der Zufall zu treffen." Dies soll nicht heißen, dass Pläne keinen Sinn machen. Im Gegenteil. Auch Oceans Team erstellte einen guten Plan. Aber sie verließen sich nicht darauf und waren bereit, Abweichungen zu tolerieren. Am Ende ist es das Ergebnis, das zählt. Und dieses Ergebnis wurde durch eine passende Teamkonstellation erreicht.

Wenn Teams bei der Lösung von Problemen über sich hinauswachsen, dann spricht man auch von **Emergenz.** Hier entsteht etwas Größeres, als wenn man einfach nur die einzelnen Beiträge addieren würde.

Bei der Betrachtung der Ich-Entwicklung haben wir gesehen, dass mit jedem erreichten Modus die Denk- und Handlungsweisen vielfältiger und mächtiger werden. Um die Widersprüche und Herausforderungen komplexer Probleme zu bewältigen, ist das Erreichen des Effektiv-Modus oder besser noch des Flexibel-Modus fast schon Voraussetzung. Wenn wir uns dann anschauen, dass nur ungefähr 30 % der Erwachsenen den Effektiv-Modus und 15 % darüber hinaus erreicht haben, dann könnten wir im Umkehrschluss annehmen, dass 55 % der Erwachsenen Probleme im Umgang mit komplexen Aufgabenstellungen haben könnten.

Hier zeigt die Forschung aber sehr deutlich, dass die Zusammenarbeit mit anderen Menschen in einem Team, das möglichst heterogen zusammengestellt ist, klare **Vorteile** bringt (Binder/Cook-Greuter 2016). Ein Team kann Denk- und Handlungsweisen hervorbringen und dauerhaft darauf zurückgreifen, die aus einem Modus stammen, den kein Teammitglied individuell erreicht hat. Ein Team, das zusammengesetzt ist aus Menschen, die im Ego-Modus, im Wir-Modus, im Richtig- und im Effektiv-Modus denken und handeln, kann also dauerhaft Verhalten und Sichtweisen des Flexibel-Modus zeigen. Und ist somit sehr gut gerüstet für die Herausforderungen der VUCA-Welt.

Dafür sollte das Team aber möglichst die fünf Dysfunktionen überwunden haben. Denn dann etabliert sich eine Offenheit und eine Gesprächskultur, die die unterschiedlichen Perspektiven offenbart. Die späteren Denkmodi zeichnen sich ja dadurch aus, dass Widersprüche akzeptiert und integriert werden. In einem heterogenen Team findet nun genau dies statt. Damit ein Team gemeinsame Sichtweisen und Ziele bilden kann, müssen die unterschiedlichen Perspektiven und Begehrlichkeiten offen diskutiert und dann vereinbart werden. Was in späteren Modi innerhalb des Individuums stattfindet, geschieht nun durch soziale Zusammenarbeit im Teamgefüge. Nebenbei wirkt ein solches Team dadurch auch entwicklungsfördernd für jedes einzelne Teammitglied.

➤ Tipps für VUCA-Helden

Teamarbeit gewinnt mit der zunehmenden Komplexität und Unsicherheit mehr und mehr an Bedeutung. Der optimale Einsatz und die Zusammenstellung eines Teams hängen sehr stark vom Kontext und der Aufgabe ab. Sie kennen nun einige der bekanntesten Modelle, die Ihnen helfen können, Herausforderungen im Team anzugehen. Vielleicht fühlen Sie sich auch erschlagen von den möglichen Problemen und Konflikten auf dem Weg zum funktionierenden Team. Allerdings gibt es viele Teams, die sich von ganz allein entwickeln. Vergessen Sie nicht, dass ein Team aus vielen großartigen Menschen besteht, die nicht darauf warten müssen, dass ihre Probleme von jemand anderem gelöst werden. Wenn Sie aber mit einem Team zu tun haben, das offensichtlich an seine Grenzen stößt und Hilfe benötigt, dann liefern die vorgestellten Modelle Ihnen mögliche Hinweise darauf, was dem Team helfen könnte.

1. **Achten Sie auf die Teamdynamik.**

Jede Veränderung in der Teamkonstellation kann Einfluss auf die Teamdynamik haben. Wenn nur eine Person hinzugefügt oder aus dem Team herausgenommen wird, dann können neue Findungsprozesse in Gang gesetzt werden. Daher sollten Sie versuchen, möglichst stabile und langlebige Teams aufzustellen. Dennoch kann es auch gute Gründe geben, ein Team zu verändern.

- In welcher Phase der Teamentwicklung befindet sich das Team gerade?
- Wie können Sie das Team unterstützen?
- Wie können Sie Veränderungen an der Teamkonstellation möglichst klein halten?
- Woran erkennen Sie, dass es Zeit ist, die Teamkonstellation zu verändern?

2. **Konflikte sind wichtig.**

Ein Team, in dem keine (konstruktiven) Konflikte auftreten, sollte sich immer hinterfragen, woran das liegt, besonders wenn die Teamleistung nicht zufriedenstellend ist. Fehlende Konflikte sind oft ein Zeichen der Dysfunktion „Fehlendes Vertrauen" und „Scheu vor Konflikten". Eine gesunde Austragung von Konflikten innerhalb des Teams ist notwendig, damit ein Team sich weiterentwickeln und zu einem hochperformanten Team werden kann.

- Herrscht in Ihrem Team eine künstliche Harmonie?
- Werden Probleme sofort angesprochen?
- Wie können Sie das Team ermutigen, offen konstruktive Konflikte auszutragen?

3. **Achten Sie auf Vielseitigkeit.**

Wir tendieren oft dazu, uns mit Menschen zu umgeben, die uns sehr ähnlich sind. Dies kann dazu führen, dass Teams sich so bilden, dass sie sehr ähnliche Sichtweisen und Herangehensweisen bei den Mitgliedern aufweisen. Für komplexe Aufgabenstellungen sind aber in der Regel Teams erforderlich, die möglichst viele unterschiedliche Sichtweisen und Charaktere vereinen. Dies erfordert zwar mehr Arbeit innerhalb des Teams, aber wenn diese einmal getan ist, dann besteht eine gute Chance, eine emergente Leistung zu erzielen.

- Sind Ihre Teams entsprechend der Zielerreichung zusammengestellt?
- Sind Ihre Teams divers und interdisziplinär zusammengestellt?
- Erkennen Sie in Ihrem Team Motivationsverluste? Wie können Sie diesen begegnen?

Selbstorganisation

Stellen Sie sich einmal vor, eine Fußballmannschaft steht auf dem Spielfeld und müsste für jede Aktion erst einmal Rücksprache mit dem Trainer halten. „Trainer, soll ich den Ball zu Ronaldo oder zu Messi passen?" Bevor der Trainer die Entscheidung getroffen und kommuniziert hätte, wären sowohl Ronaldo als auch Messi vom gegnerischen Team zugestellt worden, und der Spieler selbst wahrscheinlich auch in einen Zweikampf verwickelt. Zudem wäre es für den Trainer schlichtweg unmöglich, die Laufwege und Entscheidungen für elf Personen auf dem Spielfeld zu überschauen und zu koordinieren. Hier muss das Team sich selbst organisieren. Es muss im Rahmen einer vom Trainer vorgegebenen Grundausrichtung (Taktik und Strategie) eigene Entscheidungen treffen. Ab und zu wird der Trainer von außen eingreifen, um die Ausrichtung anzupassen oder Tipps zu geben. Er gibt Feedback und hilft den Spielern, sich besser auf dem Feld zu verhalten. Aber letztendlich muss das Team sich auf dem Platz selbstorganisieren.

Um effektiv auf Veränderung und komplexe Aufgaben reagieren zu können benötigt es eines Empowerments seitens der Führung, also dem **Freiraum**, Entscheidungen treffen zu dürfen, und der Bereitschaft, dies auch selbstorganisiert zu tun.

Die Autoritätsmatrix

Es gibt unterschiedliche Grade der Selbstorganisation. Der Teamforscher Richard Hackmann hat versucht, in seiner Autoritätsmatrix für Teams (Hackman 2002) eine sinnvolle Kategorisierung vorzunehmen. Dabei gibt er **vier Funktionen** an, die Führung in Bezug auf das Team erfüllen muss. Je nachdem, ob diese Funktion durch das Team selbst oder durch eine beliebige Form von Management erfüllt wird, unterscheidet er dabei zwischen vier Abstufungen selbstorganisierter Teams.

- Die erste Funktion ist die Ausführung der Arbeit oder die Lösung eines Problems. Diese Funktion liegt immer beim Team selbst. Denn genau dafür werden schließlich Teams eingesetzt.

- Die zweite Funktion besteht in der Überwachung und dem Monitoring des Teams. Im Hinblick auf ein zu erreichendes Ziel muss jederzeit erkennbar sein, woran das Team gerade arbeitet und wie sein Fortschritt ist. Wird es sein Ziel erreichen? Hält es sich an Prozesse?
- Die dritte Funktion besteht darin, Arbeitsweise und Zusammenstellung des Teams festzulegen und anzupassen. Darunter fällt grundsätzlich alles, was mit der Organisation und dem Kontext des Teams zu tun hat. Wie genau werden Dinge erledigt? Wer arbeitet im Team mit? Welche Werkzeuge werden verwendet?
- Die vierte Funktion ist das Definieren eines gemeinsamen Ziels. Wofür wurde das Team eigentlich gegründet? Was soll es erreichen? Was ist das übergeordnete Ziel?

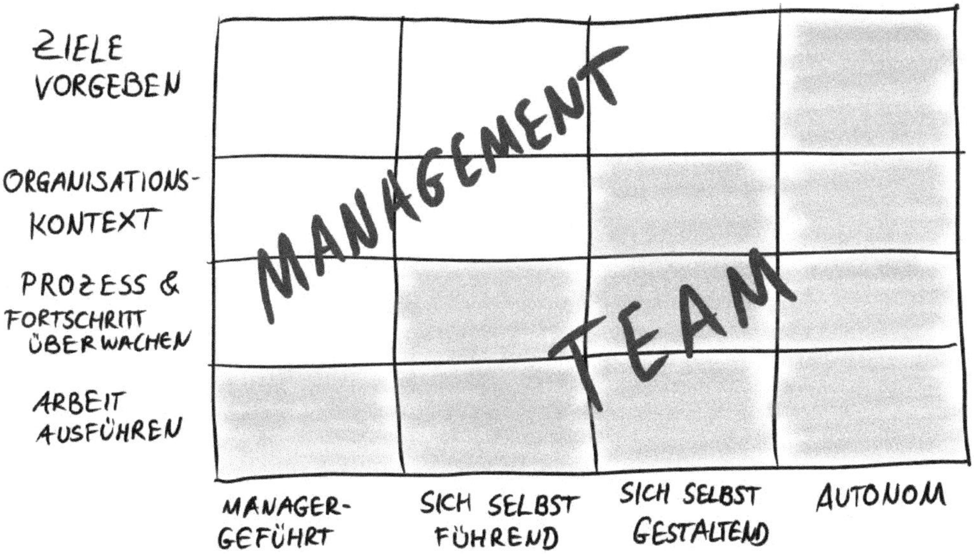

Abb. 36: Die Autoritätsmatrix für Teams (eigene Darstellung nach Hackmann)

Teams, die genau gesagt bekommen, was und wie sie ihre Aufgaben zu erledigen haben, und die vom Management überwacht werden, bezeichnet Hackmann als **managergeführte Teams** (manager-led teams). Oftmals dürfen die Teams noch nicht einmal selbst bestimmen, wie genau die technischen Umsetzungen aussehen sollen. Hier besitzt das Team nur recht wenige Freiheitsgrade und das Management hat ein wachsames Auge auf Fortschritt und Prozess. Diese Art von Teamorganisation ist typisch für klassisch tayloristisch geprägte Unternehmen.

Sich selbst führende Teams (self-managing teams) überwachen ihren Fortschritt selbst. Diese Fortschrittskontrolle machen sie transparent und sichtbar für diejenigen außerhalb des Teams. Sie bewerten ihren Fortschritt in Hinblick auf das gegebene Ziel und holen sich aktiv Hilfe, wenn sie Hindernisse entdecken, die sie selbst nicht beseitigen können. Diese Form der Organisation ist häufig bei Unternehmen zu beobachten, die sich in einer Transformation befinden. Sie gestehen den Teams vergrößerte Freiräume zu und wollen gegenseitiges Vertrauen aufbauen.

Bei höherer Reife der Teams und einer vertrauensvollen Basis, wird es manchen Teams gestattet, auch selbst über wichtige Rahmenbedingungen zu entscheiden. Dies kann von der Wahl der eingesetzten Werkzeuge, über die Definition von Prozessen bis hin zur Zusammensetzung des Teams mit Einstellungen und Kündigungen sowie der Festlegung des Gehalts der einzelnen Teammitglieder reichen. Solche Teams bezeichnet Hackmann als **sich selbst gestaltend** (self-designing teams). Solche Freiheitsgrade findet man am ehesten in Start-ups. In größeren Unternehmen sind hier selbst bei ausreichender Reife der Teams oftmals noch arbeitsrechtliche Rahmenbedingungen zu beachten, sobald es um Personalentscheidungen geht.

Von **autonomen Teams** (self-governing teams) spricht Hackmann, wenn Teams ihr komplettes Umfeld, bis hin zu den Zielen, die sie gemeinsam erreichen wollen, komplett selbst gestalten können. Hier gibt es keine übergeordnete Instanz in Form des Managements oder anderer Funktionen mehr, die diese Entscheidungen für die Teams trifft. Das bedeutet in letzter Konsequenz auch, dass sich vereinzelte Teams theoretisch auch komplett neuen Produktbereichen zuwenden könnten oder eigene Visionen verfolgen. Solche Teams findet man daher nur sehr selten in der Praxis und dann eher bei sehr reifen Start-ups oder vereinzelten evolutionären Organisationen (die ab Seite 297 (Cultural Model von Laloux) betrachtet werden).

Sie sehen, Selbstorganisation kann verschiedene Gesichter und Ausbaustufen haben, was die Rahmenbedingungen angeht. Doch wie gestaltet sich nun die Arbeit in einem selbstorganisierten Team?

Das CDE-Modell der Selbstorganisation

In der Geschichte „Der Bienenhirte" zeigt Rini van Solingen, wie Selbstorganisation funktionieren kann (van Solingen 2017). In der Erzählung kehrt ein junger Mann auf die Insel zurück, auf der er aufgewachsen ist. Hier besucht er seinen Großvater. Die kleine Auszeit möchte er nutzen, um seine Gedanken zu einer Führungsherausforderung zu ordnen. Die Begegnung mit seinem Großvater bringt ihm dabei einige nützliche Erkenntnisse. Sein Großvater hatte, als er noch jung war, als Schafhirte auf der Insel gearbeitet. Irgendwann hatte der Inselrat festgestellt, dass man mit der Honigproduktion mehr Geld würde verdienen können. Also beschloss der Rat, dass man einen Versuch wagen und ein erstes Bienenvolk ansiedeln wollte. Da der Großvater so ein hervorragender Schafhirte war, wurde er ausgewählt, nun als Imker für die Bienen zu sorgen. Er tauschte also seine Schafherde gegen ein Bienenvolk. Dies sollte sich aber als sehr schwierig herausstellen, weil die Bienen nun so überhaupt nicht wie Schafe zu führen waren. Hier half ihm kein gut ausgebildeter Hütehund, der die Bienen in eine bestimmte Richtung hätte treiben können. So musste der Großvater lernen, dass er Bienen nicht steuern konnte wie Schafe. Aber er konnte ihnen einen Rahmen geben, und innerhalb dieses Rahmens wurden die Bienen produktiv.

Natürlich wäre es viel zu einfach, Menschen mit Schafen oder Bienen zu vergleichen. Aber dennoch gibt es hier einige Einsichten zu entdecken. Die Arbeit in einem selbstorganisierten Team ist eben sehr verschieden, verglichen mit der Arbeit in einem klassisch geführten Team. Besonders der Rahmen, innerhalb dessen sich ein Team bewegen kann, spielt hier eine große Rolle.

Glenda Eyoang nennt drei Voraussetzungen, damit Selbstorganisation erfolgreich stattfinden und zu erfolgreichen Ergebnissen führen kann (Eoyang 2001). Diese Voraussetzungen bilden dabei die Basis des C/D/E-Modells (Kaltenecker 2018).

Die erste Voraussetzung besteht darin, dass ein **Rahmen** gegeben sein muss (C für Containing boundary). Dieser Rahmen definiert zugleich auch die Begrenzung des Systems. Darüber ist seine Identität definiert. Im Arbeitskontext wird dies zum Beispiel durch Regeln, Prozesse oder Entscheidungsrichtlinien festgelegt. Im sportlichen Umfeld durch eine Grundausrichtung oder Taktik. Eine gewisse Abgrenzung ist nötig, um Sicherheit zu geben. Es ist wichtig, dem Team einen klaren Rahmen vorzugeben, innerhalb dessen es sich selbst organisieren kann. Dieser Rahmen kann bei unerfahrenen Teams noch eng sein. Bei fortgeschrittenen Teams sollte man ihn aber Stück für Stück erweitern. Eine gute Grundregel für alle Beteiligten ist, dass der Rahmen nicht in Frage gestellt werden sollte, wenn eine Situation eintritt, in der er eingrenzt. Denn genau für solche Fälle ist er da. Es kann zwar vereinzelte und gut begründete Ausnahmen geben, aber der Rahmen an sich muss weiter bestehen bleiben. Zu einem späteren Zeitpunkt kann dann allerdings kritisch hinterfragt werden, ob der Rahmen in seiner aktuellen Form noch Sinn ergibt oder ob er verändert werden sollte.

Die zweite Voraussetzung haben wir schon im vorigen Kapitel genauer unter die Lupe genommen. Sie besteht in der **Unterschiedlichkeit** bezüglich Erfahrung, Perspektiven, Fähigkeiten, Wissen, Geschlecht, Persönlichkeit oder Kultur (D für Differences). Selbstorganisierte Teams sind eine Antwort auf komplexe Herausforderungen. Damit sind wir bei disjunkten Problemen. Bei dieser Art von Aufgaben ist die Wahrscheinlichkeit, eine optimale Lösung zu finden größer, je diverser ein Team aufgestellt ist. Reife Teams wissen sehr genau, wie sie ihre Unterschiedlichkeit am gewinnbringendsten einsetzen können.

Austausch innerhalb des Teams (E für Exchange) stellt die dritte Voraussetzung dar. Das Team muss einen funktionierenden internen Austausch pflegen und auch mit der Umwelt (Kontext) interagieren. Im Unternehmenskontext ist Selbstorganisation auf Teamebene zu kurz gedacht. Hier müssen sich auch die Teams untereinander organisieren.

Damit diese drei Voraussetzungen zu einer gelungenen Selbstorganisation führen, bedarf es unterstützender Elemente. Um sinnvoll planen und entscheiden zu können, benötigt ein selbstorganisiertes Team ausreichend Informationen und Eckdaten. Dazu können konkrete Informationen zu Auftrag, Zeit, Budget und so weiter zählen. Zudem benötigt das Team eine geeignete Infrastruktur, auf die es zurückgreifen kann. Neben entsprechenden Räumlichkeiten zählen dazu auch Arbeitsgeräte, wie zum Beispiel Computer, Drucker oder auch ein zur Verfügung gestelltes Budget. Damit das Team sich den Herausforderungen stellen kann, muss auch für die Aus- und Weiterbildung gesorgt werden. Neben einem entsprechenden Training in Methoden oder Techniken kann auch Unterstützung durch professionelles Coaching angeboten werden. Zu guter Letzt ist es auch wichtig, dem Team eine Belohnung in Aussicht zu stellen. Das muss nicht unbedingt Geld sein (siehe auch Seite S. 102, Intrinsische und extrinsische Motivation).

Neben diesen Elementen findet sich in Eoyangs Modell auch der klassische Vorgesetzte (Linienmanager) wieder. Allerdings nicht in der klassischen Ausprägung, in der er dem Team sagt, wie es zu arbeiten hat, sondern als Unterstützer, der dafür sorgt, dass der Rahmen klar definiert ist, die unterstützenden Elemente vorhanden sind und etwaige Hindernisse aus dem Weg geräumt werden (mehr zur Führung im selbstorganisierten/agilen Umfeld siehe auch Seite 229).

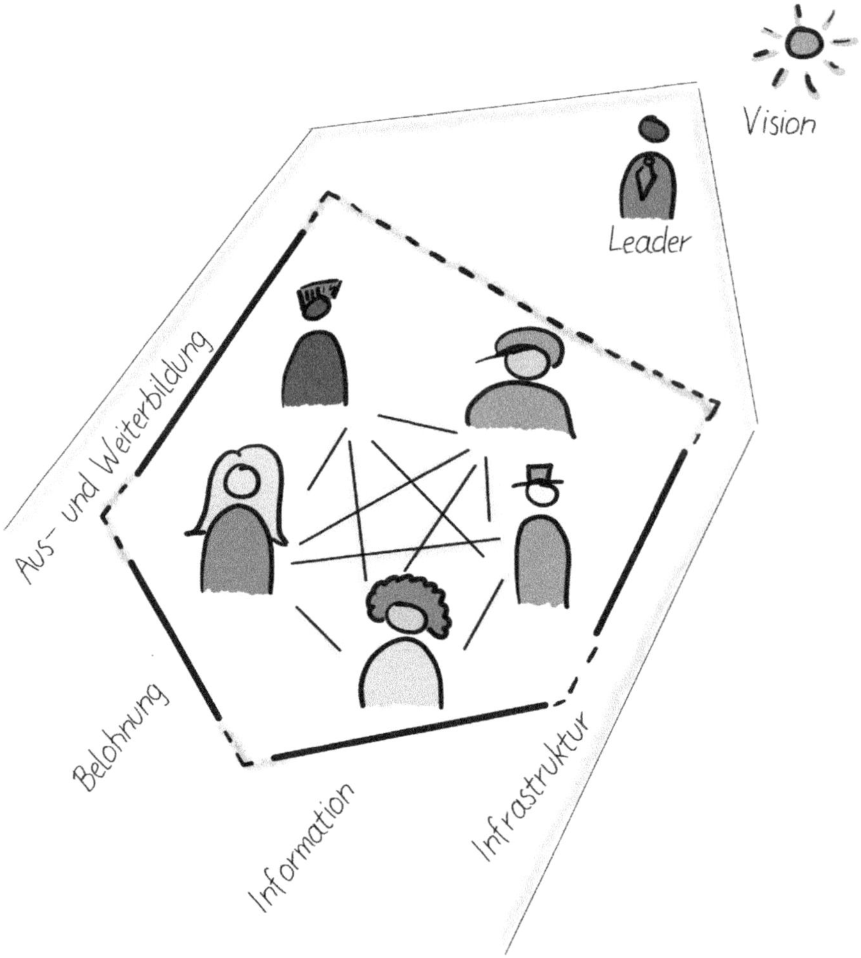

Abb. 37: C/D/E-Modell der Selbstorganisation (eigene Darstellung nach Kaltenecker 2018)

Selbstorganisation in der Praxis

In „Reinventing Organizations" beschreibt Frederic Laloux eine Organisationsform, die er als „evolutionär" bezeichnet (Laloux/Kauschke 2015). Eine besondere Eigenschaft dieser Organisationen ist die **Selbstführung**. Im Rahmen der Recherche für sein Buch hat er viele Unternehmen auf aller Welt besucht. Dabei beschreibt er Unternehmen, die nicht mehr auf klassische Hierarchien und Strukturen setzen. Die Organisationen und Einheiten führen sich selbst. Die Unternehmensgründer und andere ehemalige Vorgesetzte stellen nur noch einen Rahmen und geeignete Unterstützung zur Verfügung.

Den Mitarbeitern in diesen Unternehmen wird zugetraut, dass sie selbst in der Lage sind, weitreichende Entscheidungen zu treffen. Eines der bekanntesten Beispiele für eine evolutionäre Organisation ist das niederländische Unternehmen Buurtzorg.[4] Hierbei handelt es sich um einen Pflegedienst, der 2006 von Jos de Blok und weiteren Pflegekräften gegründet wurde. De Blok und seine Kollegen waren zunehmend unzufriedener mit dem herrschenden Pflegesystem der Niederlande, so dass sie ihren eigenen Pflegedienst nach ihren eigenen Vorstellungen gründeten. Dieser neue Pflegedienst orientiert sich zurück an Werte, die vor dem Einzug des Effizienzgedankens in die Krankenpflege das Verhältnis zwischen Pflegenden und Gepflegten ausmachten.

Mittlerweile ist Buurtzorg mit über zehntausend Pflegekräften eine feste Größe in den Niederlanden. Das Spannende ist, dass das Unternehmen konsequent auf Selbstorganisation setzt. Von der Leitung des Dienstes werden nur **Unterstützungsfunktionen** bereitgestellt, wie zum Beispiel Coaches, auf die Teams zugreifen können. Jedes Team für sich ist für ein bestimmtes Wohnviertel verantwortlich. Es entscheidet selbst über Dienstpläne und Urlaubszeiten. Ebenso kann es selbst neue Teammitglieder einstellen, wenn Bedarf besteht. Auch über Entlassungen wird vom Team entschieden. Es gibt eine Vorgabe, dass ein Team nur bis zu einer bestimmten Größe anwachsen darf. Ist die Anzahl an Mitgliedern erreicht, dann muss sich das Team in zwei neue Teams aufteilen. Man hat gelernt, dass effektive Selbstorganisation im Team nur bis zu einer bestimmten Größe funktioniert.

Diese Organisationsform erlaubt es den Pflegekräften, ohne von Effizienzvorgaben getrieben zu sein, ihre Arbeit zu verrichten. Sie können sich mehr Zeit nehmen für die Patienten, was ihnen und der Qualität der Pflege zugutekommt. Die Kehrseite der Medaille ist, dass die Teammitglieder mehr Verantwortung übernehmen müssen als in einem klassischen Angestelltenverhältnis. Wenn ein Teammitglied plötzlich aus der Reihe tanzt, ist kein Chef da, der ein Machtwort spricht. Wenn Feiertage oder Ferien anstehen, und Patienten auf Pflege angewiesen sind, ist kein Chef da, der bestimmt, wer mit der Familie unter dem Christbaum sitzen darf und wer zur Arbeit muss. All diese Entscheidungen müssen die Teams selbst treffen.

Die meisten der von Laloux beschriebenen Unternehmen greifen dabei auf drei grundlegende Praktiken zurück, die sie mit leichten Variationen in ihrer Organisation verankert haben.

---

4 https://www.buurtzorg.com/, 13.4.2021.

1. **Beratungsprozess:** Entscheidungen werden auch im selbstorganisierten Unternehmen oder Team nicht im Konsens getroffen. Oftmals führt die Suche nach einem Konsens dazu, dass am Ende so viele Kompromisse gemacht werden, dass die Entscheidung nicht mehr optimal ist. Es gibt auch keinen starken Mann oder eine starke Frau an der Spitze, die das letzte Wort hat. Daher nutzen viele evolutionäre Unternehmen eine Form des Beratungsprozesses. Das heißt, wenn ein Mitarbeiter eine Entscheidung treffen möchte oder muss, die gewisse Kriterien erfüllt (zum Beispiel strategische Entscheidungen oder Kosten ab einer bestimmten Höhe), dann muss er sich beraten lassen. Das kann zum Beispiel in einer Gruppe von Experten oder durch einen besonders erfahrenen Kollegen geschehen. Am Ende darf aber der Mitarbeiter die Entscheidung selbst treffen. Die Unternehmenskultur basiert darauf, dass jeder Mitarbeiter, wenn er Zugriff auf entsprechende Informationen und Erfahrungen hat, die für das Unternehmen beste Entscheidung treffen wird.
2. **Konfliktlösung:** Auch in besonders fortschrittlichen und evolutionären Organisationen ist nicht alles rosarot. Wo Menschen aufeinandertreffen, wird es immer wieder zu Konflikten kommen. Daher ist es wichtig, Werkzeuge und Maßnahmen zu haben, die bei der Lösung von auftretenden Konflikten helfen können. Es gibt hier keine zentrale Instanz, die Konflikte im Keim erstickt oder den Hammer schwingt. Dieses Problem müssen die Mitarbeiter selbst lösen. Aber sie bekommen Unterstützung. Dies kann in der Form von erfahrenen Coaches oder Mediatoren sein, die man freiwillig hinzuziehen kann, oder aber durch moderierte Gruppensitzungen.
3. **Kollegiale Beurteilung und Vergütung:** Laloux berichtet davon, dass die von ihm besuchten Organisationen die Beurteilung und Vergütung der Mitarbeiter nicht von oben bestimmen (denn ein oben in diesem Sinne ist ja gar nicht vorhanden), sondern von den Meinungen und dem Feedback der Kollegen abhängig machen. Dafür wird sehr transparent mit Gehältern umgegangen. Jeder im Team weiß, was die anderen verdienen. Wenn es darum geht, dass jemand eine Gehaltserhöhung möchte, entscheidet das Team darüber. Auch bei Neueinstellungen entscheidet kein Geschäftsführer oder Gründer über das Gehalt, sondern die Mitarbeiter.

Solche evolutionären Organisationen sind noch recht selten anzutreffen (ab Seite 297 (Cultural Model von Laloux) werden wir sehen warum). Allerdings kann man erahnen, welches Potenzial in der Selbstorganisation liegt. Im deutschsprachigen Raum konnte man die Vorteile einer sehr selbstorganisiert geführten Unternehmensstruktur zum Beispiel bei dm im Gegensatz zu Schlecker sehen. Während Schlecker von der Bildfläche verschwunden ist, setzt dm konsequent auf Dezentralisierung. Auch wenn das nicht in allen Facetten dem entspricht, was Laloux als evolutionäre Organisation bezeichnet, sind schon viele Ansätze vorhanden und haben den klaren Marktvorteil gesichert.

Mitarbeit als Einladung

Selbstorganisation ist ein natürliches Phänomen und alle Menschen bringen die zugehörigen Fähigkeiten mit. Das Klagen vieler Unternehmen und Organisationen, ihre Mitarbeiter seien nicht zur Selbstorganisation fähig, deutet eher auf ein anderes Problem hin. Auf fehlende Voraussetzungen etwa oder auf das Fehlen von gemeinsamen Zielen und einer wünschenswerten Vision.

Boris Gloger und Dieter Rösner verdeutlichen dies an dem **Beispiel einer Jugendgruppe im Internat** (Gloger/Rösner 2017). Die Betreuer der Gruppe gaben sich sehr viel Mühe, den Jugendlichen Selbstorganisation nahe zu bringen. Die Wohngruppen trafen sich regelmäßig und sollten in dieser Zeit die Hausarbeit und andere für die Gruppe wichtige Aufgaben absprechen und koordinieren. Die Betreuer wollten dies nicht mehr von außen vorgeben, sondern hatten die Hoffnung, dass die Gruppe ihren Pflichten mit mehr Verantwortungsgefühl und gewissenhafter nachgehen würde, wenn sie sich selbst organisierten. Also standen sie nur noch als Hilfestellung zur Verfügung. Die Treffen der Gruppe verliefen aber eher schleppend und die Aufgaben blieben unerledigt.

Die Betreuer, die das beobachteten, mussten zu dem Schluss kommen, dass die Mitglieder der Wohngruppe einfach nicht zur Selbstorganisation in der Lage waren. Sie hatten einen klaren Rahmen bekommen, der darin bestand, dass die zu erledigenden Aufgaben und die Freiheitsgrade von den Betreuern sehr deutlich gemacht wurden. Da es sich um Dinge handelte, die die gemeinsame Umgebung betraf, sollte auch das gemeinsame Ziel gegeben sein. Wer möchte schon gerne in Unordnung und Chaos wohnen? Aber Selbstorganisation stellte sich einfach nicht ein.

Wenn es aber darum ging, sich des Nachts aus dem Internat zu schleichen, dann geschahen seltsame Dinge. Plötzlich traf sich die komplette Wohngruppe heimlich, so dass die Betreuer nichts mitbekamen. Alle waren pünktlich und höchst aufmerksam bei der Besprechung. Dann wurden Aufgaben verteilt. Ein gemeinsamer Plan wurde entwickelt und jeder übernahm eine Aufgabe, die für das Gelingen wichtig war. Dann wurde dieser Plan gemeinschaftlich in die Tat umgesetzt.

Die Jugendlichen waren also sehr wohl zur Selbstorganisation fähig. Allerdings zeigt das Beispiel, dass sich Selbstorganisation nicht einfach einfordern lässt. Die Jugendlichen arbeiteten deshalb zusammen, weil ihnen das gemeinsame Ziel persönlich etwas bedeutete. Wenn einer von ihnen einen Fehler machen würde, dann würden sie alle erwischt werden. Also riefen sie sich auch gegenseitig zur Verantwortung.

Damit Selbstorganisation funktionieren kann, braucht es also ein **gemeinsames Ziel**, das die Teammitglieder wirklich motiviert. Wenn ein Team willkürlich Aufgaben vor die Füße geworfen bekommt, verbunden mit der Erwartungshaltung, diese sollten nun selbstorganisiert erledigt werden, dann ist ein übergeordnetes Ziel, eine motivierende Vision, nicht zu erkennen. Wir erinnern uns, dass intrinsische Motivation den Dreiklang aus Autonomie, Fähigkeiten und Sinn benötigt (siehe Seite 109).

Auch das C/D/E-Modell zeigt, dass es letztlich die Vision ist, die die Richtung vorgibt und die Selbstorganisation fördert. Fehlt diese, dann wird es problematisch.

Wenn Sie sich noch einmal Abbildung 37 ansehen, dann werden Sie erkennen, dass eine Führungskraft (Manager) zwischen dem Team und der Vision dargestellt ist. Die Aufgabe dieser Führungskraft besteht darin, die Hindernisse zu beseitigen, die dem selbstorganisierten Team im Weg stehen, um sich auf die Vision zuzubewegen. Wenn die Vision nicht vorhanden ist (oder keine Strahlkraft und Relevanz für das Team besitzt), dann bekommt plötzlich die Führungskraft eine zusätzliche Bedeutung. Sie wird versuchen, das Team in eine bestimmte Richtung zu führen. Ähnlich wie die Betreuer im Jugendinternat. Und das Team wird wahrscheinlich abwarten, was die Führungskraft sagt. Welche Aufgaben sollen übernommen werden? Wie geht man mit Problemen um? Wenn Konflikte auftreten, dann sollte doch bitte die Führungskraft diese behandeln. Dafür wird sie schließlich bezahlt.

Machen wir noch einmal ein anderes **Gedankenexperiment**. Sie wollen eine große Party mit all Ihren Freunden feiern. Es ist Ihnen wichtig, dass möglichst alle Ihre Freunde daran teilnehmen. Sie haben eine genaue Vorstellung, wie für Sie ein perfekter Abend aussieht. Sie haben Ihr Haus vorbereitet und einen Caterer engagiert. Wie gehen Sie nun weiter vor, um den Abend zu einem Erfolg zu machen?

Wahrscheinlich ist es für Sie offensichtlich, dass es sehr schwer wäre, Ihre Freunde zur Teilnahme zu verpflichten. Sie können sie nicht zwingen, zu erscheinen und Spaß zu haben. Ebenso unsinnig wäre es, ihnen Geld anzubieten, damit sie zu Ihrer Party kämen. Stattdessen verschicken Sie Einladungen an Ihre Gäste. Diese werden selbst entscheiden, ob sie den Abend auf der Party oder ganz woanders verbringen wollen.

Wenn wir uns eine Einladung genauer ansehen, so können wir Elemente wiederfinden, die wir aus dem C/D/E-Modell kennen. Wenn Sie zu einer Party einladen, dann sind Sie der Gastgeber. Sie setzen den Rahmen und legen ein paar Bedingungen fest. Zum Beispiel, wann und wo die Party stattfinden wird, welche Räume des Hauses genutzt werden und welche nicht, was es zu essen und zu trinken gibt. Sie werden wahrscheinlich auch einen Grund für die Party in die Einladung schreiben. Ist es eine Geburtstagsparty, eine Verlobung oder vielleicht eine Beförderung, die gefeiert werden soll? Sie selbst übernehmen also die Rolle des Managers, der Anlass und Ihre Vorstellung von einer perfekten Party die Vision.

Ihre Freunde werden zu der Party kommen und sich innerhalb des von Ihnen gesetzten Rahmens frei bewegen. Als Gastgeber werden Sie aber keine Gesprächsthemen diktieren oder vorgeben, wer mit wem zu sprechen hat. Sie können zwar Einfluss darauf nehmen (zum Beispiel durch eine vorgegebene Sitzordnung), aber wie der Rahmen ausgefüllt wird, liegt letztendlich allein bei Ihren Gästen.

Können Sie sich dieses Prinzip auch in einem Unternehmen vorstellen? Führungskräfte, die eine Einladung aussprechen? Mitarbeiter, die frei entscheiden, ob sie dieser Einladung folgen wollen? Eine Meetingeinladung einfach ausschlagen, weil sie „keine Lust" haben? Für viele Manager wird dieser Gedanke erst einmal sehr befremdlich wirken. Hier zeigt sich eine veränderte Führungsphilosophie und das zugrunde liegende Menschenbild.

Open Space und Co.

Den Rahmen haben Sie nun durch die Einladung gesetzt. Doch wie kommen Sie jetzt zu den passenden Inhalten? Stellen Sie sich vor, Sie melden sich zu einer Konferenz an. Diese Konferenz behandelt ein Thema, das Sie sehr stark interessiert. Bei dem Versuch, im Vorfeld an eine genaue Agenda zu gelangen, hatten Sie wenig Erfolg. Nun sind Sie am Tag der Konferenz in einen großen Saal geführt worden. Sie schätzen, dass neben Ihnen noch 200 andere Menschen in dem Raum sind. In der Mitte des Saals ergreift nun ein Moderator das Mikrofon. Er begrüßt die Teilnehmer und stellt sich und das Team der Organisatoren in ein paar Sätzen vor. Sie gehen davon aus, dass er als Nächstes die Agenda vorstellen wird. Das tut dieser zwar dann auch, aber in einer etwas anderen Form, als Sie es erwartet hätten. Denn statt nun die Vorträge vorzustellen, verweist er auf Post-it-Kärtchen und Stifte, die im ganzen Saal ausliegen. Und nun fordert er die Teilnehmer auf, Themen darauf zu notieren. Jeder Teilnehmer kann zugleich Redner als auch Zuhörer sein. Jeder kann seinen eigenen Vortrag halten und andere Vorträge anhören. Sie sind skeptisch. Wird das funktionieren? Bei 200 Menschen? Kann so eine Konferenz einen Mehrwert bringen?

Vielleicht haben Sie schon eine solche Konferenz besucht. In den letzten Jahren ist das Format, das auch als Open Space bezeichnet wird, sehr populär geworden und immer mehr Veranstaltungen finden in dieser Form statt. Entstanden ist das Format schon Ende der 1980er Jahre. Harrison Owen, der die Idee zu dieser Art der Konferenz hatte, beschreibt, dass ihm die Idee gekommen sei, nachdem er Feedback zu einem von ihm vorbereiteten und durchgeführten Kongress bekommen hatte. Die Teilnehmer waren sich einig darin, dass der wirklich nützliche Teil der Zusammenkunft an der Kaffeemaschine stattgefunden habe. Natürlich waren die Vorträge hilfreich, aber die Vertiefung, Übertragung und das Netzwerken fand nicht in den Sälen, sondern in den Pausen statt. Also versuchte Owen ein Format zu entwickeln, das dauerhaft so nützlich sein würde, wie die Kaffeepausengespräche, von der seine Teilnehmer so begeistert waren. Heraus kam das Open Space Format, das sich seither wachsender Beliebtheit erfreut.

Die **Regeln eines Open Space** sind dabei sehr einfach und die Vorbereitung beschränkt sich darauf, einen organisatorischen Rahmen vorzugeben, also festzulegen, wie viel Zeit zur Verfügung steht, wo die Konferenz stattfindet und wie viele Räume vorhanden sind. Die meisten Open Space Konferenzen haben ein Oberthema oder ein Motto, aber es gibt auch komplett themenunabhängige Veranstaltungen, bei der von Astrophysik über Rennsport bis zur richtigen Verwendung eines Bügeleisens jedes Thema eingebracht werden kann. Diese Themen werden auch nicht vom Veranstalter vorgegeben, sondern die Teilnehmer bringen diese mit. Dabei muss nicht unbedingt ein mit Hochglanzfolien vorbereiteter Expertenvortrag stattfinden. Auch Diskussionsrunden können initiiert oder Arbeitsgruppen gegründet werden. Wichtig ist, dass jeder, der ein Thema ansprechen möchte, dieses in einem kurzen „Pitch“ vorstellt. Er bekommt eine kurze Zeit (meist unter einer Minute), in der er sein Thema den anderen Teilnehmern schmackhaft machen kann. Er notiert das Thema dazu auf einem Post-it.

Auf einem Übersichtsplan wird dann das Post-it mit dem Themenvorschlag einem Raum und einer Zeit zugeordnet. Der Tag ist in verschiedene Zeiträume aufgegliedert (je nach Dauer der Konferenz meistens zwischen 30 Minuten und 90 Minuten). Wenn alle ihre Themen vorgestellt haben, besteht noch einmal die Möglichkeit, den Plan anzupassen. Es könnte zum Beispiel sein, dass zwei Themenvorschläge, die für viele Teilnehmer sehr interessant sind, zur gleichen Zeit stattfinden. Vom Moderator unterstützt, werden dann eventuell noch einmal Räume oder Zeiten getauscht, bis möglichst viele Teilnehmer zufrieden sind.

Beim Open Space gibt es dann keine weiteren Regeln zu beachten. Stattdessen beruft man sich auf vier Prinzipien:

1. **Wer auch immer kommt, es sind die richtigen Leute.** Die Teilnahme an einer Session ist freiwillig. Selbst wenn der Initiator gerne eine bestimmte Person oder eine Gruppe in seiner Diskussion sehen würde, niemand kann gezwungen werden. Man geht also von der Grundannahme aus, dass jemand, der sich freiwillig in eine Session begibt, auch ein großes Interesse daran hat. Und genau aus diesem Grund, ist sie oder er genau richtig dort.
2. **Was auch immer geschieht, es ist das Einzige, was geschehen konnte.** Natürlich können Sessions gut durchgeplant sein. Aber es können immer wieder unvorhergesehene Dinge passieren. Vielleicht kommt es zu einer ungeplanten Diskussion oder das Thema nimmt einen ganz anderen Verlauf als geplant. Im Open Space begegnet man diesen unvorhergesehenen Wendungen mit offenen Armen. Oftmals ergeben sich dadurch neue Perspektiven oder neue Optionen.
3. **Es beginnt, wenn die Zeit reif ist.** Natürlich gibt es für jede Session auf dem Plan einen bestimmten Zeitraum. In dieser Zeit steht der Raum zur Verfügung. Das Prinzip besagt aber, dass nicht die Zeit bestimmt, wann etwas wirklich beginnt, sondern die in der Gruppe vorhandene Energie. Wenn man noch ein paar Minuten Small-Talk benötigt, bevor man startet, so ist das vollkommen in Ordnung.
4. **Vorbei ist vorbei – nicht vorbei ist nicht vorbei.** Daran knüpft das vierte Prinzip an. Die Höflichkeit und Respekt erfordern es natürlich, nach Ablauf des Zeitrahmens den Raum für das nachfolgende Thema freizugeben. Wenn allerdings noch genug Energie vorhanden ist, um an dem Thema weiterzuarbeiten, dann bieten die meisten Open Space Konferenzen auch Bereiche, in die man sich zurückziehen und ein Thema noch weiter vertiefen kann. Nicht die Zeit definiert also das Ende, sondern die Energie. Das bedeutet auch, dass ein Gespräch früher zu Ende sein kann als der zur Verfügung stehende Zeitrahmen. Wenn nach zehn Minuten alles gesagt wurde, was gesagt werden musste, dann löst sich die Gruppe auf.

Neben diesen vier Prinzipien gibt es ein Gesetz des Open Space: das **Gesetz der zwei Füße.** Dieses besagt, dass jeder Teilnehmer für sich selbst verantwortlich ist. Er stimmt mit seinen Füßen darüber ab, ob er ein Thema besucht, das ihn weiterbringt. Wenn er nichts mehr mitnehmen oder beitragen kann, dann ist er selbst in der Verantwortung seine beiden Füße zu nutzen und sich irgendwo hin zu begeben, wo er wieder etwas beitragen oder mitnehmen kann. Am Ende trägt also jeder selbst die Verantwortung dafür, wie viel Wert die Open Space Konferenz für ihn bringt.

Auf Open Space Veranstaltungen begegnet man oft **Hummeln und Schmetterlingen.** Hummeln fliegen von Session zu Session. Sie folgen dem Gesetz der zwei Füße und tauchen überall da auf, wo sie etwas beitragen oder mitnehmen können. Dabei tragen sie den Blütenstaub der einen Session hinein in die nächste Gruppe, die sie besuchen. Sie verbinden somit unterschiedliche Themen miteinander. Und dann gibt es da noch die Schmetterlinge. Diese wirken anziehend und stehen manchmal auch einfach nur so in der Gegend herum. Sie initiieren Unterhaltungen, auch jenseits der organisierten Sessions. Denn auch das ist erlaubt. Man muss nicht zu einer Session gehen, wenn man auf einem Open Space ist. Man kann genauso gut ein spannendes Gespräch auf dem Flur vertiefen oder einfach Netzwerke knüpfen, indem man einen Schmetterling anspricht oder selbst zum Schmetterling wird.

Mit diesen wenigen Regeln und Prinzipien zeigt der Open Space, wie man durch das Aussprechen einer Einladung wildfremde Personen zur Selbstorganisation motivieren kann und sogar beeindruckende Ergebnisse erzielen kann. Wer das Format noch nie erlebt hat, kann es zum Beispiel auf einem der vielen Barcamps kennenlernen.[5] Oft auch als „Un-Konferenz" bezeichnet, bedienen sich Barcamps in den meisten Fällen der Open-Space-Methode, um den Ablauf zu organisieren. Gerade in der agilen Gemeinschaft gibt es auch eine Reihe regelmäßiger Treffen, die meistens kostenlos sind und die im Open-Space-Format einen sehr offenen Austausch bieten. Diese findet man in jeder größeren Stadt (zum Beispiel „Scrumtische", agile Meetups, ...).

Lean Coffee

Für kleinere Gruppen bietet sich das sogenannte Lean Coffee an. Bei diesem Format, das am besten in Gruppen bis zu zehn Personen durchgeführt wird, kann jeder Teilnehmer wie beim Open Space sein eigenes Thema vorschlagen. Nach einem kurzen Pitch nimmt dann die Gruppe eine Priorisierung vor. Dafür wird meist Dot-Voting verwendet, bei dem jeder Teilnehmer drei Punkte auf die Themen verteilen darf. Diese werden dann nach Anzahl der Punkte sortiert. Es findet in der Folge keine Teilung der Gruppe statt, sondern das von allen am höchsten priorisierte Thema wird in der Gruppe für einen bestimmten Zeitraum diskutiert (in der Regel 10 Minuten). Nach Ablauf dieser Zeit entscheidet die Gruppe per Abstimmung, ob man noch weitere Zeit in die Diskussion investieren möcht, oder ob man zum nächsten Thema wechselt.

---

5 https://www.barcamp-liste.de/; 13.4.2021.

World-Café

Das World-Café ist eine dem Open Space sehr ähnliche Methode, bei der aber das konkrete Erarbeiten von Ergebnissen im Vordergrund steht. Hier gibt es verschiedene Themen, die durch jeweils einen festen Moderator begleitet werden. Die Teilnehmer des World-Cafés sind aufgefordert, ihren Beitrag zu den unterschiedlichen Themen zu leisten. Der Moderator stellt sicher, dass Neuankömmlinge abgeholt sind und die Diskussionen, die schon geführt wurden, kurz zusammengefasst werden. Zudem sorgt der Moderator für eine Dokumentation. Die Ergebnisse können dann später im Plenum präsentiert werden.

Das sind nur drei Beispiele für auf Einladung, Freiwilligkeit und Motivation beruhende Meetingformate. Wenn Sie sich für weitere sehr schöne Formate und detaillierte Beschreibungen interessieren, finden Sie eine Auswahl zum Beispiel in Kaltenecker 2018, Hofert 2017a und Gloger/Rösner 2017.

➤ Tipps für VUCA-Helden

Selbstorganisation kann man nicht erzwingen. Es ist ein natürliches Phänomen, das sich dann zeigen wird, wenn die Rahmenbedingungen entsprechend gegeben sind und genug Raum vorhanden ist, der gefüllt werden kann. Im komplexen Umfeld kann Selbstorganisation Vorteile mit sich bringen.

1. **Fragen Sie sich, welchen Grad der Selbstbestimmung ein Team benötigt.**

Selbstorganisation hat immer auch mit Selbstbestimmung zu tun. Je reifer ein Team ist, desto autonomer kann es arbeiten. Je mehr Autonomie ein Team besitzt, desto wahrscheinlicher findet Selbstorganisation statt. Diese Betrachtung kann sehr individuell sein. Denn auch innerhalb der gleichen Organisation kann es Teams geben, die schon reifer sind und andere, die noch einen weiteren Weg vor sich haben. Widerstehen Sie der Versuchung, alle Teams in dieser Hinsicht gleich zu behandeln. Teams sollten sich darauf verlassen können, dass Sie nach gleichen Maßstäben behandelt werden, aber wenn Sie transparent machen, warum ein reiferes Team mehr Freiheiten hat, dann werden die anderen Teams das akzeptieren. Alle Teams unabhängig von ihrer Reife gleich zu behandeln führt in der Regel dazu, dass die reifen Teams durch ihren Rahmen eingeschränkt werden, während die weniger reifen Teams die Freiheiten noch nicht nutzen können und im schlimmsten Fall orientierungslos sind. Schauen Sie auch darauf, ob Sie für den gegebenen Kontext überhaupt selbstorganisierte Teams benötigen. Teamarbeit und Selbstorganisation sind nicht immer die effizienteste Vorgehensweise.

- Wie reif ist ein Team und welcher Rahmen passt am besten zur Aufgabe/zum Kontext?
- Sind alle Teammitglieder eingeladen und können ihre Fähigkeiten einbringen? Sind sie motiviert?
- Welche Rahmenbedingungen helfen einem weniger reifen Team sich zu organisieren, ohne dabei das Wachstum zu behindern?

2. **Achten Sie auf den Sinn.**

Ein Team muss ein gemeinsames Ziel haben, am besten an einer geteilten Vision ausgerichtet. Dieses Ziel gibt die Richtung vor. Das bedeutet, es sollte eine übergeordnete Vision geben, mit der sich alle identifizieren können und an die sie „andocken" können. Fehlt ein motivierendes Ziel, dann muss die Richtung auf andere Weise vorgegeben werden. Das könnte dann eine Führungskraft übernehmen, was aber die Selbstorganisation behindert oder sogar verhindert.

- Hat das Ziel eine Relevanz für jedes Teammitglied?
- Gibt es eine gemeinsame Vision? Wie gut wurde diese kommuniziert? Kennt jeder diese Vision?
- Wie können Sie gemeinsam eine Vision entwickeln?

3. **Jeder Mensch ist zur Selbstorganisation fähig.**

Wenn Menschen sich in einem Umfeld nicht selbst organisieren, dann liegt das wahrscheinlich an dem System, in dem sie sich bewegen. Menschen verhalten sich in der Regel so, wie es in dem umgebenden System optimal ist. Wenn Sie also bemerken, dass Selbstorganisation nicht stattfindet, dann fragen Sie sich, welche Teile des Systems dies verhindern könnten.

- Welche Regeln, Verhaltensweisen oder Prozesse führen dazu, dass die Mitarbeiter ein bestimmtes Verhalten zeigen (oder nicht zeigen)? Welche Beziehungen bestehen zwischen den Beteiligten?
- Gibt es vielleicht implizite Annahmen der Mitarbeiter über die Organisation, die hinderlich sein können (und eventuell auch gar nicht zutreffend sind)?
- Wie können Sie die Diskussion über die Organisation und die Kultur fördern? Was können die Teams selbst am System beeinflussen?

4. **Experimentieren Sie mit Einladungen und neuen Formaten.**

Machen Sie Meetings zu einer freiwilligen Veranstaltung. Stellen Sie es anderen frei, ob sie zu einem Meeting erscheinen. Wenn niemand kommt, ist das auch ein hilfreiches Feedback. Vielleicht werden Sie auch merken, dass Sie Ihre Meetings plötzlich ganz anders vorbereiten und durchführen. Ein Meeting muss nicht langweilig sein. Wenn Ihre Mitarbeiter das so empfinden und deshalb fernbleiben, ist es dann deren Schuld?

- Wie können Sie Ihre Meetings interessant machen?
- Was haben andere davon, wenn sie Ihrer Einladung folgen?
- Wie gehen Sie damit um, wenn ein Mitarbeiter der Einladung nicht folgt?
- Welche Formate können unterstützen, motivieren und zu besseren Ergebnissen führen?

4 Führung in Veränderung

Ich nehme an, dass Führung einst für Muskeln stand, aber heute steht sie dafür, sich gut mit den Menschen zu verstehen.
Mahatma Gandhi

Wir leben in einer Zeit, in der das Tempo der Veränderung von Tag zu Tag zunimmt. Was vor ein paar Jahren noch wie Zukunftsmusik klang, ist heute schon Realität. Die Zukunft ist nicht vorhersehbar. Wie wird sich der Arbeitsmarkt entwickeln? Wie geht die Politik mit den gesellschaftlichen Herausforderungen um? Diese Fragen beschäftigen die Menschen. Die Welt ist geprägt von Veränderungen, die Angst und Unsicherheit verursachen können. In einer solchen Zeit kann sinnstiftende Führung Orientierung bieten, Kräfte bündeln, Aufbruchstimmung hervorrufen und eine neue Form der Sicherheit bewirken. Führung bedeutet daher auch immer, mit Veränderung umzugehen.

Dabei hat Führung in der VUCA-Welt nicht nur etwas mit einem klaren Auftrag oder einer Position zu tun. Jeder von uns kann eine Führungsrolle einnehmen. Führung entsteht in jeder Gruppe und ganz natürlich. Das schließt auch die schwierige Aufgabe der Selbstführung mit ein. Es ist daher hilfreich zu verstehen, wie wir Menschen einen Veränderungsprozess durchlaufen und wie man diesen als Führungsperson unterstützen kann.

Veränderung

Veränderung ist allgegenwärtig. Alles ist im Wandel und verändert sich fortwährend. Das ist ein universales Gesetz, das unsere Welt gestaltet.

Es soll sich regen, schaffend handeln,
Erst sich gestalten, dann verwandeln;
Nur scheinbar steht's Momente still.
Das Ewige regt sich fort in allen:
Denn alles muss in Nichts zerfallen,
Wenn es im Sein beharren will.
Johann Wolfgang von Goethe,
aus „Eins und Alles“

Auch wenn unsere Welt von einem ständigen Wandel beherrscht wird, so tun wir Menschen uns doch generell sehr schwer mit Veränderung. Sie bedroht unsere Sicherheit, nimmt uns die Illusion der Kontrolle und zwingt uns, Gewohnheiten aufzugeben.

Dies trifft auch auf die Arbeitswelt zu. Sicherlich waren Sie auch schon einmal von einem Wandel an Ihrem Arbeitsplatz betroffen. Sei es eine Entlassungswelle, eine Übernahme durch ein anderes Unternehmen oder einfach nur der Wechsel einer Führungsposition. All dies sind Ereignisse, die Veränderungen hervorrufen. Auch neue technische Errungenschaften können einen Wandel anstoßen. Denken Sie einmal zurück an die erste Hälfte des vorigen Jahrhunderts. Damals hatten viele Menschen einen Arbeitsplatz in der Landwirtschaft. Dann kamen plötzlich neue Maschinen auf. Ein Pflug musste nicht mehr durch Muskelkraft geführt werden, sondern Maschinen unterstützten die Landwirte. In den Ställen gab es eine Reihe von Neuerungen, so dass immer weniger Menschen benötigt wurden. Eine große Veränderung fand statt, die vielen Leuten Angst machte. Doch die Geschichte zeigt, dass diese Veränderung nicht zu einer unlösbaren Massenarbeitslosigkeit führte. Im Gegenteil. Die neuen technischen Geräte und Maschinen waren auch verantwortlich für die Schaffung vieler neuer Arbeitsplätze.

Innovation Adoption Lifecycle

Wenn es zu Veränderungen kommt, dann gehen nicht alle davon betroffenen Menschen auf gleiche Weise damit um. Manchen Menschen fällt es scheinbar sehr leicht, sich auf die Veränderung einzulassen. Sie sind vielleicht sogar Treiber der Veränderung. Andere Menschen reagieren erst einmal ein wenig zurückhaltend. Sie warten ab und versuchen sich eine möglichst unabhängige Meinung zu bilden, was die Veränderung für sie persönlich mit sich bringt. Und dann gibt es auch Menschen, die einer Veränderung sehr skeptisch gegenüberstehen. Sie halten sehr lange am Gewohnten fest und werden sich erst dann auf die Veränderung einlassen, wenn sich wirklich keine Alternative für sie bietet.

Wenn wir davon sprechen, dass die Volatilität, Unsicherheit, Komplexität und Mehrdeutigkeit, die heute allgegenwärtig sind, es erfordern, dass wir unsere Art zu Arbeiten überdenken und verändern müssen, dann ist dies eine Veränderung, die bei vielen Menschen erst einmal Unsicherheit auslöst. Auch die Einführung neuer Zusammenarbeitsformen, wie zum Beispiel Scrum, wird nicht nur auf Befürworter stoßen. Dies ist menschlich und vollkommen normal.

Die **Diffusionstheorie** hilft, dieses Phänomen ein wenig systematischer zu beschreiben und dadurch auch mehr Verständnis zu schaffen.

In Abbildung 38 sehen Sie eine typische Verteilung, die beschreibt, wie eine Gruppe von Menschen auf Veränderung reagiert. Diese ist angelehnt an die Einführung neuer und innovativer Produkte, kann aber ebenso gut bei der Einführung neuer Arbeitsweisen beobachtet werden.[1]

---

1 Natürlich können die konkreten Zahlen von Fall zu Fall abweichen, aber es zeigt eine Form der Normalverteilung.

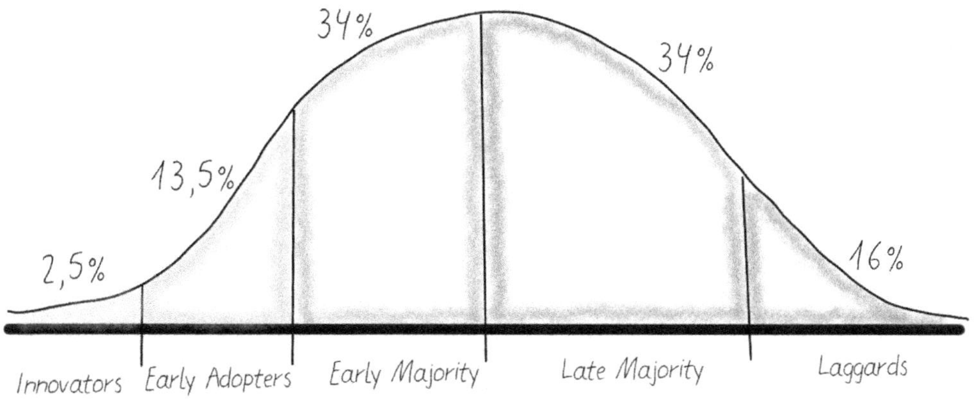

Abb. 38: Innovation Adoption Lifecycle

Eine sehr kleine Gruppe der **Innovatoren** ist entweder schon sehr früh dabei, eine Veränderung mitzutragen, oder sie initiiert sie sogar selbst. Ich erinnere mich zum Beispiel noch sehr gut an die Zeit, als die ersten Mobiltelefone erschwinglich wurden. Damals ging ich noch zur Schule und stand kurz vor dem Abitur. Wir waren in der Jahrgangsstufe ungefähr 100 Personen und ich weiß nur von zwei Besitzern eines Mobiltelefons. Diese mussten sich zwar noch viele kernige Sprüche anhören, aber da standen sie drüber.

Nur wenige Monate später, als wir zur schriftlichen Abiturprüfung in einem Saal versammelt waren, wiesen die Lehrer schon explizit darauf hin, dass keine Mobiltelefone erlaubt sein würden. Mittlerweile gab es nämlich nicht nur zwei Personen in der Stufe, die ein Handy besaßen. Die **Early Adopters** waren gefolgt, also die Gruppe, die eine solche Neuerung recht früh annahm.

Zu Beginn meines Studiums hatten schon die meisten Studenten ein Mobiltelefon in ihrem Besitz. Mittlerweile besaß auch ich ein solches Gerät. Die Preise waren gesunken, die Technik ausgereifter. Ich gehörte der Gruppe der **Early Majority** an, der frühen Mehrheit. Aber es gab es in meinem Umfeld eine ganze Reihe von Personen, die noch kein Handy besaßen und die dem ganzen Trend auch noch skeptisch gegenüberstanden.

Ein oder zwei Jahre später konnte ich fast alle meine Freunde und Familienmitglieder unter einer eigenen Mobilfunknummer erreichen. Die ursprüngliche Skepsis war gewichen und auch die **Late Majority,** also die späte Mehrheit, hat schließlich die Innovation angenommen. Ich erinnere mich auch an einen meiner Freunde, der sich recht lange gewehrt hat und kein Handy haben wollte. Irgendwann war er sogar bekannt dafür, weil es für alle anderen schon etwas ungewöhnlich erschien, dass er kein eigenes Telefon besaß. Aber heute ist auch er Besitzer eines Handys.

In meinem gesamten Umfeld von Freunden und Familie habe ich nun, knapp zwanzig Jahre nachdem die beiden Mitschüler mit Mobiltelefon noch die Ausnahmeerscheinung waren, nur noch eine einzige Person, die kein Handy nutzt. Selbst das zu Weihnachten geschenkte Handy wurde in einer Schublade beerdigt und nicht verwendet. Diese Person gehört zu der Gruppe der **Laggards** (englisch für Nachzügler oder Bummler). Es wird spannend sein zu sehen, wie lange sie noch ohne Smartphone auskommen wird in einer Welt, in der viele Dienste und Serviceleistungen an mobile Dienste und Geräte gekoppelt sind.

Ähnliche Verläufe kann man bei nahezu allen Innovationen beobachten. Die Nutzung des Internets, von sozialen Netzwerken oder von Messengerdiensten (erst SMS und heute Dienste wie WhatsApp) zeigen ganz ähnliche Verläufe.

Auch was soziale Veränderungen betrifft, ist diese Darstellung recht zutreffend. Wenn Sie schon einmal eine agile Transformation oder die Einführung von Scrum miterlebt haben, dann werden Sie einige Muster wiedererkennen. Der größte Unterschied zwischen der Einführung der Mobiltelefone und der Einführung einer neuen Arbeitsweise ist, dass in Unternehmen oftmals Veränderungen von oben angestoßen werden und die Mitarbeiter nicht die freie Wahl haben. Plötzlich ist die Ansage da, dass alle in interdisziplinären Teams arbeiten sollen. Und schon wird umstrukturiert.

Hier wird man die unterschiedlichen Gruppen aus Abbildung 38 ebenfalls wiederfinden. Einige Mitarbeiter werden von Beginn an voll dabei sein als Innovatoren oder Early Adopters. Andere wiederum werden erst einmal abwarten und beobachten, was die neue Arbeitsweise ihnen persönlich bringt. Nach einiger Zeit werden wahrscheinlich immer mehr Mitarbeiter die Veränderung annehmen und ihr positiv gegenüberstehen. Dann folgt später auch die Late Majority. Es wird aber auch sicher einige Bummler oder Nachzügler geben (Laggards). Vielleicht werden sie nicht nur bummeln, sondern auch aktiv versuchen, die Veränderung zu verhindern oder abzuschwächen. Einige Nachzügler werden irgendwann die Veränderung akzeptieren und sich beteiligen. Andere wiederum werden die Veränderung nie akzeptieren und verlassen dann früher oder später das Unternehmen.

Die Psychologie der Veränderung

Jeder Mensch reagiert anders auf Veränderung. Dabei spielen Persönlichkeit, Entwicklung und natürlich auch die Situation eine wichtige Rolle. Jemand, der eine sehr große Offenheit für neue Erfahrungen zeigt, wird mit Veränderungen wahrscheinlich besser zurechtkommen als jemand, der dort sehr niedrige Werte hat. Jemand, der einen späteren Denkmodus der Ich-Entwicklung erreicht hat und Widersprüche integrieren kann, wird wahrscheinlich auch schneller Veränderung in seinen Alltag integrieren können, als jemand der im Richtig-Modus denkt und handelt. Für manche Menschen ist Veränderung eine wünschenswerte Abwechslung. Vielen Menschen macht Veränderung aber Angst und wird als schmerzvoll erlebt.

Die Veränderungskurve

Wie Menschen mit Veränderung (besonders dem Verlust eines lieben Menschen) umgehen, beschreibt Elisabeth Kübler-Ross (Kübler-Ross 1997). Sie beschreibt fünf Stufen, die durchlaufen werden:

Fünf Phasen der Trauer	
Nicht-wahrhaben-wollen	Veränderung wird verleugnet
Zorn	Veränderung führt zu Wut und anderen Emotionen. Schuldige werden gesucht
Verhandeln	Neue Realität wird ausgetestet, Auswirkungen der Veränderung geprüft
Depression	Wenn die neue Realität abgelehnt wird, entsteht Depression und Lähmung
Akzeptanz	Die Veränderung wird akzeptiert und man beginnt, positive Aspekte zu erkennen

Menschen durchlaufen diese Phasen auf sehr individuelle Art. Bei manchen sind einzelne Phasen sehr kurz oder kaum vorhanden, andere verbringen sehr viel Zeit in einer einzelnen Phase. Es kann auch passieren, dass manche Phasen nicht ganz abgeschlossen werden oder dass Menschen wieder zurückfallen in Phasen, die sie schon durchlaufen haben.

Dieses Wissen hilft, zu verstehen, wie Menschen auch auf **berufliche Veränderungen** reagieren. Sie brauchen Zeit, sich darauf einzustellen. Natürlich ist es förderlich, Veränderungen gut zu planen, aber die Auswirkungen auf den Einzelnen kann man im Vorfeld nicht steuern. Jeder verarbeitet die Veränderung anders und in einem anderen Tempo. Hier ist es hilfreich, möglichst alle im Unternehmen zu involvieren und mit Informationen auszustatten, damit sie Notwendigkeit und die Tragweite der Veränderung einschätzen können.

Die Psychotherapeutin Virgina Satir nutzte ein daran angelehntes Modell zur Beschreibung von Veränderung (Satir 1991). Sie beschäftigte sich in erster Linie in ihrer Praxis mit Familientherapie und war der Auffassung, dass Veränderung immer und überall möglich sei. Sie entwickelte ein Veränderungsmodell, das ihr und ihren Klienten half, die Veränderungsschritte zu verstehen, zu akzeptieren und umzusetzen.

Das **Satir-Modell** beschreibt fünf aufeinanderfolgende Phasen. In Abbildung 39 sehen Sie eine vereinfachte Darstellung. Die horizontale Achse beschreibt den zeitlichen Verlauf, die vertikale Achse die Leistungsfähigkeit.

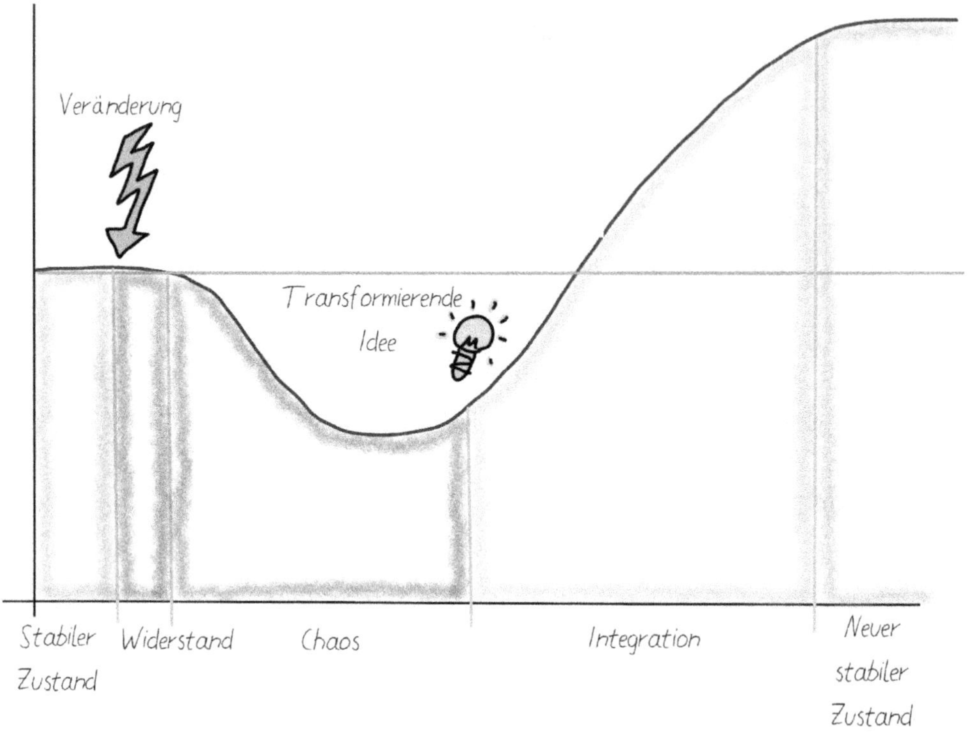

Abb. 39: Die Veränderungskurve nach Virginia Satir

Bevor eine Veränderung eintritt, befindet sich eine Gruppe oder ein Team in einer Phase des **stabilen Zustands.** Man ist in einem gewohnten Umfeld, hat klare Abläufe und Arbeitsweisen. Alle wissen, was sie voneinander und vom einbettenden System erwarten können. Die Leistung der Gruppe ist stabil und berechenbar. Es gibt klare Regeln und jedem ist bewusst, wie er auf gewisse Ereignisse zu reagieren hat. Manchmal verändert sich der Kontext und die Vereinbarungen und Regeln sind nicht mehr passend. Dies führt dazu, dass der Stress in der Gruppe deutlich ansteigt.

Nun ist der Punkt erreicht, dass, entweder aus der Gruppe selbst heraus oder von außerhalb, klar wird, dass es so nicht weitergehen kann. Es muss sich etwas verändern. Zum Beispiel könnte das Unternehmen entscheiden, dass es eine agile Transformation starten möchte. Oder vereinzelte Teammitglieder beginnen die Regeln der Zusammenarbeit in Frage zu stellen und schlagen vor, sich mehr in Richtung T-Profil zu entwickeln und vorhandene Dysfunktionen zu beseitigen.

Zwar ist der Gruppe mittlerweile bewusst, dass es so nicht mehr weitergehen kann, trotzdem gibt es **Widerstand,** die Gruppe stemmt sich erst einmal gegen die anstehende Veränderung, weil sie den stabilen Status Quo gefährdet. Vordergründig begrüßt man vielleicht das Neue, weil man sich lange genug über die Probleme beschwert hat, und nun bewegt sich tatsächlich etwas. Aber so richtig will dann doch noch niemand aus seiner Wohlfühlzone und dem Gewohnten heraustreten und die Reise ins unbekannte Neue wagen.

Die Mehrheit des Teams reagiert nun mit den schon vorgestellten fünf Phasen der Trauer. Zuerst einmal wird die Veränderung abgelehnt und einfach ignoriert. Dann kommt vielleicht Wut hoch. Nun werden Schuldige gesucht. In dieser Phase benötigt die Gruppe Unterstützung, um zu erkennen, dass die Veränderung vorteilhaft für alle wäre.

Nachdem die Gruppe den Widerstand aufgegeben hat, folgt eine Phase des **Chaos**. In Arbeitsgruppen sinkt nun in der Regel die Leistungsfähigkeit deutlich. Durch die Veränderung funktionieren viele Dinge plötzlich anders als zuvor. Beziehungen zwischen Teammitgliedern zerbrechen oder werden zumindest auf die Probe gestellt, Arbeitsweisen müssen neu abgestimmt werden, bisheriges Verhalten ist plötzlich vielleicht sogar kontraproduktiv.

Für die Teammitglieder heißt es jetzt, sich gemeinsam neu zu finden. Das ist keine leichte Aufgabe und auch hier ist es hilfreich, wenn das Team auf externe Unterstützung zurückgreifen kann. Das Management sollte diese Phase nicht versuchen abzukürzen, auch wenn die Leistung vielleicht erst einmal darunter leidet. Die Phase ist sehr wichtig, damit das Team sich selbst neu erfindet und ein notwendiger Schritt hin zur Phase der Integration[2].

Da die Veränderung prinzipiell eine Verbesserung erzielen soll, kommen die Teammitglieder bald dazu, die transformierende Idee hinter der Veränderung zu erkennen. So sehen sie, dass sie auch persönlich von der Veränderung profitieren können („Was ist für mich drin?" ist eine wichtige Frage bei Veränderungsprozessen). In der darauffolgenden **Integrationsphase** werden dann neue Regeln, Beziehungen, Arbeitsabläufe und eine neue Teamidentität erarbeitet. Die Leistungsfähigkeit steigt wieder an.

Die Integrationsphase ist kein Selbstläufer. Die Leistung des Teams pendelt ebenso auf und ab, wie die Beurteilung der Veränderung. Denn natürlich werden auch wieder neue Probleme und Herausforderungen auftreten und das kann das Team befürchten lassen, erneut in eine Phase des Chaos abzudriften.

Ist die Integrationsphase überstanden, dann ist ein **neuer stabiler Zustand** entstanden. In der Regel ist die Leistungsfähigkeit nun auch höher als vor der Veränderung. Das Team geht gestärkt aus dem Wandel hervor und hat seine Handlungsmöglichkeiten erhöht. Möchte man ein Team beim Veränderungsprozess als Führungskraft oder Coach unterstützen, so kann man sich an den fünf Phasen orientieren und entsprechend Hilfestellung geben.

In der Phase des stabilen Zustands kann man das Team ermutigen, sich nach Möglichkeiten der Verbesserung umzusehen. Je mehr das Team sich selbst hinterfragt und nach Verbesserungen sucht, desto besser. In Scrum ist zum Beispiel die Retrospektive

---

2 Die Storming-Phase aus dem Modell von Tuckman entspricht dieser Phase des Chaos. Denn auch die Zusammenstellung eines neuen Teams ist ja eine Veränderung. In diesem Sinne würde dann auch Phase des Norming der Integrationsphase entsprechen.

ein guter Zeitpunkt, um dies zu tun. Viele Teams tun sich allerdings schwer damit, die wirklich hilfreichen Veränderungen selbst anzustoßen. Hier ist ein Scrum Master oder ein Coach, der einen Impuls von außen geben kann, sehr hilfreich.

In der Phase des Widerstands hilft es dem Team, wenn es sich mit seiner eigenen Reaktion auseinandersetzt. Wenn sich die Teammitglieder ihrer emotionalen Reaktion auf die Veränderung bewusstwerden, können sie leichter über ihren Schatten springen und den Widerstand aufgeben. Hier hilft es auch, Informationen über Dringlichkeit und Notwendigkeit transparent und verfügbar zu machen.

Die Phase des Chaos ist eine sehr entscheidende Phase im Veränderungsprozess. Hier ist es wichtig, dass dem Team der Raum gegeben wird, sich mit seinen Emotionen, seinen Ängsten und seinen Beziehungen auseinanderzusetzen. Das ist eine sehr anspruchsvolle Aufgabe. Lange zusammenarbeitende Scrum Teams haben manchmal eine so offene Teamkultur etabliert, dass ein solcher Austausch ermöglicht wird. Bei weniger reifen Teams ist hier wahrscheinlich einiges mehr an Unterstützung durch Scrum Master, Coaches oder Führungskräfte notwendig.

In der Integrationsphase kann man dem Team helfen, seine Ängste zu beruhigen, indem man Unterstützung anbietet. Allerdings ist es wichtig, dass das Team sowohl die Chaos- als auch die Integrationsphase selbst durchläuft und auch die Herausforderungen selbst bewältigt. Erreicht es dann die Phase der neuen Stabilität, ist es wichtig, diesen Status Quo zu stärken und zu unterstützen und auf dem Weg zu einer lernenden Organisation schon wieder die nächsten herausfordernden Fragen zu stellen.

Das Tal der Tränen

Es gibt eine Reihe weiterer Modelle, die Veränderung beschreiben, aber im Großen und Ganzen beschreiben alle Modelle ähnliche Phänomene. Veränderung ist erst einmal etwas, auf das die Menschen mit **Widerstand** reagieren, weil es gewohnte Muster unterbricht und Unsicherheit bringt. Selbst die Menschen, die Veränderung offener gegenüberstehen, durchlaufen einen solchen Prozess. Allerdings gelingt es diesen schneller, zu dem Punkt zu gelangen, an dem Veränderung akzeptiert wird und dann sinnvoll gestaltet werden kann.

Das Satir-Modell zeigt einen Rückgang der Leistung nach dem Widerstand und dem Eintritt in die Chaos-Phase. Dies wird auch oft als das „Tal der Tränen“ bezeichnet. Wie beschrieben ist es notwendig, dass es durchschritten wird, damit die Veränderung auch wirklich akzeptiert wird.

Allerdings heißt das Tal der Tränen nicht umsonst so. Für viele Menschen ist es sehr unangenehm, dieses Tal zu durchqueren. Fehlt hier eine geeignete Vision, die motiviert, die Talsohle zu durchqueren und den Ausgang auf der anderen Seite zu finden, führt dies oft dazu, dass sich die Mitarbeiter überhaupt nicht bewegen. Schlimmer noch, wenn die Treiber der Veränderung widersprüchliche Signale senden und nicht konsequent aufzeigen, dass es nur einen Weg aus dem Tal hinaus gibt, dann können die Mitarbeiter irritiert sein. Sie können die Veränderung nicht akzeptieren, weil es ja scheinbar eine Möglichkeit gibt, beim Alten zu bleiben und die Veränderung zu vermeiden. Hier ist Führung gefragt, die den Sinn der Veränderung verdeutlicht und betont, dass es keine Alternative gibt.

Glaubt die Führung eines Unternehmens selbst nicht an den Erfolg der Veränderung, dann werden die Skeptiker unter den Mitarbeitern diese Unsicherheit wahrnehmen und versuchen, die Veränderung zu umgehen. Das kann dazu führen, dass ein Teil der Mitarbeiter am Ende auf der Strecke bleibt. Entweder sind das dann diejenigen, die bis zuletzt am Alten festhalten und die Transformation nicht mitmachen wollen, oder aber diejenigen, die für sich die Vorteile in der Veränderung erkannt haben, dann aber durch die Ohnmacht der Führung wieder in das alte System zurückgezwungen werden, dass sie als weniger vorteilhaft empfinden. Aus diesem Grund kommt der Führung besonders bei der agilen Transformation eine besonders wichtige Rolle zu.

Das Acht-Phasen-Modell von Kotter

Veränderung hat viele Seiten. Eine ist die Veränderung von Rahmenbedingungen und dem äußeren Kontext. Also zum Beispiel der Übergang von klassischen Unternehmensstrukturen und Arbeitsweisen hin zu agilen Strukturen und Methoden durch eine agile Transformation. Die Veränderung der Strukturen, Vorgaben und Methoden kann man planen und steuern. Eine weitere Seite besteht darin, dass die Veränderung von den beteiligten Menschen auch mitgetragen und umgesetzt werden muss. Sie können per Gesetz bestimmen, dass in Deutschland plötzlich Linksverkehr eingeführt wird. Wenn sich kein Autofahrer daran hält, haben Sie ein Problem. Dann müssen Sie kontrollieren und bestrafen, um die Veränderung durchzusetzen. Wie wir schon gesehen haben, sind Bestrafung und Belohnung nicht die besten Motivatoren.

John Kotter hat acht Schritte identifiziert, die er empfiehlt, um eine **Veränderung erfolgreich zu gestalten** (Kotter 2011). Von einer solchen Veränderung erzählt er in seiner Fabel „Das Pinguin-Prinzip" (Kotter/Rathgeber 2017), die ich an dieser Stelle mit meinen eigenen Worten wiedergeben möchte.

Fabel | Das Pinguin-Prinzip
Auf einem Eisberg gab es eine große Pinguinkolonie. Die Pinguine lebten dort sehr glücklich und zufrieden. Sie gingen geschäftig ihren Aufgaben nach und sorgten fürsorglich füreinander. Dinge, die außerhalb ihrer täglichen Routine lagen, interessierten sie nicht. Aber ein Pinguin unter ihnen war anders. Er war neugierig und stellte immerzu Fragen. Daher wurde er von den anderen Pinguinen für sehr sonderbar gehalten. Er beobachtete zum Beispiel stundenlang den Ozean. Das war den anderen Pinguinen fremd. Niemals würden sie auf eine solche Idee kommen. Eines Tages sah dieser Pinguin, der wieder einmal in den Ozean hinausschaute, wie in einiger Entfernung ein Eisberg auseinanderbrach. Das erschreckte ihn und er begann nachzuforschen, ob so etwas auch mit dem Eisberg passieren konnte, auf dem seine Kolonie beheimatet war. Er ging verschiedenen Spuren nach und

entdeckte schließlich, dass der Eisberg, auf dem sie lebten, Hohlräume im Inneren besaß. Diese hatten sich im Sommer gebildet und mit Wasser gefüllt. Er hatte schon einige interessante Beobachtungen in seinem Leben gemacht und er wusste, dass Wasser sich im Winter ausdehnen würde, wenn es zu Eis gefror. Aufgrund der Menge dieser Hohlräume und dem nahenden Winter wurde ihm angst und bange, denn er begann zu verstehen, dass dies eine echte Gefahr für seine Kolonie sein könnte. Ihnen konnte das gleiche Schicksal drohen, wie dem Eisberg, der vor seinen Augen auseinandergebrochen war.
Der Pinguin sprach daraufhin ein Mitglied des Rates der Kolonie an. Er zeigte diesem die Hohlräume und konnte das Ratsmitglied überzeugen, das höchste Eile geboten war, denn die Kolonie befand sich in Gefahr. Daraufhin wurde das Thema im Rat vorgestellt. Doch dieser reagierte sehr unterschiedlich darauf und schon gar nicht so, wie sich der neugierige Pinguin erhofft hatte. Zwar gab es einige Stimmen, die nach kurzem Überlegen am liebsten sofort etwas unternehmen wollten. Aber da waren auch einige vorsichtigere Ratsmitglieder, die erst einmal alles genau prüfen und nur keine Panik aufkommen lassen wollten. Es gab sogar einige Pinguine im Rat, die komplett abstritten, dass auch nur der Hauch einer Gefahr für die Kolonie bestehen würde. Der neugierige Pinguin war aber auch sehr pfiffig. Mit Hilfe einer alten Glasflasche, die er gefunden hatte, konnte er den Rat dann doch überzeugen, dass man es mit einer ernstzunehmenden Gefahr zu tun hatte. Er füllte etwas Wasser in die Flasche und steckte sie dann über Nacht ins Eis. Als der Rat am nächsten Morgen die Flasche begutachten wollte, stellte man fest, dass sie zerbrochen war. Nun begannen alle zu verstehen, dass da etwas an den Befürchtungen des neugierigen Pinguins dran sein konnte. Sie sahen sich die Hohlräume an und nun wurde ihnen bewusst, dass sie schnell etwas tun mussten. Das Erste, was der Rat nun in Angriff nahm war, ein schlagkräftiges Team auf die Beine zu stellen, dass sich des Problems annehmen sollte. Natürlich war der neugierige Pinguin ein Teil des Teams. Aber die Pinguine achteten sehr genau darauf, dass in dem Team viele unterschiedliche Meinungen, Perspektiven und Fähigkeiten vertreten waren.
Die Hauptaufgabe des kleinen Teams bestand darin, auszuarbeiten, wie die Kolonie mit dem Problem am besten zurechtkommen konnte. Dabei wurden unterschiedliche Lösungsmöglichkeiten entwickelt, diskutiert, verworfen, wieder aufgegriffen, angepasst und erweitert. Am Ende kam man zu dem gemeinsamen Schluss, dass der Eisberg wohl nicht mehr zu retten sei. Dafür hatten sie schon zu viele große Hohlräume entdeckt. Die beste Option der Kolonie bestand ihrer Meinung nach darin, Ausschau nach einem neuen Eisberg zu halten, der ihnen ein Zuhause bieten könnte. Ihnen war aber auch klar, dass die Gefahr, die sie entdeckt hatten, wahrscheinlich bei jedem Eisberg bestand. Daher würde eine einmalige Umsiedlung der Kolonie wahrscheinlich nur vorübergehenden Schutz bedeuten. Die Kolonie würde

ihren Lebensstil stark verändern müssen und in Zukunft von Eisberg zu Eisberg ziehen.

Diese neue Vision wurde dann der gesamten Kolonie vorgestellt. Dies stellte eine massive Veränderung für alle Pinguine dar. Was der neugierige Pinguin schon in der Ratsversammlung bemerkt hatte, wiederholte sich nun. Ein paar wenige Pinguine waren von dem möglichen Abenteuer fasziniert. Die Mehrheit allerdings war sehr unsicher oder gar verängstigt. Sie wollten ihr gewohntes Leben nicht aufgeben. Eine Gruppe stritt auch ab, dass sie sich überhaupt in Gefahr befinden würden. Der Rat und das Team blieben aber auch in den Tagen nach der Versammlung sehr beharrlich. Sie machten klar, dass es keine andere Möglichkeit geben würde. Dafür machten sie auch gezielt Werbung, hingen Plakate auf und versorgten die Kolonie mit so vielen Informationen, wie es nur ging. Dadurch versuchten sie, die Ängste zu zerstreuen. Gleichzeitig wurde ein erstes Team von Kundschaftern zusammengestellt. Diese wurden ausgesandt, um einen neuen, stabilen Eisberg für die Kolonie zu finden.

Ein besonders cleverer Schachzug gelang einem Ratsmitglied, das in die Schulen ging und den Kindern zeigte, wie sie sich an der Veränderung beteiligen konnten. Die Schülerinnen und Schüler bereiteten einen Tag der Helden vor, ein großes Fest, bei dem die rückkehrenden Kundschafter für ihre Verdienste geehrt werden sollten. Die Eltern unterstützten ihren Nachwuchs bei den Vorbereitungen. So hatten bald die meisten Pinguine in der Kolonie eine Aufgabe gefunden, die mit der Veränderung in Verbindung stand.

Als die Kundschafter schließlich zurückkehrten, war der erste Tag der Helden ein voller Erfolg. Alle Pinguine der Kolonie nahmen an der großen Feier teil und die Kundschafter und deren Familien platzten vor Stolz. Dies ermutigte weitere Pinguine, sich nun freiwillig als Kundschafter zu melden und so konnten bald eine ganze Reihe von neuen Forschungsteams entsandt werden. Und bald schon entschied sich der Rat für einen der von diesen Teams als neue Heimat vorgeschlagenen Eisberge und die Pinguine konnten sich auf den Weg zu ihrem neuen Zuhause machen.

Obwohl nun erst mal das dringendste Problem gelöst war und sie der Gefahr auf ihrem vorherigen Eisberg entgangen waren, ruhten sich die Pinguine nicht darauf aus. Der Rat schickte weiter mehrere Teams aus, die nach neuen und besseren Eisbergen suchen sollten. Der Tag der Helden wurde regelmäßig gefeiert und die neue Lebensweise wurde immer mehr in den Alltag der Pinguine verankert.

Heute ist die Kolonie zu einem echten Nomadenvolk geworden. Sie bleiben so lange an einem Ort, bis sie einen noch besseren und sicheren Ort gefunden haben. Ständig sind Kundschafter unterwegs, und kein einzelner Pinguin ist durch die zerbrechenden Eisberge zu Schaden gekommen.

In dieser Geschichte lassen sich acht Stufen erkennen, die den Wandel der Kolonie hin zu einem Nomadenleben unterstützt haben.

Stufe	Ziel	Beschreibung	Beispiel
1	Ein Gefühl der Dringlichkeit erzeugen	Die Probleme und Herausforderungen ermitteln und transparent machen	Der neugierige Pinguin kommuniziert die große Gefahr, in der die Kolonie schwebt, an den Rat.
2	Eine Führungskoalition aufbauen	Ein möglichst interdisziplinäres und motiviertes Team für den Wandel zusammenstellen	Der Rat stellt ein Team zusammen, das aus den unterschiedlichsten Pinguinen zusammengesetzt ist.
3	Eine Vision des Wandels entwickeln	Das Team entwickelt Pläne und entwickelt eine motivierende Vision.	Die Pinguine untersuchen ihre Möglichkeiten und sehen die größte Chance in einem Nomadenleben.
4	Die Vision des Wandels kommunizieren	Die Vision muss häufig und mitreißend kommuniziert werden.	Die Pinguine teilen die Vision in einer Versammlung der Kolonie. Sie machen Werbung und stellen Informationen zur Verfügung.
5	Hindernisse aus dem Weg räumen und Befähigung	Hindernisse müssen entfernt werden; Beteiligte sollten Möglichkeiten aufgezeigt bekommen, wie sie den Wandel aktiv mitgestalten können.	Die Schüler bereiten einen Tag der Helden vor, die Eltern unterstützen.
6	Schnelle Erfolge erzielen	Frühe Erfolgsgeschichten sind motivierend und helfen allen, am Ball zu bleiben.	Der Tag der Helden wird gefeiert. Kundschafter werden geehrt und andere wollen nacheifern.
7	Erfolge sicherstellen und verankern	Wenn erste Ergebnisse erzielt sind, ist das nur der Anfang. Das langfristige Ziel sollte im Auge behalten werden.	Die Pinguine haben einen neuen Eisberg gefunden. Die Kolonie siedelt um, aber die Kundschafter sind weiter aktiv und suchen schon neue Eisberge.
8	Veränderungen in der Kultur verankern	Die Veränderungen werden zu einem festen Bestandteil der Kultur.	Die Pinguine sind ein echtes Nomadenvolk geworden. Die Umsiedlung ist nichts ungewöhnliches mehr, sondern ein fester und gelebter Bestandteil ihrer neuen Identität.

Tab. 10: Die acht Stufen der Veränderung nach Kotter

Diese acht Schritte können hilfreich sein, wenn man eine Veränderung plant. Aus dem Modell geht sehr deutlich hervor, dass die Begeisterung und Beteiligung der

Betroffenen sehr wichtige Bestandteile der Veränderungsarbeit darstellen. Wenn im Unternehmenskontext Veränderung vorangetrieben werden soll, dann ist es wichtig, nicht nur nackte Zahlen zu betrachten, sondern auch die Wahrnehmung der Mitarbeiter in Hinblick auf die Notwendigkeit der Veränderung.

Hier kommt der **Vision** wieder eine große Bedeutung zu. Diese muss kraftvoll und motivierend sein und Begeisterungspotenzial besitzen. Die Initiatoren und Treiber der Veränderung sollten entsprechend dieser Vision agieren und sie so präsent machen. Die Zusammenstellung eines Teams, das als zentrale treibende Kraft als gutes Beispiel vorangeht und die Vision mit Strahlkraft verfolgt, ist dabei ein wichtiger Schritt. Bei agilen Transformationen ist es daher empfehlenswert, ein Transitionsteam zu gründen, das aus Führungskräften und wichtigen Veränderungstreibern besteht, das Hindernisse aus dem Weg räumt, die Vision bewirbt und Mitarbeitern in allen Bereichen zeigt, wie sie zum Wandel beitragen können.

Kurzfristige Erfolge sind hilfreich auf einem längeren Weg der Veränderung. Daher ist es wichtig, diese nicht als selbstverständlich abzutun, sondern auch gebührend zu feiern. Das motiviert und hält alle Beteiligten bei der Stange. Mit ersten Erfolgen allein ist es aber nicht getan. Veränderung ist ein lang andauernder Prozess. Daher ist es wichtig dranzubleiben und die Veränderung wirklich in der Kultur zu verankern. Dies kann mitunter Jahre dauern.

➤ Tipps für VUCA-Helden

Veränderung ist ein dauerhafter Zustand. Sie findet immer und überall statt. Dennoch stellt sie jeden Einzelnen, Teams und ganze Organisationen vor große Herausforderungen. Machen Sie sich in Zeiten der Veränderung immer bewusst, dass Veränderung sehr schmerzhaft sein kann. Zudem sind Ihre Möglichkeiten, andere Menschen zu verändern äußerst gering. Im Unternehmenskontext sind Menschen oftmals damit konfrontiert, dass eine Veränderung des Systems oder der Zusammenarbeit auch eine individuelle Veränderung erfordert. Hier hilft das Verständnis, welche Phasen Veränderung mit sich bringt.

1. **Beziehen Sie alle Beteiligten mit ein.**

Wenn Menschen Möglichkeiten zur Gestaltung haben, dann sehen sie darin Chancen. Wenn sie einer Veränderung gegenüberstehen, die sie nicht mitgestalten können, dann entstehen Unsicherheit und Angst.

- Welche Gruppen sind von der Veränderung betroffen?
- Wie können Sie die Beteiligten möglichst früh an der Veränderung beteiligen?
- Welche Aspekte sind verhandelbar, welche sind vorgegeben?

2. **Veränderung benötigt Führung.**

Im Veränderungsprozess suchen Menschen nach Orientierung. Diese kann durch Führung gegeben werden. Eine regelmäßige Kommunikation der Vision und eine konsequente Orientierung daran können den Veränderungsprozess unterstützen.

- Wie können Sie die Vision am besten kommunizieren?
- Wo zeigt sich die Vision in Ihrem Verhalten?
- Gibt es Situationen, in denen Sie sich mehrdeutig verhalten und die fehlinterpretiert werden könnten?

3. **Menschen verändern sich unterschiedlich schnell.**

Akzeptieren Sie, dass Veränderung von manchen Menschen sehr schnell angenommen wird, andere dafür aber länger brauchen. Machen Sie sich bewusst, dass es vielleicht Menschen in Ihrem Umfeld gibt, die die Veränderung gar nicht akzeptieren möchten. In einem Unternehmenskontext bleibt diesen immer auch die Option, das System zu verlassen, wenn sie die Veränderung nicht mittragen wollen. Das müssen Sie akzeptieren und darauf vorbereitet sein.

- Wie können Sie die Nachzügler ins Boot holen?
- Sind Sie bereit Veränderung zu betreiben, auch wenn das dazu führt, dass manche Mitarbeiter das Unternehmen verlassen?
- Kommunizieren Sie dies oder sind Sie uneindeutig und vermitteln den Eindruck, dass die Veränderung auch ausgesetzt werden kann?

Führung (Leadership)

Führung ist etwas völlig Natürliches. Sie tritt überall da auf, wo Menschen zusammenkommen und gemeinsam Aufgaben erledigen. Im klassischen Sinn verstehen wir unter Führung zumeist eine Führungsperson, die eine entsprechende Position bekleidet. Diese Position ist dabei in der Regel mit Macht verbunden, zum Beispiel Entscheidungen treffen zu dürfen, oder aber der Macht, die Zusammensetzung der Gruppe bestimmen zu dürfen. In klassischen Unternehmen vielleicht auch mit der Macht, Menschen vorzuschreiben, wie sie sich zu verhalten und was sie zu tun haben und damit verknüpft, Belohnungen und Strafen zu vergeben. Aber es gibt auch in Gruppen, die keine Positionen mit daran geknüpfter Positionsmacht definieren, immer Menschen, die Führung übernehmen.

Im komplexen Umfeld sollte Führung immer von denjenigen übernommen werden, die die höchste Kompetenz in Hinblick auf ein Problem oder eine Herausforderung besitzen. Durch Selbstorganisation wird diese dynamische Führung gefördert.

Vom Menschenbild und selbsterfüllenden Prophezeiungen

Führung wird immer auch stark vom vorherrschenden Menschenbild geprägt. Dieses Menschenbild beruht zum einen auf Beobachtungen und Erfahrungen, zum anderen aber auch auf Annahmen, Interpretationen und Glaubenssätzen.

Wie sehen Sie die Menschen um sich herum? Ganz besonders Ihre Teammitglieder und Mitarbeiter? Sind Sie umgeben von Menschen, die Ihre Arbeit als lästig empfinden und wenn sie könnten lieber zu Hause bleiben würden? Die sich auf der Arbeit langweilen und nur das Nötigste tun? Vielleicht kommen die Menschen auch nur deshalb zur Arbeit, weil sie den Job zum Überleben brauchen. Sie verdienen damit den Lebensunterhalt für sich und ihre Familie und motivieren sich nur dadurch, jeden Morgen pünktlich am Arbeitsplatz zu erscheinen, weil sie Angst davor haben, den Job zu verlieren. Dort zeigen sie dann auch wenig Engagement. Sie tun genau das, was sie von ihrem Vorgesetzten gesagt bekommen. Verantwortung wollen sie lieber nicht übernehmen. Es sei denn, dafür werden sie bezahlt, aber selbst dann ist es immer besser, wenn sich jemand anderes finden lässt, der am Ende den Kopf für etwas hinhalten muss. Die Kreativität, das Unternehmen voranzubringen, haben die meisten dieser Menschen dann wahrscheinlich auch nicht. Kreativ werden sie höchstens dann, wenn es darum geht, Arbeit zu vermeiden oder Regeln zu umgehen.

Douglas McGregor hat diese Sicht auf die Arbeiter in einem Unternehmen als **Theorie X** bezeichnet (McGregor/Cutcher-Gershenfeld 2006). Sie beschreibt ein Menschenbild, in dem der Mensch faul ist. Führen lässt er sich nur durch Belohnung und Strafe, sowie Weisung und Kontrolle. Dieser Theorie X stellt er die Theorie Y gegenüber.

	Theorie X	Theorie Y
Menschenbild	Von Natur aus faul, kein Eigenantrieb	Arbeit kann motivieren und begeistern
Führung	Belohnung und Bestrafung, Kontrolle und Weisung	Vision und Ziele setzen, können sich selbst führen
Verantwortung	nicht bereit, Verantwortung zu übernehmen	übernehmen Verantwortung, wenn sie an das Ziel glauben
Ziel der Arbeit	Lebensunterhalt verdienen, Sicherheit	Selbstentfaltung/Sinn, Lebensunterhalt verdienen

Tab. 11: Gegenüberstellung Theorie X und Y (McGregor)

Das Bild der **Theorie Y** beschreibt den Menschen als durch eine Arbeit oder eine Aufgabe motiviert und interessiert. Zwar müssen Menschen arbeiten gehen, damit sie ihren Lebensunterhalt bestreiten können, aber unter den geeigneten Voraussetzungen macht Arbeit sogar Spaß und die Entlohnung rückt in den Hintergrund. Menschen können sich laut Theorie Y selbst Ziele setzen. Dadurch müssen sie nicht durch Kontrolle und Belohnungen geführt werden, sondern durch eine attraktive Vision, an die sie glauben. Dann sind sie auch bereit, selbst Verantwortung zu übernehmen. Sie wollen sich selbst einbringen und weiterentwickeln. Potenzialentfaltung hat einen großen Wert für sie.

Machen Sie einmal den **Selbsttest**. Stellen Sie in einer Gruppe beide Theorien vor und bitten Sie dann alle Anwesenden, auf einen Zettel zu notieren, welcher Theorie sie sich selbst zuordnen würden. Bitten Sie sie auch, aufzuschreiben, wie viel Prozent der Menschen in ihrem Umfeld der Theorie X entsprechen. Sie werden feststellen, dass höchstwahrscheinlich alle Anwesenden sich Theorie Y zurechnen würden. Theorie X sind immer die anderen.

McGregor macht deutlich, dass es nur **ein Menschenbild** gibt, und zwar Theorie Y. Theorie X ist nur ein Vorurteil. Die Verhaltensweisen, die zu Theorie X passen, sind weniger im Menschen begründet als im Kontext. Würden die Menschen in einem anderen Umfeld arbeiten, dann wären sie vielleicht auch durch ihre Aufgaben motiviert, kreativ und würden freiwillig Verantwortung übernehmen. Es gibt also nicht den Typ-X-Menschen, sondern nur Typ-X-Verhalten, das Menschen zeigen, wenn sie in einem ungünstigen Umfeld sind.

Ist Theorie X aber das vorherrschende Bild auf die Mitarbeiter, so kann dies sehr schnell zu einer sich selbsterfüllenden Prophezeiung führen. Führungskräfte, die ein entsprechendes Menschbild mitbringen, werden die Mitarbeiter sehr stark kontrollieren und möglichst detaillierte Arbeitsanweisungen geben. Dadurch werden die Autonomie und die Fähigkeiten der Mitarbeiter beschnitten. Dies führt zu einem starken Motivationsverlust, der sich auch in einem zurückgeschraubten Engagement widerspiegelt. Die Mitarbeiter vermeiden in der Folge, Verantwortung zu übernehmen und verhalten sich so, dass sie möglichst wenig Angriffsfläche bieten. Dieses Verhalten wird von den Führungskräften wiederum als Bestätigung ihres Menschenbildes gesehen. Sie fühlen sich bestärkt und bleiben ihrer kleinteiligen und kontrollierenden Führung treu.

Glücklicherweise tritt diese **selbsterfüllende Prophezeiung** auch im Fall von Theorie Y ein. Eine Führungskraft, die mit diesem Menschenbild führt, wird den Mitarbeitern genügend Raum und Entfaltungsmöglichkeiten lassen. Sie können sich selbst einbringen und genießen Vertrauen. Autonomie, Fähigkeiten und Sinn werden so gestärkt und gefördert, was dazu führt, dass die Mitarbeiter stärker motiviert sind, was sich im Engagement zeigt. Sie übernehmen Verantwortung, werden kreativ und treiben eigenverantwortlich Themen und Aufgaben voran. Dies wiederum sehen die Führungskräfte als Bestätigung für Theorie Y, weshalb sie ihrem Stil auch in diesem Fall wahrscheinlich treu bleiben.

Wie auch immer Sie den Menschen sehen, ob eher X oder Y, Sie werden also in jedem Fall Recht behalten. Sie haben die Wahl!

Führungstheorien im Wandel der Zeit

Der Himmel ist zugehangen mit grauen Regenwolken. Auf einem offenen Feld, irgendwo in den schottischen Highlands, stehen sich zwei schwer bewaffnete Armeen gegenüber. Die englische Armee ist zahlenmäßig deutlich überlegen und besser ausgestattet. Sie sind es gewohnt, zu kämpfen. Ihnen gegenüber steht eine Armee, die zum Teil aus Bauern und einfachen Leuten besteht. Eigentlich ein hoffnungsloser Fall. Im Normalfall würden die Engländer die schottischen Widerstandskämpfer dem Erdboden gleichmachen. Aber diese haben ein As im Ärmel. Das Gesicht in den schottischen Nationalfarben bemalt, reitet William Wallace die Reihen seiner Soldaten ab. Er appelliert an den Mut und an die Ehre jedes Einzelnen. Er betont, dass nichts weniger als ihr eigenes Land und das Leben ihrer Familien auf dem Spiel steht, die Freiheit Schottlands. Schließlich erhebt er sein Schwert und die ganze schottische Armee stimmt in seinen unmenschlichen Schrei ein. Und die Engländer wissen nicht, wie ihnen geschieht, als die motivierten Schotten sie, trotz Unterzahl und fehlender Erfahrung in der Kriegsführung, empfindlich schlagen.

Der von Mel Gibson im Kinohit „Braveheart" dargestellte William Wallace scheint einen Anführer in Reinform zu verkörpern. Er hat Antworten auf knifflige Fragen, ist redegewandt, charismatisch und in der Lage, seine Gefolgsleute mit emotionalen Reden bis unter die Haarspitzen zu motivieren.

Ein paar Jahrhunderte später und ein paar Kilometer weiter südöstlich trat eine ganz andere Führungspersönlichkeit in Erscheinung. Indien erfuhr unter der politischen und ideologischen Führung durch Mahatma Gandhi ebenso starke gesellschaftliche Veränderungen, wie Südafrika unter Nelson Mandela. Allerdings führten diese nicht mit aggressiv bemaltem Gesicht und emotionalen Ansprachen eine Armee in die Schlacht. Sie bedienten sich anderer Hilfsmittel, aber ihre Führung war nicht minder effektiv. Auch sie scheinen die geborenen Anführer zu sein. Mit William Wallace haben sie jedoch nicht viel gemeinsam. Was macht also einen guten Anführer aus?

Wissenschaft und Forschung haben sich gerade in den vergangenen 100 Jahren sehr stark dafür interessiert, wie effektive Führung gelingt. Gibt es Gemeinsamkeiten zwischen Wallace, Gandhi und Mandela? Lassen Sie uns an dieser Stelle einen Blick in die Erkenntnisse der Führungsforschung werfen.

Die Führungspersönlichkeit und der Führungsstil

Zu den ältesten Führungstheorien gehört die Annahme, dass man zur Führung geboren sein muss. Demnach geht gute Führung auf bestimmte Persönlichkeitseigenschaften zurück, die man entweder hat oder eben nicht. Diese Theorie geht davon aus, dass die (männlichen) Führungspersonen Eigenschaften besitzen, die sie anderen Menschen (und vor allem Frauen) überlegen machen. Diese Theorien werden daher auch als **Great-Man-Theorien** bezeichnet. Es ist nicht verwunderlich, dass diese Theorien wissenschaftlich nicht haltbar sind und auf keiner empirischen Grundlage beruhen. Es ist keinesfalls so, dass die Führungspersonen den Geführten intellektuell überlegen sind oder besondere Fähigkeiten mitbringen würden, die ihren Führungserfolg ausmachen. Wissenschaftler hatten vermutet, dass es ein bestimmtes Muster an Persönlichkeitsmerkmalen geben könnte, die effektive Führungspersonen alle gemeinsam haben. Aber auch dies stellte sich als Fehlannahme heraus.

Man begann daher mit der Erforschung des **persönlichen Führungsstils.** Forscher unterscheiden dabei zwischen einem **autoritären,** einem **demokratischen** und einem **Laissez-faire-Führungsstil.**

Der mit diesen Stilen erlangte Führungserfolg kann sich auf zwei Komponenten beziehen. Zum einen gibt es ein Ziel, das die Führungsperson erreichen möchte. Dazu führt sie die Gruppe so, dass sie dieses Ziel möglichst vollumfänglich und schnell erreichen wird. Die Erreichung dieses gemeinsamen Ziels wird auch **Lokomotion** genannt. Dazu zählen Teilaufgaben, die notwendig sind, um ein gemeinsames Ziel zu erreichen, wie zum Beispiel die Motivation der Gruppe, die Bereitstellung von Arbeitsmitteln, das Entwickeln und Vorgeben von Zielen und auch die Kontrolle der Einhaltung. Die andere Komponente ist die sogenannte **Kohäsion.** Diese beschreibt den internen Zustand der Gruppe. Also wie ist das Gruppengefühl, wie der Zusammenhalt. Hier spielen die Beziehungen der Gruppenmitglieder untereinander und zu der Führungsperson eine sehr große Rolle.

	Beschreibung	**Zielerreichung (Lokomotion)**	**Gruppenklima (Kohäsion)**
autoritärer Stil	Führungsperson trifft Entscheidungen gibt vor, wer was wie zu tun hat gibt sich distanziert konzentriert sich auf die Aufgabe	effizienteste Leistung Leistung wird allerdings nur erbracht, wenn die Führungsperson anwesend ist Leistung nimmt mit der Zeit ab	mittelmäßig
Laissez-faire-Stil	Führung greift nicht in die Gruppe ein	geringste Leistung	geringste Zufriedenheit
demokratischer Stil	Führungsperson verhält sich wie ein Gruppenmitglied jeder kann Vorschläge einbringen Entscheidungen werden gemeinsam getroffen	qualitativ beste Leistung	höchste Zufriedenheit

Tab. 12: Auswirkungen des Führungsstils auf Teamleistung und Teamklima

In Experimenten konnte die Auswirkung der unterschiedlichen Führungsstile auf die beiden Faktoren Zielerreichung und Gruppenklima untersucht werden (Lippitt/White 1943). Es zeigte sich, dass der Laissez-faire-Stil sowohl was die Zielerreichung als auch das Gruppenklima betraf, am schlechtesten abschnitt. Die autoritär geführten Gruppen erreichten ihr Ziel am effizientesten. Allerdings nur, solange die Führungsperson anwesend war. Wenn die Gruppe auf sich gestellt war, dann zeigte sie deutlich geringere

Leistung. Ebenso zeigte sich, dass die Leistung dieser Gruppe mit der Zeit zurückging, auch wenn bei Anwesenheit der Führungsperson. Am zufriedensten war die Gruppe, die mit einem demokratischen Stil geführt wurde. Hier war das erzielte Ergebnis auch qualitativ am hochwertigsten. Die Erkenntnisse der Forscher sind aber mit Vorsicht zu genießen. Wissenschaftler vermuteten schon recht früh, dass auch die Situation eine bedeutende Rolle in Bezug auf den Führungserfolg spielen könnte, so dass eine Verallgemeinerung der Erkenntnisse fraglich war.

Der Einfluss der Situation

Daher wurde in der Folge die Situation, in der Führung stattfand, in die Forschung integriert. Die Erkenntnisse, zu denen die Forscher gelangten, schienen recht einleuchtend: Die effektiven Führungspersönlichkeiten sind diejenigen, die in der entsprechenden Situation angemessen reagieren. Diese Theorie würde also davon ausgehen, dass William Wallace in Indien ebenso ineffektiv geführt hätte wie Mahatma Gandhi auf dem Schlachtfeld in den Highlands. Man könnte dies sogar noch weiter überspitzen. Wenn diese Theorie zutreffen sollten, dann wäre effektive Führung ein Glücksspiel, bei dem man hoffen muss, dass die richtige Person zur richtigen Zeit am richtigen Ort ist. Dies wäre wahrscheinlich ein herber Schlag für die vielen Führungskräftetrainings, die es auf dem Markt gibt. Aber ebenso wie die Erklärungsansätze, die auf die Person fokussieren, sind auch die auf die Situation reduzierten Ansätze nicht zu verallgemeinern und entsprechen nicht den wissenschaftlichen Gütekriterien. Daher spielen sie in der aktuellen Forschung keine Rolle mehr.

Zusammenspiel zwischen Führungseigenschaften und Situation

Als Nächstes richteten die Forscher den Blick auf der Suche nach effektiver Führung daher auf das Zusammenspiel von Führungsperson und der vorliegenden Situation. Ansätze, die sowohl auf die Eigenschaften der Person als auch der Situation achten, werden als **Kontingenzansätze** bezeichnet. Dabei wird zumeist zwischen zwei Führungsstilen unterschieden. Zum einen wäre da die aufgabenorientierte Führung, die dazu dient, Strukturen zu erschaffen und Ressourcen bereitzustellen, die der Gruppe helfen, die Aufgabe bestmöglich zu erledigen. Zum anderen ist da der beziehungsorientierte Führungsstil, der die Beziehungen und den Zusammenhalt innerhalb der Gruppe stärkt und erhöht.

Zudem werden verschiedene Aspekte der Situation in Betracht gezogen. Zum Beispiel muss die Führungsperson einschätzen können, um welche Art von Aufgabe es sich genau handelt. Ist es eine eher komplexe Aufgabe, die viel Teamarbeit erfordert, oder ist ziemlich klar, was zu tun ist. Auch die zwischenmenschlichen Beziehungen der Geführten müssen erfasst und eingeschätzt werden. Gibt es Konflikte innerhalb der Gruppe oder gegenüber der Führungsperson? Herrscht Vertrauen oder ist man im Umgang miteinander eher vorsichtig und defensiv? Effektive Führung findet dann statt, wenn die Führungsperson die Situation gut einschätzt und ihren Führungsstil entsprechend anpasst (Fiedler 1971).

Eines der bekanntesten Kontingenzmodelle ist das **Reifegradmodell der situativen Führung** von Paul Hersey und Kenneth H. Blanchard (Hersey u. a. 2015). Hier steht die Reife der Geführten im Mittelpunkt. Die Reife bezieht sich dabei zum einen darauf, dass reife Mitarbeiter bereit sind, Verantwortung zu übernehmen, zum anderen darauf, dass sie motiviert sind, ein bestimmtes Ziel zu erreichen. Auch die selbständige Weiterentwicklung und das Lernen fließen in diesen Reifegrad mit ein.

In Abbildung 40 sehen Sie den empfohlenen Führungsstil in Abhängigkeit von dem Reifegrad der geführten Personen. Wenn der Reifegrad des Mitarbeiters niedrig ist (rechter unterer Quadrant), dann empfiehlt es sich, eine hohe Aufgabenorientierung und eine niedrige Beziehungsorientierung an den Tag zu legen. Der **Führungsstil S1** („Telling“) wäre also das Anweisen. Hier entscheidet die Führungsperson und teilt detailliert mit, wie eine Aufgabe zu erledigen ist.

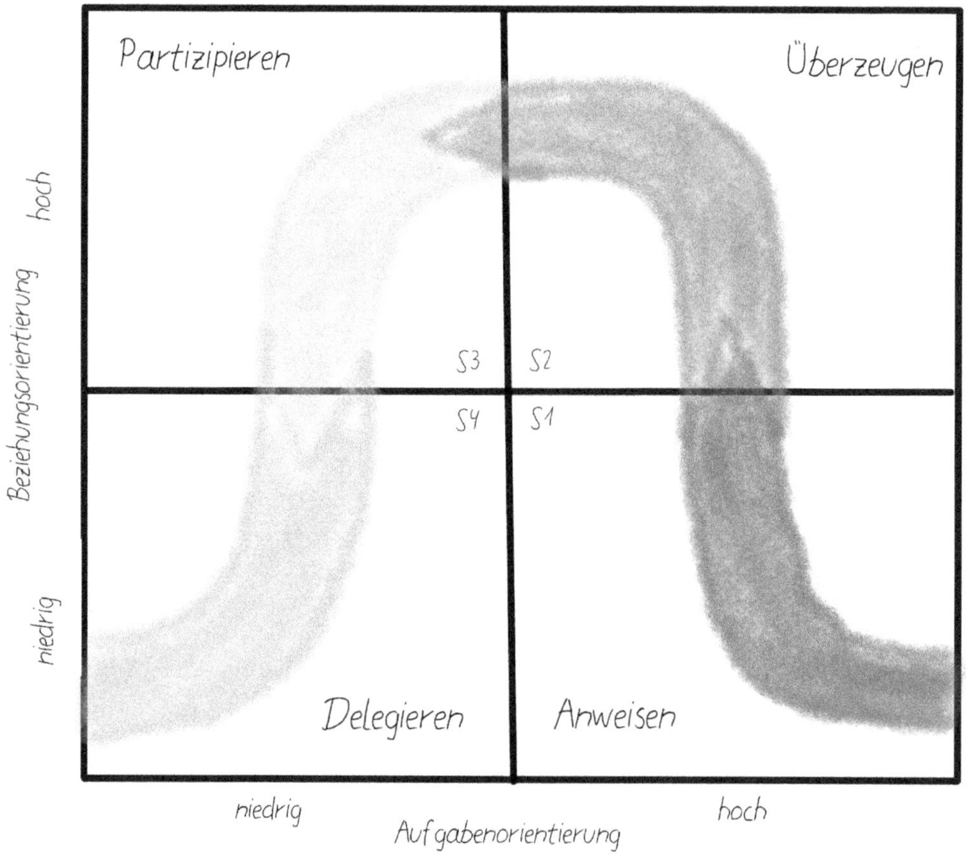

Abb. 40: Modell des situativen Führens nach Hersey und Blanchard

Mit zunehmender Reife des Geführten wird ein anderer Führungsstil erfolgsversprechender. Die Aufgabenorientierung bleibt hoch, aber hinzu kommt nun eine hohe Beziehungsorientierung. Diese äußert sich im **Führungsstil S2** („Selling“) darin, dass nicht mehr einfach etwas angewiesen wird, sondern dass die Führungsperson ihr Gegenüber überzeugt. Hier findet ein Gespräch über die zu erledigende Aufgabe statt. Am Ende entscheidet aber immer noch die Führungsperson.

Dies ändert sich mit fortschreitender Reife des Geführten. **Führungsstil S3** („Participating“) zeichnet sich durch eine gleichbleibend hohe Beziehungsorientierung aber eine geringe Aufgabenorientierung aus. Hier wird dem Mitarbeiter eine hohe Kompetenz unterstellt, so dass die Führungsperson nicht mehr das Hauptaugenmerk auf die Aufgabe legen muss. Der Mitarbeiter ist aber auch noch nicht so reif, dass er die Aufgabe völlig ohne Unterstützung der Führungskraft angehen würde. Die Führungskraft tritt also mit dem Mitarbeiter in einen Dialog, an dessen Ende im Optimalfall die Geführten zu einer sinnvollen Entscheidung gelangen.

Bei sehr reifen Mitarbeitern braucht es fast keinen Eingriff der Führungsperson mehr. **Stil S4** („Delegating“) setzt auf vollständiges Delegieren der Verantwortung an die Mitarbeiter. Hier zeigt sich dann eine niedrige Aufgabenorientierung sowie eine niedrige Beziehungsorientierung.

Die Theorie des situativen Führens bietet einen Erklärungsansatz und eine gute Hilfestellung für die Führungsperson. Allerdings lässt sie auch einige Fragen offen. Zum Beispiel eine klare Definition, was hohe Aufgabenorientierung (oder auch Beziehungsorientierung) ausmacht. Schließlich kann dies auch von Situation, Kontext und Aufgabentyp abhängen. Zudem spielt auch die Reife der Geführten eine sehr große Rolle in dem Modell. Wie kommt man hier zu einer zutreffenden Einschätzung?

Die wissenschaftliche Überprüfung des Modells hat gezeigt, dass es empirisch nicht nachweisbar war und einige Gütekriterien nicht vorhanden waren. Daher ist die Aussagekraft des Modells sehr fraglich (Thompson/Vecchio 2009). Trotzdem findet es sich nach wie vor in der Literatur und in vielen Führungstrainings, als Hilfsmittel zur Selbstreflexion. Zudem basieren einige gute Methoden moderner Führung auf Teilen des Modells (siehe auch „Delegation Poker“ auf Seite 234).

Exkurs | Implizite Führungstheorien

Im Rahmen der situativen Führungstheorien wurde auch die Wahrnehmung der Führungsperson durch die Geführten untersucht. Zentral für diese Theorien ist die Annahme, dass die Geführten eine Vorstellung davon haben, was gute Führung ausmacht (Lord/Maher 1991). Wenn also jemand für sich die Vorstellung hat, dass eine Führungsperson durchsetzungsfähig und stark ist, dann wird sie jemanden, der diese Eigenschaften zeigt, viel eher als Führung akzeptieren und auch viel positiver bewerten als jemand, der ein ganz anderes Bild von Führung im Kopf hat. Die Akzeptanz der Führungsperson durch die Geführten wiederum hat Einfluss auf die Leistung. Somit zeichnet sich die erfolgreiche Führungsperson dadurch aus,

dass sie den Erwartungen der Geführten entspricht und von diesen als Führung akzeptiert wird.
Im Einklang mit den impliziten Führungstheorien stehen auch Untersuchungen zum Einfluss von Stereotypen auf die Wahrnehmung der Führungsperson und den Führungserfolg (Eagly/Karau 2002). Die stereotype Zuschreibung von Eigenschaften zu Männern und Frauen (zum Beispiel kompetente und starke Männer gegenüber einfühlsamen und warmen Frauen) spielen mit Führungsschemata zusammen.
Wenn Männer als durchsetzungsfähig und stark angesehen werden und dies auch Teil des Führungsschemas vieler Menschen ist, dann sollte die Wahrnehmung von Männern als Führungsperson viel positiver sein als die von Frauen. Und tatsächlich wurde empirisch nachgewiesen, dass Männer positiver bewertet wurden als Frauen, obwohl sie exakt das gleiche Führungsverhalten an den Tag legten.

Transaktionale Führung

Ein sehr populärer Führungsstil ist die transaktionale Führung. Sie beruht auf einem Ansatz, der Austausch und gegenseitige Abhängigkeit als Grundlage hat. Sowohl Führungsperson als auch die Geführten sind wechselseitig voneinander abhängig. Um ein Ziel zu erreichen, wird die Arbeitskraft und der Einsatz der Geführten benötigt. Diese wiederum bekommen etwas dafür. Neben Anerkennung und Status auch einen Lohn oder sogar einen Bonus, wenn sie besonders gute Arbeit geleistet haben.

Gute Führung besteht dann also darin, dass der **gegenseitige Nutzen** möglichst hoch ist. Die Führungsperson ist dabei auf motivierte und engagierte Mitarbeiter angewiesen. Durch das Bereitstellen von klaren Regeln, Rollen und Verantwortlichkeiten, die transparent machen, wofür der Mitarbeiter belohnt wird und was eine negative Konsequenz nach sich zieht, kann die Führungskraft Einfluss darauf nehmen und dies gezielt steuern.

Im Zusammenhang mit transaktionaler Führung wird oftmals auf Zielvereinbarungen (Management by objectives) zurückgegriffen. Das **Führen mit Zielvereinbarungen** ist heute gängige Praxis in sehr vielen Unternehmen. Dabei werden zu einem bestimmten Zeitpunkt (meist einmal jährlich) zwischen Führungskraft und Mitarbeiter Ziele vereinbart, die der Mitarbeiter dann im Laufe des Jahres erfüllen sollte. Gelingt ihm dies, dann winkt ihm eine Belohnung in Form einer Leistungszulage oder eines Bonus. Dieser Ansatz skaliert sehr schön, denn jede Hierarchiestufe kann ihre eigenen Ziele herunterbrechen und an die eigenen Mitarbeiter weiterreichen. Tragen diese ebenfalls Personalverantwortung, so können auch sie ihre Ziele weiter herunterbrechen und an ihre Mitarbeiter weiterreichen. Trotz der hohen Verbreitung dieser Managementmethode funktioniert sie jedoch oftmals nicht optimal. Vielen Unternehmen gelingt es zum Beispiel nicht, durchgängig und für alle Mitarbeiter Ziele zu definieren, die dem Wohl der gesamten Organisation dienen. Falsch geschnittene und definierte Ziele können ein Silodenken zwischen Abteilungen fördern. Zudem kann es zu lokalen Optimierungen oder Konkurrenzkämpfen in Abteilungen kommen (besonders dann, wenn auf Budgets geschaut wird), die wiederum die gesamte Organisation ausbremsen und behindern.

Transformationale Führung

Bei der transaktionalen Führung steht das **rationale Austauschprinzip** im Mittelpunkt, was einen häufigen Kritikpunkt an dieser Form darstellt. Jeder schaut zuerst auf sich selbst und bewertet rational, ob eine Transaktion sinnvoll ist oder nicht. Der Mitarbeiter wird dann arbeiten, wenn er die Belohnung für seinen Einsatz als angemessen ansieht. Diese Fixierung auf den eigenen Vorteil kann aber kontraproduktiv für ein Unternehmen sein. Zum Beispiel dann, wenn Wissen nicht geteilt wird, weil man damit seinen eigenen Wert für das Unternehmen senken würde. Wo eigentlich Kooperation und Kollaboration stattfinden müssten, treten die Mitarbeiter im schlimmsten Fall in einen internen Wettbewerb zueinander.

Transformationale Führung setzt daher auf die Veränderung (Transformation) der Werte und Einstellungen der Geführten. Hier stehen gemeinsame Ziele und eine motivierende Vision im Vordergrund. Die Führungsperson baut auf Emotionen und Beziehungen und erlangt so Vertrauen, Bewunderung und Loyalität der Geführten.

Transformationales Führungsverhalten zeichnet sich durch folgende Eigenschaften aus (Bass/Avolio 1990):

1. **Idealisierender Einfluss:** Die Führungsperson wird von den Geführten als Vorbild wahrgenommen. Dies betrifft sowohl den fachlichen als auch den menschlichen Bereich. Sie stellt hohe Ansprüche an sich selbst und erfüllt diese in der Regel auch. Zudem handelt die Führungsperson ethisch und moralisch und nimmt sich selbst zurück. Dadurch identifizieren sich die Geführten mit der Führungsperson und folgen ihrem Vorbild.
2. **Inspirierende Motivation:** Durch eine attraktive Vision gelingt es der Führungskraft, Enthusiasmus und Optimismus zu verbreiten. Somit vermittelt sie einen Sinn, für den die Geführten bereit sind, Zeit und Energie zu investieren.
3. **Intellektuelle Stimulierung:** Die Führungsperson hinterfragt bestehende Annahmen und beleuchtet Probleme aus einer neuen Perspektive. Dadurch regt sie die Kreativität und Innovationskraft der Geführten an. Sie fordert sie im positiven Sinne heraus, Dinge zu hinterfragen und mit neuen Lösungen zu kommen.
4. **Individualisierte Mitarbeiterorientierung:** Die Führungskraft ist in der Lage, aus unterschiedlichen Rollen heraus für den Mitarbeiter da zu sein. Mal ist sie Berater, mal Coach, mal Mentor oder Lehrer und zuweilen auch einfach nur jemand zum Ausweinen. Dadurch werden gezielt die individuellen Stärken der Geführten gefördert und die Mitarbeiter werden ermutigt, sich kontinuierlich weiterzuentwickeln.

Es konnte gezeigt werden, dass transformationale Führung einen positiven Effekt auf mehrere Faktoren hat. Es lässt sich eine deutlich höhere Motivation bei den Mitarbeitern feststellen, die mit einer Verringerung des Stresserlebens einhergeht. Auch die Leistung der Mitarbeiter wird positiv beeinflusst.

Aber auch die transformationale Führung ist nicht die Antwort auf alle Fragen. So gibt es Studien die nahelegen, dass die Effektivität von transformationaler Führung ebenso wie die der transaktionalen Führung stark vom Kontext abhängig ist (Lowe u. a. 1996).

Das von Bruce Avolio und Bernard M. Bass vorgestellte **Full Range Leadership Model** setzt den Laissez-faire-Stil, den transaktionalen Stil und den transformationalen Stil in ein Verhältnis zueinander. Dabei stellt Laissez-faire das untere Ende der Skala dar, welches sowohl passive Führung als auch geringe Effektivität aufweist. Transaktionale Führung ist effektiver, benötigt jedoch auch eine höhere Aktivität der Führung. Am effektivsten ist die transformationale Führung, die aber auch den höchsten Einsatz der Führungskraft benötigt. Basierend auf der Situation und der Aufgabe sollte daher eine Führungskraft entweder transaktional oder transformational führen.

Führung von oben, von unten, von der Seite und Selbstführung

Führung erfolgt aber nicht immer durch Hierarchie und von oben. Im Scrum Framework hat zwar die klassische Führungskraft nicht wirklich einen Platz gefunden, aber Führung ist dennoch in mehreren Rollen vertreten. Der Product Owner übernimmt beispielsweise die Führung in Hinblick auf eine Vision und ein Ziel, der Scrum Master übernimmt Führung in Hinblick auf Teamentwicklung und Verbesserung und das Team untereinander führt sich selbst, um ein gutes Ergebnis zu erzielen.

Führung von oben

Unter Führung versteht man klassischerweise die Führung von oben nach unten. Sie ist durch **Hierarchie** und **Positionsmacht** bestimmt. Allerdings ist in einer Umwelt, die durch Volatilität, Unsicherheit, Komplexität und Mehrdeutigkeit bestimmt ist, eine andere Führung von oben erforderlich, als es noch zu Zeiten der Industrialisierung der Fall war. Daher ist Führung von oben eher im Sinne transformationaler Führung zu verstehen. Die Hauptaufgabe der Führung sollte es sein, eine attraktive und motivierende Vision zu vermitteln und als Vorbild zu agieren. Es ist eher ein Vorangehen, als ein vor sich hertreiben. Dabei wird auch oft der Begriff „Servant Leadership", also die dienende Führung verwendet. Die Führung ist eine Dienstleistung für die Geführten. Sie unterstützt diese dabei, die gemeinsamen Ziele zu erreichen, hilft durch Gestaltung von Rahmen und durch Entfernen von Hindernissen.

Diese Sichtweise auf Führung hat klare Konsequenzen, denn in der Vergangenheit war derjenige, der an der Spitze der Hierarchie stand auch mit der meisten Macht ausgestattet. Entscheidungen wurden an der Spitze getroffen und das Unternehmen von dieser Position gelenkt. Aus rein gesetzlichen und rechtlichen Gründen ist diese

Macht und Entscheidungsgewalt immer noch an der Firmenspitze angesiedelt. Es muss eine Person geben, die (rechtlich und formal) für das Unternehmen verantwortlich ist.

Hier zeigt sich ein **Dilemma**, das sich abzeichnet: Auf der einen Seite ist der Firmenchef dafür verantwortlich, dass seine Firma gewisse Ergebnisse erzielt und Gesetzte und Vorschriften einhält. Auf der anderen Seite möchte er seinen Mitarbeitern volles Vertrauen schenken und ihnen größtmöglichen Freiraum bieten. In klassischen Organisationen hat die Firmenleitung die Einhaltung gewisser Aspekte durch klare Prozesse, Regeln und Kontrollstrukturen sichergestellt. Diese Werkzeuge können aber hinderlich sein, wenn man ein möglichst kreatives, innovatives und motiviertes Arbeitsklima schaffen möchte. Das Mittel, das bleibt, ist die Vermittlung einer Vision und der Aufbau einer moralischen Autorität. Ein Mitarbeiter, der sich mit den Zielen und der Organisation identifiziert, wird dieser nicht absichtlich Schaden zufügen.

Kommunikation bekommt dabei eine große Bedeutung. Es ist ein großer Unterschied, ob die Führung Anweisungen gibt, oder auf Augenhöhe mit den Mitarbeitern spricht. Es dauert sicherlich auch oftmals länger, jemanden von der Notwendigkeit zu überzeugen, als einfach mit Verweis auf die Positionsmacht die Ausführung einer Tätigkeit anzuweisen. Nachhaltiger ist es aber, wenn der Sinn verstanden wurde und aus eigenem Antrieb gehandelt wird.

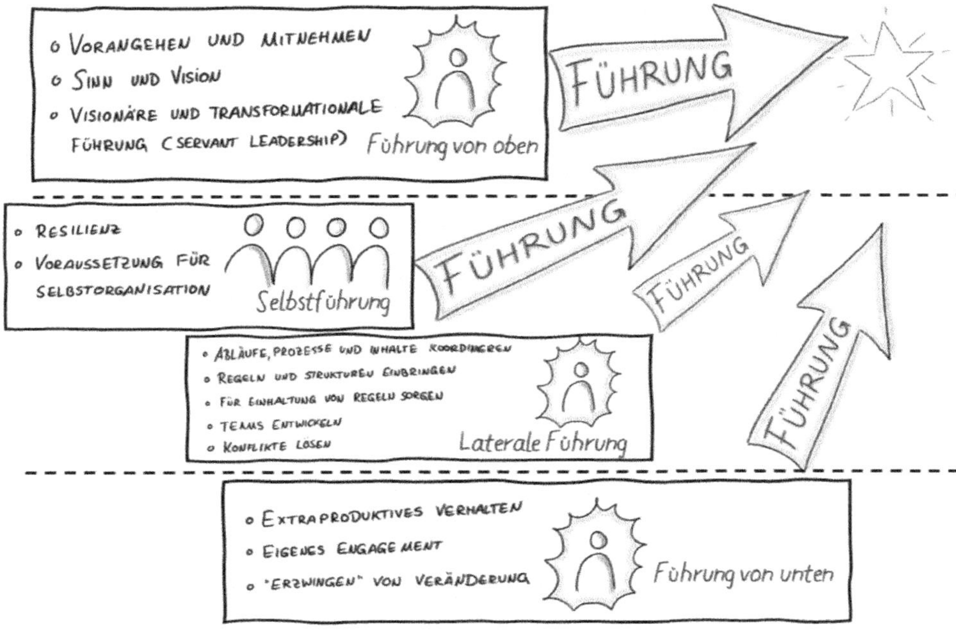

Abb. 41: Vier Führungsrichtungen, angelehnt an Hofert 2018a

Führung von der Seite

Neben der Führung von oben findet man zunehmend auch die Führung, die nicht hierarchisch herausgehoben ist. Auf die Positionsmacht zurückziehen kann sich die laterale Führungsperson schon von der puren Definition her nicht. Laterale Führung besitzt **keinerlei Weisungsbefugnis**. Ihr Werkzeug ist Vertrauen, Kommunikation und die Kraft der Überzeugung. Ein typisches Beispiel für eine laterale Führungskraft ist die Rolle des Scrum Masters.

Die Aufgabe des Scrum Masters besteht unter anderem darin, das Scrum Framework zu vermitteln und dem Team zu helfen, entsprechend zu handeln. Was tut er aber, wenn das Team einfach beschließt, die Retrospektive, in der über kontinuierliche Verbesserung gesprochen werden sollte, einfach ausfallen zu lassen? Klar, der Scrum Master könnte sich jemanden suchen, der Weisungsbefugnisse besitzt und von diesem einfach eine Ansage machen lassen. Aber wäre das nachhaltig? Das Team würde zwar den Termin wahrnehmen, aber nur, weil es Angst vor Bestrafung hat. Der eigentliche Zweck bliebe unerfüllt. Für die Rolle des Scrum Masters wäre das insgesamt auch sehr ungünstig. Das Team würde wahrscheinlich in Zukunft eher auf seine Vorschläge und Ansagen eingehen, aber nur weil dieser sonst wieder petzen gehen würde. Nachhaltig ist das nicht, und die Teamentwicklung würde auf der Strecke bleiben. Zudem würde dies dann auch eher Charakterzüge der Führung von oben annehmen, da sich der Positionsmacht des Weisungsbefugten bedient wurde.

Stattdessen benötigt die effektive laterale Führung viel **Überzeugungskraft** und Motivation. Wenn das Team keine Lust auf eine Retrospektive hat, dann benötigt der Scrum Master kreative Ideen und gute Argumente. Gelingt es ihm dann, das Team davon zu überzeugen, dann hat er eine nachhaltige Veränderung bewirkt. Das Team versteht den Sinn und den Zweck und wird die Retrospektive auch dann durchführen, wenn der Scrum Master einmal nicht da ist.

Aber nicht immer muss eine Rolle klar als laterale Führungsrolle benannt sein, wie es der Scrum Master im Scrum Framework ist. Auch durch Expertentum innerhalb eines Teams kann sich laterale Führung entwickeln. Wenn zum Beispiel ein Teammitglied deutlich mehr Erfahrung und Wissen aufweist als die anderen Mitglieder, dann wird sein Wort wahrscheinlich eine sehr starke Wirkung haben. Auch hier basiert die Führung auf Vertrauen in die Fähigkeiten und dem Verfolgen des gemeinsamen Ziels, der Kommunikation der vorgeschlagenen Lösung, so dass das Team den Vorschlag einschätzen und verstehen kann und dann der Bereitschaft, diese Führung auch zu akzeptieren und den Vorschlag umzusetzen.

Agile Vorgehensweisen funktionieren am besten, wenn immer situationsbedingt diejenigen Personen die Führung übernehmen, die am kompetentesten sind. Dies stellt dann eine sehr flexible laterale Führung dar, die auch sehr schnell wechseln kann. Die Teammitglieder müssen also in der Lage sein, mal zu führen und mal geführt zu werden, abhängig von Aufgabe, Kompetenz und Situation.

Führung von unten

Auch die Führung von unten spielt in der VUCA-Welt eine große Rolle. So sind einige Initiativen, die Unternehmen nachhaltig verändert haben, nicht von oben (top-down), sondern von den Mitarbeitern und somit von unten (bottom-up) entstanden.

Das erfordert **Akzeptanz** und **Raum** für die Mitarbeiter, solche Initiativen starten zu können. Sind diese Räume nicht vorhanden, so führt das auch schon einmal zu revolutionärem und eventuell auch kontraproduktivem Verhalten.

Ist das Unternehmen hingegen offen für solche Aktivitäten, dann können sehr hilfreiche Initiativen wachsen, die das Unternehmen nach vorne bringen. In vielen Unternehmen ist auf diese Weise schon eine agile Transformation angestoßen worden. Einzelne Teams haben begonnen nach agilen Frameworks zu arbeiten. Nach und nach wird diese Arbeitsweise von vielen anderen Teams übernommen. Hindernisse in der Unternehmensstruktur werden dadurch sichtbar und das Management beginnt zu handeln.

Ein anderes schönes Beispiel ist das in vielen Unternehmen als Graswurzelbewegung gestartete **Working-out-loud** (siehe auch Seite 341). Von einzelnen Mitarbeitern gestartet wurde es so populär, dass sich schließlich auch die entsprechenden Führungsetagen damit auseinandersetzten und in manchen Unternehmen sogar Vollzeitstellen zur Unterstützung dieser Initiative eingerichtet haben.

Viele der Initiativen könnte man als extraproduktives Verhalten bezeichnen, durch das die Handlungsoptionen des Unternehmens gesteigert werden. Aber zur Führung von unten gehören auch Rebellion und das Erzwingen von Veränderungen. Was zunächst wie kontraproduktives Verhalten aussieht, hat vielleicht zum Ziel, einen Missstand im Unternehmen zu beseitigen. Natürlich wird solches Verhalten von den verantwortlichen Personen nicht gerne gesehen, ist es doch häufig eine offene Kritik an ihrer Arbeit oder Führung. Allerdings können auch so Veränderungen angestoßen werden, die ein Unternehmen verändern oder zumindest auf Schieflagen hinweisen.

Selbstführung

Die vielleicht wichtigste Art der Führung in der VUCA-Welt ist die Selbstführung. In den vorherigen Kapiteln haben wir gesehen, dass Selbstorganisation große Vorteile mit sich bringen kann. Damit Selbstorganisation gelingt, bedarf es einiger Voraussetzungen, die bei jedem selbst beginnen. Selbstführung bedarf daher auch einer gewissen Reife und Entwicklung.

Es ist wichtig, Kontext und Rahmenbedingungen wahrzunehmen und in seine Entscheidungen und Handeln einfließen lassen zu können. Dafür muss die Situation aus unterschiedlichen Perspektiven betrachtet werden. Es benötigt also sowohl Fachwissen als auch die Offenheit, neue Informationen mit in die Beurteilung einfließen zu lassen. Zudem sollte auch eine **eigene Meinung** vorhanden sein. Dabei ist es wichtig, dass diese Meinung durch eine echte Auseinandersetzung mit dem Thema entstanden ist und nicht eine übernommene Meinung (Introjekt). Feedback ist ein wichtiger Bestandteil des Entwicklungsprozesses und sollte angenommen werden können und zum eigenen Wachstum verwendet werden. Für die Selbstorganisation ist auch die Fähigkeit, in einem Team mit anderen eng zusammenarbeiten zu können eine wichtige Voraussetzung. Dafür wird eine Offenheit benötigt, die neue Perspektiven und andere Meinungen nicht nur akzeptiert, sondern auch begrüßt. Ein besonders spannender Aspekt stellt auch der Umgang mit Regeln dar. Diese müssen so verstanden sein, dass sie eingehalten werden, aber in berechtigten Fällen auch angepasst oder gebrochen werden können. Das bedeutet, dass Autoritäten in Frage gestellt werden können und sich kritisch mit ihnen auseinandergesetzt wird. Das soll kein Aufruf zur Meuterei sein, sondern verhindern, dass unreflektiert allem zugestimmt wird, was eine Führungsperson sagt. Zuletzt wird ein respektvoller Umgang mit allen Beteiligten vorausgesetzt.

Ziemlich viele Anforderungen, die erfüllt sein sollten. Betrachtet man dies mit unserem Wissen über die Ich-Entwicklung, so sind diese Voraussetzungen erst ab einem Effektiv-Modus (E6) der Ich-Entwicklung erfüllt (Hofert 2018a). Zur Selbstführung gehört demnach auch ein gewisser Anteil an Entwicklung, so dass man den Anforderungen gerecht werden kann.

Führungserfolg in Zeiten der Veränderung

Wie erfolgreich Führungspersonen dabei waren, Organisationen strategisch zu verändern, untersuchten über viele Jahre hinweg David Rooke und William Torbert (Rooke/Torbert 2009). Die Ergebnisse zeigen, wie wichtig die Persönlichkeit und Reife der jeweiligen Führung in diesem Prozess war.

Rooke und Torbert arbeiteten mit einem Satzergänzungstest, den sie Führungskräften vorlegten, und der es ihnen erlaubte, auf die Denk- und Handlungslogik zu schließen. Dadurch konnten sie den Denkmodus der Führungspersonen bestimmen. Durch die Wiederholung des Tests zu einem späteren Zeitpunkt konnten sie verfolgen, welche Entwicklung in der Zwischenzeit stattgefunden hatte und diese in Relation zu den Erfolgen des geführten Unternehmens setzen.

Schließlich blickten sie zurück auf 25 Jahre Erfahrung und tausende von Daten hoher Führungspersönlichkeiten globaler Unternehmen. Eine wichtige Erkenntnis war, dass von Ego-Modus bis Flexibel-Plus-Modus alle schon beschriebenen Denkmodi nachgewiesen wurden. Rooke und Torbert gaben diesen Modi sprechende Namen, die auf die Wirkweise des damit verbundenen Führungsstils hindeuten. Zudem konnten sie zeigen, dass mehr als die Hälfte der untersuchten Führungspersonen unterdurchschnittliche Erfolge verbuchten. Der Erfolg korrelierte dabei signifikant mit dem vorherrschenden Denkmodus. Schauen wir uns aber zuerst einmal an, wie der Denkmodus sich in der Führung zeigt.

Opportunisten machten immerhin 5 % der untersuchten Führungskräfte aus. Diese zeichnen sich durch Misstrauen, Egozentriertheit und Manipulation aus. Sie entsprechen dem Ego-Modus (E3) der Ich-Entwicklung und sind durch egoistische

Denk- und Handlungsweisen charakterisiert. Personen, die so handeln, können sehr hart sein und setzen ihre eigenen Bedürfnisse und ihren Willen gegen alle Widerstände durch. Mit Mitarbeitern gehen sie so um, als seien sie ihr Eigentum. Die meisten dieser Personen bleiben nicht sehr lange auf einer Führungsposition. Niemand arbeitet gerne für sie. Die meisten entwickeln sich im Laufe der Zeit weiter zu einem effektiveren Führungsstil. Andere werden vom Unternehmen ersetzt.

Rooke und Torbert beschreiben aber auch Beispiele, in denen Opportunisten sehr lange an der Macht waren. Sie hatten einen Raum geschaffen, der es auch den Geführten erlaubte, rücksichtslos und wild vorzugehen, was durchaus einen Wettbewerbsvorteil darstellte.[3]

Der **Diplomat** handelt effektiver als der Opportunist. Was der Opportunist durch seine Wildheit und seinen Egoismus riskiert, ist dem Diplomaten fremd. Er ist loyal und angepasst. Allerdings ist genau das auch seine Schwäche, da er dazu tendiert, zu angepasst zu sein und Konflikten aus dem Weg zu gehen. Er versucht besonders die hierarchisch höhergestellten Kollegen zufriedenzustellen und passt sich allen Vorgaben an, ohne sie zu hinterfragen.

Wenn ein Diplomat eher auf Teamebene angesiedelt ist oder eine rein unterstützende Funktion bekleidet, so ist dagegen gar nichts einzuwenden. Im Gegenteil, hier spielt er seine absoluten Vorteile aus. Diplomaten bringen und halten die Menschen zusammen und fördern die Zusammenarbeit.

Den Beobachtungen von Rooke und Torbert zufolge sind in den meisten Industrien daher auch über 80 % der Diplomaten in den unteren Managementebenen. Für die höheren Ebenen ist ihre Denk- und Handlungslogik besonders dann problematisch, wenn es um das Vorantreiben von Veränderungen geht. Denn genau in diesem Umfeld sind Konflikte unausweichlich und dies stellt eine schier unüberwindbare Hürde für den Diplomaten dar.

Die größte Gruppe der untersuchten Führungspersonen stellt die Gruppe der **Experten** dar (38 %). Die Experten konzentrieren sich darauf, sich so viel Wissen und Fähigkeiten anzueignen, wie nur irgendwie möglich. Sie suchen nach wasserdichten Erklärungen und Argumentationsketten, die sie verwenden können, um alle von ihren Lösungen und Vorschlägen zu überzeugen.

Sie streben nach Effizienz, kontinuierlicher Verbesserung bis hin zur Perfektion. Was für die Arbeit als Fachexperten hilfreich ist, kann in Führungspositionen sehr problematisch sein. Hier sind sie oftmals nicht offen für andere Meinungen, da sie so von der Richtigkeit ihrer eigenen Meinung überzeugt sind.

Zusammenarbeit ist eher hinderlich, denn wenn sie ja die richtige Lösung schon haben, warum sollte man dann noch darüber sprechen und diskutieren? Einfach mal machen und Dinge umsetzen, das ist es, was zählt. Meinungen von Mitarbeitern, die weniger Erfahrungen und Wissen haben, werden abgewertet und überhaupt nicht ernst genommen. Emotionale Intelligenz ist weder gewünscht noch geschätzt.

---

3 Wenn auch einen sehr unfairen und moralisch fragwürdigen.

Die bisher genannten Führungsstile führen allesamt zu eher unterdurchschnittlichen Erfolgen. Im Gegensatz dazu steht die Gruppe der **Erfolgstypen** (Achiever), die mit 30 % ebenfalls sehr groß ist. Dem Achiever gelingt es, durch eine Balance zwischen Herausforderung und Unterstützung, eine Arbeitsatmosphäre zu schaffen, die positiv und angenehm ist. Zudem konzentrieren sich die Achiever auf die Ergebnisse und räumen alle Hindernisse aus dem Weg, die der Zielerreichung hinderlich sind.

Achiever sind in der Lage, mit komplexeren Situationen zurechtzukommen als die vorherigen Typen. Sie nehmen Feedback an, gehen Konflikten nicht aus dem Weg und setzen auf gute Beziehungen. Darüber hinaus können sie in positiver Art und Weise beeinflussen und auch längerfristige Ziele über einen Horizont von einem bis zu drei Jahren verfolgen. Die Fluktuation in ihrem Verantwortungsbereich ist sehr gering und ihre Gewinne überdurchschnittlich hoch.

Achiever und Experten geraten oftmals in der Praxis aneinander. Besonders dann, wenn der Achiever der Vorgesetzte des Experten ist. Denn oftmals fühlen sich die Experten überlegen, da sie über mehr Fachwissen verfügen. Zudem konzentriert sich der Achiever mehr auf Effektivität als auf Effizienz. Die vom Achiever angesetzten Meetings und Diskussionen werden da gerne vom Experten als Zeitverschwendung gesehen. Achiever verfolgen das Ziel, möglichst innerhalb eines Kostenrahmens und eines Zeitbudgets zu liefern. Dem steht oft der Anspruch technischer Perfektion der Experten gegenüber.

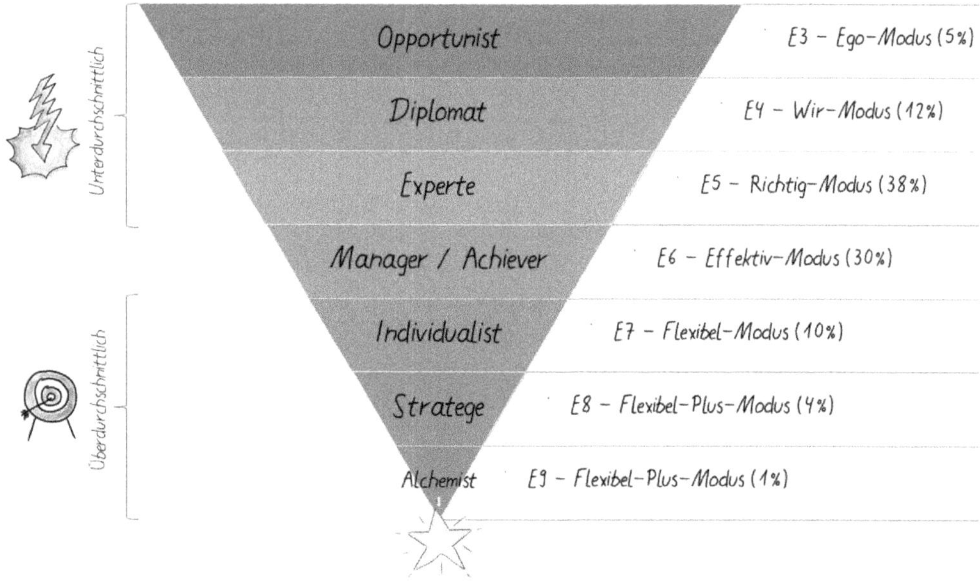

Abb. 42: Handlungslogiken nach Torbert und Rooke

Individualisten machen nur noch 10 % der Führungskräfte aus. Sie haben erkannt, dass jeder Mensch die Welt auf seine eigene, ganz besondere Art und Weise sieht. Das macht sie zu hervorragenden Kommunikatoren und versetzt sie in die Lage, gute und stabile Beziehungen aufzubauen. Im Gegensatz zum Achiever sehen sie, dass jedes Ding zwei Seiten hat, auch ihre eigenen Werte und die Werte des Unternehmens. Sie sind in der Lage, die daraus entstehende Spannung auszuhalten und kreativ aufzulösen. Mit zunehmenden Einsichten erhöht sich der Wunsch nach weiterer Entwicklung.

Individualisten machen sich viele eigene Gedanken, was auch dazu führt, dass sie gelegentlich Regeln, die sie für unnötig halten, einfach ignorieren. Dies ist für die bisher vorgestellten Typen schwer verständlich, denn sie verstehen das Verhalten oftmals nicht.

Nur noch 4 % der Führungspersonen gehören der Gruppe der **Strategen** an. Der Vorteil des Strategen, der den Flexibel-Plus-Modus (E8) nutzt, gegenüber dem Individualisten ist, dass er nicht nur in der Lage ist, mit nahezu allen Personen eines Unternehmens gute Beziehungen einzugehen und sehr effektiv zu kommunizieren, sondern auch sein Verhalten anzupassen, so dass er Veränderung in der Organisation anstoßen kann. Regeln werden nicht einfach ignoriert, sondern die Problematik dahinter wird sichtbar gemacht und dann konstruktiv bearbeitet.

Diese Fähigkeiten machen die Strategen auch als Veränderungstreiber und Change Agents wertvoll. Sie können mit Widerständen umgehen und attraktive Visionen vermitteln. Dadurch ist eine Veränderung unter ihrer Leitung mit höherer Wahrscheinlichkeit erfolgreich.

Zudem zeigen Strategen auch großes gesellschaftliches und soziales Engagement und Verantwortungsbewusstsein. Während vorherige Typen eher auf die Ziele und Bedürfnisse ihrer selbst und der Organisationen schauten, suchen Strategen den Vorteil im größeren Zusammenhang der Gesellschaft.

Der **Alchemist** ist sehr selten anzutreffen. Unter allen befragten Führungskräften waren gerade einmal 1 %. Ihre Fähigkeit, sich selbst und auch ihre Organisationen komplett neu zu erfinden, macht sie sogar noch effektiver als die Strategen. Dabei sind sie in der Lage mit unterschiedlichsten Menschen gleich wertschätzend zu sprechen und kurzfristige Ziele zu erreichen, ohne dabei die langfristigen Zielsetzungen aus den Augen zu verlieren.

Die untersuchten Alchemisten zeigten auffällige Gemeinsamkeiten. Sie alle waren in mehr als einer Organisation tätig und dennoch in der Lage, auf Probleme und Anforderungen sehr schnell zu reagieren. Dabei waren sie aber keinesfalls ständig unter Strom und kurz angebunden und machten keine Überstunden. Hohe moralische Standards und hohe Aufmerksamkeit zeichnet sie aus. Sie können sowohl die Herzen als auch den Kopf ihrer Mitarbeiter erreichen und nutzen dafür zum Beispiel lebhafte Bilder oder Metaphern, die hängen bleiben.

Die üblichen Entwicklungsprogramme für Führungskräfte unterstützen den Pfad vom Experten zum Achiever. Doch in der komplexen Umgebung der VUCA-Welt ist es hilfreich, wenn sich die Führungsperson auch darüber hinaus in Richtung Stratege oder Alchemist entwickelt. Rooke und Torbert beschreiben, dass es einige Führungspersonen in ihrer Studie gab, die deutliche Weiterentwicklungen aufwiesen. Diese konnten so ihren eigenen Führungserfolg deutlich verbessern und wurden effektiver. Es war auffällig, dass diese Personen sich sehr intensiv mit ihrer Persönlichkeitsentwicklung beschäftigten. Zudem konnten sie die gleichen Zeiträume beobachten, die auch Loevinger beschrieb (3-4 Jahre für eine Entwicklung von einem Modus zum nachfolgenden), auch wenn es vereinzelte Ausnahmen gab.

Anforderungen an Treiber von Veränderung

Um den Wandel vom klassischen und hierarchisch geführten Unternehmen zu einem agilen Unternehmen zu vollziehen, bedarf es einer entsprechenden Führung. Ohne die entsprechende Unterstützung von oben ist eine solche Transformation kaum zu bewerkstelligen. Die Einführung von agilen Methoden wird ohne die Unterstützung der Geschäftsführung früher oder später einen Punkt erreichen, an dem sie nicht weiterkommt.

Abb. 43: Anforderungen an Treiber von Veränderungen, orientiert an Hofert 2018a

Schauen wir uns einmal an, was eine **effektive Führungskraft** in einem Veränderungsprozess für Fähigkeiten mitbringen sollte. Will eine Führungsperson einen Wandel erfolgreich gestalten, muss sie den Rahmen und den Kontext verstanden haben und in alle ihre Überlegungen einbeziehen. Zudem müssen unterschiedliche Perspektiven eingenommen werden können und eine starke eigene Meinung existieren. Bei jeder Veränderung ist es wichtig, die Menschen mit einzubeziehen, daher ist die Kommunikation und der Umgang mit unterschiedlichen Zielgruppen ein großer Faktor für den Erfolg. Auch der Umgang mit widersprüchlichen Erwartungshaltungen ist eine wichtige Fähigkeit. Es wird zwangsläufig dazu kommen, dass es unterschiedliche Erwartungshaltungen gibt, die man nicht immer klar auflösen kann. Damit muss eine Führungsperson in dem Kontext zurechtkommen. Dafür müssen auch alle Stakeholder und Betroffene im Blick behalten werden. Es ist manchmal gar nicht so leicht, die Bedürfnisse hinter unterschiedlichen Perspektiven zu verstehen.

Es ist auch wichtig, ein **Ziel formulieren** zu können und über einen längeren Zeitraum verfolgen zu können. Allerdings ist es auch mindestens genauso wichtig, dieses Ziel immer wieder zu hinterfragen und gegebenenfalls anzupassen. Neben dem adäquaten Umgang mit Fehlern, der Fähigkeit zur Kollaboration und dem Geben und Empfangen von Feedback, ist auch die Fähigkeit, sich selbst neu zu erfinden und zu aktualisieren sehr wichtig. Und zu guter Letzt darf eine treibende Kraft in der Veränderung auch keine Scheu davor haben, Entscheidungen zu treffen.

Diese Liste ist noch einmal deutlich länger als die weiter oben gezeigte Aufzählung für die Selbstführung. Und hier decken sich auch die Beobachtungen von Rooke und Torbert mit der Ansicht von Svenja Hofert, die einer erfolgreichen Führungsperson mindestens den Flexibel-Modus E7, besser noch aber den Flexibel-Plus-Modus E8 zurechnet (Hofert 2018a).

Agile Leadership

In den letzten Jahren wird in vielen Unternehmen immer häufiger von Agile Leadership gesprochen. Auf dem Weg hin zu einem agilen Unternehmen hat man bemerkt, dass es nicht ausreichend ist, wenn gewisse Frameworks und Methoden eingesetzt werden. Es bedarf auch eines entsprechenden Führungsverständnisses.

Eine sehr schöne Beschreibung des Agile Leader liefert Lyssa Adkins:

> „Der Agile Leader ist wie das Wasser – geduldig kann das Wasser selbst die härteste Oberfläche abtragen und wird immer einen Weg finden, weiter zu fließen …" (Adkins 2010, 174)[4].

Der Agile Leader spielt eine große Rolle, wenn es darum geht, die Kultur im Unternehmen zu verändern. Im Sinne von Rooke und Torbert würde man den Typus des Agile Leader unter den Individualisten, den Strategen und den Alchemisten finden. Es ist offensichtlich, dass Agile Leadership nicht einfach das Anwenden neuer Methoden ist. Vielmehr wird hier eine Haltung (oder Mindset) beschrieben.

In den meisten Unternehmen sehen **klassische Führungskarrieren** so aus, dass besonders leistungsfähige Mitarbeiter, die als Fachexperten herausstachen, befördert wurden und die Verantwortung für eine Fachabteilung übertragen bekommen haben. Ihre fachliche Expertise qualifizierte sie für diese Position. Auf der einen Seite ist das sinnvoll. Durch ihre neue Position konnten die Fachexperten die weniger erfahrenen Mitarbeiter sehr gut koordinieren und anleiten. Allerdings ist dies nicht immer eine gute Lösung. Besonders dann nicht, wenn die Experten keine abweichenden Meinungen akzeptieren und in allen Detaildiskussionen teilnehmen wollen, was sich in

---

4 Eigene Übersetzung. Originaltext: „The agile [leader] is like water – patiently, the water can carve away the hardest surface, and will always find a way to flow…"

Micromanagement äußert. Noch herausfordernder wird es, wenn plötzlich der Fokus von den fachlichen Themen genommen werden soll und viel mehr auf Rahmenbedingungen, Budgets und Planung geschaut werden soll. Viele Experten haben da wenig Interesse und würden sich viel lieber in die fachlichen Themen integrieren.

Für ein Unternehmen ist es jedoch wichtig, das große Ganze im Blick zu behalten. Daher entwickeln sich die Fachexperten entweder weiter zu Managern (Achievern) oder sie werden ineffektiv in ihrer Führungsrolle.

Im agilen Umfeld, das auf **Dezentralisierung** und **Eigenverantwortung** setzt, ist die klassische Führung nicht optimal. Damit selbstorganisierte Teams erfolgreich arbeiten können, brauchen sie eine Führungsstruktur, die ihnen hilft, Hindernisse aus dem Weg zu räumen, um die bestmöglichen Resultate erzielen zu können. Damit Entscheidungen nicht an der Spitze getroffen werden, ist es zudem notwendig, dass die Ziele und die Vision des Unternehmens gut vermittelt und allen Mitarbeitern bekannt ist. Eine Führungskraft muss zudem in der Lage sein, gut zu kommunizieren, damit die Teams auch alle notwendigen Informationen zur Verfügung haben, die sie brauchen, damit sie selbst die beste Entscheidung für das Unternehmen treffen können.

Man bemerkt hier sehr schnell, dass diese Beschreibung eine andere Handlungslogik erfordert als die vorherigen. Es geht um **Empowerment**, also das Befähigen der eigenen Mitarbeiter und das Vertrauen, dass diese im Rahmen der geteilten Vision die bestmöglichen Entscheidungen treffen werden. Es erfordert auch die Überzeugung der Führungsperson, dass die Teams bessere Entscheidungen treffen können als sie selbst. Für einen Experten ist diese Vorstellung sehr schwer erträglich, da er sich fast ausschließlich durch sein Fachwissen und seine Expertise definiert. Und auch für den Manager ist dies nicht ganz einfach, wo er doch als Verantwortlicher gerne den Überblick über alles hat, da er sich für das Ergebnis verantwortlich fühlt.

Agile Leadership bedeutet daher auch, sich dieser Widersprüche bewusst zu werden und daran zu arbeiten, sie zu akzeptieren und zu integrieren. Dies stellt eine typische Entwicklungsaufgabe hin zu einem neuen Denkmodus dar. Die ScrumAlliance zum Beispiel legt daher in ihrem Training zum Certified Agile Leader[5] einen sehr großen Wert auf Reflexion und das Bewusstmachen von existierenden Mustern. Bill Joiner hat in seinem Buch „Leadership Agility“ (Joiner/Josephs 2007) die von Torbert und Rooke beschriebenen Führungstypen aufgegriffen und weiter ausspezifiziert. Auf dieses Modell wird auch gerne bei den oben angesprochenen Trainings zurückgegriffen. Joiners Ansatz ist dabei sehr praxisbezogen und stellt auch einige Hilfsmittel zur Verfügung, wie eine Selbsteinschätzung und ein 360-Grad-Feedback Tool[6]. Dabei geht er vor allem auf die drei Bereiche „Verhalten in Schlüsselkonversationen“, „Teamführung“ und „Veränderung der Organisation“ ein.

Die Herausforderung für diejenigen, die von einem klassischen Führungsverständnis zum Agile Leadership gelangen wollen besteht darin, sich selbst weiterzuentwickeln

5 https://www.scrumalliance.org/get-certified/practicioners/cal-certification/certified-agile-leadership-program, 13.4.2021.

6 https://assessleadershipagility.com/, 13.4.2021.

und eine **neue Handlungslogik** zu erlangen. Dies ist jedoch eine Aufgabe, die nicht in einem Training oder einem Seminar gelöst werden kann. Es wird seine Zeit brauchen und die Entwicklung muss aktiv gewollt sein. Es ist also nicht sehr erfolgsversprechend, einen Expert-Leader zu einem solchen Training zu schicken und zu erwarten, dass er als Agile-Leader zurückkehren wird. Der erste und wichtigste Schritt auf dem Weg zu einem Agile Leader ist daher die Beschäftigung mit sich selbst und seinen Ansichten und Werten.

Agile Leadership findet dabei aber nicht unbedingt immer nur oben in der Hierarchie statt. Prinzipiell kann jeder Mitarbeiter zum Agile Leader werden. In den Rollen des Scrum Masters und des Product Owners ist diese Verantwortung schon verankert. Im Prinzip richtet sich Agile Leadership ganz nach den Werten und Prinzipien des Agilen Manifests aus. Das heißt, die Zusammenarbeit, die Selbstbestimmung und der echte Kundenwert stehen bei allen Aktionen im Zentrum.

Am Ende ist Agile Leadership also keine neue Art der Führung oder gar eine Methode. Es ist ein Mindset und eine Haltung, die es erlaubt, einen Rahmen zu schaffen, der zu kontinuierlicher Entwicklung und sinnstiftender Zusammenarbeit führt.

Das Manifest für Menschliche Führung

Mit dem Thema Agile Leadership und Führung in der VUCA-Welt hat sich auch Marcus Raitner beschäftigt (Marcus Raitner 2019), der 2018 das Manifest für Menschliche Führung auf seinem Blog veröffentlichte. Er beruft sich dabei auf Konzepte wie Servant Leadership, Arbeiten von Peter Drucker und der Theorie Y von Douglas McGregor. Raitner hat diese Ansätze in Form eines Manifests fokussiert und auf den Punkt gebracht:

Manifest für menschliche Führung

Wir glauben, dass der Mensch im Mittelpunkt steht und nicht bloß Mittel und Arbeitskraft ist. Wir glauben an die Kreativität, Leistungsbereitschaft und Motivation der Menschen. Wir sind keine philanthropischen Idealisten, sondern betrachten menschliche Führung als entscheidenden Erfolgsfaktor in unserer hoch-vernetzten hoch-komplexen Welt. Wir sehen die Aufgabe von Führung darin, dem Leben zu dienen und nach Rahmenbedingungen zu streben, in denen sich Menschen in ihrer Unterschiedlichkeit bestmöglich einbringen, entfalten und gemeinsam erfolgreich arbeiten können. Dabei sind uns die folgenden Werte wichtig:

Entfaltung menschlichen Potentials
mehr als Einsatz menschlicher Ressourcen

Diversität und Dissens
mehr als Konformität und Konsens

Sinn und Vertrauen
mehr als Anweisung und Kontrolle

Beiträge zu Netzwerken
mehr als Positionen und Hierarchien

Anführer hervorbringen
mehr als Anhänger anführen

Mutig das Neue erkunden
mehr als effizient das Bekannte ausschöpfen

Das heißt, dass auch die Werte unten wichtig sind,
wir aber die hervorgehobenen Werte höher einschätzen. [7]

An der Struktur des Manifests kann man erkennen, dass es deutlich durch das Agile Manifest beeinflusst wurde. Dabei beziehen sich die Wertepaare auf wichtige Aspekte der Führung, die wir uns noch einmal etwas genauer ansehen wollen.

1. **Entfaltung menschlichen Potenzials mehr als Einsatz menschlicher Ressourcen**
   Mitarbeiter sind nicht wie Computer, Maschinen oder andere Arbeitsmittel willkürlich ersetzbar oder programmierbar. Jeder einzelne Mensch bringt sein ganz besonderes Potenzial mit an den Arbeitsplatz. Mal abgesehen von der schrecklichen Gewohnheit vieler Unternehmen, von Mitarbeitern als Ressourcen zu sprechen und sie somit auch auf eine Stufe mit anderen Arbeitsmitteln zu stellen, adressiert dieser Punkt, dass Menschen, die sich wie Maschinen behandelt

7 https://fuehrung-erfahren.de/2018/02/manifest-fuer-menschliche-fuehrung/, 23.3.2021

fühlen, auch genauso arbeiten. Daraus folgt dann oft der sogenannte „Dienst nach Vorschrift", der früher oder später wahrscheinlich erst eine innere, dann auch eine schriftliche Kündigung nach sich zieht.
Motivierte Mitarbeiter hingegen sind enorm wertvoll für ein Unternehmen. Im Wissenszeitalter und konfrontiert mit der VUCA-Welt, benötigt es die Arbeit kreativer Teams und innovative Ideen, die mit den klassischen Strukturen und Arbeitsweisen kaum bis gar nicht erreicht werden können. Daher sollte Führung das Ziel haben, Selbstführung und Wachstum zu fördern. Dann entstehen funktionierende selbstorganisierte Teams, die ihr Potential auch ausschöpfen können. Die Sicht auf Führung wandelt sich dadurch vom Privileg zur Dienstleistung, die genau diese herausragenden Leistungen ermöglicht.

2. **Diversität und Dissens mehr als Konformität und Konsens**
   Das zweite Wertepaar des Manifests beschreibt die möglichst diverse Zusammenstellung von Arbeitsgruppen und Team. In Zeiten der Industrialisierung war es noch von Vorteil, möglichst konforme Teams aufzustellen. In komplexen Umfeldern gilt aber, je diverser ein Team aufgestellt ist, desto wahrscheinlicher ist es, dass zumindest ein Teammitglied etwas sieht, das für die anderen nicht zu erkennen ist.
   Diversität bezieht sich dabei auf sämtliche Faktoren, einschließlich des Geschlechts, der Herkunft, der Religion, der Persönlichkeit, des Charakters, der Abteilung und resultiert in vielen spannenden unterschiedlichen Perspektiven und Ansichten. Soll ein Team mit vielen unterschiedlichen Ansichten und Perspektiven am Ende zu einer gemeinsamen Entscheidung kommen, so zieht dies zwangsläufig einige Diskussionsrunden nach sich. Diese haben aber einen großen Wert, denn sie machen die unterschiedlichen Sichtweisen deutlich und können neue Wege offenbaren, die vorher nicht gesehen worden wären.
3. **Sinn und Vertrauen mehr als Anweisung und Kontrolle**
   Kreativität, Innovation und Hochleistung benötigen eine hohe Motivation der Mitarbeiter. Anweisung und Kontrolle, so wie sie in vielen klassischen Unternehmen an der Tagesordnung sind, sind für intrinsische Motivation eher hinderlich. Durch die Vermittlung eines Sinns, etwa indem gemeinsam eine attraktive Vision entwickelt wird, die die Mitarbeiter motiviert, erschafft man ein eher partnerschaftliches Verhältnis zwischen Führung und Geführten. Dadurch kann gegenseitiges Vertrauen entstehen, das wiederum einen großen Wettbewerbsvorteil darstellt. „Nur wer schreibt, der bleibt" gehört der Vergangenheit an, wenn jeder immer davon ausgeht, dass alle Beteiligten ihr Bestes geben.
4. **Beiträge zu Netzwerken mehr als Positionen und Hierarchien**
   Die klassische hierarchische Organisation in Unternehmen ist seit vielen Jahren vorhanden und auch heute noch sehr sinnvoll. Sie stellt sicher, dass gewisse Pflichten nicht vernachlässigt werden, gesetzliche Forderungen eingehalten werden und vielleicht unliebsame Routinetätigkeiten nicht vergessen werden. Gleichzeitig ist es für Unternehmen aber auch wichtig, sich für die Zukunft zu wappnen, neue

Ideen zu verfolgen, disruptiv zu sein und Initiativen voranzutreiben. Dies ist in der bestehenden Hierarchie oftmals nur sehr schwer oder überhaupt nicht möglich. Neben der Hierarchie gibt es aber in allen Unternehmen auch noch andere „Betriebssysteme“, wie zum Beispiel ein Netzwerk, das hierarchieübergreifend solche Aktivitäten auf freiwilliger und motivierter Basis vorantreibt. Aufgabe der Führung ist es daher, zum Wohle der Organisation, die Aktivitäten dieses Netzwerkes zu unterstützen und deutlich zum Ausdruck zu bringen, dass diese Aktivitäten einen hohen Wert für das Unternehmen besitzen.

Dieses Netzwerk wird nicht durch hierarchische Positionsmacht zusammengehalten, sondern durch die Motivation und den Sinn, den die Freiwilligen, die sich in diesem Netzwerk engagieren, darin sehen. Beiträge zu diesem Netzwerk sind daher immens wichtig, um dieses Netzwerk am Leben zu halten und zu stärken. Führung sollte neben der Konzentration auf das Tagesgeschäft daher dieses zweite Betriebssystem stärken und fördern.

5. **Anführer hervorbringen mehr als Anhänger anführen**

   In tayloristischen Strukturen ist der Geführte vollkommen abhängig von seiner Führungskraft. Er ist leicht austauschbar und diese Angst bringt ihn noch tiefer in die Abhängigkeit. In modernen Organisationen, wo es um Wissensarbeit geht, ist dies anders.

   Dennoch wird auch heute noch oft ein Verhältnis zwischen Mitarbeiter und Führungskraft als Abhängigkeit gelebt. Marcus Raitner vergleicht die Abhängigkeit in vielen Unternehmen heute wie die Abhängigkeit von Kindern zu ihren fürsorglichen Eltern. Dies ist zwar ein Fortschritt gegenüber dem tayloristischen Führungsverständnis, aber noch kein Agieren auf Augenhöhe zwischen Erwachsenen.

   Daher fordert das menschliche Manifest im Sinne von Götz Werner, dass Führung nur dann legitim ist, wenn sie die Selbstführung der Mitarbeiter zum Ziel hat. Auf diese Art und Weise wird die Abhängigkeit aufgelöst und die Geführten mindestens zur Führungsperson ihres eigenen Lebens und ihrer eigenen, ganz besonderen Fähigkeiten gemacht.

6. **Mutig das Neue erkunden mehr als effizient das Bekannte ausschöpfen**

   Die meisten erfolgreichen Unternehmen haben ein Produkt, das ihnen gute Gewinne erwirtschaftet. Dieses Produkt wird gepflegt und weiterentwickelt und wird manchmal auch zum Sinnbild des gesamten Unternehmens. Problematisch wird es, wenn die Unternehmen sich zu stark darauf konzentrieren, das vorhandene Produkt auszuschöpfen und dabei vergessen, sich auf die Zukunft vorzubereiten. Wo das hinführen kann, sieht man an dem schon zuvor angeführten Beispiel der Firma Kodak, die mit ihren Fotofilmen satte Gewinne einstrich. Leider verpasste Kodak die Entwicklung des Marktes und durch die Einführung von Digitalkameras wurde man von einem Riesen zu einem Zwerg, der sich in eine Nische zurückziehen musste.

Daher ist es wichtig, neben dem existierenden Geschäftsmodell auch auf neue Ideen zu setzen, sich vielleicht sogar selbst anzugreifen. Viele große Unternehmen gründen dafür kleine Inkubatoren, die dann wie ein Start-up im eigenen Unternehmen versuchen, das Hauptgeschäftsmodell anzugreifen. Sowohl das Alte zu pflegen als auch das Neue zu fördern und sich selbst und sein Geschäftsmodell auf die Probe zu stellen wird oft als Ambidextrie (Beidhändigkeit) bezeichnet.

Das Manifest für menschliche Führung kann man auf der entsprechenden Webseite nachlesen und sogar noch unterzeichnen. Egal, ob Sie eine Führungsposition bekleiden oder geführt werden oder vielleicht in einem selbstgeführten Team arbeiten, wenn Sie sich mit den Werten des Manifests identifizieren, besuchen Sie doch die entsprechende Seite und zeigen Sie Ihre Unterstützung, indem Sie das Manifest unterzeichnen.

Methoden

Auch wenn wir schon gesehen haben, dass Führung in der VUCA-Welt weniger auf Methoden basiert, sondern eher einer Haltung bedarf, gibt es ein paar interessante Werkzeuge, auf die Sie als (Agile) Leader zurückgreifen können. Daher möchte ich an dieser Stelle beispielhaft ein paar Methoden vorstellen, die sich in der Praxis als hilfreich erwiesen haben.

Delegation Poker

Einen großen Schatz an hervorragenden Methoden bietet zum Beispiel Jurgen Appelo in seinen „Management 3.0“ Trainings an (Appelo 2011). Der große Vorteil ist, dass diese Hilfsmittel auch für Führungspersonen, die auf dem Weg der Entwicklung zum Strategen sind, sehr wertvoll und nutzbar sind.

Eine hilfreiche Methode ist das sogenannte Delegation Poker. Dieses hilft, Verantwortlichkeiten und Entscheidungsfreiräume im Zusammenspiel zwischen Team und Führungsperson zu klären. Somit wird Transparenz geschaffen und Selbstorganisation gefördert. Dabei geht Delegation Poker davon aus, dass es bei der Übertragung von Verantwortung mehr Möglichkeiten als schwarz oder weiß gibt. Die Bandbreite zwischen „die Führungsperson entscheidet“ und „das Team entscheidet“ ist deutlich flexibler. Genau hier soll Delegation Poker helfen, die Zwischenstufen sichtbar zu machen und auch Entwicklungsmöglichkeiten aufzuzeigen.

Delegation Poker basiert auf sieben Abstufungen von Verantwortungsdelegation, die aus der Sicht der Führungsperson definiert sind:

1. **Anweisen (Tell):** Hier entscheidet die Führungskraft allein. Das Team oder die einzelnen Mitarbeiter werden darüber informiert und haben die Entscheidung einfach umzusetzen. Dies ist das eine Extrem der Skala, bei der der Mitarbeiter kaum Einfluss nehmen kann.
2. **Überzeugen (Sell):** Hier entscheidet die Führungskraft zwar, stellt das Team oder die Mitarbeiter aber nicht einfach so vor vollendete Tatsachen, sondern erklärt

diesen die Entscheidung, so dass sie verstehen, warum diese getroffen wurde. Auch wenn hier immer noch die Einflussnahme gering ist, so ist dies doch ein Schritt zu mehr Selbständigkeit, da das Team zu verstehen beginnt und darauf vorbereitet wird, solche Entscheidungen zukünftig selbst zu treffen.

3. **Befragen (Consult):** Hier entscheidet die Führungskraft auch noch, aber erst nachdem das Team oder die Mitarbeiter nach ihrer Einschätzung gefragt wurden. Somit können die Mitarbeiter die Entscheidung durch gute Argumente und alternative Sichtweisen beeinflussen, wenn es ihnen gelingt, die Führungsperson zu überzeugen.
4. **Einigen (Agree):** Hier entscheiden Führungskraft und Mitarbeiter gemeinsam. Ziel ist der Konsens, beide Stimmen zählen gleichviel. Auf diesem Delegationslevel kann die Führungskraft nichts mehr ohne das Einverständnis des Teams entscheiden und man begegnet sich auf Augenhöhe.
5. **Beraten (Advise):** Hier entscheidet das Team oder die Mitarbeiter, aber die Führungskraft wird vorher als Berater hinzugezogen. So kann sie ihr Expertenwissen, ihre Erfahrungen oder Informationen über Rahmenbedingungen an das Team weiterreichen. Die letztendliche Entscheidung obliegt dann aber dem Team.
6. **Erkundigen (Inquire):** Auch hier entscheidet das Team oder der Mitarbeiter. Die Führungskraft muss nicht mehr in den Entscheidungsprozess eingebunden werden. Allerdings sollte sie nachher darüber informiert werden, wie die Entscheidung ausgefallen ist und warum.
7. **Delegieren (Delegate):** An dieser Stelle liegt die komplette Entscheidungsfreiheit bei dem Team. Die Führungskraft muss weder in den Entscheidungsprozess eingebunden werden, noch muss sie wissen, wie die Entscheidung ausgefallen ist oder warum das Team sich so entschieden hat.

Wir erkennen an dieser Stelle wieder Elemente der Theorie der situativen Führung, die den Führungsstil in Abhängigkeit von der Reife der Geführten bestimmte (Anweisen, Überzeugen, Partizipieren, Delegieren). Delegation Poker baut aber noch ein paar Zwischenstufen mehr mit ein.

Mit Hilfe des Delegation Poker können Führungskraft und Mitarbeiter in einem Workshop gemeinsam die unterschiedlichen Delegation-Level für verschiedene Entscheidungsbereiche definieren. Das Werkzeug trägt auch nicht ohne Grund den Namen „Poker" im Namen, denn in einem solchen Workshop bietet es sich an, die Diskussion über die verschiedenen Level durch ein Kartenspiel zu unterstützen.

Dafür bekommt jeder Teilnehmer ein Set aus sieben Karten, die die sieben Delegation-Level beinhalten. Dann wird eine Situation vorgestellt, über die Klarheit bezüglich der Entscheidungsfindung geschaffen werden soll, zum Beispiel, wer Urlaubsanträge genehmigt. Nun legt jeder Beteiligte verdeckt die Karte, die seiner Meinung nach das passende Delegation-Level repräsentiert. Haben alle gelegt, dann werden die Karten gleichzeitig aufgedeckt. Dies hat den Vorteil, dass niemand beeinflusst wird.

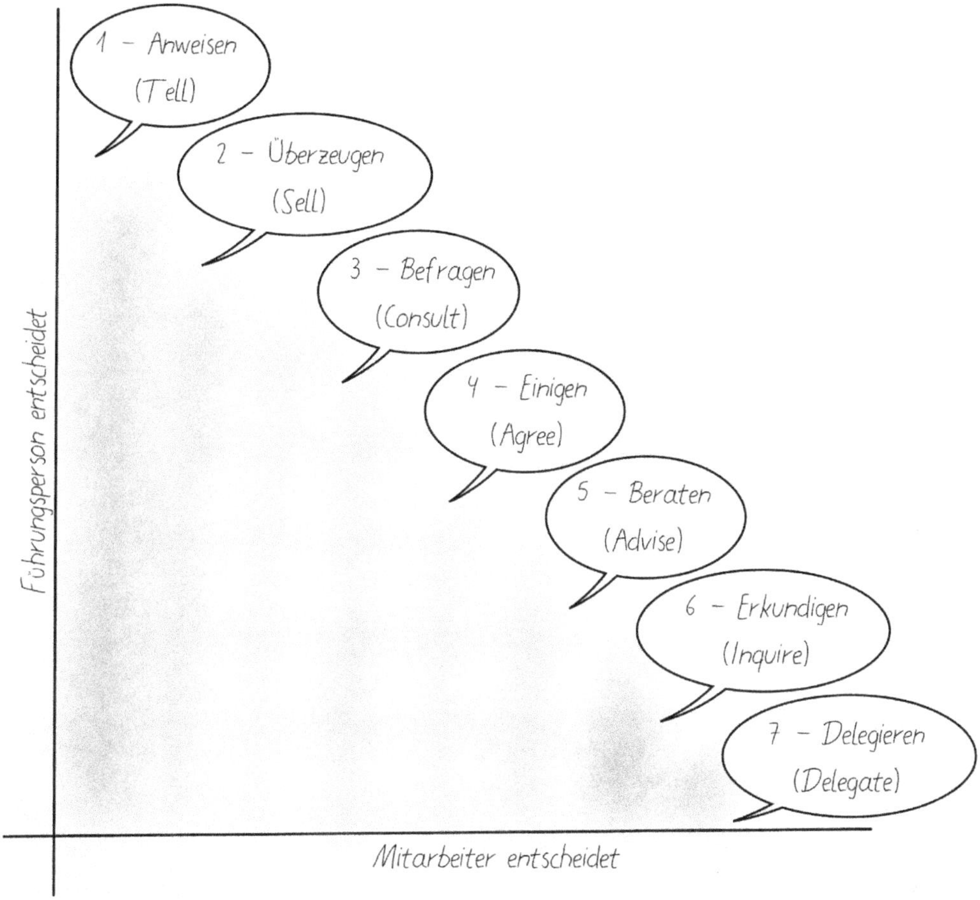

Abb. 44: Die sieben Abstufungen im Delegation Poker

Eventuell werden sich die Einschätzungen unterscheiden. Jetzt können die Beteiligten eine Diskussion darüber führen, warum sie die Situation unterschiedlich einschätzen. Sieht eine Führungskraft beispielsweise Stufe 3 „Befragen", das Team aber Stufe 6 „Erkundigen", dann kann die Führungskraft hier begründen, warum sie das Team als noch nicht so reif ansieht, diese Entscheidung eigenständig zu treffen. Eine mögliche Erklärung könnte darin bestehen, dass das Team in der Vergangenheit eher aus der egoistischen Perspektive auf Urlaubszeiten geschaut hat und nicht das Projektumfeld mit in Betracht gezogen hat.

Das letzte Wort beim Delegation Poker hat die Führungskraft. Im Beispiel könnte das Ergebnis also sein, dass das Delegation Level erst einmal bei Stufe 3 „Befragen" festgelegt wird. Gleichzeitig kann aber das Ziel festgelegt werden, dass das Team sich zu Delegation Level 5 „Beraten" entwickeln soll. Dafür können jetzt Maßnahmen definiert werden, wie zum Beispiel, dass das Team zwar die Urlaubsplanung erst einmal selbst durchführt, der Vorgesetzte diese aber final immer noch entscheidet. Dadurch lernt das Team, was zu beachten ist, und der Vorgesetzte kann immer noch sicherstellen, dass alles berücksichtigt wurde. Er kann dann auch gut einschätzen, wann das Team so weit ist, einen größeren Freiheitsgrad in Form des nächsten Delegation Level zu bekommen.

Die Festlegungen, die auf diese Weise zwischen Führungskraft und Mitarbeitern getroffen wurden, können auf einem Delegation Board festgehalten werden. Dieses gibt an, welches Delegation Level in welcher Situation vereinbart wurde. Somit entsteht Transparenz und Sicherheit für alle Beteiligten.

Appreciative Inquiry

Ein weiteres Werkzeug, dass ich an dieser Stelle vorstellen möchte, ist das **entwicklungsfördernde Interview** (Appreciative Inquiry). Dieses konzentriert sich darauf, die vorhandenen Stärken und Erfolge zu entdecken und bewusst zu machen. Damit unterscheidet es sich grundlegend von den problemorientierten Methoden der klassischen Organisationsentwicklung und Führung.

Im Zentrum dieses Prozesses steht die Annahme, dass jedes Unternehmen in irgendeiner Hinsicht etwas richtig gemacht haben muss, denn sonst wäre es nicht mehr da. Also gibt es Stärken und Ressourcen, auf denen man aufbauen kann. Gleiches gilt für alle Mitarbeiter. Die Sprache spielt dabei eine große Rolle. Unsere Aufmerksamkeit wird durch die Sprache gelenkt. Wenn wir uns auf Probleme konzentrieren, dann geraten wir in einen Problemfokus. Konzentrieren wir uns auf Stärken, dann werden wir uns dieser Stärken bewusst. Das Appreciative Inquiry geht von ein paar grundlegenden Annahmen aus:

- Die Wirklichkeit ist immer nur ein Konstrukt der Beobachtenden. So etwas wie die reine Wahrheit gibt es nicht (Konstruktivistisches Prinzip). Daher ist jede Perspektive und jede Meinung über die wahrgenommene Realität wichtig und erwünscht.
- Zudem kann schon die Beschäftigung mit einer bestimmten Frage einer Veränderung im Menschen oder in der gesamten Organisation auslösen (Prinzip der Simultanität). Die Veränderung beginnt schon in dem Moment, in dem Fragen gestellt werden und Dinge untersucht werden. Daher ist es wichtig, im Voraus eine genaue Vorstellung zu haben, auf welche Aspekte man fokussieren möchte.
- Das trifft auch auf die unterschiedlichen Geschichten und Anekdoten zu, die man wahrscheinlich entdecken wird (Poetisches Prinzip). Eine Organisation besteht aus so vielen unterschiedlichen Geschichten, die Dinge hervorheben und Aspekte betonen, dass man auch hier im Vorfeld genau überlegen sollte, welchen dieser Aspekte man genauer untersuchen möchte.
- Ein starkes Zielbild hilft dann, einen Menschen oder eine Organisation in Richtung eines Ziels zu entwickeln (Antizipatorisches Prinzip), denn ein starkes Zielbild beeinflusst auch das Handeln.

- Daher sollte auch immer nach positiven Aspekten gefragt werden (Positives Prinzip), denn die Aufmerksamkeit folgt diesen Fragen. Daher fragt man im Appreciative Inquiry nach dem, was schon gut funktioniert und nicht nach Problemen.

Der Prozess selbst verläuft dann in fünf aufeinanderfolgenden Schritten:

1. **Definition:** Das Thema wird festgelegt. Dabei wird der Fokus auf das Positive gerichtet und nicht auf Probleme. Hier sollten Sie darauf achten, dass Sie eine „Lösungssprache" nutzen. Statt an dem Thema „die schlechte Feedbackkultur abschaffen" zu arbeiten, sollten Sie eher „eine gesunde Feedbackkultur gestalten" wählen. Das Thema sollte also positiv und motivierend auf alle Teilnehmer wirken.
2. **Discovery:** Im Erforschungsschritt wird jetzt nach dem positiven Kern geforscht. Dabei versucht man die einzigartigen Ressourcen zu identifizieren und das Verständnis zu vertiefen. Hier können Sie Interviews durchführen. Im Gespräch ruft man sich die Ereignisse und Erfahrungen in Erinnerung, die positive Aspekte beinhalten. Hier könnten Sie sich zum Beispiel darüber austauschen, welche Feedbackgespräche in der Vergangenheit sehr positiv aufgenommen wurden.
3. **Dream:** Hier steht die Entwicklung einer attraktiven Vision im Vordergrund. Gemeinsam wird dafür ein positives Zukunftsbild entworfen, das eine große Anziehungskraft besitzt. Dazu bauen Sie auf den Entdeckungen der vorherigen Interviews auf. Welche positiven Aspekte gibt es schon, an denen Sie andocken können? Basierend auf diesen Erkenntnissen können Sie nun gemeinschaftlich überlegen, wie eine attraktive zukünftige Feedbackkultur für Sie und Ihr Team aussehen könnte.
4. **Design:** Wie sieht der angestrebte Zustand genauer aus. Was ist realistisch? Nun beschäftigen Sie sich intensiv mit den Zukunftsbildern und prüfen, ob diese auch realistisch umsetzbar sind. Hier nehmen Sie nun die Rolle des konstruktiven Kritikers ein und erarbeiten gemeinsam eine Formulierung, die überprüfbare Beschreibungen enthält.
5. **Destiny:** Hier werden dann konkrete Pläne ausgearbeitet, die die nächsten Schritte definieren. Dafür nehmen Sie die im vorherigen Schritt erstellten Beschreibungen und leiten daraus spezifische Maßnahmen und nächste Schritte ab. Überlegen Sie, wie Sie überprüfen können, ob die Maßnahmen auch den erwünschten Erfolg bringen.

Das Appreciative Inquiry bietet einen Rahmen. Sie können verschiedene Aktivitäten verwenden, um beispielsweise zu konkreten Maßnahmen zu gelangen. Wichtig ist, dass Sie als Gruppe zusammenarbeiten und gemeinsam Ihr Zielbild und die dafür erforderlichen Maßnahmen entwerfen. Appreciative Inquiry hat seine Wurzeln zwar in der Organisationsentwicklung, ist aber für sehr viele Anwendungsfälle geeignet. Nahezu alle Veränderungsprozesse lassen sich dadurch gestalten, ebenso wie Teamentwicklung, Führungskräfteentwicklung, Konfliktlösungen oder die Förderung von Innovationspotenzialen.

➤ Tipps für VUCA-Helden

Führung ist eines der spannendsten Themen in der VUCA-Welt, weil an vielen Stellen noch Überbleibsel aus dem tayloristischen Modell der Industrialisierung und damit verbundene mechanistische Menschenbilder (Theorie X) vorhanden sind. Diese erschweren Führung, wie sie in einem agilen Umfeld notwendig wäre. So ist eine Führungsposition oftmals noch sehr stark mit Privilegien verbunden. Neben höheren Gehältern spielen hier auch oftmals bestimmte Statussymbole eine Rolle. Viele Unternehmen haben erkannt, dass dies sich zu einem Problem entwickeln kann, wenn beispielsweise die Teams selbstorganisiert arbeiten wollen, die Führungskräfte dies aber aus Angst um ihre eigene Position boykottieren. Der Führungskräfteentwicklung kommt zukünftig eine entscheidende Rolle zu. Allerdings weniger im bisherigen Sinne des Methodenlernens und der Expertise als vielmehr der Reflexion und dem persönlichen Wachstum.

1. **Beschäftigen Sie sich mit Ihrem Menschenbild.**

Menschen sind in der Lage, sich selbst zu motivieren und gute Leistungen zu erzielen. Sie verhalten sich in der Regel immer klug im Rahmen des Systems, in dem sie sich befinden. Wenn Sie also der Meinung sind, Ihre Mitarbeiter oder Kollegen könnten motivierter sein oder mehr leisten, so liegt die Vermutung nahe, dass irgendetwas mit dem System nicht stimmt. Daher sollten Sie Antworten auf die folgenden Fragen finden:

- Stimmen Sie aus vollem Herzen der Theorie Y zu? Wenn nicht, was hindert Sie?
- Ist die Kultur in der Organisation förderlich für Autonomie, Anwendung der Fähigkeiten und erkennen Sie einen Sinn in der Arbeit?
- Was müsste sich ändern, damit Sie selbst und Ihre Kollegen motivierter wären?

2. **Passen Sie Ihren Führungsstil an.**

Wenn Sie in einer Position sind, in der Sie Menschen führen, dann eignen Sie sich eine große Bandbreite an unterschiedlichen Führungsstilen an. Lernen Sie zu erkennen, wann transaktionale Führung hilfreich ist und wann Sie transformational agieren sollten. Beschäftigen Sie sich mit Ihren Mitarbeitern und vereinbaren Sie Freiheitsgrade, die Wachstum ermöglichen. Begegnen Sie Ihren Mitarbeitern auf Augenhöhe. Führung ist eine Dienstleistung, kein Privileg.

- Woran erkennen Sie den Reifegrad Ihrer Mitarbeiter?
- Wie erkennen Sie, welcher Führungsstil in welcher Situation hilfreich ist?
- Sind Sie flexibel in der Auswahl Ihrer Mittel? Haben Sie ein gutes Bauchgefühl?
- Wie sehen Ihre Mitarbeiter Sie? Wissen Sie, was diese von einer Führungskraft erwarten?

3. **Selbstführung ist eine Kernkompetenz.**

In agilen Unternehmen und in Zukunft wird die Führung von oben eine ganz andere Bedeutung annehmen. Sie ist aufgefordert, eine attraktive Vision zu vertreten und Hindernisse aus dem Weg zu räumen, aber nicht mehr um Weisung und Kontrolle. Zudem ist Führung von der Seite und von unten sehr wichtig für eine Organisation. Agile Führung bedeutet auch, dass diejenigen Führung übernehmen, die am kompetentesten für eine Aufgabe oder einen Kontext sind. Daher ist die wichtigste Führungskompetenz die der Selbstführung.

- Wie können Sie Ihre Selbstführung verbessern?
- Kennen Sie Ihre Grenzen (Zeitmanagement, Prioritäten, Stress, Resilienz)?
- Wie können Sie anderen helfen, ihre Selbstführung auszubauen?

4. **Entwicklungsperspektiven erkennen**

Die effektivsten Führungskräfte agieren aus der Aktionslogik der Individualisten, Strategen und Alchemisten. Dies entspricht einer Ich-Entwicklungsstufe von E7 oder höher (Flexibel-Modus oder Flexibel-Plus-Modus). Um effektiver führen zu können, ist die vertikale Entwicklung daher immens wichtig.

- Was würde eine vertikale Entwicklung für Sie bedeuten?
- Wie können Sie eine solche Entwicklung unterstützen?
- Wie gehen Sie mit wenig effektiver Führung um?
- Welche Werkzeuge können Ihnen helfen, sich selbst und Ihr Team weiterzuentwickeln?

Gelingende Kommunikation und Feedback

Wenn Unsicherheit und Mehrdeutigkeit ansteigen, kommen Kommunikation und Feedback eine sehr große Bedeutung zu. In komplexen Systemen können wir nicht mehr durch Analyse vorab bestimmen, welche Folgen eine bestimmte Handlung haben wird. Wir haben gesehen, dass Agile Methoden daher versuchen, kleine Schritte zu machen und dann so schnell wie möglich eine Rückmeldung darüber zu erhalten, ob man auf dem richtigen Weg ist. Dieses iterative Vorgehen reduziert die Risiken und bezieht systematisch Feedback der Interessenten und Kunden in den Entwicklungsprozess mit ein. Dies geschieht im agilen Umfeld meist über regelmäßige Reviews zum Produkt und Retrospektiven zur Zusammenarbeit.

Aber auch auf der individuellen Ebene ist Feedback enorm wichtig. Die Fähigkeit, Feedback zu geben und auch anzunehmen ist elementar für die persönliche Weiterentwicklung und gute Teamarbeit. Jedoch fällt es vielen Menschen schwer, mit Feedback umzugehen. Im folgenden Kapitel schauen wir uns ein paar Ansätze für Kommunikation und Feedback an, die Ihnen dabei helfen können.

Das Johari-Fenster

Im Umgang mit anderen Menschen steuern wir meistens sehr bewusst, was wir von uns preisgeben und was nicht. Einige Menschen sind wahre Künstler darin, ein fast makelloses öffentliches Bild von sich zu zeichnen. Andere, wie manche hochrangigen Politiker, geben viel Geld für einen Mitarbeiterstab aus, der ihnen hilft, ein positives Bild herzustellen und zu wahren.

Das Bild, das die Öffentlichkeit, also Familie, Freunde, Arbeitskollegen von Ihnen bekommt, besteht aus Informationen und Eigenschaften, die sowohl Ihnen selbst als auch den anderen Personen bekannt sind. Aber sicherlich gibt es auch Dinge, die nur Sie selbst über sich wissen, und die Sie auch für sich behalten wollen.

Die beiden Sozialpsychologen Joseph Luft und Harry Ingham haben ein Modell entwickelt, das diese unterschiedlichen Aspekte adressiert (Luft/Ingham 1961). Das Johari-Fenster (benannt nach den Vornamen der beiden Erfinder) wurde in den 1950er Jahren entwickelt und ist seitdem ein Standardmodell für die Erklärung von **Selbst- und Fremdwahrnehmung**.

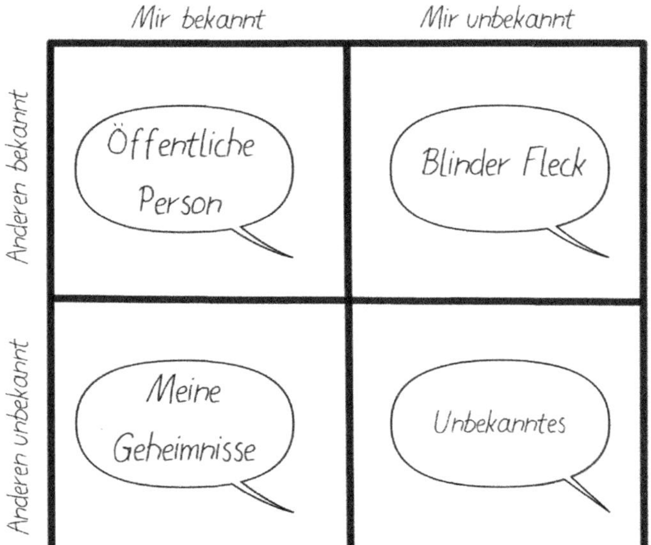

Abb. 45: Johari-Fenster

In Abbildung 45 sehen Sie eine Darstellung des Modells. Es wird unterschieden zwischen Aspekten, die einem selbst oder anderen bekannt oder unbekannt sind. So ergeben sich vier Felder, die einen unterschiedlichen Blick freigeben. Ganz ähnlich wie der Blick durch unterschiedliche Fenster eines Hauses.

- **Öffentliche Person:** Der Bereich der öffentlichen Person (oben links) besteht aus allen Eigenschaften, Informationen und Verhaltensweisen, die einem selbst und der Umwelt bekannt sind. Dazu gehören offensichtliche Dinge, wie das äußere Erscheinungsbild und Verhaltensweisen im Umgang mit anderen Menschen. Hier findet oftmals eine sehr bewusste Steuerung statt, was nach draußen dringt.
  In diesen Quadranten fällt auch das aktive Selbstmarketing. Durch die bewusste Nutzung von sozialen Medien und des Internets kann man sehr gezielt sein öffentliches Bild beeinflussen. Wenn Sie es bisher noch nicht getan haben, dann googeln Sie sich doch einfach einmal selbst. Sie können sich sicher sein, dass andere Menschen, die Sie neu kennenlernen, dies sicherlich tun werden. Und so sind Sie zumindest auf dem gleichen Stand, was die am leichtesten zu erlangenden Informationen über Ihre öffentliche Person betrifft. Sehen Sie sich auch Ihre öffentlichen Profile an. Diese können Sie aktiv beeinflussen und somit ein für Sie stimmiges Bild Ihrer Person vermitteln.
  Das Fenster der öffentlichen Person ist aber in der Regel recht klein. Wenn Sie nicht gerade wie Jim Carrey in der Truman Show von Geburt an gefilmt wurden, dann wird sich der Großteil Ihres Lebens, Ihrer inneren Gefühlswelt, Ihrer Gedanken und Einstellungen wahrscheinlich nicht in der Öffentlichkeit abspielen.
- **Meine Geheimnisse:** Die Dinge, die nur Sie selbst über sich wissen, und die Sie nicht mit anderen teilen, stellen den Bereich Ihrer Geheimnisse dar. Hier sind Ihre Überzeugungen, Gedanken, Handlungen und Eigenschaften anzusiedeln, die anderen nicht bewusst oder bekannt sind. Dieser Bereich ist meist relativ groß, da das Innenleben von Menschen nun mal sehr komplex ist.
- **Blinder Fleck:** Der richtig interessante Teil des Johari-Fensters ist der Bereich des blinden Flecks. Hier finden sich alle Eigenschaften und Verhaltensweisen, die Ihnen selbst gar nicht bewusst sind, die aber von anderen Menschen um Sie herum wahrgenommen werden. Dies können einfache Verhaltensweisen sein, die nur einmalig oder ab und zu auftreten und die Ihnen gar nicht bewusst sind. Es können aber auch wiederkehrende Muster und sogar Persönlichkeitsmerkmale sein, die Sie selbst nicht wahrnehmen oder ganz anders bewerten. An dieser Stelle hilft Feedback, diese unbewussten Informationen für Sie selbst sichtbar zu machen. Dadurch werden Sie in den Bereich der öffentlichen Person überführt.
- **Unbekanntes:** Alles, was Ihnen selbst und anderen nicht bekannt ist, liegt im Bereich des Unbekannten verborgen. Hier befinden sich unbewusste Vorgänge und Einstellungen, die sehr schwer sichtbar zu machen sind.

Das Johari-Fenster wird oft in der Arbeit mit Gruppen und Teams herangezogen. Dabei besteht die Entwicklungsaufgabe von Teammitgliedern darin, das obere linke Fenster (öffentliche Person) wachsen zu lassen. Dies ist gleichbedeutend damit, dass die anderen Bereiche des Fensters kleiner werden. Dies geschieht zum einen dadurch, dass man selbst mehr über sich preisgibt. Wir haben schon in dem Kapitel über die Dysfunktionen eines Teams gesehen, dass dies ein wichtiger Bestandteil ist, um Vertrauen innerhalb einer Gruppe aufzubauen. Zudem wird dadurch auch die Anstrengung minimiert, die jemand betreiben muss, um Dinge vor der Gruppe geheim zu halten. Die dadurch freigewordene Energie kann dann für zielführendere Aufgaben verwendet werden.

Die für einen selbst **unbekannten Aspekte des Selbst** können durch Feedback in den Bereich der öffentlichen Person geschoben werden. Dadurch bekommt man einen neuen Blick auf sich selbst und kann konstruktiv mit den neuen Informationen umgehen. Das erhöht den eigenen Handlungsspielraum. Daher ist es wichtig, Feedback als Bereicherung anzunehmen und gleichzeitig auch anderen Menschen Feedback zu geben. Dadurch werden eventuell auch unbewusste Aspekte transparenter und dieser Teil des Fensters schrumpft mit der Zeit. Je bewusster man sich seiner selbst ist, desto größer sind die eigenen Handlungsmöglichkeiten.

Das Kokosnussmodell

Vielen Menschen fällt der Umgang mit Feedback schwer. Vielleicht liegt das daran, dass wir in der Regel nur dann Feedback bekommen, wenn etwas nicht so gelaufen ist, wie es hätte laufen sollen. Vielleicht haben die Eltern oder Lehrer in der Schule bereits nicht viel gelobt oder es nach dem schwäbischen Prinzip „Nicht geschimpft ist gelobt genug“ gehalten.

Veronika Kotrba und Ralph Miarka beschreiben mit dem Kokosnussmodell (Kotrba/Miarka 2019) sehr anschaulich, welche Probleme und Missverständnisse beim Umgang mit Feedback auftreten können. Eine kleine Geschichte, die ich hier mit eigenen Worten wiedergeben möchte, verdeutlicht dies.

Geschichte | Probleme und Missverständnisse

Auf einer kleinen Insel irgendwo in den Weiten des Ozeans lebte einst ein junger Mann. Er war auf dieser kleinen Insel aufgewachsen und kannte daher fast jeden noch so kleinen Winkel seines Eilands. Auf dieser Insel gab es viele Obstbäume, die dem jungen Mann köstliches Obst als Nahrung schenkten. Es ging ihm sehr gut und er liebte seine kleine Insel.

In Sichtweite zu seiner kleinen Insel gab es noch eine weitere Insel. Hier lebte eine junge Frau, die ebenfalls ihr ganzes Leben dort verbracht hatte. Ab und zu hatten sich der junge Mann und die junge Frau auch schon mal am Strand aus der Ferne gesehen. Aber das war es auch schon.

Eines schönen Tages – der junge Mann befand sich mal wieder am Strand und sah auf den Ozean hinaus zu der anderen Insel – bemerkte er, dass die junge Frau irgendetwas merkwürdiges tat. Er konnte erst nicht ganz erkennen was da los war, aber ehe er sich's versah, flog etwas mit rasender Geschwindigkeit auf seine Insel zu. Es war braun und kugelförmig und er bekam es mit der Angst zu tun. Er lief zum Waldrand und versteckte sich hinter einem Apfelbaum. Das braune Etwas schlug in seinen Strand ein und blieb dort liegen. Aus seiner sicheren Position funkelte er die junge Frau auf der anderen Insel an. Was hatte er ihr getan, dass sie ihn beschießen musste? Zu seiner großen Verwunderung lief die junge Frau aufgeregt und sichtlich erfreut an ihrem Strand auf und ab und besaß nun auch noch die Frechheit, ihm zuzuwinken.

Schließlich fasste er den Mut und näherte sich dem braunen Ding. Er merkte, dass es nicht gefährlich war und hob es hoch. Die junge Frau rief etwas zu ihm hinüber, doch in seiner Wut über den plötzlichen Angriff auf seine Insel wollte er nicht hören. Also nahm er das braune Etwas und warf es in einem hohen Bogen in den Ozean. Dann drehte er sich um und zog sich in die Sicherheit des Waldes zurück. Dort begann er zu grübeln, wie er diesen gemeinen und hinterhältigen Angriff erwidern könnte. So etwas wollte er sich nicht einfach gefallen lassen.

Aber lassen wir den jungen Mann einmal für sich grübeln und gehen in der Zeit ein paar Stunden zurück und wenden uns der anderen Insel zu. Die junge Frau, die auf dieser Insel wohnte, liebte ihre Insel von ganzem Herzen. Die Insel war ganz anders als ihre Nachbarinsel. Hier standen Palmen und es gab Sandstrände. Und am liebsten auf der ganzen Insel mochte die junge Frau die großartigen Kokosnüsse. Sie hatte den jungen Mann auf der anderen Insel schon einige Male am Strand gesehen und sie fand ihn ganz nett. Zumindest so nett, wie man das eben aus der Entfernung über den Ozean hinweg beurteilen konnte. Aber seine Insel war so komplett anders als ihre kleine Insel und sie hatte ihn auch nie so etwas wie eine Kokosnuss essen sehen.

Als sie ihren Nachbarn an diesem Morgen wieder am Strand stehen sah, wie er auf das Meer hinausblickte, beschloss die junge Frau, ihm eine Freude zu machen. Sie wollte ihm eine Kokosnuss herüberschicken. Ganz aufgeregt sammelte sie ein paar Dinge zusammen, aus denen sie ein kleines Katapult bauen konnte. Damit wollte sie die Kokosnuss zu ihm hinübersenden und war schon ganz gespannt darauf, wie er auf die Kokosnuss reagieren würde.

Gesagt, getan und so schickte sie die Kokosnuss also mit dem Katapult auf die Reise hinüber zu ihrem jungen Nachbarn. Und tatsächlich gelang es ihr schon im ersten Versuch, eine Kokosnuss zu ihm hinüberzusenden. Sie landete auf dem grünen Strand des jungen Mannes und die junge Frau hüpfte aufgeregt auf und ab und jubelte vor Freude.

Doch der junge Mann verhielt sich ganz anders als sie es erwartet hatte. Zuerst hatte er sich im Wald hinter diesen merkwürdigen Bäumen versteckt. Nach einer Weile war er dann doch auf den Strand hinausgegangen und hatte sich die Kokosnuss angeschaut. Sie rief zu ihm hinüber, dass er sie doch kosten solle und wie herrlich die Kokosnuss doch sei. Aber der junge Mann ignorierte sie einfach. Und schlimmer noch, er nahm die Kokosnuss, betrachtete sie kurz und warf sie dann in einem hohen Bogen in die Wellen des Ozeans. Was für eine Frechheit.

Sie verstand die Welt nicht mehr. Ihr Nachbar blickte kurz zu ihr hinüber und sie konnte seine Wut erkennen. Dann verschwand er hinter den Bäumen.
Die junge Frau war enttäuscht und sauer. Sie wollte ihm doch nur ein Geschenk machen. Was war das nur für ein komischer Mensch. Traurig und energielos verließ auch die junge Frau den Strand. Diesem komischen Nachbarn würde sie sicher keine Kokosnuss mehr abgeben. So viel stand für sie fest.

Abb. 46: Feedback als Kokosnuss (eigene Darstellung nach Kotrba/Miarka 2019)

Die leckere Kokosnuss in dieser Geschichte ist ein sehr schönes Bild für Feedback. Die Geschichte zeigt, dass trotz allerbester Absichten das Geben und Nehmen von Feedback durch Missverständnisse und Fehlkommunikation zu einem kleinen Desaster werden kann.

Hätte die junge Frau doch nur vorher einmal versucht, zu dem Mann hinüberzurufen und ihn zu fragen, ob er eine Kokosnuss kosten möchte. Diese Nachfrage hätte sicherlich eine kleine Brücke gebaut. Ebenso ist es bei dem Angebot von Feedback. Der Empfänger sollte bereit sein, das Feedback auch anzuhören. Überfallartig Feedback zu geben, hat eine große Chance, auf Ablehnung zu treffen. Ganz besonders, wenn das Feedback eher kritisch ist.

Aber selbst wenn man vorher nachfragt, ob jemand bereit ist, Feedback zu empfangen, dann muss man auch akzeptieren, wenn er dies ablehnt. Feedback sollte als Angebot, als Geschenk gesehen werden. Und Angebote darf man auch ablehnen. Manchmal ist es vielleicht sogar besser, aus Selbstschutz auf Feedback zu verzichten oder auf einen späteren Zeitpunkt zu verschieben, zum Beispiel wenn man sich gerade in schlechter mentaler Verfassung befindet. Aufgeschoben ist nicht aufgehoben.

Ein weiterer wichtiger Aspekt besteht darin, dass **Feedback als Geschenk** dann in den Besitz des anderen übergeht. Der junge Mann hätte die Kokosnuss auch nutzen können, um sich zum Beispiel darauf zu setzen, damit Fußball zu spielen (autsch) oder ein Gesicht darauf zu malen und mit ihr zu sprechen. Es war schließlich nun seine Kokosnuss. Die junge Frau hätte versuchen können ihn zu überzeugen, dass der größte Nutzen der Kokosnuss darin bestehe, sie zu essen, aber sie hätte keinen Anspruch darauf.

Gleiches gilt auch für Feedback. Der Empfänger sollte damit machen dürfen, was er für richtig hält. Wenn er mag, kann er es annehmen und damit arbeiten. Wenn er anderer Meinung ist, dann kann er den Inhalt auch einfach ablehnen und für sich beschließen, dass dieses Feedback für ihn nicht zu einer Änderung führen wird.

Der junge Mann hätte also auch die Kokosnuss kosten können und vielleicht festgestellt, dass sie ihm nicht wirklich schmeckt. Er mag vielleicht lieber die süßen Früchte seiner Obstbäume. Hier steckt auch der Gedanke dahinter, dass jeder seine eigene Insel am besten kennt. Die junge Frau hat keinen Anspruch darauf, für ihn zu beurteilen, dass die Kokosnuss leckerer ist als die Früchte seiner Insel. Ebenso wenig, wie der junge Mann ihr einen Apfel hinüberwerfen und dann darauf bestehen könnte, dass sie diesen nun als ihr neues Lieblingsessen ansieht. Jeder kennt seine eigene Insel und seine eigenen Vorlieben und Bedürfnisse am besten. Dies sollte auch bei dem Umgang mit Feedback berücksichtigt und gewürdigt werden.

Das BAHN-Modell

Feedback als methodisches Vorgehen ist in Verruf gekommen. In vielen Seminaren und Weiterbildungen wurde das Sandwich-Modell vermittelt, dass ein kritisches Feedback zwischen einen positiven Einstieg und einen positiven Abschluss quetscht. Die Methode ist leicht zu lernen und anzuwenden und vermittelt Sicherheit. Allerdings ist sie kulturabhängig und in Deutschland eher verpönt. Der Empfänger weiß genau, dass das eigentliche Feedback in dem kritischen Punkt, eingeschlossen zwischen Bauchpinselei, besteht. Daher wird er auch nur diesen hören und den Rest ignorieren.

Prinzipiell sollte Feedback nicht zu sehr durch eine methodische Brille betrachtet werden, sondern immer die Entwicklung und das Wohlergehen des Gegenübers im Fokus haben. Dann ist es auch automatisch wertschätzend und ehrlich, was auch so vom Empfänger gespürt und aufgenommen wird.

Dennoch fällt es vielen Menschen schwer, Feedback zu formulieren und zu geben. Daher möchte ich an dieser Stelle eine Methode vorstellen, die einen roten Faden durch ein Feedbackgespräch bieten kann, der leicht zu merken ist. Allerdings möchte ich auch gleichzeitig davor warnen, sich allzu sklavisch an Leitfäden und Methoden zu halten, wenn man in den Austausch mit anderen Menschen geht. Denn dies wirkt dann schnell hölzern und wird als gekünstelt empfunden.

1. **Um Erlaubnis bitten:** Wie wir in der Geschichte mit der Kokosnuss gelernt haben, besteht der erste Schritt darin, um Erlaubnis zu fragen. Ist Ihr Gesprächspartner bereit, Ihr Feedback zu hören? Hierbei sollten Sie auch immer damit rechnen, dass das Gegenüber Ihr Angebot ablehnt. Dies ist dann nicht persönlich gemeint. Der Empfänger kann sehr viele unterschiedliche Gründe dafür haben und Sie müssen seine Entscheidung ohne Wenn und Aber respektieren.

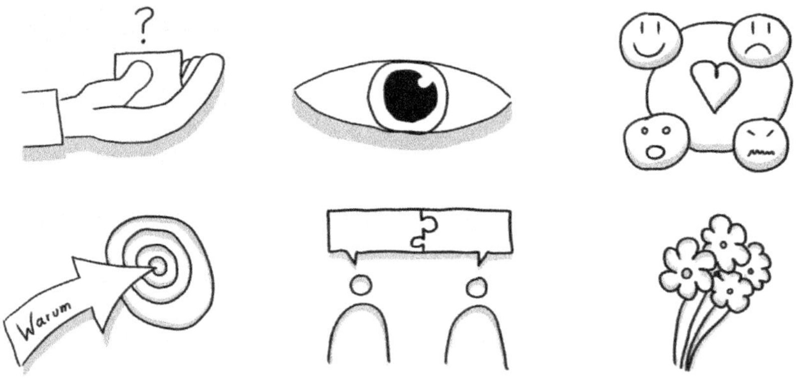

Abb. 47: Die sechs Schritte des BAHN-Modells: Feedback ist ein Geschenk. Möchte der Empfänger dieses annehmen? – Beschreiben Sie Ihre Beobachtungen objektiv. – Beschreiben Sie die Auswirkungen auf Sie persönlich. – Erklären Sie, warum Sie Feedback geben. – Laden Sie den Empfänger ein, über das Gesagte zu sprechen. – Schließen Sie das Feedback mit einem Dank ab.

2. **Beobachtung ausdrücken:** Feedback sollte sich immer auf objektive Beobachtungen beziehen. Beschreiben Sie das Verhalten, das der andere gezeigt hat und das Ihnen aufgefallen ist. Achten Sie hier darauf, dass Sie keine Bewertung in die Beobachtung mit einfließen lassen.
   Auf allgemeine Aussagen wie „immer" oder „nie" sollten Sie dabei besonders achten und sie nach Möglichkeit ganz vermeiden. Oftmals werden Feedbackgespräche abgebrochen, wenn diese Verallgemeinerungen ins Spiel kommen. Wenn ein Machtgefälle zwischen Feedbackgeber und Feedbacknehmer besteht, dann wird hier ein innerer Schutzwall beim Empfänger aufgebaut, da er dem Gespräch nicht entgehen kann.
   Beim Beschreiben der konkreten Beobachtungen beschränken Sie sich am besten auf ein oder zwei Dinge. Zu viele unterschiedliche Beispiele sind schwer aufzunehmen und zu verarbeiten. Lassen Sie den Empfänger dabei zu Wort kommen. Feedback ist keine einseitige Geschichte, sondern ein Austausch und Gespräch. Vielleicht haben Sie etwas falsch wahrgenommen oder Ihnen fehlen ein paar wichtige Hintergrundinformationen. Es ist allerdings sehr wichtig zu unterscheiden zwischen Richtigstellungen und Rechtfertigungen.

3. **Auswirkung:** Als Nächstes sollten Sie auch aus persönlicher Sicht klarmachen, was das beobachtete Verhalten in Ihnen ausgelöst hat. Hier ist es wichtig, Ich-Botschaften zu senden und Ihre eigene, zutiefst subjektive Sichtweise dabei zu verdeutlichen. Beschreiben Sie Ihre Gefühle, aber beschränken Sie sich auf echte Gefühle.
   Dadurch sollte dem Empfänger klar werden, welche Auswirkung sein Verhalten auf Sie hatte. Wenn Sie dies objektiv vortragen, wird hier wenig Raum für Diskussionen sein. Allerdings sollten Sie sich selbst auch immer klar sein, dass andere Teammitglieder das Verhalten vielleicht ganz anders bewerten und es in diesen ganz andere Gefühle ausgelöst hat.
4. **Hintergrund darstellen:** Erklären Sie auch immer, warum Sie überhaupt Feedback geben. Was ist der Kontext? Warum ist es ihnen wichtig, dass der Empfänger über die Auswirkungen seines Verhaltens bei Ihnen Bescheid weiß? Dies stellt einen sehr wichtigen Aspekt beim Geben von Feedback dar. Wenn Sie vermitteln können, warum es wichtig für Ihr Gegenüber ist, dann können Sie auch inhaltlich sehr schwierige Feedbackthemen in einen sehr positiven Rahmen setzen. Denn der Empfänger kann nun einordnen, wo sein Vorteil in der Kenntnis liegt und wird das Feedback eher als wertschätzend und entwicklungsfördernd sehen und nicht als bloße Kritik oder aus einer Laune heraus.
5. **Nachfrage:** Zum Ende des Feedbacks wird der Empfänger eingeladen, über das Feedback zu sprechen. Formulieren Sie nicht nur einen Wunsch zur Verhaltensänderung, sondern laden Sie den Empfänger ein, auf Augenhöhe über das Gehörte zu sprechen. Dies stellt einen echten Austausch dar und kann auch in gemeinsamen Überlegungen zu möglichen Verhaltensänderungen münden.
   Manchmal bietet es sich an, den Dialog über das Feedback nicht sofort zu führen, sondern ein Folgegespräch zu vereinbaren. Dies gibt dem Empfänger die Möglichkeit, erst einmal über das Gehörte nachzudenken und zu entscheiden, wie damit umgegangen wird. Achten Sie aber darauf, dass nicht zu viel Zeit zwischen dem Feedback und dem Folgetermin besteht.
6. **Abschluss:** Wenn das Feedback positiv aufgenommen wurde, dann bedankt sich der Empfänger beim Feedbackgeber für die wertvollen Einblicke und die aufgewendete Zeit. Dabei ist der Dank aber keinesfalls gleichbedeutend mit einer Zustimmung zum Inhalt des Feedbacks oder eventuellen Veränderungswünschen. Er drückt lediglich aus, dass man für diese neue Perspektive und die Verkleinerung seines blinden Flecks dankbar ist.

Sie können sich diese Schritte leicht unter dem Akronym BAHN[8] merken: Beobachtung, Auswirkung, Hintergrund, Nachfrage.

---

8 Leider ist es mir in meinen Recherchen nicht gelungen, eine Quelle für das BAHN-Modell zu finden. Ich habe dieses Modell in einem Workshop von einem bekannten Scrum-Trainer kennengelernt und seitdem schon sehr häufig angewendet und selbst weitergegeben. Sollten Sie die Erfinder des Modells oder eine Herkunftsquelle kennen, dann wäre ich über Hinweise sehr dankbar.

Beispiel | Feedbackgespräch nach dem Bahn-Modell

Julia: Hallo Jan, hast du kurz ein paar Minuten Zeit? Ich würde dir gerne ein kleines Feedback zu unserem Meeting gestern geben. *(Frage nach Erlaubnis)*

Jan: Hallo Julia, na klar, gerne. *(Bereitschaft Feedback grundsätzlich anzunehmen)*

Julia: Gestern während des Meetings wollte ich meine Gedanken zum Ausdruck bringen. Allerdings hast du sehr oft dazwischengeredet und mich nicht aussprechen lassen. *(objektive Beobachtung eines konkreten Falles)*

Jan: Aber ich wollte dich doch nur unterstützen und deine Gedanken weiterführen, weil ich sie so großartig fand. *(Vorsicht, hier rechtfertigt Jan sein Verhalten)*

Julia: Ja, kann sein. *(Sie geht nicht weiter auf die Rechtfertigung ein, sondern folgt ihrem roten Faden durch das Feedback).* Mich hat das allerdings sehr wütend gemacht. Ich kam dadurch aus meinem Konzept und wollte auch eigentlich auf etwas ganz anderes hinaus, als wir nachher diskutiert haben. *(Julia drückt ein empfundenes Gefühl [Wut] aus. Damit wird die Wirkung des Verhaltens klar)*

Julia: Mir war es wichtig, dir das noch einmal persönlich zu sagen. Herr Schmidt, unser Chef, hat mich darauf hingewiesen, dass ich in Meetings mehr Durchsetzungsfähigkeit zeigen solle, auch wenn jemand unhöflich einfach dazwischenredet. Mir ist aber wichtig, dass wir gemeinsam Ideen entwickeln und nicht jeder von uns versucht, sich möglichst positiv zu präsentieren. Dafür brauche ich aber auch deine Unterstützung, damit ich meine Gedanken zu Ende formulieren kann. *(Hier wird der Hintergrund für das Feedback dargestellt. Dadurch kann Jan einschätzen, warum das Feedback relevant ist).*

Jan: Hmm, ich verstehe. Mein Verhalten hat also dazu geführt, dass du deinen ursprünglichen Gedanken verloren hast, und dass in Frage gestellt wurde, ob du durchsetzungsfähig genug für unsere Diskussionsrunde bist. *(Jan fragt nach, um sein Verständnis der Situation zu prüfen)*

Julia: Ganz genau. Meinst du, wir können einen Weg finden, wie du auf dem Gedanken aufbauen kannst, mir aber gleichzeitig nicht das Wort abschneidest und mich in eine unangenehme Situation bringst? *(Angebot, gemeinsam über eine Veränderung des Verhaltens in Zukunft nachzudenken)*

Jan: Ja klar, das sollten wir unbedingt tun. Lass uns doch morgen nach der Mittagspause einen Kaffee trinken gehen und in Ruhe besprechen, was wir tun können. *(Jan schlägt ein Folgegespräch vor, in dem das Thema noch vertieft bearbeitet werden kann. Das gibt beiden Beteiligten die Möglichkeit, ihre Gedanken zu sortieren).*

Julia: Alles klar. Machen wir.

Jan: Vielen Dank für das offene Feedback Julia. Mir waren ein paar Aspekte leider nicht bewusst. Morgen schauen wir dann, was wir in Zukunft verändern können. *(Jan bedankt sich für das Feedback, das seinen blinden Fleck reduziert).*

Julia: Dir auch vielen Dank für das nette Gespräch und bis morgen.

Sie sehen, dass es eine Reihe von möglichen Stolperfallen und Fettnäpfchen gibt, wenn wir Feedback geben. Besonders, wenn wir noch unsicher sind, wie und auf welche Weise wir das Feedback transportieren können. Daher möchte ich im Folgenden auf zwei Klassiker der Kommunikation zurückkommen.

Das Kommunikationsquadrat nach Friedemann Schulz von Thun

Kennen Sie den bekannten Sketch „Das Ei" von Loriot[9]? Hier ist man als Zuschauer Gast einer Unterhaltung zwischen Berta und Hermann am Frühstückstisch. Er klopft unmotiviert mit seinem Löffel auf das hartgekochte Ei in seinem Eierbecher. Dann sagt er mit leicht vorwurfsvollem Unterton zu seiner Frau: „Das Ei ist hart". Nachdem sie erst einmal gar nicht darauf reagiert, und er noch einmal darauf hinweist, dass das Ei hart sei, antwortet sie mürrisch: „Ich habe es gehört". In der Folge entwickelt sich ein Dialog, der so auch in vielen anderen Alltagssituationen beobachtet werden könnte. Während der Mann immer wieder rein analytisch auf die Situation Bezug nimmt, dass das Ei nun leider hart sei, er aber doch lieber weichgekochte Eier mag, und in Frage stellt, ob die Zubereitung nach genauen Zeitvorgaben erfolgt sei, bezieht die Frau alles auf die emotionale Ebene. Sie sieht sich angegriffen und weist auf ihre Aufgaben im Haushalt hin, die er ja gar nicht würdigt. Am Ende gelingt es dem Paar nicht, das eigentliche Thema auf der gleichen Basis zu diskutieren, was dazu führt, dass Berta am Ende des Sketches feststellt: „Gott, was sind Männer primitiv!" und Hermann vor sich hinmurmelt: „Ich bringe sie um! Morgen bringe ich sie um!"

Loriots Klassiker verdeutlicht auf unterhaltsame Art und Weise eine Herausforderung, der wir uns in so ziemlich jedem Gespräch gegenübersehen. Sicher haben Sie selbst auch schon einmal das Gefühl gehabt, das auch Hermann und Berta zum Ende der Unterhaltung überwältigt hat: Ich werde einfach nicht verstanden.

Aber woran liegt das? Wir sprechen doch die gleiche Sprache. Und Hermann weist doch ganz klar darauf hin, dass das Ei hart ist. Er ist sich sicher, dass man ihn gar nicht missverstehen kann. Schließlich braucht man das Ei doch nur genau viereinhalb Minuten zu kochen und alles ist gut. Kann so schwer nicht sein.

Berta hingegen fühlt sich in ihrer Ehre als Hausfrau verletzt. Traut er ihr denn überhaupt nichts zu? Im Normalfall ist das Ei sicherlich so, wie er es gerne hat. Warum reitet er jetzt darauf herum? Sie weist darauf hin, dass sie sich schließlich auch den ganzen Tag um den Haushalt und die Kinder kümmert. Am Ende stellt sie nur fest, dass Hermann scheinbar überhaupt nicht mitbekommt, wie sie sich gerade fühlt. Dabei hat sie ihm das doch deutlich gezeigt in der Unterhaltung. Also kommt sie zu dem Schluss, dass Männer halt zu primitiv dafür sind.

Diese Aspekte der **missverständlichen Kommunikation** hat Friedemann Schulz von Thun genauer untersucht. Dabei hat er eines der bekanntesten Kommunikationsmodelle überhaupt beschrieben: das Kommunikationsquadrat (Schulz von Thun

---

9 https://www.youtube.com/watch?v=57LsW00c1Oo, 23.3.2021

1987). Das Modell, das auch als das Modell der vier Schnäbel und der vier Ohren bekannt geworden ist, gehört heute zu den Grundlagen in jedem Kommunikations- und Führungskräftetraining. Die Grundaussage ist, dass in jeder Botschaft, also jeder Aussage, die man von sich gibt, vier unterschiedliche Aspekte enthalten sind. Dies geschieht immer, ob man möchte oder nicht. Diese vier unterschiedlichen Seiten einer Nachricht stellt Schulz von Thun in einem Quadrat dar, in dem jede Seite einen unterschiedlichen Aspekt der Nachricht repräsentiert.

Das klassische Beispiel, das Schulz von Thun anführt, um die vier Seiten der Nachricht zu verdeutlichen, ist ein Paar im Auto. Die Frau sitzt am Steuer und sie fahren auf eine Ampel zu. Der Mann sagt zu seiner Frau: „Du, da vorne ist Grün".

Ein Teil der Botschaft besteht im **Sachinhalt.** Hier werden Fakten gesendet. Die Ampel zeigt grün. Oftmals sind wir der Meinung, dass es ausschließlich um diese Seite der Nachricht geht. Aber selbst wenn wir sehr genau darauf achten, nur eine Sachaussage zu treffen, kann es passieren, dass der Empfänger diese mit einem seiner anderen Ohren aufnimmt. Im Beispiel ist es offensichtlich, dass der Sachinhalt darin besteht, dass eine Ampel gerade grünes Licht anzeigt. Aber das ist noch nicht alles, was in der Nachricht steckt.

Auch Informationen über den Mann selbst stecken in seiner Aussage. Diese Seite der Nachricht beschreibt die **Selbstkundgabe.** Allein dadurch, dass der Mann etwas zu seiner Frau sagt, erfahren wir etwas über ihn. Zum einen ist er der deutschen Sprache mächtig. Zum anderen ist er aufmerksam und beobachtet die Straße. Wie der Beifahrer im Auto senden wir auch ständig Informationen über uns selbst mit jeder Nachricht und jeder Kommunikation. Sie als Leser haben sicherlich schon ein gewisses Bild von mir gewonnen, indem Sie dieses Buch gelesen haben. Und mir ist natürlich bewusst, dass dies so ist, also versuche ich, ein gutes Bild von mir zu zeichnen.

Die dritte Seite besteht in der **Beziehung.** Hier gibt der Sender etwas darüber preis, wie er zu dem Empfänger steht. Meistens reagieren wir sehr sensibel auf diese Seite, da sie etwas mit uns macht und über uns aussagt. In dem Beispiel sagt der Mann auf der Beziehungsseite aus, dass er seiner Frau nicht zutraut, den Wagen komplett ohne Hilfestellung durch den Verkehr zu lenken. Das veranlasst die Fahrerin vielleicht zu einer Antwort: „Fährst du, oder fahre ich?" Dabei geht sie gar nicht auf den Sachinhalt ein, dem sie mit Sicherheit uneingeschränkt zustimmen würde. Sie reagiert auf der Beziehungsebene und weist ihren Mann mit ihrer Antwort in die Schranken. Während in der Seite der Selbstkundgabe Ich-Botschaften stecken, können wir hier Du- und Wir-Botschaften erkennen.

Zu guter Letzt enthält eine Botschaft auch immer einen **Appell.** Dieser ist dabei nicht explizit gegeben. Aber mit dem Senden einer Botschaft möchten wir in der Regel den Empfänger zu irgendetwas veranlassen. Und sei es nur, dass wir von ihm erwarten, eine Sachinformation aufzunehmen. Im Beispiel möchte der Mann höchstwahrscheinlich, dass seine Frau ein wenig schneller fährt, damit sie die grüne Phase der Ampel noch ausnutzen kann.

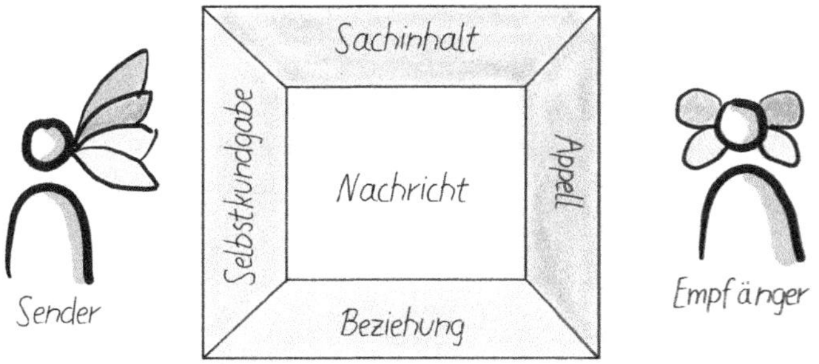

Abb. 48: Kommunikationsquadrat (eigene Darstellung nach Schulz von Thun 1987)

In der Botschaft „Du, da vorne ist Grün“ stecken also vier Aspekte, die gleichzeitig gesendet werden:

1. Die Ampel ist grün (Sachinhalt),
2. Ich habe es eilig (Selbstkundgabe),
3. Du brauchst meine Hilfestellung (Beziehungsebene)
4. Gib Gas! (Appell).

Selbst wenn der Mann nicht die Absicht gehabt hätte, die anderen Aspekte zu senden, so sind sie doch vorhanden und es kommt ganz darauf an, mit welchem Ohr seine Frau die Nachricht aufnehmen wird. In der Regel ist es so, dass Menschen ein bevorzugtes Ohr haben, mit dem sie Botschaften empfangen.

Wie eine Nachricht beim Empfänger ankommt und deshalb auch verarbeitet wird, hängt sehr stark von diesem selbst ab. Wenn die Frau im Beispiel ein starkes Selbstbewusstsein besitzt und sich sicher und souverän fühlt, dann wird die Aussage ihres Mannes sie vielleicht nur in Kenntnis darüber setzen, dass er es eilig hat. Nun hat sie die Möglichkeit darauf zu reagieren. Ist sie aber sehr unsicher und fühlt sich nicht gerne bevormundet, dann kann die gleiche Nachricht bei ihr zu einer ganz anderen Reaktion führen. Von großer Unsicherheit bis hin zu einem Wutausbrauch kann alles passieren.

Wenn wir der Empfänger einer Nachricht sind, dann sollten wir uns bewusst machen, dass wir allein die Verantwortung dafür tragen, was die Nachricht mit uns macht. Es wäre unfair, den Sender dafür verantwortlich zu machen. Wir können und sollten selbst entscheiden, wie wir mit der Nachricht umgehen und welche Gefühle wir daraufhin zulassen wollen. Wenn wir uns auf der Beziehungsebene schnell angegriffen fühlen, dann können wir daran arbeiten, dies zu verändern. Denn ansonsten besteht die Gefahr, dass wir in jeder kleinen Botschaft einen Angriff auf unser Selbstwertgefühl wahrnehmen, selbst wenn dieser Teil der Nachricht vom Sender gar nicht so beabsichtigt war. Wenn man sich nicht sicher ist, ob man den **gewünschten Aspekt der Nachricht** verstanden hat, so kann man durch Nachfragen und Feedback eine Klärung herbeiführen. Dies ist zugegebenermaßen nicht ganz einfach und setzt ebenfalls eine bestimmte Reife voraus (Effektiv-Modus).

Im Berufsleben werden (in unserem Kulturkreis) Daten und Fakten besonders wertgeschätzt. Man spricht auf der sachlichen Ebene und wenn man einen Appell platzieren möchte, dann tut man dies klar und deutlich. Aber Hand aufs Herz, wir haben doch alle schon den Konflikt im Team oder in der Abteilung mitbekommen, der meist durch Nachrichten entstanden ist, die zwar sachlich formuliert waren, aber auf der Beziehungsebene Schaden angerichtet haben. „Frau Müller hat aber die Ergebnisse immer innerhalb der Frist geliefert." Natürlich können wir uns darauf berufen, dass wir ja nur Fakten genannt haben. Aber was kommt denn bei Herrn Maier an, der dies von seinem Chef zu hören bekommt? Höchstwahrscheinlich wird er sofort den Beziehungsaspekt daraus heraushören. „Du arbeitest nicht so gut wie Frau Müller". Und gleichzeitig liegt da auch Appell in der Nachricht: „Arbeite schneller!"

Daher sollten Sie sich beim Formulieren von Botschaften immer im Klaren darüber sein, dass Sie bestimmte Dinge, die Sie nicht missverstanden wissen wollen, klar ausdrücken sollten.

Gewaltfreie Kommunikation

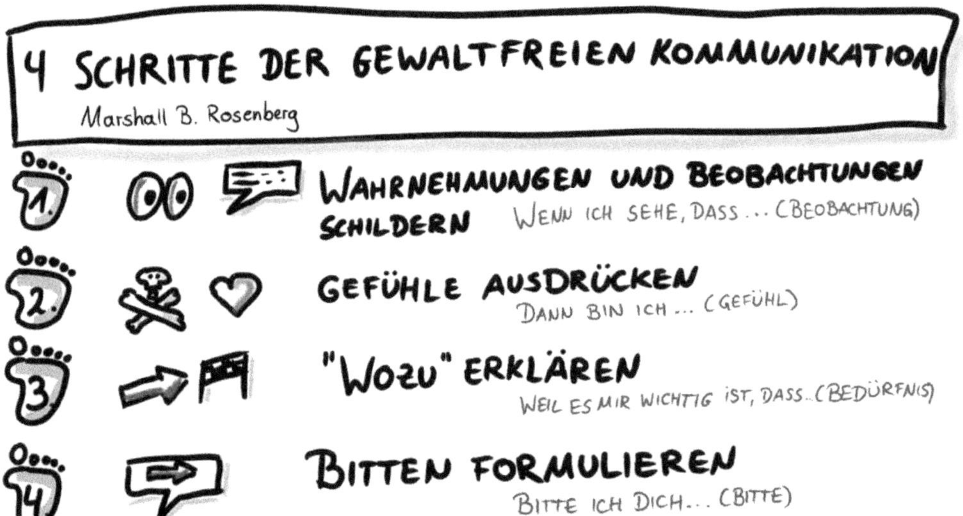

Abb. 49: Die vier Schritte der Gewaltfreien Kommunikation

Lassen Sie uns in Gedanken einen Ausflug nach Afrika machen. Hier leben eine Reihe sehr bunter Tiere. So zum Beispiel auch die Giraffe. Dieser Giraffe wird nachgesagt, dass sie das größte Herz aller Säugetiere besitze. Zudem besitzt sie einen sehr langen Hals, der ihr einen gewissen Weitblick ermöglicht. Beides zusammengenommen hat den amerikanischen Psychologen Marshal B. Rosenberg dazu bewogen, die Giraffe als Symboltier der von ihm entwickelten Gewaltfreien Kommunikation (Rosenberg/Holler 2016) zu wählen. Dabei steht besonders das **empathische Zuhören** im Fokus und der

Einsatz einer Sprache, die nicht aggressiv und wertend ist. Aggressive Sprache wird hingegen dem Wolf zugeschrieben, weshalb Anwender der Gewaltfreien Kommunikation auch von Giraffensprache und Wolfsprache sprechen.

Das Grundgerüst der Gewaltfreien Kommunikation besteht aus vier einfachen Schritten.

1. **Wahrnehmungen und Beobachtungen schildern:** Der erste Schritt besteht darin, die eigenen Wahrnehmungen und Beobachtungen ganz konkret zu beschreiben. Dabei ist es wichtig, darauf zu achten, dass es sich wirklich nur um objektive Beobachtungen handelt. Wir neigen oft dazu, etwas in unsere Beobachtungen hineinzuinterpretieren. Wenn wir diese Hypothesen und Interpretationen dann anderen mitteilen, führt dies schnell zu Widerstand. Dabei ist es uns oft gar nicht bewusst, dass wir gar nicht eine einfache Wahrnehmung beschreiben, sondern schon beginnen, sie zu werten. Wenn der Empfänger unseres Feedbacks auf unsere Beobachtung mit „Das stimmt nicht" antworten kann, dann haben wir wahrscheinlich eine Beobachtung oder Bewertung mit einfließen lassen.
2. **Gefühle ausdrücken:** Meistens sprechen wir Dinge an, die uns persönlich betreffen und die uns wichtig sind. Dies sollte auch der zweite Schritt in der Gewaltfreien Kommunikation sein. Hier drücken wir aus, wie es uns selbst dadurch geht, dass wir ein bestimmtes Verhalten wahrgenommen haben. Dies verdeutlicht, dass wir persönlich einen Bezug zu der Beobachtung haben und warum es uns wichtig ist, dass wir es ansprechen.
   Vielen Menschen fällt es schwer, ihre Gefühle klar zu bestimmen und auch auszudrücken. Zum einen hat das sicherlich damit zu tun, dass in vielen Fällen Gefühle als nicht sachlich genug angesehen werden und versucht wird, diese aus dem Berufsalltag herauszuhalten. Aber erinnern Sie sich: keine Handlung ohne Emotion. Zum anderen haben viele Menschen verlernt, auf ihre Gefühle zu hören und sie benennen zu können. Oftmals beginnt der Ausdruck von Gefühlen so: „Ich habe das Gefühl, dass…". Was dann folgt, ist oft kein Gefühl, sondern eine Wertung, Interpretation oder Vergleich. Zum Beispiel: „Ich habe das Gefühl, du hörst mir gar nicht zu" (verdeckter Vorwurf).
   Prinzipiell lassen sich unsere Gefühle in **acht Grundemotionen** einordnen, die dann noch weiter in spezielle Ausprägungen aufgefächert werden können. Die Grundemotionen sind universell und in allen Kulturen anzutreffen und zu erkennen, wie Paul Ekman in seiner mehrjährigen Forschung zeigen konnte (Ekman 2016). In Tabelle 13 finden Sie die acht Grundemotionen und beispielhafte Ausprägungen, die echte Gefühle ausdrücken. Zur genaueren Bestimmung des Gefühls nutzen Praktiker der Gewaltfreien Kommunikation auch gerne „Gefühlsnavigatoren", die eine sehr differenzierte Unterteilung von Gefühlen ermöglichen und bei der Benennung und der Kommunikation unterstützen sollen.

Grundemotion	Spezielle Ausprägungen (Beispiele)
Trauer	traurig, niedergeschlagen, ...
Verzweiflung	entmutigt, kraftlos, ...
Ärger und Zorn	wütend, angriffslustig, angestachelt, ...
Überraschung	verblüfft, baff, ...
Angst	verängstigt, angstvoll, zittrig, ...
Ekel	angeekelt, angewidert, ...
Verachtung	abweisend, abwertend, ...
Freude	fröhlich, glücklich, befreit, entspannt, ...

Tab. 13: Grundemotionen und beispielhafte Ausprägungen

Einen einfachen Test, ob es sich um ein echtes Gefühl handelt, beschreiben Veronika Kotrba und Ralph Miarka (Kotrba/Miarka 2019): Zuerst bildet man einen Satz in der Form: „Darauf reagiere ich ...“, gefolgt von dem Gefühl, dass man ausdrücken möchte. Ist dieser Satz sinnvoll, dann scheint es sich um ein echtes Gefühl zu handeln, was eine gute Voraussetzung für eine Kooperation darstellt. Als Gegenprobe kann man folgenden Satz konstruieren: „Er hat mich ...“, gefolgt von dem Gefühl. Wenn dieser Satz Sinn ergibt, dann stehen die Chancen auf Kooperation eher schlecht, da es sich dann höchstwahrscheinlich um einen verdeckten Vorwurf handelt.

Beispiel | Echte Gefühle?
Aussage: Ich fühle mich traurig.
1. Test: Darauf reagiere ich traurig. → ergibt Sinn, gute Voraussetzung für Kooperation
2. Test: Er hat mich traurig gemacht. → ergibt keinen Sinn, gute Voraussetzungen für Kooperation

Aussage: Ich fühle mich ausgenutzt.
1. Test: Darauf reagiere ich ausgenutzt. → ergibt Sinn, gute Voraussetzung für Kooperation
2. Test: Er hat mich ausgenutzt. → ergibt Sinn, daher keine gute Voraussetzung für Kooperation

Wichtig ist an dieser Stelle, dass die meisten Menschen gelernt haben, dass sie für die Gefühle anderer verantwortlich sind und umgekehrt. „Er macht mich wütend“ schiebt die Verantwortung für die eigenen Gefühle zum Gegenüber. Eine Grundvoraussetzung für gelungene gewaltfreie Kommunikation ist die Übernahme der

Verantwortung für die eigene Gefühlswelt. Niemand außer uns selbst ist für die eigenen Gefühle verantwortlich. Wir haben immer die Wahl zu entscheiden, wie wir auf das Verhalten von anderen reagieren.

3. **Bedürfnisse klären:** Der dritte Schritt in der Gewaltfreien Kommunikation ist das Erklären von Bedürfnissen. Es ist wichtig, dass unser Gesprächspartner versteht, warum wir unser Anliegen an ihn herantragen. Denn nur, wenn er versteht, warum uns das wichtig ist, also unsere Beweggründe kennt, wird er auch bereit sein, sein Verhalten zu überdenken. Auch hier müssen wir sehr vorsichtig mit unserer Sprache umgehen. Denn es ist wichtig, das Bedürfnis von der Bedürfnisbefriedigung abzugrenzen.
   Viele Bedürfnisse werden zu eng formuliert und machen dadurch den Lösungsraum unnötig klein. Ist das Verlangen nach Kaffee wirklich unser Bedürfnis? Oder steckt vielleicht etwas anderes dahinter, wie zum Beispiel das Bedürfnis nach etwas warmen, nach einer kurzen Pause, nach Erholung, nach einem Gespräch an der Kaffeemaschine? Wenn unser Gegenüber das eigentliche Bedürfnis verstanden hat, dann ergeben sich auch unterschiedliche Wege, dieses Bedürfnis zu erfüllen. Selbst wenn eine Strategie, das Ergebnis zu erfüllen, abgelehnt wird, kann immer noch eine andere gemeinsam verfolgt werden.
4. **Bitte formulieren:** Der letzte Schritt im Vierklang ist das Formulieren einer konkreten Bitte. Diese sollte auf jeden Fall positiv formuliert werden und auch umsetzbar sein. Wichtig ist, dass sie zum einen konkretes Verhalten, zum anderen keine Vergleiche enthält, da diese sehr unterschiedlich interpretiert werden können. Hierbei ist wieder wichtig, dass es eine echte Bitte ist und keine Forderung. Das setzt Entscheidungsfreiheit voraus. Auch wenn wir eine Bitte formuliert haben, sollte es unserem Gesprächspartner freistehen, selbst zu entscheiden, ob er der Bitte Folge leistet oder nicht.
   Die Gewaltfreie Kommunikation ist weniger eine Technik, die man lernt und dann anwendet, als eine **Haltung**. Es geht darum zu lernen, zu beobachten, ohne dabei gleich zu bewerten oder zu urteilen. Zwar gibt es vier aufeinanderfolgende Schritte, die man als Leitfaden nutzen kann, allerdings gestaltet sich eine Kommunikation sehr zäh, wenn man diese wie ein Computerprogramm abhandelt. Besser ist es, die dahintersteckenden Prinzipien zu verinnerlichen. Das erfordert eine Menge Übung und viel Aufmerksamkeit, ist die Arbeit aber sicherlich wert.

➤ Tipps für VUCA-Helden

Feedback ist in einer volatilen, unsicheren, komplexen und mehrdeutigen Welt nur durch eines zu ersetzen: mehr Feedback. Ob wir eine gute Entscheidung getroffen haben, können wir nur im Nachhinein beurteilen. Daher ist es hilfreich, die Auswirkungen einer Entscheidung möglichst klein zu halten und sehr schnell Feedback zu bekommen. Das ist im agilen Arbeiten ein Kernbestandteil.

Aber auch was uns persönlich betrifft, ist Feedback sehr wichtig. „Es gibt kein Scheitern, es gibt nur Feedback“ ist ein wichtiger Glaubenssatz aus dem Neurolinguistischen Programmieren. Es gibt immer blinde Flecken, die wir selbst nicht an uns wahrnehmen können, andere aber schon. Ebenso ist es umgekehrt. Wir sollten auch nicht geizig mit Feedback umgehen.
Viele Menschen kennen Feedback nur von Jahresgesprächen oder wenn sie irgendetwas falsch gemacht haben. Die Feedbackkultur in Unternehmen ist oftmals eher an Defiziten und Fehlern ausgerichtet. Das hat seine Spuren hinterlassen. Im klassisch ausgerichteten, tayloristischen Unternehmen brauchte man nicht viel Feedback. Im agilen Umfeld ist es unumgänglich.

1. **Machen Sie sich Ihre blinden Flecken bewusst.**

Suchen Sie aktiv nach Feedback. Sehen Sie Feedback nicht als etwas Negatives an, sondern als ein Hilfsmittel, das Ihnen weiterhilft zu wachsen und sich selbst kennenzulernen. Verkleinern Sie Ihre blinden Flecken. Das erreichen Sie durch Feedback Ihrer Mitmenschen. Machen Sie sich bewusst, dass Sie durch Ihr eigenes Feedback auch anderen eine Möglichkeit bieten, selbst als Mensch zu wachsen.

- Wie stehen Sie zu Feedback? Ist es eine Bedrohung für Sie oder stehen Sie diesem positiv gegenüber?
- Wen können Sie nach Feedback fragen? Fragen Sie immer die gleichen Personen oder auch Menschen, die Sie vielleicht kritisch sehen?
- Geben Sie oft und gerne selbst Feedback?

2. **Feedback ist ein Angebot und Geschenk.**

Wenn Sie Feedback erhalten, dann sollte es als Angebot und Geschenk gesehen werden. Und wie mit allen Angeboten und Geschenken, sollten Sie dieses auch ablehnen dürfen. Es kann Zeiten geben, in denen Sie Feedback gerade nicht gebrauchen können. Trauen Sie sich auch, dies offen zu äußern und das Angebot auf später zu verschieben oder ganz abzulehnen. Wenn Sie selbst Feedback geben möchten, dann sollten Sie dies ebenfalls als Angebot formulieren und auch damit rechnen, dass Ihr Gesprächspartner das Angebot ausschlägt.

- Wie gehen Sie damit um, wenn Ihr Gesprächspartner Ihr Angebot, ihm Feedback zu geben, ablehnt?
- Welche Möglichkeiten außer Feedback können Sie nutzen, wenn Ihnen ein Punkt so wichtig ist, dass Sie mit einer Ablehnung des Feedbackangebots nicht glücklich wären?

3. **Werden Sie routiniert im Feedback geben.**

Es gibt einige Feedbacktechniken, die in wenigen Schritten vermitteln wollen, wie gutes Feedback zu geben ist. Diese bieten einen roten Faden, an dem man sich orientieren kann, um Feedback zu geben. Ehrliches Feedback sollte aber immer aus einer Haltung gegeben werden. Ein wohlwollendes und ehrliches Feedback kommt immer besser beim Empfänger an als ein methodisch perfekt formuliertes Feedback, das kalt und instrumentell ist. Es lohnt sich daher sicherlich, sich eine Methode genauer anzusehen und damit zu experimentieren und zu üben (in Rollenspielen oder Trainings). Im Gespräch selbst sollte aber der Mensch im Mittelpunkt stehen und nicht die Methode.

- Wie ist Ihre Haltung zum Empfänger?
- Haben Sie Möglichkeiten, Ihre Art, Feedback zu geben, zu üben und selbst Feedback dazu zu bekommen?
- Wie können Sie Ihre Unsicherheit beim Feedbackgeben reduzieren?

4. **Setzen Sie sich mit Kommunikation auseinander.**

Jede Nachricht, die wir senden, hat vier Seiten. Diese werden immer gesendet. Nur weil ich der Meinung bin, etwas gesagt zu haben, heißt das nicht, dass mein Gegenüber das auch auf der gleichen Ebene verstanden hat. Und allzu oft kommt es genau deshalb zu Missverständnissen oder sogar Feindseligkeiten. Dies können wir nicht ganz verhindern, aber zumindest durch ein Verständnis die Wahrscheinlichkeit für Fehlkommunikation verringern.

- Welche Seite der Botschaft ist für Sie wichtig? Haben Sie dem Empfänger verdeutlicht, was Sie meinen und was Sie genau nicht meinen?
- Besteht die Möglichkeit, dass Sie eine Seite der Botschaft überbewerten, die der Sender vielleicht gar nicht gemeint hat?

5. **Werden Sie sich Ihres inneren Zustands in der Kommunikation bewusst.**

Kommunikation sagt auch immer viel über uns selbst aus. Die gewaltfreie Kommunikation bietet uns eine Haltung, die Widerstände in der Kommunikation und zwischen Menschen reduziert. Dafür ist es aber wichtig, dass wir selbst uns darüber bewusst sind, in welchem emotionalen Zustand wir uns gerade befinden. Zudem müssen wir bereit sein, andere nicht nach ihrem Verhalten zu beurteilen und zu bewerten, sondern sie unvoreingenommen und auf Augenhöhe zu betrachten.

- Sind Sie sich Ihrer Emotionen bewusst? Können Sie sie benennen?
- Akzeptieren Sie, dass niemand außer Ihnen selbst für Ihren emotionalen Zustand verantwortlich ist?
- Würden Sie auf die gleiche Weise auch mit einem Menschen kommunizieren, den Sie als unerreichbares moralisches Vorbild ansehen?

Coaching

Coaching kann ein wichtiger Baustein bei der Gestaltung von Veränderung, bei der Unterstützung von Entwicklung, beim Einführen von neuen Methoden, bei Problemen und Krisen und auch bei der Lösung von Konflikten sein. In unserer unvorhersehbaren und komplexen VUCA-Welt kann Coaching helfen, sich nicht in der Komplexität und Unsicherheit zu verlieren. Für mich stellt es das vielleicht mächtigste Werkzeug dar, das wir in der VUCA-Welt zur Verfügung haben. Daher möchte ich zeigen, was ich unter Coaching verstehe und wie es Ihnen als VUCA-Held in Ihrer Umwelt helfen kann.

Was ist Coaching?

Bevor wir tiefer in das Thema einsteigen, sollten wir ein gemeinsames Verständnis von Coaching entwickeln. Coaching ist eine Form der **Beratungsarbeit**. Zur Beratungsarbeit gehören aber auch andere Formen, wie zum Beispiel Training, Therapie, klassische Beratung, Prozessberatung und Mentoring, die andere Ansätze als Coaching verfolgen. Wenn Sie sich vollkommen verwirren möchten, suchen Sie einfach einmal im Internet nach Definitionen von Coaching. Sie werden sehen, dass es zwar wiederkehrende Muster gibt, aber insgesamt sehr viele unterschiedliche Definitionen zu finden sind.

Wenn Sie eine Definition von Coaching für sich gefunden haben, kommt dazu noch die Erwartungshaltung des Coachees. Denn auch dieser bringt seine ganz eigene Vorstellung davon mit, was Coaching ist. Vielleicht hat der Coachee schon Vorerfahrungen und schon einmal ein Coaching erlebt. Dass das vielleicht viel stärker in die Richtung Beratung ging, ist ihm vielleicht gar nicht bewusst. Wenn er nun mit einem Coach zusammenarbeitet, der nach einem anderen Verständnis agiert, dann kann dies eine Quelle der Frustration sein.

Meine persönliche Definition von Coaching ist daher eine sehr individuelle, die zwischen Coach und Coachee ausgehandelt und geteilt wird. Dabei sollte derjenige, der ein Anliegen hat, uneingeschränkt im Mittelpunkt stehen.

Definition | Coaching ist für mich nicht auf eine bestimmte Methode oder eine Technik beschränkt, sondern stellt eine Grundhaltung dar, bei der der Mensch im Mittelpunkt steht.

Bekannte Coaching-Schulen

Damit Sie einen kleinen Einblick in unterschiedliche Coaching-Ausrichtungen bekommen, möchte ich an dieser Stelle ein paar der populärsten Coaching Ansätze in aller Kürze vorstellen. Dazu gehören das Systemische Coaching, Co-Active Coaching und Hypno-Coaching, beziehungsweise NLP Coaching.

Systemisches Coaching stellt eine Prozessberatung dar, bei der der Coachee eigenständig Klarheit gewinnen und Lösungen finden soll. Der Coach hilft dabei, durch Fragen und andere Perspektiven, den Coachee dabei zu begleiten und zu unterstützen. Die systemische Perspektive geht von der Grundannahme aus, dass jeder Mensch ständig in einer Wechselwirkung zu seinem Umfeld steht. Er wird von anderen Menschen und deren Verhalten beeinflusst und er selbst beeinflusst durch sein Verhalten wiederum zurück. So ergibt sich ein zusammenhängendes System, bei dem man nicht einfach einen einzelnen Teil isoliert vom Rest des Systems betrachten kann. Systemisches Coaching behält daher immer das ganze System und die Wechselwirkungen darin im Auge.

Das heißt, dass im Coaching nicht nur exklusiv der Coachee im Mittelpunkt steht, sondern dass auch Fragen nach anderen beteiligten Personen gestellt werden. Der Coachee kann unterschiedliche Perspektiven einnehmen, um zu verstehen, wie die Dinge systemisch verknüpft sind. Es wird auf die dem System innewohnenden Strukturen und Wertesysteme geschaut, die alle Bestandteile des Systems beeinflussen.

Die **Grundannahme des sozialen Konstruktivismus** spielt ebenfalls eine zentrale Rolle in den systemischen Ansätzen. Diese geht davon aus, dass Menschen sich ihre Wirklichkeit selbst schaffen. Gewisse Ereignisse können so zum Auslöser dafür werden, sich zu Traditionen entwickeln und dann von Generation zu Generation weitergegeben zu werden. So entstehen soziale Werte und Regeln, Traditionen, Maßstäbe und Kulturen. Gleiches gilt für das Weltbild jedes Einzelnen. Erfahrungen und sprachliche Repräsentationen lassen ein Abbild der Welt in jedem Individuum entstehen. Soziale Konstrukte sind sicherlich Teil davon, aber darüber hinaus bildet jeder von uns sein eigenes mentales Modell der Welt. Dieses Modell ist eine Landkarte, aber nicht das Gebiet. Unterschiedliche Menschen werden auch unterschiedliche Landkarten zeichnen.

Im Coaching können uns Aussagen begegnen, die überhaupt nicht zu unserem eigenen Weltbild passen. Vielleicht findet der Coachee es unglaublich schwer, eine Überzeugung zu verändern, während das für den Coach als Kleinigkeit erscheint. Aber jedes Weltbild ist auch nur eine Landkarte. Wir dürfen nicht den Fehler machen anzunehmen, dass unsere eigene Landkarte die einzig richtige ist. Für den Coachee, der seine Überzeugung als sehr schwer veränderbar sieht, ist das die Realität, die wir anerkennen müssen.

Im Prinzip sind die meisten Coaching Ansätze dem systemischen Ansatz zuzuschreiben. Denn einen systemischen Blick und konstruktivistisches Denken berücksichtigt so ziemlich jede Coaching Ausbildung. Sie werden in den nachfolgenden Coaching Ansätzen diese systemische Perspektive wiedererkennen.

Als weiteren Ansatz möchte ich an dieser Stelle das **Co-Active Coaching** (Kimsey-House u. a. 2011) in aller Kürze vorstellen. Co-Active Coaching ist mehr eine Coaching-Haltung als eine bestimmte Methodik. Im Fokus steht hierbei die partnerschaftliche Beziehung zwischen Coach und Coachee. Man begegnet sich auf Augenhöhe und bildet eine gemeinsame Allianz, um die Ziele des Coachees zu erreichen.

Im Zentrum der Aufmerksamkeit steht auch hier der Coachee und seine Konstruktion der Wirklichkeit. Dabei rücken besonders drei grundlegende Prinzipien in den Vordergrund, die das Leben des Coachees bestimmen: Erfüllung, Balance und Entwicklung.

Erfüllung beschreibt dabei, was der Coachee als erfülltes Leben definiert. Welche Werte hält der Coachee für wichtig, was möchte er erreichen? Dies können materielle sowie immaterielle Wünsche und Ziele sein. Der Co-Active Coach sollte hier helfen, das volle Potenzial des Coachees zu ergründen.

Gerade in der VUCA-Welt ist es für Menschen wichtig, eine Balance herzustellen, zwischen Aktivität und Ruhe, Anspannung und Entspannung, Einsamkeit und Geselligkeit. Die Welt ist so fordernd, dass ein dauerhafter Zustand der **Balance** kaum erreichbar ist. Daher gilt der Fokus hier auch nicht dem Herstellen und Verteidigen eines Zustands der Balance, sondern der Fähigkeit, sein Leben auszubalancieren und auf die Dynamik zu reagieren. Es ist nicht schlimm, wenn man einmal aus der Balance gerät, solange man weiß, wie man diese wiederherstellen kann. Viele Menschen haben dies verlernt und können durch die richtigen Fragen und Interventionen wieder zu ihrer eigenen Mitte finden.

Durch den Fokus auf ein gesetztes Ziel, kann schon einmal die Schönheit des Weges in Vergessenheit geraten. Aber oftmals ist der Weg das Ziel und eine **Entwicklung**, die den Horizont erweitert und neue Erkenntnisse zulässt viel gewinnbringender als das Erreichen eines gesteckten Ziels.

Gemeinsam stellen Coach und Coachee eine Verbindung her, die auf Augenhöhe ist und die dem Coachee hilft, seine Ziele zu erreichen. Dabei arbeiten beide eng zusammen, wobei der Coachee lernt, dass er selbst die Verantwortung für die Veränderungen und die Zielerreichung trägt. Der Coach bringt fünf Kontexte mit in die Coaching-Beziehung, die in Abbildung 50 als Stern dargestellt sind. Diese sind Zuhören, Intuition, Fortschritt, Selbstführung und Neugier.

Zuhören ist eine Kunst, die viele Menschen verlernt haben. Im Coaching ist sie eine der wichtigsten Kompetenzen überhaupt. Dabei spielt sowohl das wertschätzende Zuhören als auch das Hören der nicht ausgesprochenen Dinge eine große Rolle. Der Coach achtet auf die kleinen Dinge, die tieferliegenden Überzeugungen, Glaubenssätze und Werte und macht sie transparent für den Coachee.

Der Coach ist aufgefordert, seiner **Intuition** zu vertrauen. Auch diese Eigenschaft haben viele Menschen verlernt. Sie verlassen sich zu sehr auf die rationalen Aspekte und vergessen die kleinen Signale, die ihre Intuition ihnen sendet. Erfahrene Coaches können sich oft sehr gut auf ihre Intuition verlassen. Es ist etwas, das man üben kann und das mit der Zeit immer bewusster und wertvoller werden kann.

Im Coaching geht es sowohl darum, aktiv zu werden, als auch neue Dinge (über sich) zu lernen. Beides zusammen führt zu Veränderung und **Fortschritt.** Oftmals wird die Zielerreichung über alles andere gestellt. Aber im Coaching ist es genauso wichtig, zu lernen und die Handlungsmöglichkeiten zu erweitern. Deshalb steht an dieser Stelle Fortschritt und nicht einfach Zielerreichung. Der Coach kann den Coachee dabei unterstützen, einen Double-Loop Lernprozess zu etablieren, der nicht nur das Problem löst, sondern auch die eigenen Fähigkeiten entwickelt.

Selbstmanagement ist eine weitere sehr wichtige Fähigkeit, die der Coach in die Beziehung mit einbringen muss. Denn im Coaching geht es einzig und allein darum, den Coachee in den Mittelpunkt zu stellen. Der Coach muss in der Lage sein, sein eigenes Ego diesem Ziel unterzuordnen. Es geht nicht darum, als strahlender Held den Coachee zu retten. Dafür muss sich der Coach seiner eigenen Gefühle und Tendenzen bewusst sein und diese im Griff haben.

Neugier ist hier auch sehr positiv besetzt. Durch starke Fragen kann der Coach zusammen mit dem Coachee Lebensbereiche und Einstellungen erkunden und Dinge zu Tage fördern, die selbst dem Coachee unbekannt waren. Der Coach ist kein Inquisitor, sondern ein Unterstützer, der den Coachee auf der Entdeckungsreise durch Fragen leitet.

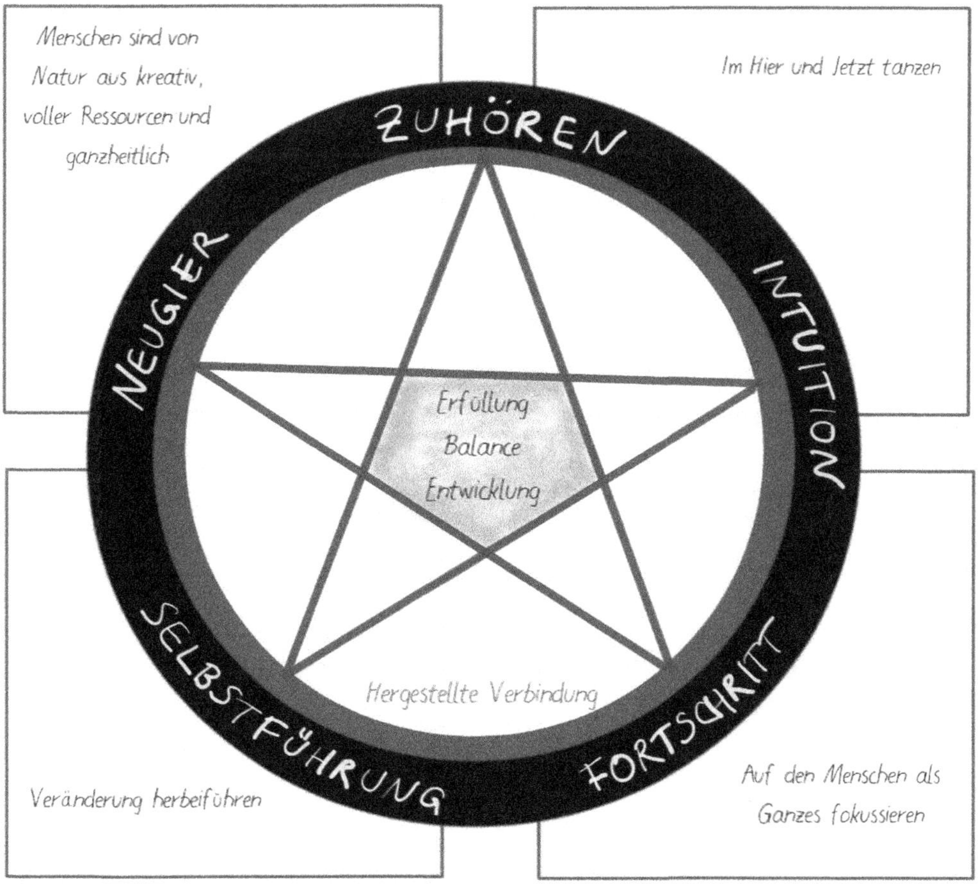

Abb. 50: Das Co-Active-Coaching-Modell (eigene Darstellung nach Kimsey-House u. a. 2011)

Eingefasst sind Coach und Coachee und ihre Coaching-Beziehung mit vier Eckpfeilern.

1. **Menschen sind von Natur aus kreativ, voller Ressourcen und ganzheitlich:** Dies ist eine Grundhaltung, die sich in nahezu jedem Coaching-Ansatz widerspiegelt. Alle Menschen bringen alles mit, was sie brauchen, um ihre eigenen Probleme zu lösen. Sie besitzen die nötigen Ressourcen, die geforderte Kreativität und können nur als vollständige, ganzheitliche Person und nicht auf einen bestimmten Aspekt reduziert verstanden werden. Vielleicht können die Personen noch nicht auf bestimmte Ressourcen zugreifen, aber die Grundannahme im Co-Active Coaching besteht darin, dass sie diese Ressourcen für sich entdecken und dann auch nutzen können.
2. **Auf den Menschen als Ganzes konzentrieren:** Hier kommt der systemische Gedanke ins Spiel. Für den Coachee ist es wichtig, sich seiner eigenen Rolle bewusst zu werden und seine Gefühle dabei nicht zu vergessen. Aber nicht nur der Coachee, der das Problem mitbringt, sondern auch seine Lebensumstände, seine Beziehungen, die Strukturen, in denen er sich bewegt und verschiedene Wertesysteme, die sein Leben betreffen, sollten hier mit in den Coaching-Prozess einbezogen werden.
3. **Im Hier und Jetzt tanzen:** In einem Gespräch passiert so viel mehr als der Austausch von Informationen durch Worte. Hier entstehen Gefühle, Energien und eine eigene Stimmung. Oftmals kommt es gar nicht so sehr darauf an, was gesagt wird, sondern wie etwas gesagt wird. Das alles kann sehr spontan geschehen, daher ist es für den Coach besonders wichtig, sehr aufmerksam im Hier und Jetzt zu sein und diese kleinen Veränderungen wahrzunehmen. Es ist kaum möglich ein vorher gefertigtes Skript zu erstellen, anhand dessen man sich dann durch ein Gespräch bewegen kann. Viel wichtiger ist es, die kleinen Anzeichen wahrzunehmen und dann entsprechend darauf zu reagieren. Veränderung willkommen heißen ist auch hier wichtiger als einem vorher gefertigten Plan zu folgen.
4. **Veränderung herbeiführen:** Die meisten Coachees kommen mit einem sehr konkreten Problem ins Coaching. Während der tiefen Gespräche wird dann meistens schnell klar, dass das Problem nur ein Symptom ist und das Problem viel tiefer liegt. Im Coaching hilft der Coach, den Coachee in die Lage zu versetzen, mehr Handlungsmöglichkeiten zu entwickeln. Das erfordert oftmals eine neue Art von Denken. Hier geht es dann um echte Entwicklung und Veränderung, nicht nur um das Lösen eines konkreten Problems.

NLP-Coach/Hypno-Coach

Das Neuro-Linguistische Programmieren (NLP) ist eine Sammlung von Techniken und Methoden, die mit einer bestimmten Haltung Einsatz in der Kommunikation finden. Die Gründungsväter des NLP sind Richard Bandler und John Grinder, die in den 1970er Jahren anfingen, herausragende Therapeuten, Berater und Coaches ihrer Zeit zu beobachten (Bandler/Grinder 1975). Zu diesen herausragenden Kommunikatoren gehörten Milton Erickson, ein hochtalentierter Hypnosetherapeut, Virginia Satir, eine sehr erfolgreiche Familientherapeutin, die Sie schon kennengelernt haben, als wir über das Satir-Modell gesprochen haben und Fritz Perls, seines Zeichens Gestalttherapeut.

Bandler und Grinder extrahierten Muster aus den beobachteten Gesprächen und begannen, diese in erlernbare Modelle zu überführen. Dabei konzentrierten sie sich auf Aspekte wie Kommunikation, Umgang mit Sprache, Rapport, Wahrnehmung und Ressourcen. Den Namen hat NLP der Analogie zu verdanken, die ausdrücken soll, dass Vorgänge im Gehirn (Neurologie) durch die Verwendung von Sprache (Linguistik) veränderbar und beeinflussbar sind (Programmierung). Richard Bandler formulierte acht Grundannahmen des NLP[10]:

1. Die Fähigkeit den Prozess zu verändern, mit dem wir die Realität wahrnehmen, ist oft wertvoller, als den Inhalt unserer Erfahrung der Realität zu verändern.
2. Die Bedeutung Deiner Kommunikation liegt in der Reaktion, die Du erhältst.
3. Alle Unterscheidungen, die Menschen in Bezug auf unsere Umwelt und unser Verhalten machen können, sind brauchbar durch die visuellen, auditiven, kinästhetischen, olfaktorischen und gustatorischen Sinne darstellbar.
4. Die Mittel, die ein Individuum benötigt, um angestrebte Veränderungen zu erreichen, sind bereits im Individuum vorhanden.
5. Die Landkarte ist nicht die Landschaft.
6. Der positive Wert des Individuums bleibt konstant, während der Wert und die Angemessenheit des Inneren und/oder äußeren Verhaltens bezweifelt wird.
7. Es gibt eine positive Absicht hinter jedem Verhalten und einen Kontext, in dem jedes Verhalten nützlich ist.
8. Feedback versus Versagen – Alle Resultate und Verhaltensweisen sind etwas Erreichtes, unabhängig davon, ob sie gewünschte Ergebnisse in Bezug auf eine Aufgabe/Sache sind oder nicht.

Auch hier erkennen wir wieder deutlich den systemischen und den konstruktivistischen Ansatz wieder. Besonders die individuelle Konstruktion der Wirklichkeit wird hier betont. Durch entsprechende Methoden setzt NLP genau hier an, um durch sprachliche Interventionen die Realität (die eigene oder die des Gesprächspartners) zu verändern. Dabei stellt das Reframing eine sehr häufig verwendete Technik dar. Dem Bereich des NLP lässt sich auch das Coaching mit Hypnosetechniken zuordnen.

Coaching und Therapie

Bevor wir uns eingehender mit der Praxis beschäftigen, lassen Sie uns auf die **Abgrenzung von Coaching und Therapie** schauen.

Therapieren darf nur, wer eine Heilerlaubnis besitzt. Das sind in der Regel Ärzte und Heilpraktiker. Diese sollten die entsprechenden Kenntnisse und Fähigkeiten haben,

---

10 https://nlpportal.org/nlpedia/wiki/Grundannahmen_des_NLP, 13.4.2021.

therapeutisch zu arbeiten. Jedoch sind die Grenzen fließend. Es ist nicht immer leicht zu entscheiden, ob der Coachee nur unter großem beruflichem Stress steht, der im Coaching behandelt werden kann, oder ob er an einer depressiven Erkrankung leidet. Die beschriebenen Symptome können sehr ähnlich sein.

Die nahe Verwandtschaft zwischen Coaching und Therapie erkennt man auch, wenn man die verwendeten Methoden und Werkzeuge betrachtet. Sehr viele oft verwendete Coaching-Werkzeuge haben ihren Ursprung in der therapeutischen Praxis.

An dieser Stelle kann und möchte ich nicht tiefer in dieses Thema einsteigen. Zum einen, weil ich selbst keinen medizinischen und therapeutischen Hintergrund habe und das Thema sicher nicht in der erforderlichen Tiefe behandeln kann. Zum anderen, weil es den Rahmen dieses Buches bei weitem sprengen würde.

In den folgenden Abschnitten werden wir einige **praktische Coachingtools** betrachten und vielleicht haben Sie auch Spaß daran, diese in der Praxis auszuprobieren und einzusetzen. Da spricht sicher nichts dagegen. Wenn Sie allerdings Coaching dauerhaft einsetzen möchten, dann würde ich Ihnen empfehlen, eine entsprechende Aus- oder Weiterbildung zu besuchen. Coaching lernt man nicht durch das Lesen von Büchern, sondern durch die Praxis und das Feedback (Supervision) erfahrener Anwender. Zudem vermitteln gute Ausbildungen auch die Grenzen von Coaching und Therapie. Sollten Sie dann als Coach tätig werden, beschäftigen Sie sich mit den Warnsignalen für häufige psychische Erkrankungen, so dass sie ein Grundgefühl dafür haben, wann Sie einem Coachee lieber raten sollten, professionelle therapeutische Hilfe in Anspruch zu nehmen. Wenn Sie sich unsicher sind, teilen Sie ihrem Coachee das ganz offen mit und legen ihm nahe, sich an einen Experten zu wenden.

Coaching als Erfolgsfaktor in der VUCA-Welt

Agiles Coaching

Mit dem Aufkommen von agilen Vorgehensweisen und den Transformationsprozessen in vielen Bereichen, stieg in den letzten Jahren auch die Nachfrage von Unternehmen nach qualifizierter Unterstützung. Eine Reihe von neuen Jobbeschreibungen und Berufen ist daraus entstanden, darunter Kanban Coaches, Scrum Master und Agile Coaches.

An dieser Stelle möchte ich Ihnen die Rolle des Agile Coaches etwas näherbringen, die eine entscheidende Rolle in der VUCA-Welt spielen kann. Wie auch bei der Definition von Coaching gibt es für die speziellere Ausprägung des agilen Coachings viele unterschiedliche Interpretationen, die unterschiedliche Fokuspunkte setzen.

Definition | Agiles Coaching nach Lyssa Adkins (Adkins 2010, 7, eigene Übersetzung)
„[...] wir können uns Agilität als Kulisse vorstellen – eine Sammlung von Werten, Praktiken, Prinzipien und Rollen, die wir hochhalten, wenn wir Menschen coachen, um Agilität sinnvoll zu nutzen. Um dies zu tun, bringen wir unsere Fähigkeiten von vielen verwandten Disziplinen ein, die es uns erlauben, völlig in die Rolle als ihr agiler Coach einzutauchen. Wir werden ihr Facilitator, ihr Lehrer, Coach und Mentor, Konfliktmediator, Kollaborationsförderer und Problemlöser. Wir geben ihnen andere Dinge, die wir gelernt haben, die helfen, die herausfordernden, mächtigen, subtilen und tiefen Aspekte der Agilität zu meistern. [...] Agiles Coaching ist mehr wer du bist und welche Verhaltensweisen du zeigst, statt einer spezifischen Technik oder Idee, die du den Teams bringst. Um eine sehr grobe Nummer in den Raum zu werfen würde ich sagen, dass Agiles Coaching 40 % *Machen* und 60 % *Sein* ausmacht."

Lyssa Adkins unterscheidet nicht weiter zwischen Scrum Mastern und einer anders gearteten Rolle Agile Coach. Für sie ist es ein und dasselbe.

Diese Ansicht teilen viele Unternehmen und schreiben dementsprechend ihre Stellen aus. Ich stehe dieser verallgemeinernden Bezeichnung etwas skeptisch gegenüber. Im Prinzip haben Scrum Master und Agile Coaches sehr verwandte Aufgabenbereiche. Beide coachen Individuen (Teammitglieder), Teams (Scrum Teams) und wirken auch in die Organisation hinein. Allerdings sind die Scrum Master Teil des Scrum Teams und damit Teil des Systems. Sie haben einen klaren Auftrag und sind für bestimmte Ergebnisse (z. B. Einhaltung bestimmter Rahmenwerke, Teamentwicklung) verantwortlich. Dadurch wird es für sie schwieriger, eine neutrale Position einzunehmen. Judith Andresen definiert Agile Coaching hingegen wie folgt (Andresen 2018):

Definition | Agile Coaching nach Judith Andresen (Andresen 2018, 16)
„Agile Coaches unterstützen Teams, Organisationen und Individuen in ihrer Veränderung im Sinne des agilen Manifests. Sie nutzen dafür Coaching, Training und Sekundärberatung. Unabhängig von der Unterstützungsform wie Coaching, Training und Sekundärberatung sorgen sie dafür, dass die Entscheidung und Verantwortung für den nächsten Schritt der jeweiligen Veränderung bei den Coachees bleibt."

Hier zeigt sich eine etwas andere Ausrichtung des Agile Coaches. Besonders in klassischen Unternehmen, die eine Transformation starten möchten, ist oftmals die Erwartungshaltung, dass Agile Coaches „den richtigen Weg" erklären sollen, auf dem die Transformation gelingt. Dahinter steckt die Annahme, man könne die Transformation wie ein klassisches Projekt planen und durchführen. Eine Transformation stellt allerdings eine komplexe Herausforderung dar. Hier bieten sich kleine Schritte und regelmäßiges Feedback mit entsprechenden Kursanpassungen an. Coaching kann hier durch entsprechende Reflexionsfragen und Interventionen Perspektiven eröffnen und neue Handlungsräume aufzeigen. Allerdings weist Andresen explizit darauf hin, dass die Verantwortung für die Umsetzung und das Ergebnis bei den jeweiligen Coachees verbleibt.

Allerdings sind Agile Coaches nicht als reine Coaches unterwegs. Wie Andresen schreibt, sind ihre Interventionen immer darauf ausgelegt, den Coachee bei der Veränderung im Sinne des Agilen Manifests zu unterstützen. Und genau hier stößt (reines) Coaching schnell an Grenzen. Zum Beispiel, wenn den Coachees Hintergrundwissen fehlt. Dann verlässt der Agile Coach seine Coaching-Haltung und nimmt die Rolle eines Trainers oder Sekundärberaters ein.

Diese Flexibilität erfordert es, dass der Agile Coach nicht Teil des Systems ist. Dies erfordert **Dissoziation** und **Distanz**. Nur dann ist der Agile Coach auch in der Lage, seine Coaching-Haltung zu wahren. Selbst wenn er ein Training leitet oder eine Sekundärberatung gibt, sollte er immer darauf achten, dass er die nötige Distanz wahrt. Die Verantwortung für die Veränderung und die gewählten Lösungen muss immer bei den Coachees bleiben. Diese Denkweise fällt vielen Unternehmen noch sehr schwer, denn sie sind es gewohnt, dass sie sich Experten von außen „einkaufen", die dann die richtigen Lösungen vorgeben. Dadurch wird die Verantwortung an diese abgegeben.

Eine weitere Schwierigkeit entsteht, wenn der Agile Coach Teil der Organisation ist, die er coachen soll. Meine Reise als agiler Coach begann in einem solchen Setting und den Hauptteil meiner Arbeit bestreite ich auch heute noch als interner Agile Coach in einem Unternehmen. Ich habe sehr lange mit mir gerungen und sehr viele Gespräche und Supervisionen gebraucht, um mich entsprechend zu distanzieren und dissoziieren. So richtig gelungen ist mir dies aber erst, als ich Aufträge als freiberuflicher Agile Coach angenommen habe, die mir neue Perspektiven eröffnet haben. Aber auch noch heute bemerke ich sehr häufig, wie ich in Gesprächen „wir" sage statt „ihr", was ein Signal für Assoziation ist. Wann immer ich dies bemerke, korrigiere ich mich selbst, um damit die Distanz zu wahren.

Lassen Sie uns noch einmal kurz zurückkommen auf den Scrum Master. Wie schon erwähnt gibt es eine Reihe von Unternehmen, die nicht zwischen den Rollen Agile Coach und Scrum Master unterscheiden. Die Aufgabe des Agile Coach, die Organisation zu coachen und bei der Weiterentwicklung zu unterstützen, übernehmen hier die Scrum Master. Laut Scrumguide ist dies auch eine Aufgabe, die dieser Rolle innewohnt.

Scrum Master sind allerdings **Teil eines Scrum Teams** und damit Teil des Systems. Für die nötige Distanz und Dissoziiertheit zu sorgen ist somit kaum möglich. Zudem sollte der Scrum Master als Fokus die Weiterentwicklung der Teams im Auge haben. Erst wenn hier eine gewisse Reife erreicht ist, wird der Fokus auf die Zusammenarbeit zwischen Teams und dann die gesamte Organisation ausgeweitet. Gerade in einer Transformation, in der die agilen Vorgehensweisen neu eingeführt werden und ein großer Wandel in Gang gesetzt wird, ist es wichtig, auch das Management zu coachen und übergreifende Strukturen anzupassen. In dieser Phase hat der Scrum Master aber meistens alle Hände voll zu tun mit seinem eigenen Team. Da kann die Rolle eines Agile Coach sehr hilfreich sein, der genau diesen Fokus auf die Gesamtorganisation und das große Ganze halten kann.

Der Agile Coach ist damit sehr viel näher am klassischen Coaching als der Scrum Master. Er trägt die Verantwortung für den **Beratungsprozess**, aber keine Ergebnisverantwortung. Der Scrum Master hingegen ist dafür verantwortlich, dass Scrum verstanden und entsprechend umgesetzt wird und dass das Team sich und seine Lieferfähigkeit weiterentwickelt. Dafür greift der Scrum Master auch auf Coaching zurück, allerdings muss er deutlich mehr Hüte mit sich herumtragen (unter anderem Facilitator, Lehrer, Coach, Mentor, Konfliktmediator, Kollaborationsförderer und Problemlöser, wie Lyssa Adkins beschrieben hat).

Wir haben schon gesehen, wie wichtig Führung in der VUCA-Welt ist. Agile Coaches sollten so ausgebildet sein, dass sie auf allen Leveln agieren können, auch auf der Ebene des Managements. Damit unterstützen sie den Veränderungsprozess. Dabei kann die coachende Haltung Türen öffnen.

Sicherlich gibt es viele Unternehmen und Personen, die dies anders definieren. Hier gibt es kein richtig oder falsch, sondern jeder ist aufgefordert, einen Sinn für sich selbst herzustellen. Aus meiner Sicht ergibt es durchaus Sinn, zwischen einer unterstützenden Rolle im System (Scrum Master) und einer unterstützenden Rolle außerhalb des Systems (Agile Coach) zu differenzieren.

Die Führungskraft als Coach

In der VUCA-Welt begegnet uns Coaching nicht nur im Zusammenhang mit neuen Rollen wie die bereits erwähnten Scrum Master oder Agile Coaches, sondern wird zunehmend auch ein Thema für (klassische) Führungskräfte. Im Zusammenhang mit neuer Führung und flachen Hierarchien wird häufig gefordert, dass die Führungskraft sich nicht mehr als Vorgesetzter, sondern als Coach verhalten solle. Anstatt per Anweisung den Geführten Aufgaben vorzuschreiben, solle er sich als Coach darum bemühen, die Mitarbeiter zur Selbstführung und Verantwortungsübernahme zu „coachen".

Und hier scheiden sich die Geister. Auf der einen Seite klingt es doch sehr sinnvoll, wenn Führungskräfte ihren Mitarbeitern dabei helfen, ihr Potenzial zu entfalten. Gute Führungskräfte haben einen flexiblen Führungsstil und ein Teil davon kann eben auch darin bestehen, die Mitarbeiter durch Coaching zu führen.

Dagegen spricht allerdings, dass Führungskräfte sehr schnell in **Rollenkonflikte** geraten können, wenn sie versuchen eine Coaching-Haltung gegenüber den Mitarbeitern einzunehmen. Schließlich haben die Führungskräfte eine Aufgabe von Seiten der Organisation bekommen, die sie mit ihren Mitarbeitern zu erledigen versuchen. Wenn nun der beste Mitarbeiter eines Teams im Coaching entdeckt, dass er eigentlich viel lieber in einem anderen Bereich arbeiten möchte, dann stellt sich die Frage, ob die Führungskraft dies völlig ergebnisoffen in bester Absicht als Coach begleitet. Oder ob nicht vielleicht auch das eigene Interesse hier zum Tragen kommt und manipulativ versucht wird, den Mitarbeiter im eigenen Team zu halten.

Zudem sind Führungskräfte auch heute noch oft dafür verantwortlich, Mitarbeiter formal zu bewerten. In vielen Fällen hängt von dieser **Bewertung** ein finanzieller Bonus oder die Möglichkeit des nächsten Karriereschritts ab. Stellen wir uns nun vor, die Führungskraft ist in der Lage, ein vertrauensvolles Coachingverhältnis mit einem Mitarbeiter zu etablieren. Der Mitarbeiter öffnet sich und im Gespräch werden auch Defizite angesprochen. In der Rolle als Vorgesetzter wird die Führungskraft aber im Sinne des Unternehmens eine Leistungsbewertung vornehmen müssen. Zum einen ist es fraglich, ob der Geführte sich überhaupt so weit öffnen wird im Coaching, zum anderen, ob die Führungskraft diese Informationen in einer Leistungsbeurteilung beiseiteschieben kann oder sollte.

Die meisten Experten sind sich einig, dass reines Coaching in einem **Abhängigkeitsverhältnis** nicht sinnvoll ist. Zudem sind die meisten Führungskräfte keine ausgebildeten Coaches. Ein Coach hat nicht nur Methoden gelernt, sondern auch theoretische Hintergründe und Modelle, auf denen basierend er Hypothesen bilden kann.

Ist die Forderung nach **coachenden Führungskräften** also abzulehnen? Ich denke, man sollte sich an dieser Stelle sehr bewusst sein, dass Coaching in der hier vorgestellten Form in einem Abhängigkeitsverhältnis problematisch ist. Allerdings finde ich es nicht problematisch, wenn Führungskräfte auf gewisse Aspekte und Methoden des Coachings zurückgreifen.

Eine alte Weisheit sagt: „Wer fragt, der führt“. Und genau hier können Führungskräfte von Ansätzen des Coachings profitieren. Sie brauchen keine Probleme aufzuarbeiten, Ressourcen zu entdecken oder systemische Aufstellungen durchzuführen. Aber den Mitarbeiter mit klugen Fragen so zu führen, dass er selbst in der Lage ist Lösungen zu einem Problem zu finden (und besser noch: lernt, sich selbst diese Fragen zu stellen), ist sicher nichts Verwerfliches.

Für reines Coaching hingegen, sollte dies gewünscht sein, sollte auf ausgebildete Coaches zurückgegriffen werden. Diese sollten entweder von extern kommen oder – wenn es interne Coaches gibt – außerhalb der hierarchischen Struktur arbeiten, so dass sie auch eine reine Coaching-Haltung einnehmen können.

Die Coaching-Haltung

Es gibt viele unterschiedliche Ausbildungen und Coaching-Richtungen, die man erlernen kann. Die beste Ausbildung und die tiefsten Methodenkenntnisse sind aber höchstens die Hälfte wert, wenn die dahinterliegende Haltung nicht stimmt.

Haltung hat dabei immer auch etwas mit den eigenen Werten und Prinzipien zu tun. Sie leitet sich aus unserem Weltbild ab. Das spielt auch mit unserer eigenen Entwicklung zusammen. Sehen wir die Welt aus einer Expertensicht? Gibt es für uns nur richtig oder falsch? Hier können wir noch einmal zurückkommen auf das Modell der Ich-Entwicklung.

Thomas Binder vertritt die These, dass ein Coach oder Berater mindestens den gleichen, besser noch einen späteren Denkmodus entwickelt haben sollte als der Klient (Binder/Cook-Greuter 2016, 194). Dies sei nötig, da der Berater, wenn er nur auf einen früheren Denkmodus zugreifen kann, den Klienten möglicherweise gar nicht verstehen und somit auch nicht helfen könne. Zudem schreibt Binder: „Insgesamt betrachtet scheint die Mehrzahl der Kompetenzanforderungen allerdings mindestens eine voll ausgeprägte Eigenbestimmte Stufe (E6), manche auch mindestens eine frühe postkonventionelle Stufe (E7) auf der Skala der Ich-Entwicklung vorauszusetzen." Und weiter schreibt er: „Das heißt, je stärker die Ausprägung der Kompetenzanforderungen ausgelegt wird, umso mehr werden damit Aspekte vorausgesetzt, die erst auf einem postkonventionellen Niveau der Ich-Entwicklung (mit E7 beginnend) für Berater konsistent verfügbar sind."

Nicht nur für die Führung, sondern auch für die Begleitung und Unterstützung durch Coaching scheint also eine Arbeit an der eigenen Entwicklung ein wichtiger Faktor zu sein. Diese Arbeit ist wichtig, da mit zunehmender Entwicklung auch leichter eine positive Coaching-Haltung angenommen werden kann.

Wie eine solche Haltung konkret aussehen könnte, beschreiben Veronika Kotrba und Ralph Miarka (Kotrba/Miarka 2019) in einer lösungsfokussierten Coaching-Haltung durch sechs Grundannahmen:

1. Die Haltung des Nicht-Wissens
2. Geduld und Zuversicht
3. Jeder ist Experte für sich selbst
4. Ressourcenfokus
5. Vertraulichkeit
6. Allparteilichkeit

Lassen Sie uns diese **Grundannahmen einer Coaching-Haltung** etwas genauer unter die Lupe nehmen. Wenn wir mit einem Problem konfrontiert werden, dann ist es eine natürliche Reaktion, auf vorhandene Erfahrungen zurückzugreifen. Vielleicht haben wir eine ähnliche Situation schon einmal erlebt und können die gemachten Erfahrungen nutzen. Dies ist sehr hilfreich für uns, weil es Energie spart und wir nicht jedes Mal nach neuen Lösungen suchen müssen, wenn wir schon eine Lösung kennen.

Wenn wir aber als Coach agieren wollen und jemand anderes mit einem Problem zu uns kommt, dann kann dieser Vorteil sich schnell ins Gegenteil verkehren. Vielleicht kennen wir das Problem, von dem der Coachee berichtet, nur allzu gut und haben auch eine sehr klare Vorstellung davon, wie es gelöst werden könnte. Dem inneren Drang aufzuspringen und „Ich weiß es, ich weiß es" zu rufen zu widerstehen ist oftmals eine Herausforderung, die man als Coach meistern sollte.

Noch herausfordernder wird die Situation, wenn ein Coach sogar ausgewiesener Experte in einem Gebiet ist, und jemand mit einem Problem zu ihm kommt. So geht es zum Beispiel vielen Scrum Mastern oder Agile Coaches, die sich im Bereich der Agilität durch Erfahrung und Wissen auszeichnen. Wenn nun ein Team an diese herantritt und ein Problem schildert, das der Scrum Master schon mehrfach in anderen Teams erlebt hat, dann erfordert es genau diese **Haltung des „Nicht-Wissens“**, um nicht einfach in einen Beratungsmodus überzugehen und das Problem für das Team zu lösen.

Abb. 51: Die sechs Grundannahmen einer Coaching-Haltung: Nehmen Sie eine offene und unvoreingenommene Haltung ein. Seien Sie geduldig und zuversichtlich. Ihr Gegenüber kennt seine Situation besser als Sie. Konzentrieren Sie sich auf vorhandene Handlungsmöglichkeiten. Behandeln Sie die Gesprächsinhalte vertraulich. Ergreifen Sie nicht Partei für eine Seite.

Diese Haltung ermöglicht es erst, dass die Gecoachten selbst an dem Problem wachsen können. Wenn der Coach Vertrauen und Zurückhaltung walten lässt und sein Wissen dazu verwendet, die Fragen so zu stellen, dass die Coachees in geeignete Richtungen denken, dann ist das nachhaltiger als eine direkte Lösung.

Diese Grundhaltung hat noch einen weiteren Vorteil. Denn vielleicht verleitet die Annahme, das Problem schon sehr genau zu kennen dazu, einen wichtigen Aspekt nicht zu sehen, der das Problem doch zu einer ganz neuen Herausforderung macht. Daher ist es wichtig, erst einmal genau zu erfragen, worin das Problem besteht und was für ein Ziel der Coachee erreichen möchte.

Damit kommen wir zur **zweiten Grundhaltung** des Coaches. Man selbst ist nicht für die Lösung des Problems verantwortlich, das der Coachee mitbringt. Der Coachee selbst trägt weiterhin die volle Verantwortung dafür, eine Lösung zu finden[11].

---

11 Dies kann in gewissen Fällen auch zu Problemen führen. Einem Scrum Master oder internen Coach wird eine gewisse Erwartungshaltung entgegengebracht. Im Optimalfall sollte diese keine Ergebnisverantwortung beinhalten, sondern lediglich eine Prozessunterstützung.

Das Hauptwerkzeug eines Coaches sind Fragen. Sind diese einmal an den Coachee gestellt worden, dann lösen sie einen Denkprozess aus. Je nach Qualität der Fragen und der Reflexionsfähigkeit des Coachees können manche Fragen auch sehr tiefe Denkprozesse in Gang setzen. Das führt dazu, dass der Coachee sich erst einmal mit seiner eigenen Gedankenwelt auseinandersetzt und eine Phase des Schweigens einsetzt.

Für den Coach ist es wichtig, diese Stille auszuhalten. Unterbricht er diese Stille mit einer weiteren Frage, so wird der Denkprozess unterbrochen. Man wird schon eine Antwort erhalten, egal wie lange es dauert. Diese Geduld und Zuversicht muss man trainieren und sich bewusstmachen. Eine gängige Praxis vieler Coaches ist es, in Phasen der Stille in Gedanken langsam bis 20 zu zählen. Hat man die 20 dann erreicht, fängt man einfach wieder von vorne an zu zählen.

Auch über Coachingsitzungen hinaus braucht es manchmal Zeit, bis dass sich Gedanken entfalten. Manchmal werden Veränderungen angestoßen, die sich erst Tage, Wochen oder Monate später zeigen.

Eine wichtige Grundannahme im Coaching ist, dass jeder, der ein Problem hat, auch die **entsprechende Lösung** in sich trägt. Und die Lösung, die in dem gleichen Kopf entstanden ist, wie das Problem, wird eine viel größere Wahrscheinlichkeit auf Umsetzung und Erfolg haben als von außen herangetragene Lösungen.

Coaching unterstützt diesen Prozess dadurch, dass die richtigen Fragen gestellt werden. Dadurch kann das Denken weg vom Problem und hin zu der Lösung gelenkt werden. Wenn Menschen mit einem Problem konfrontiert sind, dann haften die Gedanken oftmals sehr stark daran. Daher ist Coaching so wirksam, weil es unterstützen kann, die Gedanken so zu lenken, dass der Coachee selbst die Lösung entwickeln kann.

Wir sollten uns auf das konzentrieren, was funktioniert. Positive Aspekte gibt es immer und ohne Ausnahme. Jeder hat gewisse Stärken und Fähigkeiten, selbst wenn es in manchen Situationen oder Phasen schwerfällt, diese zu sehen. Durch die Fokussierung auf die Fähigkeiten und das Lenken der Gedanken auf die damit verbundenen Möglichkeiten wird den Coachees gezeigt, dass sie schon alles mitbringen, um eine Veränderung zu bewirken.

Hier kann man auch sehr schön in Teams arbeiten, die sich gegenseitig Feedback über die jeweiligen Ressourcen und Stärken geben. Auch die schon vorgestellte Variante des Appreciative Inquiry geht von dieser Grundannahme aus.

Die **Beziehung zwischen Coach und Coachee** ist unter Umständen sehr eng. Ich habe auch im Business-Kontext schon erlebt, dass sehr schnell eine Tiefe erreicht wird, wo auch schon mal sehr tiefsitzende Glaubenssätze und Einstellungen angesprochen werden, wenn der Coachee sich öffnet. Dies ermöglicht eine sehr effektive Veränderungsarbeit.

Das setzt aber auch ein tiefes Vertrauen und den Schutz der Vertraulichkeit voraus. Denn wenn sich Menschen öffnen und auch Schwächen offenbaren, ist das zwar eine sehr gute Basis für echtes Coaching, aber bei Missbrauch der Informationen auch ein schwerer Vertrauensbruch und das Ende jeder Coachingbeziehung.

Daher sollte der absolut oberste Grundsatz in Einzelcoachings lauten, dass alles, was in dem geschützten Raum zwischen Coach und Coachee gesprochen wurde, auch in diesem Raum zwischen den beiden bleibt. Es sei denn, es wurde explizit anders vereinbart. Und auch in einem Teamcoaching sollte alles vertraulich behandelt werden und noch einmal alle Beteiligten explizit darauf hingewiesen werden.

Man kann zum Beispiel die in vielen Retrospektiven verwendete Las-Vegas-Regel zur Grundlage machen.

Las-Vegas-Regel | What happens in Vegas, stays in Vegas!

Eine weitere wichtige Grundhaltung, die besonders in Gruppenprozessen zum Tragen kommt, ist die Allparteilichkeit, die ein Coach einnehmen sollte. Hier ist wichtig, dass alle Teilnehmer gleichbehandelt werden und niemand bevorzugt wird.

Selbst wenn Sie nicht mit jedem Beitrag übereinstimmen, sollten Sie doch davon ausgehen, dass dieser aus der Sicht des jeweiligen Teilnehmers absolut richtig und nachvollziehbar ist. Diese Haltung erfordert Reife und Toleranz. Der Coach, der diese Reife besitzt, sollte dabei dafür sorgen, dass auch den anderen Gruppenmitgliedern diese Perspektive bewusst wird.

Lösungsfokussierung

Beim Coaching geht es weniger darum, in der Vergangenheit zu bohren und die Ursachen für Probleme aufzudecken als lösungsorientiert in die Zukunft zu schauen. Dabei stützt sich lösungsfokussiertes Coaching auf zentrale Prinzipien[12]:

- **Fokussieren Sie sich auf eine positive Zukunft:** Lösungsfokussiertes Coaching richtet sich in die Zukunft. Der Coachee formuliert ein Ziel, das es für ihn zu erreichen gilt. Dieses Zielt sollte eine gewisse Strahlkraft besitzen, damit auch kontinuierlich daran gearbeitet wird. Dafür ist es sehr hilfreich, dieses Zukunftsbild möglichst bunt und ausführlich mental auszugestalten. Hier kann man sich aus dem Werkzeugkasten des NLP bedienen: der Coach unterstützt den Coachee dabei, dieses Ziel mit allen Sinnen auszugestalten. Was sieht der Coachee, wenn das Ziel erreicht ist? Was hört er? Was fühlt er? Ist das Ziel nur vage oder mit nüchternen Worten beschrieben, dann steigen auch die Chancen, dass dem Coachee unterwegs die Luft ausgeht.
- **Tun Sie mehr von dem, das schon gut funktioniert:** Wenn etwas gut funktioniert, dann ergibt es zumeist Sinn, mehr davon zu tun. Dafür reicht es oftmals schon, kleine Beispiele zu finden, wo etwas in der Vergangenheit richtig und gut

12 An dieser Stelle möchte ich einmal mehr das hervorragende Buch von Veronika Kotrba und Ralph Miarka empfehlen, die in aller Ausführlichkeit und mit sehr vielen anschaulichen Beispielen das lösungsfokussierte Coaching in der agilen Praxis beschreiben und von denen ich diese Ansätze übernommen habe.

gemacht wurde. Das richtet die Aufmerksamkeit darauf, dass es scheinbar möglich ist, etwas zu erreichen, und sei es noch so klein.
Gleichzeitig bedeutet dies auch, dass es gar keiner überschäumenden Kreativität benötigt, um erste Ideen für angestrebte Ziele zu entwickeln. Man kann schon auf vieles zurückgreifen, was funktioniert. Und selbst in dem schlimmsten Unternehmen wird man immer kleine Lichtblicke haben, an denen man sich orientieren kann.
Und noch ein weiterer Aspekt kommt hinzu: Es ist gar nicht nötig, alles zu verändern und auf den Kopf zu stellen. Oftmals ist eine solche Ansicht gerade die größte Quelle einer Blockadehaltung. Denn dann müsste man sich ja eingestehen, dass man bisher alles falsch gemacht hat. Aber das ist eigentlich nie der Fall, denn irgendetwas wird es sicherlich geben, das gut ist.

- **Wenn etwas nicht funktioniert, nehmen Sie Anpassungen vor**: Gleichzeitig ist es aber auch ziemlich naheliegend, Dinge zu verändern, die nicht oder nicht mehr funktionieren. Dies ist besonders dann problematisch, wenn etwas für eine lange Zeit funktioniert hat und plötzlich wirkungslos ist. So, wie die Problemlösestrategien vieler Menschen, die mit komplizierten Problemen immer hervorragend funktionierten und nun plötzlich einer VUCA-Welt mit allen komplexen Aufgabenstellungen gegenüberstehen. Dann werden schnell äußere Umstände oder Ausnahmen dafür verantwortlich gemacht, dass etwas nicht mehr geht und es wird dennoch daran festgehalten. „Das haben wir immer schon so gemacht", ist ein geflügeltes Wort, das diesen Umstand oft begleitet.
- **Auch kleine Schritte führen zum Ziel:** Es müssen nicht immer die großen Veränderungen sein. Manchmal helfen auch schon die kleinen Schritte, wenn man sie kontinuierlich geht. Ganz ähnlich ist auch der Erfolg der agilen Vorgehensweisen zu erklären. Hier werden auch immer kleine Schritte gemacht und dann durch wertvolle Feedbackschleifen Anpassungen vorgenommen. Damit ist man vielleicht nicht schneller als zuvor, aber man arbeitet auch nicht mehr so viel am Marktbedürfnis vorbei. Und letztendlich hat man genau dadurch einen Vorteil.
Ein anderer Aspekt, der oft unterschätzt wird, ist die zwischenmenschliche Ebene. Auf den ersten Blick mag es fast unscheinbar sein, wenn plötzlich zwei Menschen ihren Streit beilegen, weil sie sich einmal ausgesprochen haben. Für ein Team kann dies eine sehr große positive Veränderung bedeuten. Denn plötzlich enden verdeckte Grabenkämpfe und alle ziehen am gleichen Strang.
- **Kramen Sie nicht in der Vergangenheit:** Beim lösungsfokussierten Arbeiten geht man nicht davon aus, dass Probleme und Lösungen in einem direkten Kausalzusammenhang stehen. Es wird also nicht lange in die Vergangenheit geschaut und versucht, das Problem zu rekonstruieren, sondern in die Zukunft gerichtet nach neuen Lösungen gesucht. Dies vermeidet die Klärung der Schuldfrage, die in den meisten Fällen dazu führt, einen Verantwortlichen zu bestimmen, auf den man dann mit dem Finger zeigen kann. Es ist egal, wie das Problem entstanden

ist und wer schuld ist.[13] Hier sind alle gefordert, nach einer Lösung zu suchen und gemeinsam die Verantwortung dafür zu tragen. Dazu gehört auch eine ausgeprägte Lernkultur, die Fehler als Gelegenheit nutzt, daraus zu lernen und nicht als Versagen abstempelt.

- **Ihre Sprache schafft Realität:** Sprache schafft Wirklichkeit und führt zu körperlich empfundenen Realitäten. Das ist eine wichtige Erkenntnis, die man sich gar nicht oft genug vor Augen halten kann. Es ist ein deutlicher Unterschied, ob sich zwei Mitarbeiter „ineinander verbeißen und sich Argumente an den Kopf werfen" oder ob sie „konstruktiv eine Lösung diskutieren". Nicht nur, dass je nach Formulierung die Erinnerung verändert und verfälscht werden kann. Wenn zu viele negativ besetzt Adjektive verwendet werden, kann sich dies auch auf die Grundstimmung auswirken. Daher sollten Sie immer sehr aufmerksam auf Ihre Wortwahl achten und daran denken: Problemsprache schafft Probleme, Lösungssprache schafft Lösungen. Was von beidem wollen Sie lieber haben?
- **Es gibt immer positive Ausnahmen:** Eine grundlegende Aufgabe im lösungsfokussierten Arbeiten besteht darin, nach Ausnahmen zu suchen. Auch hier sollte man wieder auf die Sprache achten. Worte wie „immer", „nie", „dauernd", „ständig" sind Hinweise darauf, dass etwas als unveränderlich gesehen wird. Die Realität zeigt aber, dass dies so gut wie nie der Fall ist. Es gibt immer Ausnahmen, dass etwas doch einmal funktioniert. Und sei es nur die Tatsache, dass die Intensität einer Erfahrung sich im Zeitverlauf verändert. Das kann ein Ansatzpunkt sein, sich zu fragen, wie es zu dieser Veränderung gekommen ist. Und daraus kann sich eine Verbesserung ableiten lassen.
  Dieses Prinzip stellt eine kleine Ausnahme dar. Wie mehrfach erwähnt richtet das lösungsfokussierte Arbeiten den Blick konsequent in die Zukunft. Außer in diesem Fall, denn hier wird bewusst in die Vergangenheit geschaut. Allerdings nicht, um nach Problemen zu suchen, sondern um in der Vergangenheit nach positiven Hinweisen für mögliche Lösungen zu fahnden.
- **Reparieren Sie nichts, was nicht kaputt ist:** Zu guter Letzt noch der Hinweis, dass man nie etwas reparieren sollte, was nicht kaputt ist. Man kann auch einfach manche Dinge so lassen, wie sie sind. Allerdings sollte uns das nicht davon abhalten zu hinterfragen, ob wir nicht Dinge anders besser machen können. Reparieren ist etwas anderes als verbessern. Nicht vergessen sollten wir dann einen Realitätscheck. Warum tun wir die Dinge gerade so, wie wir sie tun und was würde eventuell nicht mehr erfüllt sein, wenn wir dies ändern. Diese Frage wird

---

13 Bei Fehlern, die vermieden werden können, sieht das natürlich anders aus. In der Lösungsfokussierung trägt man dem komplexen Umfeld Rechnung, das Kausalzusammenhänge, wenn überhaupt erst retrospektiv erkennen lässt. Die Suche nach einem Schuldigen ist also unsinnig. Allerdings gibt es nach wie vor Fehler im komplizierten Umfeld, die dann eher mit der technischen Fehleranalyse bearbeitet werden sollten. Die Kompetenz liegt also in der Unterscheidung von komplizierten und komplexen (oder gar chaotischen) Umgebungen.

leider oft vergessen, wenn man sich daran macht, Dinge zu verbessern, was dann zu Problemen mit dem neuen Vorgehen führt.

Abb. 52: Die zentralen Prinzipien des lösungsfokussierten Coachings

Coaching-Praxis

Nun, da Sie ein grundlegendes Verständnis von Coaching und der lösungsorientierten Coaching-Haltung gewonnen haben, wenden wir uns einmal ein paar Methoden aus der Praxis zu. Als angehende VUCA-Helden werden Sie häufig mit Veränderung und Blockaden auf gemeinschaftlicher und individueller Ebene konfrontiert sein. Die vorgestellten Tools aus dem Werkzeugkasten der Coaches können Ihnen dabei helfen, diese Hindernisse zu überwinden und die Menschen in Ihrer Umgebung zu stärken und zu befähigen, die beste Version ihres Selbst zu werden.

Dazu schauen wir uns erst einmal das vielleicht **mächtigste Werkzeug** an: Fragen. Coaches arbeiten sehr viel mit mächtigen Fragen und Sie werden ein Gefühl dafür bekommen, wie vielfältig Fragen angewendet werden. Danach werden wir uns sprachliche Interventionen anschauen, die den Denk- und Lösungsraum erweitern können. Zu guter Letzt möchte ich Ihnen noch drei speziellere Werkzeuge vorstellen.

Wenn Sie sich entscheiden, die vorgestellten Werkzeuge anzuwenden, sollten Sie sich aber auch entsprechend sicher in der Anwendung fühlen. Suchen Sie sich dazu Gleichgesinnte und bilden Sie gemeinsame Übungsgruppen. Oder besser noch: besuchen Sie eine Coaching-Ausbildung und vertiefen Sie Ihre Fertigkeiten.

Fragen

Das wichtigste Handwerkzeug im Coaching ist die Sprache. „Die Grenzen meiner Sprache bedeuten die Grenzen meiner Welt“ wusste schon Ludwig Wittgenstein. Durch Sprache haben Coaches die Möglichkeit, die Coachees darin zu unterstützen, dass sie einen frischen und neuen Blick auf ihre innere Gedankenwelt erhalten. Besonders gut gelingt dies durch Fragen.

Fragen sind etwas Alltägliches. In nahezu jeder Kommunikation dreht sich alles um Fragen und Antworten. Die Kunst im Coaching besteht darin, Fragen zu stellen, die den Coachee dazu anregen, eine neue Perspektive zu sehen oder seine eigenen Stärken besser wahrzunehmen. Zudem können gezielt eingesetzte Fragen den Raum der Möglichkeiten und Lösungen für die Coachees vergrößern, da es dem Coachee ermöglichen, die Herausforderung in einen neuen Kontext zu setzen.

Schauen wir uns einmal eine Reihe unterschiedlicher Frageformen an, die im Coachingkontext hilfreich sein können.

Frageform	Verwendung im Coaching	Beispiele
offene Frage	• lädt zum Nachdenken ein • bringt die Gedanken des Coachee zum Vorschein	• Was denkst Du darüber? • Wie geht es Dir?
ungerichtete Frage	• lenkt zu einer allgemeinen Lösung • zum Erschließen des Lösungsraums	• Wie könnte eine Lösung aussehen? • Was müsste man tun?
gerichtete Frage	• lenkt zu einer Lösung, die der Coachee selbst erreichen kann	• Was kannst Du tun, um das Problem zu lösen?
Nachfrage	• Rückversicherung, dass man alles richtig verstanden hat • Detailgrad erhöhen und genauere Beschreibung	• Wie genau meinst Du das? • Welcher Art von „glücklich“ ist dieses „glücklich“? (Jedi-Frage)

Alternativfrage	• Auswahl von zwei oder mehr Möglichkeiten • kann das Denken in eine bestimmte Richtung lenken, aber auch manipulativ sein • ähnliche wie geschlossene Fragen nicht zum eigenen Nachdenken einladend	• Möchtest Du lieber A oder B?
hypothetische Frage	• Fokussierung auf eine alternative Realität ohne das Problem • Perspektivwechsel	• Angenommen Du hättest kein Auto, wie würdest Du nach Hause kommen? • Wenn das Problem nicht da wäre, wie wäre es dann?
Skalierungsfrage	• Status Quo sichtbar machen • Ziel klar formulieren • nächste Schritte definieren	• Auf einer Skala von 1 bis 10, wie gut kannst Du Klavier spielen? • Was ist Dein nächster Schritt?
Wunderfrage	• Fokussierung auf Zielzustand • kleine Verbesserungen erkennen	• Angenommen, eine Fee hätte ein Wunder vollbracht, woran würdest Du es erkennen können?
zirkuläre Frage	• Dissoziation und Sicht von außen • Perspektivwechsel	• Wer kennt Dich ganz gut, und was würde sie zu der Situation sagen?
Zwischenfrage	• zum weiteren Nachdenken anregen • Kreativität anregen	• Was noch? • Was stattdessen? • Wozu?
Bewältigungsfrage	• Fokus auf die Stärken und das Positive richten • Ressourcen sichtbar machen	• Wie hast Du das möglich gemacht?
Meta-Frage	• auf die Prozessebene gehen • aus der Situation herausgehen	• Was sollten wir uns an dieser Stelle fragen?
Frage nach Ausnahmen	• zeigen, dass es Ausnahmen gibt • Möglichkeitenfokus	• Wann ist das Problem nicht so schlimm?
Provokante Frage	• Emotionen hervorrufen • aufrütteln	• Wieso beschwerst Du Dich eigentlich nur?

Tab. 14: Nützliche Fragetypen

Auf ein paar der Fragetypen möchte ich noch etwas genauer eingehen, da sie in der Praxis sehr hilfreich sein können.

Skalierungsfragen sind im Alltag selten anzutreffen. Dafür werden sie in bestimmten Berufen und Professionen sehr häufig genutzt. Hier wird der Gefragte gebeten, ein bestimmtes Ziel zu konkretisieren (zum Beispiel geduldiger zu werden). Dann soll er auf einer Skala von 1 bis 10, wobei 10 die vollständige Erreichung des Ziels bedeuten würde, den aktuellen Standpunkt bestimmen. Damit kann man sehr gut sichtbar machen, wie der Status Quo aussieht. Von diesem Standpunkt ausgehend kann man nun arbeiten. In einigen Fällen ist es schon sehr hilfreich, eine Positionierung des Befragten auf der Skala zu kennen. Im Coaching kann man darüber hinaus zum Beispiel die nächsten Schritte erarbeiten, die einem dem Ziel näherbringen („Was müssten Sie tun, um von der aktuellen fünf auf die angestrebte sechs zu gelangen?").

Die **Wunderfrage** ist eine meiner Lieblingsfragen. Sie fokussiert auf einen Zustand, in dem das Problem oder das Hindernis nicht mehr existiert. Dies eröffnet neue Perspektiven und Denkmöglichkeiten. Die Wunderfrage gibt es in vielen Variationen. Ich nutze ganz gerne die folgende:

Beispiel | Stelle Dir vor, Du gehst nachher nach Hause. Es ist ein ganz normaler Abend und Du gehst den Dingen nach, die Du normalerweise so machst. Irgendwann legst Du Dich schlafen. Während Du schläfst, passiert ein großes Wunder. Diese Wunder besteht darin, dass das Problem, das Dich gerade noch beschäftigt, einfach gelöst und verschwunden ist. Aber da Du ja schläfst, weißt Du von alledem nichts. Wenn Du nun am kommenden Morgen aufwachst, woran wirst Du als Erstes erkennen, dass Dein Problem verschwunden ist? Und woran noch? Was noch? Und was wird Deine Reaktion darauf sein?

Diese Art der Frage lenkt das Denken weg vom Problem und hin zu den konkreten Zuständen, die plötzlich anders sein würden. Wenn wir uns mit Dingen beschäftigen, die schwer zu lösen sind, dann haben diese oftmals eine so große Anziehungskraft, dass wir nur noch eine große unüberwindbare Mauer wahrnehmen. Wenn wir diese Mauer aus unseren Gedanken entfernen können, wie die Wunderfrage es ermöglicht, dann gelingt es uns leichter die einzelnen Aspekte des Problems zu erkennen. Diese sind für uns vielleicht veränderbar.

Sich auf die Meta-Ebene begeben, also sozusagen einmal gedanklich aus der Situation auszusteigen und eine Perspektive von außen einzunehmen, ist ebenfalls sehr hilfreich. Dabei wird nicht konkret inhaltlich gearbeitet, sondern eher auf der Prozessebene. „Was könnte ich Dich jetzt noch fragen?" könnte eine **Meta-Frage** darstellen. Oder auch „Was könnten wir jetzt tun, um unsere Gedanken in eine andere Richtung zu lenken?"

Eine Vielzahl an wirklich guten, kreativen Fragen und auch, wie man sie formuliert und einsetzt, findet man in dem Buch mit dem tollen Titel „Fragen können wie Küsse schmecken" von Carmen Kindl-Beilfuß (Kindl-Beilfuß 2008).

Sprachliche Interventionen

Doch nicht nur Fragen können Handlungsmöglichkeiten erschließen oder Lösungsräume öffnen. Eine Reihe von sprachlichen Interventionen ermöglichen es dem Coachee eine neue Perspektive einzunehmen und neue Ideen zu generieren. Dabei sind erfahrene Coaches in der Lage, durch kleine Veränderungen und leicht andere Betonung, Türen zu öffnen, die der Coachee allein vielleicht nicht finden würde. Einige dieser Werkzeuge möchte ich an dieser Stelle vorstellen.[14]

Abb. 53: Möglichkeiten der sprachlichen Intervention

Wertschätzung sollte immer die Basis für Ihren Beziehungsaufbau sein. Der Ausdruck von Wertschätzung ist wichtig, nicht nur in einem Coaching-Gespräch. Dies sollte Teil der Haltung und nicht bloß eine Methode unter vielen sein. Der Gesprächspartner hat ein feines Gespür dafür, ob Wertschätzung ernst gemeint ist, oder nur instrumentalisiert eingesetzt wird.

Zur besonderen Form der Wertschätzung gehört das **Lob.** Man kann gar nicht genug loben, aber man kann falsch loben. Viele Führungskräfte loben von oben herab, nach der Devise „Oh, das hast Du aber gut gemacht“. Was vielleicht gut gemeint ist, bekommt so einen negativen Beigeschmack. Es wird eher als Beurteilung aufgenommen, denn als Wertschätzung. Daher sollte ein Lob (und auch sonstige Wertschätzung) immer als Ich-Botschaft gesendet werden. Ganz ähnlich, wie wir es bei der Gewaltfreien Kommunikation gesehen haben, ist es auch hier wichtig, einen persönlichen Bezug herzustellen. „Ich freue mich über dieses wirklich gute Ergebnis“ drückt das gleiche aus wie „das hast Du aber gut gemacht“, allerdings ist es als Ich-Botschaft formuliert.

---

14 Auch diese Werkzeuge sind zum Großteil aus Kotrba/Miarka (2019) übernommen.

Eine andere Form der Wertschätzung besteht darin, andere Menschen mit dem **Namen** anzusprechen. Ein „Guten Morgen“ gefolgt vom Namen des anderen wird von diesem als Wertschätzung empfunden.

Normalisieren hilft, emotionale Beteiligung zu reduzieren.
Oftmals sind Menschen, die ein Problem im Coaching behandeln wollen, sehr emotional in Bezug auf dieses Problem. Dies führt dazu, dass jemand Neutrales den Eindruck gewinnen könnte, hier würde aus einer Mücke ein Elefant gemacht. Dies ist vollkommen natürlich, da die emotionale Beteiligung die Weltsicht des Coachees nun mal so gestaltet. Hier sollten Sie versuchen, eine emotional dargestellte Situation auf eine **objektive Sachebene** zu bringen.

Am einfachsten erreichen Sie dies, indem Sie alle emotionalen Beschreibungen aus der Darstellung herausstreichen und dann die Situation noch einmal ohne diesen Anteil ansprechen. Gehen Sie aber davon aus, dass die Weltsicht des Coachees auch seine Realität darstellt. Daher sollten Sie Ihre Sicht nicht als die „richtige“ darstellen, sondern als alternative Beschreibung anbieten. Wenn der Coachee sich darauf einlässt, dann haben Sie eine neue Grundlage, um sich über Lösungen zu unterhalten.

Wenn Sie die Situation darstellen, beginnen Sie mit einem Einstieg, der auch einen Widerspruch zulässt. „Wenn ich Sie also richtig verstanden habe, dann ...“ kann ein solcher Einstieg sein.

Lenken Sie das Denken durch eine alternative Darstellung.
Hier nutzen Sie Ihre eigenen Worte, um das vom Coachee beschriebene Problem anders darzustellen. Genau wie beim Normalisieren sollten Sie bedenken, dass die Sprache immer Ausdruck der Wirklichkeit ist und der Coachee eventuell Ihrer alternativen Darstellung widersprechen wird. Dies sollten Sie daher unbedingt mitberücksichtigen und ihre alternative Sicht mit einer Rückfrage einleiten, die Ihr Gesprächspartner auch ablehnen darf.

Weichen Sie verhärtete Ansichten sprachlich auf.
Eine spezielle Form des Paraphrasierens ist die Verflüssigung. Wenn Ihr Gesprächspartner Ihnen sein Problem geschildert hat und diese Situation für ihn ohne Ausweg erscheint, dann greifen Sie dies auf und wiederholen diese Beschreibung. Allerdings nutzen Sie ein paar kleine sprachliche Feinheiten, die den harten und unveränderbaren Zustand, den Ihr Gegenüber beschrieben hat, ein klein wenig aufweichen.

Wenn Ihr Coachee beispielsweise sagt: „Das Team schätzt mich nicht“, dann können Sie zum Beispiel diese Aussage verflüssigen, indem Sie sie wiederholen und stattdessen sagen: „Dein Team schätzt Dich also noch nicht?“ Zum einen ist diese Aussage wieder als Frage formuliert, was einen Widerspruch des Coachees möglich macht. Zum anderen ist hier aber die Möglichkeit vorhanden, dass das nur ein vorübergehender Zustand ist.

Auf den ersten Blick scheint dies eine kleine Intervention zu sein. Wenn der Coachee aber nun nicht widerspricht, scheint er zumindest bereit zu sein, eine vorher ausweglose Situation nun als veränderbar anzusehen. Damit ergeben sich neue Lösungsräume.

Die Gedanken werden aus der Problemsicht geholt und es kann lösungsfokussiert gearbeitet werden.

Vermeiden Sie „nicht“ und „kein“.
Wo wir schon bei kleinen sprachlichen U-Booten sind, so können wir hier gleich noch weitere Feinheiten untersuchen. Unser Gehirn hat große Probleme, wenn es darum geht, Negationen zu denken. Versuchen Sie doch einmal, jetzt nicht an einen blauen Elefanten zu denken. Sie werden merken, dass das kaum möglich ist. Unser Gehirn arbeitet so, dass es sich erst einmal einen Begriff von dem machen muss, das verneint wurde. Das heißt, jedes Mal, wenn wir jemanden auffordern, nicht an ein Problem zu denken, dann lenken wir dadurch seine Gedanken erst recht auf dieses Problem. Stattdessen lohnt es sich, die Gedanken auf das gewünschte Ziel zu lenken. Wir verändern also die Richtung von „weg von“ in ein „hin zu“.

Es ist gar nicht so leicht, „nicht“ und „kein“ (und andere versteckte Verneinungen) aus seinem alltäglichen Gebrauch herauszuhalten. Wenn Sie es früh genug bemerken, dann können Sie einfach ein „... stattdessen möchte ich ...“ hinterherschicken.

Verwenden Sie „und“ statt „aber“.
Ebenso problematisch wie Verneinungen kann auch das unscheinbare Wörtchen „aber“ wirken. „Natürlich möchte ich Ihnen gerne eine Lohnerhöhung geben“ hört sich erst einmal gut an. Folgt dann ein zweiter Teilsatz, der mit „aber“ eingeleitet wird, dann können wir sicher davon ausgehen, dass es nichts wird mit dem kleinen Extra am Ende des Monats.

Besonders in emotional aufgeladenen Situationen kann ein „aber“ sehr problematisch wirken. Marshal B. Rosenberg hat das schöne Wortspiel „Never throw your but(t) into the face of an angry person“[15] nicht ohne Grund verwendet.

Die meisten Sätze, in denen ein „aber“ vorkommt, behalten ihren Sinn, wenn man das „aber“ einfach durch ein „und“ ersetzt. „Natürlich möchte ich Ihnen gerne eine Lohnerhöhung geben, und Sie wissen auch, dass die Zeiten schwer sind. Daher müssen wir noch ein Jahr warten.“

Nutzen Sie Meta-Monologe zur Findung kreativer neuer Gedanken.
Eine echte Intervention im Coaching kann der Meta-Monolog darstellen. Dabei geht man als Coach aus der Situation hinaus und begibt sich auf eine Meta-Ebene. Nun kann man den Coachee oder eine Gruppe an seinen eigenen Gedanken teilhaben lassen.

Sie halten also einen Monolog ab, in dem Sie sich zum Beispiel fragen könnten, wie Sie mit der Situation umgehen sollen. Oder welche Gefühle sich gerade in Ihnen melden bei dem Gesprächsverlauf. Wenn Sie einen zweiten Coach an Ihrer Seite haben, dann können Sie auch mit diesem einen Meta-Dialog führen.

Der Vorteil dieser Intervention ist, dass der Coachee oder die Gruppe zum einen eine Pause bekommt, zum anderen höchstwahrscheinlich Ihren Gedanken im Meta-Mono-

---

15 Strecken Sie niemals ihren Hintern in das Gesicht einer wütenden Person. Dieses Wortspiel funktioniert nur auf Englisch wegen der gleichen Aussprache von but (aber) und butt (Hintern).

log folgen wird und dabei auch wieder auf neue Ideen und Lösungswege kommen kann. Zudem hilft es auch Ihnen selbst, um Ihre Gedanken zu strukturieren. Allerdings benötigt diese Intervention auch ein gewisses Selbstvertrauen und Sicherheit beim Coach, da es kein gestellter Monolog sein sollte, sondern ein echter Einblick in die Gedankenwelt.

Lernen Sie, Stille zu ertragen.
Stille und Pausen sollten Sie auch als wichtige Interventionen ansehen. Es muss nicht dauerhaft gesprochen werden, damit im Coaching die Arbeit weiter vorangeht. Sehr viel spielt sich auch im Kopf des Coachees ab. Wie schon bei der Haltung beschrieben, sollten Sie trainieren, dass Sie Stille aushalten und nicht dem Drang nachgeben, diese von sich aus zu unterbrechen.

Besonders in Gruppen- oder Teamcoachings ist dies häufig der Fall. Ganz besonders, wenn vereinzelte Personen hilfesuchend Blickkontakt zu Ihnen aufbauen. Allerdings lohnt es sich erfahrungsgemäß, die Stille auszuhalten und darauf zu warten, dass aus dem Team selbst heraus eine nächste Idee geäußert wird.

Sie können auch gezielte Pausen in Ihr Coaching einbauen. Bei Gruppen bieten Pausen immer die Möglichkeit, einmal aufzustehen und sich zu bewegen. Im Einzelcoaching können Sie diese Bewegung auch in Ihre Sitzung einbauen. Setzen Sie sich nicht einfach in einen Raum, sondern gehen Sie doch mit dem Coachee bei schönem Wetter eine kleine Runde um den Block.

Setzen Sie das Problem in einen neuen Rahmen.
Reframing bedeutet, dass wir mit Hilfe der Sprache Sachverhalte in einen anderen Rahmen setzen. Wir haben gesehen, dass Sprache unsere Wirklichkeit ausdrückt. Wenn es uns also gelingt, mit unserer Sprache einen Sachverhalt anders zu beschreiben und unser Coachee diese alternative Sichtweise nicht ablehnt, dann verändern wir damit auch gleichzeitig die Wirklichkeit des Coachees.

Ein wichtiges Element beim Reframing ist die Veränderung der Rahmengröße. Wir können den Rahmen, in dem wir etwas sehen, sowohl vergrößern als auch verkleinern. Das ermöglicht es uns entweder, mehr zu sehen, oder gewisse Dinge auszublenden. Wir können zum Beispiel den Rahmen vergrößern oder verkleinern, indem wir den Zeitraum vergrößern oder verkleinern, auf den sich der Rahmen bezieht. Soll ich den Müll trennen? Heute macht mir das vielleicht nur Probleme, wenn ich dafür mehrere Mülltonnen aufstellen muss und genau aufpasse, dass ich nichts in die falsche Tonne werfe. Doch wenn ich den Rahmen erweitere und mich frage, was das für die zukünftigen Generationen bedeutet, ob ich heute Müll trenne oder nicht, dann bekommt das eine ganz andere Bedeutung. Gleiches geht auch in die andere Richtung. Ich kann auch den Rahmen verkleinern, indem ich von einer generellen Aussage darauf schließe, was das für einzelne Menschen bedeutet.

Kontext-Reframing beschreibt den Fall, dass unterschiedliche Ereignisse, Verhaltensweisen, Gefühle, Sachverhalte und Erfahrungen je nach Kontext unterschiedliche Bedeutungen haben können. Für einen Landwirt wird ein lang erwarteter Regenschauer eine viel positivere Bedeutung haben als für die Familie, die sich auf ein schönes Camping-Wochenende gefreut hat. Dabei ist der Regenschauer selbst weder gut noch schlecht. Die Bewertung ergibt sich aus dem Kontext, aus dem man auf dieses Ereignis schaut.

Im Zusammenspiel mit einer der Grundhaltungen aus dem NLP bekommt jedes Verhalten eine positive Bedeutung. Für irgendeine Gruppe oder irgendeine Situation wird ein Ereignis sicher hilfreich und positiv besetzt sein (Dilts 2001). Akzeptiert man diese positive Grundhaltung, dann fällt es deutlich leichter, über bestimmte Dinge konstruktiv zu sprechen. Wird ein Verhalten nur kritisiert, dann geht der Kritisierte schnell in die Defensive.

Beim **Inhalts-Reframing** hingegen wird die Perspektive verändert, aus der auf ein Verhalten oder eine Situation geschaut wird. Wenn ein Architekt eine Wiese betrachtet, dann kann er sich schon den Bauplatz vorstellen für sein nächstes Bauwerk. Ein Landwirt sieht in dieser Wiese eine schöne Ackerfläche, und die Kinder laufen beim Anblick der Wiese nach Hause und holen ihren Fußball, um dort zu spielen.

Im Coaching kann man das Inhalts-Reframing anwenden, um bewusst unterschiedliche Rollen anzunehmen. In der Walt-Disney Methode wird ein Sachverhalt beispielsweise aus den Perspektiven eines Träumers, eines Realisten und eines Kritikers betrachtet.

Beim Reframing greifen wir auf die Technik des **„Chunking“** zurück. Wir sehen uns unterschiedliche Ausschnitte an und machen uns dabei Perspektivwechsel oder ganze Kontextwechsel zunutze. Wenn wir zum Beispiel von einem Fahrrad als Grundbegriff ausgehen, dann können wir uns zum einen fragen, was der Oberbegriff für diesen Gegenstand ist (chunking up). Hier könnten wir auf die Idee kommen, dass das Fahrrad zu der Kategorie der Fahrzeuge gehört. Dies gibt uns eine andere Perspektive, weil auch Autos, Schiffe oder sogar Flugzeuge in diese Kategorie gehören könnten. Diese aufgezählten alternativen Fahrzeuge liegen auf der gleichen Ebene wie das Fahrrad (laterales chunking). Wir könnten aber auch genauso gut eine Ebene tiefer gehen, also konkreter und genauer werden (chunking down). Dann würden wir vielleicht von einem Rennrad, einem Hollandrad oder einem Mountainbike sprechen. Auch das kann uns neue Perspektiven vermitteln.

Geht man nun nicht von einem konkreten Objekt wie einem Fahrrad aus, dann kann man die gleiche Technik nutzen, um zum Beispiel Situationen, Verhaltensweisen oder Einstellungen aus einer anderen Perspektive zu sehen, indem man Chunking anwendet.

Sie müssen nicht alle diese Muster im Kopf haben. Kehren Sie einfach bei Bedarf hierher zurück und lassen Sie sich inspirieren. Für Ihr Gegenüber ist es viel wichtiger, dass Sie aufmerksam und wertschätzend zuhören und ein echtes Interesse zeigen, als dass Sie perfekt Methoden anwenden können.

Die logischen Ebenen von Robert Dilts

Das Modell der logischen Ebenen von Robert Dilts unterscheidet zwischen sechs unterschiedlichen Ebenen, die unterschiedlich bewusst sind und dementsprechend auch unterschiedlich leicht zu verändern sind. Es hilft dabei, ein Problem zu verorten und durch nach geeigneten Lösungsstrategien zu suchen. Das Modell wird zumeist als Pyramide dargestellt, weil die jeweils unterliegenden Ebenen breiter und verfügbarer sind als die höheren Ebenen. Je höher man in der Pyramide kommt, desto schwieriger ist eine Veränderung. Gleichzeitig ist es oftmals leichter, ein Problem auf einer höheren Ebene zu lösen. Zum Beispiel kann durch das Erlernen einer neuen Fähigkeit ein neues Verhalten gezeigt werden, so dass ein Problem auf der Verhaltensebene sich von allein auflöst. Schauen wir uns diese logischen Ebenen einmal an.

- **Äußere Umwelt:** Beschreibt alle Merkmale der Umwelt. Wo befindet man sich, welche Zeit ist es, mit wem ist man hier. Alle Dinge, die man wahrnehmen kann, liegen auf dieser Ebene. Die Ebene ist größtenteils bewusst.
- **Verhalten:** Hier liegt das beobachtbare Verhalten. Alles was man tut oder sagt, ist in dieser Ebene anzusiedeln. Diese Ebene ist ebenfalls größtenteils bewusst.
- **Fähigkeiten:** Die Ebene der Fähigkeiten ist nur noch teils bewusst. Hier liegen alle unsere Fähigkeiten. Das können sowohl bewusste als auch unbewusste Fähigkeiten sein.
- **Glaubenssätze und Werte:** Diese Ebene ist vielen Menschen schon gar nicht mehr bewusst. Hier liegen die tiefen Glaubenssätze und Werte. Was ist mir wichtig? Was motiviert mich? Was ist die Wahrheit, an die ich glaube? Diese Ebene ist sehr häufig ein wichtiger Ort, um nach Blockaden für Veränderung zu suchen.
- **Identität:** Die Ebene der Identität beschreibt, wer wir sind. Wie verstehen wir uns selbst? Was ist unser Selbstbild?
- **Spiritualität:** Hier liegt unser Sinn. Wozu tun wir das, was wir tun?

Wie bereits erwähnt, bauen diese Ebenen aufeinander auf. Ein Verhalten passt sich der äußeren Umwelt an, die das Verhalten erst sinnvoll macht. Um ein gewisses Verhalten zeigen zu können, erlernt der Mensch die Fähigkeiten, und so weiter. Wenn wir nun das Verhalten verändern möchten, dann erkennen wir in dem Modell verschiedene Ansatzpunkte. Die eine Möglichkeit wäre, die Umwelt so zu verändern, dass das Verhalten keinen Sinn mehr ergeben würde. Dies wäre sicherlich wünschenswert, aber ist in der Regel kaum möglich, da die Umwelt sehr komplex ist und viele Akteure beinhaltet, die dann alle ihr Verhalten anpassen müssten. Wir könnten auch an dem Verhalten selbst arbeiten. Da das Verhalten aber als sinnvoll erscheint, sonst würde es ja nicht gezeigt werden, können Sie sich vorstellen, wie schwer es werden könnte, hier eine Veränderung zu erzielen. Wenn wir uns aber auf die darüberliegende Ebene der Fähigkeiten begeben, dann könnte durch das Erlernen von neuen Fähigkeiten ein neues Verhalten gefunden werden, das noch effektiver in die entsprechende Umwelt passt.

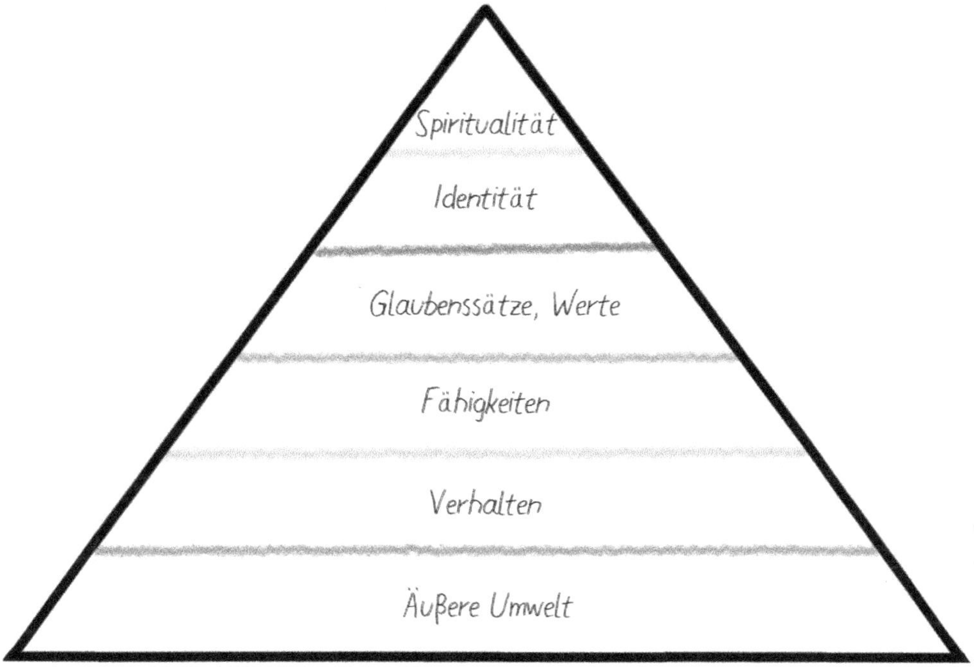

Abb. 54: Die logischen Ebenen nach Dilts

Je weiter wir nach oben kommen in den Ebenen, desto schwieriger sind Veränderungen, weil man immer mehr zum Kern des Menschen vordringt. Gleichzeitig sind die Veränderungen, die tatsächlich stattfinden, auch viel nachhaltiger. Es lohnt sich also, mit diesem Modell darauf zu schauen, wo eine Blockade liegt und auf welcher Ebene man diese bearbeiten kann.

Ein anderer Aspekt bezieht sich auf das Geben von Feedback. Echtes Feedback sollte sich in der Regel nur auf die untersten beiden Ebenen beziehen, denn wir haben gesehen, dass ein Feedback wertfrei sein sollte. Aber Feedback zu Fähigkeiten (und darüber hinaus) hat einen wertenden und urteilenden Anstrich.

Glaubenssätze und Veränderungsarbeit

Oftmals stammen die Widerstände in Bezug auf Veränderung von verinnerlichten Glaubenssätzen. Robert Dilts hat eine Reihe von Reframingtechniken und Sprachmustern zusammengefasst zum **Sleight-of-Mouth System** (Dilts 2001). Dieses System besteht aus vierzehn verschiedenen Mustern, die dabei helfen sollen, festgefahrene Glaubenssätze zu bearbeiten und zu transformieren. Glaubenssätze sind Grundannahmen, die Menschen sehr tief verankert haben, und die, wenn sie einschränkend wirken, sehr schwer zu verändern sind, was für die Betroffenen Personen eine große Bremse in ihrem Leben darstellen kann.

Ein Beispiel für einen einschränkenden Glaubenssatz ist: „Ich habe diese Überzeugung schon sehr lange, daher ist es schwer sie zu verändern“.[16]

Diese Überzeugung führt dazu, dass Veränderung als sehr schwer erlebt wird. Zudem kann sie auch verallgemeinert werden und sich als Gedankenvirus auch auf andere Überzeugungen beziehen lassen, die dann ebenso schwer zu verändern sind. Durch die Anwendung der vierzehn verschiedenen Sleight-of-Mouth Muster kann an dieser Grundhaltung gearbeitet werden.

1. **Positive Absicht erkennen:** Ein erster Schritt ist es, die positive Absicht hinter der Überzeugung zu erkennen und zu benennen. Zum Beispiel könnte die positive Absicht für den Coachee darin bestehen, dass er ehrlich zu sich selbst und anderen ist, wenn er diese Überzeugung äußert. Diese positive Absicht können Sie als Coach aufgreifen und somit dem einschränkenden Glaubenssatz eine positive Richtung geben. *„Ich finde es toll, wie ehrlich Du Dir selbst gegenüber bist.“*
2. **Umdefinieren:** Sie können auch durch die Veränderung (chunking) von Bestandteilen der Aussage diese so umdeuten, dass dadurch neue Möglichkeiten sichtbar werden. Sie können zum Beispiel das Wort „Überzeugung“ ersetzen durch „vertraute Grenzen“. Die Schwierigkeit, die Überzeugung zu verändern könnten sie ersetzen durch „es fühlt sich merkwürdig an“. *„Es kann sich etwas merkwürdig anfühlen, vertraute Grenzen zu überschreiten.“*
3. **Konsequenzen sichtbar machen:** Durch den Fokus auf positive oder negative Konsequenzen der Überzeugung, kann diese ebenfalls verändert werden. Eine Konsequenz davon, den einschränkenden Satz abzulegen bestünde darin, dass man sich stärker auf Ziele fokussieren könnte. *„Wenn du diese Sorgen zugelassen hast, dann kannst du sie auch hinter dir lassen und dich auf deine Ziele konzentrieren.“*
4. **Chunking down (herunterchunken):** Durch das Kleinerbrechen der Überzeugung in kleine Einzelbestandteile kann man der generalisierten Überzeugung etwas an Macht nehmen, oder gewisse Aspekte gezielt verstärken. Ein Teil der Überzeugung in unserem Beispiel bezieht sich auf einen zeitlichen Aspekt. „Ich habe diese Überzeugung schon sehr lange“ kann hinterfragt werden, indem man diesen zeitlichen Aspekt herunter chunkt. *„Entspricht jede Sekunde, die du diese Überzeugung schon hast, einem Grad der Veränderung? Wann hast du mit dem Versuch angefangen, die Überzeugung zu verändern?“*
5. **Chunking up (heraufchunken):** Man kann auch die andere Richtung wählen und durch hochchunken eine stärkere Verallgemeinerung erreichen, die eine Veränderung der Überzeugung bewirken kann. „Schwer zu verändern“ könnte als Teil eines großen Zyklus ansehen, der nicht beschleunigt werden kann. Die Aussage „Ich habe diese Überzeugung schon lange“ könnte man dementsprechend auf die Länge des Lebenszyklus der Überzeugung beziehen. *„Alle Veränderungsprozesse durchlaufen einen natürlichen Zyklus. Diesen Zyklus können wir nicht*

16 Das Beispiel habe ich (etwas vereinfacht) übernommen aus Dilts (2001).

beschleunigen. Die Frage ist nur, wie lange dieser natürliche Zyklus für Deine Überzeugung schon läuft und wann er zu Ende sein wird.“

6. **Eine Analogie finden:** Sehr mächtig ist es auch, eine Analogie zu finden, die im Kern die gleichen Rahmenbedingungen besitzt, wie die geäußerte Überzeugung, allerdings die Verallgemeinerung durch Ausnahmen oder andere Ergebnisse in Frage stellt. Wir können die geäußerte Überzeugung zum Beispiel mit einem Gesetz vergleichen. *„Eine Überzeugung ist wie ein altes Gesetz, das lange Bestand hat. Aber wenn man Genug Menschen findet, die das Gesetz verändern möchten, dann kann dieses auch einfach verändert werden.“*
7. **Verändern der Rahmengröße (Kontext-Reframing):** Die Veränderung der Rahmengröße haben wir schon ausführlicher betrachtet. Im Rahmen des Sleight-of-Mouth Systems kann dies eingesetzt werden, um die Perspektive zu verändern. Dabei kann man die Rahmengröße für beide Teile der Überzeugung anwenden. *„Ich habe die Überzeugung schon lange“ – „Andere Menschen haben ähnliche Überzeugungen gehabt und sie verändert.“* Oder: *„Es ist schwer diese Überzeugung zu verändern“ – „Deine Kinder sind sicher froh, dass Du Dir die Mühe gemacht hast, diese Überzeugung zu verändern“*
8. **Ein anderes Ergebnis (Inhalts-Reframing):** Durch ein geschicktes Inhalts-Reframing kann man die Relevanz der Überzeugung in Frage stellen, indem man ein anderes Ziel ins Spiel bringt, das sich stark von dem ursprünglichen Ziel unterscheidet. *„Du brauchst Deine Überzeugung gar nicht zu verändern. Es reicht, wenn Du sie den aktuellen Gegebenheiten anpasst.“*
9. **Modell der Welt:** Man kann auch eine andere Perspektive einnehmen, indem man die Überzeugung vom Rahmen eines anderen Weltmodells aus betrachtet. *„Du kannst wirklich froh sein. Viele Menschen erkennen noch nicht einmal, dass ihre eigenen Grenzen durch Überzeugungen festgelegt sind, die verändert werden können.“*
10. **Veränderung der Realitätsstrategie:** Jeder von uns schafft sich eine eigene Repräsentation der Welt. Dies geschieht durch unsere Erfahrungen und die Sprache, die das Weltbild dann beschreibt. Überzeugungen können hinterfragt werden, indem man auch das Weltbild hinterfragt, aus dem heraus sich diese Überzeugung entwickelt hat. *„Was macht Dich so sicher, dass Du die Überzeugung schon lange hast?“* Oder: *„Was macht Dich so sicher, dass Du glaubst, dass es schwierig für Dich sein könnte, die Überzeugung zu verändern?“*
11. **Gegenbeispiel:** Das Suchen nach einer Ausnahme von der Regel haben wir auch schon ausführlicher besprochen. Auch bei der Veränderung von Überzeugungen kann diese Intervention hilfreich sein. *„Ich habe im Coaching schon oft erlebt, wie Überzeugungen entstanden sind, festgehalten wurden und schließlich verändert worden sind.“*
12. **Kriterienhierarchie sichtbar machen:** Eine weitere Möglichkeit, eine Überzeugung zu verändern besteht darin, eine Neubeurteilung zu erreichen, indem ein oder mehrere Kriterien angeführt werden, die wichtiger sind als die in der Überzeugung ausgedrückten Kriterien. Zum Beispiel kann die persönliche Integrität vom Coa-

chee höher bewertet werden als das Festhalten an Überzeugungen. *„Persönliche Kongruenz und Integrität rechtfertigen jede Mühe, die man aufwenden muss, um dieses Ziel zu erreichen."*

13. **Anwendung auf sich selbst (Apply to self)**: Die Überzeugung kann man auch auf sich selbst beziehen. Oftmals ergeben sich dadurch Ungereimtheiten, die zu einer Neubewertung führen können. *„Wie lange bist Du schon davon überzeugt, dass es schwerer wird, eine Überzeugung verändern, je länger sie besteht?"*
14. **Meta-Rahmen:** Man kann auch aus einer Meta-Position heraus auf die Überzeugung schauen. Gibt es eine Überzeugung über die Überzeugung? *„Vielleicht glaubst Du, dass die Überzeugung schwer zu verändern ist, weil Du bisher nicht über die erforderlichen Werkzeuge und das Verständnis verfügt hast, um die Überzeugung zu verändern."*

Das innere Team

Ein Modell, um eine Sache von verschiedenen Seiten betrachten zu können, liefert Friedemann Schulz von Thun mit dem „Inneren Team" (Schulz von Thun 1998). Getreu dem Motto „Willst du ein guter Kommunikator sein, dann schau auch in dich selbst hinein!" beschreibt er, dass die Auseinandersetzung mit den eigenen inneren Anteilen sehr hilfreich sein kann, um Positionen zu klären, Entscheidungen zu treffen oder Lösungen zu erarbeiten.

Wir befinden uns immer in einem **Dialog mit uns selbst**. Unsere innere Stimme gibt uns Ratschläge, warnt uns vor Dummheiten oder lässt uns gewisse Dinge anzweifeln. Schulz von Thun weist darauf hin, dass es vielleicht gar nicht eine einzelne Meinung ist, die wir in solchen Fällen hören. Er zeichnet ein Bild von unterschiedlichen Persönlichkeitsanteilen, die gemeinsam eine Stimme haben, die wir hören.

Im Modell des inneren Teams schlägt er vor, in sich hineinzuschauen und die verschiedenen Akteure zu benennen, die sich zu Wort melden. Zum Beispiel kann man den Skeptiker identifizieren, der sich in einen Konflikt mit dem Hoffenden begibt. Das Modell zeigt, warum wir von einem inneren Team ausgehen sollten. Ähnlich wie in der Welt um uns herum kann sich eine Gruppe von Personen gegenseitig ausbremsen und blockieren, bis es sogar zu einem Stillstand kommt. Wenn sich aber die Gruppe auf gemeinsame Ziele einigt und Wege sucht, dieses Ziel zu erreichen und dabei die Einzelinteressen zu berücksichtigen, dann können Synergien entstehen.

Dieses Prinzip überträgt Schulz von Thun auf das Innere der Menschen. Solange die Persönlichkeitsanteile gegeneinander arbeiten, ist man gehemmt und blockiert. Findet sich aber ein inneres Team zusammen, dann kann dies beflügeln und den Menschen voranbringen.

Das innere Team kann in vielen verschiedenen Fällen zum Einsatz kommen. Sowohl in der Klärung der eigenen Position als auch in der Konfliktmediation oder der Organisationsentwicklung. Eine Reihe von interessanten Anwendungsberichten aus unterschiedlichen Praxisfällen kann man in „Das innere Team in Aktion" nachlesen (Schulz von Thun/Stegemann 2004).

Coaches können dieses Modell nutzen, um mit entsprechenden Fragen alle wichtigen Akteure des inneren Teams zu identifizieren. Am besten werden diese dann auf einem Flipchart visualisiert. Wenn Coach und Coachee gut visualisieren können, dann kann man den Anteilen auch gewisse Merkmale mitgeben oder die Größe nach Wichtigkeit variieren. Dadurch wird das innere Team noch einmal greifbarer für den Coachee. Jedem Anteil kann man auch eine Sprechblase geben, in die der Coach die Hauptaussage oder Motivation des Akteurs schreibt.

Dann können Coach und Coachee gemeinsam eine innere Teamkonferenz durchspielen. An dieser Stelle kann man wieder kreativ werden. Es muss nicht immer nur eine Selbstreflexion des Coachee sein, sondern man kann auch auf Rollenspiele oder Aufstellungen zurückgreifen.

Das Wertequadrat

Das Wertequadrat hilft dabei, klarer zu sehen und die Richtung von Coachinginterventionen zu bestimmen. Friedemann Schulz von Thun beschreibt es ausführlich, nutzt aber die Erfindung von Paul Helwig, beziehungsweise dessen Professors Nicolai Hartmann.[17] Die Grundannahme besteht darin, dass es zu jedem Wert einen Gegenwert gibt. Zwischen den beiden muss sich eine Balance ergeben, damit man nicht in Extreme verfällt. Dann würde ein Wert übertrieben werden, wie zum Beispiel Sparsamkeit zu Geiz werden kann.

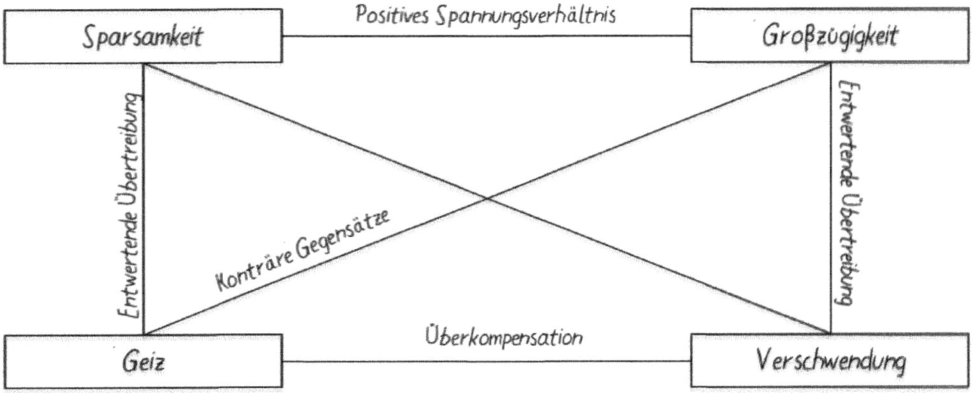

Abb. 55: Wertequadrat (eigene Darstellung nach Thun 2009)

17 www.schulz-von-thun.de/die-modelle/das-werte-und-entwicklungsquadrat?file=files/Inhalte/PDF-Dateien/wurzeln_des_werte-_und_entwicklungsquadrates.pdf, 23.3.2021.

In Abbildung 55 sehen Sie beispielhaft ein Wertequadrat. Sparsamkeit wird ohne einen Anteil an Großzügigkeit schnell zu der Übertreibung Geiz. Ebenso kann Großzügigkeit, wenn sie nicht in einer Balance mit Sparsamkeit steht, schnell zur Verschwendung werden. Um ein Wertequadrat zu zeichnen, schreibt man nun die beiden positiven Grundwerte in die oberen beiden Kästchen und die Unwerte in die unteren beiden Kästchen.

Die Verbindung zwischen den oberen beiden Werten bezeichnet dann ein positives Ergänzungsverhältnis. Die diagonalen Linien bezeichnen konträre Gegensätze zwischen einem Wert und einem Unwert. Senkrechte Linien bezeichnen entwertende Übertreibungen und die untere Verbindung zwischen den Unwerten kennzeichnet eine Überkompensation.

Vom Wertequadrat ist es dann kein großer Schritt mehr hin zum **Entwicklungsquadrat**. Entwicklungsrichtungen sind jeweils an der diagonalen zu finden. Um vom Unwert Geiz wegzukommen, sollte man sich in Richtung Großzügigkeit entwickeln. Das ist wichtig, denn oftmals sind Menschen deshalb geizig, weil sie Verschwendung vermeiden wollen. Es ist manchmal leichter, die Extreme zu sehen.

Die Entwicklung selbst kann in kleinen Schritten erfolgen. Friedemann Schulz von Thun nutzt dafür das Bild der „Coachingtreppe“, da die Diagonale in kleine Treppenstufen unterteilt wird, die der Coachee eine nach der anderen in seinem Tempo hinaufsteigen kann. Das Modell kann hilfreich in Zeiten der Transformation sein, da manche Menschen darin eine Bedrohung sehen und zu den Extremen tendieren. Hier zu zeigen, dass die eigene Führung jetzt nicht von Autoritär zu Laissez-faire verlaufen muss, kann zum Beispiel mit dem aufzeigen am Wertequadrat unterstützt werden.

Die Lösungspyramide

Eine sehr schöne Arbeitsmetapher, mit der man lösungsorientiert arbeiten kann, stellt die Lösungspyramide dar (siehe Abbildung 56). Das Bild der Pyramide gibt ein lösungsorientiertes Grundgerüst vor.

Wertschätzung: Die Pyramide ist auf dem Grund der Wertschätzung gebaut. Diese Wertschätzung ist die Grundlage für alle weiteren Schritte. In einem persönlichen Coaching ist Wertschätzung meistens vorhanden. Aber besonders in Teamcoachings oder in eventuellen Konfliktfällen sollte sichergestellt sein, dass der Prozess stets wertschätzend und respektvoll abläuft.

Ziele und Auswirkungen: Die Basis der Pyramide bietet die Definition von Zielen und deren Auswirkungen. Hier geht es darum, ein Verständnis für die angestrebten Ziele zu entwickeln. Dafür sollten diese möglichst positiv, konkret und von außen wahrnehmbar formuliert werden. Hier ist es wieder hilfreich, sich das „Wozu“ klarzumachen. Stellen Sie Fragen, die herausarbeiten, warum das Ziel sinnvoll und nützlich für den Coachee und das umgebende System ist.

Statt dem altbekannten SMART (spezifisch, messbar, attraktiv, realistisch, terminiert) können Sie auch ein Ziel als ENDPUNKT beschreiben:
E – erreichbar
N – nachweisbar und wahrnehmbar
D – detailliert und konkret
P – positiv
U – umwelttauglich
N – nützlich
K – korrekt (sprachliche Formulierung)
T – toll (motivierend und sinnvoll)

Funktionierendes: Die Suche und Bewusstmachung von Verhaltensweisen, Eigenschaften, Stärken und Dingen, die schon gelungen sind, stellt ein Sprungbrett dar, mit dem die dritte Ebene der Pyramide leichter erreicht werden kann. Auch in den verfahrensten Situationen gibt es mit Sicherheit kleine Lichtblicke oder kleine Ausnahmen.

Die nächsten Schritte: Die dritte Ebene beschäftigt sich mit konkreten nächsten Schritten. Hier wird die Lösungsorientierung wieder sehr deutlich. Hier können zum Beispiel Skalierungsfragen zum Einsatz kommen. „Du hast gesagt, Du siehst Dich auf einer Skala bei einer fünf. Wie könnte der nächste kleine Schritt aussehen, um zu einer sechs zu gelangen?"

Prüfung der Zuversicht: Wenn die nächsten Schritte gefunden wurden, um das angepeilte Ziel zu erreichen, ist es wichtig, die Zuversicht zu prüfen. Oftmals ist es so, dass zwar kleine Schritte identifiziert werden, aber der Glaube daran, dass diese auch zu einer Verbesserung des Gesamtproblems führen, ist nicht vorhanden. Dann lohnt es sich, noch einmal zu hinterfragen, warum diese fehlt. In einfachen Fällen hilft die Frage „Was würde Dich zuversichtlicher machen?" vielleicht schon weiter. Vielleicht steckt aber auch noch ein größeres Problem dahinter als bisher vermutet wurde.

In diesem Fall sollte man das Problem auf dem Boden vor der Pyramide ausbreiten und wertschätzen. Es ist gut, dass es in dem bisherigen Prozess zum Vorschein gekommen ist und nun bearbeitet werden kann. Dann geht die Arbeit mit diesem Problem von vorne los. Das sollte nicht als Scheitern, sondern als Erfolg gewertet werden. Entweder ist ein tieferliegendes Problem entdeckt worden, das vorher nicht bekannt war, oder es war vielleicht bekannt, aber niemand hat sich getraut es auszusprechen. In beiden Fällen hat man einen Fortschritt erzielt.

Abb. 56: Lösungspyramide (eigene Darstellung nach Kotrba/Miarka 2019)

➤ Tipps für VUCA-Helden

Coaching nimmt keine Verantwortung von den Schultern, sondern ist Hilfe zur Selbsthilfe. Derjenige, der die Herausforderung hat, hat auch die Lösung. Sie können als VUCA-Held auf die Methoden des Coachings zurückgreifen und in Gesprächen oder Gruppensitzungen verwenden. Überlegen Sie sich, ob es vielleicht hilfreich wäre, diese Fähigkeiten durch eine professionelle Ausbildung zu vertiefen.

1. **Lassen Sie sich coachen.**

Wenn Sie die Möglichkeit haben, sich coachen zu lassen, nehmen Sie sie wahr. Ein guter Coach kann mit wenigen Fragen Ihre Perspektive noch einmal deutlich erweitern und Ihnen ermöglichen, sich selbst neue Handlungsoptionen zu erarbeiten. Und gerade, wenn Sie andere Menschen führen oder unterstützen, können Sie von einem persönlichen Coaching profitieren.

- Sind Sie bereit, sich coachen zu lassen?
- In welchen Bereichen haben Sie vielleicht vorgefertigte Meinungen oder blinde Flecken?
- Gibt es die Möglichkeit zum Peer Coaching (also zum kollegialen Austausch und Unterstützung)?

2. **Entwickeln Sie eine Coaching Haltung.**

Auch wenn Sie nicht als Coach tätig sind, beschäftigen Sie sich mit der Grundhaltung des Coachings. Die Grundeinstellung eines Coaches ist es, andere zu befähigen, ihre eigenen Stärken zu erkennen und zu nutzen. Dadurch findet ein großes Empowerment statt. Diese Haltung kann in vielen Lebensbereichen vorteilhaft sein.
Gehen Sie davon aus, dass Ihr Gegenüber prinzipiell dazu in der Lage ist, seine Probleme selbst zu lösen. Unterstützen Sie ihn dabei, die Lösung selbst zu ergründen, indem Sie durch entsprechende Fragen oder Perspektivwechsel helfen. Selbst wenn Sie glauben, eine bessere Lösung zu kennen, lassen Sie sich überraschen.

- Sind Sie geduldig genug, um anderen bei der Lösungserarbeitung nicht Ihre Lösung aufzuzwingen?
- Glauben Sie daran, dass Ihr Gegenüber selbst alles mitbringt, um das Problem zu lösen?

3. **Achten Sie auf Ihre Sprache.**

Sprache schafft Wirklichkeit. Sie grenzt ein oder erweitert Lösungsräume und Perspektiven. Sie regt zum Nachdenken an oder versperrt Wege. Daher sollten Sie sich jederzeit bewusst machen, dass durch das Verwenden eines einzelnen anderen Wortes Ihr Gegenüber völlig neue Perspektiven sehen kann. Üben Sie sich im Reframing und spielen Sie mit den Möglichkeiten der Sprache.
Achten Sie darauf, mehr zu fragen als zu sagen. Stellen Sie offene Fragen. Geben Sie Ihrem Gegenüber genug Zeit, darauf zu antworten. Viele Fragen lösen tiefgreifende Denkvorgänge und Reflexionen aus. Das braucht seine Zeit. Üben Sie sich in Geduld.

- Sind Sie sich Ihrer gewählten Worte bewusst oder sprechen Sie, ohne nachzudenken?
- Sprechen Sie in Ihrer Muttersprache oder in einer Fremdsprache? Wie verhält es sich mit Ihrem Gegenüber? Sind Sie sich der Feinheiten der Fremdsprache bewusst?
- Können Sie etwas so ausdrücken, dass es das Denken öffnet?

Kultur

„Culture eats strategy for breakfast", lautet ein sehr bekanntes Zitat des Managementvordenkers Peter Drucker. Die Kultur verspeist die besten Strategien genüsslich zum Frühstück. Das Management kann sich noch so schöne Strategiepapiere und

Schlachtpläne überlegt haben, wenn die Kultur der Organisation sich dagegen sträubt, dann werden die Pläne nicht aufgehen.

Aber was genau ist eigentlich Kultur? Wikipedia sagt dazu: „Kultur bezeichnet im weitesten Sinne alles, was der Mensch selbst gestaltend hervorbringt – im Unterschied zu der von ihm nicht geschaffenen und nicht veränderten Natur." Dies wird noch einmal präzisiert: „Der Begriff der Kultur kann sich auf eine soziale Gruppe von Menschen beziehen, denen eine bestimmte Kultur zugesprochen wird, oder auf das, was allen Menschen zukommen soll [...]."[18]

Kultur ist immer und überall vorhanden, wo Menschen zusammenleben. Je nachdem, was man als Bezugspunkt nimmt, kann man von einer europäischen Kultur sprechen, einer Landeskultur (wie zum Beispiel die italienische Kultur oder die deutsche Kultur) und auch noch spezifischer werden (zum Beispiel die bayrische Kultur oder die Kultur im Rheinland).

Und auch Organisationen und Unternehmen prägen ihre eigene Kultur. Dabei ist es sehr schwer zu beschreiben, was Kultur eigentlich genau ist. Sie ist nicht greifbar, aber überall immer vorhanden.

Das Kulturebenen-Modell

Der amerikanische Organisationspsychologe Edgar Schein beschrieb 1985 in seinem Buch „Organisationskultur und Leadership" das Kulturebenen-Modell, das hilft, Organisationskultur zu beschreiben (Schein/Schein 2018). Dabei definiert er **Organisationskultur** folgendermaßen: „Ein Muster grundlegender Annahmen – erfunden, entdeckt oder entwickelt von einer vorgegebenen Gruppe, während diese lernt mit den Problemen der externen Adaption und internen Integration umzugehen – die gut genug funktionierten, um als gültig angesehen zu werden und die deshalb neuen Mitgliedern vermittelt werden als richtige Methode der Wahrnehmung, des Denkens und des Fühlens bezüglich dieser Probleme."

Kultur basiert also zuerst einmal auf grundlegenden Annahmen. Diese können entdeckt, entwickelt oder sogar erfunden sein. Diese Grundannahmen entstehen durch die Auseinandersetzung mit der erlebten Realität. Sie werden innerhalb der Organisation gelebt und an neue Mitglieder, also zum Beispiel neue Arbeitskollegen, weitergegeben. Diese Annahmen bilden dann die Basis, um Dinge, die in der Organisation geschehen, zu bewerten. Wenn man zum Ziel hat, möglichst schnell zu lernen, dann wird ein Rückschlag beim Erreichen des Ziels als Feedback zum Lernprozess wahrgenommen und wertgeschätzt. Wenn man zum Ziel hat, fehlerlos und vorausschauend zu sein, dann wird das gleiche Phänomen, ein Rückschlag, als Fehler und Versagen interpretiert.

Schein beschreibt drei Ebenen, die die Kultur einer Organisation beschreiben. In Abbildung 57 sind diese dargestellt. Die **oberste Ebene** beschreibt alle sichtbaren Verhaltensweisen, Ergebnisse, Rituale und Mythen. Alles, was man sehen, hören und

---

18 https://de.wikipedia.org/wiki/kultur, 24.03.2021.

anfassen kann, wenn man ein Unternehmen betritt, fällt in diese Kategorie. Dabei gibt es unterschiedliche Aspekte, die die Kultur reflektieren. So zum Beispiel die Frage, wie der Parkplatz angelegt und die Parkordnung festgelegt ist. Dürfen Kunden auf den Firmenparkplatz? Parken sie nah am Eingang? Hat das Management spezielle Parkplätze und wo sind diese? Gibt es feste Zuordnungen? Auch die Geschichten, die in der Kaffeepause und auf Firmenfesten erzählt werden, gehören zu den sichtbaren und greifbaren Aspekten der Organisationskultur. Manche Organisationen haben den Anspruch, Kultur aktiv zu gestalten. Dafür werden zum Beispiel Unternehmensleitbilder geschrieben und auf Postern im Gebäude aufgehängt. Diese machen die im Unternehmen gewünschten Werte und Verhaltensweisen noch einmal ganz explizit sichtbar.

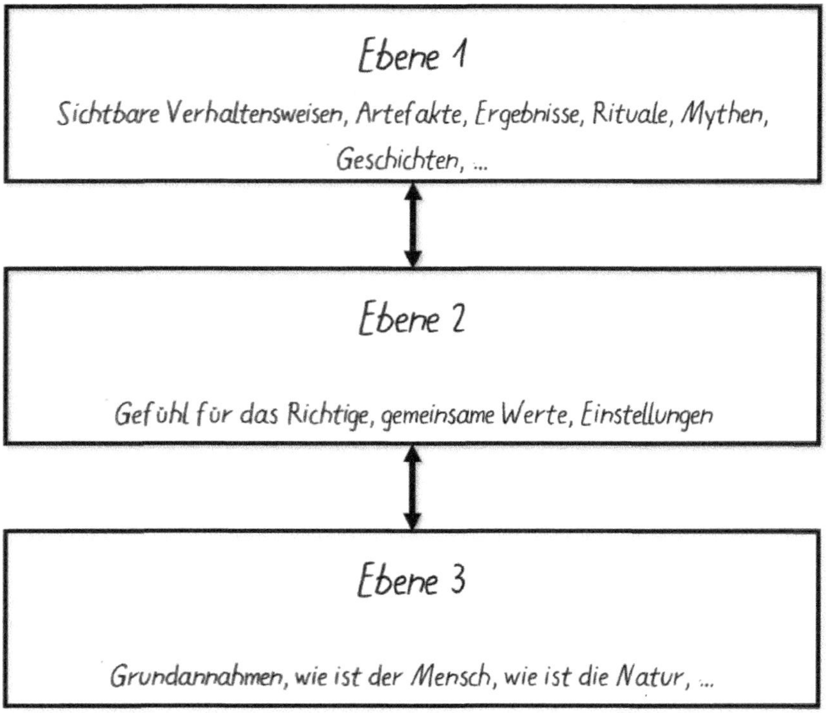

Abb. 57: Kulturebenen-Modell nach Edgar Schein

Auf der **zweiten Ebene** liegen das Gefühl und die Meinung, wie die Dinge sein sollten. Dies zeigt sich in gemeinsam geteilten Werten und Einstellungen. Ist die Organisation eher innovativ und geht ganz neue Wege? Oder hält sie an traditionellen Werten fest? Sieht man sich elitär oder volkstümlich? Diese Einstellungen sind nicht direkt zu beobachten, scheinen aber in den Handlungen und Artefakten der ersten Ebene durch.

Die **dritte Ebene** enthält nun alle Grundannahmen, die als selbstverständlich angenommen werden. Diese sind den Mitgliedern der Organisation in vielen Fällen gar nicht bewusst. Aber sie bestimmen das Verhalten, das sich auf der ersten Ebene zeigt. Dieser dritten Ebene nähert man sich durch Beobachtung und Interpretation an.

Die Grundannahmen der dritten Ebene kann man nach verschiedene Kulturdimensionen ordnen:

- **Annahmen über menschliche Natur:** Wie man leicht sieht, wird es hier sehr philosophisch. Wie sehen wir die menschliche Natur? Ist der Mensch von Natur aus gut oder böse? Ist der Mensch wandelbar oder einfach so wie er ist?
- **Annahmen über die Umwelt:** Wie wird die Umwelt wahrgenommen? Sehen sich die Menschen in einer feindlichen, gefährlichen Umwelt, in der an jeder Ecke Gefahren lauern? Oder ist die Welt ein schöner und friedvoller Ort, wo an jeder Ecke Schönheit und Spaß entdeckt werden können? Vielleicht wird die Umwelt auch nur als Pool für Ressourcen gesehen, einzig dafür da, die menschlichen Bedürfnisse zu befriedigen?
- **Annahmen über zwischenmenschliche Beziehungen:** Wie gestaltet der Mensch Beziehungen zu anderen Menschen oder Gruppen? Begegnet man sich auf Augenhöhe, weil man davon ausgeht, dass alle Menschen gleich sind? Oder glaubt der Mensch an eine klare Hierarchie? Ist das Leben in Familien und Gruppen wichtig, oder geht es eher darum, die eigenen individuellen Ziele und Bedürfnisse zu erfüllen?
- **Annahmen über Wahrheit und Zeit:** Wie ist das Verständnis von Wahrheit? Glaubt man daran, dass es eine objektive Wahrheit gibt? Oder ist Wahrheit eine subjektive Sichtweise und daher auslegungsfähig? Gibt es ein Richtig oder Falsch? Zudem stellt sich die Frage, wie Zeit wahrgenommen wird. Geht man davon aus, dass alles in einer Abfolge nacheinander abläuft, klare Ursache-Wirkungs-Zusammenhänge erkennbar werden und sich im zeitlichen Ablauf zeigen? Oder geht man davon aus, dass viele Dinge parallel passieren? Das alles ständig im Fluss ist?
- **Annahmen über das menschliche Handeln:** Hier beantworten die Menschen für sich die grundlegende Frage, wie gehandelt wird und was erwünscht ist. Ist eine Retrospektive Arbeit oder Spiel? Ist das Beschäftigen mit unterschiedlichen Sichtweisen und das Ausdiskutieren Arbeit oder unnütze Zeitverschwendung? Wird Eigeninitiative belohnt und gewürdigt oder abgelehnt und bestraft?

Sie können sich vorstellen, dass über diese grundlegenden Annahmen so gut wie nie explizit gesprochen wird. Sie zeigen sich aber in den gemeinsamen Wertevorstellungen von Ebene zwei und den Handlungen und Ergebnissen auf Ebene eins. Wir können uns dieses Modell wie einen großen Eisberg vorstellen. Das was sichtbar ist, befindet sich auf Ebene eins. Die anderen Bestandteile der Kultur machen den deutlich größeren Teil aus, sind aber wie beim Eisberg unter der Wasseroberfläche und nicht zu sehen.

Allerdings haben sie einen sehr großen Einfluss auf die Unternehmenskultur. Der Wechsel von einer Kultur, die Eigeninitiative ablehnt und auf Gehorsam und Befolgen von Anweisungen beruht, zu einer Kultur, die Eigeninitiative und Innovation verlangt, geht nicht einfach so vonstatten. Hierzu müssen Werte neu definiert und grundlegende Annahmen von Ebene drei verändert werden.

Ähnlich wie die kognitive Entwicklung von Individuen sich in der Ich-Entwicklung ausdrückt (siehe Seite 141ff.), kann man auch die Werte betrachten, die in einer Kultur vorherrschend sind, denn diese folgen ebenfalls einem **evolutionären Wachstum** (Beck/Cowan 2008).

Um in der VUCA-Welt erfolgreich zu sein, bedarf es in klassisch tayloristisch aufgestellten Unternehmen eines grundlegenden Kulturwandels. Es ist nicht damit genug, einfach agile Methoden einzuführen und den Mitarbeitern zu erzählen, dass sie jetzt selbst Entscheidungen treffen dürfen und sich selbst organisieren sollen.

Scheins Modell zeigt, wo man ansetzen könnte. Man kann Handlungen anpassen, Werte und sogar Grundannahmen verändern. Ähnlich wie wir es aber beim limbischen System gesehen haben, ist der Aufwand für die unteren Ebenen deutlich höher.

Cultural Model von Laloux

Erinnern wir uns an die Definition von Kultur als all das, was der Mensch im weitesten Sinne selbstgestaltend hervorgebracht hat. Kreativ zu sein und Dinge hervorzubringen war immer schon etwas, das der Mensch in Gesellschaft mit anderen vollbracht hat. Menschen haben sich zusammengetan und Formen des Zusammenlebens etabliert. Im Laufe der Menschheitsgeschichte hat der Mensch so unterschiedliche Organisationsformen hervorgebracht. Dabei veränderte sich nicht nur die Größe der Organisation, sondern auch die Handlungskompetenzen, das Führungsverständnis und vor allem das Wertesystem.

Frederic Laloux beschreibt diese Veränderungen in seinem Cultural Model (Laloux/Kauschke 2015). Dieses Modell kann helfen zu verstehen, wie sich verschiedene Veränderungen (Umwelt, Bewusstsein, Gesellschaft) auf die Kultur ausgewirkt haben und dazu führten, bestimmte Organisationsformen hervorzubringen. Dabei liegt jeder Organisationsform immer auch ein bestimmtes Paradigma zugrunde, das die jeweils gültige Weltsicht repräsentiert, aus der eine Organisationsform entstanden ist.

Das reaktive Paradigma (infrarot)

Vor etwa 100.000 Jahren lebten die Menschen in Kleinfamilien zusammen. Die Welt war ein sehr gefährlicher Ort und die Menschen mussten hart um ihr Überleben kämpfen. Der Alltag wurde bestimmt durch die Suche nach Nahrung und dem Versuch, nicht gefressen zu werden. Es ging also um das nackte Überleben. In dieser gefährlichen Umwelt waren zwischenmenschliche Beziehungen den Menschen zu komplex. Man lebte zusammen, um sich fortzupflanzen. Ansonsten war jeder sich selbst der Nächste. Laloux nennt das Paradigma, das dieser Organisationsform (so man sie als solche bezeichnen möchte) zugrunde liegt, das reaktive Paradigma. Laloux ordnet den Paradigmen eine Farbe zu, die sich an den Wellenlängen des Lichts orientiert. In diesem Fall wird das reaktive Paradigma durch infrarot beschrieben, was ein wenig darstellen soll, dass dieses Paradigma heute so gut wie gar nicht mehr sichtbar ist.

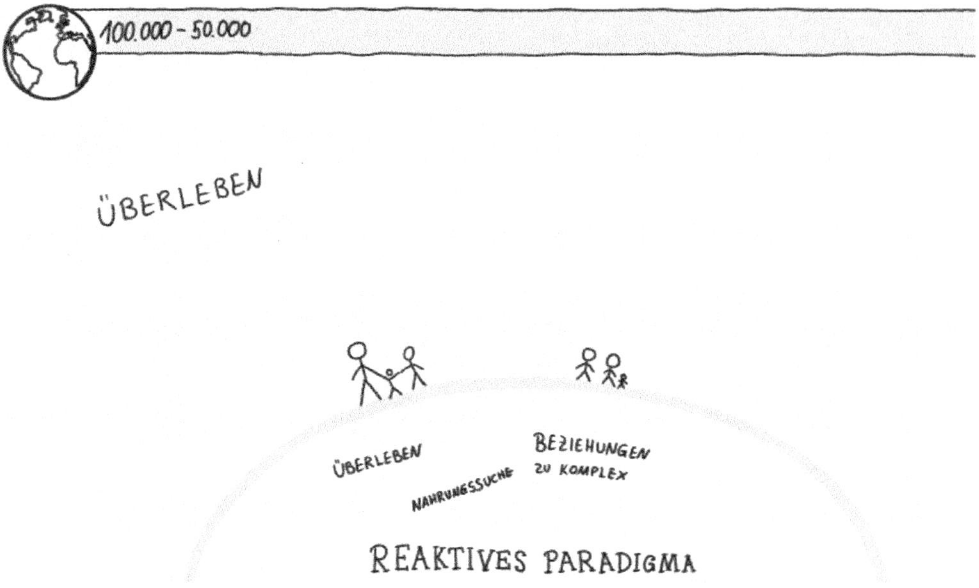

Abb. 58: Das reaktive Paradigma

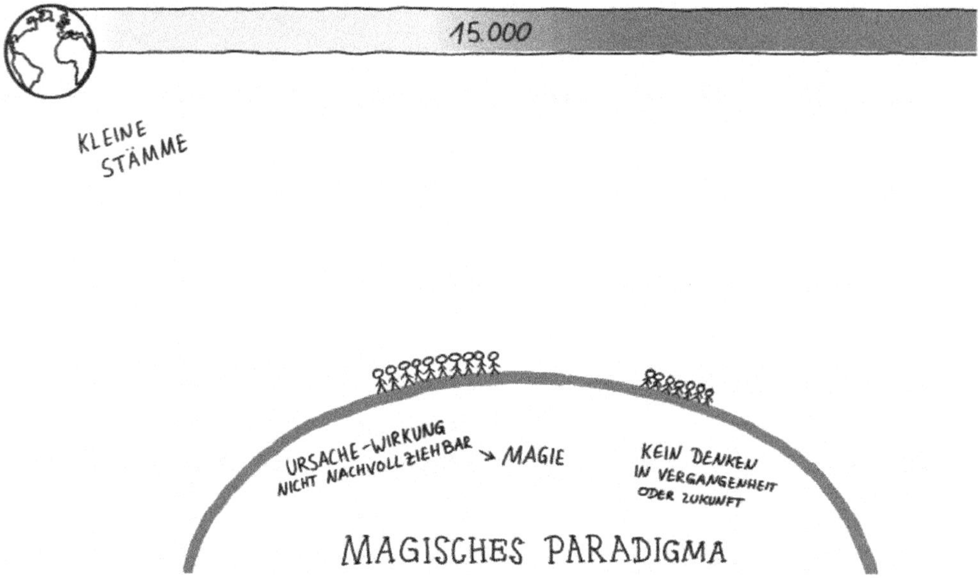

Abb. 59: Das magische Paradigma

Das magische Paradigma (magenta)
Vor ungefähr 15.000 Jahren schlossen sich die Menschen zu etwas größeren Stämmen zusammen. Sie gingen gemeinsam auf die Jagd und halfen sich. So boten die kleinen Stämme, in denen sie sich zusammentaten, mehr Erfolgsaussichten, etwas zu Essen zu bekommen und den Gefahren zu entgehen. Die kognitive Entwicklung der Menschen jener Zeit war noch nicht so weit fortgeschritten, so dass nur sehr einfache Kausalzusammenhänge erfasst werden konnten. Alles, was der Mensch noch nicht in einen entsprechenden Ursache-Wirkungs-Zusammenhang bringen konnte, wurde als magisch angesehen. Da die Menschen noch nicht in der Lage waren, Linearität zu sehen, lebten sie auch nur im Moment. Sie hatten keinen Begriff von Vergangenheit und auch so gut wie keine Projektionen in die Zukunft.

Innerhalb der Stämme besaßen die Ältesten ein hohes Ansehen und hatten einen gewissen Einfluss. Aber auch wenn manche Stämme mehrere Hundert Personen umfassten, so kann man an dieser Stelle noch nicht von einer Organisationsform sprechen.

Das tribal impulsive Paradigma (rot)
Vor ungefähr 10.000 Jahren entstanden die ersten großen Stämme mit mächtigen Stammesfürsten und in der Folge erste Imperien. Die Menschen sahen die Welt aus einem tribal impulsiven Paradigma. Sie empfanden sich in ihrer Existenz als von anderen getrennt. Man war in der Lage den eigenen Tod wahrzunehmen und das erfüllte die Menschen mit Furcht. Die Welt war ein sehr gefährlicher Ort und nur die Starken würden überleben. Daher wurde Stärke und Widerstandsfähigkeit zu wichtigen Werten erhoben. Macht war die stärkste Währung. Die Menschen waren noch nicht so weit in ihrer Entwicklung, dass sie die Bedürfnisse und Gefühle ihrer Mitmenschen wahrnehmen konnten. So waren ihre Handlungen sehr selbstbezogen und egoistisch. Das Denken war schwarz-weiß geprägt. Mittlerweile hatten die Menschen eine leichte Ahnung von der Zukunft entwickelt, so dass sie in der Lage waren, einfache kausale Zusammenhänge zu antizipieren.

Dieses neue Paradigma versetzte die Menschen in die Lage, erste organisierte Formen des Zusammenlebens und der Kooperation zu gründen. Laloux bezeichnet diese Organisationsform als tribale Organisation und nimmt als Symbolbild ein Wolfsrudel. In einem Wolfsrudel gilt ebenso wie in der tribalen Organisation das Recht des Stärksten. Wer sich gegen alle Herausforderer durchgesetzt hat, übernimmt die Führung. So lange, bis er von einem Stärkeren besiegt wurde.

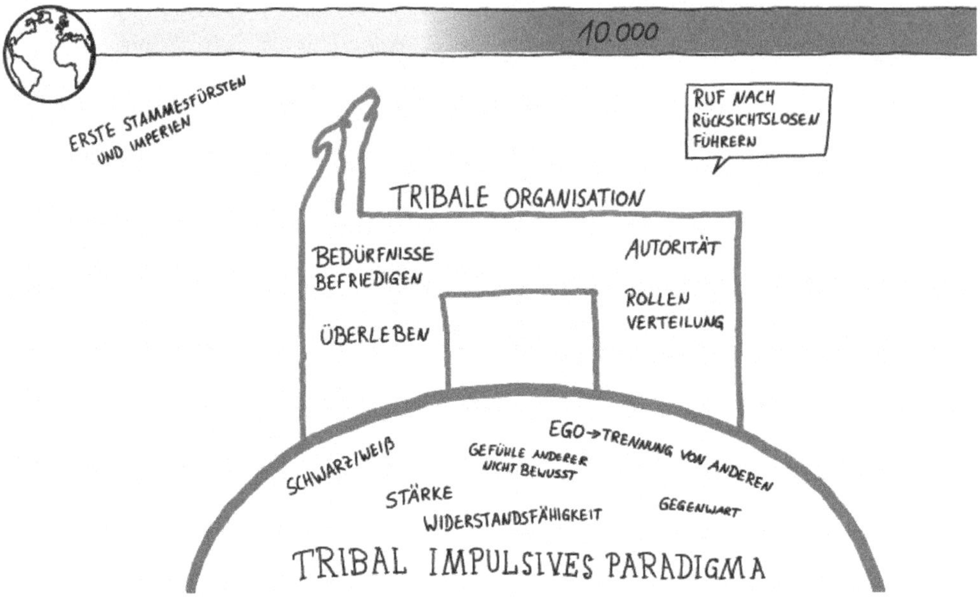

Abb. 60: Das tribal impulsive Paradigma

Der Zweck der tribalen Organisation ist die **Bedürfnisbefriedigung** und das Überleben. Dies wird erreicht durch eine klare Rollenverteilung. An der Spitze steht der Mächtige Rudelführer. Es gibt Krieger und Arbeiter. Auch die Sklaverei hat zu dieser Zeit ihre Anfänge genommen und drohte als Schicksal für Mitglieder der unterworfenen Stämme. Der Anführer an der Spitze herrschte dabei oft durch Gewalt und Brutalität. Angst hielt mögliche Herausforderer zurück und festigte seine Position.

Diese Form der Organisation ist auch heute noch vereinzelt zu finden. Zum Beispiel in sehr feindlichen Umgebungen, bei Straßengangs, der Mafia oder vereinzelten Stämmen von Ureinwohnern. Das große Problem dieser Organisationsform ist ihre Unfähigkeit zu wachsen. Die Führung basiert auf Stärke und Furcht, was den Nachteil hat, dass der Anführer möglichst alle Mitglieder sehr dicht bei sich halten muss. Mit steigender Distanz erhöht sich die Chance, dass Mitglieder die Organisation verlassen oder sich gegen den Rudelführer verbünden.

Insgesamt ist das tribal impulsive Paradigma und die damit verbundene Organisation heute noch bei maximal fünf Prozent der Erwachsenen zu finden. Hier sehen wir auch eine Verwandtschaft zum schon vorgestellten Modell der Ich-Entwicklung. Das tribal-impulsive Paradigma hat seine Entsprechung im Ego-Modus (E3).

Das traditionell konformistische Paradigma (bernstein)

Mit der Entdeckung der Landwirtschaft fand vor ungefähr 4.000 Jahren eine große Revolution in der Menschheitsgeschichte statt. Die Menschen hatten einen Weg gefunden, Nahrung in deutlich größerem Umfang mit weniger Aufwand zu erzeugen. Mit dieser neuen, verbesserten Nahrungsmittelversorgung konnte eine größere Anzahl

Menschen versorgt werden. Und auch das Denken der Menschen veränderte sich grundlegend. Das traditionell konformistische Paradigma trat auf den Plan.

Die Menschen waren nun in der Lage, Ursache und Wirkung in einen direkten Zusammenhang zu stellen. Dies hatte auch damit zu tun, dass man ein lineares Modell der Zeit erfassen konnte. Zudem entwickelten die Menschen ein Bewusstsein dafür, was ihre Mitmenschen fühlten und dachten. Die Meinung der Mitmenschen über einen selbst bekam nun eine sehr große Bedeutung.

In der Gesellschaft gab es Gruppennormen, deren Einhaltung für alle Menschen sehr wichtig war. Diese Normen und Werte waren sehr statisch, wie auch die gesamte Weltsicht es noch war. Es gab eine starre Ordnung mit unveränderlichen Gesetzen, die eine gerechte Welt garantierten.

Die auf diesem Paradigma beruhende traditionelle Organisation war deutlich mächtiger als die bis dahin vorherrschende tribale Organisation. In dieser neuen Organisation gab es eine klare, pyramidenförmige Hierarchie. Befehle und Entscheidungen kamen von der Spitze der Pyramide, was dem Konstrukt Struktur und Stabilität gab. Durch Kontrolle und die Macht, Strafen auszusprechen, wenn gegen Befehle verstoßen wurde, stellte das System sicher, dass die getroffenen Entscheidungen auch weiter unten in der Pyramide umgesetzt wurden.

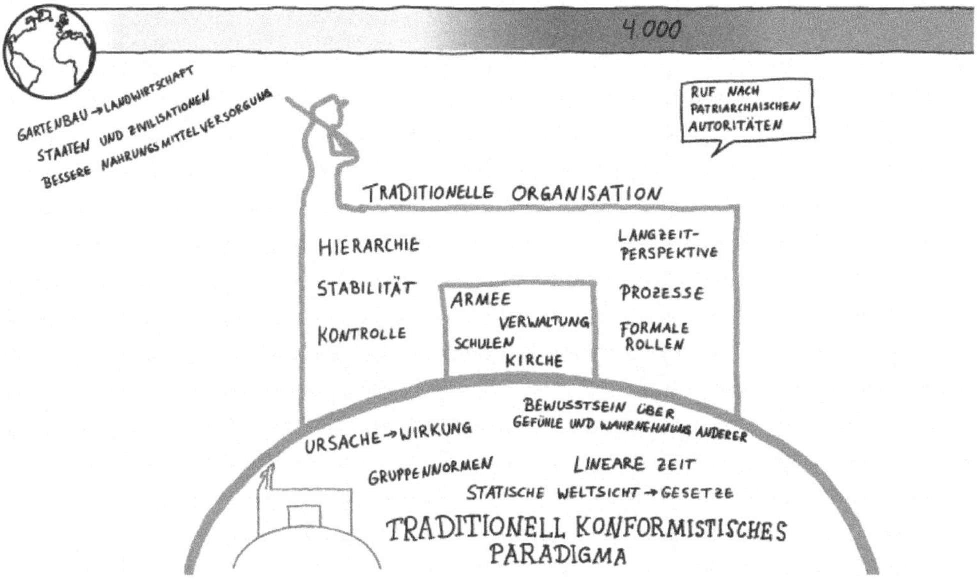

Abb. 61: Das traditionell konformistische Paradigma

Die traditionelle Organisation war – im Gegensatz zur tribalen Organisation – in der Lage, in die Zukunft zu planen und so einen auf längere Zeit angelegten Plan zu verfolgen. Durch die Einführung von Prozessen und Rollen konnten Arbeitsschritte und Verantwortlichkeiten ganz klar geregelt werden und die Abhängigkeit von einzelnen Personen aufgelöst werden. Durch die vorhandenen Beschreibungen der Rollen waren die ausführenden Personen austauschbar. Die Rollen selbst wurden durch Statussymbole und Abzeichen kenntlich gemacht. Dadurch wurden sie zu einem festen Bestandteil des sozial akzeptierten Selbst. Das Streben nach Höherem ist in dieser Organisation nicht erwünscht. Jeder hat seinen festen Platz in der Ordnung.

Diese Organisationsform trifft man auch heute noch recht häufig an, vor allem in **staatlichen Organisationen** wie Schulen, Verwaltungen, Armeen oder Kirchen. Das große Problem der traditionellen Organisation aus heutiger Sicht ist ihr Festhalten an der im zugrundeliegenden Paradigma verankerten statischen Weltsicht. Diese Sichtweise kommt mit veränderten Rahmenbedingungen nur sehr schlecht zurecht. Die Konfrontation mit den Herausforderungen der VUCA-Welt beispielsweise führt schnell zu einer Ablehnung und einem Festhalten an veralteten und nicht mehr gültigen Glaubenssätzen. „Das haben wir schon immer so gemacht" ist eine typische Aussage, die aus diesem Paradigma heraus getroffen wird. Dieses Paradigma bestimmt heute noch die Weltsicht von 30-40% der Erwachsenen und entspricht größtenteils dem Wir-Modus (E4).

Das moderne leistungsorientierte Paradigma (gelb)
Die nächste Revolution, die mit einem neuen Paradigma einherging, stellte die industrielle Revolution dar. Das moderne leistungsorientierte Paradigma, das vor ungefähr 400 Jahren das Denken veränderte, ermöglichte ein „was-wäre-wenn" und ein „als-ob" Denken. Menschen, die dieses Paradigma ihrer Weltsicht zugrunde legen, haben einen starken Fokus auf die Zukunft. Sie setzen sich Ziele und gehen davon aus, dass das Erreichen dieser gesteckten Ziele sie glücklich machen wird. Die Weltsicht ist stark von Materialismus geprägt. Dies äußert sich auch darin, dass jedwede Form von Spiritualismus sehr kritisch betrachtet wird. In diesem Paradigma erreicht das Ego den Gipfel seiner Dominanz. Das individuelle Glück steht im Mittelpunkt und ist durch Leistung und Erfolg zu erreichen. Die starke Fokussierung auf den zukünftigen Erfolg durch das Erreichen der gesetzten Ziele führt dazu, dass oftmals der Mensch mehr in einer gedanklichen Zukunft verbringt als im Hier und Jetzt.

Die Entstehung dieses Paradigmas stellte eine große Befreiung dar. Die richtigen Antworten hatte nun nicht mehr eine formale Autorität, sondern Experten mit fundierten Einsichten. Nun gaben Wissen und Leistung den Ton an, nicht mehr Geburtsrecht und willkürliche Rollen. Die aus diesem Paradigma entstandene moderne Organisation setzt sich selbst Ziele, die auf Profit und Gewinne ausgerichtet sind. Dabei begibt sie sich in einen harten Konkurrenzkampf mit den Wettbewerbern um Marktanteile.

Die moderne Organisation ist fähig zur **Innovation**, was sie den bisher bekannten Organisationsformen überlegen macht. Veränderungen werden plötzlich als Möglichkeiten und Chancen gesehen. Durch den Fokus auf Projekte verlieren starre Prozesse an Bedeutung. Zwar gibt es nach wie vor eine klare Hierarchie in Form einer Pyramide, allerdings hat man erkannt, dass man gewisse Grenzen öffnen muss, um schneller, flexibler und anpassungsfähiger zu sein.

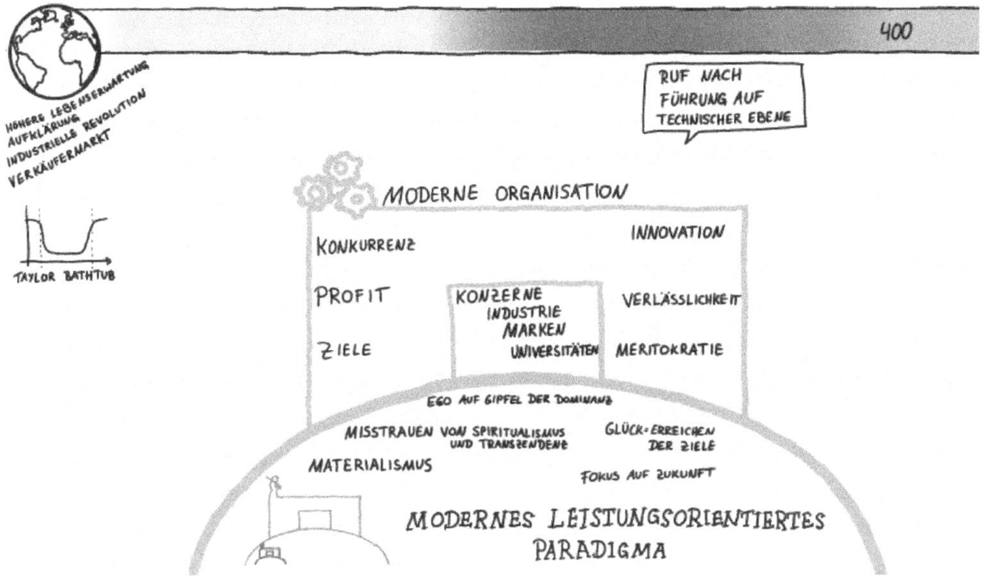

Abb. 62: Das moderne leistungsorientierte Paradigma

Die moderne Organisation ist deutlich verlässlicher als die vorherigen Organisationen. Dies erreicht sie nicht durch Anweisung und Kontrolle (und eventuellen Sanktionen), sondern durch finanzielle Anreize für die Mitarbeiter. Man setzt auf individuelle Zielvereinbarungen, erhebt Key Performance Indikatoren (KPIs) und verwendet Tools wie beispielsweise Balanced Scorecards. Damit entsteht ein zielgerichteter und planbarer Ablauf.

Zudem profitiert die moderne Organisation von einem dritten wichtigen Durchbruch, dem Leistungsprinzip. Hier herrscht nun (zumindest vordergründig) soziale Fairness, denn mit den entsprechenden Fähigkeiten, Talenten und Leistungen kann jeder innerhalb der Organisation aufsteigen. Egal, aus welchem Umfeld jemand stammt, es sollte ihm möglich sein, mit entsprechenden Leistungen, seinen Weg nach oben im Unternehmen zu gehen.

Die Metapher für diese Organisationsform ist die **Maschine**. Oftmals zeigt sich dieses Paradigma auch in den Begrifflichkeiten, die verwendet werden, um Organisationen zu beschreiben. Dann spricht man zum Beispiel vom Input oder Output, von Menschen als Ressourcen oder von Einheiten.

Das hier beschriebene moderne leistungsorientierte Paradigma ist die vorherrschende Weltsicht in Politik und Wirtschaft. Oftmals gehen dabei Prinzipien und Methoden der traditionellen Organisation und der modernen Organisation Hand in Hand. Das moderne Paradigma stellt nämlich keine vollständige Dekonstruktion des traditionellen Paradigmas dar. Im Gegenteil, es bedient sich gerne bei dessen Annahmen, wenn es für das eigene Ego vorteilhaft ist. So sieht man viele moderne

Unternehmen, die das hierarchische Führungsprinzip des traditionellen Ansatzes sehr stark implementiert haben.

Die komplexen Marktanforderungen und die Veränderungen, die VUCA mit sich bringt, führen zu einer Überforderung vieler modernen Organisationen. Durch die Aufteilung in funktionale Silos, die einmal den Erfolg begründet hatte, nun aber zunehmend ein Problem darstellt, dauert es sehr lange, bis Arbeitspakete fertig sind. Oftmals treten innerhalb einer Organisation dysfunktionalen Beziehungen zwischen Abteilungen auf, die auf die Dominanz des Egos zurückzuführen sind. Dann erhält man das, was der Management-Philosoph Lars Vollmer als „Business Theater" bezeichnet (Vollmer 2016).

In extremen Ausprägungen bringt die moderne Organisation auch eine Reihe von **Schattenseiten** mit sich. So kann eine unersättliche Gier dazu führen, dass natürliche Ressourcen ebenso ausgebeutet werden wie eigene Mitarbeiter. Um den in den Zielen angepeilten Gewinn zu erreichen ist es auch in der Vergangenheit nicht selten vorgekommen, dass Unternehmen ethische und moralische Grenzen überschritten haben. Bezüglich der Wertschöpfung, also dem Produkt, das entsteht, wird oftmals versucht, einen künstlichen Bedarf herzustellen, statt auf den Kundenwunsch zu hören und das herzustellen, was wirklich benötigt wird. So kommt es zu Manipulationen und wenig nachhaltigem Handeln. Denken Sie nur an die Diesel-Affäre.

Für viele Beschäftigte fehlt da der Bezug zum **übergeordneten Sinn**. Nur vom Erreichen von (wie es scheint) willkürlich gesetzten KPIs und damit verbundenen finanziellen Gewinnen, fühlen sie sich nicht erfüllt. Zudem zeigt das moderne leistungsorientierte Paradigma durch die Betonung des Egos und der Leistung eine weitere Schattenseite: Die Positionen an der Spitze sind rar gesät, das heißt, das Versprechen, dass jeder werden kann, was er möchte, trifft nicht auf alle zu. Nicht jeder kann Vorstandsvorsitzender werden. Das führt bei vielen Menschen zu Enttäuschung und Frustration und ist mitverantwortlich für die Häufung der psychischen Erkrankungen. Zwischen 30-50 % der Weltbevölkerung sieht die Welt aus diesem Paradigma. In den Modi der Ich-Entwicklung entsprächen der Richtig-Modus (E5) und der Effektiv-Modus (E6) dieser Sichtweise.

Das postmoderne pluralistische Paradigma (grün)

In den vergangenen hundert Jahren hat sich ein weiteres Paradigma herauskristallisiert: das postmoderne pluralistische Paradigma. Hier wird den Sichtweisen und Gefühlen der Mitmenschen sehr viel Beachtung geschenkt. Die Werte, die das Paradigma kennzeichnen, sind Fairness, Gleichheit, Harmonie, Gemeinschaften und die Entscheidungsfindung durch einen Konsens (alle stimmen zu). Die Menschen streben nach Zugehörigkeit und suchen harmonische Beziehungen. Dadurch werden Beziehungen höher gewertet als nackte Ergebnisse. In der postmodernen Weltsicht zeigt sich eine echte Zentrierung der Welt. Die Vertreter dieses Paradigmas suchen nach mehr in ihrem Leben als das selbstbezogene Verfolgen der eigenen Karriereziele und dem Streben nach persönlichem Erfolg.

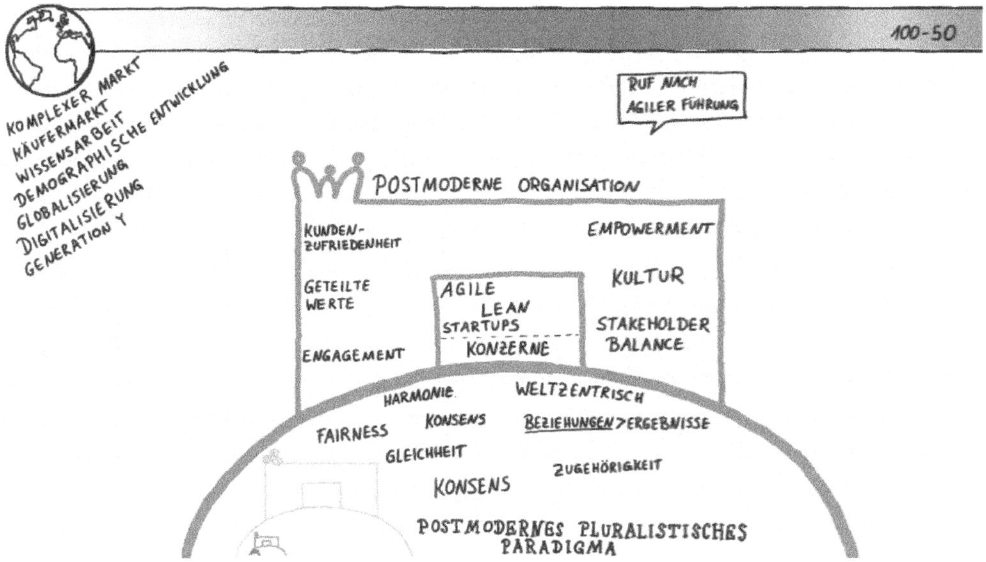

Abb. 63: Das postmoderne pluralistische Paradigma

In darauf basierenden postmodernen Organisationen wird die Maschinenmetapher des modernen Unternehmens durch eine Familienmetapher abgelöst. Engagement und Kundenzufriedenheit stehen hier hoch im Kurs. Die großen Durchbrüche im Vergleich zu den bisherigen Organisationsformen stellen das Empowerment der Mitarbeiter, eine werteorientierte Kultur und die Integration von verschiedenen Interessensgruppen dar.

Empowerment zeigt sich darin, dass die Entscheidungen dorthin verlagert werden, wo die Arbeit getan wird. Die bisherige hierarchische Struktur besteht zwar noch, gibt aber wichtige Entscheidungskompetenzen in die Teams ab. Das mittlere Management, das bisher für diese Entscheidungen verantwortlich war, unterstützt die Teams als Servant Leader und setzt die entsprechenden Rahmenbedingungen.

Die **werteorientierte Kultur** bewahrt in Zusammenspiel mit einer inspirierenden Sinnausrichtung die Organisation vor dem Auseinanderfallen. Dabei ist wichtig zu sehen, dass hier die Werte auch tatsächlich gelebt werden. Hier werden sie nicht wie beim Business-Theater auf schöne Poster geschrieben und in Meetingräume gehängt, sondern alle Mitglieder der Organisation leben diese Werte wirklich. Es wird nicht vorgegaukelt, hohen Werten zu folgen, während man im Hintergrund immer noch Profit, Konkurrenz und Wettbewerb verfolgt. Eine der wichtigsten Aufgaben der Führung wird dann auch logischerweise die Personalentwicklung.

Der dritte große Durchbruch ist die **Integration unterschiedlichster Stakeholder** (Interessensgruppen). Nicht der Shareholder-Value und bloße Zahlen in der Jahresbilanz sind handlungsleitend, sondern man sieht sich sehr unterschiedlichen Interessensgruppen verpflichtet. Darunter fallen neben den Investoren auch die eigenen

Mitarbeiter und natürlich die Kunden. Die Führung ist in der Verantwortung, ein ausgewogenes Gleichgewicht herzustellen.

Die soziale Verpflichtung nehmen postmoderne Organisationen sehr ernst. Sie sehen dies nicht als bloße Pflicht, sondern stellen diese in Einklang mit den Unternehmenswerten und verfolgen diese Ziele auch in ihrer strategischen Ausrichtung.

Heute gibt es, neben vielen Start-ups, die häufig in einer solchen Organisationsform gründen, auch schon einige Konzerne, die den Schritt von einem modernen und leistungsorientierten Unternehmen in Richtung einer agilen und postmodernen Organisation gemacht haben oder zumindest im Begriff sind, diese Transformation zu meistern. Wie wir schon im Kapitel über Führung gesehen haben, kommt es bei einer solchen Transformation sehr stark darauf an, dass die Treiber und Lenker selbst mindestens das postmoderne pluralistische Paradigma zugrunde legen. Laloux geht davon aus, dass ein Unternehmen niemals auf einer höheren Entwicklungsstufe stehen kann, als das Paradigma des Eigentümers (oder Vorstand) darstellt. Heutzutage besitzen seiner Schätzung nach 15-20 % der Erwachsenen diese Reife, Tendenz steigend. Dieses Paradigma entspricht Teilen des Effektiv-Modus (E6) und des Flexibel-Modus (E7).

Postmoderne Organisationen haben aber auch mit einer Reihe von Problemen zu kämpfen. Ihr Streben danach, Regeln und Prozesse abzuschaffen, ist oftmals begleitet von einer Ratlosigkeit. Was tritt an deren Stelle? Man ist noch sehr dicht am modernen Weltbild und so fehlen oftmals die Leitplanken. Gleiches gilt dann, wenn Hierarchien abgebaut und verflacht werden. Es fehlen oftmals noch passende Alternativen. Für postmoderne Unternehmen kann es keine Blaupause und Best-Practices geben. Sie müssen ihren Weg selbst finden. Nicht alle Unternehmen meistern diese Herausforderung. Gerade in der Transformation schwingen daher viele Organisationen wieder in die bekannten Denkmuster der modernen Organisationen zurück.

Zudem befinden sich die postmodernen Organisationen nach wie vor in einer Welt, die von den modernen, ego-zentrierten Organisationen dominiert wird. In diesem Haifischbecken müssen sich diese neuen Organisationen erst einmal behaupten, ohne dabei ihre Werte zu verraten. Gar nicht so einfach ...

Das evolutionäre Paradigma (petrol)

Das evolutionäre Paradigma ist Grundlage der Weltsicht von geschätzten fünf Prozent der Menschen. Der Schritt dorthin ist ein sehr großer und gewaltiger. In Spiral Dynamics wird dieser Schritt als Wechsel in den zweiten Rang gekennzeichnet, bei Loevinger ist es der Übergang von der konventionellen Denkweise zu den postkonventionellen Denkweisen (ab E8, E7 entspricht eher einer Übergangsstufe).

Hier werden fundamentale Denkweisen verändert und Gegensätze integriert. Die bisherigen Paradigmen (und damit auch Organisationsformen) gingen davon aus, dass ihre Sicht auf die Welt die einzig richtige sei und alle anderen falsch liegen müssten. Das evolutionäre Paradigma kennt kein richtig oder falsch und keine absolute Wahrheit. Alle Weltsichten werden akzeptiert und in die eigene Weltsicht integriert. Es urteilt auch nicht mehr, das Gegenüber wird mit allen Stärken und Schwächen so angenommen, wie es ist, und als wertvoll erachtet. Das hat nichts damit zu tun, dass hier eine Harmonie gewahrt werden soll. Im Gegenteil, Menschen, die diese Weltanschauung ihr Eigen nennen, können durchaus konträrer Meinung sein und das auch klar äußern. Dabei verurteilen sie aber niemals andere und werden auch nicht deren Wert in Frage stellen.

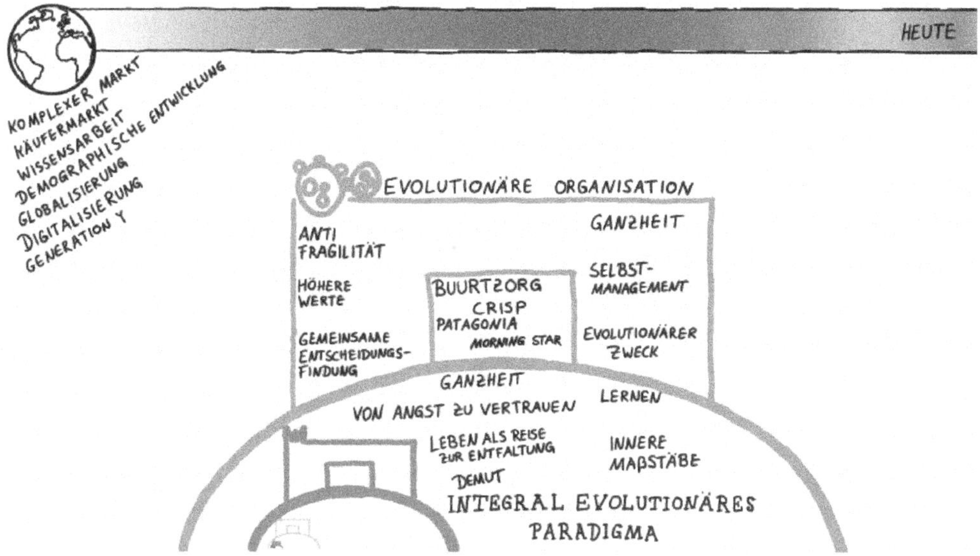

Abb. 64: Das evolutionäre Paradigma

Das Paradigma zeichnet sich aus durch das Streben nach Ganzheit des Lebens. Das Leben ist eine Reise der Entfaltung und alles um uns herum ist eine Lerngelegenheit. Somit kann man nicht mehr scheitern, denn im schlechtesten Fall hat man eine wertvolle Lektion gelernt. Dabei werden Stärken betont, nicht versucht, Schwächen auszugleichen.

Ein wichtiges Merkmal dieses Paradigmas ist auch der **Übergang vom „Entweder-oder" zum „Sowohl-als-auch"**, das eine holistische Form des Wissens im dialektischen Sinne entstehen lässt. Hier zeigt sich die in allen Bereichen vorherrschende Suche nach Ganzheit. Durch Spiritualität und Demut versucht der Mensch zu seiner wahren Natur in Ganzheit zu finden.

Auch wenn dieses Paradigma so grundlegend anders erscheint als die bisher dagewesenen, so findet man heute immer mehr Menschen, die sich auf den Weg machen und diese Weltsicht teilen möchten. Sie streben nach Sinn, Ganzheit und Integration. Ein Unternehmen, dass aus diesem Paradigma entsteht, muss diesem Streben Rechnung tragen.

Hier deckt sich die Beschreibung mit anderen Ansätzen, wie zum Beispiel dem integralen Modell von Ken Wilber (Wilber/Wilhelm 1998) und Spiral Dynamics (Beck/Cowan 2008), die dieses Paradigma und die damit verbundene Sichtweise als erste Stufe des „zweiten Rangs" beschreiben.

Laloux zeigt in seinem Buch einige Unternehmen, die er als evolutionäre Organisationen sieht. Sie unterscheiden sich zwar in einigen Facetten, können aber auch auf viele Gemeinsamkeiten blicken. So steht der **Mensch im Mittelpunkt** mit seinem Streben nach Ganzheit. Es gibt Wege zur Entscheidungsfindung, die dezentral sind, aber dennoch effektiver als Konsens (Beratungsprozess). Die Unternehmen sind antifragil aufgestellt, so dass sie durch Disruptionen und unvorhergesehene Ereignisse nicht bedroht werden, sondern dadurch im Gegenteil sogar noch stärker werden. Das wichtigste aber ist, dass sich die Mitarbeiter hinter einem von allen geteilten und unterstützen evolutionären Zweck vereinigen. Das heißt, dass hier nicht der Aktienkurs oder der Wettbewerb die Hauptrolle spielt, sondern das Unternehmen nur so lange von Nutzen ist, wie es einem evolutionären Zweck dient.

Interkulturelle Unterschiede – Erin Meyers Culture Map

Kultur ist auch etwas, das weit über die Unternehmen und Organisationen hinausgeht und sich über ganze Gesellschaften erstreckt. Die Menschen, die eng zusammenleben, teilen gemeinsame Werte und Sichtweisen. Sie bilden eine kulturelle Gemeinschaft. In einer globalisierten Welt ist es keine Seltenheit, dass unterschiedliche Kulturen aufeinandertreffen und zusammenarbeiten. Dabei kann es sehr schnell zu Unverständnis und Frust kommen, wenn man nicht darauf vorbereitet ist, dass Menschen aus anderen Kulturen **andere Verhaltensweisen** an den Tag legen als man selbst gewohnt ist.

In einem agilen Team, das ich betreute, arbeiteten deutsche und indische Softwareexperten gemeinsam nach dem Scrum Framework. Der Großteil des Teams saß an einem Standort in Deutschland, der kleinere Teil in Indien. Das Team war bemüht, sich wirklich als Einheit zu sehen und die Arbeit gemeinsam anzugehen. Dafür wurden alle in Scrum beschriebenen Ereignisse gemeinsam durchgeführt. Mit Hilfe von Video-Konferenz-Tools wurden die Kollegen jeweils zugeschaltet und man ging die anstehenden Aufgaben gemeinsam durch. Durch das täglich stattfindende Daily Scrum traf sich das Team täglich mindestens für 15 Minuten im virtuellen Raum. Die Sprachbarriere war schnell überwunden, da alle Beteiligten des Englischen mächtig waren. Allerdings dauerte es nicht lange, bis beide Seiten einen immer stärkeren Unmut äußerten. Die indischen Kollegen seien zu ruhig, beschwerten sich die deutschen Teammitglieder. Sie äußerten sich kaum und würden sich nicht an den Terminen beteiligen. Immer würden sie darauf warten, dass die deutschen etwas sagten. Die indischen Kollegen hingegen waren genervt, weil so viel diskutiert wurde und sie am Ende eines Meetings nicht genau wussten, was sie nun genau zu tun hatten. Sie wünschten sich klar definierte Aufgaben und Arbeitspakete. Daneben gab es eine Reihe weiterer **Missverständnisse** und Unterschiede, die für Verwunderung sorgten. So lief jede wichtige Kommunikation auf der indischen Seite stets über den Schreibtisch der indischen Führungskräfte. Für den deutschen Teil des Teams war das recht unverständlich, waren sie doch gerade froh, dass die Hierarchien durch die Einführung von Scrum deutlich flacher geworden waren und dieser formelle Mehraufwand ein Ende gefunden hatte.

Manche Teams, mit denen ich zu tun hatte, waren noch deutlich weiter verteilt. Da saßen Teammitglieder in China, Indien, Deutschland und den USA. Hier trafen noch mehr unterschiedliche Kulturen aufeinander. Und auch wenn es auf den ersten Blick erscheinen mag, als würden die westlichen Kulturen alle recht ähnlich sein, so gibt es auch hier feine Unterschiede, die, wenn man sie nicht kennt, einen schnell in Fettnäpfchen und in Missverständnisse manövrieren.

Es gibt eine Reihe von Ansätzen, wie interkulturelle Unterschiede zu kategorisieren und zu erklären sind. Einer der bekanntesten Ansätze ist Geert Hofstedes Ansatz der Kulturdimensionen. Ich möchte Ihnen an dieser Stelle aber die acht Skalen der von Erin Meyer entwickelten **„Culture Map"** (Meyer 2018) vorstellen, die mir durch den starken Praxisbezug und der Aktualität gute Dienste im Verständnis anderer Kulturen leisten.

Meyer beschreibt **acht unterschiedliche Skalen**, die sich jeweils zwischen zwei Polen aufspannen. Auf dieser Skala, deren Pole zum Beispiel direktes und indirektes Feedback bilden, wird nun ein Land verortet. Das Wissen, wo sie ein Land auf der Skala ansiedeln muss, hat Meyer aus Interviews mit zahlreichen Personen dieses Kulturkreises, vornehmlich Vertreter des mittleren Managements, ermittelt. Meyer mittelte dies und weist darauf hin, dass es durchaus Individuen in einer Kultur gibt, die rechts oder links von dieser Einordnung liegen können, allerdings nur in einer geringen Spannweite.

Wichtig ist auch zu wissen, dass die Lage auf der jeweiligen Skala relativ ist. Die Deutschen geben zum Beispiel relativ direkt negatives Feedback. Sie packen ihre Botschaft nicht allzu stark in Watte. Indien hingegen liegt auf der Skala sehr weit rechts und direktes negatives Feedback wird dort in aller Regel vermieden. Noch weiter rechts aber liegt zum Beispiel Japan, ein Land, in dem Harmonie eine starke Rolle spielt. Für einen Japaner kann daher die indische Art, Feedback zu geben, durchaus als sehr direkt erscheinen. Man muss also immer schauen, wo zwei Kulturen im direkten Vergleich zueinander liegen.

1. **Kommunizieren**

Die erste Skala beschreibt, wie eine Kultur in der Regel ihre Kommunikation gestaltet. Dabei unterscheidet Meyer zwischen kontextarmen Kulturen und kontextreichen Kulturen. In einer kontextarmen Kultur ist die Kommunikation möglichst präzise und klar. Man geht davon aus, dass man auf so gut wie keinen gemeinsamen Kontext zurückgreifen kann, daher wird alles sehr wörtlich genommen. Um zu überprüfen, ob etwas richtig verstanden wurde, werden die Botschaften oft wiederholt. Diese Wiederholungen werden geschätzt, da sie zu einer größeren Klarheit der Kommunikation beitragen.

Kontextreiche Kulturen hingegen kommunizieren sehr vielschichtig. Hier werden viele Dinge nur angedeutet. Als Zuhörer muss man zwischen den Zeilen lesen und interpretieren. Vieles kann auch durch Körpersprache, Mimik und Gestik transportiert werden und wird nicht explizit angesprochen.

Die amerikanische Kultur ist eine der kontextärmsten Kulturen der Welt. Dies erklärt Meyer durch die Historie der USA. Die Nation gibt es noch nicht so lange wie die fernöstlichen Kulturen und hier mussten immer schon viele unterschiedliche Menschen und kulturelle Einflüsse vereint werden. Daher gibt es wenig Gemeinsames, auf das man sich beziehen kann. In Japan und Korea hingegen leben die Menschen seit vielen Jahrhunderten in einer engen Gemeinschaft, lange ohne äußere Einflüsse. Hier hat sich ein gemeinsamer Wertekanon und ein gemeinsames Verständnis füreinander entwickelt, auf das sich die Mitglieder des Kulturkreises beziehen können. In der Kommunikation zwischen Japanern und Amerikanern ist es daher durchaus wahrscheinlich, dass es zu Missverständnissen und Unverständnis kommt.

- **Wenn Sie mit kontextreicheren Kulturen zusammenarbeiten:** Lernen Sie zuzuhören. Sprechen Sie weniger und hören Sie genau hin. Was wird angedeutet, aber nicht klar ausgesprochen? Stellen Sie Verständnisfragen und haken sie nach, wenn Sie sich unsicher sind. Asiaten verstecken ein „Nein" gerne irgendwo in ihrer Nachricht und sagen vordergründig „ja". Um dies zu klären, ohne ihren Gesprächspartner in eine unangenehme Situation zu bringen, stellen Sie offene Fragen, die sie erkennen lassen, was ihr Gegenüber wirklich meint, ohne ein klares „ja" oder „nein" zu erzwingen. Wenn Sie selbst kommunizieren, verzichten Sie auf viele Wiederholungen. Falls Sie sich nicht sicher sind, ob Ihre Botschaft angekommen ist, kommen Sie später noch einmal darauf zurück.
- **Wenn Sie mit kontextärmeren Kulturen zusammenarbeiten:** Versuchen Sie, möglichst klar und präzise zu formulieren, was Sie transportieren wollen und warum. Wiederholen Sie am Ende noch einmal die wichtigsten Punkte. Eventuell können Sie auch im Nachgang eines Gesprächs eine zusammenfassende E-Mail versenden, die alle Details noch einmal auflistet.

Übrigens weist Meyer darauf hin, dass das größte Potenzial für Missverständnisse nicht in dem Fall vorliegt, wenn kontextreiche Kulturen mit kontextarmen Kulturen zu tun haben, sondern wenn zwei kontextreiche Kulturen miteinander kommunizieren, aber nicht den gemeinsamen Hintergrund teilen. Daher ist es wichtig in stark gemischten Teams diese Unterschiede in der Kommunikation anzusprechen und sich darauf zu einigen, wie wichtige Ergebnisse und Informationen im Team kommuniziert werden. In Abbildung 65 finden Sie die Skala für interkulturelle Kommunikation und die Lage einiger Kulturen darauf.

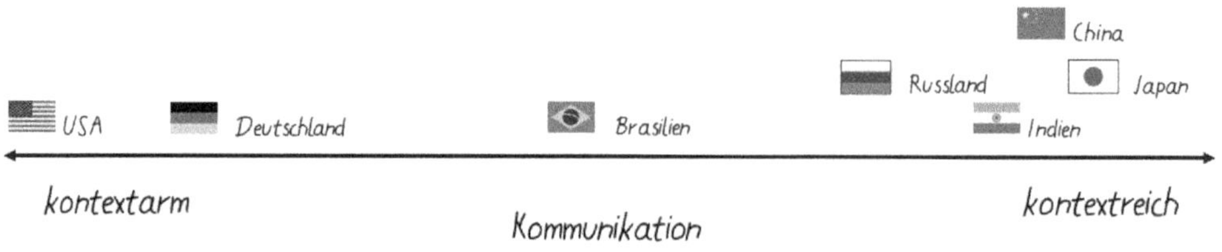

Abb. 65: Interkulturelle Kommunikation

2. **Beurteilen**
Die zweite Skala, die Erin Meyer beschreibt, zeigt auf, wie unterschiedliche Kulturen mit negativem Feedback umgehen. Hier gibt es Kulturen, die sehr direkt sind und Feedback recht sachlich und ungeschönt geben und Kulturen, die sehr indirekt sind und ein Feedback sehr verschleiert geben.

Direktes negatives Feedback zeichnet sich durch Offenheit und Ehrlichkeit aus. Die Kritik wird nicht durch positive Gegenbeispiele abgemildert. Häufig wird dabei auf Worte zurückgegriffen, die einen absoluten Charakter haben (zum Beispiel „total unbrauchbar" oder „vollkommen daneben"). In Kulturen, die einen solchen Feedbackstil pflegen, ist es durchaus normal, dass auch vor einer Gruppe von Menschen negatives Feedback gegeben wird.

Indirektes negatives Feedback hingegen wird in Watte gepackt und sehr vorsichtig und diplomatisch gegeben. Jede Kritik kommt in der Regel mit vielen positiven Aspekten daher und wird auch von der Formulierung her gerne mit einschränkenden und weichmachenden Worten gegeben (zum Beispiel „fast unbrauchbar" oder „ein wenig daneben"). Kulturen, die diesen Feedbackstil pflegen, geben sich in der Regel nur unter vier Augen Feedback.

Die kulturelle Präferenz, wie Feedback gegeben wird, spielt auch eng mit der Art der Kommunikation zusammen. Daher sollten Sie sich vor Augen halten, wo Ihre Gesprächspartner gemäß diesen beiden Skalen einzuordnen sind.

Kontextarme Kommunikation und direktes Feedback (zum Beispiel Deutschland): Diese Kulturen sind sehr direkt und meinen ihr Feedback und die Kritik nicht persönlich. Wenn Sie aus einer Kultur stammen, die weniger direkt ist und kontextreicher kommuniziert, seien Sie vorsichtig und versuchen Sie nicht, die direkte Art nachzuahmen. Hier gibt es sehr feine Trennlinien, die leicht überschritten werden können für Angehörige anderer Kulturen.

- **Kontextarme Kommunikation und indirektes Feedback (zum Beispiel USA):** Diese Kulturen geben negatives Feedback sehr vorsichtig und in sehr viel Positives verpackt. Die Sandwich-Methode des Feedbacks, bei der ein negatives Feedback in (mindestens) ein vorgelagertes und ein nachgelagertes positives Feedback eingebettet wird, ist in Deutschland sehr verpönt, weil sie als unehrlich und manipulativ angesehen wird (Sie verstehen jetzt vielleicht warum). In den USA kann diese Methode Ihnen hingegen gute Dienste leisten.
- **Kontextreiche Kommunikation und direktes Feedback (zum Beispiel Russland):** Diese Kulturen verstecken zwar gerne ihre Botschaften zwischen den Zeilen, geben aber sehr direktes Feedback. Dies kann für viele überraschend sein, da man es nicht so erwartet wie bei den kontextarmen Kulturen.
- **Kontextreiche Kommunikation und indirektes Feedback (zum Beispiel Indien, Japan, China, Brasilien):** In diesen Kulturen wird Feedback immer nur unter vier Augen und mit sehr viel Fingerspitzengefühl gegeben. Das bezieht sich nicht nur auf negatives, sondern auch auf positives Feedback, da dies für Verlegenheit in der Gruppe sorgen kann. Eine hilfreiche Strategie besteht darin,

Feedback langsam und über einen langen Zeitraum verteilt zu geben und zu verschleiern. Ihr Gesprächspartner, der zwischen den Zeilen lesen kann, hat so die Chance, sein Verhalten zu verändern, ohne sein Gesicht zu verlieren. In Abbildung 66 können Sie die Lage einiger Kulturen auf der Skala für negatives Feedback erkennen.

Abb. 66: Interkulturelles negatives Feedback

3. **Überzeugen**

Wenn Sie aus einem Land wie Deutschland, Frankreich, Spanien oder aus Lateinamerika kommen, dann hat Ihr Mathematikunterricht wahrscheinlich so ausgesehen, dass Ihre Lehrer erst einmal ein bestimmtes Prinzip recht allgemein erklärt haben. Wenn das allgemeine Prinzip verstanden war, dann wurden Anwendungen geübt. Andere Länder, wie zum Beispiel die USA, gehen in der Schule in der Regel genau umgekehrt vor. Hier werden erst praktische Anwendungen geübt und dann von dort auf die dahinerliegenden Prinzipien und Regeln geschlossen. Diese jeweiligen Vorgehensweisen werden im Denken verinnerlicht und haben somit auch Einfluss auf das Berufsleben.

- **Kulturen, die von den Prinzipien ausgehen,** werden zuerst das allgemeine Prinzip und den theoretischen Hintergrund betrachten. Erst dann präsentieren sie die eigene Meinung, die sich daraus ableitet. Wenn Sie jemanden aus dieser Kultur überzeugen möchten, dann müssen Sie zuerst möglichst lückenlos die Hintergründe, die Theorie und ihre Vorgehensweise erläutern, bevor Sie zu Ihren Folgerungen kommen.
- **Bei den Kulturen, die von der Anwendung ausgehen**, sieht dies etwas anders aus. Wenn Sie jemanden aus dieser Kultur überzeugen möchten, dann starten Sie gleich mit Ihren Fakten und Schlussfolgerungen. Die Konzepte können Sie in abgekürzter Form danach präsentieren, sollten sich dabei aber kurz fassen. Theoretische oder gar philosophische Diskussionen sollten Sie versuchen ganz zu vermeiden.

Gerade, wenn man diese Unterschiede nicht kennt, kann man schnell in eine Falle tappen. Ein Deutscher, der die amerikanischen Geschäftspartner überzeugen möchte und dabei erst einmal in aller Ausführlichkeit erklärt, wie er zu seinen Folgerungen gelangt ist, bevor er sie mitteilt, hat bis zu diesem Zeitpunkt vielleicht schon alle Aufmerksamkeit verloren. Umgekehrt wird der Amerikaner, der vor der deutschen Delegation spricht, Probleme bekommen, wenn er nur seine Empfehlungen kommuniziert. Die Deutschen werden misstrauisch sein, weil sie nicht verstehen, wie er zu den Schlussfolgerungen gelangt ist.

Bei kulturell gemischten Teams empfiehlt es sich, diese Unterschiede vorab transparent zu machen und darüber zu sprechen. In Abbildung 67 finden Sie die Lage verschiedener Kulturen auf der Skala der Überzeugung.

Vielleicht fragen Sie sich, warum die **asiatischen Kulturen** in der Skala nicht abgebildet sind. Diese stellen hier eine Besonderheit dar. Die asiatischen Kulturen pflegen einen holistischen, also ganzheitlichen, Ansatz. Sie denken von dem großen Ganzen ausgehend hin zum Spezifischen und Kleinen. Westliche Kulturen gehen umgekehrt vor. Dies führt dazu, dass Asiaten viel mehr Informationen aus dem Kontext miteinfließen lassen und manchmal sehr stark ausholen (oder auszuholen scheinen), bevor sie auf den Punkt kommen. Solchen Kulturen sollten Sie daher immer das Gesamtbild erklären und aufzeigen, wie einzelne Teile zusammenpassen.

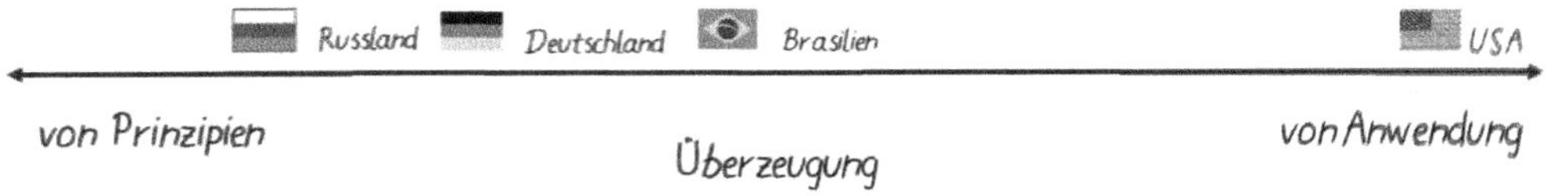

Abb. 67: Interkulturelles Überzeugen

4. Führen

Meyer unterscheidet zwischen Kulturen, die ein sehr egalitäres Verständnis von Führung aufweisen und solchen, die sehr hierarchisch denken. Bei **egalitären Kulturen** ist der Abstand zwischen Chef und Mitarbeiter optimalerweise sehr gering. Der Chef wird als Teil der Gemeinschaft angesehen und man findet in der Regel recht flache Hierarchien vor. Die Kommunikation läuft in einer Netzwerkstruktur. Oftmals sitzt der Chef hier auch im Großraumbüro, gemeinsam mit den anderen Mitarbeitern. In **hierarchischen Kulturen** sieht dies gänzlich anders aus. Hier ist der Abstand zwischen Chef und Mitarbeiter recht groß. Eine gute Führungskraft ist stark und entschlossen und trifft an der Spitze die Entscheidungen. Dabei geht alles seinen festen Weg durch die Organisationsstrukturen. Kommunikation, bei der Ebenen übersprungen werden, ist unerwünscht und wird vermieden.

In Abbildung 68 sehen Sie die Lage verschiedener Kulturen auf dieser Skala. Wenig überraschend ist hier die Lage der asiatischen Kulturen in Nähe zum hierarchischen Pol. So etwas wie die „westliche Führung" gibt es allerdings nicht. Sie sehen Schweden als Beispiel für eine sehr egalitäre Kultur, Deutschland irgendwo in der Mitte. Die nicht eingezeichneten Franzosen und Italiener sind etwas weiter zum hierarchischen Pol verschoben. Hier finden wir eine große Spannweite vor, die zu großen Missverständnissen führen kann.

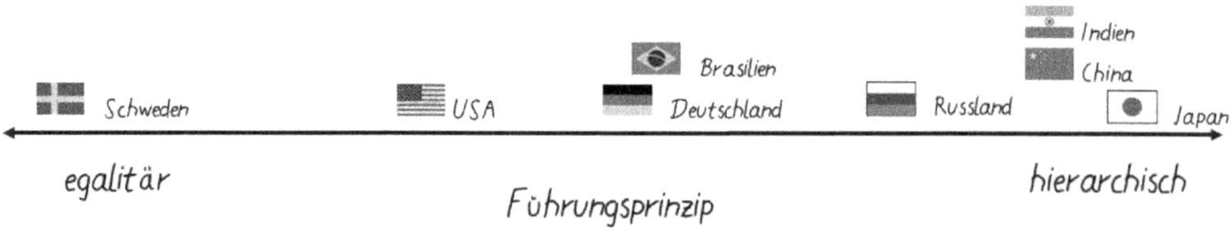

Abb. 68: Interkulturelle Sicht auf Führung

Während in Schweden ein stark auf Status und Macht bezogener Vorgesetzter wahrscheinlich einen schweren Stand hat, würde er mit gleichem Auftreten in Russland sehr erfolgreich sein. Ein egalitärer Chef, der auf sein Eckbüro verzichtet und sich zu seinen Mitarbeitern ins Großraumbüro setzt, würde hier die Mitarbeiter beschämen, weil sie den Wert der Abteilung unter anderem an den Statussymbolen des Vorgesetzten festmachen.

- **Wenn Sie mit Personen einer hierarchischen Kultur zusammenarbeiten,** sollten Sie immer darauf achten, in der Kommunikation keine Ebenen ohne ausdrückliche Erlaubnis zu überspringen. Wenn Sie jemanden direkt kontaktieren müssen, der in einer tieferen hierarchischen Ebene arbeitet, dann senden Sie zum Beispiel eine Kopie der E-Mail an den Chef dieser Person. Schalten Sie generell immer die zwischenliegenden Ebenen ein, wenn Sie sich zum Beispiel an den Chef Ihres Vorgesetzten wenden wollen.
- **In egalitären Kulturen** gehen Sie hingegen direkt auf die Personen zu, die Sie ansprechen wollen. Wenn Sie den Chef mit einer Kopie der Nachricht informieren, kann dies als Misstrauen oder Aufbau von Druck gewertet werden.

Generell empfiehlt Meyer hier, sich der jeweiligen Kultur anzupassen. Auch wenn es Ihnen vielleicht erst einmal komisch erscheint, wenn Sie als Chef plötzlich Anweisungen geben und wichtige Entscheidungen für Ihr Team treffen müssen. Diese Anpassung zeigt Ihre Flexibilität. Auch als Chef empfiehlt es sich, in einer fremden Kultur die entsprechenden Verhaltensweisen zu übernehmen und sich anzupassen.

5. **Entscheiden**

Im Zusammenhang mit Führung ist auch die Art und Weise, wie eine Gesellschaft zu einer Entscheidung kommt (und wie sehr sie an einer Entscheidung festhält) kulturell sehr unterschiedlich. Ähnlich wie bei der Kommunikation und der Art, Feedback zu geben, gibt es auch hier Kombinationen, die überraschend sein können.

Wie wir in Abbildung 69 sehen, werden Entscheidungen in Schweden, welches die egalitäre Führung präferiert, bevorzugt im Konsens getroffen. Das heißt, es wird so lange diskutiert, überzeugt, verworfen und angepasst, bis möglichst jeder mit dem Vorschlag zufrieden ist. Dann trifft man eine gemeinsame Entscheidung, hinter der auch alle stehen.

In **China**, wo eine hierarchische Führung vorherrscht, werden Entscheidungen in der Regel von oben in der Hierarchie getroffen. Diese Entscheidung wird dadurch recht schnell getroffen, aber nicht selten auch recht oft noch einmal angepasst und verändert.

Japan bildet hier eine bemerkenswerte Ausnahme. Das Streben nach Harmonie, das tief in der japanischen Kultur verwurzelt ist, lässt die Japaner nach Entscheidungen im Konsens suchen, obwohl sie sich prinzipiell in einer stark hierarchischen Führungsstruktur bewegen. Sie haben ein System entwickelt, das sowohl alle Meinungen einbezieht, aber dennoch in der Hierarchie funktioniert. Die Vorschläge werden dabei auf jeder Ebene nacheinander diskutiert. Wenn eine untere Ebene eine gemeinsame Sicht hat, dann wird diese eine Ebene nach oben gegeben, wo wieder alle die Chance haben, Einfluss zu nehmen. Wenn dann der Vorschlag an der Spitze angelangt ist, wo die Entscheidung getroffen wird, waren schon alle Ebenen vorher an der Ausarbeitung beteiligt.

- **Wenn Sie in einem Team aus einer konsensorientierten Kultur zusammenarbeiten,** dann können Sie erwarten, dass der Entscheidungsprozess länger dauert, dafür aber die Entscheidung nachher von allen mitgetragen wird. Unterstützen Sie dabei, alle relevanten Informationen zusammenzutragen, denn eine einmal getroffene Entscheidung wird sehr schwer zu verändern sein. Dafür können Sie davon ausgehen, dass alle Beteiligten sich dieser Entscheidung verpflichtet fühlen werden.
- **In einem Team aus einer top-down Kultur** sollten Sie damit rechnen, dass der Vorgesetzte eine Entscheidung trifft. Sie sollten dieser Entscheidung folgen, selbst wenn Sie nicht damit einverstanden sind. Wenn Sie selbst in der Position sind, eine Entscheidung fällen zu müssen, dann stellen Sie sich dieser Verantwortung und bemühen Sie sich, möglichst schnell zu einer Entscheidung zu kommen. Gelingt Ihnen dies nicht, kann schnell Ihre Kompetenz als Führungskraft in Frage gestellt werden. Bleiben Sie aber immer flexibel. Es ist üblich, dass Entscheidungen später noch einmal diskutiert, angepasst oder revidiert werden.
- **Wenn Sie in gemischten Teams arbeiten,** dann nehmen Sie sich zu Beginn der Zusammenarbeit Zeit und definieren Sie mit Ihrem Team eine Vorgehensweise bei der Entscheidungsfindung, der alle zu folgen bereit sind.

Abb. 69: Interkulturelle Entscheidungsfindung

6. **Vertrauen**
Vertrauen spielt in Teams und in der Zusammenarbeit eine große Rolle. Allerdings beschreibt Meyer, dass die Art und Weise, wie Vertrauen entsteht und wächst, sehr stark von der jeweiligen Kultur abhängt. Ist man sich dieser Tatsache nicht bewusst, kann es passieren, dass man sich noch so viel Mühe gibt, Vertrauen zu gewinnen, und dennoch keinen Schritt weiterkommt. **Aufgabenbasiertes Vertrauen** entsteht durch alles, was mit der Arbeit direkt in Verbindung steht und Kompetenz und Fähigkeit beweist. Man baut Vertrauen auf, weil man sieht, dass das Gegenüber in der Lage ist, Dinge zuverlässig und in guter Qualität zu erledigen. **Beziehungsbasiertes Vertrauen** hingegen entsteht durch persönliche Beziehungen, die bei gemeinsamen Mahlzeiten, Ausflügen in Bars und in persönlichen Gesprächen hergestellt werden. Diese Beziehungen benötigen eine gewisse Zeit, um zu entstehen.

Ich erinnere mich gut an einige Anekdoten von Kollegen, die von einer Geschäftsreise aus China zurückkamen und davon erzählten, wie sie schon sehr früh am Tag gemeinsam mit den chinesischen Gastgebern die ersten alkoholischen Getränke leerten. Die Abende endeten dann in Bars und die Erzählungen erinnerten eher an die Erlebnisse aus dem Kinofilm „Hangover“ als an eine Geschäftsreise. Für die Geschäftsbeziehung war diese Art des Beziehungsaufbaus aber enorm wichtig. Denn die chinesische Kultur liegt auf der Skala sehr weit rechts im Bereich des beziehungsbasierten Vertrauens, wie wir in Abbildung 70 sehen.

Meyer erklärt, dass diese Art des Vertrauens daher rührt, dass die entsprechenden Kulturen oftmals weniger Verbindlichkeit in Absprachen haben. In Deutschland und den USA ist alles über Verträge klar geregelt. Wird die Gegenseite vertragsbrüchig, dann kann man sein Recht einklagen. Dies ist aber nicht in jedem Land so. Auch wenn sich vieles den westlichen Standards angleicht, so ist dennoch die Kultur von einer stärkeren Unsicherheit geprägt. Vertrauen entsteht daher in Menschen, die man kennt und einschätzen kann. Und Alkoholkonsum führt dazu, die Deckung fallen zu lassen und sich so zu geben, wie man ist. Während dies den Europäern oftmals schwerfällt, ist es für viele asiatische oder lateinamerikanische Kulturen enorm wichtig, um gegenseitiges Vertrauen aufzubauen.

- **Wenn Sie mit Teams zusammenarbeiten, die aus beziehungsorientierten Kulturen stammen**, dann spendieren Sie Zeit, um eine persönliche Beziehung entstehen zu lassen. Planen Sie gemeinsame Aktivitäten, interessieren Sie sich für Ihre Kollegen und geben Sie auch etwas von sich selbst preis. Diese Zeit wird gut investiert sein, denn dadurch gewinnen Sie das Vertrauen, das für eine Zusammenarbeit unerlässlich ist.

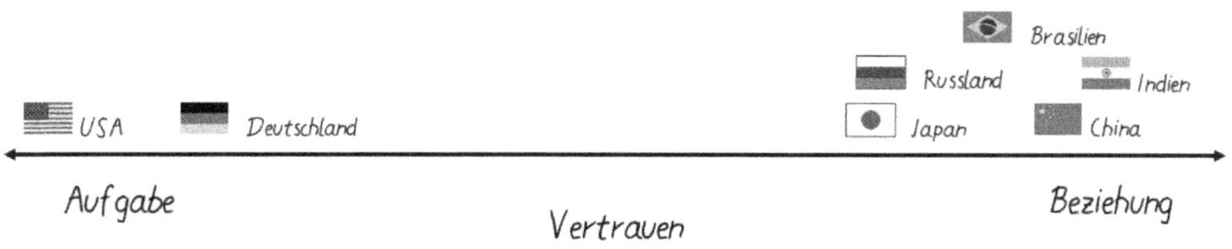

Abb. 70: Interkulturelles Vertrauen

7. **Widersprechen**

Im deutschen Schulsystem lernen die Schüler, nach einem dialektischen Ansatz vorzugehen: Zuerst formulieren sie eine These, dann suchen sie eine Antithese, um schließlich zu einer Synthese zu gelangen, die Argumente des Für und Wider aufgreift und in eine sinnvolle Schlussfolgerung stellt. Daher ist es auch nicht verwunderlich, dass wir Deutschland auf der Skala in Abbildung 71 sehr weit links am Pol für den konfrontativen Widerspruch sehen. Wenn Sie in Deutschland einen Vortrag halten und Ihre Zuhörer mit Ihnen diskutieren und Ihre Ausführungen hinterfragen, dann ist das zum einen nicht gegen Sie persönlich gerichtet, sondern bezieht sich auf die Inhalte, zum anderen ist es ein Hinweis darauf, dass sie Ihnen zuhören und das Thema für sie wichtig ist.

In konfrontationsvermeidenden Kulturen ist das anders. Widerspruch wird hier, wo Beziehungen wichtig sind und Debatten als Bedrohung für die Harmonie gesehen werden, konsequent vermieden. Allerdings sollte man hier beachten, dass es deutliche Unterschiede zwischen Mitgliedern der eigenen Gruppe und Außenstehenden geben kann. In der eigenen Gruppe werden Harmonie und Beziehungen konsequent gepflegt, aber gegenüber Außenstehenden können auch mal sehr konfrontative Aussagen getroffen werden.

- **Wenn Sie mit einem Team aus einer konfrontationsvermeidenden Kultur als Vorgesetzter zusammenarbeiten** und möchten, dass jeder seine Meinung möglichst offen äußert, dann sollten Sie in Betracht ziehen, die Gruppe ohne Ihre Anwesenheit diskutieren zu lassen. Es ist recht unwahrscheinlich, dass Vertreter dieser Kulturen offen Widerspruch gegenüber Vorgesetzten äußern werden.
- **Wenn Sie nicht der Chef sind und eine andere Sichtweise einbringen möchten,** dann sollten Sie klar und deutlich sagen, was Sie tun und warum Sie es tun. Äußern Sie Ihre Absicht, Argumente zu liefern, die für die andere Seite sprechen und dass Sie dies tun werden, um alle Seiten zu beleuchten. Damit ist klar, dass sich die Argumente nicht gegen denjenigen persönlich richten, der einen Vorschlag gemacht hat, sondern lediglich sachbezogen sind.

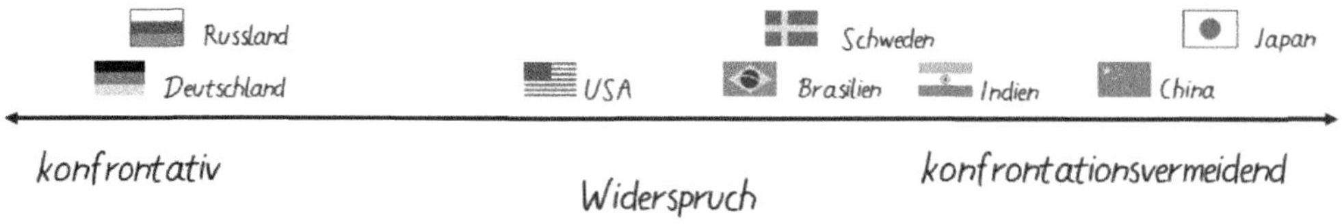

Abb. 71: Interkultureller Widerspruch

8. **Termine vereinbaren**
Die Zeitwahrnehmung in Deutschland ist sehr linear. Es ist keine Seltenheit, dass Personen nach fünf Minuten, in denen ihr Gesprächspartner für einen Termin nicht aufgetaucht ist, einfach wieder fortgehen. Die lineare Zeitwahrnehmung zeigt sich dabei auch in der Planung und Ausführung von Arbeiten. Diese werden in aufeinanderfolgenden Schritten geplant und ausgeführt. Der Endtermin wird dabei genau im Auge behalten und der Plan akribisch eingehalten. Schnelligkeit, Effizienz und die gute Organisation werden dabei höher gewichtet als die Flexibilität.

Länder, in denen die Zeit deutlich flexibler gehandhabt wird, zeigen hingegen einen sehr fließenden Übergang zwischen den unterschiedlichen Prozessschritten. Es gibt viele Dinge, die gleichzeitig angegangen werden und parallel ablaufen. Der Fokus liegt hier viel stärker auf der Anpassungsfähigkeit und dem Bestreben, flexibel zu reagieren.

Abb. 72: Interkulturelle Zeitwahrnehmung

In Abbildung 72 sehen Sie, dass Deutschland die Zeit sehr stark linear wahrnimmt, während Indien am entgegengesetzten Pol liegt. Wenn Sie ein gemischtes Team aus deutschen und indischen Mitgliedern betreuen, dann treffen hier sehr starke Unterschiede aufeinander. Während die deutschen Mitglieder des Teams ein straff durchgeplantes Meeting mit Agenda und klarem Zeitplan erwarten, entspricht es der indischen Kultur viel mehr, eine solche Agenda eher als grobe Richtlinie zu sehen und flexibel zu bleiben.

In linearen Kulturen werden vielleicht Redezeiten festgelegt, die Sie penibel genau einhalten sollten. Wenn Sie überziehen, wird dies negativ wahrgenommen. In flexiblen Kulturen hingegen wird erwartet, dass Sie auf die Zuhörer eingehen. Ist die vorher vereinbarte Redezeit abgelaufen, das Publikum aber noch stark interessiert und stellt fleißig Fragen, dann wäre es unhöflich mit Blick auf die Zeit abzubrechen.

Arbeiten mit der Culture Map

Die acht Skalen Erin Meyers Culture Map bieten eine großartige Orientierung, wenn Sie es mit interkulturellen Teams oder Kontakten zu tun haben. Sie können die relative Lage der Kulturen auf den Skalen visualisieren und feststellen, wo die Unterschiede und potenzielle Missverständnisse liegen. Abbildung 73 zeigt eine beispielhafte Culture Map für Deutschland und Indien. Hier kann man die relative Lage auf den acht unterschiedlichen Skalen erkennen und dadurch schnell feststellen, wo und wie man auf kulturelle Unterschiede zu reagieren hat. Zudem wird auch sichtbar, dass die Abstände zum Teil sehr weit auseinanderliegen (zum Beispiel bei der Wahrnehmung von Zeit oder der generellen Kommunikation).

Insgesamt ist es in der heutigen, stark globalisierten Welt sehr sinnvoll, sich mit interkulturellen Unterschieden zu beschäftigen und Erin Meyers Culture Maps sind ein hervorragendes Hilfsmittel, um ein Grundverständnis aufzubauen und den größten Fettnäpfchen zu entgehen.

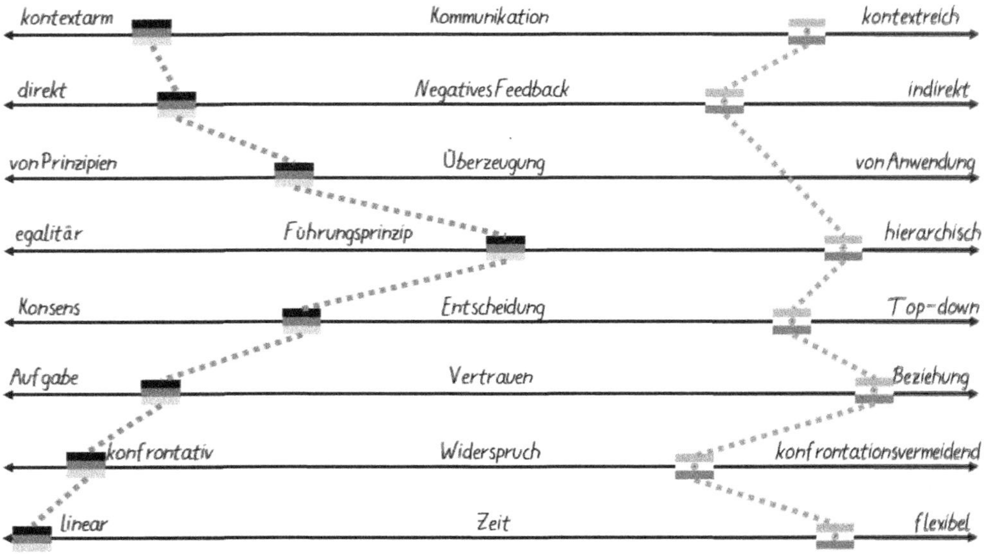

Abb. 73: Culture Map für Indien und Deutschland

Arbeitskultur und interkulturelle Unterschiede

Wenn wir uns die unterschiedlichen Organisationskulturen anschauen, die Laloux beschreibt und dann einmal die acht Skalen betrachten, welche Meyer zur Beschreibung interkultureller Unterschiede vorstellt, dann sehen wir, dass gewisse Sichtweisen in beiden Modellen wiederzufinden sind.

Beispielsweise beschreibt Laloux die traditionellen Organisationen als sehr hierarchisch organisiert. In diesen werden Entscheidungen an der Spitze getroffen. Oder wir finden die effiziente, auf Pläne und Ziele fokussierte leistungsorientierte Organisation in der Beschreibung der linearen Zeitwahrnehmung. Und tatsächlich erklärt Meyer die Vorherrschaft dieser linearen Zeitwahrnehmung dadurch, dass sie besonders in den Kulturen vorherrscht, die Vorreiter in der Industrialisierung waren. Damals war es wichtig, dass der Arbeiter zur rechten Zeit an seinem Arbeitsplatz erschien, denn sonst stand die Produktion und das Unternehmen machte Verluste. Daher wurde sehr genau auf Pünktlichkeit geachtet.

Die asiatischen Kulturen, die eine eher flexible Zeitwahrnehmung haben, fokussieren sich auf Flexibilität und Anpassungsfähigkeit. Dies findet sich in der agilen Arbeitsweise und in postmodernen Unternehmen bei Laloux.

So können wir hier sehr schön sehen, dass die Einführung von agilen Arbeitsweisen (wie zum Beispiel Scrum oder Kanban) nicht nur ein Kulturwandel von einer Organisationskultur zur nächsten darstellt, sondern unter Umständen auch andere Verhaltensweisen und Wertesysteme fordert, als in der gesellschaftlichen Kultur verankert. Zum Beispiel würde eine agile Arbeitsweise in dem in Abbildung 73 skizzierten gemischten Team aus indischen und deutschen Mitgliedern von den indischen Kollegen verlangen, ein egalitäres Führungsmodell anzunehmen. Die deutschen Mitglieder hingegen, die gewohnt sind, Entscheidungen im Konsens zu treffen (was zu agilen Arbeitsweisen passt), tun sich vielleicht schwer damit, ihre einmal gefassten Entscheidung anzupassen und Pläne zu verändern, wenn neue Informationen verfügbar sind.

Wie dem auch sei, wir sehen, dass die agile Transformation mit großen Veränderungen verbunden ist, die Zeit erfordern. Diese Veränderungen können sowohl in der gesellschaftlichen Kultur als auch in der speziellen Unternehmenskultur begründet liegen. Das sollten Sie sich immer vor Augen halten und Geduld aufbringen, wenn Sie es mit solch grundlegenden Veränderungen zu tun haben.

➤ Tipps für VUCA-Helden

Kultur ist schwer zu fassen und auch nicht direkt zu verändern. Sie äußert sich in den erzählten Geschichten und Mythen der Gesellschaft oder des Unternehmens. Sie ist allgegenwärtig und trotzdem nicht einfach zu greifen. Eine Kultur kann man nicht mit Plakaten und Wertversprechen verändern oder erzeugen, sondern nur durch Erfahrungen, Einstellungen und Verhalten.
Trotzdem oder gerade deshalb ist die Kultur ein so wichtiger Teil einer Organisation. Sie zeigt sich im Führungsverständnis, in der Zusammenarbeit, im Umgang mit Fehlern und allen alltäglichen Aufgabenstellungen, mit denen die Organisation konfrontiert ist.

1. **Achten Sie auf die Geschichten und Mythen, die erzählt werden.**

Kultur zeigt sich in den Geschichten, die die Mitarbeiter oder Führungskräfte sich erzählen. Achten Sie genau darauf, welche Werte dort zum Vorschein kommen. Wer ist der Held in den Geschichten und warum? Wer ist der Antagonist oder

der Bösewicht? Oftmals kann man daraus sehr viel über die Unternehmenskultur erfahren.
Selbst wenn viele Posten schon ganz anders besetzt sind, die Arbeitsweise sich verändert hat, neue Leute hinzugekommen sind, so spielen die alten Geschichten oftmals noch eine sehr wichtige Rolle. Ein einschneidendes Erlebnis, wie zum Beispiel die öffentliche Zurechtweisung eines Mitarbeiters durch eine Führungskraft, wirkt oftmals sehr lange nach, selbst wenn dies schon Jahre her ist. So lange diese Geschichte erzählt wird, scheint sie wichtig für das Verständnis der Kultur zu sein.

- Welche Geschichten und Mythen werden erzählt?
- Welche sind die Helden der Geschichte und was zeichnet sie aus?
- Welche sind die Gegenspieler der Helden und was zeichnet sie aus?
- Wie alt ist die Geschichte? Was hat sich seither verändert?
- Verändert sich die Geschichte im Laufe der Zeit?
- Wer erzählt die Geschichte? Sind es immer die gleichen Personen oder die Allgemeinheit?

2. **Arbeiten Sie gemeinsam an der Kultur.**

An Kultur wird immer gearbeitet, ob bewusst oder unbewusst, denn alle zu beobachtenden Verhaltensweisen bilden Kultur. Selbst wenn wir Kultur als unwichtig erachten und uns lieber dem dringenden Tagesgeschäft widmen, ist dies etwas, das die Kultur ausmacht.
Wenn Sie sich entschließen, Kultur bewusst zu gestalten, dann tun sie dies partizipativ. Niemand kann allein eine Kultur verändern. Da Kultur aus Verhalten besteht und Verhalten auf Werten und Prinzipien beruht, kann ein gemeinsamer Werteworkshop helfen, eine Richtung zu definieren.

- Welche Werte sollen in Ihrer Kultur hoch angesehen sein?
- Welche Verhaltensweisen spiegeln diese Werte wider?
- Wie bekommt jeder Einzelne die Möglichkeit, diese Werte und damit die Kultur mitzugestalten?

3. **Lernen Sie die Kulturen Ihrer Mitarbeiter kennen.**

Heutzutage treffen viele unterschiedliche Kulturen in der Zusammenarbeit aufeinander. Selbst bei Teams, die nicht virtuell, sondern an einem Ort zusammenarbeiten, findet man in der Regel Angehörige unterschiedlicher Kulturkreise vor. Dies ist gut so und kann ein entscheidender Vorteil für das Team oder das Unternehmen sein.
Allerdings bergen diese interkulturellen Kontakte auch immer einiges an Potenzial für Missverständnisse. Daher sollten Sie sich ein Bild von den interkulturellen Unterschieden machen und gemeinsam mit dem Team Vorgehensweisen und

Kommunikationsregeln aufstellen, die allen Beteiligten ein angenehmes und produktives Zusammenarbeiten ermöglicht.

- Welche unterschiedlichen Kulturen treffen in meinem Umfeld aufeinander?
- Wo liegen die größten Potenziale für Missverständnisse?
- Sind Kollegen im Team, die Wurzeln in zwei der Kulturen haben und die bei der Kommunikation helfen können?
- Welche Präferenzen der Kultur (Gesellschaft und Organisation) werden bei einem Wandel bedroht?

5 Denken, Fühlen und Handeln für die Welt von morgen

If you can dream it, you can do it!
Walt Disney

„Wenn Du es träumen kannst, dann kannst Du es auch umsetzen", hat Walt Disney einst gesagt. Und im Kopf beginnen auch jede Veränderung und jede Erfolgsstory. Die richtige Einstellung allein reicht jedoch nicht aus, es muss auch eine entsprechende Handlung erfolgen. Zudem geschehen um uns herum zunehmend Dinge, die sehr schnell ablaufen und die wir oftmals auch nicht verstehen. Das sind Merkmale der VUCA-Welt, die mit all ihrer Wucht auf uns einprasseln. Das kann schnell zu einem Gefühl der Angst und Hilflosigkeit führen. Auch damit müssen wir lernen, zurechtzukommen. Die VUCA-Welt ist eine große Herausforderung, gerade für Menschen, die auf Sicherheit und Kontrolle bedacht sind.

Auf den nächsten Seiten werden wir uns ansehen, welche Haltung und welches Mindset hilfreich ist, um mit den Herausforderungen zurecht zu kommen. Zudem schauen wir uns ein paar Orientierungshilfen an, die Sie nutzen können, um in stürmischen Zeiten Ihre Energie aufzuladen.

Mindset und Verantwortung

In dem Moment, in dem ich diese Wörter in die Tastatur tippe, weiß ich schon, dass dieses Kapitel wahrscheinlich sehr kontrovers aufgefasst werden wird. Der Begriff „Mindset" hat es geschafft, in kürzester Zeit von einem sehr populären Ausdruck im Zusammenhang mit Agilität zu einem Buzzword zu werden, von dem die meisten lieber die Finger lassen. Viele Autoren und bekannte Sprecher kritisieren zurecht den oft problematischen Umgang mit diesem Begriff.

Ich denke, Hintergrund dieser Wahrnehmung ist, dass ein „falsches" Mindset oft vorgeschoben wird, wenn eine agile Transformation gescheitert ist. Dann wird den Mitarbeitern schnell vorgeworfen, dass sie einfach nicht das richtige Mindset besäßen, um agil zu arbeiten. Für mich persönlich ist Mindset noch immer sehr wichtig und fasziniert mich so sehr, dass ich mich seit Jahren sehr intensiv damit auseinandersetze. Bevor wir aber zu meiner Definition und Beschreibung von Mindset kommen, sollten wir ein wenig weiter ausholen.

Proaktivität

Für den Autor des Bestsellers „Die sieben Wege zur Effektivität" Stephen R. Covey ist die Proaktivität so wichtig, dass er sie als ersten Weg gleich als Basis nimmt (Covey

2018). Allerdings stammt die Wortschöpfung „Proaktivität" nicht von Covey selbst, sondern geht auf Viktor E. Frankl zurück.

Frankls Geschichte ist sehr beeindruckend. Zu Zeiten des Nationalsozialismus wurde er als Jude in ein Konzentrationslager gebracht. Viele ihm nahestehende Menschen fanden dort ihren Tod. Frankl selbst überlebte, aber er musste unglaubliche Dinge mitansehen und auch über sich selbst ergehen lassen. Er lebte in der ständigen Ungewissheit, ob der angebrochene Tag sein letzter sein würde. Es war ein menschenunwürdiges Schicksal, das man sich kaum ausmalen kann. Aber eines Tages beschloss Frankl, dass er sich nicht seine Würde nehmen lassen würde. Er hatte erkannt, dass er bei allen Misshandlungen und allen Demütigungen, denen er hilflos ausgesetzt war, immer noch einen letzten Zufluchtsort hatte, in den niemand eindringen konnte: seine Gedanken- und Gefühlswelt. Und so nahm er sich in dunkelster Gefangenschaft die kleine Freiheit, sich nicht von anderen diktieren zu lassen, wie er auf die Demütigungen reagieren würde. Er schuf sich einen kleinen Moment zwischen Reiz und Reaktion, in dem er wählen konnte, wie die Reaktion aussehen würde. Und so gelang es ihm, trotz der grauenvollen Umgebung mit einer Energie und einer inneren Stärke durchs Leben zu gehen, die selbst die Aufseher des Lagers nicht besaßen.

In dieser Zeit entstand auch der Begriff der Proaktivität in dem Sinne, dass das eigene Verhalten bewusst gesteuert wird und weitestgehend unabhängig von äußeren Einflüssen ist. So wird das Schema von Reiz und Reaktion durchbrochen.

Der Duden definiert *proaktiv* wie folgt: „durch differenzierte Vorausplanung und zielgerichtetes Handeln die Entwicklung eines Geschehens selbst bestimmend und eine Situation herbeiführend" [1]. Hier kommt noch ein weiterer Aspekt zum Ausdruck, der proaktiv von aktiv unterscheidet: das vorausschauende Agieren. Jemand, der proaktiv handelt wird schon aktiv, bevor die Umwelt ihn dazu zwingt.

Proaktivität bedeutet, dass wir selbst (ganz allein und ausschließlich) dafür verantwortlich sind, wie wir uns fühlen und wie wir agieren. Lesen Sie den Satz gerne noch einmal. Vielleicht fühlt er sich für Sie ganz normal an und Sie haben diese innere Freiheit schon gewonnen. Vielleicht verstört Sie der Satz aber auch und macht Sie wütend. Denn was dieser Satz aussagt ist, dass Sie, wenn Sie unglücklich sind, selbst schuld daran sind. Nicht Ihr nerviger Nachbar, der morgens früh mit der Kettensäge im Garten arbeitet und nicht Ihr Chef, der Ihnen Überstunden verordnet hat.

Das Wissen, dass nur ich selbst für **meine Gefühle** und für **meine Reaktionen** verantwortlich bin, ist zum einen befreiend, zum anderen aber auch schonungslos ehrlich. Denn wenn wir das akzeptieren, dann gestehen wir damit ein, dass wir niemand anderem mehr die Schuld für unsere Unzulänglichkeiten, unsere schlechte Laune oder unser schweres Leben geben können. Für viele Menschen ist dieser Schritt (erst einmal) zu groß. Sie wehren sich dagegen. Allerdings verschenken sie damit auch einen großen Teil ihrer Freiheit.

---

1 https://www.duden.de/rechtschreibung/proaktiv, 15.06.2019

Diese Freiheit hilft auch, aus der **selbstgewählten Opferhaltung** herauszukommen, die viele Menschen einnehmen. Selbst wenn Ihnen die Kündigung droht, wenn Sie einer Anweisung nicht folgen, so haben Sie doch viele Wahlmöglichkeiten. Nicht nur, dass Sie bewusst Ihre emotionale Reaktion darauf wählen können, Sie können auch Ihr Verhalten frei wählen. Sie können entscheiden, der Anweisung nicht zu folgen. Die Konsequenz freilich bleibt bestehen. Aber dann haben Sie sich bewusst dazu entschieden, eine Kündigung zu riskieren. Aber es war Ihre eigene Entscheidung, Sie hatten die Wahl.

Dies führt unweigerlich auch zu einer Auseinandersetzung mit den eigenen Werten und Prinzipien, an denen man sich orientieren möchte. Denn nur, wenn ich ein eigenes inneres Wertesystem habe, kann ich die Entscheidungen daran ausrichten.

Der Umgang mit echter Verantwortung

Mit der bewussten Entscheidung, aus der Opferhaltung herauszutreten und proaktiv zu werden, übernehmen wir Verantwortung. Was dies bedeutet, zeigt Christopher Avery (Avery 2019). Er geht davon aus, dass, bevor echte Verantwortung übernommen wird, erst ein paar Phasen durchlaufen werden, die für ihn keine Verantwortungsübernahme darstellen.

Um das an einem praktischen Beispiel zu erläutern, stellen Sie sich bitte folgende Situation vor. Sie haben beschlossen, mit Ihrem Auto in das städtische Einkaufszentrum zu fahren. Gesagt, getan, und schon sehen Sie sich beim Einparken Ihres Wagens im Parkhaus. Plötzlich hören Sie einen wirklich unangenehmen Ton, wie wenn Blech auf Blech trifft. Haben Sie da gerade das neben Ihnen parkende Auto beim Einparken erwischt? Schnell beruhigen Sie sich. Das wird schon nichts gewesen sein. Vielleicht haben Sie sich nur verhört. Oder vielleicht war es jemand anderes, der das Geräusch verursacht hat. Diese Reaktion des **Abstreitens** oder **Leugnens** ist die erste Phase, die Avery in seinem Modell beschreibt. Hier kann noch keine echte Verantwortung stattfinden, denn wenn noch nicht mal die Ursache akzeptiert wird („ich habe das Auto erwischt“), dann liegt auch Verantwortung in weiter Ferne.

Nun, als Nächstes steigen Sie aus und schauen sich Ihr Auto und das neben Ihnen parkende Auto genauer an. Und nun wird es zur Gewissheit. Sowohl an Ihrem Wagen als auch an dem anderen PKW können Sie die Spuren der Kollision erkennen. Es hilft nichts mehr, die Augen zu verschließen. Aber eigentlich ist doch auch der andere Schuld, denken Sie sich. Schließlich hat dieser viel zu nah an der Parkplatzmarkierung geparkt. Hier zeigt sich die zweite Phase, die Avery beschreibt: **Beschuldigen**. Man sucht die Schuld (und damit die Verantwortung) bei jemand anderem, aber nicht bei sich selbst.

Nachdem nun die erste Wut und der Ärger verflogen sind, rufen Sie Ihren besten Freund an. „Du glaubst nicht, was mir gerade passiert ist. Ich habe ein anderes Auto beim Einparken gerammt. Ich war total in Gedanken und hatte wohl die Musik zu laut aufgedreht, so dass ich etwas unkonzentriert war. Zudem war das ein unübersichtliches

Parkhaus. Das hätte jedem passieren können." Sie suchen nach Gründen, die Ihren Fehler relativieren und suchen nach **Rechtfertigungen**.

Kurz nachdem Sie dann aufgelegt haben, fällt Ihnen ein, dass Sie erst vor kurzem einen ähnlichen Schaden an Ihrem Wagen verursacht haben. Sie beginnen sich zu fragen, ob Sie vielleicht unfähig sind, sicher in eine Parklücke zu fahren. Vielleicht sind sie einfach ein schlechter Autofahrer? Sie **schämen** sich dafür und würden am liebsten im Erdboden versinken.

Dann erinnern Sie sich daran, dass es klare Regeln gibt, wie in einem solchen Fall zu verfahren ist. Sie können nicht einfach weggehen und so tun, als sei nichts gewesen. Sie warten also eine angemessene Zeit, und als niemand zu dem Wagen kommt, melden Sie den Schaden bei der Polizei. Zusätzlich legen Sie noch einen Zettel hinter die Scheibenwischer der Windschutzscheibe des anderen Wagens, auf dem Sie Ihre Kontaktdaten sowie die Nummer, die die Polizei Ihnen mitgeteilt hat, hinterlassen.

Zwar hört sich dies schon sehr stark nach Verantwortungsübernahme an, laut Christopher Avery ist dies allerdings erst die vorletzte Phase. Er bezeichnet Sie als die Phase der **Verpflichtung.** Dabei folgt man den Regeln oder Verpflichtungen, die in einer Gesellschaft bestehen. Allerdings ist hier noch nicht notwendigerweise eine persönliche Verbindlichkeit vorhanden.

Erst der folgende Schritt spiegelt **echte Verantwortung.** Ihnen wird bewusst, dass Sie in Zukunft den gleichen Fehler nicht noch einmal machen möchten. Also denken Sie darüber nach, was Sie tun können. Sie kommen zu dem Schluss, dass Sie bei der Einfahrt ins Parkhaus demnächst die Musik ausstellen werden. Zudem scheint es sinnvoll, nicht mehr mit Schwung einzuparken, sondern umsichtig und langsam. Sie nehmen sich außerdem vor, mit Ihrem besten Freund darüber zu sprechen. Vielleicht hat er noch weitere gute Anregungen.

Die Aktionen, die hier in Angriff genommen werden, entstammen nicht einer Rechtfertigung oder Verpflichtung, sondern einem persönlichen Wunsch nach Verbesserung. Nirgendwo gibt es die Verpflichtung, sich Gedanken darüber zu machen, wie man in Zukunft den Fehler vermeiden möchte. Es kommt aus einem eigenen Antrieb.

Das **Responsibility Model** geht davon aus, dass in einem Fall wie dem oben beschriebenen, die Phasen der Reihe nach durchlaufen werden. Zu jeder Phase besteht die Gelegenheit, aus dem Prozess auszusteigen und in der Phase zu verharren. Das erklärt, warum manche Menschen einfach den verursachten Schaden leugnen und weggehen oder sich unendlich schämen und verzweifeln. Sie sind bis zu einer gewissen Stufe des Modells gelangt und dort dann ausgestiegen. Durch die Auseinandersetzung mit dem Responsibility-Prozess kann man lernen, sowohl die Phasen der Verantwortung schneller zu durchlaufen als auch zu echter Verantwortung zu gelangen, ohne vorher den Prozess zu verlassen.

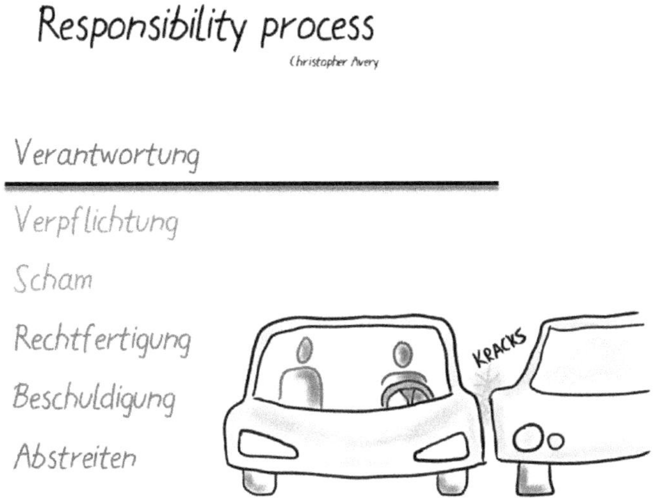

Abb. 74: Der Verantwortungsprozess nach Christopher Avery

Wenn wir uns an die Stufen der Moralentwicklung oder das Modell der Ich-Entwicklung nach Loevinger erinnern, dann sehen wir auch im Responsibility-Prozess ein Phasenmodell, das nicht jeder immer bis zur obersten Stufe durchlaufen wird. Hier zeigen sich auch wieder vorkonventionelles Denken (abstreiten, beschuldigen, rechtfertigen), konventionelles Denken (Scham, Verpflichtung) und postkonventionelles Denken (Verantwortung).

Der Kern: Das Mindset

Bevor wir an dieser Stelle inhaltlich auf Mindset eingehen, lassen Sie uns kurz einen Blick darauf werfen, woher dieses Wort stammt und was es eigentlich aussagt. Mindset stammt aus dem Englischen und setzt sich aus den beiden Wörtern „Mind“ und „set“ zusammen. Auf Deutsch könnte man das aufteilen in „Geist“ oder „Verstand“ und „Richtung“ oder „Zusammenstellung“. Deutsche Entsprechungen für Mindset könnten etwa die Denkart, die Denkweise, die Mentalität oder die geistige Haltung sein.

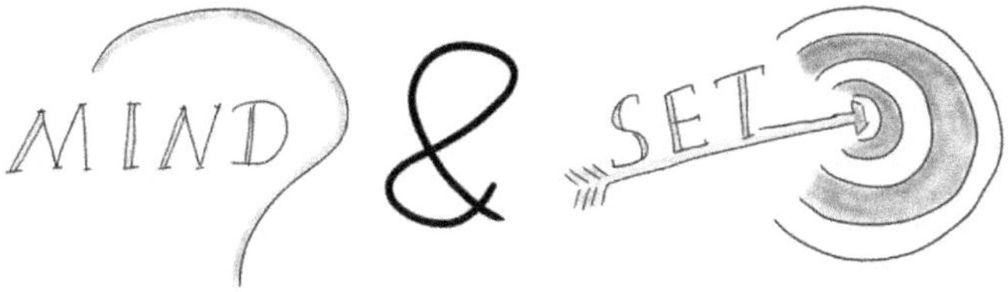

Abb. 75: Mindset als Wortkombination

Statisches und dynamisches Mindset

Im englischsprachigen Raum ist der Begriff durch die Psychologin Carol Dweck geprägt worden. Auch bei ihrem Hauptwerk „Mindset: The New Psychology of Success“ zeigt sich die Problematik, den titelgebenden Begriff adäquat ins deutsche zu übersetzen. So lautet die deutsche Übersetzung schließlich: „Selbstbild: Wie unser Denken Erfolge oder Niederlagen bewirkt“ (Dweck 2017). Dweck unterscheidet zwischen zwei grundlegenden Ausprägungen des Mindset: einem statischen Mindset und einem dynamischen Mindset. In ihren Studien hat sie die Auswirkungen der jeweiligen Ausprägung untersucht und dabei spannende Erkenntnisse gewonnen.

Das **statische Mindset,** bei Dweck auch *fixed mindset* genannt, beschreibt ein Selbstbild, das die Eigenschaften von Geburt aus festgelegt ansieht. Dies zeigt sich beispielsweise in der Sicht auf die Intelligenz. Menschen mit statischen Mindset sehen die eigene und die Intelligenz anderer Menschen als festgelegt und unveränderbar. Entweder man ist von Geburt aus gesegnet mit hoher Intelligenz, oder man hat halt Pech gehabt. Gleiches gilt für andere Eigenschaften, wie zum Beispiel Kreativität oder Offenheit. Dieses Mindset zeigt sich in Aussagen wie: „so bin ich halt“ oder „Menschen ändern sich nicht“. Der Mensch ist sozusagen das Produkt seiner Eigenschaften und Fähigkeiten. Errungene Erfolge werden den Fähigkeiten gutgeschrieben. Schon früh im Kindesalter lernen Menschen mit statischem Mindset somit, dass sie zum Beispiel gute Mathematiker aber schlechte Sportler sind. Dies prägt ihr Selbstbild. Problematisch wird es dann, wenn jemand, der sich für einen guten Mathematiker hält, an einer schwierigen Matheaufgabe scheitert.

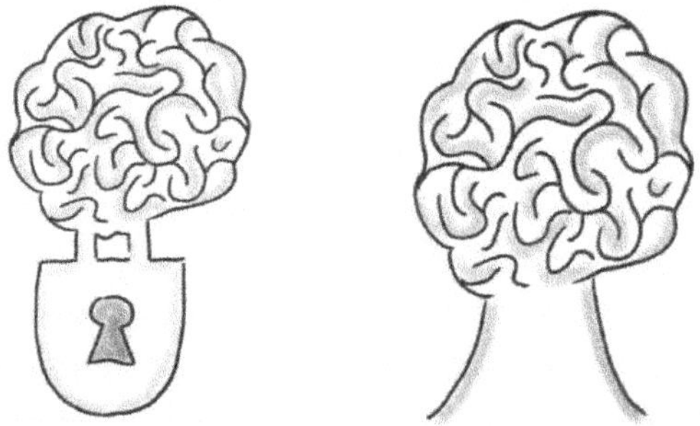

Abb. 76: Starres und dynamisches Mindset

Dieser Umstand kann das Selbstbild bedrohen. Das Selbstwertgefühl wird angegriffen, wenn jemand plötzlich Gefahr läuft, nicht mehr als „die Intelligente“ oder „der Sportliche“ angesehen zu werden.

Dweck beobachtete dies in einem Experiment, bei dem Schüler mit einem statischen Mindset bevorzugt Aufgaben wählten, bei denen sie nicht scheitern konnten. Hatten sie beispielsweise eine Mathematikaufgabe erfolgreich bewältigt, bekamen sie eine weitere Aufgabe vorgelegt. Sie konnten dabei allerdings den Schwierigkeitsgrad der

Aufgabe selbst bestimmen. Und so wählten Vertreter des statischen Mindsets in der Regel eher Aufgaben, die leichter waren als die vorherige. Dweck erklärte diese Beobachtung damit, dass die Schüler etwas zu verlieren hatten. Die Wahrscheinlichkeit, die leichte Aufgabe ebenfalls zu lösen, war ziemlich hoch. Also würde das Selbstbild als intelligenter und mathematisch begabter Schüler aufrechterhalten. Bei einer schwierigeren Aufgabe bestand die Möglichkeit, sie nicht zu lösen. Damit wäre dieses Selbstbild bedroht. Schüler mit einem dynamischen Mindset hingegen wählten in der entsprechenden Situation bevorzugt die schwierigeren Aufgaben. Sie wollten wissen, ob sie auch diese Aufgabe würden lösen können. Wenn sie scheiterten, sahen sie das als Lerngelegenheit an. Ihr Selbstwertgefühl nahm keinen Schaden.

Das **dynamische Mindset** wurde von Dweck auch als *growth mindset* bezeichnet (Wachstumsmindset). Es soll ausdrücken, dass die Eigenschaften der Menschen nicht unveränderlich mit der Geburt festgelegt sind, sondern jederzeit verändert werden können. Intelligenz und Kreativität können also bewusst verändert und gesteigert werden.

Dweck zeigte auch, dass sich die Tendenz zu einem der beiden Mindsets schon früh in der Kindheit durch die Erziehung abzeichnet. Wenn Kinder mit Bezug auf Eigenschaften gelobt werden, dann tendieren sie dazu, ein statisches Mindset zu entwickeln. „Du bist aber ein Rechenkünstler“ ist, auch wenn es ein liebgemeintes Lob ist, daher problematisch. Loben die Eltern hingegen den Prozess, wie ein Ergebnis erzielt wurde, dann stellt sich mit höherer Wahrscheinlichkeit ein dynamisches Mindset ein. „Da hast du aber schön nachgedacht und super durchgehalten“, ist so ein Lob, das sich auf den Vorgang selbst bezieht.

Es besteht aus wissenschaftlicher Sicht auch kein Grund zur Annahme, dass Eigenschaften nicht veränderbar sind. Jüngste Erkenntnisse aus Psychologie und Neurologie zeigen, dass Lernen und Veränderung bis ins hohe Alter möglich sind.

Dweck untersuchte auch, welche Auswirkungen das Mindset der Führungsperson auf die Geführten und somit auf den Unternehmenserfolg hat. Führungspersonen mit statischem Mindset sehen nämlich nicht nur die eigenen Eigenschaften als unveränderbar und gesetzt an, sondern auch die Eigenschaften der Menschen um sie herum. In einer Welt, die von Veränderungen geprägt ist, und die von uns verlangt, dass wir uns selbst immer wieder neu anpassen und verändern, ist diese Sichtweise hinderlich.

Als rational denkende Menschen sehen wir also sehr schnell, dass nichts gegen eine kontinuierliche Veränderung und Wachstum spricht, zum anderen erkennen wir auch, dass wir, umgeben von der VUCA-Welt, dem dynamischen Mindset den Vorzug geben sollten. Woran liegt es also, dass viele Menschen an einem statischen Mindset festhalten?[2]

Nun, zum einen ist es so, dass wir hier wieder einmal auf ein Modell schauen, das einen komplexen Aspekt vereinfacht. In der Realität wird es nicht so sein, dass

---

2 In verschiedenen Untersuchungen geht man von einer ungefähren Gleichverteilung aus, zum Beispiel Jegathesan u. a. (2016).

jemand ein idealtypisches dynamisches oder statisches Mindset hat. Vielmehr hat Dweck selbst eingeräumt, dass es eine Reihe von Mischmindsets geben wird. So können wir beispielsweise daran glauben, dass wir unsere Mathematikkenntnisse verbessern können und hier ein dynamisches Mindset zeigen, gleichzeitig aber vielleicht auch denken, dass wir unsere allgemeine Intelligenz nicht verändern können. Oder wir glauben daran, dass wir im privaten Umfeld so ziemlich alles verändern können, im beruflichen Umfeld hingegen alles statisch und unveränderbar ist. Vielleicht glauben wir aber auch daran, dass wir selbst uns in so ziemlich allen Aspekten verändern können, gestehen dies aber unseren Mitmenschen nicht zu. Es gibt also eine ganze Reihe von Mischzuständen, die in Bezug auf dieses Modell denkbar sind.

Hinzu kommt der Aspekt des **falschen dynamischen Mindset**. Es reicht nicht aus, ein dynamisches Mindset zu betonen, zu predigen und zu denken. Wenn der Chef sich vor seine Mitarbeiter stellt und betont, dass er daran glaube, dass jeder das Potenzial besitzt, sich zu verändern und zu wachsen, dann aber immer nur die gleichen Leute mit schwierigen Aufgaben betraut, aus Angst, die anderen Mitarbeiter seien diesen nicht gewachsen, so kann dies eine zweideutige Botschaft senden. Sein Verhalten und seine Worte passen nicht übereinander. Oftmals ist es den Menschen selbst nicht bewusst, dass sie solch widersprüchliche Signale an ihre Umwelt senden. An dieser Stelle hilft regelmäßiges Feedback und Selbstreflexion.

Fühlen, denken, handeln

An dem vorangegangenen Beispiel können wir auch einen weiteren wichtigen Aspekt in Bezug auf das Mindset sehen. Es reicht nicht nur aus, einen Gedanken denken zu können. Mindset zeigt sich nicht in Worten, sondern in Taten. Verbunden mit der Erkenntnis, dass keine Handlung ohne Emotion denkbar ist, wird daraus der Dreiklang aus Emotionen, Gedanken und Verhalten.

Abb. 77: Mindset ist ein Dreiklang aus Emotionen, Gedanken und Verhalten

Vielleicht kennen Sie diese Situation: Sie haben lange über eine Entscheidung nachgedacht und Vor- und Nachteile abgewogen. Ihr Verstand sagt Ihnen, dass alles okay ist. Aber als Sie dann an dem Punkt sind, wo es kein Zurück mehr gibt und Sie die Entscheidung treffen müssen, da haben Sie so ein merkwürdiges Gefühl. Irgendwas in Ihnen meldet sich zu Wort. Sie versuchen sich zu erinnern, was Sie alles für gute Argumente gesammelt haben, aber irgendwie gelingt es Ihnen gerade nicht, sie zusammenzubekommen. Wollen Sie die Entscheidung wirklich so treffen? Am Ende haben Sie eine andere Entscheidung getroffen als die, die sie sich in einer ruhigen Minute, lange vorher überlegt haben.

Die beschriebene Situation ist keine Seltenheit und auch sehr leicht zu erklären. Stellen Sie sich einen unserer Vorfahren vor, wie er am Lagerfeuer sitzt und sich auf die Jagd am nächsten Tag vorbereitet. Er geht in Gedanken durch, was er tun wird, um das Mammut zu erlegen. Er wird mit dem Speer das große Tier anvisieren und dann mit einem gezielten Wurf dafür sorgen, dass sein Stamm bald wieder etwas zu Essen haben wird. In seinem Kopf ist ganz deutlich, was zu tun ist und was passieren wird. Am nächsten Morgen begibt sich unser Vorfahre mit den anderen Männern des Stammes auf die Jagd. Es ist das erste Mal für ihn, aber er ist gut vorbereitet. Er hat gelernt, mit seinem Speer auf einige Entfernung Ziele zu treffen. In der Steppe treffen sie schließlich auf eine Herde Mammuts. Eines der Tiere läuft in seine Richtung. Am Abend vorher hätte unser Vorfahre noch gewusst, dass dies eigentlich der Moment sein müsste, in dem er den Speer wirft. Doch er ist wie gelähmt. Das Mammut rennt an ihm vorbei und erst, nachdem alles vorüber ist, kommt er langsam wieder dazu, klare Gedanken zu fassen. Seine Stammesmitglieder klopfen ihm auf die Schulter. Sie haben ein Mammut erlegt. Zudem kennen viele seine Reaktion von ihrer eigenen ersten Jagd. Manche sind hinter Felsen geflüchtet, als Mammuts auf sie zukamen, andere wie er in eine Starre verfallen. Sie versichern ihm, dass sich das im Laufe der Zeit legen und er ein großer Jäger werden wird.

Was ist hier passiert? Unser Vorfahre hat am Lagerfeuer die Jagd geplant. Dazu hat er sich seines präfrontalen Cortex (PFC) bedient. Dieser Teil der Großhirnrinde ist für das planerische und rationale Denken verantwortlich. Dann ist er am nächsten Morgen in die Situation gekommen, dass ein Mammut auf ihn zuläuft. Seine Augen haben ein Signal weitergeleitet, das, noch bevor es ins Bewusstsein gelangte, von einem deutlich älteren Teil des Gehirns, der Amygdala, bewertet wurde. Da diese aufgrund der ungewohnten Situation das herannahende Mammut als Gefahr und nicht als leckeres Steak kategorisiert hat, hat sie gleich das Stresssystem aktiviert. Der PFC war in diesem Fall erst mal außen vor. Erst als die Gefahr vorüber war, und der Stresslevel wieder gesenkt war, konnte unser Vorfahr wieder klar denken.

Was hat das nun mit Mindset und mit der VUCA-Welt zu tun? Nun, genauso wie bei unserem Vorfahren funktioniert auch unser Gehirn heute noch. Das heißt, alles was wir wahrnehmen wird erst einmal von der Amygdala kategorisiert. Kennt diese eine Situation nicht oder hat sie eine ähnliche Situation als gefährlich erlebt, dann wird die Amygdala das Stresssystem einschalten, bevor die Wahrnehmung überhaupt bewusst wird. Letztendlich beginnt aber jede Handlung mit einer Emotion, denn das ist die erste Bewertung. In unserem Beispiel sorgt der Stress dafür, dass der PFC gar keine Chance bekommt, sich einzuschalten. Wenn wir unter Stress stehen, dann fällt es uns schwer, einen klaren Gedanken zu fassen. Wir haben dann oft einen Tunnelblick und reagieren gereizt und irrational. Erst, wenn es uns gelingt, uns zu beruhigen und den Stress herunterzufahren, können wir wieder klar denken.

Ein weiteres Beispiel gefällig? Nehmen wir einmal an, ein Teamleiter, der jahrelang eine sehr durch Anweisung und Kontrolle beherrschte Führung an den Tag legte, hat sich auf Anraten seines Vorgesetzten sehr intensiv mit agilen Methoden auseinandergesetzt. Er hat viele Schulungen besucht, einige Bücher gelesen und nun baut er ein erstes agiles Team auf. Er kann erklären, warum die agilen Vorgehensweisen sinnvoll sind und warum ein Team selbstorganisiert arbeiten solle, um zum Erfolg zu kommen. Er gibt dem Team den Raum, den es braucht. Aber was sagt das über sein Mindset aus?

Stellen wir uns nun vor, dass das besagte Team eine schlechte Entscheidung getroffen hat. Unser Teamleiter weiß, dass sein Chef toben wird, wenn er davon erfährt. Allein beim Gedanken daran wird ihm mulmig zumute und er bekommt schwitzige Hände. Er fühlt sich hilflos und dem Gutdünken des Teams ausgeliefert. Also beginnt er wieder stärker zu kontrollieren und Entscheidungen für das Team zu treffen. In dem Moment, in dem er die Situation als Bedrohung erlebt (emotionale Bewertung) legt er alte und gewohnte Verhaltensweisen an den Tag. Er kann zwar immer noch erklären, warum Agilität einen Vorteil bringen würde, aber wahrscheinlich wird er viele Ausreden finden, warum seine jetzige Vorgehensweise vorteilhafter ist.

Ein **ausgebildetes dynamisches Mindset** würde sich in dieser Situation anders äußern. Die Bewertung der Situation erfolgt dann nach anderen Maßstäben und somit ist auch die damit verbundene Emotion eine andere. Der Teamleiter würde die Erfahrung als Chance für sein Team begreifen etwas zu lernen und sich selbst nicht als Versager in den Augen des Chefs. Dieses Mindset würde eine andere Bewertung der Situation nach sich ziehen, so dass sie nicht als Bedrohung empfunden und zu Stressreaktionen führen würde. Dadurch stehen ihm eine ganze Reihe mehr Handlungsoptionen zur Verfügung, da er auf die Fähigkeiten seines Verstandes Zugriff hat.

Versuch einer Definition

Aus diesem Grund gehören für mich die drei Schritte Fühlen, Denken und Handeln untrennbar zu der Definition des Mindset. Die vollständige Definition würde für mich folgendermaßen aussehen:

> **Definition** | Das Mindset ist ein Selbst- und Weltbild, das beschreibt, welche Handlungsoptionen einem Menschen in einer Situation zur Verfügung stehen. Es zeigt sich in einer emotionalen Bewertung, Reflexion auf Basis von Werten und Einstellungen, sowie den daraus abgeleiteten Handlungen.

Ich möchte das Mindset nicht mit dem Selbstbild gleichsetzen. Aber das Selbstbild spielt in dem Konzept dennoch eine sehr große Rolle. Denn abhängig davon, wie man sich selbst wahrnimmt und welches Bild man von sich selbst hat, wird auch die emotionale Bewertung ausfallen. Gleichzeitig ist das Mindset aber auch ein Weltbild, ein Paradigma, wie wir die Welt um uns herum wahrnehmen und interpretieren. Dieses Weltbild ist die Grundlage für Werte und Einstellungen.

Darüber hinaus ist das Mindset aber auch ein beobachtbares Phänomen, das sich in Handlungen, also dem Verhalten von Menschen, zeigt. Diese basieren wiederum auf Werten und Einstellungen, die diese Menschen auch formulieren und vermitteln können. Damit diese allerdings auch angewendet werden können, muss auch die emotionale Bewertung so ausfallen, dass der Mensch Zugriff auf diese hat. Dies ist nur dann der Fall, wenn er die Situation nicht als bedrohlich empfindet.

An dieser Stelle spielen dann der Kontext und die konkrete Situation eine große Rolle. Wir können in unterschiedlichen Situationen ein anderes Mindset zeigen. So, wie der Teamleiter, der durchaus agile Vorgehensweisen unterstützt hat, solange alles nach Plan lief. In dem Moment, in dem etwas nicht so funktionierte wie erwartet, zeigte er dann ein anderes Verhalten.

Das agile Mindset

Vor ein paar Jahren, als die agile Bewegung so richtig Fahrt aufnahm und man landauf und landab agile Transformationen startete, da wurde plötzlich ein Wort immer häufiger in den Mund genommen und gefordert: das agile Mindset. Berater und Coaches erwähnten zu unzähligen Gelegenheiten, dass das agile Mindset ein wichtiger Erfolgsfaktor auf dem Weg zum agilen Unternehmen darstelle. Workshops wurden abgehalten, um den Mitarbeitern der Unternehmen das agile Mindset zu vermitteln.

Natürlich lagen die Berater und Coaches richtig, wenn sie das agile Mindset als Grundlage ausriefen. Allerdings stellt sich die Frage, ob sie die Tragweite ihrer Forderungen richtig einzuschätzen vermochten. Aber schauen wir zunächst einmal darauf, was das agile Mindset eigentlich ist. Dazu möchte ich die Definition anführen, die mir am besten gefällt. Sie stammt von Svenja Hofert (Hofert 2018a, 24) und lautet wie folgt:

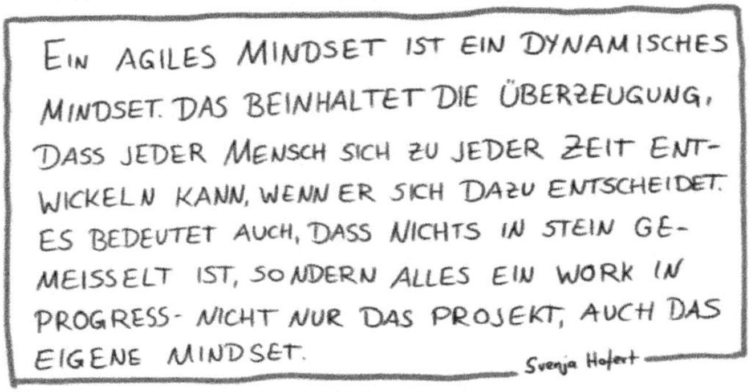

Abb. 78: Definition "Agiles Mindset" nach Svenja Hofert

Mir gefällt die Definition gerade deshalb so gut, weil sie komplett ohne die Erwähnung der Agilität oder von bestimmten Werten auskommt. Stattdessen wird das agile

Mindset fast gänzlich dem dynamischen Mindset von Carol Dweck gleichgesetzt. Dabei betont Hofert, dass wirklich alles dynamisch ist, also auch das eigene Mindset selbst.

Es ist fragwürdig, ob das, was die agilen Berater und Coaches so lautstark forderten, dieser Definition entspricht. Und selbst wenn es genau dieser Definition entsprechen würde, dann müssten wir doch wahrscheinlich sehr schnell einsehen, dass dies nichts ist, was man innerhalb von ein paar Workshops vermitteln kann. Das hier beschriebene agile Mindset ist etwas, das sich entwickeln muss. Und diese Entwicklung kann durchaus einige Zeit in Anspruch nehmen.

Lassen Sie uns Svenja Hoferts Beispiel folgen und einmal das agile Arbeiten in Zusammenhang mit den Modi der Ich-Entwicklung betrachten. Hofert hat versucht, die Arbeit eines Team-Mitglieds in einem selbstorganisierten Team als Anforderung zu formulieren.

Sie definiert dafür neun Eigenschaften an das Individuum, die gegeben sein sollten, damit selbstverantwortliches und selbstorganisiertes Arbeiten möglich ist. Eine grafische Übersicht finden Sie in Abbildung 79, in Tabelle 15 finden Sie eine genauere Beschreibung dazu.

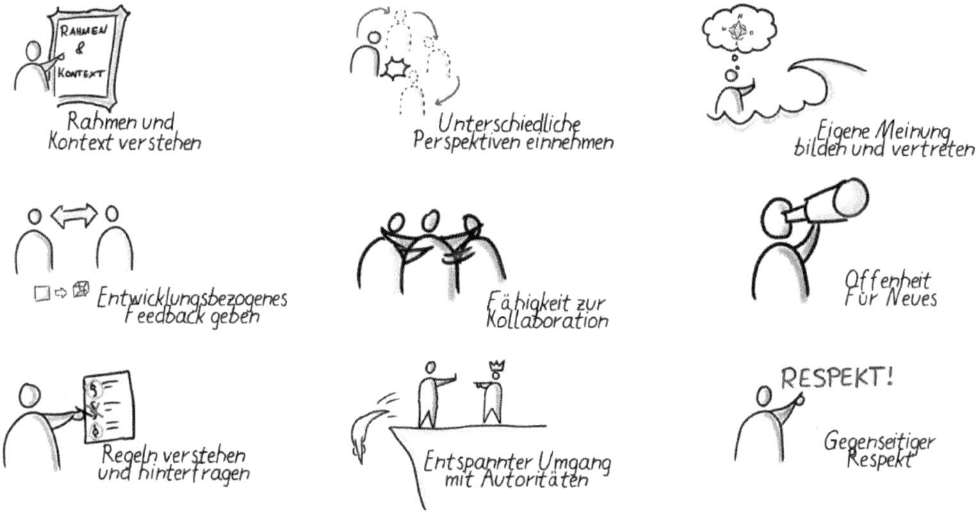

Abb. 79: Anforderungen an Selbstorganisation, orientiert an Hofert 2018a

Bringt man diese Anforderungen nun mit den Denkmodi der Ich-Entwicklung zusammen, dann muss man feststellen, dass das agile Arbeiten in selbstorganisierten Teams einen Effektiv-Modus (E6) voraussetzt. In den vorherigen Modi ist noch sehr stark das Schwarz-Weiß-Denken ausgeprägt, oder die Suche nach persönlichem Vorteil. Machen wir uns anhand der Verteilung noch einmal bewusst, was dies bedeuten würde.

Anforderung an Individuum	Beschreibung
Rahmen und Kontext kennen	Der Rahmen und der Kontext müssen bekannt sein. Dies ist eine Voraussetzung dafür, dass Entscheidungen getroffen und Dinge hinterfragt werden können.
Perspektivwechsel	Die Einnahme von unterschiedlichen Perspektiven, aus denen ein Problem oder eine Aufgabenstellung betrachtet wird, ist im selbstorganisierten Umfeld sehr wichtig. Probleme sollten nicht nur einseitig (technisch) betrachtet werden, sondern auch in Bezug auf andere Aspekte (Kundenwert, Sicherheit, langfristige Strategie, ...).
eigene Meinung	Eine eigene Meinung zu haben und diese auch gegen andere Argumente und Meinungen zu halten und verteidigen zu können ist im Umgang auf Augenhöhe im Team sehr wichtig.
Feedback	Die Fähigkeit, Feedback zu geben und auch zu empfangen ermöglicht persönliches Wachstum, aber auch die Weiterentwicklung anderer und des gesamten Teams.
Kollaboration	Echte Zusammenarbeit im Team ist mehr, als nur nah beieinander zu sitzen und täglich kurz ein Statusupdate in die Runde zu werfen. Ziele können nur gemeinsam erreicht werden. Allein ist niemand erfolgreich. Dafür werden Transparenz und Offenheit benötigt, sowie der Aufbau von Vertrauen.
Offenheit	Die Offenheit für Neues ist daher ein weiterer wichtiger Aspekt. Wer nur an Bekanntem und Gewohntem festhält, verschenkt nicht nur Chancen, sondern wird in der VUCA-Welt ernsthafte Probleme bekommen.
Umgang mit Regeln	Regeln müssen verstanden, befolgt und in berechtigten Fällen auch gebrochen werden. Dafür wiederum ist die Kenntnis der dahinterliegenden Prinzipien und Werte wichtig.
Umgang mit Autoritäten	Nur weil jemand eine höhere Position hat, heißt das nicht, dass seine Entscheidungen nicht hinterfragt werden dürfen. Ein entspannter Umgang mit Autoritäten ist dafür Voraussetzung.
Respekt	Dazu gehört auch der gegenseitige Respekt. Erfolgreich ist man nur, wenn es kein Gegeneinander, sondern ein Miteinander gibt.

Tab. 15: Anforderungen an Selbstorganisation nach Hofert, 2018a

Abbildung 80 legt die Modi der Ich-Entwicklung nach Loevinger (oben) und das Laloux Cultural Model (unten) übereinander[3]. In der Mitte sehen Sie die Verteilung innerhalb

3 Die beiden Skalen sind nicht ganz deckungsgleich, da der Denkmodus E5 eigentlich eine Zwischenstufe darstellt, die im Cultural Model von Laloux keine Entsprechung findet. Korrekterweise würden sich die Skalen also leicht zueinander verschieben, was ich an dieser Stelle der Einfachheit halber ignoriert habe.

der Erwachsenen (westlichen) Bevölkerung. Wenn wir uns die Verteilung ansehen, so müssen wir erkennen, dass der Anteil derjenigen Menschen, deren Schwerpunkt noch vor E6 liegt, immer noch größer als 50 % ist. Das heißt also, jeder zweite Erwachsene würde sich schwertun, in einem selbstorganisierten, agilen Team zu arbeiten.

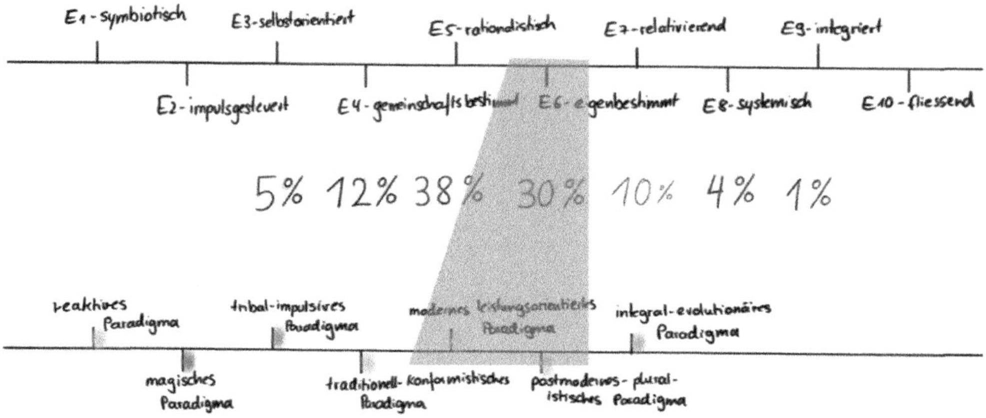

Abb. 80: Verteilung Ich-Entwicklung und Laloux Cultural Model

Wenn wir nun mit diesen Erkenntnissen auf die Idee schauen, Workshops anzubieten, um das agile Mindset zu vermitteln, dann werden wir schnell zu der Erkenntnis gelangen, dass das zwar ein netter Gedanke ist, aber geringe Erfolgsaussichten mit sich bringt. Wenn die Entwicklung von einem Denkmodus in den nächsten in der Regel zwischen zwei und vier Jahren dauert, dann kann ein solcher Workshop höchstens ein erster Schritt in diesem Veränderungsprozess sein. Es wird aber eine Menge Eigeninitiative und Zeit benötigt, um diejenigen, die noch nicht so weit sind, zu diesem „Mindset" zu befähigen.

Gerade hier setzt auch oft die (berechtigte) **Kritik** an. Viele gescheiterte Transformationen werden durch „das falsche" oder „fehlendes" Mindset erklärt. Es scheint sehr bequem zu sein, einfach die Verantwortung für die Unfähigkeit zur Veränderung an die Mitarbeiter abzuschieben. Wenn wir uns zurückerinnern an den Abschnitt über Führungserfolg in Zeiten der Veränderung (Seite 223), dann sehen wir, dass der Erfolg einer Veränderungsinitiative (wie einer agilen Transformation) tatsächlich vom Mindset abzuhängen scheint. Allerdings vielmehr vom Mindset der Unternehmensführung und weniger von dem der Angestellten.

Wie wir gesehen haben, sind die Führungskräfte am erfolgreichsten, die postkonventionell denken und handeln können. Sie sind in der Lage Rahmen zu setzen, in denen Teams sich bewegen können. In dem Abschnitt über Teamarbeit und Emergenz haben wir gesehen, dass ein gut zusammengestelltes Team, das sich innerhalb eines gut abgesteckten Rahmens bewegt, durchaus über sich hinauswachsen kann.

Das System, das Menschen vorfinden, befähigt sie also oder hindert sie. In diesem Fall heißt das, dass die Unternehmensführung dafür verantwortlich ist, den Mitarbeitern einen Rahmen anzubieten, innerhalb dessen Selbstorganisation und agiles Arbeiten gelingen kann. So kann selbst ein Team, das aus Menschen besteht, die noch nicht die individuellen Fähigkeiten ausgebildet haben, um selbstorganisiert zu arbeiten, als Team funktionieren und auf einem Denk- und Handlungsmodus agieren, der deutlich über ihren individuellen Fähigkeiten liegt. Dieser gesetzte Rahmen sollte dabei auch die handelnden Akteure berücksichtigen, so dass er sich auch von Team zu Team unterscheiden kann. Wie Sie sehen, ist die Führungsrolle im agilen Umfeld, mit der Verantwortung, passende Rahmen zu definieren, eine sehr anspruchsvolle und herausfordernde Aufgabe.

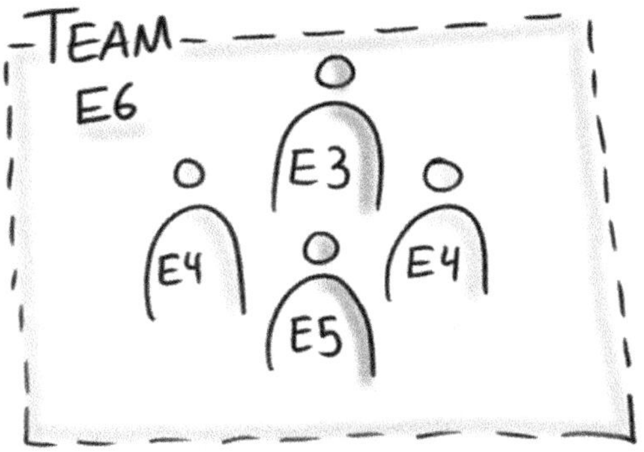

Abb. 81: Der geeignete Rahmen lässt ein Team über die individuellen Fähigkeiten hinaus agieren.

Fassen wir kurz zusammen: Das (agile) Mindset spielt durchaus eine beachtliche Rolle bei der Einführung von agilen Arbeitsweisen im Rahmen einer Transformation. Allerdings ist hier vielmehr die Führung in der Verantwortung, die in der Lage ist, Rahmenbedingungen zu setzen. Sich aus der Verantwortung zu ziehen und die Schuld bei den Mitarbeitern in den Teams zu suchen wäre zu einfach.

Meiner persönlichen Meinung nach bringt eine förderliche Umgebung und ein entsprechender Rahmen deutlich mehr, als der Versuch, ein agiles Mindset zu etablieren. Natürlich entsteht ein solcher Rahmen auch durch die entsprechenden Anregungen und aus einem bestimmten Mindset heraus. Aber das kann man auf unterschiedliche Arten gewährleisten. Selbst wenn die Unternehmensführung selbst nicht das entsprechende Mindset hätte, könnte sie über eine gewisse Offenheit und Disziplin, sowie unter Einbeziehung von erfahrenen Agile Coaches oder Beratern eine solche Umgebung erschaffen. Und innerhalb dieser Umgebung würde sich das entsprechende Mindset mit der Zeit von selbst entwickeln, in seiner Geschwindigkeit und ganz natürlich.

Ein Gedanke zum Abschluss

Gruppen von Menschen können ein bestimmtes Mindset ausprägen. Wir betrachten dann nicht mehr das Individuum als kleinste Einheit, sondern zum Beispiel ein Team oder eine ganze Organisation.

Dann verschiebt sich auch der **Maßstab der Beobachtung von Verhalten**. Wir schauen jetzt nicht mehr darauf, was der oder die Einzelne tut, sondern welche Aktionen ein Team oder ein Unternehmen zeigt. Und auch die Denkprozesse werden nun als Teamdiskussionen oder Vorstandssitzungen gesehen. Sie erinnern sich an das Innere Team von Schulz von Thun (Seite 289)? Hier wird eine innere Teamsitzung als Coaching-Methode genutzt, die darauf basiert, dass Menschen unterschiedliche Anteile und Perspektiven in sich vereinen. Je entwickelter der Denkmodus ist, desto differenzierter sind sie in der Lage, eine Problemstellung zu betrachten. Wenn wir nun dieses Prinzip auf eine Gruppe von Menschen übertragen, dann haben wir es nicht mehr mit einem inneren Team, sondern mit einem echten Team zu tun. Und, um in diesem Bild zu bleiben, je interdisziplinärer und diverser ich das Team aufgestellt habe, desto besser kann es unterschiedliche Perspektiven auf eine Problemstellung zusammenbringen. Selbst wenn jeder einzelne im Team nur seine eigene Perspektive sieht. Durch entsprechende Rahmenbedingungen, wie ein Team zu Entscheidungen kommt, kann so Verhalten gezeigt und Handlungsoptionen genutzt werden, die den Teammitgliedern einzeln noch nicht möglich gewesen wären.

Daher bin ich der Meinung, dass man den Begriff des Mindset durchaus auch auf Gruppen von Menschen ausweiten kann. Ein Team oder ein Unternehmen hat genauso ein Mindset, wie jedes Individuum.

Dies führt nun zu zwei weiteren Folgen: Zum einen kann jetzt ein Widerspruch beim Individuum auftauchen. Dann nämlich, wenn das eigene, individuelle Mindset nicht gut mit dem der Gruppe zusammenpasst. Hier wird entweder über die Zeit eine Annäherung stattfinden, oder das Individuum wird das Umfeld verlassen und sich ein neues suchen, das besser zum eigenen Mindset passt. Zum anderen zeigt sich, dass die Verantwortung der Unternehmensführung in Bezug auf Mindset nicht darin liegt, einzelne Individuen zu verändern, sondern am „Unternehmens-Mindset" zu arbeiten (was uns wieder zum Thema „Kultur" führt).

Die Veränderung und Gestaltung von Mindset ist also keine Utopie oder ein Ding der Unmöglichkeit. Im Gegenteil, es sollte sogar Priorität bei den Verantwortlichen haben. Allerdings nicht so, wie es in der Praxis oft der Fall ist, indem auf individuellem Level versucht wird, das Mindset zu verändern. Vielmehr ist die oben schon angesprochene Forderung, Rahmenbedingungen zu schaffen und damit ein System zu bieten, in dem sich bestimmtes Verhalten zeigt, aktives Gestalten des Mindset von Teams oder der gesamten Organisation.

➤ Tipps für VUCA-Helden

Proaktivität, Verantwortung und Mindset hängen sehr eng zusammen. Die ersten beiden sind Bestandteil eines agilen Mindsets sein erhöhen die Handlungsoptionen, die zur Verfügung stehen.

1. **Proaktivität zeigen und Verantwortung übernehmen**

Verlassen Sie bewusst eine „Opferhaltung". Sie haben selbst die Wahl, wie Sie auf bestimmte Ereignisse reagieren. Das muss gelernt werden, aber wenn Sie durchhalten, werden Sie eine neue innere Freiheit erlangen. Durch diese Freiheit entsteht auch ein neuer Bezug zur Verantwortung. Versuchen Sie, wirklich die volle Verantwortung zu übernehmen, nicht nur auf Verpflichtungen basierend.

- Begeben Sie sich gerade in eine Opferhaltung oder treffen Sie die Entscheidung aktiv?
- Kennen Sie die Konsequenzen Ihrer Handlungen? Sind Sie bereit sie zu tragen?
- Keine Entscheidung zu treffen ist auch eine aktive Entscheidung! Ist es die Entscheidung, die Sie treffen wollen?
- Können Sie erkennen, welche Phase der Verantwortung Sie gerade einnehmen?
- Was müssen Sie tun, um wirklich die volle Verantwortung zu übernehmen?

2. **Mindset ist ein abstrakter Begriff.**

Unter dem Begriff Mindset versteht jeder etwas anderes. Wenn Sie über Mindset diskutieren, klären Sie mit Ihren Gesprächspartnern, was sie genau darunter verstehen. Legen Sie offen, welche Definition Sie selbst dem Begriff zugrunde legen.

- Wissen Sie, was genau Ihr Gegenüber als Mindset bezeichnet?
- Haben Sie klargemacht, was Sie unter Mindset verstehen?
- Passt der Verlauf der Diskussion zu den Definitionen von Mindset?
- Gibt es vielleicht ein Wort, das in dem Zusammenhang besser passt und eindeutiger ist als „Mindset"?

3. **Mindset ist nicht richtig oder falsch.**

Es gibt kein richtiges oder falsches Mindset. Es gibt auch keine Menschen, die „kein Mindset" haben. Mindset ist immer da. Menschen zeigen ihr Mindset in dem, was sie sagen und was sie tun. Es kann auch kein falsches Mindset geben. Denn Menschen prägen ein Mindset aus, das für sie vorteilhaft ist.
Es kann allerdings sein, dass ein Mindset nicht zu einer bestimmten Situation oder Umgebung passt. Dies muss nicht heißen, dass gemeinsame Ziele deshalb nicht erreicht werden können. Durch Veränderung von kleinen Rahmenbedingungen lässt sich die Situation eventuell so anpassen, dass ganz unterschiedliche

Menschen zusammen ein gemeinsames Ziel verfolgen können, unabhängig vom individuellen Mindset.

- Zeigt sich ein zum Gesagten passendes Verhalten? Ist das Mindset kongruent?
- Was sagt die Situation über das Verhalten (und das Mindset) der Menschen aus?
- Welche Rahmenbedingungen können Sie anpassen, um unterschiedliche Menschen optimal zur Zusammenarbeit zu verhelfen?

4. **Mindset darf nicht die Ausrede sein.**

Überall dort, wo Mindset als Ausrede gebraucht wird, sollten Sie hellhörig werden. Im Zusammenhang mit agilen Transformationen sind in jüngerer Vergangenheit oftmals Probleme auf das Mindset der Mitarbeiter geschoben worden. Das ist inhaltlich und moralisch fragwürdig.
Klären Sie auch hier, was genau unter Mindset verstanden wird. Sind es eher methodische oder fachliche Inhalte, dann können diese trainiert und aufgebaut werden. Für manche Menschen ist das Mindset nicht mehr als das. Und das ist okay, solange die Definition vorher geklärt wurde.
Besteht ein eher umfangreiches Verständnis von Mindset, achten Sie darauf, ob Sie es mit einem statischen Mindset bei Ihrem Gegenüber zu tun haben. In diesem Fall wird der Glaube an Veränderung wahrscheinlich eher gering ausfallen. Machen Sie Ihre Beobachtungen transparent und vermitteln Sie Hintergrundwissen.

- Welche Definition von Mindset liegt vor? Welche Möglichkeiten haben Sie, darauf zu reagieren?
- Wie würden Sie die Probleme erklären, ohne dabei auf den Begriff „Mindset“ zurückzugreifen?
- Welche impliziten Annahmen nehmen Sie wahr?

Orientierung in Zeiten des Wandels

Es tut sich eine Menge in unserer Welt und der Spruch „Heute ist der langsamste Tag für den Rest unseres Lebens“ ist zutreffender denn je. Denn das Tempo und die Komplexität um uns herum nehmen täglich ein kleines bisschen mehr Fahrt auf.

Die Anforderungen, die dabei an uns gestellt werden, können herausfordernd sein. Es bleibt die spannende Frage, wie wir damit fertig werden können. Gibt es so etwas, wie ruhige Häfen, die wir ansteuern können, um unsere Akkus wieder aufzuladen? Gibt es so etwas, wie eine Schnellladestation, die man nutzen kann, wenn man eine extra Portion Energie benötigt?

Hier möchte ich versuchen, aus meinen eigenen Erfahrungen ein paar Orientierungspunkte und ruhige Häfen vorzustellen.

Netzwerken und lernen

Ein starkes Netzwerk und lebenslanges Lernen sind zwei wichtige Faktoren, die in der VUCA-Welt für eine große Bedeutung erlangt haben. Mit Working Out Loud ist in den vergangenen Jahren eine Methode populär geworden, die Menschen unterstützt, die heute für das vernetzte Lernen benötigten Fähigkeiten zu lernen. In einem Blogpost von 2010[4] prägte Bryce Williams den Begriff „Working Out Loud" und fasste die Kernidee dahinter so zusammen:

Working Out Loud = Observable Work + Narrating Your Work

Es geht also darum, nicht bloß einfach seine Arbeit zu erledigen, sondern auch andere daran teilhaben zu lassen. So können alle gemeinsam daran wachsen, lernen und sich verbessern. Als Hauptwerkzeug dazu sieht er die sozialen Netzwerke und Kollaborationsplattformen.

Damit beschrieb Williams ziemlich treffend den Paradigmenwechsel, der sich innerhalb der Wissensarbeit andeutete: weg von der Sammlung und dem Horten von Wissen, hin zu einem Teilen des Wissens. Nicht mehr derjenige ist interessant, der das meiste Wissen besitzt und konsultiert werden muss, sondern wer das meiste Wissen bereitwillig mit anderen teilt.

John Stepper entwickelte kurz darauf ein **methodisches Vorgehen** und veröffentlichte es (Stepper 2015). Wenn heute die Rede von WOL ist, dann wird oftmals das von Stepper entwickelte Zwölf-Wochen-Programm darunter verstanden. Innerhalb dieser zwölf Wochen treffen sich drei bis fünf Teilnehmer wöchentlich in einem Circle.

Diese Circles sind selbstorganisiert und koordinieren ihre Termine und Arbeitsweisen selbst. Jeder der Teilnehmer setzt sich zu Beginn des ersten Circles ein Ziel, auf das er in den folgenden zwölf Wochen mit Unterstützung der anderen Teilnehmer hinarbeiten möchte. Dabei steht allerdings nicht die Erreichung des Ziels im Vordergrund. Der Fokus liegt klar darauf, Lernen zu lernen, sich zu vernetzen und großzügig Wissen zu teilen. Die Circletreffen dauern in der Regel eine Stunde pro Woche und Stepper hat für jede Woche ein kleines Skript entwickelt mit Aufgaben und Fragestellungen, die die Circle-Mitglieder bearbeiten können. Diese ausführlichen Skripte stellt Stepper auf seiner Webseite kostenfrei allen Interessierten in mehreren Sprachen zur Verfügung.[5]

Zu den wöchentlichen Aufgaben gehört erst einmal eine klare Zieldefinition. Dann machen sich die Teilnehmer – sofern noch nicht geschehen – mit sozialen Netzwerken und anderen Kanälen vertraut und suchen nach potenziellen Kontakten aus diesem Netzwerk, die für ihre Zielerreichung interessant sein könnten. In den folgenden Wochen geht es darum, mehr Sichtbarkeit in den Netzwerken zu erlangen. Ebenso gibt es Übungen, die Großzügigkeit und Dankbarkeit betonen. Der Aufbau von Beziehungen

4 https://thebryceswrite.com/2010/11/29/when-will-we-work-out-loud-soon/, 13.4.2021.
5 https://workingoutloud.com/en/circle-guides, 13.4.2021.

und die Auseinandersetzungen mit den eigenen Einstellungen und Wünschen ist ein wichtiger Bestandteil dieser Circle. Zudem bestehen die Aufgaben immer wieder aus Peer-Coaching-Übungen und Selbstreflexionen.

Working Out Loud basiert auf fünf Prinzipien:

- Beziehungen (Relationships)
- Großzügigkeit (Generosity)
- sichtbare Arbeit (Visible Work)
- zielgerichtetes Verhalten (Purposeful Discovery)
- wachstumsorientiertes Denken (Growth Mindset)

Working Out Loud stellt damit eine sehr strukturierte und wertvolle Methode für persönliches Wachstum dar. Durch die Unterstützung, die man in den wöchentlichen Circles durch seine Mitstreiter erhält, sowie die Lektionen, die bearbeitet werden, lernt man schnell neue Wege der Zusammenarbeit sowie einige interessante Aspekte über sich selbst kennen. Zudem baut man sich ein Netzwerk auf, auf das man fortan zurückgreifen kann.

Die Prinzipien von Working Out Loud passen dabei sehr schön mit den agilen Werten zusammen. Zielgerichtetes Verhalten zeigt (unter anderem) in einem priorisierten Backlog und einer konkreten Sprintplanung mit einem konkreten Sprintziel. Die Arbeit wird von einem selbstorganisierten Team erledigt, das auf Beziehungen und Großzügigkeit basieren muss, damit es zu High-Performance gelangen kann. Die Arbeit wird sichtbar in Taskboards verwaltet und täglich angepasst. In der Retrospektive und dem kontinuierlichen Verbesserungsprozess zeigt sich ein wachstumsorientiertes Denken.

Die Möglichkeit an einem Circle teilzunehmen steht jedem offen. Manche Unternehmen fördern sogar die Teilnahme und es gibt eine Reihe von unternehmensinternen Circles. Wenn nicht, so findet man fast in allen großen Städten Anlaufstellen, wo sich neue Circle finden. Und zuletzt ist es auch mit den modernen Kommunikationsmöglichkeiten absolut problemlos möglich, einen virtuellen Circle zu gründen und sich auszutauschen. Suchen Sie einfach in einer Suchmaschine nach WOL-Circles, dann bekommen sie einige interessante Anlaufstellen und Wikis, die ihnen die Teilnahme an einem Circle ermöglichen. Die **interessantesten Circles** sind zudem meist die, die nicht auf ein Unternehmen oder eine Stadt begrenzt sind, sondern unterschiedlichste Menschen mit diversen Hintergründen zusammenführen.

Vertrauen

In der Welt, die uns umgibt, ist Vertrauen ein enorm wichtiger Faktor. Echte Zusammenarbeit und das Erreichen von gemeinsamen Zielen gelingen nur, wenn ein gewisses Vertrauen da ist. Man braucht eine gemeinsame Basis, wie wir schon bei den fünf Dysfunktionen gesehen haben (siehe auch Seite 170).

Ist diese vertrauensvolle Basis nicht gegeben, so bedeutet dies für ein Team, dass es kaum möglich ist, zur Höchstleistung aufzulaufen. Für ein Unternehmen bedeutet es viel unnötige Arbeit, weil sich alle misstrauen und absichern wollen. Und für den einzelnen Menschen würde es ein unerträglich einsames und stressiges Leben darstellen, wenn sich in seinem Umfeld niemand finden würde, dem er sein Vertrauen schenken könnte.

Sie kennen vielleicht den alten Spruch: „Nur wer schreibt, der bleibt". Dieser wird oftmals in einem Umfeld gebraucht, wo mündliche Absprachen nicht ausreichen und sich alle Beteiligten noch einmal schriftlich rückversichern. Somit ist dann am Ende jeder auf der sicheren Seite und kann sich auf die schriftliche Form beziehen. Solche Verhaltensweisen findet man häufig dort, wo in der Vergangenheit Mitarbeiter für etwas negative Konsequenzen erlebten, was ihnen ein Vorgesetzter aufgetragen hat, der sich nachher nicht mehr an seinen Auftrag erinnern wollte oder konnte.

Dies ist nicht nur ein **starker Widerspruch** zu den Agilen Prinzipien, sondern kostet die Unternehmen auch wirtschaftlich eine Menge Geld. Denn die Zeit, die in Absicherung, Schuldzuweisung und Dokumentation von Besprechungen gesteckt wird, ist Zeit, in denen keine Wertschöpfung stattfindet.

Mit diesem Aspekt von Vertrauen als ökonomische Macht und nicht nur als Nice-to-Have oder Soft-Skill, hat sich Stephen M. R. Covey[6] auseinandergesetzt (Covey/Merrill 2009). Dabei geht er auf unterschiedliche Aspekte von Vertrauen ein, die er als fünf Wellen des Vertrauens bezeichnet.

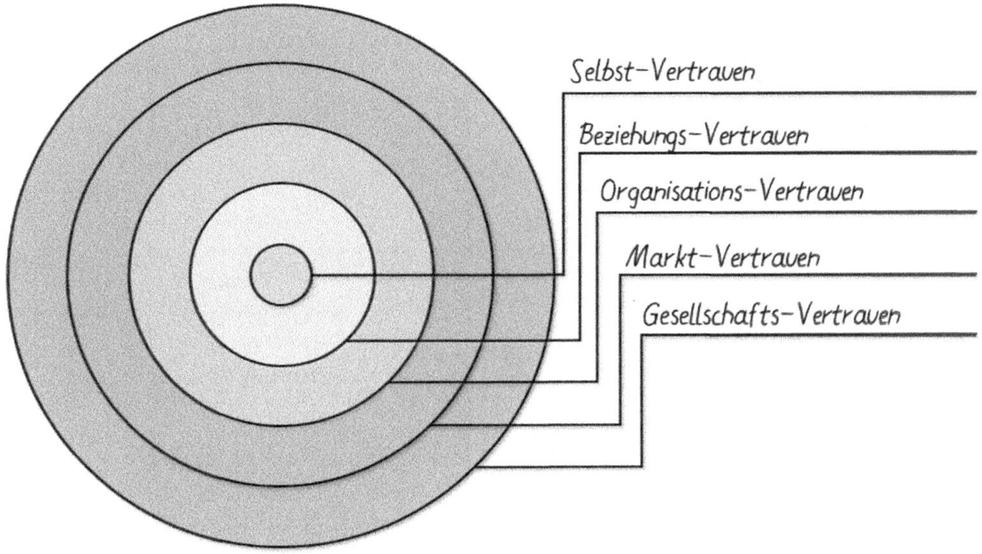

Abb. 82: Wellen des Vertrauens nach Covey

6 Stephen M. R. Covey ist der Sohn von Stephen R. Covey, den Autor von „Die sieben Wege zur Effektivität".

Selbstvertrauen

Die erste Welle stellt das Selbstvertrauen dar. Dabei geht es in erster Linie um das Vertrauen, das wir in uns selbst haben. Damit andere uns vertrauen, müssen wir erst einmal selbst davon überzeugt sein, dass wir dieses Vertrauen auch rechtfertigen und verdienen. Hier liegt der Schlüssel bei unserer Glaubwürdigkeit.

Um für sich selbst und andere glaubwürdig zu sein, geht es um Charakter und Kompetenz. Covey (2009) formuliert daher vier Grundlagen für Glaubwürdigkeit, die sich auf diese beiden Aspekte aufteilen. Diese finden Sie in Tabelle 16.

Grundlage	Bezug	Beschreibung
Integrität	Charakter	Integrität beschreibt die Übereinstimmung zwischen den Worten und dem Handeln (Kongruenz). Integrität basiert auf dem Mut, entsprechend seiner Werte und Überzeugungen zu handeln. Damit ist Integrität auch mehr als Ehrlichkeit, die oftmals als Synonym für Integrität verwendet wird.
Absichten	Charakter	Die Motive und Vorhaben, sowie die daraus resultierenden Aktivitäten und Handlungen. Vertrauen wächst dann, wenn die Absichten ehrlich sind und den gemeinsamen Vorteil (Win-win) anstreben. Versteckte Absichten (hidden agendas) zerstören Vertrauen, weil wir dann argwöhnisch werden.
Fähigkeiten	Kompetenz	Die Talente, Einstellungen, Fertigkeiten, Wissen und unser persönlicher Stil, den wir einbringen. Sie stellen die Mittel dar, die wir haben, um ein Ziel zu erreichen. Damit jemand glaubwürdig erscheint, müssen wir das Gefühl haben, dass seine Fähigkeiten auch vorhanden sind, um ein Ziel zu erreichen.
Ergebnisse	Kompetenz	Hier geht es um das, was wir vorzuweisen haben. Wenn wir Erwartungen nicht erfüllen, dann sind wir auch nicht glaubwürdig. Wenn wir hingegen das liefern, was wir versprochen haben, dann wird unsere Glaubwürdigkeit dadurch erhöht werden.

Tab. 16: Die vier Grundlagen der Glaubwürdigkeit nach Covey

Beziehungs-Vertrauen

Beim Beziehungs-Vertrauen geht es darum, ein Verhalten zu zeigen, das Vertrauen wachsen lässt. Covey beschreibt dazu 13 Verhaltensweisen, die Menschen, die großes Vertrauen genießen, gemeinsam haben. Sie basieren auf Prinzipien, die eine vertrauensvolle Beziehung schaffen. Als Strategien und Techniken, die mechanisch angewendet werden, sind sie nicht gedacht. Vielmehr zielen sie darauf ab, sich dauerhaft entsprechend zu verhalten und den vier Grundlagen der Glaubwürdigkeit zu folgen.

1. **Ehrlich sein:** Die erste Vertrauensregel fordert Ehrlichkeit. Es geht darum, die Wahrheit zu sagen und offen mit anderen Menschen umzugehen. So vermeidet man Missverständnisse und macht klar, was man wirklich möchte. Wer lügt, zerstört Vertrauen.
   Allerdings bedeutet dies nicht, dass man dabei die Feinfühligkeit völlig außer Acht lässt. Eine brutale und schonungslose Offenheit, die dann mit der Ehrlichkeit rechtfertigt wird, führt nicht zu tieferem Vertrauen. Daher liegt der Schlüssel in Ehrlichkeit, verbunden mit Feinfühligkeit.
2. **Respekt zeigen:** Gegenseitiger Respekt beschreibt die zweite Vertrauensregel. Hierzu gehören auch Fürsorge und Mitgefühl, das man gegenüber anderen Menschen zeigt. Der Wert des Einzelnen sollte hochgehalten werden. Respekt zeigt sich auch in der Anerkennung von Leistungen und Beiträgen.
   Dabei zeigt sich wahrer Respekt unabhängig von der Person. Respekt hängt nicht von Titeln oder Positionen ab. Man kann sehr viel über einen Menschen und seinen Umgang mit Respekt lernen, indem man beispielsweise beobachtet, wie dieser mit einem Kellner (oder anderen Dienstleistern) umgeht.
   Sie sollten sich davor hüten, Respekt vorzutäuschen oder nur denjenigen entgegenzubringen, die etwas für Sie tun können. Wer respektvolles Verhalten nur zeigt, um zu manipulieren und besonders erfolgreich zu sein, der wird früher oder später entlarvt. Und dann nimmt die Vertrauensbasis einen fast irreparablen Schaden.
3. **Transparenz schaffen:** Diese Vertrauensregel bezieht sich darauf, möglichst keine Informationen zurückzuhalten. Sie sollten die Wahrheit sagen, und zwar so, dass die Leute sie nachvollziehen und überprüfen können.
   Das trifft besonders auch auf Dinge zu, die vielleicht etwas unangenehm oder problematisch erscheinen. Natürlich möchte niemand gerne hören, dass die Zahlen momentan nicht so rosig aussehen. Aber die bittere Wahrheit ist deutlich vertrauensfördernder als das Verheimlichen oder – schlimmer noch – das Vorgaukeln von falschen Wahrheiten. Am Ende kommt es doch ans Tageslicht, und dann ist das Vertrauen dahin.
   Natürlich gibt es Informationen, die Sie nicht teilen dürfen. Aber Sie müssen trotzdem nicht lügen. Sie können auch hier transparent mit diesem Umstand umgehen, ohne dabei Inhalte auszubreiten. Ihr Gegenüber wird das verstehen und die Offenheit zu schätzen wissen.
4. **Fehler wiedergutmachen:** Fehler passieren jedem von uns. Es ist etwas zutiefst Menschliches. Aber der Umgang mit Fehlern ist ein entscheidender Punkt, wenn es darum geht, Vertrauen aufzubauen. Wenn uns ein Fehler passiert ist, dann sollten wir unsere Energie darauf verwenden, diesen Fehler wiedergutzumachen. Damit ist das gemeint, was Christopher Avery als wahre Übernahme von Verantwortung beschrieben hat.
   Dies beruht auch auf den Prinzipien Bescheidenheit, Integrität und Entschädigung. Unser Gegenüber wird merken, dass es uns ernst ist und die Bemühungen zu schätzen wissen. Im Optimalfall sind unser Missgeschick und der daraus resultie-

rende Umgang damit ein wichtiger Baustein beim Aufbau eines noch größeren Vertrauens.
Das Vertuschen und Rechtfertigen von Fehlern hingegen wirken genau entgegengesetzt. Es zerstört Vertrauen und hat Folgen für die zukünftige Zusammenarbeit oder das Zusammenleben. Oftmals ist es unser Stolz, der uns dazu verleitet, Fehler nicht zuzugeben.
Sich für eine Fehler zu entschuldigen und diesen einzugestehen ist ein weiterer wichtiger Teil dieser Vertrauensregel. Wenn diese Entschuldigung ehrlich und glaubwürdig ist, dann wird der Fehler schnell verziehen. Verzeihen Sie auch selbst Fehler und helfen Sie somit dem anderen, diese wiedergutzumachen.

5. **Loyal sein:** Ein Aspekt von Loyalität ist es, anderen Anerkennung zu erweisen und ihren Anteil an den erreichten Ergebnissen zu würdigen. Dazu dient die Metapher der Spiegel und Fenster von Jim Collins, die Covey in seinem Buch anführt. Sie sagt aus, dass wir, wenn es gerade gut läuft aus dem Fenster schauen sollten. Also auf das, was um uns herum geschieht, und welche guten Leistungen die anderen beigetragen haben. Dafür sollten wir auch Anerkennung und Lob übrighaben. Wenn es hingegen einmal nicht so gut läuft, dann sollten wir lieber in den Spiegel schauen. Der Blick sollte auf uns selbst und unseren Anteil gehen, weniger zu den anderen, um ihnen die Schuld in die Schuhe zu schieben.
   Das äußert sich auch darin, dass man das Lob für eine hervorragende Leistung nicht für sich allein beanspruchen sollte. Erfolg basiert in den seltensten Fällen auf der Leistung von Einzelnen. Und Menschen, die die gesamte Aufmerksamkeit und das Lob für sich allein beanspruchen, obwohl auch andere beteiligt waren, tragen nicht zu einem vertrauensvollen Miteinander bei.
   Ein weiterer wichtiger Aspekt von Loyalität besteht darin, über andere in Abwesenheit nicht anders zu sprechen, als wenn sie dabei wären. Hinter dem Rücken von Kollegen über sie herzuziehen ist eine schlechte Idee. Die Anwesenden werden annehmen, dass auch über sie selbst so gesprochen wird, sollten sie einmal nicht anwesend sein. Wenn Sie hingegen in Abwesenheit stets respektvoll und loyal über andere sprechen, dann wird dies auch auf die Anwesenden abfärben.
   Zu guter Letzt gehört zur Loyalität auch, dass Sie nichts weitergeben, was Ihnen anvertraut wurde. Wenn Sie aus dem Nähkästchen plaudern, dann wird Ihr Gesprächspartner davon ausgehen, dass auch er Ihnen nichts Vertrauliches erzählen kann.
6. **Ergebnisse liefern:** Nachdem die ersten fünf Grundregeln für Vertrauen sich auf den Charakter bezogen, folgen nun Grundregeln, die sich auf die Kompetenz beziehen. Und die wirkungsvollste Art und Weise, Vertrauen aufzubauen liegt darin, Ergebnisse zu liefern.
   Es geht nicht darum, Dinge zu versprechen oder überschwänglich über etwas zu reden. Hierbei geht es darum, was am Ende wirklich als Ergebnis sichtbar ist. Covey zitiert hierzu Jack Welch: „Natürlich sind viele Vorgesetzte entgegenkommend und räumen Mitarbeitern Freiheiten ein – aber in der Regel erst dann, wenn sie

ihre Leistungsfähigkeit bereits bewiesen und gute Ergebnisse erzielt haben. Ich sehe das wie ein altmodisches Guthabensystem. Mitarbeiter mit hervorragenden Leistungen sammeln ein Guthaben an, das sie später gegen Freiräume eintauschen können. Je höher ihr Guthaben auf dem Leistungskonto ist, desto größer sind ihre Chancen, zu arbeiten, wann, wo und wie sie wollen."
Ergebnisse zu liefern ist also eine große Einzahlung auf das Vertrauenskonto. Dafür ist es wichtig, Engagement zu zeigen und sich an den Zeitplan und die zur Verfügung stehenden Mittel zu halten. Man sollte vorsichtig sein mit allzu großen Versprechungen und das Liefern, das man versprochen hat.

7. **Sich verbessern:** Kontinuierliche Verbesserung und Lernen aus den Erfahrungen ist essenziell. Wenn wir zeigen, dass wir uns stetig weiterentwickeln und an uns selbst und unseren Produkten oder Dienstleistungen arbeiten, um sie zu verbessern, dann steigert dies das Vertrauen.
   Covey empfiehlt, regelmäßig Feedback einzuholen und aus den Rückmeldungen zu lernen. Feedback empfangen und anbieten zu können ist also nicht nur ein wichtiger Baustein für die persönliche Entwicklung, sondern auch zum Aufbau von vertrauensvollen Beziehungen.
   Zudem sollten wir nie davon ausgehen, dass das Wissen und das Können von heute auch für die Herausforderungen von morgen ausreichen werden. Darin spiegelt sich eine grundlegende Aufforderung lebenslangen Lernens und der Entwicklung.
8. **Sich der Realität stellen:** Sich der Realität zu stellen und diese nicht zu ignorieren hört sich sehr leicht und einleuchtend an. Allerdings findet dies häufig nicht statt. In vielen Meetings wird der rosa Elefant nicht direkt angesprochen, sondern geschickt umkurvt.
   Dinge anzusprechen, selbst wenn sie schmerzhaft oder unangenehm sind, ist ein wichtiger Aspekt, der Vertrauen schafft. Wir haben es mit erwachsenen Menschen zu tun. Wir müssen sie nicht vor den Tatsachen beschützen wie kleine Kinder. Sie können mit diesen Wahrheiten umgehen. Es hat auch etwas mit Transparenz, Ehrlichkeit und Respekt zu tun.
   Oftmals sprechen Führungskräfte die unangenehmen Punkte nicht selbst an, sondern sie schicken ihre Vertreter, um die Nachrichten zu überbringen. Sie unterliegen dem Trugschluss, dass sie dadurch ihre Vertrauenswürdigkeit behalten. Doch genau das Gegenteil ist der Fall, denn die Empfänger fragen sich zurecht, warum der Chef nicht selbst die Nachricht überbringt. Für sie sieht es dann so aus, als würde er nicht ehrlich und direkt damit umgehen und die Drecksarbeit auf andere abwälzen. Nicht die besten Voraussetzungen für eine vertrauensvolle Basis.
   Am Ende ist der offene und direkte Umgang mit der Realität eine Kompetenz, die – sofern vorhanden – massiv auf das Vertrauenskonto einzahlt.
9. **Erwartungen klären:** Die neunte Vertrauensregel besteht darin, Erwartungen vorab zu klären. Allzu oft kommt es zu Missverständnissen durch eine nicht klar geklärte Erwartungshaltung im Vorfeld. Wenn Sie nicht das Gleiche unter einem

Ergebnis verstehen wie Ihre Geschäftspartner, dann glauben Sie vielleicht, dass Sie das perfekte Ergebnis geliefert haben und sind enttäuscht, wenn die Kunden dafür nicht zahlen möchten. Hätten Sie im Vorfeld die Erwartungen miteinander abgestimmt, dann hätten Sie sich das ersparen können.

Daher sollten Sie darauf achten, im Vorfeld die Erwartungen und die damit verbundenen Rahmenbedingungen zu klären. Auch hier spielen wieder Transparenz und Offenheit eine große Rolle. Wenn nur ein bestimmtes Budget zur Verfügung steht und sie das Ergebnis nur dann akzeptieren, wenn es innerhalb dieses Rahmens ist, dann sollte dies bei der Klärung der Erwartung ganz klar angesprochen werden.

Erwartungen sind keine Einbahnstraße. Beide Seiten sollten ihre Erwartungen klar benennen. Dadurch wird zum einen offengelegt, was beide Seiten wirklich verstanden haben und denken. Zum anderen können Verhandlungen über die Rahmenbedingungen stattfinden.

Covey empfiehlt, bei der Diskussion über die Rahmenbedingungen, auch immer die drei Faktoren Kosten, Qualität und Zeit im Blick zu haben und anzusprechen. Auch im agilen Umfeld macht das Abklären von Erwartungshaltung Sinn. Durch regelmäßige Feedbackzyklen besteht die Möglichkeit, in regelmäßigen Iterationen immer wieder Erwartungshaltungen abzugleichen und Änderungen vorzunehmen. Auch das erhöht das Vertrauenskonto.

10. **Verantwortung übernehmen:** Wenn Sie es schaffen, echte Verantwortung zu übernehmen, dann zahlt das sehr massiv auf ihr Vertrauenskonto ein.

    Es genügt allerdings nicht nur, selbst Verantwortung zu übernehmen. Zu dieser Regel zählt Covey auch, andere in die Pflicht zu nehmen. Sich zurücklehnen und zu denken, ich habe meinen Teil ja getan, die anderen müssen schon selbst sehen, ist eine Verhalten, das wir auch schon bei den Dysfunktionen eines Teams kennengelernt haben. Übernahme von Verantwortung in einer Gruppe, einer Organisation oder einer Gesellschaft zeichnet sich auch dadurch aus, dass man die anderen Gruppenmitglieder an ihre Verantwortung erinnert und in die Pflicht nimmt.

11. **Erst zuhören:** Die elfte Vertrauensregel besagt, dass wir zuallererst zuhören und wirklich verstehen sollten, was unser Gesprächspartner sagen möchte. Es geht darum, mit wirklichem Interesse und mit dem Herzen zuzuhören und wirklich zu verstehen.

    Wenn wir erkennen, was dem anderen wirklich wichtig ist, dann können wir darauf aufbauen. Er wird an unseren Reaktionen sehen, dass wir ihn verstanden haben und er wird auch bereit sein, uns Gehör zu schenken.

12. Viele Menschen hören zwar zu, aber nutzen die Zeit dafür zu überlegen, was sie sagen oder erwidern wollen. Covey betont, dass dies kein „echtes" Zuhören ist. Unsere Aufmerksamkeit sollte vollständig und allein bei unserem Gesprächspartner sein.

13. **Versprechen halten:** Versprechen sind ein sehr wichtiger Bestandteil von vertrauensvollen Beziehungen. Die zwölfte Vertrauensregel formuliert sehr klar, dass

wir klar sagen, was wir tun wollen und es dann auch umsetzen. Ein gegebenes Versprechen sollte für uns heilig sein.
Mit der Vergabe und dem Einhalten von Versprechen kann eine vertrauensvolle Kultur sehr schnell etabliert werden. Allerdings kann ein einziges gebrochenes Versprechen auch ein Konto nicht nur ins Minus reißen, sondern die ganze Bank zum Einsturz bringen.
Daher sollten wir vorsichtig sein, wenn wir ein Versprechen machen. Es sollte sinnvoll und realistisch sein. Und wir sollten es als absolute Ehrensache ansehen, ein Versprechen zu halten. Und wenn wir einmal ein Versprechen nicht halten konnten, dann sollten wir nicht versuchen uns herauszureden. Dann gilt es Verantwortung zu übernehmen und den Fehler wiedergutzumachen.
Wir sollten uns auch bewusst machen, wem wir ein Versprechen geben. Gegenüber Kunden ist es den meisten Menschen sehr klar, dass sie alles daransetzen, ein Versprechen auch zu halten. Aber Versprechen geben wir auch häufig den Menschen, die uns besonders nahestehen, Freunden und Familie. Gerade hier sollten wir sehr genau darauf achten, dass wir auch alle Versprechen einhalten.
Als Hilfsmittel im Konfliktfall führt Covey die Zehn-Jahres-Regel an. Sie fragt danach, über welches Verhalten man in zehn Jahren glücklich sein wird. Den Kunden, der einen Geschäftsabschluss anstrebt, oder der Besuch bei der Schulaufführung der Tochter, die sich darauf verlässt, dass ihre Familie dabei zusieht?

14. **Anderen Vertrauen schenken:** Möchte man selbst Vertrauen geschenkt bekommen, dann muss man auch zeigen, dass man anderen Menschen Vertrauen schenken kann. Sie sollten also ihr Vertrauen denjenigen schenken, die es verdienen.
Diese Regel sagt keinesfalls aus, dass man allen anderen blindlings vertrauen sollte. Es geht darum, Vertrauen bewusst zu schenken und je nach Situation auszuweiten. Es geht darum, alle fair und nach den gleichen Maßstäben zu behandeln. Wenn jemand durch seinen Charakter und seine Kompetenzen mehr Vertrauen verdient, dann schenken Sie ihm mehr Vertrauen, wenn jemand nicht die gewünschten Ergebnisse liefert, dann schenken Sie weniger Vertrauen.
Seien Sie aber grundsätzlich bereit, anderen zu vertrauen. Und machen Sie transparent, wo und auf welcher Basis Sie Vertrauen schenken.

Organisations-Vertrauen

Die dritte Welle von Vertrauen stellt das Organisations-Vertrauen dar. Covey (2009) zeichnet innerhalb einer Organisation das Bild von Vertrauens-Steuern und Vertrauens-Dividenden. Wenn die Unternehmenskultur auf gegenseitigem Vertrauen basiert, dann wird sie von der Dividende profitieren. Wenn kein Vertrauen herrscht, dann zahlt sie Vertrauenssteuern.

Vertrauens-Steuer	**Vertrauens-Dividende**
Redundanz Wenn man das Gefühl hat, dass man den Leuten nur vertrauen kann, wenn man sie überwacht, dann wird die Organisation viel in Strukturen der Kontrolle und Überwachung investieren. Man richtet Managementebenen ein, die nur der Überwachung und Ergebniskontrolle dienen. Dadurch entstehen eine Menge Positionen, die nicht direkt mit der Wertschöpfung in Verbindung stehen.	Wertsteigerung Es besteht ein nachweislicher Zusammenhang zwischen dem vorherrschenden Vertrauen in einer Organisation und den Gesamterträgen für die Aktionäre. Und auch für die Kunden wird durch bessere Produkte und Dienstleistungen ein höherer Wert geschaffen.
Bürokratie Unter Bürokratie fallen Regeln, Vorschriften, Prozesse, die zu Schreibarbeit, Vorschriften und Kontrollen führen. Je mehr Prozesse zu beachten und Personen zu fragen sind, desto höher die Kosten. Dies stellt eine hohe Vertrauens-Steuer dar. Hier kommt es auch zu einer Wechselwirkung, denn geringes Vertrauen erzeugt Bürokratie und Bürokratie wiederum führt zu noch geringerem Vertrauen.	Beschleunigtes Wachstum Kunden kaufen öfter bei Unternehmen, denen sie vertrauen. Daher sind auch der Gewinn und der Umsatz bei Unternehmen mit Vertrauensbasis sehr hoch. Da auch die Kosten innerhalb der Organisation durch geringere Bürokratie und Kontrollsysteme nicht so hoch sind, wachsen die Unternehmen mit Vertrauen schneller und profitabler als Unternehmen ohne Vertrauen.
Interne Politik Wenn intern um Macht gerungen wird, dann kommen Taktiken, Strategien, versteckte Agenden und Ränkespiele zum Vorschein. Folge davon sind Rivalitäten zwischen Abteilungen, die in der Wertschöpfung aufeinander angewiesen sind. In vielen Fällen führt dies zu einer sehr vergifteten Atmosphäre und einer Spaltung innerhalb des Unternehmens. Dies zerstört schnell die Eigeninitiative und Motivation der Mitarbeiter.	Mehr Innovation Die Fähigkeit zur Innovation ist von wichtigen Faktoren abhängig, die eine vertrauensvolle Basis erfordern. Dazu gehört der offene Austausch von Informationen, ein großzügiges Teilen von Anerkennung, eine Bereitschaft Risiken einzugehen und die Fähigkeit zu echter Zusammenarbeit. Dadurch ergeben sich Vorteile für diese Organisationen, die in neuen Umsatzchancen und höheren Marktanteilen sichtbar werden.
Fehlendes Engagement Die Gallup-Studie bringt es immer wieder ans Tageslicht und zeigt auf, wie viele Mitarbeiter schon innerlich gekündigt haben. Sie sind zwar noch körperlich anwesend, sie tun aber gerade einmal das Nötigste, um nicht entlassen zu werden. Ihr Talent, ihre Kreativität und ihr Engagement ist für das Unternehmen und ihre Teamkameraden allerdings verloren.	Bessere Zusammenarbeit Mit großem Vertrauen wird auch die echte Zusammenarbeit im Team gefordert. Ein Unternehmen, das seinen Mitarbeitern so sehr vertraut, dass es die Teams direkt mit den Kunden arbeiten lässt, nutzt das volle Potenzial seiner Mitarbeiter und hat in der komplexen Umwelt deutliche Vorteile. Für agiles Arbeiten ist diese Form der Zusammenarbeit nahezu unersetzlich.
Fluktuation Wenn gute Leute das Unternehmen verlassen, dann ist das ein herber Verlust für dieses. In Organisationen, die geringes Vertrauen zeigen, liegt diese Fluktuationsrate weit über dem Durchschnitt.	Stärkere Partnerschaften Hier spielt auch wieder der agile Wert eine Rolle, der die Zusammenarbeit mit dem Kunden über die Aushandlung detaillierter Verträge stellt. Dafür ist auch wieder eine vertrauensvolle Basis nach außen notwendig. Das Unternehmen und der Kunde, der die Dienstleistung

Nach der inneren Kündigung ist es nur ein kurzer Weg bis hin zur Kündigung auf dem Papier. Fluktuation ist teuer, denn meistens ist es im Schnitt knapp doppelt so teuer, einen Mitarbeiter neu anzulernen, als den vorherigen zu behalten	oder das Produkt in Anspruch nimmt, müssen auf einer Basis zusammenarbeiten, die von Vertrauen geprägt ist.
Abwanderung bei externen Interessengruppen Auch Kunden, Zulieferer und Investoren bekommen früher oder später mit, dass irgendwo Sand im Getriebe ist. Vertraut man nicht den Mitarbeitern, so übertragen diese das auch auf die Kunden, die dann irgendwann das Weite suchen. Dies können unbedachte Bemerkungen gegenüber dem Kunden direkt sein, oder sinkende Qualität der Produkte oder Dienstleistungen.	Bessere Umsetzung Unternehmen mit einem höheren Vertrauen können ihre Strategie wesentlich besser umsetzen als solche, ohne Vertrauen. Dabei liegt hier der Fokus klar auf der Umsetzung. Eine zweitklassige Strategie zu haben und diese in die Umsetzung zu bringen ist deutlich effektiver als eine erstklassige Strategie zu besitzen, diese aber nicht umzusetzen.
Betrug Diese Steuer stellt den Super-GAU für ein Unternehmen dar. Die Kosten von Unehrlichkeit, verdeckten Widerstand oder Täuschung sind enorm hoch. Zum einen ist mangelnde Charakterstärke eine Ursache von Betrug. Viele Unternehmen versuchen daher durch Kontrollen und das Anziehen der Zügel vorzubeugen. Hier hilft es, bei der Einstellung auf die entsprechenden Eigenschaften zu achten, sowie aktiv an einer Unternehmenskultur zu arbeiten, die auf Vertrauen, geteilten Werten und Integrität beruht.	Größere Loyalität Covey listet einige Merkmale von Unternehmen mit hohem Vertrauen auf, die eine erhöhte Loyalität unterschiedlicher Gruppen zeigen: Mitarbeiter bleiben länger Kundentreue ist höher Partnerschaften mit Händlern und Zulieferern sind stabiler Beziehungen zu Investoren sind besser und langfristiger

Tab. 17: Vertrauens-Steuer und -Dividende nach Covey

Markt-Vertrauen

Denken Sie einmal an Markenprodukte, die Sie bevorzugt kaufen oder Unternehmen, deren Dienstleistung Sie regelmäßig in Anspruch nehmen. Höchstwahrscheinlich wird das Unternehmen nicht das einzige am Markt sein. Also muss es einen Grund geben, warum Sie auf diese Marken und Unternehmen zurückgreifen.

Hier kommt der Ruf oder die Reputation eines Unternehmens ins Spiel. Jedes Unternehmen und jede Einzelperson repräsentieren eine eigene Marke, die für etwas steht. Der Wert dieser Marke spiegelt das Vertrauen der Kunden und des Marktes wider.

Wenn Kunden einer Marke viel Vertrauen entgegenbringen, dann kaufen sie mehr, empfehlen die Marke häufiger weiter und bleiben ihr auch lange treu. Durch die vorgestellten ersten drei Wellen des Vertrauens haben wir genügend Wissen darüber, was wir tun müssen, um glaubwürdig und vertrauenswürdig zu sein.

Es geht nun darum, für etwas zu stehen und dabei glaubwürdig zu sein. Wenn wir Strom verkaufen wollen und für Umweltschutz eintreten, dann können wir Ökostrom anbieten. Wenn wir dies zuverlässig und qualitativ hochwertig tun, bauen wir eine Marke auf, die Vertrauen geschenkt bekommt. Wenn wir aber, um unsere Gewinne zu erhöhen, Atomstrom untermischen und das bekannt wird, dann beschädigen wir unsere Marke nachhaltig. Erinnern sie sich an den Schaden, die die Marke Volkswagen durch den Diesel-Skandal genommen hat. Neben dem wirtschaftlichen Schaden wird das Unternehmen in den nächsten Jahren sicherlich auch den Imageschaden spüren, der sich auf den Wert der Marke auswirkt.

Gesellschafts-Vertrauen

In der fünften Welle des Vertrauens geht es darum, einen Wert für andere zu erschaffen. Der Beitrag, den wir liefern, sollte sinnvoll sein. Wenn etwas dem Gemeinwohl dienlich ist, dann wirkt es gegen Misstrauen, Argwohn und Zynismus. Der Beitrag zu etwas Sinnvollem inspiriert zudem auch andere, diesem Vorbild zu folgen. Unternehmen und Einzelpersonen können als Vorbilder vorangehen und den rechtschaffenen Weg nehmen. Abkürzungen und durch Betrug oder Ausnutzen von anderen sich selbst zu bereichern ist fatal für den Aufbau von Gesellschafts-Vertrauen.

Unternehmen und Einzelpersonen sollten nicht nur deshalb für das Gemeinwohl und höhere Werte wie Umwelt oder Menschlichkeit eintreten, weil sie dadurch einen ökonomischen Vorteil sehen. Aber in der Tat ist es so, dass für sie auch ein wirtschaftlicher Vorteil in einem solchen Engagement liegt. Viele Menschen honorieren fair gehandelte Waren und bevorzugen es bei Unternehmen zu kaufen, die sich gewissen Richtlinien verpflichten und soziale und ökologische Werte vertreten.

Die Matrix des klugen Vertrauens

Covey erstellte als Hilfsmittel die Matrix des klugen Vertrauens. Diese soll helfen, nicht allen Risiken aus dem Weg zu gehen, sondern bewusst und klug mit den Risiken umzugehen.

Er sieht kluges Vertrauen dabei in Abhängigkeit von der Bereitschaft, anderen Menschen zu vertrauen und der Fähigkeit einer zutreffenden Analyse. Je nach Ausprägung dieser beiden Dimensionen gibt es dann vier unterschiedliche Quadranten (siehe Abbildung 83).

Quadrant eins beschreibt die Leichtgläubigkeit. Das blinde Vertrauen, das hier vorherrscht, führt zwangsläufig früher oder später zu großen Enttäuschungen.

Quadrant drei ist dahingehend gefährlich, dass man nichts und niemandem vertraut, oftmals noch nicht mal sich selbst. Diese fehlende Bereitschaft zu vertrauen, verbunden mit der dürftigen Analyse führt dazu, dass man sehr auf sich selbst gestellt ist und keine Grundlage hat, auf der man Entscheidungen trifft. Hier besteht das Risiko, immer mit suboptimalen Ergebnissen nach Hause zu gehen.

Viele Menschen scheinen zu glauben, dass der **vierte Quadrant,** in dem Argwohn und Misstrauen sich zeigen, der Quadrant mit dem geringsten Risiko darstellt. Allerdings zeigen sich in genau diesem Quadranten die Vertrauens-Steuern, die gezahlt werden müssen, weil man alles kontrollieren muss und nicht zu vertrauensvoller Zusammenarbeit bereit ist.

Letztendlich stellt **Quadrant zwei** mit dem klugen Vertrauen, das auf einem angemessenen Urteilsvermögen basiert, die beste Wahl dar. Hier geht es nicht darum, blind zu vertrauen, sondern es wird eine Analyse zugrunde gelegt. Diese zeigt, wem man Vertrauen schenken kann und wem besser nicht. Hier hat man die größten Chancen auf Erfolg.

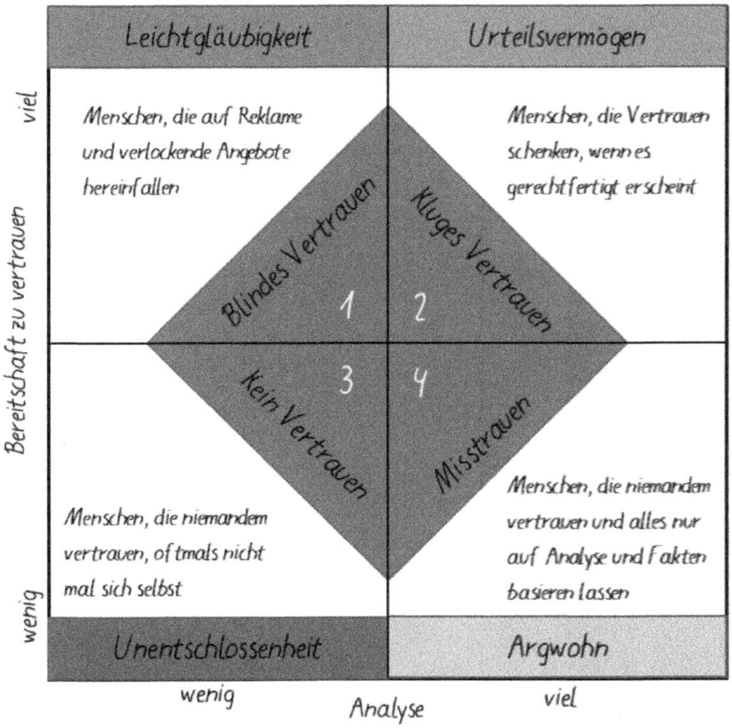

Abb. 83: Matrix des klugen Vertrauens (eigene Darstellung nach Covey/Merrill 2009)

Vertrauen als ruhiger Hafen

In einer vertrauensvollen Umgebung lebt und arbeitet es sich leichter. Wir alle können unseren Beitrag leisten, um unser Umfeld zu einem solchen Hafen werden zu lassen. Der erste Schritt beginnt bei uns selbst. Wir müssen vertrauenswürdig werden und bereit sein, auch Vertrauen zu schenken. Wenn sich unsere Umgebung allerdings als misstrauisch und nicht willig zur Veränderung herausstellt, dann können wir immer noch von unserer inneren Freiheit und der Proaktivität Gebrauch machen und eine andere Umgebung aufsuchen.

Achtsamkeit

Die Geschwindigkeit und Anforderungen in der uns umgebenden Welt werden täglich größer. Ebenso erhöhen sich die psychischen Leiden, die zu großen Teilen auf Stress und der Reaktion darauf zurückzuführen sind. Die große Flut an Informationen und Angeboten macht auch nach Feierabend nicht Halt und vielen Menschen fällt es schwer, wirklich abzuschalten.

In den letzten Jahren hat die Zahl an Menschen, die bewusst „Achtsamkeit" praktizieren deutlich zugenommen. Achtsam sein heißt, im Hier und Jetzt, im vorhandenen Moment zu leben. Wer zum Beispiel achtsam spazieren geht, der ist voll und ganz bei diesem Spaziergang und nimmt bewusst wahr, was in diesem Moment mit ihm selbst und um ihn herum geschieht. In seinem Kopf geht er nicht schon die To-do-Liste für das nächste Meeting durch, macht sich keine Sorgen wegen der Kreditrückzahlung, plant nicht den Wochenendausflug mit der Familie und ist auch sonst mit den Gedanken nicht bei irgendeiner anderen Tätigkeit.

Es gibt zahlreiche Studien, die die **positive Wirkung** von Achtsamkeit auf unterschiedliche Bereiche belegen. So führt die regelmäßige Anwendung von Achtsamkeit zu mehr Energie und Lebensfreude, zu Ruhe, zu Entspannung, reduziert Stress, stärkt das Immunsystem, was wiederum zu geringerer Anfälligkeit für Depressionen, Angst, Schmerzen, Suchtverhalten und Krankheitserregern führt. Zudem erhöht Achtsamkeit auch unser Mitgefühl mit uns selbst und mit anderen Menschen, sowie das Verantwortungsbewusstsein in Bezug auf unsere Umwelt.

Populär wurde die Achtsamkeit durch Jon Kabat-Zinn, der mit der Meditationspraxis sehr vertraut war (Kabat-Zinn 2013). Er vereinigte Praktiken aus Yoga, Zen und Vipassana und entwickelte den ersten „Mindfulness-Based Stress Reduction" (MBSR) Kurs.

Erkenntnisse aus der Gehirnforschung bestätigen, dass eine regelmäßige **Meditationspraxis** Auswirkungen auf das Gehirn hat. Der buddhistische Mönch Matthieu Ricard, der als einer der glücklichsten Menschen auf Erden gilt, hat sich bereits mehrfach von Wissenschaftlern untersuchen lassen. Man konnte sehen, dass die Amygdala des Mönchs, die als Teil des limbischen Systems für die Bewertung von Wahrnehmungen verantwortlich ist und Stressreaktionen auslöst, deutlich verkleinert war. Dadurch konnte er Situationen, die von anderen Menschen als sehr stressig oder gar beängstigend erlebt wurden recht entspannt betrachten.

Bereits wenige Minuten achtsamer Meditationspraxis in der Woche können sehr positive Auswirkungen auf unser Gehirn haben. Meditation verändert unsere Hirnwellen, beruhigt unser Nervensystem, verändert Wahrnehmung und Einstellungen zu verschiedenen Dingen. Sie verhilft uns wieder, die Welt mit anderen Augen zu sehen. Neugierig zu werden, so wie wir es zumeist als Kinder waren.

Mit dieser inneren Kraft und Ruhe fällt es uns auch um ein Vielfaches leichter, mit den Herausforderungen der VUCA-Welt zurecht zu kommen. Unter Stress sind wir nicht für Veränderungen bereit und treffen oftmals irrationale Entscheidungen. Wenn uns zu viele unterschiedliche Dinge im Kopf umhergeistern, können wir uns nicht auf das konzentrieren, was uns wirklich wichtig ist.

Meditation ist also nicht nur etwas für Mönche oder Esoteriker. Es ist etwas sehr praktisches, das auch den eher kopflastigen Menschen etwas bringen kann. Diese Erkenntnis hat in den letzten Jahren dazu geführt, dass Meditation und Achtsamkeitspausen auch in die Unternehmen Einzug hielten, wie zum Beispiel bei Google, Bosch oder SAP um nur die großen Vorreiter zu nennen.[7]

Das Schöne daran ist, dass schon wenige Minuten Achtsamkeit einen großen Unterschied machen können. Zudem lassen sich solche Übungen problemlos fast überall integrieren. Sei es auf dem Heimweg durch den Park, zu Beginn eines Vorstandsmeetings, beim Abendessen mit der Familie oder ganz klassisch, auf einem Meditationskissen in einem ruhigen Raum.

Man muss auch nicht zwangsläufig einen Kurs belegen oder dicke Bücher wälzen. Achtsamkeit ist etwas ganz Natürliches, viele Menschen haben es einfach nur verlernt. Ich habe eine Reihe von nützlichen **Achtsamkeitsübungen** in zwei kleinen Büchlein gefunden, die mir als Einstieg mehr als ausreichend als Leitplanke gedient haben.[8]

An dieser Stelle möchte ich ein paar einfache Übungen vorstellen, die ganz ohne jede Vorerfahrung durchzuführen sind und bereits starke Wirkung hervorrufen können.

Übung | Atemübung 4-7-8

Viele moderne Smartwatches erinnern ihre Träger auf Wunsch regelmäßig daran, einmal kurz innezuhalten und bewusst und tief zu atmen. Wir haben oftmals verlernt, richtig zu atmen, und atmen zu flach. Durch das bewusste und tiefe Ein- und Ausatmen können wir unser zentrales Nervensystem positiv beeinflussen. Das Zählen während des Atmens beschäftigt Ihren Verstand, so dass dieser sich nicht mit anderen Dingen auseinandersetzt und der Körper sich wirklich entspannen kann. Die Übung selbst ist kinderleicht und am besten führen Sie sie morgens nach dem Aufstehen und abends vor dem Schlafengehen aus.

Setzen Sie sich entspannt hin.

Atmen Sie tief durch die Nase ein und zählen Sie dabei langsam bis vier. Spüren Sie, wohin die Luft sich ausbreitet.

Halten Sie dann den Atem an und zählen Sie langsam bis sieben.

Dann spitzen Sie den Mund und atmen langsam aus. Zählen Sie dabei bis acht.

Wiederholen Sie diesen Zyklus zwei weitere Male.

7 https://www.wiwo.de/erfolg/beruf/arbeitsalltag-achtsamkeit-kann-sie-zu-einer-besseren-fuehrungskraft-machen/20941436.html, 23.3.2021.

8 Bush (2017); Collard (2016).

Übung | Achtsam gehen
Auch das Gehen kann als Meditationsform genutzt werden. Es mag am Anfang etwas komisch wirken, zeigt aber schnell Wirkung. Sie sollten dabei einen geschützten Raum (ein Zimmer oder einen privaten Garten) wählen.
Stellen Sie sich zunächst stabil hin. Spüren Sie, wie Ihre Füße den Boden berühren. Schauen Sie geradeaus.
Heben Sie dann langsam einen Fuß an. Spüren Sie, wie sich dieser Fuß nun anfühlt. Achten Sie auch darauf, wie Sie Ihr Gewicht auf den anderen Fuß und das andere Bein verlagern.
Machen Sie einen Schritt und setzen den Fuß wieder auf. Spüren Sie, welcher Teil des Fußes als erstes den Boden berührt und wie sich das anfühlt.
Gleichzeitig spüren Sie, wie Ihr anderer Fuß sich vom Boden hebt und sich das Gewicht erneut verlagert.
Führen Sie diese Bewegungen bewusst und langsam aus.
Gehen Sie auf diese Weise zehn Schritte, dann drehen Sie sich um die eigene Achse. Fühlen Sie, wie sich die Drehung anfühlt.
Dann gehen Sie zehn Schritte in die entgegengesetzte Richtung. Spüren Sie, wie Sie mit jedem Schritt mehr Sicherheit und Erdung gewinnen.

Selbstreflexion

Ein großer Vorteil in der schnelllebigen VUCA-Welt ist die kontinuierliche Weiterentwicklung und persönliches Wachstum. Ein wichtiger Aspekt für diese Weiterentwicklung und Wachstum stellt die Selbstreflexion dar.

Grundlage der Selbstreflexion sollte das **Feedback** von unseren Mitmenschen sein. Es gibt immer blinde Flecken an uns, die wir selbst nicht wahrnehmen können. Daher ist es wichtig, seine eigene Wahrnehmung mit der Fremdwahrnehmung unserer Familie, Freunde und Arbeitskollegen abzugleichen.

Ich habe die Erfahrung gemacht, dass man, wenn man viel nach Feedback fragt, seine Umwelt dazu ermutigen muss, auch kritisches Feedback zu geben. Vielen Menschen scheint es leichter zu fallen, positives Feedback und Lob zu verteilen, wenn sie direkt nach Feedback gefragt werden. Es hilft uns, unsere Stärken zu erkennen und selbstbewusster zu werden. Wir sollten aber auch ermutigen, Feedback so zu geben, dass wir daraus lernen und wachsen können. Wenn Sie Ihrer Umwelt mitteilen, warum Sie nach Feedback suchen und was Ihr Ziel ist, dann sind Ihre Kollegen eher bereit, auch einmal kritisches Feedback zu geben. Trauen Sie sich und geben Sie selbst auch Feedback, das anderen hilft, blinde Flecken zu erkennen und daraus zu lernen. Auch bei der Auswahl unserer Feedbackgeber sollten wir darauf achten, nicht nur gute Freunde und Kollegen zu befragen, die so ähnlich sind, wie wir selbst. Trauen Sie sich und fragen Sie jemanden, den Sie als sehr kritisch wahrnehmen oder der oft einen gegensätzlichen Standpunkt als Sie einnimmt.

Kennen Sie Ihre **persönlichen Werte?** Also, ich meine, kennen Sie sie wirklich? Wissen Sie, welcher Wert Ihnen am allerwichtigsten ist? Und ziehen Sie diese Werterangliste bewusst in Ihre Entscheidungen ein? Ich war lange Zeit dieser Meinung, bis ich im Rahmen einer persönlichen Entdeckungsreise aufgefordert wurde, meine eigenen Werte zu sortieren und mir Gedanken zu machen, was mir wirklich (wirklich!) wichtig ist.

Gefragt nach unseren Werten, werden die meisten von uns recht ähnliche Werte nennen. Gesundheit, Familie, Freunde, Partnerschaft, gute Arbeit, ein schönes Zuhause. Aber was zählt wirklich? Und in welcher Relation? Wenn wir vor der Wahl stehen, die Schulaufführung eines Kindes zu besuchen, oder Überstunden zu leisten, damit das millionenschwere Projekt am nächsten Montag pünktlich durch die Tür geht, was wählen wir? Lassen wir die Entscheidung auf unseren Werten basieren? Wissen wir, was uns wichtiger ist?

Ein schöner Einstieg kann die Visualisierung mit der bereits vorgestellten Methode „Moving Motivators“ (siehe Seite 114) sein. Hier kann man sich darüber klarwerden, welche Werte uns antreiben. Ist es Neugier oder Status? Was ist höher anzusiedeln.

Vielleicht können Sie das Kartenset erweitern. Bringen Sie alles mit ein, was Ihnen als wichtig erscheint. Gesundheit, Freunde, Familie, Kinder, Partnerschaft, Karriere, Geld. Alles ist erlaubt. Dann bringen Sie dies in eine Reihenfolge. Es ist gar nicht so leicht, sich zu entscheiden, wenn man eine klare Reihenfolge anstrebt. Vermeiden Sie bewusst, zwei der Karten auf die gleiche Wertigkeit zu setzen.

Als nächsten Schritt könnten Sie dies noch erweitern. Schreiben Sie Ihr eigenes, **persönliches Leitbild.** Wofür stehen Sie? Was wollen Sie erreichen. Wofür wollen Sie in Erinnerung bleiben? Sie können dafür auf Ihr erarbeitetes Wertesystem zurückgreifen.

Nehmen Sie sich dazu ausreichend Zeit. Die Auseinandersetzung damit ist in der Regel nichts, was innerhalb eines einzelnen Tages zum Abschluss gebracht wird. Die Erstellung meines Leitbildes hat– mit ein paar entsprechenden Vorübungen – ein paar Wochen in Anspruch genommen. Das Herunterschreiben ging schnell und war an einem Wochenende getan. Aber die Inhalte entstehen zu lassen hat deutlich mehr Zeit in Anspruch genommen.

Ein persönliches Leitbild hilft, Klarheit darüber zu gewinnen, wer wir sind und wofür wir stehen. Betrachten Sie auch dieses Leitbild als dynamisches Gebilde. Es sollte angepasst werden, wenn sich Veränderungen ergeben. Es einmal formuliert zu haben hilft aber, die eigene Integrität zu wahren und sich immer wieder selbst zu hinterfragen. Ich habe zumindest sehr gute Erfahrungen damit gemacht und es häufig in meinen **persönlichen Retrospektiven** betrachtet.

Die Idee, sich in regelmäßigen Abständen einmal die Zeit zu nehmen, auf eine bestimmte Zeitspanne zurückzuschauen und sich zu fragen, was man daraus lernen kann, ist nicht nur für Teams hilfreich, sondern auch für Sie persönlich. Es gibt eine Reihe von einfachen Formaten oder Vorlagen, die für eine solche persönliche Retrospektive genutzt werden können. Als Grundlage für diese Retrospektive können unterschiedlichste Informationen herangezogen werden. Zum Beispiel das Feedback von Freunden oder Kollegen, das eigene Leitbild oder aktuelle Ereignisse, die Sie beschäftigen. Nehmen Sie sich in regelmäßigen Abständen bewusst Zeit dafür. Da dies eine Tätigkeit darstellt, die wichtig, aber nicht dringend ist, empfiehlt es sich, Zeit im Kalender zu reservieren und diese auch dafür zu nutzen. **Perspektivübernahme**

Auch können Sie sich Ihre Perspektive verändern und **andere Perspektiven** übernehmen. Versetzen Sie sich dazu in andere Personen hinein und nehmen Sie bewusst andere Perspektiven ein. Hilfreich dabei kann zum Beispiel die **Walt-Disney-Methode** sein. Betrachten Sie ein Problem oder eine Herausforderung, der Sie sich stellen, bewusst aus drei unterschiedlichen Sichtweisen. Beginnen Sie dafür mit dem Träumer. Diesem ist es erlaubt, seinen Traum (sein Ziel) ganz einfach zu benennen und auszuschmücken. Im zweiten Schritt nehmen Sie die Position des Realisten ein. Dieser schaut, was man braucht, um den Traum zu erfüllen. Schließlich nehmen Sie die Position des Kritikers ein. Dieser schaut auf das, was Träumer und Realist genannt haben und äußert Bedenken oder sagt, warum das Ziel nicht erreicht werden wird. Der Träumer kann daraufhin seinen Traum anpassen. Der Realist fügt das hinzu, was ihm wichtig erscheint, bevor wieder der Kritiker auf den Plan tritt. Dieses Spielchen kann man so lange wiederholen, bis der Kritiker zufriedengestellt wird.

Mit zunehmender Übung wird es immer leichter, sich in andere hineinzuversetzen. Dies hilft zu erkennen, dass jeder von seinem Standpunkt aus Recht haben kann. Es gibt keine unverrückbare und objektiv richtige Sichtweise. Diese Relativität zu erkennen und zu akzeptieren ist ein wichtiger Schritt auf dem Weg zur persönlichen Entwicklung.

Eine weitere spannende Art und Weise, sich selbst zu hinterfragen und zu reflektieren beschreibt Byron Katie mit **The Work** (Katie/Mitchell 2002). The Work hilft, Gedanken zu hinterfragen und sich selbst mehr Klarheit zu verschaffen.

The Work besteht aus drei grundlegenden Schritten und vier zentralen Fragen, die ich hier in aller Kürze vorstellen möchte.

1. **Wahrnehmungen und Beurteilungen:** Auch wenn wir uns Mühe geben, es gelingt uns meistens nicht, durchs Leben zu gehen, ohne andere Menschen zu beurteilen, zu verurteilen oder gar in Schubladen zu stecken. The Work fordert, diese Urteile nicht zu unterdrücken oder zu unterlassen, sondern anzunehmen als Ausgangspunkt zur Selbsterkenntnis. Der erste Schritt besteht darin, die Urteile über die Umwelt zu Papier zu bringen.
   Dazu versetzen Sie sich in eine Situation und schreiben auf, wer an dieser Situation beteiligt war und was geschehen ist. Dann überlegen Sie, welche Veränderung Sie sich erhoffen. Eine wichtige letzte Frage besteht darin, niederzuschreiben, was sie in dieser Situation keinesfalls mehr erleben möchten. Kernbestandteil dieser Übung ist, sich Gedanken über die beteiligte Person zu machen. Versuchen Sie dabei bewusst kleinlich und verurteilend zu sein. Halten Sie sich nicht zurück.

Auf der Webseite von Byron Katie finden Sie ein Arbeitsblatt, das eine Reihe von Fragen enthält, die Sie ausfüllen können.[9] Dort sind auch die nachfolgenden vier Fragen abgedruckt.

2. **Stellen Sie sich die vier Fragen:** Gehen Sie nun durch die Aussagen, die sie schriftlich festgehalten haben und stellen Sie sich vier Fragen:
   a. Ist das wahr?
   b. Kann ich mit absoluter Sicherheit wissen, dass das wahr ist?
   c. Wie reagiere ich darauf, oder was passiert, wenn dieser Gedanke wahr ist?
   d. Wer wäre ich ohne diesen Gedanken.
   Katie weist darauf hin, dass dies eine meditative Auseinandersetzung mit den Gedanken ist. Es geht nicht darum, die Gedanken zu verändern oder diese zu verurteilen. Nach einer Zeit kommen vielleicht tieferliegende Antworten an die Oberfläche.
3. **Kehren Sie die Aussagen um:** Gehen Sie nun erneut die Aussagen durch und kehren Sie sie um. Suchen Sie bewusst nach drei Umkehrungen, die auch wirklich in ihrer Realität vorkommen. Eine Umkehrung könnte das Gegenteil der ursprünglichen Bedeutung darstellen. Eine weitere Umkehrung könnte die Veränderung der Wirkrichtung der Aussage sein. Eine dritte Umkehrung wäre die Anwendung auf sich selbst.
   Wenn Sie beispielsweise eine Aussage haben wie „Mein Chef respektiert mich nicht", dann könnten drei entsprechende Umkehrungen lauten
   - Mein Chef respektiert mich. (Gegenteil)
   - Ich respektiere meinen Chef nicht. (Wirkrichtung umgekehrt)
   - Ich respektiere mich selbst nicht. (Anwendung auf mich selbst)

   Beobachten Sie, wie Sie sich fühlen, wenn Sie diese Umkehrungen auf sich wirken lassen. Nehmen Sie diese Aussagen voll und ganz an. Besonders wichtig ist die Umkehrung Ihrer Antwort auf die Frage, was Sie in der betreffenden Situation nicht mehr erleben wollen. Dazu ein weiteres Beispiel:
   - Ich möchte nicht mehr erleben, dass mein Chef mich vor meinen Kollegen anschreit.

   Drei mögliche Umkehrungen dieser Aussage könnten lauten:
   - Ich möchte, dass mein Chef mich vor meinen Kollegen anschreit.
   - Ich möchte nicht, dass ich meinen Chef vor meinen Kollegen anschreie.
   - Ich möchte nicht, dass ich mich vor meinen Kollegen anschreie.

   Nehmen Sie diese Aussagen so an. Akzeptanz ist ein wichtiger Bestandteil von The Work. Was könnten Sie aus dem obigen Beispiel für Schlüsse ziehen?

Katie beschreibt das auf ihrer Webseite so: „Bei Nr. 6 [der Frage nach dem, was man nicht mehr erleben möchte, Anm. d. Autor] geht es um die vollkommene Annahme

9 https://thework.com/wp-content/uploads/2018/02/jyn_de_21jun2017_a4.pdf, 13.4.2021.

von Verstand und Leben ohne Angst, und die Offenheit gegenüber der Realität. [...] Bis Sie den Feind nicht als Freund sehen können, ist die Work für Sie noch nicht abgeschlossen."[10]

Selbstaktualisierung

Selbstaktualisierung ist ein Aspekt, dem wir im Laufe dieses Buches schon mehrfach begegnet sind. Wir haben gesehen, dass die Selbstaktualisierung an der Spitze der Bedürfnispyramide von Maslow zu finden ist. Wir haben gesehen, dass Persönlichkeitsentwicklung etwas mit Selbstaktualisierung zu tun hat. Dann haben wir das dynamische Mindset kennengelernt, das sich auch kontinuierlich aktualisiert. Zudem haben wir viel über die VUCA-Welt und ihre Auswirkungen erfahren. Aktualisierung ist auch in Bezug auf das, was wir gelernt haben, was wir glauben zu wissen und vor allem auf unser Können sehr wichtig.

An dieser Stelle möchte ich sieben Vorschläge machen für Richtungen, in die Selbstaktualisierung und Entwicklung für eine Anpassung an zukünftige Herausforderungen aussehen kann.

Prinzipien und Werte statt Regeln und Prozesse

Regeln und Prozesse sind nach wie vor wichtig. Sie erleichtern das Zusammenarbeiten und auch das Zusammenleben. Aber wir sollten auch verstehen, welche Prinzipien und Werte hinter den Regeln und Prozessen stecken. Denn oftmals ist es sinnvoll, Regeln und Prozesse infrage zu stellen oder zu brechen. Dafür sollte man aber verstehen, was ihnen zugrunde liegt.

Stellen Sie sich vor, es gibt eine Regel, die besagt, dass ein bestimmtes Werkzeug immer genau in einer Schublade zu liegen hat, wenn es nicht benötigt wird. Wenn Sie es benötigen, dann müssen Sie in den Raum gehen, wo der Schrank mit der entsprechenden Schublade steht. Sie tragen daher das Werkzeug oft durch die Gegend, weil Sie es gewöhnlich in einem ganz anderen Raum benötigen. Wenn Sie wissen, dass die Regel deshalb aufgestellt wurde, weil das Prinzip der Ordnung einen hohen Wert besitzt und das Werkzeug lediglich nicht irgendwo auf dem Tisch herumliegen soll, dann könnten Sie die Regel verändern und das Werkzeug von nun an die Schublade des Schranks am Einsatzort legen. Das Prinzip Ordnung wäre nach wie vor erfüllt. Steckt aber ein anderer Grund dahinter, dann könnte eine solche Veränderung vielleicht ungeahnte Folgen nach sich ziehen.

Viele Frameworks und Vorgehensweisen gründen sich zunehmend auf Prinzipien und Werten. Denken Sie nur an das Agile Manifest. Hier werden keine starren Regeln genannt. Lediglich vier Wertepaare und zwölf Prinzipien. Und selbst die Frameworks, wie zum Beispiel Scrum, beschreiben eher Rahmen und kommen mit sehr wenigen Regeln aus. Dazu werden die Prinzipien und Werte erklärt, auf denen die Regeln

---

10 https://thework.com/sites/deutsch/the-work/, 23.3.2021.

basieren und die Anwender aufgefordert, die Regeln dann gemäß den Prinzipen anzupassen, wenn sich dadurch eine Verbesserung ergibt.

Am Beispiel von Shu-Ha-Ri haben wir erkannt, dass es eine gewisse Erfahrung und Übung bedarf, um mit Werten und Prinzipien umgehen zu können. Daher können Regeln besonders dort helfen, wo wenig Erfahrung vorherrscht. Ziel sollte es aber sein, möglichst schnell zu verstehen, welche Prinzipien wirken und welche Werte gelebt werden sollten.

Verantwortung statt Passivität

In Zukunft wird jeder Einzelne viel mehr Verantwortung für sich selbst übernehmen müssen. In vielen großen Unternehmen ist schon die Rede vom „Job crafting" und Aufforderungen wie „Own your career" machen die Runde in den HR-Abteilungen. Dies soll ausdrücken, dass nicht mehr der Vorgesetzte oder das Unternehmen die Verantwortung für die Karriere und die genaue Arbeitsdefinition tragen, sondern jeder Einzelne.

Wenn jemand Karriere machen möchte, dann muss er sich selbst darum bemühen. Darauf zu warten, dass man entdeckt wird und dann den Traumjob angeboten bekommt, ist nicht mehr zeitgemäß. Gleiches gilt bei der Ausgestaltung der eigenen Tätigkeit. Wie sollte es auch anders sein? In einem Team fallen unterschiedlichste Aufgaben an. Jeder sollte das tun, was er kann, so dass ein gemeinsames Ziel erreicht wird. Sich darauf zu berufen, was bei der Einstellung mal schriftlich vereinbart wurde, ist da eher hinderlich.

Dies bedeutet aber auch, dass zukünftig die Verantwortung noch stärker in Richtung des Einzelnen geschoben wird. Was für viele sehr positiv und wünschenswert erscheint, mag für die anderen beängstigend und bedrohlich klingen. Das hat auch wieder etwas mit der persönlichen Reife (Ich-Entwicklung) zu tun.

Proaktivität und echte Verantwortung helfen dabei, sich auf diese veränderten Anforderungen einzulassen. Die Veränderungen auf dem Arbeitsmarkt geschehen nicht über Nacht, sondern in einem langen Verlauf. Die Richtung scheint eindeutig, doch niemand muss befürchten, dass morgen alles auf einmal komplett verändert ist.

Daher ist es hilfreich, sich in Richtung Proaktivität und Verantwortung zu bewegen. Nicht nur, weil man dorthin „gezwungen" wird, sondern weil es auch ein deutlich selbstbestimmteres Leben bietet.

Win-win statt Konkurrenz und Mangeldenken

Wir sind in einer Gesellschaft aufgewachsen, die Konkurrenz und Wettbewerb sehr betont hat. Schon in der Schule mussten wir uns mit anderen messen. Es gab sogar vereinzelte Regeln, dass nicht jeder ein Gewinner sein konnte. Wenn zu viele gute Noten in einer Klassenarbeit waren, dann wurde die Bewertung so angepasst, dass sich auch schlechte Noten wiederfanden. Auch an den Universitäten wurden gewisse Quoten erwartet. Ein Professor, bei dem alle mit guten Noten bestehen, muss sich kritische Fragen gefallen lassen.

Das bedeutet, unsere Referenz, mit der wir uns verglichen, waren immer die anderen, ganz selten nur wir selbst. Einigen Menschen macht das nichts aus. Sie messen sich immer nur an ihren eigenen Fähigkeiten. Andere haben da deutlich mehr mit zu kämpfen.

Und auch in der beruflichen Welt kommen wir in ein System, das vom harten Wettbewerb geprägt ist. Wissen wurde lange Zeit streng gehütet. Der Wettbewerber wurde als ärgster Feind betrachtet. Und auch innerhalb der Unternehmen wurde gerne Druck aufgebaut, indem man die Mitarbeiter in Konkurrenz zueinander setzte. Die Beförderung kann eben nur einer bekommen.

Damit aber echte Teamarbeit gelingen kann, muss man seine Schwächen offenbaren und eine Vertrauensbasis schaffen. Angesichts der Wettbewerbssituation in der Vergangenheit ist es kein Wunder, dass dies vielen Menschen schwerfällt.

Aber muss man den anderen wirklich als Konkurrenz betrachten? In der Tat tun sich heute immer mehr Unternehmen zusammen und kooperieren miteinander. Auch in Strategien für Gründer und unternehmerischer Entscheidungslogik, wie zum Beispiel Effectuation, spielt die Kooperation untereinander eine sehr entscheidende Rolle.

Beispiel | Effectuation
Eine unternehmerische Entscheidungslogik, die in der komplexen Umwelt eingesetzt wird. Dabei gründet sie sich ausdrücklich nicht auf die Vorhersage der Zukunft.
Die Effectuation Theorie basiert darauf, dass man das, was man beeinflussen und steuern kann, nicht voraussagen muss. Darunter fallen die eigenen Ressourcen, das eigene Wissen und Können, sowie die eingegangenen Partnerschaften.
Prinzipien der Effectuation:

- Zukunft ist nicht vorhersehbar, kann aber durch Vereinbarungen zwischen unabhängigen Akteuren gestaltet werden.
- Mittelorientierung: Die zur Verfügung stehenden Mittel bestimmen, was für ein Ziel angestrebt werden kann
- Bestimmung des individuell leistbaren Verlusts: Verlustbereitschaft bestimmt, was getan wird, nicht der erwartete Gewinn
- Eingehen von Partnerschaften mit denjenigen, die bereit sind, verbindliche Vereinbarungen einzugehen und eigene Mittel beizutragen
- Unerwartete Ereignisse und Zufälle können als Chancen und Hebel für Innovation und als unternehmerische Chancen dienen

Ganz nach dem Motto „Wissen vermehrt sich, wenn man es teilt“, beteiligen sich auch zunehmend mehr Menschen am Wissensaustausch in unterschiedlichsten Varianten. Haben Sie schon einmal an einem „Meetup“ oder einem „Scrumtisch“ teilgenommen? Oder ein Lean-Coffee oder Business-Frühstück besucht? Oder sogar an einem Working-Out-Loud Circle teilgenommen? Es gibt unzählige Gelegenheiten, Wissen aufzusaugen und das eigene Wissen einzubringen. Für viele ist diese Art der firmen- und branchenübergreifenden Zusammenarbeit schon völlig normal, für andere eine unvorstellbare neue Welt. Halten Sie einfach die Augen offen und probieren Sie einmal ein solches Format aus. In nahezu jeder größeren Stadt kann man mittlerweile Communities zu unterschiedlichen Schwerpunkten (besonders häufig aber zu Themen wie Digitalisierung, New Work und Agilität) finden.

Während man sich also noch vor ein paar Jahren selbst geschwächt hat, wenn man sein Wissen freigiebig mit anderen geteilt hat, steht dies heute hoch im Kurs. Das Streben nach Situationen, in denen es keinen Verlierer gibt, ist nicht immer leicht. Aber wie schon Stephen R. Covey in „Die sieben Wege zur Effektivität" schrieb, ist Win-win letztendlich die einzige Option. Niemand möchte erneut zusammenarbeiten, wenn er aus der vorherigen Zusammenarbeit als Verlierer hervorgegangen ist. Daher empfiehlt Covey, entweder eine Win-win-Situation zu schaffen oder auf die Zusammenarbeit ganz zu verzichten („Win-win or no deal").

Eine sehr schöne Lektion habe ich vor einigen Jahren von meinem damaligen Coach gelernt. Wir standen uns gegenüber und er zeichnete eine Linie zwischen uns auf den Boden. Dann erklärte er mir die Spielregeln. „Wenn es dir gelingt, mich dazu zu bringen, auf deine Seite der Linie zu kommen, dann hast du gewonnen", erklärte er mir. „Wenn es mir gelingt, dich auf meine Seite zu ziehen, dann habe ich gewonnen." Na, wie würden Sie ihn auf Ihre Seite ziehen?[11]

Intuition statt Detail-Paralyse

Wir bilden uns gerne ein, dass wir mit unserem überlegenen Verstand alles kontrollieren können. Wir analysieren Daten, tragen Fakten zusammen und glauben, rein rationale Entscheidungen könnten uns vor größeren Fehlschlägen bewahren.

Doch in einer zunehmend komplexeren Welt ist es schlichtweg unmöglich den Überblick und die Kontrolle zu wahren. Wir können nicht alles überschauen und kontrollieren. Unser Gehirn arbeitet mit Heuristiken, die zum Beispiel bei Daniel Kahnemann sehr ausführlich unter die Lupe genommen werden, wenn er von dem schnellen System und dem langsamen System in unserem Kopf schreibt (Kahneman 2012). Manchmal nimmt unser schnelles System Abkürzungen, die in vielen Fällen hilfreich sind und sich im Laufe der Evolutionsgeschichte als vorteilhaft erwiesen haben, bei gewissen Entscheidungen aber auch auf eine falsche Fährte locken können.

Besonders wenn es darum geht mit Zahlen und speziell Wahrscheinlichkeiten umzugehen, liegt unser „schnelles System" oftmals daneben. Sie kennen vielleicht das Rätsel mit dem Schläger und dem Ball? Wenn ein Schläger und ein Ball gemeinsam 1,10 Euro kosten, der Schläger einen Euro teurer ist als der Ball, wie teuer ist dann der Ball? Die schnelle Antwort, zu der viele im ersten Moment kommen lautet 10 Cent. Die richtige Antwort lautet 5 Cent. Unser schnelles Denken hat uns in eine Falle

11 Sicherlich sind Sie auch von allein darauf gekommen: Die Lösung bestand natürlich darin, eine Win-win-Situation herzustellen. Da es nur die beschriebenen Spielregeln gab, war eine solche Win-win-Situation sehr einfach herzustellen. Wir haben einfach die Seiten getauscht und gingen beide als Gewinner aus der Situation hervor. Die Lösung fällt dann besonders leicht, wenn man stets darauf achtet, wie man eine solche Win-win-Situation generieren kann.

tappen lassen. In Tabelle 18 finden sie ein paar beispielhafte Verzerrungen, in die unser schnelles, intuitives Denken uns noch so führen kann.

Verzerrung	Beschreibung	Beispiel	Empfehlungen
Ankerheuristik	Eine wahrgenommene Zahl wird unbewusst als Orientierungspunkt genommen.	130! Wie viele Länder liegen auf dem afrikanischen Kontinent? Die willkürlich gesetzte Zahl wird als Orientierungspunkt genommen. Wenn Sie die Antwort nicht wissen, werden Sie wahrscheinlich recht hoch geschätzt haben.[12]	Wenn man sich den Effekt bewusst macht, verliert der unbewusste Anker an Macht und man wird weniger beeinflusst.
Halo-Effekt	Eine einzelne, herausragende Eigenschaft überstrahlt alle anderen. Daher schließen wir auch auf andere Eigenschaften.	Ein sehr hübscher Mensch (überstrahlende Eigenschaft) wird auch für sehr intelligent gehalten, obwohl wir keinen Anhaltspunkt für diese Annahme haben.	Hier empfiehlt es sich, stets zu hinterfragen, wie man zu einer Einschätzung gelangt. Hat man etwas selbst beobachtet oder geht man aufgrund von anderen Eigenschaften davon aus?
Confirmation Bias	Die Selbstbestätigungstendenz verleitet uns dazu, Informationen und Studien so zu wählen, dass sie unsere Sichtweise untermauern. Andere Sichtweisen werden ignoriert.	Wir begeben uns auf eine Literarturrecherche, um zu prüfen, ob Teams erfolgreicher sind als lose Arbeitsgruppen. Schon bei der Wahl der Suchbegriffe unterliegen wir der Verzerrung und finden eventuell nur Studien, die unsere Sicht untermauern.	Bewusst die Gegenposition einnehmen. Vielleicht ist auch die eigene Sichtweise nicht explizit und bewusst, dann lohnt auch die Formulierung der Erwartungshaltung. Dann kann man gezielt versuchen, diese zu widerlegen.
Primacy-/Recency-Effekt	Alles, was am Anfang oder am Ende eines Ablaufs geschieht, bleibt uns viel präsenter im Gedächtnis.	Bei einer Folge von Vorstellungsgesprächen kann man sich sehr gut an die erste und die letzte Person erinnern. Die mittleren Kandidaten sind eventuell benachteiligt.	Hier hilft es, zum Beispiel die Verantwortung zu teilen. Bei Vorstellungsgesprächen zum Beispiel immer nur zwei Kandidaten betrachten.
Rekognitionsheuristik	Beim Treffen von Entscheidungen, wenn wir die Auswahl zwischen zwei Dingen haben,	Wir haben die Auswahl zwischen zwei Getränken. Wir haben keines davon getrunken und	Nicht auf gut Glück entscheiden, sondern Informationen zusammentragen

12 Die richtige Antwort lautet übrigens 55 (Stand: Juni 2019, mit der nur teilweise anerkannten Westsahara).

	dann geben wir dem den Vorzug, was uns vertrauter erscheint.	sollen wählen. Wenn wir den Namen des einen Getränks schon häufig gehört haben, den des anderen hingegen noch nie, dann tendieren wir dazu, das Getränk zu wählen, dessen Name uns vertrauter ist.	und versuchen, eine Entscheidung logisch begründbar zu gestalten.
Selektive Wahrnehmung	Man sieht nur das, was man sehen möchte	Wir gehen davon aus, dass uns jemand nicht mag. In einem Gespräch mit diesem nehmen wir viele versteckte Angriffe und Vorwürfe wahr.	Geht eng zusammen mit der selbsterfüllenden Prophezeiung. Hier sollten wir immer hinterfragen, ob wir wirklich offen und unvoreingenommen zugehört haben. Haben wir vielleicht sogar etwas nicht wahrgenommen?
Tendenz zur Mitte	Wir gehen zumeist von einer Normalverteilung aus. Daher bewerten wir ungern etwas extrem.	Bei der Beantwortung eines Fragebogens mit einer Likert-Skala (trifft hochgradig zu, trifft zu, trifft eher zu, teils-teils, trifft eher nicht zu, trifft nicht zu, trifft hochgradig nicht zu) kreuzen die meisten Menschen seltener die extremen Pole an.	Hier ist es hilfreich, viele unterschiedliche Meinungen einzuholen.

Tab. 18: Beispiele für Verzerrungen und Heuristiken

Lassen Sie sich von den Denkfehlern und Verzerrungen in der Tabelle nicht verunsichern. Trotz dieser Denkfehler und Verzerrungen bin ich der Meinung, dass wir uns in Zukunft viel mehr von unseren Intuitionen und Gefühlen leiten lassen sollten. Wie passt das zusammen?

Unsere **Intuition** ist wichtig, weil sie uns schnell auf die Fährte der Lösung bringen kann. Gleichzeitig ist sie anfällig für unzulässige Vereinfachungen, die im komplexen Umfeld zu schlechten Entscheidungen führen können, auch wenn sie im Laufe der Evolution gute Dienste leisteten. Die oben beschriebenen Fallen kann man – wenn man sie kennt – umgehen. Viele der Fehler werden wir auch in der Praxis nicht machen, weil immer noch ein elektronisches Kontrollsystem unsere Entscheidungen überprüfen wird. Die Frage mit dem Ball und dem Schläger eignet sich für Partys, im Geschäftsleben würde dem Controlling und der Software der Denkfehler sofort auffallen.

Was in Zukunft aber deutlich wichtiger ist, ist unsere Fähigkeit zu Kreativität und Intuition. Und hierfür müssen wir auf andere Stärken setzen. Kreative Ideen entstehen in der Regel nicht, wenn wir angestrengt über etwas nachdenken. Sie kommen, wenn wir unter der Dusche stehen, spazieren gehen, uns die Zähne putzen. Unser Gehirn braucht diese Auszeiten, um die Probleme in Bereichen zu lösen, die nicht direkt zugänglich sind.

In Zukunft müssen wir lernen, unser Gehirn so einzusetzen, dass es zu kreativen Ideen und innovativen Lösungen kommt. Viele kreative Geister können oftmals nicht erzählen, wie sie auf eine bestimmte Lösung gekommen sind. Unser Gehirn hat Dinge wahrgenommen, die vielleicht nie die Bewusstseinsschwelle übertreten haben, und diese mit anderen Inhalten kombiniert. Je mehr Erfahrung und je mehr wir schon gesehen haben, desto größer ist die Grundlage, die das Gehirn zur Verfügung hat.

Wir müssen nur den Raum lassen. Ein Kicker-Tisch, eine Kaffeeküche oder der Spaziergang im nächsten Park sollten nichts sein, für das man sich als Wissensarbeiter entschuldigen oder rechtfertigen müsste. Wenn wir einmal verstanden haben, wie wir mit der Macht unserer Intuition ganz neue Ideen generieren können und wie wir unsere Intuition befeuern und hervorrufen, dann wird uns das vollkommen einleuchten.

Ethik und Moral statt Algorithmen und Daten

In den nächsten Jahren werden viele unserer Aufgaben voraussichtlich durch Künstliche Intelligenz erfüllt werden können. Strategische Entscheidungen werden von Menschen getroffen. Doch warum sollte das so bleiben, wenn künstliche Intelligenz deutlich mehr Informationen aus Big Data gewinnen kann? Ein Mensch hat nicht die Kapazitäten, die ein Computer hat, um mit Daten, Auswertungen und Wahrscheinlichkeiten umzugehen.

Es könnte also sein, dass in Zukunft die Unternehmensführung sehr stark auf Computern und Algorithmen basiert und sehr automatisiert abläuft. Das, wofür Top-Manager heute also hochbezahlt werden, wird dann von Maschinen erledigt.

Aber es gibt da einen kleinen Haken: Bis heute ist es noch nicht gelungen, einer künstlichen Intelligenz ein Verständnis von Ethik, Anstand und Moral zu vermitteln. Die Entscheidungen mögen aus rein rationaler und logischer Sicht perfekt sein, aber sind sie auch moralisch vertretbar? Wie sind Wertesysteme in der KI realisiert? Bei unternehmerischen Entscheidungen treten immer wieder Dilemmata auf. Nach welchen Maßstäben sollte ein Computer hier handeln, wenn er keinen Begriff von Moral hat?

Daher werden auch weiterhin Menschen benötigt. Allerdings nicht für das, was in den letzten Jahren fest in ihrer Hand war. Der Umgang mit Zahlen, Daten und Fakten kann durch Computer übernommen werden. Wer sich selbst allein darüber identifiziert, wird in eine Identitätskrise steuern. Vielmehr geht es darum, herauszufinden, was uns Menschen von den Maschinen unterscheidet und einzigartig macht.

Kunst und Kreativität allein scheinen es nicht zu sein. Es gibt bereits einige Beispiele, die zeigen, dass Algorithmen durchaus in der Lage sind Texte oder Musikstücke zu schreiben, die von Menschen, die freilich nicht wissen, dass ein Computer der Urheber ist, nicht von menschlicher Kunst zu unterscheiden sind. Zudem gehen vereinzelte Autoren auch davon aus, dass die Weiterentwicklung der KI in den nächsten

Jahrzehnten so schnell voranschreiten wird, dass sie dem menschlichen Verstand in (fast) nichts mehr nachstehen wird[13].

Was uns unterscheidet ist die moralische und ethische Ausrichtung unseres Handelns, sowie unser Mitgefühl. Die goldene Regel, die schon in der Bibel zum Ausdruck kam, oder auch Kants kategorischer Imperativ, sollte uns wieder präsenter werden.

Wohin egoistisches Gewinnstreben führen kann, sehen wir an den unzähligen Skandalen, verursacht von großen Unternehmen, die durch die Nachrichten geistern. Wenn der Jahresgewinn und der Shareholder-Value über die Verantwortung für Gesellschaft und Natur gewinnt, dann haben wir ein großes Problem.

Entwicklung statt Fixierung und Resistenz

Wie Sie an vielen Stellen dieses Buches gesehen haben, spielt die persönliche Reife (in Form der Ich-Entwicklung) eine große Rolle. Sowohl für die Fähigkeit zur Zusammenarbeit mit anderen als auch für den Erfolg bei Veränderungen.

Die beste Investition für die Zukunft ist die, in die eigene Entwicklung. An dieser Stelle möchte ich noch einmal das Lernen von Entwicklung abgrenzen. Stellen Sie sich Ihren Geist als Gefäß vor. All Ihr Wissen, alles was Sie gelernt haben und können, ist das Wasser in diesem Gefäß. Wenn Sie etwas neues Lernen (zum Beispiel eine neue Methode), dann füllen Sie neues Wasser (neues Wissen) in dieses Gefäß. Der Pegel steigt. Dies ist auch unter „Single-loop-Lernen“ bekannt.

Entwicklung hingegen („Double-loop-Lernen“) findet dann statt, wenn Sie nicht nur neues Wasser in das Gefäß schütten, sondern auch das Gefäß selbst verändern. Vielleicht wechseln Sie von einem kleinen, flachen Tellerchen zu einem tiefen Glas. Dieses neue Gefäß bietet Ihnen neue Möglichkeiten, Wasser aufzunehmen.

Diese Art der Veränderung findet statt, wenn Sie sich von einem Modus der Ich-Entwicklung zum Nächsten entwickeln. Es ist ein Prozess, der viel Zeit in Anspruch nimmt, der aber Ihr Weltbild und Ihre Handlungsoptionen beeinflussen wird.

In Zukunft wird es wichtig sein, möglichst viele Handlungsoptionen zu haben und möglichst viele Perspektiven einnehmen zu können. Das erfordert eine Reife, die durch Entwicklung erreicht wird. Natürlich ist Lernen wichtig. Ich möchte damit keinesfalls sagen, dass alle Weiterbildungen und Methodentrainings unnütz sind.

Durch Selbstreflexion, Offenheit und ständiges Hinterfragen kann man sein Weltbild und seine Perspektive immer wieder auf die Probe stellen. Durch neue Erfahrungen lernen wir potenzielle Wege kennen, unser Gefäß zu verändern oder auszutauschen. Dies ermöglicht Entwicklung. Und Entwicklung ermöglicht es uns, sicher und selbstbewusst mit den Herausforderungen der Komplexität und Mehrdeutigkeit umgehen zu können.

---

13 Wenn Sie sich mehr mit einer solchen Zukunftsvision auseinandersetzen möchten, empfehle ich das Buch „Homo Deus“ von Harari (2018).

Sinnerfüllung statt Mitlaufen

Finden Sie etwas, das Sie erfüllt. Etwas, für das Sie stehen und das für Sie ein Nordstern ist. Manche nennen es die Berufung, andere die innere Stimme, die uns leitet und antreibt.

Menschen, die ihren Beruf lieben und das tun, was sie voll und ganz erfüllt, profitieren auf unterschiedlichste Art und Weise davon. Es wirkt sich positiv auf die Gesundheit aus, auf die Lebenszufriedenheit und auch – was die Arbeitgeberseite freuen wird – auf die Leistung und Produktivität.

Aber nicht jeder wird seinen Traumjob erreichen können. Die Suche nach der Berufung kann auch unglücklich machen, wie Volker Kitz in „Feierabend! Warum man für seinen Job nicht brennen muss" zurecht erklärt (Kitz 2017). Es gibt halt auch eine ganze Reihe von Berufen, die getan werden müssen, die nicht den Gestaltungsraum bieten, die nicht die Selbstverwirklichung zulassen, die sich die Ausführenden vielleicht wünschen würden. Und einfach zu verlangen, dass diese den Beruf wechselten, wäre auch zu einfach. Vielleicht sind sie nicht qualifiziert für einen anderen Beruf und können auch keine Umschulung angehen, weil sie zu Hause für eine Großfamilie sorgen müssen? Vielleicht pflegen sie jemanden rund um die Uhr und können nur im direkten Umkreis ihrer Wohnung einen Job annehmen? Vielleicht gibt es andere, gute Gründe, warum Menschen genau diesen Beruf ausüben.

Sich vor diesen aufzubauen und zu postulieren, dass sie für ihren Beruf „brennen" müssten, und wenn sie dies nicht könnten, dann schließlich selbst daran Schuld haben, ist vermessen. Niemand sollte dazu genötigt werden, für seine Arbeit zu „brennen". Allerdings ist dies etwas, das die Medien, die Arbeitgeber und die Ratgeberautoren lautstark verlangen. Kein Wunder, dass viele Menschen frustriert sind, weil sie aus den unterschiedlichsten Gründen nicht für ihren Job brennen können oder wollen.

Schnell ist man hier bei den Anfängen und der ursprünglichen Bedeutung von New Work: etwas zu tun, das man (wirklich) tun möchte. Das Ende der Erwerbsarbeit im klassischen Sinne also.

Was ist also nun richtig? Für den Job brennen oder lieber nicht? Nun, vielleicht ist dies wieder die falsche Frage. Gibt es hier ein richtig oder falsch? Natürlich ist es äußerst positiv, wenn man etwas gefunden hat, was einen erfüllt. Und natürlich ist es auch frustrierend, wenn man das Gefühl hat, man wird dazu gezwungen, für seinen Beruf zu brennen, aber man kann sich nicht darin wiederfinden. Ich denke, hier gibt es kein richtig oder falsch. Und wer sagt, dass das, wofür man im Leben brennt, unbedingt der Beruf sein muss?

Wenn Sie allerdings die Chance haben, mit etwas, das Sie gerne tun, auch noch Geld zu verdienen, dann ergreifen Sie diese Chance mit Dankbarkeit. Und wenn Sie die Chance haben, Ihren Job zu gestalten, dann tun Sie dies. Übernehmen Sie Verantwortung für sich und Ihr Umfeld. Und wenn Sie merken, dass Sie – aus welchen Gründen auch immer – an Grenzen stoßen, dann übernehmen Sie auch hier Verantwortung und treffen eine Entscheidung. Sie müssen nicht für Ihren Beruf brennen, und Sie müssen auch nicht in Ihrer Arbeit aufgehen. Aber wenn Sie es tun, dann tun Sie es als bewusste Entscheidung und tragen Sie die Verantwortung dafür, und wenn Sie es nicht tun, halten Sie es ebenso.

Das persönliche Ikigai

Jeder Mensch hat etwas, das er besonders gut kann. Etwas, in dem ihm niemand so schnell das Wasser reicht. Ein besonderes Talent vielleicht, das schon immer dagewesen zu sein scheint. Wissen Sie, was das für Sie persönlich ist? Manche Menschen sind Künstler und können mit wenigen Pinselstrichen ausdruckstarke Bilder erstellen. Andere Menschen können vielleicht besonders gut mit Zahlen umgehen.

Sehr wahrscheinlich gehört das, was wir besonders gut können, auch zu den Dingen, die wir lieben zu tun. Ein Lionel Messi wird nicht müde zu betonen, wie viel Spaß ihm das Spiel macht und wie gerne er den Ball am Fuß hat. Und auch die Rockstars, denen wir auf der Bühne zujubeln, deren musikalisches Können sie dorthin gebracht hat, lieben in aller Regel, was sie tun.

Oftmals bedingt das Eine auch das Andere. Dadurch, dass wir gut mit Zahlen umgehen können, wenden wir diese Fähigkeit auch häufig an. Wenn wir etwas häufig machen, dann beginnen wir es auch zu mögen. Und wenn wir es erst einmal mögen, dann machen wir es noch häufiger. Da, wo sich das was wir gut können und das was wir lieben überschneiden, dort liegt unsere **Passion.** Hier geraten wir schnell in den schon erwähnten „Flow“, der uns alles um uns herum vergessen lässt und uns voll in dem aufgehen lässt, was wir gerade tun.

Die Nachfrage danach, also der Wert dessen, was ich besonders gut kann und gerne mache, ist ein weiterer wichtiger Faktor. Wir müssen nicht nur etwas finden, das wir gut können und gerne tun, sondern auch etwas, das die Welt braucht. Unsere persönliche **Mission** ist das, was wir mit Leidenschaft tun und was die Welt braucht (und was die Welt im Optimalfall ein Stück besser macht).

Ein weiterer wichtiger Aspekt ist also, dass man mit dem, was man tut, auch ausreichend Geld verdienen kann. Dabei sind manche schon mit recht wenig zufrieden, andere streben nach größerem Reichtum. Da, wo sich das, was die Welt braucht und das, was Geld einbringt überlappen, finden wir unsere **Berufung.** Die Schnittmenge von dem, was wir gut können und was uns Geld einbringt ist unsere **Profession.**

Ich fasse also noch einmal zusammen: Vier wichtige Faktoren sind nötig, damit wir eine Aufgabe finden, die uns motiviert, morgens aus dem Bett zu steigen: Man muss es können, man muss es lieben, man muss damit Geld verdienen können und es muss von einem Wert für die Gesellschaft sein. Fehlt einer oder mehrere dieser Aspekte, dann verbleibt ein ungutes Gefühl.

Die Schnittmenge aller vier Bereiche, also da wo wirklich alles zusammenkommt, nennen die Japaner „Ikigai“ (siehe Abbildung 84).

Die Suche nach dem eigenen Ikigai hat viel mit Selbsterforschung und Selbsterkenntnis zu tun. In unterschiedlichen Kulturen kommt dem Ikigai eine fast spirituelle Bedeutung zu.

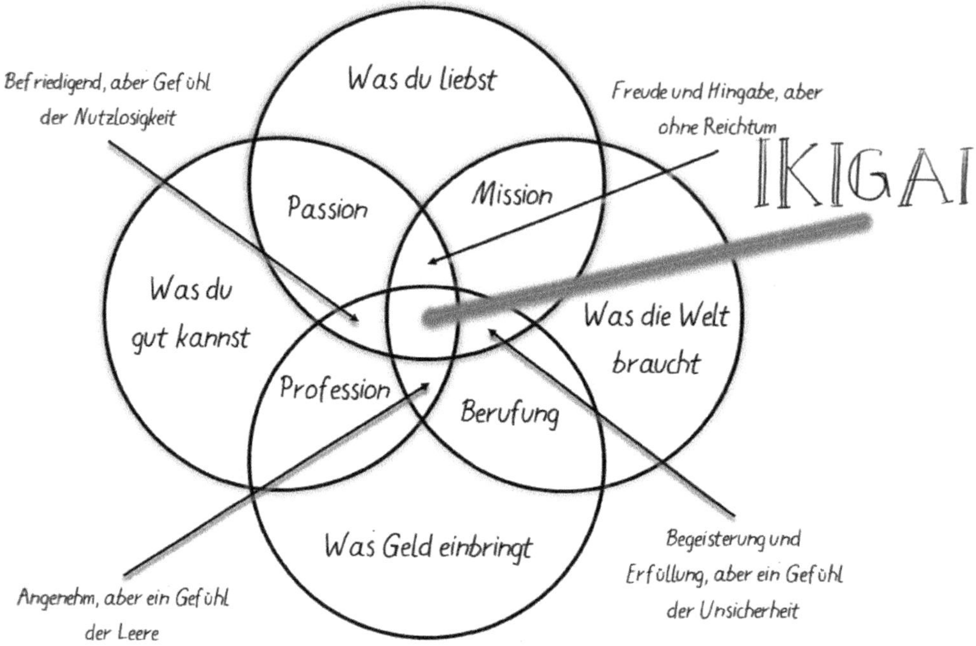

Abb. 84: Ikigai

Die Suche nach dem eigenen Ikigai ist zwar aufwändig und kann sich lange hinziehen, aber sie ist lohnend. Nicht nur, dass man dadurch Klarheit über sich selbst und seine Rolle im Leben (und im Beruf) finden kann. Verschiedene Studien konnten zeigen, dass Menschen, die ihr Ikigai gefunden haben, gesünder und stressresistenter als Vergleichsgruppen waren.

Falls Sie also noch nicht wissen, was Ihr persönliches Ikigai ist, sollten Sie einmal darüber nachdenken und sich auf die Suche machen. Wenn Sie Ihr Ikigai gefunden haben, denken Sie daran, dass die Welt um uns herum in ständigem Wandel ist. Das bedeutet, dass auch unser Ikigai sich verändern und anpassen kann.

➤ Tipps für VUCA-Helden

Worauf können wir uns verlassen, wenn alles immer schneller und unvorhersehbarer wird? Wie können wir dem aufkommenden Stress begegnen? Welche Möglichkeiten stehen uns offen?

1. **Stärken Sie Ihr Selbstvertrauen und das Vertrauen in Andere.**

Ein starker innerer Kern mit einem gesunden Selbstvertrauen ist eine sehr gute Ausgangsbasis. Selbstvertrauen macht resilienter gegen Stress. Zudem nehmen auch andere Menschen dies wahr und sind ihrerseits eher bereit, Vertrauen zu schenken.

Es ist aber auch wichtig, sich nicht als Einzelkämpfer durch das Leben schlagen zu müssen. Dafür müssen wir Menschen um uns herumhaben, denen wir vertrauen, auf die wir uns verlassen können.
Und zuletzt können wir selbst dazu beitragen, die Welt für andere angenehmer zu machen, indem wir uns als glaub- und vertrauenswürdig erweisen. Wenn wir die 13 Vertrauensregeln befolgen und kluges Vertrauen schenken, dann machen wir uns selbst und unseren Mitmenschen das Leben einfacher.

- Sind Sie integer und haben Sie gute Absichten? Nehmen Ihre Mitmenschen das ebenso wahr?
- Liefern Sie die Ergebnisse, die Sie versprochen haben?
- Wie sieht Ihr Vertrauenskonto bezüglich der Menschen, die Ihnen am wichtigsten sind, aus?
- Sind Sie bereit, kluges Vertrauen zu schenken?

2. **Praktizieren Sie Achtsamkeit und schaffen Sie sich eine Energiequelle.**

Die positiven Auswirkungen von Achtsamkeitsübungen und Meditation sind vielfältig. Suchen Sie sich eine einfache Routine, die Ihnen hilft, auch in stressigen Zeiten Energie aufzutanken. Dafür benötigen Sie gar nicht viel Zeit, schon wenige Minuten am Tag reichen aus.
Vielleicht können Sie auch im beruflichen Umfeld eine Routine einbauen, die Ihnen – oder besser noch: auch Ihren Teammitgliedern – eine achtsame Pause beschert und Sie wieder erdet. In vielen Unternehmen gibt es solche Möglichkeiten sogar schon als Angebot, vielleicht auch in Ihrem?

- Welche Achtsamkeitsübung können Sie leicht in Ihren Alltag integrieren?
- Können Sie eine achtsame Pause in Ihre Arbeitsumgebung integrieren?
- Wie oft sind Sie mit den Gedanken im Hier und Jetzt, in diesem Moment? Fällt Ihnen das leicht?
- Können Sie achtsame Übungen in Ihren Teamalltag integrieren, so dass alle etwas davon haben?

3. **Nehmen Sie sich bewusst Zeit für die Selbstreflexion.**

Selbstreflexion ist wichtig für persönliches Wachstum. Selbstreflexion ist aber auch mehr, als einfach nur zu grübeln. Es erfordert einiges an Anstrengung und Erfahrung, um sich selbst wirklich kritisch zu hinterfragen. Und ohne die Hilfe von anderen Menschen ist dies auch ein sehr schwieriges Unterfangen.
Suchen Sie daher nach Feedback, so oft es geht. Hinterfragen Sie sich selbst. Planen Sie regelmäßige Retrospektiven ein. Schauen Sie darauf, was Ihre Gedanken in Bezug auf andere Menschen eigentlich über sich selbst aussagen.

- Wer kann Ihnen entwicklungsförderndes Feedback geben, das Ihnen wirklich weiterhilft?
- Haben Sie feste Termine mit sich selbst oder verschieben Sie sie immer wieder oder lassen sie für andere Dinge ausfallen?
- Sind Sie bereit sich so zu akzeptieren, wie Sie sind und die Dinge zu verändern, die Sie verändern möchten?

4. **Teilen Sie Ihr Wissen und bilden Sie Netzwerke.**

Der Paradigmenwechsel vom Wissensverwalter hin zum Wissensteiler ist im vollen Gange. Wissen vermehrt sich, wenn man es teilt, daher teilen Sie Ihr Wissen in allen erdenklichen Situationen. Nutzen Sie soziale Netzwerke, Community-Treffen oder Barcamps. Bauen Sie sich ein Netzwerk auf.

- Welche sozialen Netzwerke und Kanäle nutzen Sie? Wie präsentieren Sie sich dort?
- Was finden Menschen über Sie heraus, wenn sie Sie im Internet suchen? Was möchten Sie, dass sie von Ihnen sehen?
- Wo und wie können Sie Menschen kennenlernen, die Sie interessant finden?
- Wie können Sie Ihr Netzwerk vergrößern und nutzen?

5. **Üben Sie sich in Mindshifts.**

Im Kapitel über das Mindset haben wir gesehen, dass ein dynamisches Mindset hilfreich in einer komplexen Umgebung ist. Nutzen Sie die Fähigkeiten, die Ihnen Ihr Gehirn bietet. Lernen Sie kontinuierlich dazu und entwickeln Sie sich weiter. Es gibt kein Richtig oder Falsch. Aber es hilft, viele Anregungen zu haben und mit offenen Augen durch die Welt zu gehen. Das vergrößert den Horizont und trägt auch wieder zur persönlichen Entwicklung und Reife bei.

- Welche Veränderungen in Ihrem Denken halten Sie für wichtig?
- Welche Eigenschaften haben Sie Computern voraus? Und welche nach der nächsten Generation der Algorithmen?
- Sind Sie bereit, Ihr Mindset immer weiter anzupassen?

6. **Finden Sie Ihr persönliches Ikigai.**

„Erkenne Dich selbst“ prangte schon in großen Buchstaben über dem Orakel von Delphi. Sein eigenes Ikigai zu kennen ist nicht nur für die eigene Rolle oder den beruflichen Erfolg wichtig. Auch die Gesundheit wir positiv beeinflusst, wenn wir das gefunden haben, wofür es sich lohnt, morgens aufzustehen.

- Was können Sie besonders gut?
- Was davon macht Ihnen Freude?
- Braucht die Welt das?

- Können Sie damit Geld verdienen?
- Wie verändert sich die Welt beziehungsweise wie hat sie sich verändert? Hat das Einfluss auf die Antworten auf die vorherigen Fragen?

7. **Helfen Sie anderen, sich zu entwickeln.**

Die persönliche Entwicklung wird in Zukunft noch viel wichtiger werden, als sie es heute schon ist. Wenn Sie erfolgreich an Ihrer eigenen Persönlichkeit arbeiten und gearbeitet haben, dann unterstützen Sie andere Menschen bei deren Arbeit. Denken Sie aber daran, dass Persönlichkeitsentwicklung sehr anstrengend und individuell ist und Sie niemanden dazu drängen sollten.

- Haben Sie Kinder? Wie können Sie deren Entdeckerlust und Spaß am Spiel fördern und am Leben erhalten? Wie bewertungsfrei können Sie die Entwicklung begleiten?
- Wie können Sie Kollegen und Freunde durch Coaching oder Mentoring fördern? Wie können Sie neue Perspektiven eröffnen?
- Wie können Sie andere auf der Suche nach ihrem eigenen Ikigai unterstützen?

6 Ausblick

Die Zukunft soll man nicht voraussehen wollen,
sondern möglich machen.
Antoine de Saint-Exupery

Zu Beginn des Buches haben wir eine kleine Reise durch die Vergangenheit gemacht und bei Frederick W. Taylor begonnen. Um die Herausforderungen der VUCA-Welt zu verstehen, benötigte es diesen Blick in die Vergangenheit, denn viele der damals festgelegten Strukturen leben bis heute fort.

Wir haben dann einen sehr intensiven Blick auf den Menschen geworfen und gesehen, dass ein Umgang mit der VUCA-Welt weniger mit Technologie als mit Menschen zu tun hat.

Zum Abschluss dieses Leitfadens lassen Sie uns nun einmal versuchen, einen Blick in die Zukunft zu werfen. Womit müssen wir rechnen, was können wir erwarten? Was erscheint wahrscheinlich? Und wie können wir uns vorbereiten?

Eine Welt im Wandel

Eine Welt, geprägt von Unsicherheit und Komplexität, ist eine große Herausforderung. Es genügt nicht mehr, Dinge einfach besser zu machen. In vielen Bereichen erfordert es radikal neue Ideen und Innovationen. Die Gesellschaft steht vor einem Umbruch. Dieser hat schon viele Wirtschaftsunternehmen erreicht, macht aber hier nicht Halt.

Schon heute ist das Tempo enorm hoch und viele Menschen haben Angst, auf der Strecke zu bleiben. Täglich nimmt das Tempo weiter zu, und es ist nicht abzusehen, dass sich dieser Trend wieder anhalten oder umkehren ließe. Heute ist der langsamste Tag für den Rest Ihres Lebens. Bereits morgen wird alles wieder ein Stückchen schneller geworden sein. Von Tag zu Tag gesehen fällt uns das vielleicht nicht so sehr auf, aber wenn Sie sich einmal überlegen, was sich in Ihrem Umfeld in den letzten zwölf Monaten, den letzten drei Jahren oder den letzten zehn Jahren verändert hat, so würde ich jede Wette eingehen, dass dort einige große Veränderungen stattgefunden haben.

Welche Faktoren werden in einer solchen Welt morgen noch von Nutzen sein? Womit sollten Sie sich heute beschäftigen, damit Sie morgen noch einen Platz haben und auf dem Arbeitsmarkt vermittelbar sind?

Der Hirnforscher und Neurobiologe Gerald Hüther geht davon aus, dass in Zukunft alle, die ihre Arbeit nur deshalb ausführen, weil sie damit Geld verdienen, Probleme haben werden, einen Job zu finden (Hüther/Hauser 2018). Immer wieder weist er darauf hin, dass alle Arbeiten, die beschreibbar (zum Beispiel über Arbeitsplatzbeschreibungen) sind, in den kommenden Jahren potenziell auch von Maschinen erfüllt werden können. Und nahezu jede Arbeit, die nur „nach Vorschrift“ erledigt wird, fällt in diese Kategorie. Erst wenn eine Arbeit mit Spaß und Freude ausgeübt wird, dann entsteht etwas, das man nicht mehr so leicht in Beschreibungen stecken kann.

Dazu ein kleines Beispiel: Die Routinetätigkeit eines Gärtners kann man sehr gut beschreiben. Das Anlegen von Blumenbeeten ist eine Aufgabe, das Entfernen von Unkraut eine andere. Der Gärtner muss dafür sorgen, dass die Blumen genug Nährstoffe haben und dass sie dem Wetter entsprechend auch genug Wasser erhalten. All diese Aufgaben kann man aber auch potenziell von einer Maschine erledigen lassen. Schon heute sind viele Aufgaben automatisiert durchführbar. Das Gießen der Blumen können Rasensprenger übernehmen, die mit einer Wetterstation gekoppelt und entsprechend automatisiert sind. Kleine Roboter, die den Rasen mähen, gibt es auch schon in vielen Privathaushalten. Ein Blumenbeet neu anzulegen ist etwas komplizierter. Aber zumindest von der Technik her wäre auch dies schon leicht zu realisieren ebenso wie die Entfernung von Unkraut. Mit fortschreitender Technik steigt die Chance, dass immer mehr der Aufgaben tatsächlich automatisiert werden können und in ein paar Jahren gibt es vielleicht Roboter, die all diese Aufgaben ohne Probleme ausführen können.

Dann wird es für die Wirtschaft wahrscheinlich nur darum gehen, ob die Entwicklung eines solchen Roboters kostengünstiger ist als die Beschäftigung von menschlichen Gärtnern im Niedriglohnsektor. Solange man menschliche Arbeitskraft billiger erhält, wird die Motivation zur technologischen Umsetzung wahrscheinlich noch gering sein. Aber spätestens, wenn die Politik die Mindestlöhne weiter erhöht, könnte sich eine solche Entwicklung auszahlen. Und dann sind viele Gärtner ihren Job los. Fortan übernehmen Roboter diese Aufgabe. Das ist zwar ethisch und moralisch bedenklich, aber schauen Sie sich in der Wirtschaftswelt um.

Gerald Hüther schreibt, dass Menschen, die mit Begeisterung und Freude ihrer Tätigkeit nachgehen, nicht so leicht von Maschinen zu ersetzen sein werden. Was bedeutet dies für unseren Gärtner? Stellen wir uns einmal vor, dieser ginge seinem Job nicht einfach „nach Vorschrift“ nach, sondern aus purer Leidenschaft. Dann würde dieser Gärtner sicher nicht nur Routinetätigkeiten ausüben. Zum Beispiel würde er neue Wege suchen, schönere Beete anzulegen. Vielleicht würde er daraus sogar eine echte Kunstform entstehen lassen. Eventuell generiert er daraus sein eigenes Markenzeichen und verschiedene Städte oder Gesellschaften fordern ihn eigens an, um von ihm ihren Garten gestalten zu lassen. Er wird zum Virtuosen und Künstler seiner Professionalität.

Aber schon dann, wenn der Gärtner einfach mit Leidenschaft und Spaß seiner Aufgabe nachkommt, wird es schwer, ihn durch eine Maschine zu ersetzen. Denn durch Leidenschaft und Spaß wird er immer wieder neue Ideen und innovative Kleinigkeiten einbringen, die einfache Maschinen nicht so schnell beherrschen werden (ich sage nicht, dass sie es nie können würden, aber dann ist wieder die in der Wirtschaft beherrschende Frage nach Kosten und Nutzen zu beantworten).

Okay, werden Sie nun vielleicht sagen, für einen Gärtner ist das leicht verständlich. Aber was ist zum Beispiel mit einem Verkäufer im Einzelhandel? Auch hier bemerken wir heute schon, dass sich einiges verändert. Noch vor wenigen Jahren war der Einkauf von Lebensmitteln am Wochenende für mich ein mittelschwerer Horrortrip, den ich zu vermeiden suchte, wenn es möglich war. Das lag daran, dass am Wochenende die Supermärkte ausnahmslos überfüllt waren und selbst wenn alle Kassen geöffnet hatten, bildeten sich lange Schlangen. Dann wurden übervolle Einkaufswagen ausgeräumt, die Waren auf das Kassenband gelegt und danach wieder im Einkaufswagen verstaut.

Heute macht mir das Einkaufen selbst zu den Stoßzeiten am Wochenende nicht mehr viel aus. Mein Lieblingssupermarkt zeichnet sich dadurch aus, dass er einige Möglichkeiten der neuen Technik nutzt, um den Einkauf für seine Kunden zu vereinfachen. So kann ich zum Beispiel die Waren alle selbst mit einem handlichen Gerät scannen und schon ordentlich in meinem Einkaufskorb verstauen. An der Kasse brauche ich nichts mehr auf das Band zu legen. Das Handgerät überträgt automatisch alle Einkäufe und ich kann sie an einer Selbstbedienungskasse einfach bezahlen.[1]

Je nachdem habe ich in diesem Szenario als einkaufender Kunde also sehr wenig bis gar keinen Kontakt mehr zu den Verkäufern, da ich über das Handgerät und die Selbstbedienungskassen alles selbst abwickeln kann. Amazon und andere Anbieter arbeiten schon an Läden, an denen man noch nicht mal mehr an einer Kasse anhalten muss. Man nimmt sich einfach, was man braucht, und beim Verlassen des Ladens zieht der Anbieter die entstandenen Kosten vom Konto ein. Technisch längst kein Problem mehr. Was uns zurückbringt zum Ausgangspunkt: Hier werden bereits Verkäuferinnen und Verkäufer durch technische Möglichkeiten ersetzt. Und ich bin mir ziemlich sicher, dass diese Systeme immer weiter verbessert und flächendeckender eingesetzt werden, was zu weiterem Stellenabbau führen wird.

Wenn Sie der Betreiber eines solchen Supermarktes wären, wen würden Sie als Erstes entlassen? Den Verkäufer, der einfach nur Dienst nach Vorschrift macht oder die Verkäuferin, die immer mit viel Freude und einem Lächeln auf den Lippen den Kunden weiterhilft? Die von alleine sieht, wo etwas verbessert werden kann und neue Ideen einbringt? Und selbst in einer noch so technologisierten Welt wird es wahrscheinlich immer noch kleine Inseln geben. Vielleicht keine Tante-Emma-Läden klassischer Art, aber doch Läden – vielleicht etwas hochpreisiger – die Wert auf persönlichen Kontakt und zwischenmenschliche Interaktion legen. Und wer glauben Sie, wird dort arbeiten? Sicherlich die Verkäuferinnen und Verkäufer, die mit Lust und Spaß ihren Aufgaben nachkommen und nicht diejenigen, die Dienst nach Vorschrift machen.

Mir fällt keine Branche ein, auf die dies nicht zutreffen würde, angefangen vom Klärbeckentaucher über CEOs großer Unternehmen bis hin zu Busfahrern. Ja, auch Busfahrer. Deren Berufsbild wird in den nächsten Jahren durch autonomes Fahren sicherlich sehr stark bedroht sein. Hier ist absehbar, dass viele Arbeitsplätze wegfallen werden. Wenn jemand aber mit Leib und Seele Busfahrer ist, dann gibt es sicherlich

1 Natürlich profitiert auch der Supermarkt davon, denn die Daten meiner Einkäufe können somit meiner Kundenkarte zugeordnet werden. Die Währung in der digitalen Welt sind Daten. Ich persönlich kann aber an dieser Stelle ganz gut damit leben, aber natürlich muss jeder für sich selbst entscheiden, wie viele Daten er preisgeben möchte.

Nischen für ihn, wo er mit seiner Leidenschaft gut aufgehoben ist. Vielleicht in Freizeitparks, wo – ganz dem nostalgischen Gedanken folgend – noch Leute von Menschen kutschiert werden, ähnlich wie es heute in manchen Städten von Pferdekutschen übernommen wird (ja, selbst Kutscher haben eine Nische, selbst wenn das eigentliche Berufsbild fast ausnahmslos verschwunden wird. Aber diejenigen, die immer noch Kutsche fahren, tun dies meist aus Leidenschaft).

Also besteht die Lösung für unsere Zukunftsängste darin, einfach unsere Arbeit mit Leidenschaft, Spaß und Freude auszuüben. Herzlichen Glückwunsch, wenn Sie dies sowieso schon tun. Vielen Menschen (wenn nicht sogar den meisten) fällt dies aber gar nicht so leicht. Und hier bewegen wir uns dann wieder in ein Spannungsfeld. Was wird die alleinerziehende Mutter von drei Kindern sagen, wenn wir sie darauf hinweisen, dass sie bitte ab sofort Spaß bei ihrem langweiligen Bürojob haben soll, den sie nur ausübt, um ihre Familie über Wasser zu halten? Und wenn wir nun hinzufügen, dass – sollte sie dazu nicht in der Lage sein – dieser für sie so wichtige Job in Zukunft wahrscheinlich wegfallen wird?

An dieser Stelle merken wir, dass unsere komplexe Umwelt an einem Punkt angelangt ist, an dem ein wirklicher Umbruch stattfindet. Und dieser Umbruch betrifft nicht nur die Wirtschaftswelt, sondern zieht sich in alle Bereiche der Gesellschaft. Und die Veränderung, die hier stattfindet, verlangt größere Lösungen.

Wir brauchen ein System, das den Menschen, die aufgrund von Verpflichtungen oder schwierigen Situationen gezwungen sind, Arbeiten anzunehmen, die in Zukunft voraussichtlich automatisiert erledigt werden können, eine sichere Grundlage bietet. Diese Thematik ist sehr eng mit der Diskussion um Digitalisierung, Industrie 4.0 und VUCA-Welt verbunden. Persönlichkeiten aus der Wirtschaft bringen hier Konzepte wie das bedingungslose Grundeinkommen ins Spiel. Die Diskussionen sind zäh und an den vorgebrachten Argumenten und dem Verlauf der Debatte kann man deutlich erkennen, wie schwer es vielen Menschen fällt zu akzeptieren, dass wir an einem Punkt angelangt sind, wo die Veränderungen tiefgreifender sind und wir mit neuen Paradigmen an die Aufgabenstellungen herangehen müssen. Zudem haben viele Unternehmen erkannt, dass die Werte und Prinzipien des ökonomischen Systems vielleicht einer Überarbeitung benötigen. Das wird auch von dem sich langsam verändernden Konsumverhalten widergespiegelt. Viele Konsumenten bevorzugen schon fair gehandelte Waren und achten darauf, Produkte von Unternehmen zu erwerben, die moralisch und ethisch sauber agieren oder sich für Werte wie Umweltschutz und Klimaschutz einsetzen. Daraus entstanden sind Modelle wie das der Gemeinwohlökonomie (Felber 2018), die in Zukunft eine noch größere Bedeutung bekommen könnten[2]. Dies alles hier aufzuführen würde den Rahmen deutlich sprengen.

Klammern wir einmal diejenigen Menschen bewusst aus, die durch schwierige Umstände oder Engpässe gezwungen sind, gewisse Arbeiten auszuführen, so bleiben

2 Man beachte hier auch die Parallelen zu den sinnstiftenden Unternehmen in den postmodernen und evolutionären Organisationen bei Frederic Laloux.

immer noch ein Großteil der arbeitenden Bevölkerung, die Dienst nach Vorschrift verrichtet. Schauen Sie sich nur einmal die Gallup-Studie an. Laut den Ergebnissen des Gallup-Engagement Index von 2018[3] besitzen von 100 Beschäftigen in einem durchschnittlichen Unternehmen 14 Personen keine emotionale Bindung und 71 Personen eine geringe emotionale Bindung zu diesem Unternehmen. Nur 15 Personen haben eine starke emotionale Bindung.

Bei geringer emotionaler Bindung ist auch Spaß und Leidenschaft bei der Arbeit sehr unwahrscheinlich. Somit sind laut dieser Studie maximal 15 von 100 Personen mit Spaß bei der Sache und gehen motiviert ihrer Arbeit nach. Nach Hüthers Hypothese würden also 85 Personen Probleme bekommen, wenn die Automatisierung fortschreitet, da sie entweder Dienst nach Vorschrift liefern oder Gefahr laufen, dies zu tun. Natürlich könnte ein Arbeitsplatzwechsel dies sehr schnell verändern, denn die Gallup-Studie bezieht sich ja nur auf die emotionale Bindung zum aktuellen Arbeitgeber. Aber wenn man die Ergebnisse der letzten Jahre von 2001 an vergleicht, dann zeigen sich gleiche Muster.

Menschen gehen also Tätigkeiten nach, zu denen sie sich wenig motiviert fühlen. Die Umwelt, die sie umgibt, verändert sich rasant und stellt sie vor neue Herausforderungen. Historisch betrachtet haben die Menschen gelernt, dass sie den Anforderungen besonders gut gerecht werden können, wenn sie ihre Arbeit hierarchisch strukturieren. Wir haben das bei Taylor gesehen, der es auf die Spitze getrieben hat, aber auch Laloux hat beschrieben, dass sich schon recht früh in der Menschheitsgeschichte die Arbeitsteilung und ein pyramidenförmiges, hierarchisches System als bevorzugte Struktur zur Arbeitsbewältigung herauskristallisiert hat.

Dieses System hatte ja auch gleich mehrere Vorteile: zum einen konnte von der Spitze der Hierarchie sehr genau kontrolliert werden, was und wie die Arbeit zu erledigen ist. Besonders zu Zeiten, als Bildung noch ein Privileg der Eliten darstellte, konnten so ungelernte Arbeitskräfte angeleitet und gute Ergebnisse erzielt werden. Im Laufe der Zeit wurde das System immer effizienter und leistungsfähiger. Zudem motivierte diese Struktur auch die Menschen, sich besonders anzustrengen. Denn am unteren Ende der Pyramide, da wo die (Drecks-)Arbeit erledigt wurde, war es nicht ganz so angenehm wie an der Spitze. Also waren die Menschen motiviert, durch gute Leistungen ihren Aufstieg in der Hierarchie voranzutreiben. Das System erhielt sich also von allein.

Irgendwann wurde dann aber ein Punkt erreicht, an dem die hierarchische Struktur nicht mehr in der Lage war, mit den nun vorherrschenden Gegebenheiten der komplexen Umwelt und ihrer Herausforderungen zurechtzukommen. Die hierarchische Struktur ist plötzlich selbst das Problem. Etwas schneller oder effizienter zu produzieren, worauf die hierarchischen Systeme ausgelegt sind, ist kein Vorteil mehr auf dem Weltmarkt. Aber Innovationen und neue Ideen entstehen in ganz anderen Umgebungen.

---

3 https://www.gallup.de/183104/engagement-index-deutschland.aspx, 23.3.2021.

Und hier befinden wir uns dann in dem in diesem Buch schon häufig angesprochenen Spannungsfeld. Die hierarchische Struktur tut sich schwer damit, sich selbst abzuschaffen und sich neu zu erfinden. Dies ist erforderlich, damit die agilen Strukturen und Arbeitsweisen, der Mehrwert von Teamwork und die Entfaltung des Potenzials und der Stärken der Individuen stattfindenden können.

In anderen Fällen wurden die Strukturen fast gänzlich abgeschafft, weil die Verantwortlichen verstanden haben, dass es neuer Vorgehensweisen bedarf. Allerdings sind damit die meisten Menschen auch erst einmal überfordert. Was tritt nun an Stelle dieser Strukturen? Es ist ein Raum entstanden, den viele Menschen von sich aus erst einmal nicht zu füllen vermögen. Denn auch hier findet ja ein Paradigmenwechsel statt, den die Menschen erst einmal verarbeiten müssen.

Ein Konflikt besteht auch darin, dass agile Werte und Prinzipien von einer Kultur ausgehen, die von Laloux als postmodern-pluralistisch bezeichnet wird. Hier stehen Konsens, Augenhöhe, Gemeinschaft, Toleranz und Harmonie im Zentrum. Aber auch die Unternehmen, die eine moderne Organisationsform etabliert haben, also fast ausnahmslos alle Konzerne und viele mittelständische Unternehmen (zu erkennen an Management by objectives, Shareholder Value, ...), müssen agiler werden. Dabei entsteht schnell ein Konflikt, denn aus der kulturellen Brille der Unternehmen betrachtet bedeutet dies, kurze Feedbackzyklen und Kursanpassungen zu realisieren und adaptiver zu werden. Betrachtet aus der kulturellen Sicht der agilen Vorreiter, geht dies nur mit einem Kulturwechsel. Dafür müssten jetzt aber auch plötzlich die ganzen Werkzeuge, Prozesse und erlernten effizienten Methoden der Unternehmen angepasst werden. Funktioniert Agilität nur, wenn man auch die postmodern-pluralistische Kultur etablieren kann? Genau diese Frage stellt sich heutzutage. Fakt ist, Unternehmen müssen agil werden. Aber geht das vielleicht auch mit klassischen Strukturen? Aber selbst wenn – ist das nicht ein Auslaufmodell, ein Spiel auf Zeit, da sich die Gesellschaft insgesamt in Richtung pluralistischer Kultur entwickelt?

Auch in der Gesellschaft vollzieht sich ein Wandel, der vielen Menschen Angst macht. Ähnlich wie in Unternehmen macht sich hier Unsicherheit breit. Die Menschen greifen dann auf das zurück, was sie seit vielen Jahrhunderten als Lösung gekannt haben: sie rufen nach Autoritäten, in den Unternehmen, wie auch in der Gesellschaft.

In den Unternehmen zeigt sich das häufig darin, dass die Entstehung von Selbstorganisation und Verantwortungsübernahme der Teams oftmals ein sehr langer und steiniger Weg ist. Nicht wenige Mitarbeiter sind es nicht gewöhnt und wollen wenig Verantwortung übernehmen. Manche sehnen sich nach den liebgewonnenen alten Strukturen, in denen ihnen jemand sagte, was sie zu tun hatten und der auch die Verantwortung für die Ergebnisse übernahm. Und auch in der Gesellschaft wird der Ruf lauter nach Autoritäten, die Sicherheit und alte Werte vermitteln.

Dies zeigt sich dann in den vielen Transformationen in den Unternehmen, die ins Stocken geraten sind oder sich sogar in gewissen Teilen zurückentwickelt haben. Zwar haben nahezu alle großen Unternehmen verstanden, dass sie sich verändern müssen, allerdings gestaltet sich diese Veränderung keinesfalls trivial. Und da es eine so grundlegende, paradigmenverändernde Transformation ist, macht sich auch eine große Unsicherheit breit.

Wie aber viele Studien gezeigt haben, hängt der Erfolg von Veränderungsprozessen sehr eng mit den handelnden Persönlichkeiten zusammen. Führungskräfte mit weit entwickelter Persönlichkeit im postkonventionellen Bereich hatten überdurchschnittlichen Erfolg bei Veränderungsinitiativen. Auch die Teams profitieren von entwickelten Persönlichkeiten, die eine voll ausgeprägte autonome Denk- und Handlungsweise zeigen können.

Wir sehen also, dass die persönliche Entwicklung in der heutigen Zeit einen sehr großen Stellenwert einnimmt. Egal in welchem Bereich des Lebens, eine weit entwickelte Persönlichkeit erhöht den Handlungsspielraum und reduziert den empfundenen Stress. Je entwickelter die Persönlichkeit, desto eher folgt der Mensch auch seinen eigenen Werten und Prinzipien. Jemand, der keinen Kontakt zu seinen eigenen Werten und Prinzipien herstellen kann, wird sich auch schwer damit tun, seinen Arbeitsbereich so zu gestalten, dass er mit Spaß und Freude tätig sein kann. Wenn der Mensch nicht in der Lage ist, seinen Arbeitsplatz selbst zu gestalten (oder ihn zu verlassen, wenn seine Bemühungen keine Früchte tragen), dann begibt er sich in den von der Gallup-Studie beschriebenen Status der geringen emotionalen Bindung. Ich denke nicht, dass es ein purer Zufall ist, dass die Prozentzahl der Personen mit hoher emotionaler Bindung zum Arbeitgeber und die Prozentzahlen der Menschen mit postkonventionellem Denken recht dicht beieinander sind. Das soll nun nicht heißen, dass alle Menschen mit postkonventioneller Entwicklung glücklich und zufrieden und emotional gebunden sind und alle anderen unglücklich. Aber ich würde erwarten, dass die postkonventionellen Menschen in der Lage sind, aktiv zu werden und ihre Umwelt so anzupassen, dass sie mit Spaß und Leidenschaft ihren Aufgaben nachgehen können. Personen in früheren Entwicklungsphasen fällt diese aktive Gestaltung schwerer. Aber vielleicht haben sie das Glück, einen Arbeitsplatz ihr Eigen zu nennen, der von Anfang an ihre Leidenschaft beflügelt. Daher denke ich nicht, dass die beiden Werte eine klare Übereinstimmung darstellen, aber ich könnte mir schon eine Korrelation vorstellen.

Wenn Entwicklung und Potenzialentfaltung nun so wichtig sind (und der Spruch vieler Recruiter „Hire for attitude, train for skills" – „Stelle Haltung ein, trainiere Fähigkeiten" zeigt, dass auch hier ein Wandel stattfindet), dann stellt sich zwangsläufig die Frage, wie wir darauf vorbereitet wurden und wie wir zukünftige Generationen darauf vorbereiten.

Mit dem Schulsystem und dringend benötigter Veränderungen beschäftigen sich viele Experten schon seit Jahren, zum Beispiel Richard David Precht (Precht 2015). Auch Gerald Hüther geht mit dem Schulsystem ziemlich hart ins Gericht (Hüther/Quarch 2018). Jeder Mensch kommt mit einem angeborenen Trieb zu Entdecken und zu Lernen auf die Welt. Unser Gehirn hat Freude daran, neue Dinge zu lernen und die Umwelt zu erforschen. Wann immer wir als Kinder etwas gelernt oder entdeckt haben, hat unser Gehirn uns mit Glückshormonen dafür belohnt. Dies hat uns motiviert, weiter zu erforschen und neue Dinge zu entdecken, in der Hoffnung, wieder einen Belohnungscocktail von unserem Gehirn dafür zu erhalten.

Wenn Sie Kinder beobachten, die auf dem Weg zum Unterricht in den Klassenraum sind, so werden Sie wahrscheinlich in den wenigsten Fällen Vorfreude und strahlende Gesichter sehen. Viele Schüler antworten wahrscheinlich auf die Frage, warum sie in die Schule gehen, mit „Weil ich muss". Die gleiche Antwort geben sie wahrscheinlich knapp zwanzig Jahre später, wenn man sie auf dem Weg ins Büro fragen würde, warum sie denn zur Arbeit gingen.

Das Wiederentdecken von Lernfreude und Entdeckerlust ist daher eine große Herausforderung im späteren Leben. Mit zunehmender Ich-Entwicklung wird sich diese natürliche Freude aber wieder einstellen.

Sie sehen, die Arbeit an der eigenen Persönlichkeit ist ein wichtiger Faktor in der heutigen Welt. Sie erfordert Zeit und Aufwand, aber sie ist es wert. Es ist etwas Neues, auf das wir von der Schule meist nur sehr spärlich vorbereitet werden. Wenn wir aber in Zeiten von Komplexität und Unsicherheit Erfolg haben wollen und mit Spaß und Freude bei der Arbeit sein wollen, dann lohnt sich diese Investition allemal.

Seien Sie ein VUCA-Held!

Veränderung ist das große Thema unserer Zeit. Nicht nur die Gesellschaft, die Wirtschaft und die Arbeitswelt verändert sich, sondern auch wir selbst. Ich hoffe, dass ich im Laufe dieses Buches ein paar dieser Veränderungen etwas genauer beleuchten und Hintergründe darstellen konnte.

Ich denke, die Zukunft wird noch viele Veränderungen für uns alle bereithalten. Die vielen Methoden und Frameworks, die heute von unzähligen Beratern und Consultants teuer an die Unternehmen vermittelt werden, sind in ein paar Jahren vielleicht nur noch blasse Erinnerung, wenn neue und noch effektivere Frameworks entwickelt wurden.

Ich habe die Abschnitte über die konkreten Methoden und Frameworks zu Beginn des Buches bewusst etwas kürzer gehalten. Ich empfinde sie als wichtig, weil sie unseren heutigen Alltag bestimmen und jeder, der sich mit VUCA und Agilität beschäftigt, ein Verständnis davon haben sollte, wie sie funktionieren. Aber letztendlich basieren sie, wenn man sie genauer betrachtet, auf zeitlosen Werten und Prinzipien. Wenn es uns gelingt, mehr auf Werte und Prinzipien sowie den Gebrauch unseres eigenen Verstandes zu vertrauen, dann benötigen wir keine vorgefertigten Frameworks und Tools.

Die Realität in einer komplexen Umgebung zeigt uns sowieso, dass es keine Best-Practices gibt. Daher sollten auch die vorgestellten Methoden und Werkzeuge dem Kontext entsprechend angepasst werden, so dass sie optimal auf ihr Umfeld zugeschnitten sind (aber denken Sie immer an Shu-Ha-Ri und passen Sie nur an, was Sie auch verstanden haben, oder holen Sie sich die entsprechende Expertise ins Boot).

Was also nun? Mein Rat wäre, sich – egal wie alt oder jung Sie sind – mit Ihrer Persönlichkeitsentwicklung zu beschäftigen. Erkennen Sie sich selbst, finden Sie heraus, was Sie antreibt und motiviert. Finden Sie ein Umfeld, in dem Sie diese Motive verfolgen können. Halten Sie Kontakt zu sich selbst, dann verlieren Sie sich nicht in Stress und Komplexität. Regelmäßige Achtsamkeitsübungen oder Meditationen können helfen. Vielleicht können Sie sogar mit Ihren Teamkollegen gemeinsam zu Beginn eines Meetings kleine Achtsamkeitsübungen einstreuen. Was am Anfang vielleicht ein wenig seltsam erscheinen mag („Das ist aber esoterisch."), kann schnell zur Gewohnheit und dann zu einer echten Bereicherung werden. Die Wissenschaft hat den positiven Einfluss klar bewiesen. Ermutigen Sie sich selbst und Ihre Umwelt, erst einmal Ihre eigenen Erfahrungen mit etwas zu machen, bevor Sie es bewerten oder beurteilen. Die Fähigkeit, sich selbst eine qualifizierte Meinung zu bilden, ist in unserer Welt sehr wichtig. Und dafür wird eine grundlegende Offenheit benötigt.

Helfen Sie Ihren Kollegen. Unterstützen Sie sie bei deren Entwicklung. Aber akzeptieren Sie auch geduldig, wenn sie noch Zeit brauchen und noch nicht bereit sind, den nächsten Schritt zu machen. Gestalten Sie dann ein Umfeld, dass die Entwicklung fördert und angestrebte Vorgehensweisen unterstützt.

Unsere Welt verändert sich. Wie die Fische, die das Wasser um sich herum überhaupt nicht wahrnehmen, weil es für sie selbstverständlich ist, bemerken wir manchmal nicht, wie stark diese Veränderungen sind. Aber eines ist klar: Auch wir müssen uns ständig anpassen und verändern, in diesem Sinne „agil" sein.

Ich hoffe, ich konnte Ihnen ein paar Leitplanken aufzeigen, wie Sie dies in Ihr Arbeits-, aber auch Privatleben integrieren können. Der Mensch steht bei dieser Veränderung, die nur von außen betrachtet als von Technologie bestimmt erscheint, mehr denn je im Mittelpunkt. Lassen Sie sich nicht täuschen von Versprechen, dieses oder jenes Werkzeug würde alle Ihre Probleme lösen. Nutzen Sie Ihren eigenen Verstand und vertrauen Sie auf die Unterstützung Ihrer Teammitglieder, Freunde und Familie. In einer komplexen Welt gibt es keine schnellen und eindeutigen Lösungen.

In diesem Sinne wünsche ich Ihnen viel Spaß in dieser spannenden Zeit und viele neue Erfahrungen in einer Welt, die trotz aller Herausforderungen und Komplexität so viele Chancen bietet. Nutzen Sie diese Chancen!

Sie sind nun mit dem wichtigsten Wissen ausgestattet, um als VUCA-Held erfolgreich zu sein. Bedenken Sie aber, dass Lernen und Entwickeln die Grundvoraussetzung für Ihren Erfolg bilden. Ich wünsche Ihnen viel Erfolg und Begeisterung in einer spannenden Welt.

Danke

An dieser Stelle bleibt mir dann auch nur noch Danke zu sagen, an alle, die direkt oder indirekt an der Entstehung dieses Buches beteiligt waren. Denn auch dieses Buch wäre nie ohne Kollaboration und Unterstützung aus meinem direkten und erweiterten Umfeld möglich geworden.

Zum einen danke ich meiner Frau Nadine, die mich viele Wochenenden und Abende entbehren musste, wenn ich mich wieder tief in ein Kapitel eingedacht hatte. Auch meinen Eltern Regina und Willi möchte ich danken, die mir immer das Vertrauen und den Rückhalt schenkten und es ermöglichten, meinen Weg selbst zu wählen, selbst wenn das für sie oft viele Entbehrungen bedeutete.

Danke auch an Familie, Freunde und besonders meine Nichten, Neffen und Patenkinder, die mich motiviert und inspiriert haben, dieses Projekt fertigzustellen. Euch gehört die Zukunft und ihr werdet tolle VUCA Heldinnen und Helden sein.

Leider reicht der Platz nicht aus, alle VUCA-Helden zu erwähnen, mit denen ich in den vergangenen Jahren in unterschiedlichen agilen Communities viele Gespräche und Diskussionen führen durfte, bei denen ich viel lernen und mein Weltbild erweitern durfte. Stellvertretend für die Einzelpersonen möchte ich daher Danke sagen an die agile Community, die mit sehr viel Einsatz und Engagement Scrumtische, Meetups und Barcamps organisiert, wo solche Diskussionen stattfinden können.

Dann möchte ich den fleißigen Testlesern danken, die schon früh Rückmeldungen gegeben haben, besonders Dörte und Lars, die viel Zeit und Mühe in das Feedback gesteckt haben. Und natürlich ein herzlicher Dank an Ayelt Komus, der mir viele gute Ratschläge für eine Veröffentlichung gegeben hat und letztlich auch den Kontakt zum Verlag hergestellt hat. Natürlich auch ein Dankeschön an den Verlag, der mir die Möglichkeit gibt, meine Arbeit einem größeren Publikum zugänglich zu machen und besonders Frau Hilbig, die mit viel Geduld und Expertise das rohe Manuskript zum fertigen Buch hat werden lassen..

Ein großer Dank an meinen ersten Agile Coach Akbar Salimi, der einen großen Einfluss auf meine Entwicklung hatte. Ein ganz besonders großes Dankeschön gebührt meiner lieben Kollegin Marija Radtke. Ich glaube, sie hält den Rekord für die längsten WhatsApp-Sprachnachrichten, in denen sie mir wertvolles Feedback zu den ersten Entwürfen des Manuskripts gegeben hat. Von ihrer Expertise und Erfahrung haben nicht nur das Buch, sondern auch ich persönlich sehr profitiert.

Ein großer Dank geht natürlich auch an Sie, verehrte Leserinnen und Leser, die dieses Buch gekauft und gelesen haben. Wenn es Ihnen gefallen und geholfen hat, empfehlen Sie es weiter. Wenn Sie Verbesserungen sehen oder Anregungen teilen wollen, schreiben Sie mir. Ich freue mich über Ihr Feedback!

Literatur

Adkins, Lyssa (2010), Coaching agile teams. A companion for ScrumMasters, agile coaches, and project managers in transition, Upper Saddle River, NJ/Toronto/London.

Allport, Gordon W./Odbert, Henry S. (1936), Trait-names: A psycho-lexical study, *Psychological Monographs*, Jg. 47, H. 1, i-171.

Anderson, David J. (2011), *Kanban: Evolutionäres Change Management für IT-Organisationen*, 1. Aufl., s.l.

Andresen, Judith (2018), *Agiles Coaching. Die neue Art Teams zum Erfolg zu führen*, München.

Appelo, Jurgen (2011), *Management 3.0. Leading agile developers, developing agile leaders*, 1st ed., Upper Saddle River, NJ/Indianapolis, Ind.

Avery, Christopher (2019), *The Responsibility Process. Wie Sie sich selbst und andere wirkungsvoll führen und coachen*, Heidelberg.

Bandler, Richard/Grinder, John (1975), *The structure of magic. A book about language and therapy*, Palo Alto, Calif.

Bass, Bernard M./Avolio, Bruce J. (1990), Developing Transformational Leadership: 1992 and Beyond, *Journal of European Industrial Training*, Jg. 14, H. 5, S. 78.

Beck, Don E./Cowan, Christopher C. (2008), *Spiral Dynamics. Leadership, Werte und Wandel ; [eine Landkarte für Business und Gesellschaft im 21. Jahrhundert*, 2. Aufl., Bielefeld.

Beck, Kent/Andres, Cynthia (2005), *Extreme programming explained. Embrace change*, 2nd ed., Boston, MA.

Binder, Thomas/Cook-Greuter, Susanne (2016), *Ich-Entwicklung für effektives Beraten*, Göttingen/Bristol, CT, U.S.A.

Bush, Ashley D. (2017), *Das kleine Buch der Ruhe und Gelassenheit. Ganz entspannt die Stürme des Alltags meistern*, 3. Auflage, deutsche Taschenbucherstausgabe, München.

Cain, Susan (2013), *Still. Die Kraft der Introvertierten*, Aktualisierte und erweiterte Taschenbuchausgabe, München.

Collard, Patrizia (2016), *Das kleine Buch vom achtsamen Leben. 10 Minuten am Tag für weniger Stress und mehr Gelassenheit*, Deutsche Taschenbucherstausgabe, 9. Auflage, München.

Coupland, Douglas (1994), *Generation X. Geschichten für eine immer schneller werdende Kultur ; Roman*, lizensierte dt. Hardcoverausg., 1. Aufl., Berlin/Weimar.

Covey, Stephen M. R./Merrill, Rebecca R. (2009), *Schnelligkeit durch Vertrauen. Die unterschätze ökonomische Macht*, Offenbach.

Covey, Stephen R. (2018), *Die 7 Wege zur Effektivität. Prinzipien für persönlichen und beruflichen Erfolg*, 51., überarbeitete Auflage, Offenbach.

Csíkszentmihályi, Mihaly (1985), *Das Flow-Erlebnis. Jenseits von Angst und Langeweile: im Tun aufgehen*, Stuttgart.

Csíkszentmihályi, Mihaly (2014), *Flow und Kreativität. Wie Sie Ihre Grenzen überwinden und das Unmögliche schaffen*, 1. Aufl. dieser Ausg, Stuttgart.

Csíkszentmihályi, Mihaly (2017), *Flow. Das Geheimnis des Glücks*, Stuttgart.

Danziger, Shai/Levav, Jonathan/Avnaim-Pesso, Liora (2011), Extraneous factors in judicial decisions, *Proceedings of the National Academy of Sciences of the United States of America*, Jg. 108, H. 17, S. 6889–6892.

Deci, Edward L. (1971), Effects of Externally Mediated Rewards on Intrinsic Motivation.

Deci, Edward L. (1975), Intrinsic motivation.

Deci, Edward L./Ryan, Richard M. (1993), Die Selbstbestimmungstheorie der Motivation und ihre Bedeutung fur die Padagogik, *Zeitschrift fur Padagogik*, Jg. 39, H. 2, S. 223–238.

Digitale Transformation: 100-Milliarden-Dollar-Markt bis 2020 mit „Winner-takes-it-all“-Effekt | Kroker's Look @ IT, 30.01.2019, *http://blog.wiwo.de/look-at-it/2015/03/17/digitale-transformation-100-milliarden-dollar-markt-bis-2020-mit-winner-takes-it-all-effekt/*.

Dilts, Robert (2001), *Die Magie der Sprache. Angewandtes NLP*, Paderborn.

Dweck, Carol (2017), *Selbstbild. Wie unser Denken Erfolge oder Niederlagen bewirkt,* Aktualisierte und erweiterte Taschenbuchausgabe, München.

Eagly, Alice H./Karau, Steven J. (2002), Role congruity theory of prejudice toward female leaders, *Psychological Review*, Jg. 109, H. 3, S. 573–598.

Ekman, Paul (2016), *Gefühle lesen. Wie Sie Emotionen erkennen und richtig interpretieren,* 2. Auflage, Berlin, Heidelberg.

Eoyang, Glenda H. (2001), *Conditions for self-organizing in human systems.*

Felber, Christian (2018), *Gemeinwohl-Ökonomie,* Komplett aktualisierte und erweiterte Ausgabe, München.

Fiedler, Fred E. (1971), Validation and extension of the contingency model of leadership effectiveness: A review of empirical findings, *Psychological Bulletin*, Jg. 76, H. 2, S. 128–148.

Forer, Bertram R. (1949), The fallacy of personal validation: a classroom demonstration of gullibility, *The Journal of Abnormal and Social Psychology*, Jg. 44, H. 1, S. 118–123.

Fuckup Nights - Stories About Failure, 02.02.2019, *https://fuckupnights.com/*.

Gerrig, Richard J./Zimbardo, Philip G. (2011), *Psychologie*, München [u. a.].

Gloger, Boris/Rösner, Dieter (2017), *Selbstorganisation braucht Führung. Die einfachen Geheimnisse agilen Managements,* 2., überarbeitete Auflage, München.

Goldratt, Eliyahu M./Cox, Jeff (2013), *Das Ziel. Ein Roman über Prozessoptimierung*, Erw. Neuausg, Frankfurt/Main.

Hackman, J. R. (2002), *Leading teams. Setting the stage for great performances*, Boston, Mass.

Harari, Yuval N. (2018), *Homo Deus. Eine Geschichte von Morgen,* 1. Auflage, München.

Herrmann, Ned, *Whole Brain Model,* www.thinkherrmann.com/how-it-works#core_idea, 13.4.2021

Hersey, Paul/Blanchard, Kenneth H./Johnson, Dewey E. (2015), *Management of organizational behavior. Leading human resources,* Tenth edition, New Delhi.

Herzberg, Frederick/Mausner, Bernard/Snyderman, Barbara (1959), The motivation to work., 2nd ed.

Hofert, Svenja (2017a), *Agiler führen. Einfache Maßnahmen für bessere Teamarbeit, mehr Leistung und höhere Kreativität,* 2nd ed., Wiesbaden.

Hofert, Svenja (2017b), *Hört auf zu coachen! Wie man Menschen wirklich weiterbringt*, München.

Hofert, Svenja (2018a), *Das agile Mindset. Mitarbeiter entwickeln Zukunft der Arbeit gestalten,* Wiesbaden.

Hofert, Svenja (2018b), *Psychologie für Coaches, Berater und Personalentwickler,* Weinheim/Basel.

Hüther, Gerald/Hauser, Uli (2018), *Würde. Was uns stark macht – als Einzelne und als Gesellschaft,* München.

Hüther, Gerald/Quarch, Christoph (2018), *Rettet das Spiel! Weil Leben mehr als Funktionieren ist,* 1. Auflage, genehmigte Taschenbuchausgabe, München.

Jegathesan, Mithila/Vitberg, Yaffa M./Pusic, Martin V. (2016), A survey of mindset theories of intelligence and medical error self-reporting among pediatric housestaff and faculty, *BMC medical education,* Jg. 16, S. 58.

Johansen, Robert (2007), *Get there early. Sensing the future to compete in the present,* 1st ed., San Francisco, Calif.

Joiner, Bill/Josephs, Stephen (2007), *Leadership agility. Five levels of mastery for anticipating and initiating change,* 1st ed., San Francisco.

Kabat-Zinn, Jon (2013), *Full catastrophe living. Using the wisdom of your body and mind to face stress, pain, and illness,* Revised and updated edition, New York.

Kahneman, Daniel (2012), *Schnelles Denken, langsames Denken,* 5. Auflage, München.

Kaltenecker, Siegfried (2018), *Selbstorganisierte Teams führen. Arbeitsbuch für Lean & Agile Professionals,* 2., überarbeitete und erweiterte Auflage, Heidelberg.

Katie, Byron/Mitchell, Stephen (2002), *Lieben was ist. Wie vier Fragen Ihr Leben verändern können,* 3. Aufl., München.

Keese, Christoph (2018), *Disrupt yourself. Vom Abenteuer, sich in der digitalen Welt neu erfinden zu müssen,* 1. Auflage, München.

Kimsey-House, Henry/Kimsey-House, Karen/Sandahl, Phillip/Whitworth, Laura (2011), *Co-active coaching. Changing business, transforming lives,* third edition, Boston, MA.

Kindl-Beilfuß, Carmen (2008), *Fragen können wie Küsse schmecken,* 1. Aufl., Heidelberg.

Kitz, Volker (2017), *Feierabend! Warum man für seinen Job nicht brennen muss eine Streitschrift für mehr Gelassenheit und Ehrlichkeit im Arbeitsleben,* Originalausgabe, Frankfurt am Main.

Kohlberg, Lawrence/Althof, Wolfgang (Hg.) (1996), *Die Psychologie der Moralentwicklung,* Frankfurt am Main.

Kotrba, Veronika/Miarka, Ralph (2019), *Agile Teams lösungsfokussiert coachen,* 3., überarbeitete und erweiterte Auflage, Heidelberg.

Kotter, John P. (2011), *Leading Change. Wie Sie Ihr Unternehmen in acht Schritten erfolgreich verändern,* München.

Kotter, John P./Rathgeber, Holger (2017), *Das Pinguin-Prinzip. Wie Veränderung zum Erfolg führt,* München.

Kübler-Ross, Elisabeth (1997), *On death and dying,* 1st Scribner Classics edition, New York.

Laloux, Frédéric/Kauschke, Mike (2015), *Reinventing organizations. Ein Leitfaden zur Gestaltung sinnstiftender Formen der Zusammenarbeit,* München.

Lencioni, Patrick/Schieberle, Andreas (2014), *Die 5 Dysfunktionen eines Teams,* 1. Aufl., Weinheim.

Leopold, Klaus/Kaltenecker, Siegfried (2018), *Kanban in der IT. Eine Kultur der kontinuierlichen Verbesserung schaffen,* 3., überarbeitete Auflage, München.

Lippitt, Ronald/White, Ralph K. (1943), The 'social climate' of children's groups.

Loevinger, Jane (1976), *Ego development,* San Francisco, Calif. [u. a.].

Löhken, Sylvia C. (2015), *Leise Menschen – starke Wirkung. Wie Sie Präsenz zeigen und Gehör finden,* Ungekürzte Taschenbuchausg, München.

Löhken, Sylvia C. (2016), *Intros und Extros. Wie sie miteinander umgehen und voneinander profitieren,* Ungekürzte Taschenbuchausgabe, München, Berlin, Zürich.

Lord, Robert G./Maher, Karen J. (1991), *Leadership and information processing. Linking perceptions and performance,* Boston [u. a.].

Lowe, Kevin B./Kroeck, K. Galen/Sivasubramaniam, Nagaraj (1996), Effectiveness correlates of transformation and transactional leadership: A meta-analytic review of the MLQ literature, *The Leadership Quarterly.*

Luft, Joseph/Ingham, Harry (1961), The johari window, *Human relations training news,* Jg. 5, H. 1, S. 6–7.

Mabey, Christopher/Caird, Sally (1999), Building team effectiveness, *Open University. Milton Keynes.*

Marcus Raitner (2019), *Manifest für menschiche Führung. Sechs Thesen für neue Führung im Zeitalter der Digitalisierung.*

Maslow, A. H. (1943), A theory of human motivation, *Psychological Review,* Jg. 50, H. 4, S. 370–396.

Maslow, Abraham H. (1993), *The farther reaches of human nature,* New York, N.Y., U.S.A.

Maslow, Abraham H. (2002), *Motivation und Persönlichkeit,* Reinbek bei Hamburg.

McClelland, David C. (1976), *The achieving society,* New York, NY [u. a.].

McClelland, David C. (1985), *Human motivation,* Glenview, Ill. [u. a.].

McCrae, Robert R./Costa, Paul T., JR. (1999), A Five-Factor theory of personality.

McGregor, Douglas/Cutcher-Gershenfeld, Joel E. (2006), *The human side of enterprise,* Annotated ed., New York, NY.

Meyer, Erin (2018), *Die Culture Map. Ihr Kompass für das internationale Business,* 1. Auflage, Weinheim.

Mischel, Walter (2004), Toward an Integrative Model for CBT: Encompassing Behavior, Cognition, Affect, and Process, *Behavior Therapy,* Jg. 35, H. 1, 185-203 (19 Seiten).

Mullen, Brian/Johnson, Craig/Salas, Eduardo (1991), Productivity loss in brainstorming groups: A meta-analytic integration, *Basic and Applied Social Psychology.*

Mutius, Bernhard v. (2017), *Disruptive Thinking. Das Denken, das der Zukunft gewachsen ist,* Offenbach.

Myers, Isabel B./Myers, Peter B. (1995), *Gifts differing. Understanding personality type,* Palo Alto, Calif.

Niehus-Jung, Marianne/Jung, C. G. (Hg.) (2011), *Psychologische Typen,* Sonderausg., 3. Aufl., Ostfildern.

Nowak, Martin A./Page, Karen M./Sigmund, Karl (2000), Fairness versus reason in the ultimatum game, *Science.*

Ōno, Taiichi (2013), *Das Toyota-Produktionssystem. [das Standardwerk zur Lean production]*, Frankfurt [u. a.].

Patton, Jeff/Economy, Peter (2015), *User story mapping. [die Technik für besseres Nutzerverständnis in der agilen Produktentwicklung]*, Beijing/Köln [u. a.].

Pfläging, Niels (2018), *Organisation für Komplexität. Wie Arbeit wieder lebendig wird – und Höchstleistung entsteht*, 4. Auflage, München.

Piaget, Jean (1978), *Das Weltbild des Kindes*, Stuttgart.

Pink, Daniel H. (2010), *Drive. Was Sie wirklich motiviert*, 1. Aufl., Salzburg.

Precht, Richard D. (2015), *Anna, die Schule und der liebe Gott. Der Verrat des Bildungssystems an unseren Kindern*, Taschenbuchausgabe, 1. Auflage, München.

Precht, Richard D. (2018), *Jäger, Hirten, Kritiker. Eine Utopie für die digitale Gesellschaft*, Originalausgabe, München.

Riemann, Fritz (2017), *Grundformen der Angst*, München/Basel.

Rock, David (2011), *Brain at work. Intelligenter arbeiten, mehr erreichen*, Frankfurt am Main.

Rooke, David/Torbert, William R. (2009), Seven transformations of leadership, *The Essential Guide to Leadership*, Jg. 41.

Rosenberg, Marshall B./Holler, Ingrid (2016), *Gewaltfreie Kommunikation. Eine Sprache des Lebens*, Paderborn.

Roth, Gerhard (2015), Wie das Gehirn die Seele formt, *Frankfurter Allgemeine Zeitung*, H. 179, N2.

Roth, Gerhard (2016), Wirkung vorgeburtlicher und fruh-nachgeburtlicher Umwelteinflusse auf Gehirn und Psyche. Effect of prenatal and early postnatal environmental influences on the brain and psyche, *Psychotherapeut*.

Royce, Winston W. (1970), Managing the development of large software systems: Concepts and techniques, *Technical Papers of Western Electronic Show and Convention*.

Ryan, Richard M./Mims, Valerie/Koestner, Richard (1983), Relation of reward contingency and interpersonal context to intrinsic motivation: A review and test using cognitive evaluation theory, *Journal of Personality and Social Psychology*, Jg. 45, H. 4, S. 736–750.

Satir, Virginia (1991), *The Satir model. Family therapy and beyond*, Palo Alto Calif.

Schein, Edgar H./Schein, Peter (2018), *Organisationskultur und Leadership*, München.

Scholz, Christian (2014), *Generation Z. Wie sie tickt was sie verändert und warum sie uns alle ansteckt*, Weinheim.

Schulz von Thun, Friedemann (1987), *Miteinander reden: Störungen und Klärungen. Psychologie der zwischenmenschlichen Kommunikation*, Reinbek bei Hamburg.

Schulz von Thun, Friedemann (1998), *Das "Innere Team" und die situationsgerechte Kommunikation. Miteinander reden*, Reinbek bei Hamburg.

Schulz von Thun, Friedemann/Stegemann, Wibke (2004), *Das Innere Team in Aktion. Praktische Arbeit mit dem Modell*, Orig.-Ausg, Reinbek bei Hamburg.

Schwaber, Ken/Beedle, Mike (2002), *Agile software development with Scrum*, Upper Saddle River, NJ.

Sinek, Simon (2014), *Frag immer erst: warum. Wie Topfirmen und Führungskräfte zum Erfolg inspirieren*, 1. Aufl., München.

Snowden, David J., Boone, Mary E. (2007), *A Leader's Framework for Decision Making*, https://hbr.org/2007/11/a-leaders-framework-for-decision-making, letzter Zugriff: 5.8.2021

Specht, Jule/Egloff, Boris/Schmukle, Stefan C. (2011), Stability and change of personality across the life course: The impact of age and major life events on mean-level and rank-order stability of the Big Five, *Journal of Personality and Social Psychology*, Jg. 101, H. 4, S. 862–882.

Spörer, Sebastian/Fühler, Miriam (2017), *Das Geheimnis der Leistungsfähigkeit. Wie Sie aus neurobiologischer Sicht veränderungsbereiter fitter und führungsstärker werden,* 2. Auflage, [Schwäbisch Hall].

Sprenger, Reinhard K. (2018), *Radikal digital. Weil der Mensch den Unterschied macht – 111 Führungsrezepte,* 1. Auflage, München.

Stacey, Ralph D. (2011), *Strategic Management and Organisational Dynamics: The Challenge of Complexity, 6th Edition.*

Status Quo Agile 2016/17, 04.02.2019, *https://www.process-and-project.net/studien/status-quo-agile.*

Stepper, John (2015), *Working out loud. For a better career and life*, New York.

Sutherland, Jeff (2015), *Die Scrum-Revolution. Management mit der bahnbrechenden Methode der erfolgreichsten Unternehmen*, Frankfurt/New York.

Takeuchi, Hirotaka/Nonaka, Ikujiro (1986), The new new product development game, *Harvard business review*, Jg. 64, H. 1, S. 137–146.

Taleb, Nassim N. (2015), *Der schwarze Schwan. Die Macht höchst unwahrscheinlicher Ereignisse*, München.

Thomann, Christoph/Schulz von Thun, Friedemann (2011), *Handbuch für Therapeuten, Gesprächshelfer und Moderatoren in schwierigen Gesprächen. Klärungshilfe*, Reinbek b. Hamburg.

Thompson, Geir/Vecchio, Robert P. (2009), Situational leadership theory: A test of three versions, *The Leadership Quarterly.*

Thun, Friedemann S. von (2009), *Miteinander reden 2. Stile, Werte und Persönlichkeitsentwicklung ; differentielle Psychologie der Kommunikation*, Reinbek bei Hamburg.

Tuckman, Bruce W. (1965), Developmental sequence in small groups, *Psychological Bulletin*, Jg. 63, H. 6, S. 384–399.

Tuckman, Bruce W./Jensen, Mary Ann C. (1977), Stages of Small-Group Development Revisited, *Group & Organization Studies*, Jg. 2, H. 4, S. 419–427.

van Solingen, Rini (2017), *Der Bienenhirte. Über das Führen von selbstorganisierten Teams ein Roman für Manager und Projektverantwortliche*, Heidelberg.

Vollmer, Lars (2016), *Zurück an die Arbeit! Wie aus Business-Theatern wieder echte Unternehmen werden*, Wien.

Wikipedia (Hg.) (2019), Baby-Boomer, 01.02.2019, *https://de.wikipedia.org/w/index.php?oldid=183518574.*

Wilber, Ken/Wilhelm, Clemens (1998), *Eine kurze Geschichte des Kosmos,* Dt. Erstausg, 7. – 9. Tsd, Frankfurt am Main.

Register

Abbildungsverzeichnis

Tabellenverzeichnis